D1922433

Jander/Jahr

Maßanalyse, 20. Auflage

De Gruyter Studium

Weitere empfehlenswerte Titel

Analytik
Daten, Formeln, Übungsaufgaben
Küster, Thiel; 2019
ISBN 978-3-11-055782-4, e-ISBN 978-3-11-055783-1

Anorganische Chemie
Riedel, Janiak; 2022
ISBN 978-3-11-069604-2, e-ISBN 978-3-11-069444-4

Riedel Moderne Anorganische Chemie
Janiak, Meyer, Gudat, Kurz; 2018
ISBN 978-3-11-044160-4, e-ISBN 978-3-11-044163-5

Einführung in die Physikalische Chemie
Springborg; 2020
ISBN 978-3-11-063691-8, e-ISBN 978-3-11-063693-2

Vorwort zur 20. Auflage

Seit 87 Jahren ist die „Maßanalyse“ von Gerhart Jander und Karl Friedrich Jahr eines der bewährten Standardwerke für den Gebrauch in den Unterrichtslaboratorien von Universitäten, Hochschulen und Technischen Lehranstalten. Nach dem Erwerb erster Grundkenntnisse in Chemie vermittelt dieses Buch den Studierenden eine Einführung in die quantitative Analyse und zeigt Möglichkeiten auf, den Gehalt von Inhaltsstoffen chemischer Gemische durch Titrationen präzise und zeitsparend zu bestimmen. In den seither erschienenen zahlreichen Neuauflagen wurde dem Bedürfnis Rechnung getragen, den Inhalt aktuellen Ansprüchen entsprechend systematisch darzustellen. Stets waren die praktischen Anleitungen in einen theoretischen Kontext gestellt, so dass jeweils deutlich wurde, wo die Anwendungsmöglichkeiten einer Titration liegen und wo unter Umständen ihre Grenzen sind. Mit der 14. Auflage wurde 1986 der Text weitgehend umgestaltet und den Entwicklungen im Messwesen und in der Gerätetechnik so angepasst, dass er dem Fortschritt wissenschaftlicher Erkenntnisse und Methodik entspricht. Die auf der Grundlage des SI-Einheitensystems, des Gesetzes über Einheiten im Messwesen und des DIN-Normenwerkes eingeführten Begriffe wie Stoffmenge, molare Masse und Äquivalent wurden in die „Maßanalyse“ übernommen. In der 15. Auflage wurde ein Kapitel über die instrumentelle Maßanalyse eingefügt, da Automation und Computeranwendungen auch in der quantitativen Analyse einen bedeutenden Platz eingenommen haben.

Das Kapitel über Geräte zur Volumenmessung musste überarbeitet werden, denn es waren viele Neuerungen, aber auch veränderte Grundlagen für die Kalibrierung zu berücksichtigen. Analyseautomaten, wie sie heute in Industrielaboratorien für einen schnellen Durchsatz von Serienanalysen verwendet werden, sollen dagegen nicht im Einzelnen besprochen werden, da ihre Anwendungen so sehr an speziellen Problemen orientiert sind, dass dies für die Lernenden keinen praktischen Gewinn bringt. Dennoch verlieren die „alten“ maßanalytischen Verfahren auch in der Gegenwart keineswegs an Bedeutung, sie werden im Gegenteil benötigt, um zum Beispiel Standardlösungen zur Kalibrierung der Analyseautomaten herzustellen. In der späteren Berufspraxis eines Analytikers, also etwa in einem Industrielaboratorium, müssen zur Qualitätssicherung die jeweils angewendeten Verfahren validiert werden. Seit der 18. Auflage sind mehrere Vorschriften zur pharmazeutischen und zur Umweltanalytik sowie Ergänzungen zu coulometrischen Titrationen hinzugekommen.

An dieser Stelle sei in Dankbarkeit an Herrn Prof. Dr.-Ing. Gerhard Schulze († 2020) erinnert, der einen maßgeblichen Beitrag zur Entwicklung dieses Buches geleistet hat. Gemeinsam mit Herrn Prof. Dr. Jürgen Simon hat er das Werk in seiner 14. Auflage 1986 in völlig neu bearbeiteter Form präsentiert und bis zur 19. Auflage 2017 aktiv an der „Maßanalyse“ mitgewirkt. Durch diese Arbeit wurde ein sehr guter Ausgangspunkt für die aktuellen Ergänzungen geschaffen.

https://doi.org/10.1515/9783110710816-201

Herrn Simon, der auf eigenen Wunsch aus dem Autorenteam ausgeschieden ist, sei auch an dieser Stelle für seine wertvolle Arbeit gedankt, die er in die Auflagen von 1986 bis 2017 investiert hat. Ebenso seien seine Ratschläge zur Anfertigung der 20. Auflage hier gewürdigt.

In die 20. Auflage wurden – neben weiteren Vorschriften der chemischen und pharmazeutischen Analytik – statistische Aspekte zur Angabe des Analysenergebnisses sowie didaktische Ansätze zum Thema Titration aufgenommen.

Das Buch wendet sich an Studentinnen und Studenten der Chemie im Haupt- und Nebenfach, der Biochemie, der Lebensmittelchemie, der Pharmazie und der Umwelttechnik an Universitäten und Hochschulen, an Studierende der Technischen Lehranstalten, an Schülerinnen und Schüler von Berufsschulen, Chemotechniker/innen, Umwelttechniker/innen, chemisch-technische und pharmazeutisch-technische Assistentinnen und Assistenten sowie Chemielaborant/inn/en.

Wir danken für Hinweise zur 19. Auflage. Für die experimentelle Überprüfung von Analysenvorschriften an der Berliner Hochschule für Technik danken wir Frau Katja Hoffmann. Dem Verlag Walter de Gruyter danken wir für das stets gezeigte Entgegenkommen und die verständnisvolle Zusammenarbeit. Die Leser und Benutzer unseres Buches bitten wir auch weiterhin um Anregungen und kritische Bemerkungen.

Berlin, im Mai 2022

Ralf Martens-Menzel
Lena Harwardt
Jürgen Krauss

Inhalt

1 Einführung und Grundbegriffe

Das Ziel einer quantitativen chemischen Analyse ist die Beantwortung der Frage, wie viel von einem gesuchten Stoff in einer Substanzprobe enthalten ist. Die Methoden, mit denen dieses Ziel erreicht wird, lassen sich in klassische und physikalische Analysenmethoden einteilen.

Als **klassische Methoden** werden hier diejenigen bezeichnet, bei denen nach einer chemischen Umsetzung eine Masse- oder eine Volumenbestimmung vorgenommen wird. Die Berechnung der Quantität des gesuchten Stoffes aus dem Messwert erfolgt mithilfe von stöchiometrischen Umrechnungsfaktoren, die in einfacher Weise aus den molaren Massen der an der Reaktion beteiligten Stoffe abgeleitet werden können.

Bei den **physikalischen Methoden** dagegen wird eine konzentrationsabhängige physikalische Eigenschaft des gesuchten Stoffes gemessen und aus dem Wert der Messgröße seine Konzentration bzw. seine Masse oder Stoffmenge errechnet. Der jeweilige Umrechnungsfaktor hängt von den chemischen, physikalischen und apparativen Versuchsbedingungen ab. Er wird nicht theoretisch abgeleitet, sondern durch Messungen an Lösungen bekannter Konzentration oder an Substanzproben mit bekannten Gehalten experimentell ermittelt. Da die Messungen spezielle Geräte erfordern, nennt man diese Analysenmethoden auch **instrumentelle Methoden.**

Den klassischen Bestimmungsmethoden liegen im wesentlichen zwei Analysenprinzipien zugrunde, das der

- **Gravimetrie** oder **Gewichtsanalyse** und das der
- **Titrimetrie** oder **Maßanalyse.**[1]

Gravimetrie und Titrimetrie

Das Analysenprinzip der Gravimetrie basiert auf der Bestimmung der Masse des Reaktionsproduktes einer Fällungsreaktion. Alle der Gravimetrie zuzuordnenden Bestimmungsverfahren sind grundsätzlich durch folgendes Vorgehen gekennzeichnet: Durch Zufügen einer geeigneten Reagenslösung zur Analysenlösung wird der zu bestimmende Stoff unter festgelegten Arbeitsbedingungen in eine schwer lösliche Verbindung übergeführt. Der Niederschlag wird abgetrennt und nach geeigne-

1 Der Ausdruck *Volumetrie* wird hier nicht als Synonym verwendet, da er alle Verfahren umfasst, die auf einer Volumenmessung beruhen, einschließlich der zur Bestimmung von Gasen (*Lösungsvolumetrie* und *Gasvolumetrie*). Es wurde auch vorgeschlagen, den früher gebräuchlichen Ausdruck *Gewichtsanalyse* konsequenterweise durch *Massenanalyse* zu ersetzen.

https://doi.org/10.1515/9783110710816-001

ter Behandlung ausgewogen. Folgende **Voraussetzungen** müssen für den erfolgreichen Einsatz der Gravimetrie erfüllt sein:

- Die Ausfällung muss quantitativ erfolgen, d. h. der aufgrund der geringen Löslichkeit des Reaktionsproduktes in der Lösung verbleibende Rest des zu bestimmenden Stoffes muss so klein sein, dass seine Masse unterhalb der Ablesbarkeit der benutzten Analysenwaage liegt.
- Der Niederschlag muss eine konstante und bekannte stöchiometrische Zusammensetzung aufweisen bzw. durch nachfolgende Operationen in eine Verbindung übergeführt werden können, die diese Bedingung erfüllt.
- Der Niederschlag muss eine genaue Massenbestimmung zulassen, d. h. er darf sich auf der Waage nicht verändern.

Beispiel: Das in einer Eisen(III)-Salzlösung enthaltene Eisen(III) soll auf gravimetrischem Wege bestimmt werden. Dazu wird die saure Probelösung zum Sieden erhitzt und unter Rühren tropfenweise mit Ammoniaklösung bis zum Überschuss versetzt. Es fällt ein brauner Niederschlag von Eisen(III)-oxidhydrat, $Fe_2O_3 \cdot x\,H_2O$, aus. Er wird durch Filtrieren von der Lösung abgetrennt und durch Auswaschen mit heißem, ammoniumnitrathaltigem Wasser von anhaftenden Begleitstoffen so weit wie möglich befreit. Die abgeschiedene Verbindung ist die **Fällungsform**. Sie erfüllt die erste der oben aufgeführten Forderungen. Wegen des schwankenden Wassergehaltes und des möglichen Vorhandenseins von basischen Salzen ist die Zusammensetzung jedoch nicht konstant. Durch Glühen im Porzellantiegel wird der Niederschlag in die **Wägeform** übergeführt, die auch den anderen beiden Forderungen genügt. Es entsteht beim Glühen Eisen(III)-oxid, Fe_2O_3, das stöchiometrisch zusammengesetzt ist und weder Wasser noch Kohlenstoffdioxid aus der Luft anzieht. Es lässt sich bequem und exakt zur Wägung bringen. Aus der Masse des Eisen(III)-oxids, $m(Fe_2O_3)$, wird mithilfe des stöchiometrischen Faktors F die Masse des gesuchten Bestandteiles Eisen, $m(Fe)$, berechnet:

$$m(\mathrm{Fe}) = F \cdot m(\mathrm{Fe_2O_3}),$$

$$F = \frac{2\,M(\mathrm{Fe})}{M(\mathrm{Fe_2O_3})}.$$

Den Faktor F erhält man aus den molaren Massen von Eisen, $M(Fe) = 55{,}845$ g/mol, und von Eisen(III)-oxid, $M(Fe_2O_3) = 159{,}688$ g/mol zu $F = 0{,}6994$.

Um bei einer gravimetrischen Bestimmung die quantitative Abscheidung des zu bestimmenden Stoffes zu erreichen, muss das jeweilige Reagens im Überschuss angewendet werden. Das ist ein Charakteristikum gravimetrischer Verfahren.

Das Analysenprinzip der Titrimetrie beruht auf der Messung des Volumens einer Reagenslösung bekannter Konzentration, die man als **Maßlösung** bezeichnet. Von dem Reagens wird bei den titrimetrischen Verfahren der Analysenlösung (Probelösung) nur so viel in Form der Maßlösung[2] hinzugefügt, wie für die chemische

2 Die in der Literatur anzutreffenden Bezeichnungen *Titrand* für Probelösung und *Titrant, Titrator,* auch *Titrans* für Maßlösung werden wegen der Verwechslungsmöglichkeiten hier nicht verwendet. Vorgeschlagen wurde auch, den Begriff Maßlösung durch Messlösung zu ersetzen.

Umsetzung des zu bestimmenden Stoffes gerade erforderlich ist, d. h. die äquivalente Stoffmenge. Aus dem Volumen der Maßlösung, das bis zum Erreichen dieses Punktes (**Äquivalenzpunkt,** theoretischer oder stöchiometrischer Endpunkt) benötigt wird, und ihrer Konzentration, die allerdings genau bekannt sein muss, lässt sich bei Kenntnis des Reaktionsablaufs die Masse des gesuchten Stoffes berechnen. Den gesamten Vorgang bezeichnet man als **Titration.**

Beispiel: Es soll das in einer schwefelsauren Lösung von Eisen(II)-sulfat enthaltene Eisen(II) durch eine Titration bestimmt werden. Dazu lässt man in die Analysenlösung eine Kaliumpermanganatlösung einfließen. Die Eisen(II)-Ionen werden von den Permanganationen zu Eisen(III)-Ionen oxidiert, während gleichzeitig die violetten Permanganationen zu nahezu farblosen Mangan(II)-Ionen reduziert werden:

$$5\,Fe^{2+} + MnO_4^- + 8\,H^+ \longrightarrow 5\,Fe^{3+} + Mn^{2+} + 4\,H_2O.$$ [3]

Sobald die gegen Ende der Titration langsam eintropfende Permanganatlösung praktisch alle Eisen(III)-Ionen oxidiert hat, wird der nächste Tropfen der Reagenslösung nicht mehr entfärbt, so dass die titrierte Lösung rosafarben erscheint. Damit ist der Endpunkt der Titration erreicht, die Umsetzung ist quantitativ erfolgt. Die Kaliumpermanganatlösung wird aus einer geeigneten Vorrichtung, einer Bürette, zugegeben, an der man das bis zum Endpunkt der Titration verbrauchte Volumen ablesen kann. Aufgrund der oben angegebenen Reaktionsgleichung lässt sich aus dem Volumen der Maßlösung in ml, $V(\mathrm{M})$, und ihrer Konzentration die gesuchte Masse des Eisens in mg, $m(\mathrm{Fe})$, nach

$$m(\mathrm{Fe}) = F \cdot V(\mathrm{M})$$

berechnen. Der Faktor F (herkömmlich als **maßanalytisches Äquivalent** bezeichnet) in mg/ml ergibt sich aus der molaren Masse des Eisens und der Stoffmengenkonzentration der Permanganatlösung, beide bezogen auf Äquivalente. Die beiden Größen lassen sich in einfacher Weise aus den molaren Massen der miteinander umgesetzten Stoffe mithilfe der Äquivalentzahlen berechnen, die der Reaktionsgleichung zu entnehmen sind (vgl. S. 45).

Maßanalytische Bestimmungen sind an folgende drei **Voraussetzungen** geknüpft:

- Die der Titration zugrunde liegende chemische Reaktion muss schnell, quantitativ und eindeutig in der Weise ablaufen, wie die Reaktionsgleichung angibt.
- Es muss möglich sein, eine Reagenslösung definierter Konzentration herzustellen oder die Konzentration der Lösung auf geeignetem Wege exakt zu bestimmen.
- Der Endpunkt der Titration muss deutlich zu erkennen sein. Er soll mit dem Äquivalenzpunkt, an dem gerade die der Stoffmenge des gesuchten Stoffes äquivalente Reagensmenge zugefügt wurde, zusammenfallen oder zumindest ihm sehr nahe kommen.

---

3 Die Hydratation der Wasserstoffionen (vgl. S. 78, Anm. 5) ist hier nicht von Bedeutung und wird daher nicht berücksichtigt.

Die dritte Forderung verlangt in der Regel zusätzliche Maßnahmen, denn nur in wenigen Fällen ist der Titrationsendpunkt so leicht zu erkennen wie in dem beschriebenen Beispiel, in dem die Reagenslösung eine starke Eigenfarbe aufweist, die während der Umsetzung verschwindet. Oft wird der Endpunkt durch Zusatz eines **Indikators** kenntlich gemacht. Darunter versteht man einen Hilfsstoff, den man der Titrationslösung zusetzt und der durch eine auffällige visuelle Veränderung (Farbumschlag, Auftreten oder Verschwinden einer Trübung oder Fluoreszenz) das Ende der Titration anzeigt.

Der Punkt, an dem die Änderung erkennbar ist, stellt den experimentellen oder praktischen Endpunkt der Titration dar. Im Idealfall sollten dieser Endpunkt und der Äquivalenzpunkt identisch sein. In der Praxis tritt jedoch oft eine Abweichung auf, die als **Titrationsfehler** bezeichnet wird (vgl. S. 99). Durch geeignete Wahl des Indikators sollte der Fehler möglichst klein gehalten werden.

Eine weitere Möglichkeit zur Auffindung des Titrationsendpunktes besteht darin, **physikalische Messmethoden** einzusetzen. Ihre Bedeutung hat insbesondere in der zweiten Hälfte des 20. Jahrhunderts (vgl. S. 267) ständig zugenommen. Dadurch wurden die Anwendungsmöglichkeiten der Maßanalyse in vielerlei Hinsicht beträchtlich erweitert.

Die Benutzung der Waage in der Gravimetrie ist augenfällig; doch auch der Maßanalyse liegen – trotz der Ausführung von Volumenmessungen – Wägungen zugrunde. Abgesehen davon, dass die Probe oft nicht von vornherein als Lösung vorliegt, so dass eine bestimmte Substanzportion abgewogen und daraus die Analysenlösung bereitet werden muss, benötigt man die Waage zur Herstellung der Maßlösungen.

Friedrich Mohr (1806–1879), der sich um die Entwicklung der Maßanalyse sehr verdient gemacht hat, charakterisierte diese Eigentümlichkeit der Titrimetrie in der Einleitung zu seinem klassischen **Lehrbuch der chemisch-analytischen Titrirmethode** (sic) (1855) mit folgenden Worten: „Titriren ist eigentlich ein Wägen ohne Waage, und dennoch sind alle Resultate im Sinne des Ausspruchs der Waage verständlich. In letzter Instanz bezieht sich Alles auf eine Wägung. Man macht jedoch nur eine Wägung, wo man sonst viele zu machen hatte. Die Genauigkeit der einen Normalwägung ist in jedem mit der so bereiteten Flüssigkeit gemachten Versuche wiederholt. Mit einem Liter Probeflüssigkeit[4] kann man mehrere hundert Analysen machen. Die Darstellung von zwei und mehr Litern Probeflüssigkeit erfordert aber nicht mehr Zeit und nicht mehr Wägungen als die von einem Liter. Man wägt also, wenn man Zeit und Muße hat, im Voraus und gebraucht die Wägungen, wenn man untersucht."

Aus dem Zitat wird ersichtlich, dass die maßanalytischen Bestimmungsverfahren gegenüber den gravimetrischen den großen Vorteil der Zeitersparnis aufweisen,

4 Hier im Sinne von Maßlösung; vgl. S. 2.

der besonders zur Geltung kommt, wenn gleichartige Analysen häufig durchgeführt werden müssen.

Einteilung der Titrationen

Die Gliederung der maßanalytischen Bestimmungsverfahren lässt sich nach verschiedenen Gesichtspunkten vornehmen.

Reaktionstyp. Nach der Art der chemischen Reaktion, die bei der titrimetrischen Bestimmung abläuft, unterscheidet man vier Gruppen:

- **Säure-Base-Titrationen**, bei denen Protonenübertragungen von der Säure zur Base stattfinden,
- **Fällungstitrationen**, bei denen eine schwerlösliche Verbindung entsteht, die als Niederschlag ausfällt,
- **Komplexbildungstitrationen**, bei denen Ionen sich mit Ionen oder Molekülen zu löslichen, wenig dissoziierten Komplexen vereinigen,
- **Redoxtitrationen**, bei denen Elektronenübertragungen vom Reduktionsmittel zum Oxidationsmittel erfolgen.

Die Verfahren, die den ersten drei Gruppen zuzuordnen sind, beruhen auf der Kombination von Ionen oder von Ionen und Molekülen; die Oxidationszahlen der Reaktionspartner ändern sich dabei nicht. Die Verfahren der letztgenannten Gruppe dagegen sind durch eine Änderung der Oxidationszahlen der beteiligten Stoffe gekennzeichnet.

Endpunkterkennung. Man kann unterscheiden zwischen

- **chemischer Indikation** des Endpunktes (visueller Indikation) und
- **physikalischer Indikation** des Endpunktes (instrumenteller Indikation).

Im ersten Fall wird in der Regel ein Farbindikator zugesetzt, dessen Farbe sich am Titrationsendpunkt ändert. Ist die Reagenslösung farbig, kann auf den Farbindikator verzichtet werden (**sich selbst indizierende Titration**). Bei einigen wenigen Titrationen kann der Endpunkt durch Bildung eines Niederschlages identifiziert werden, wie beispielsweise bei der Cyanidbestimmung nach Liebig (vgl. Kap. 3.2.4).

Im zweiten Fall wird aus der Änderung einer physikalischen Messgröße auf den Endpunkt geschlossen. Diese Art der Indikation hat mit der Entwicklung der physikalischen Analysenmethoden in steigendem Maße an Bedeutung gewonnen. Nach der Art der Messgröße, die zur Anzeige des Endpunktes benutzt wird, lässt sich weiter unterteilen in optische, elektrische, thermische und radiometrische Indikationsverfahren.

Titrationsart. Nach der Vorgehensweise bei einer Titration kann man folgende Einteilung vornehmen:

1. **Direkte Titration:** Probe- und Reagenslösung werden unmittelbar miteinander umgesetzt.
   1.1 **Direkte Titration im engeren Sinn:** Die Probelösung wird vorgelegt, mit der Reagenslösung wird titriert.
   1.2 **Inverse Titration:** Ein abgemessenes Volumen der Reagenslösung wird vorgelegt, mit der Probelösung wird titriert.
2. **Indirekte Titration:** Der zu bestimmende Stoff wird vor der Titration chemisch umgesetzt.
   2.1 **Rücktitration:** Der Probelösung wird ein definiertes Volumen an Reagenslösung im Überschuss zugesetzt. Nach erfolgter Reaktion wird der nicht verbrauchte Teil der Reagenslösung mit einer zweiten Reagenslösung titriert.
   2.2 **Indirekte Titration im engeren Sinn:** Der zu bestimmende Stoff wird in einer stöchiometrisch ablaufenden Reaktion zu einer definierten Verbindung umgesetzt und diese titrimetrisch bestimmt.
   2.3 **Substitutionstitration:** Zur Probelösung wird eine Substanz gegeben, mit der der zu bestimmende Stoff unter Freisetzung eines Bestandteiles der zugesetzten Substanz in stöchiometrischer Weise reagiert. Der freigesetzte Bestandteil wird dann durch direkte Titration bestimmt.

Lässt sich die Titration auf direktem Wege nicht durchführen, weil entweder die Reaktion zu langsam abläuft oder weil Nebenreaktionen auftreten oder weil der Endpunkt nicht gut indiziert werden kann, so gelangt man oft auf indirekte Weise zum Ziel.

Nach der Art der Endpunkterkennung erfolgte die Einteilung dieses Buches in die Kap. 3 und 4. Kap. 3 wurde nach den vier Reaktionstypen untergliedert. Auf die Titrationsart wird bei den Analysenverfahren hingewiesen.

2 Praktische Grundlagen der Maßanalyse

In der Titrimetrie werden Maßlösungen üblicherweise durch Abwägen einer bestimmten Stoffportion, Auflösen und Auffüllen auf ein definiertes Volumen hergestellt. Gelöste Proben werden im Allgemeinen nach dem Volumen vorgegeben. Die zur Umsetzung der zu bestimmenden Stoffe erforderlichen Reagenslösungen werden in der Regel volumetrisch ermittelt. Der **Volumenmessung** kommt daher eine besondere Bedeutung zu.

Im **Internationalen Einheitensystem** (Système International d'Unités, SI) [40] ist die **Einheit des Volumens** Kubikmeter (m^3). Übliche Bruchteile dieser Einheit sind Kubikdezimeter ($1\ dm^3 = 10^{-3}\ m^3$), Kubikzentimeter ($1\ cm^3 = 10^{-6}\ m^3$) und Kubikmillimeter ($1\ mm^3 = 10^{-9}\ m^3$). Für Kubikdezimeter ist als besonderer Name **Liter** (l oder L)[1] eingeführt [43–45]. In der analytischen Chemie wird das Volumen häufig in Untereinheiten des Liters angegeben, in Milliliter ($1\ ml = 10^{-3}\ l$) und Mikroliter ($1\ \mu l = 10^{-6}\ l$).

Nicht immer waren in der historischen Entwicklung des Messwesens Kubikdezimeter und Liter gleich groß. Als das metrische System eingeführt werden sollte, schlug 1790 eine im Auftrage der Französischen Nationalversammlung arbeitende Gelehrtenkommission vor, die Längeneinheit der Natur zu entlehnen und die Masseneinheit damit zu verknüpfen. 1795 wurde als **Grundeinheit der Länge** der **Meter** gewählt und als der vierzigmillionste Teil des durch die Sternwarte von Paris gehenden Erdmeridians festgelegt. Von der Längeneinheit wurde die **Einheit der Masse** abgeleitet und als **Kilogramm** bezeichnet. Man definierte 1 Kilogramm als die Masse eines Kubikdezimeters reinen, luftfreien Wassers bei 4 °C, der Temperatur seiner größten Dichte, unter normalem Druck ($1\ atm = 760\ Torr = 1{,}01325 \cdot 10^5\ Pa$). Der Raum, den ein Kilogramm Wasser unter den genannten Bedingungen einnimmt, erhielt den Namen **Liter**.

Nach den Längenmessungen am Meridian wurden zur Verkörperung von Meter und Kilogramm **Prototype** aus Platinschwamm in Stab- bzw. Zylinderform hergestellt und 1799 von der französischen Regierung als Basiseinheiten bestätigt. Diese als **Urmeter** und **Urkilogramm** bezeichneten Normale (Etalons) wurden 1889 durch vollkommenere Prototype aus einer Platin-Iridium-Legierung (90 % Pt, 10 % Ir) ersetzt. Sie werden als internationale Standards beim Bureau International des Poids et Mesures im Pavillon de Breteuil in Sèvres bei Paris aufbewahrt. Weitere Prototype erhielten 1889 diejenigen Länder, die der 14 Jahre zuvor unterzeichneten **Internationalen Meterkonvention**, einem zwischenstaatlichen Vertragswerk über das Messwesen, beigetreten waren.

---

1 Nach Beschluss der 16. CGPM (1979) können für die Einheit Liter die Einheitenzeichen l und L verwendet werden; vgl. auch [41]. Nach DIN 1301 sind beide Einheitenzeichen gleichberechtigt [42].

https://doi.org/10.1515/9783110710816-002

Nach Anfertigung der ersten Platin-Prototype hatten Messungen von Bessel 1840 ergeben, dass der Erdmeridian etwas länger ist als bei der ursprünglichen Meterdefinition zugrunde gelegt worden war, sodass die Verkörperung des Meters um Bruchteile eines Millimeters zu kurz war. Man behielt aber die Meterdefinition nach dem Prototyp bei, gab damit allerdings die Vorstellung auf, dass die Längeneinheit ein Naturmaß sein soll.[2] Ähnlich verhielt es sich mit der Einheit der Masse. Durch spätere Untersuchungen wurde nachgewiesen, dass der Kilogramm-Prototyp um 28 mg zu schwer ausgefallen war, dass ein Kilogramm Wasser nicht genau den Raum von einem Kubikdezimeter, sondern ein etwas größeres Volumen ausfüllt. Man behielt viele Jahre die auf die Masseneinheit bezogene Literdefinition bei (1 kg Wasser nimmt das Volumen von 1 l ein) und legte fest, dass $1\,l = 1{,}000028\,dm^3$ ist.

Im Jahre 1964 schließlich wurde von der 12. Generalkonferenz für Maß und Gewicht (Conférence Général des Poids et Mesures, CGPM) beschlossen, die bisher geltende Literdefinition zu verwerfen und Kubikdezimeter und Liter gleichzusetzen. Die Volumeneinheit Liter wurde damit auf die Länge und nicht mehr auf die Masse bezogen. Seit 1965 gilt somit: $1\,l = 1\,dm^3$. Verbunden wurde mit dieser Entscheidung die Empfehlung, die Einheit Liter für Messungen hoher Präzision (relative Messunsicherheit $< 5 \cdot 10^{-5}$ bzw. $5 \cdot 10^{-3}\,\%$) nicht zu verwenden. Damit sollen mögliche Unklarheiten vermieden werden, die sich aus der Frage ergeben, ob Liter nach der alten oder nach der neuen Definition gemeint ist. Auf die Erfordernisse der Titrimetrie wirkt sich diese Empfehlung jedoch nicht aus.

2.1 Geräte zur Volumenmessung

2.1.1 Messgeräte

Die zur Maßanalyse verwendeten Volumenmessgeräte werden in der Regel aus Glas gefertigt, für spezielle Anwendungszwecke sind auch Gefäße aus Kunststoff erhältlich. Die für die Herstellung benutzten Glassorten sind in ihren chemischen und physikalischen Eigenschaften den besonderen Anforderungen im Laboratorium angepasst. Man unterscheidet zwischen chemisch resistenten Gerätegläsern auf Alkali-Erdalkali-Silicat-Basis und relativ hohen Ausdehnungskoeffizienten und den Borosilicatgläsern mit hoher chemischer Beständigkeit und wesentlich kleineren Ausdehnungskoeffizienten. Gläser der ersten Gruppe werden für thermisch we-

2 1960 (11. CGPM) wurde der Meter als das 1 650 763,73-fache der Wellenlänge der von Atomen des Nuklids ^{86}Kr beim Übergang vom Zustand $5d_5$ zum Zustand $2p_{10}$ ausgesandten, sich im Vakuum ausbreitenden Strahlung definiert, und seit 1983 (17. CGPM) beruht die Definition auf der Festlegung des Wertes für die Lichtgeschwindigkeit auf exakt 299 792 458 m/s: Der Meter ist die Länge der Strecke, die Licht im leeren Raum während des Intervalls von (1/299 792 458) Sekunden durchläuft.

niger beanspruchte Geräte verwendet. Als Beispiel ist das **AR-Glas**®[3] zu nennen, dessen Längenausdehnungskoeffizient $\alpha = 9{,}5 \cdot 10^{-6}\ K^{-1}$ ist. Von den Borosilicatgläsern wird zur Herstellung von Laborgeräten das Glas **DURAN**®[4] eingesetzt, dessen Längenausdehnungskoeffizient dem in der internationalen Norm DIN ISO 3585 vorgeschriebenen Wert von $\alpha = 3{,}3 \cdot 10^{-6}\ K^{-1}$ entspricht [46]. Durch die minimale Wärmeausdehnung von DURAN ist auch eine hohe Temperaturwechselbeständigkeit bedingt. Gegen Wasser, neutrale und saure Lösungen, auch konzentrierte Säuren und Säuregemische sowie gegen Chlor, Brom, Iod und organische Substanzen ist das Glas sehr beständig. Wasser und Säuren lösen nur in geringem Maße vorwiegend einwertige Ionen aus dem Glas. Dadurch bildet sich auf der Oberfläche eine sehr dünne, porenarme Kieselgelschicht aus, die den weiteren Angriff hemmt. Flusssäure jedoch sowie heiße Phosphorsäure und alkalische Lösungen greifen das Glas in steigendem Maße mit zunehmender Konzentration und Temperatur an.

Da man bei maßanalytischen Arbeiten unterschiedlichste Flüssigkeitsvolumina abzumessen hat, benötigt man Messgeräte verschiedener Größe und Gestalt. Je nach Verwendungszweck benutzt man hauptsächlich vier Arten: **Messkolben**, **Messzylinder**, **Pipetten** und **Büretten**. Die Gefäße tragen Markierungen bzw. Graduierungen aus Email- oder Diffusionsfarben, die dauerhaft mit der Glasoberfläche verbunden und chemisch resistent sind. Nach dem maschinellen Bedrucken werden die Druckfarben durch kontrolliertes Erhitzen auf maximal 400 bis 550 °C (je nach Glasart) eingebrannt.

Man unterscheidet grundsätzlich zwei Arten von Messgeräten, solche, die auf **Einguss**, und solche, die auf **Ablauf** (Ausguss) justiert sind.

Bei einem auf Einguss justierten Gefäß begrenzt die Marke genau das abzumessende Volumen, d. h. nach dem Auffüllen bis zur Marke ist ein definiertes Volumen in dem Gefäß enthalten. Gießt man die Flüssigkeit aus, so bleibt infolge der Benetzung der Gefäßwand stets ein kleiner Rest an der Wandung haften. Die vollständige Entnahme der abgemessenen Flüssigkeit aus dem Gefäß ist daher nicht möglich.

Ein auf Ablauf justiertes Gefäß gestattet, ein definiertes Flüssigkeitsvolumen zu entnehmen. Der Raum zwischen zwei Marken oder zwischen einer Marke und der Ablaufspitze des Messgerätes übertrifft das abzumessende Volumen gerade um so viel, wie nach dem Ablaufen an der Glaswand und gegebenenfalls in der Ablaufspitze hängen bleibt. Da bei der Justierung eines solchen Gerätes der verbleibende Flüssigkeitsrest berücksichtigt wurde, ist ein etwas größeres Volumen als das angegebene Nennvolumen darin enthalten.

Die Art der Justierung ist auf dem Gefäß angegeben. Die Kennzeichnung lautet **In (Einguss)** oder **Ex (Ablauf oder Ausguss)**. Für Arbeiten mit lichtempfindlichen Substanzen sind Messgefäße aus **braunem Glas** erhältlich. Dieses weist eine starke

---

3 Eingetragenes Warenzeichen der Firma SCHOTT, Mainz.

4 Eingetragenes Warenzeichen der Firma SCHOTT, Mainz.

Lichtabsorption im kurzwelligen Bereich auf; die Absorptionskante liegt etwa bei der Wellenlänge 500 nm.

Konformitätsbescheinigung. Volumenmessgeräte, die für Messungen im geschäftlichen Verkehr sowie im medizinischen und pharmazeutischen Bereich (Herstellung und Prüfung von Arzneimitteln) bereitgehalten und verwendet werden, müssen gemäß der Eichordnung vom 12. 8. 1988 konformitätsbescheinigt sein. Mit dem Konformitätszeichen

 × = Kurzzeichen des Herstellers

bescheinigt der Hersteller, auf Wunsch auch die Eichbehörde, dass das betreffende Gerät die Anforderungen der Eichordnung und der einschlägigen Normen erfüllt. Soweit in den Normen über Volumenmessgeräte Anforderungen für unterschiedliche Genauigkeitsklassen festgelegt sind, betreffen die Festlegungen der Konformitätsprüfungen und -bescheinigungen nur Geräte der Klassen A und AS. Das genaue Verfahren zur Bescheinigung der Konformität ist in der Norm DIN 12600 [47] beschrieben.

Messkolben

Messkolben sind langhalsige Standkolben (Abb. 2.1), die mit Bördelrand ohne Stopfen oder mit Schliff und Stopfen in birnenförmiger oder konischer Ausführung gefertigt werden. In der Maßanalyse verwendet man vorwiegend Messkolben, die mit einem Stopfen aus wenig elastischem Kunststoff (z. B. Polyethylen) flüssigkeitsdicht verschließbar sind. Kunststoffstopfen werden gegenüber Glasstopfen bevorzugt, sie schützen den Kolben beim Umfallen vor Bruch. Die konische, im

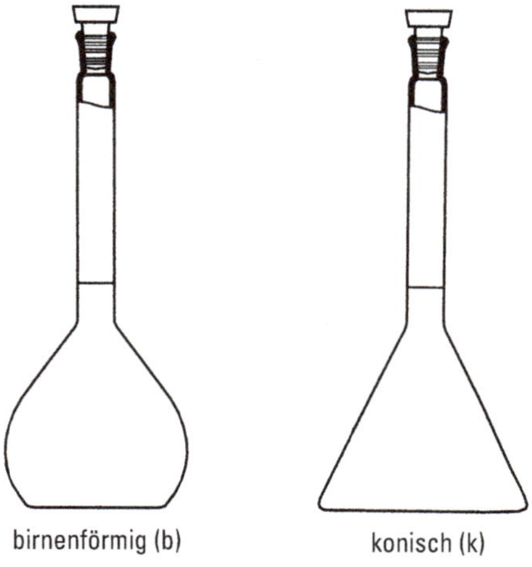

Abb. 2.1: Messkolben.

Tab. 2.1: Messkolben und ihre Fehlergrenzen. (Die Fehlergrenzen gelten für Wasser mit der Bezugstemperatur 20 °C.)

Nennvolumen	Form	Fehlergrenzen			
		Klasse A		Klasse B	
ml		Enghals ± ml	Weithals ± ml	Enghals ± ml	Weithals ± ml
1	k	0,025		0,05	
2	k	0,025		0,05	
5	k, b	0,025	0,04	0,05	0,08
10	k, b	0,025	0,04	0,05	0,08
20	k, b	0,04	0,06	0,08	0,12
25	k, b	0,04	0,06	0,08	0,12
50	k, b	0,06	0,1	0,12	0,2
100	b	0,10		0,2	
200	b	0,15		0,3	
250	b	0,15		0,3	
500	b	0,25		0,5	
1000	b	0,4	0,6	0,8	1,2
2000	b	0,6		1,2	
5000	b	1,2		2,4	

Querschnitt trapezförmige Ausführung wird für kleinvolumige Messkolben gewählt. Wegen der größeren Standfläche stehen die konischen Kolben sicherer als die birnenförmigen.

Das Volumen wird durch eine um den Kolbenhals gezogene **Ringmarke** von maximal 0,4 mm Strichdicke abgegrenzt. Die Justierung erfolgt auf Einguss (In) für die Bezugstemperatur 20 °C. Das Nennvolumen ist dann im Kolben enthalten, wenn der tiefste Punkt des Flüssigkeitsmeniskus sowie der obere Rand des vorderen und des rückwärtigen Teils der Ringmarke in einer Ebene liegen. Um eine solche parallaxenfreie Ablesung vornehmen zu können, muss sich der Meniskus in Augenhöhe befinden.

Über die im Handel befindlichen **Größen der Messkolben** gibt Tab. 2.1 Auskunft. Da die Unsicherheit bei der Volumenabmessung von der Halsweite des Kolbens abhängt, schreibt das Deutsche Institut für Normung (DIN) für jede Kolbengröße eine bestimmte Halsweite vor.[5] Vorschriften bestehen ebenfalls für den Mindestdurchmesser des Kolbens und des Bodens (Standfläche). Auch der Abstand zwischen Ringmarke und Halsansatz, die Gesamthöhe und die Wanddicke sind

5 Einige Größen werden zur direkten Flüssigkeitsentnahme mit Kolbenhubpipetten mit größeren Halsinnendurchmessern gefertigt. Diese sind entsprechend der Eichordnung mit einem **W** zu kennzeichnen.

genormt [48]. Die Kegelhülse für den Stopfen ist ein Normschliff [49], die Stopfen werden normgerecht gefertigt [50].

Hinsichtlich der Fehlergrenzen werden zwei **Genauigkeitsklassen** unterschieden: Die **Klasse A** mit engen Fehlergrenzen entspricht der Deutschen Eichordnung, für die **Klasse B** sind die Grenzabweichungen doppelt so groß. Die Fehlergrenzen in Tab. 2.1 geben die größten zulässigen Abweichungen vom Nennvolumen an. Die meisten Laborglashersteller fertigen neben den eichfähigen Messgefäßen der Klasse A solche, die kleinere Toleranzen aufweisen als für die Klasse B vorgeschrieben sind. Sie liegen innerhalb der 1,5-fachen Abweichungen der Klasse A.

Die **Beschriftung** des Kolbens (Abb. 2.2) muss dauerhaft aufgebracht sein und folgende Angaben enthalten:

- Den Zahlenwert für den Nenninhalt mit Einheitenzeichen (z. B. 250 ml),
- den Kennbuchstaben der Genauigkeitsklasse (A oder B, dahinter bei Weithalskolben zusätzlich den Buchstaben W) sowie die Fehlergrenze,
- das Justierzeichen In und die Bezugstemperatur (20 °C),
- die Schliffgröße bei Messkolben mit Schliff,
- der Werkstoff (Glastyp),
- den Namen oder das Warenzeichen des Herstellers,
- das Konformationszeichen für konformationsbescheinigte Messkolben der Klasse A mit Identifizierungsnummer.

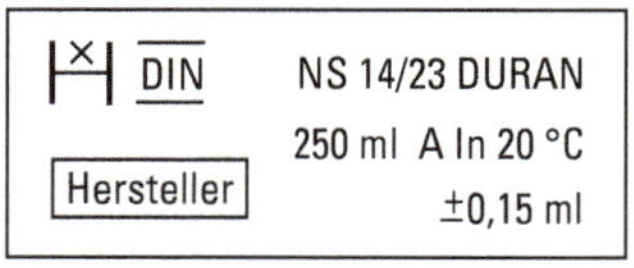

Abb. 2.2: Messkolbenaufschrift.

Die früher erforderliche Angabe des Verbandszeichens DIN (s. Abb. 2.2) wird heute häufig durch die Aufschrift ISO 1042 ersetzt. Sie ist zugleich eine Konformitätserklärung des Herstellers (Anforderungen der Norm werden eingehalten).

Messkolben werden hauptsächlich zur Herstellung von Reagenslösungen bestimmter Konzentration sowie zum Verdünnen von Lösungen auf ein definiertes Volumen verwendet. Letzteres ist erforderlich, wenn für die Analyse nicht die gesamte Probelösung eingesetzt werden soll, sondern nur ein aliquoter Teil.

Für besondere Anwendungszwecke sind **Messkolben aus Kunststoff** in ausgewählten Größen (25, 50, 100, 250, 500, 1000 ml) im Handel erhältlich. Die aus Polypropylen (PP) hergestellten Kolben sind hinreichend durchscheinend für das Erkennen der Stellung des Meniskus an der Marke. Kolben aus Polymethylpenten (PMP) sind durchsichtig. Kunststoffkolben gehören der Genauigkeitsklasse B an.

Messzylinder

Diese Messgeräte sind Standzylinder mit Fuß und Ausgussvorrichtung, die mit einer Volumenskala versehen sind. Sie werden in zwei Ausführungsformen gefertigt, einer hohen und einer niedrigen Form. Trägt die hohe Form statt der Ausgussvorrichtung einen Schliff mit PE-Stopfen, wird das Messgerät Mischzylinder genannt (Abb. 2.3). Die Justierung erfolgt auf Einguss (In).

Mit einem solchen Gerät lassen sich verschiedene Volumina abmessen; allerdings ist die zulässige Fehlergrenze größer. Nach [51] werden auch für Mess- und Mischzylinder zwei Genauigkeitsklassen (A und B) unterschieden, deren Fehlergrenzen um den Faktor 2 differieren. Messzylinder der hohen Form und Mischzylinder sind in beiden Klassen verfügbar, Messzylinder der niedrigen Form nur in Klasse B (Tab. 2.2). Die Fehlergrenzen sind die größten Abweichungen an jedem Punkt der Skala sowie auch die größten zulässigen Differenzen zwischen den Abweichungen an zwei beliebigen Punkten der Skala. Zylinder der Klasse A werden konformitätsbescheinigt geliefert. Außer der Gesamthöhe sind die Innenhöhe vom Boden bis zum obersten Teilstrich, der Abstand vom oberen Skalenende bis zur Oberkante des Zylinders und das Volumen am niedrigsten Teilstrich genormt. Die Skalenteilung muss bei Zylindern der Klasse A dem Typ II (Hauptpunkte-Ringteilung), bei solchen der Klasse B dem Typ III (Strichteilung) der Norm ISO 384 [52] entsprechen. Der Meniskus ist so einzustellen, dass sein tiefster Punkt bei parallaxenfreier Beobachtung die Oberkante des Teilstrichs eben berührt.

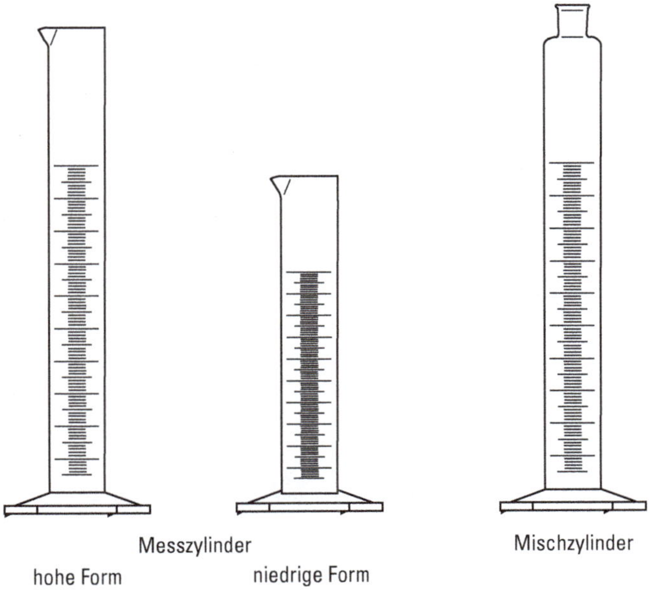

Abb. 2.3: Messzylinder.

Tab. 2.2a: Messzylinder hohe Form und Mischzylinder. (Die Fehlergrenzen gelten für Wasser mit der Bezugstemperatur 20 °C.)

Nenninhalt ml	Skalenteilung ml	Fehlergrenzen ± ml	
		Klasse A	Klasse B
5	0,1	0,05	0,1
10	0,2	0,1	0,2
25	0,5	0,25	0,5
50	1	0,5	1
100	1	0,5	1
250	2	1	2
500	5	2,5	5
1000	10	5	10
2000	20	10	20

Die Größe des Messzylinders wählt man nach dem abzumessenden Volumen. Für kleine Volumina sind keine großen Messzylinder zu benutzen, weil die Ableseunsicherheit mit dem Durchmesser des Zylinders zunimmt. So soll der Messzylinder mindestens zu ⅕ seines Nennvolumens gefüllt sein, damit die relative Unsicherheit keine zu großen Werte annimmt.[6]

Messzylinder aus Kunststoff [53] sind wegen der fehlenden Benetzung für Ein- und Ausguss verwendbar. Aus Polymethylpenten (PMP) gefertigte Messzylinder mit Hauptpunkte-Ringteilung werden konformitätsbescheinigt gemäß der deutschen Eichordnung angeboten.

Tab. 2.2b: Messzylinder niedrige Form. (Die Fehlergrenzen gelten für Wasser mit der Bezugstemperatur 20 °C.)

Nenninhalt ml	Skalenteilung ml	Fehlergrenzen ± ml
5	0,5	0,2
10	1	0,3
25	1	0,5
50	1 oder 2	1
100	2	1
250	5	2
500	10	5
1000	20	10
2000	50	20

6 Ableseunsicherheit gibt an, wie genau man auf einer gegebenen Skala ablesen kann. Unter relativer Unsicherheit wird das Verhältnis der Ableseunsicherheit zu dem abgelesenen Wert (dx/x) – meist in Prozent angegeben – verstanden.

Pipetten

Pipetten sind Saugrohre aus Glas, die am unteren Ende in eine Spitze auslaufen. Ihr Rauminhalt ist durch ein oder mehrere Marken bezeichnet, sodass ein definiertes Flüssigkeitsvolumen durch Aufsaugen und Ausfließenlassen abgemessen werden kann. Die Justierung erfolgt auf Ablauf (Ex). Man unterscheidet **Vollpipetten** und **Messpipetten** (Abb. 2.4).

Vollpipetten sind in der Mitte zylindrisch erweiterte Glasrohre, die am oberen oder am oberen und unteren Rohrteil je eine **Ringmarke** tragen. Sie erlauben die Abmessung eines bestimmten Volumens, das auf der zylindrischen Erweiterung, auch Körper genannt, angegeben ist.

Die handelsüblichen **Größen der Vollpipetten** sind in Tab. 2.3a, b aufgeführt. Um die Volumenabmessungen möglichst gut reproduzierbar durchführen zu können, sind in den deutschen und internationalen Normen Richtlinien über Abmessung und Handhabung vorgegeben [54]. Sie beziehen sich auf die Durchmesser des Rohres und des zylindrischen Körpers, seine Länge sowie die Länge des oberen Saug- und des unteren Ablaufrohres, die Gesamtlänge der Pipette, die Lage der Ringmarke sowie auf die Ablaufspitze und Ablaufzeit. Die Einteilung erfolgte wiederum in zwei **Genauigkeitsklassen.** Für Pipetten der **Klasse A** ist die Ablaufzeit für die Flüssigkeit durch Verengung der Spitzenöffnung so verlängert, dass während des Ablaufs bereits das Nachlaufen der Flüssigkeit an der Pipettenwandung erfolgt. Ihre Fehlergrenzen entsprechen den Vorschriften der Deutschen Eichord-

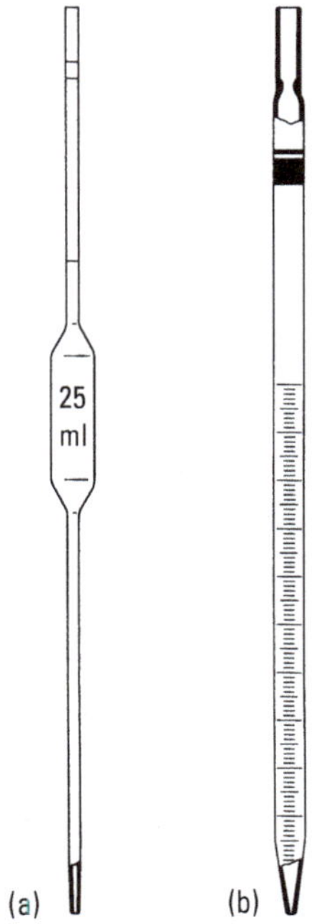

Abb. 2.4: Vollpipette (a), Messpipette (b).

Tab. 2.3a: Vollpipetten nach DIN, ihre Fehlergrenzen und Ablaufzeiten.

Nenn-volumen ml	Fehlergrenzen		Ablaufzeit		
	Klasse A und AS ± ml	Klasse B ± ml	Klasse A ohne Wartezeit s	Klasse AS mit Wartezeit s	Klasse B ohne Wartezeit s
0,5	0,005	0,010	10–20	6–10	4–20
1	0,008	0,015	10–20	7–11	5–20
2	0,010	0,02	10–25	7–11	5–25
5	0,015	0,03	15–30	9–13	7–30
10	0,02	0,04	15–40	11–15	8–40
20	0,03	0,06	25–50	12–16	9–50
25	0,03	0,06	25–50	15–20	10–50
50	0,05	0,10	30–60	20–25	13–60
100	0,08	0,15	40–60	25–30	25–60

Tab. 2.3b: Weitere Vollpipetten der Klasse AS nach Herstellerangaben. (Ablaufzeiten und Fehlergrenzen gelten für Wasser der Bezugstemperatur 20 °C.)

Nennvolumen ml	Fehlergrenzen ± ml	Ablaufzeiten s
2,5	0,010	7–11
3	0,010	7–11
4	0,015	7–11
6	0,015	8–12
7	0,015	8–12
8	0,020	8–12
9	0,020	8–12
15	0,030	9–13
30	0,030	13–18
40	0,050	13–18

nung. Pipetten der **Klasse B** haben erheblich kürzere Ablaufzeiten und doppelt so große Fehlergrenzen. Nach dem Ablauf sind bei den Pipetten beider Klassen **keine Wartezeiten** einzuhalten. Auch in der Klasse B werden Pipetten angeboten, deren Fehlergrenzen innerhalb der 1,5-fachen Werte für die Klasse A liegen, die also kleinere Toleranzen aufweisen als für Pipetten dieser Klasse einzuhalten sind.

Durch den Einsatz von Fertigungsautomaten in der Produktion und durch weitgehende Automatisierung in der Justierungs- und Graduierungstechnik wurde die Herstellung von Pipetten möglich, die innerhalb der Fehlergrenzen der Eichordnung (Klasse A) liegen und dennoch kurze Ablaufzeiten aufweisen [55]. Für sie wurde die Bezeichnung **Klasse AS** (Genauigkeitsklasse A, Schnellablauf S) eingeführt. Diese Bezeichnung ist in die Deutsche Eichordnung und in die Vorschriften des Deutschen Instituts für Normung [54] aufgenommen worden. Da ihre Fehlergrenzen denen der Klasse A entsprechen, sind diese Geräte konformitätsbescheinigt. Sie erfordern eine **Wartezeit von 15 s** nach dem Ablauf; bei AS-Pipetten aus der Produktion ab dem Jahre 2007 beträgt die Wartezeit nur noch 5 s. In der Praxis haben sich Pipetten der Klasse AS durchgesetzt und die der Klasse A mit längeren Ablaufzeiten verdrängt.

Vollpipetten aus Polypropylen (PP) sind durchscheinend und bruchunempfindlich (Nennvolumina 1/2/5/10/25/50 ml). Ihre Fehlergrenzen entsprechen den Werten der Klasse B.

Außer den Vollpipetten mit einer Ringmarke im Ansaugrohr sind auch solche im Handel, die im Ablaufrohr eine **zweite Ringmarke** tragen [54]. Die Ringmarken begrenzen das auf der Pipette angegebene Volumen. Diese Geräte sind daher nicht für vollständigen Ablauf vorgesehen (Nennvolumina 0,5/1/2/3/5/10/15/20/25/50 ml). Die Wartezeit beträgt 15 bzw. 5 s, Fehlergrenzen und Ablaufzeiten liegen innerhalb der für Pipetten der Klasse AS vorgeschriebenen Werte. **Saugkolbenpipetten** tragen am Ansaugende einen fest mit der Pipette verbundenen Zylinder mit Kolben aus Glas. Als Vollpipetten werden sie mit 1/2/5/10/20/25 ml Inhalt angeboten (Kolbenhubpipetten s. S. 25 ff.).

Messpipetten sind zylindrische kalibrierte Glasröhren, die innerhalb ihres Nennvolumens beliebige Flüssigkeitsvolumina abzumessen gestatten (Abb. 2.4). Sie werden hauptsächlich zum Abmessen kleiner Volumina, auch von Teilen ganzer Milliliter verwendet.

Messpipetten werden ebenfalls in den bereits genannten Genauigkeitsklassen **Klasse A bzw. AS** und **Klasse B** gefertigt. In den Klassen A und AS entsprechen die Fehlergrenzen den Vorschriften der Deutschen Eichordnung, die der Klasse B sind größer (vgl. Tab. 2.4). Die Messpipetten der Klassen A und B sind ohne Wartezeit justiert, für die der Klasse AS beträgt die Wartezeit 15 bzw. 5 s (je nach Fertigungszeitpunkt, vgl. Schriftfeld der Pipette).

Hinsichtlich der Bauform wurden vier verschiedene Typen von Messpipetten festgelegt [56], die sich durch die Skalenanordnung unterscheiden (vgl. Abb. 2.5): **Typ 1** ist die Bauform für die teilweise Abgabe des gewünschten Volumens. Die Nullmarke befindet sich am oberen Ende der Pipettenskala, das Nennvolumen wird durch den untersten Teilstrich gekennzeichnet, der nicht identisch ist mit der Pipettenspitze. Die Flüssigkeitsabgabe erfolgt von oben bis zum gewünschten Teilstrich, der Flüssigkeitsrest verbleibt in der Pipette. Der **Typ 2** ist für vollständige Flüssigkeitsabgabe ausgelegt. Die Nulllinie befindet sich unten, die Marke für das Nennvolumen oben. Man saugt die Flüssigkeit bis zur gewünschten Volumenmarkierung auf der Skala an, und lässt sie total ablaufen. **Typ 3** dient ebenfalls der vollständigen Abgabe des gewählten Volumens. Hier ist jedoch die Nulllinie oben, die Pipettenspitze repräsentiert das Nennvolumen. Die Pipette ist so justiert, dass man bis oben ansaugt, den Meniskus auf die Nullmarke einstellt, die Flüssigkeit durch Ablassen auf die gewünschte Marke entnimmt, und den Rest verwirft. **Typ 4**

Tab. 2.4: Messpipetten und ihre Fehlergrenzen. (Ablaufzeiten und maximal zulässige Volumenabweichung gelten für Wasser der Bezugstemperatur 20 °C.)

Nennvolumen ml	**Skalenteilung** ml	**Fehlergrenzen**	
		Klasse A und AS ± ml	**Klasse B** ± ml
0,1	0,01	0,006	0,01
0,2	0,01	0,006	0,01
0,5	0,01	0,006	0,01
1	0,01	0,007	0,01
1	0,10	0,007	0,01
2	0,02	0,010	0,02
2	0,10	0,010	0,02
5	0,05	0,030	0,05
5	0,10	0,030	0,05
10	0,1	0,05	0,1
20	0,1	0,1	0,2
25	0,1	0,1	0,2
25	0,2	0,1	0,2

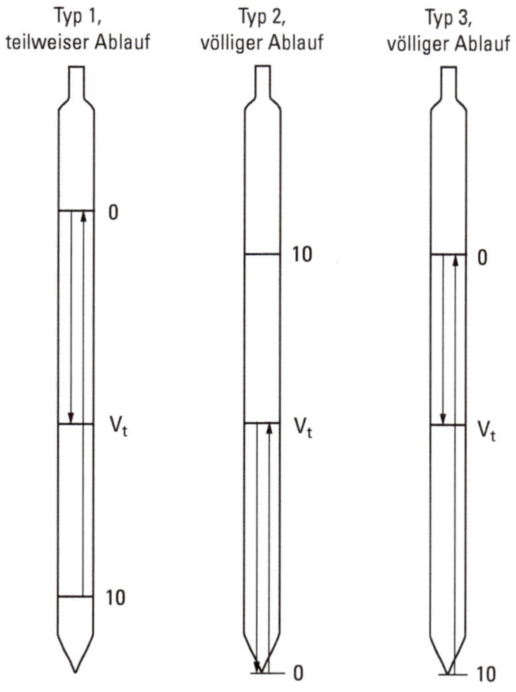

Abb. 2.5: Typen von Messpipetten.

schließlich ist als Ausblaspipette für die vollständige Abgabe gearbeitet. Bei ihr wird der letzte Flüssigkeitstropfen in der Spitze durch Ausblasen ausgestoßen. Ausblaspipetten existieren nur in der Genauigkeitsklasse B, die übrigen drei Bautypen werden in den Klassen A, AS und B gefertigt.

Tab. 2.4 gibt eine Übersicht über die handelsüblichen Größen, die Skalenteilungen und die Fehlergrenzen. Letztere gelten für jeden Punkt auf der Skala und geben auch die größte zulässige Differenz zwischen den Abweichungen zweier beliebiger Punkte an. Die internationale Norm DIN EN ISO 835 enthält Festlegungen über Durchmesser und Gesamtlänge der Pipetten, über Länge, Anordnung und Bezifferung der Skala sowie über Eigenschaften der Pipettenspitze. In einem Anhang sind die Ablaufzeiten für die vier Bautypen festgelegt. Der neu aufgenommene Typ 2 hat den Vorteil, dass die Meniskuseinstellung während des Pipettiervorganges nur ein Mal vorgenommen werden muss.

Die Pipetten in den Abmessungen 0,1 : 0,001 (Nennvolumen in ml: Unterteilung in ml), 0,2 : 0,001 und 0,2 : 0,002 (Zeilen 1 bis 3 in Tab. 2.4) gibt es für völligen Ablauf und In justiert in der Klasse AS (Grenzabweichungen ±1/±2/±2 µl) und in der Klasse B (±1,5/±3/±3 µl). Sie werden durch Ausspülen entleert.

Weiterhin sind als Messpipetten gearbeitet im Handel:

Ausblaspipetten in den Abmessungen 1 : 0,01/2 : 0,01/2 : 0,02/5 : 0,05/5 : 0,1/ 10 : 0,1/20 : 0,1/25 : 0,1 ml, die bis zur Spitze geteilt sind und die nach Volumenabweichungen und Ablaufzeiten der Klasse AS entsprechen; die Wartezeit beträgt 2 s; danach werden sie 1 × kurz ausgeblasen.

Saugkolbenpipetten für 1 : 0,01/2 : 0,02/5 : 0,05/10 : 0,1/20 : 0,1/25 : 0,1/50 : 0,2 ml Inhalt; **Messpipetten aus Kunststoff** (PP) ohne Benetzung für 1/2/5/10 ml Nennvolumen mit 0,1-ml-Unterteilung. Die Toleranzen entsprechen denen der Klasse B.

Die **Aufschriften** auf den Pipetten enthalten Angaben, die bereits bei den Messkolben aufgezählt wurden (Abb. 2.6). Das Justierzeichen bei den Pipetten ist Ex. Bei Messpipetten soll neben dem Nennvolumen auch die Unterteilung (Skalenwert) vermerkt werden, z. B. 10 : 0,1 bei einer 10-ml-Pipette mit 0,1-ml-Unterteilung.

Außerdem kann eine **Farbkennzeichnung** (Farbstreifen) angebracht werden. Die Farbe ist für jede Pipettenart international vereinbart (**Colour-Code**) und durch eine Norm festgelegt [57], ihre Anbringung ist jedoch nicht vorgeschrieben. Vollpipetten und Messpipetten für vollständigen Ablauf sind mit einem Streifen oder mit zwei Streifen gleicher Breite gekennzeichnet, Messpipetten für Teilablauf tragen häufig zusätzlich noch einen schmalen Streifen (vgl. Tab. 2.5).

Das **Abmessen eines Flüssigkeitsvolumens** mit einer Pipette wird folgendermaßen vorgenommen: Die Pipette wird mit ihrem spitzen Ende tief genug in die abzumessende Flüssigkeit eingetaucht und die Flüssigkeit bis ca. 5 mm über die Ringmarke (Nullmarke) aufgezogen. Dann nimmt man die Pipette heraus, wischt die außen anhaftende Flüssigkeit mit einem Papiertuch ab, legt die Pipette senkrecht an die Wand eines geneigt gehaltenen Becherglases und senkt den Meniskus so lange ab, bis sein tiefster Punkt den oberen Rand der Ringmarke berührt und

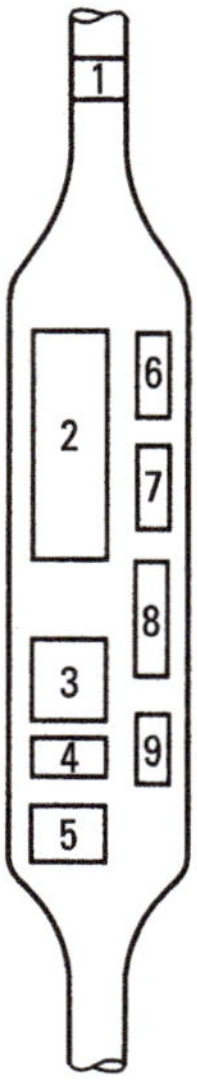

1 Farbkennzeichen (Colour-Code)
2 Name, Warenzeichen des Herstellers
3 Nennvolumen (z.B. 25), bei Messpipetten auch Skalenwert (z.B. 10 : 0,1)
4 Toleranzangabe, maximale Abweichung (z.B. ±0,03)
5 Einheitenzeichen (ml)
6 Zeichen für Konformitätsbescheinigung (⊠)
7 Verbandszeichen DIN (früher), ersetzt durch ISO 648 bei Vollpipetten
8 Bezugstemperatur (20 °C)
Justierung (Ex)
Wartezeit (z.B. 15 s)
Klassenzeichen (z.B. AS)
9 Herstellerland
weitere Angabe ggf. Chargennummer (Produktionsjahr, Charge)

Abb. 2.6: Pipettenaufschrift.

Tab. 2.5: Colour-Code-System (Auszug).

Vollpipetten		**Messpipetten**		
Nennvolumen ml	**Colour-Code**	**Nennvolumen ml**	**Unterteilung ml**	**Colour-Code**
0,5	2 × schwarz	0,1	0,001	2 × grün
1	blau	0,2	0,001	2 × blau
2	orange	0,2	0,002	2 × weiß
3	schwarz	0,5	0,01	2 × gelb
4	2 × rot	1	0,01	gelb
5	weiß	1	0,1	rot
6	2 × orange	2	0,01	2 × weiß
7	2 × grün	2	0,02	schwarz
8	blau	2	0,1	grün
9	schwarz	5	0,05	rot
10	rot	5	0,1	blau
15	grün	10	0,1	orange
20	gelb	20	0,1	2 × gelb
25	blau	25	0,1	weiß
30	schwarz	25	0,2	grün
40	weiß			
50	rot			
100	gelb			

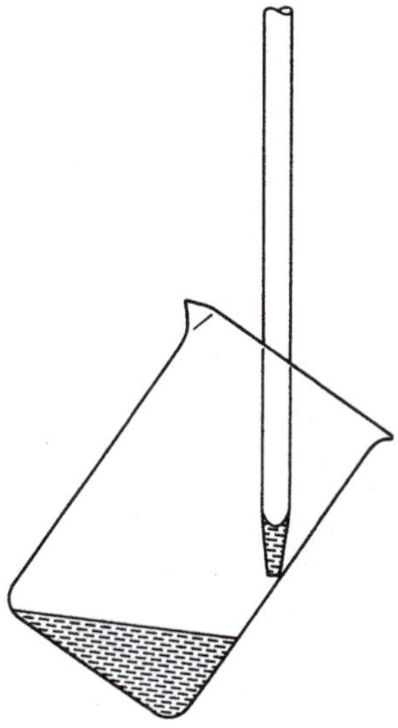

Abb. 2.7: Richtige Ablaufhaltung einer Pipette.

mit ihrem vorderen und rückwärtigen Teil in einer Ebene liegt (parallaxenfreie Ablesung). Nachdem man die Spitze der Pipette an der Gefäßwand abgestreift hat, wird die Pipette entleert. Dabei wird sie wieder senkrecht über das geneigte Aufnahmegefäß gehalten, wobei ihre Spitze an dessen Wandung anliegt (Abb. 2.7). Man lässt nun die Flüssigkeit vollständig oder bis zur gewünschten Marke ablaufen und streicht die Pipettenspitze an der Gefäßwand ab. Bei Pipetten der Klasse AS hat man zwischen Ablauf und Abstreifen eine Wartezeit von 5 bzw. 15 s einzuhalten. Die Pipette darf nicht ausgeblasen werden.[7] Der in der Spitze verbleibende Flüssigkeitsrest ist bei der Justierung berücksichtigt worden.

Voraussetzung für die richtige Abmessung des Volumens ist, dass die bei der Justierung festgelegten Messbedingungen auch bei der Benutzung eingehalten werden. Das bedeutet: Ablauf- und Wartezeit müssen ebenso wie die Temperatur der Messflüssigkeit übereinstimmen; auch muss die Pipette in gleicher Weise gehandhabt werden. Die Ablaufzeit ist durch den inneren Durchmesser der Pipettenspitze vorgegeben. Sie ändert sich, wenn die Spitze beschädigt wird. Um deren Unversehrtheit kontrollieren zu können, kann eine 1 bis 2 mm breite Ringmarke in Diffusionsfarbe an der Spitze angebracht werden. Die Wartezeit richtet sich nach der Pipettenklasse. Weicht die Messtemperatur von der Bezugstemperatur (20 °C) ab, ändert sich sowohl das Volumen des Messgerätes als auch das der Flüssigkeit. Während die Volumenausdehnung des Glases sehr gering ist und im Allgemeinen nicht berücksichtigt zu werden braucht (vgl. S. 9), ist die Ausdehnung der Flüssigkeit erheblich größer (vgl. S. 55), sodass das Messergebnis verfälscht werden kann.

7 Ausblaspipetten sind besonders gekennzeichnet, vgl. S. 19.

Für die Handhabung der Pipette ist wichtig, dass sie senkrecht gehalten wird und an der Wandung des Gefäßes anliegt. Bei normal justierten Messpipetten dürfen aus einer Füllung nicht mehrere Volumina hintereinander abgemessen werden. Benutzt man eine Pipette erstmals zum Abmessen einer bestimmten Flüssigkeit, so ist sie mit dieser zweimal vorzuspülen.

Die früher übliche Technik des Ansaugens der Flüssigkeit mit dem Mund, Verschließen der Saugöffnung mit dem angefeuchteten Zeigefinger und Absenken des Meniskus durch vorsichtiges Lüften des Fingers ist heute durch Arbeitsschutzvorschriften verboten [58]. Es soll mit diesem Verbot verhindert werden, dass Dämpfe, die beim Pipettiervorgang aus aggressiven Flüssigkeiten entstehen, Schädigungen der Schleimhäute der Atemwege hervorrufen und dass ätzende oder giftige Substanzen in den Mund gelangen. Diese Gefahr ist besonders groß, wenn Flüssigkeitsreste aus Gefäßen entnommen werden sollen, sodass eine Sichtkontrolle der Pipettenspitze beim Ansaugen mit dem Mund nicht möglich ist. Sinkt dabei der Flüssigkeitsspiegel unter die Pipettenspitze, wird Luft angesaugt. Der Saugwiderstand verringert sich plötzlich und die Flüssigkeit schießt in die Mundhöhle. In klinischen Laboratorien besteht außerdem hohe Infektionsgefahr. Aus grundsätzlichen hygienischen Gründen wurde das Verbot generell ausgesprochen.

Es sind daher zum Aufziehen von Flüssigkeiten **Pipettierhilfen** zu verwenden, die in großer Vielfalt im Handel angeboten werden. Sie werden auf das Ansaugrohr der Pipette gesteckt und lassen sich mit einer Hand bedienen. Selbstverständlich muss man sich an die Vorrichtungen gewöhnen. Einige Beispiele für Pipettierhilfen sollen im Folgenden beschrieben werden. Der **Pipettierball** aus Gummi (z. B. **Peleus-Ball**, Sicherheitspipettiervorrichtung nach Pels Leusden, D. B. P. Nr. 897930) ist mit drei Ventilen ausgestattet (Abb. 2.8). Nach Öffnen des Luftauslassventils A mit Daumen und Zeigefinger wird der Gummiball zusammengedrückt. Dann wird

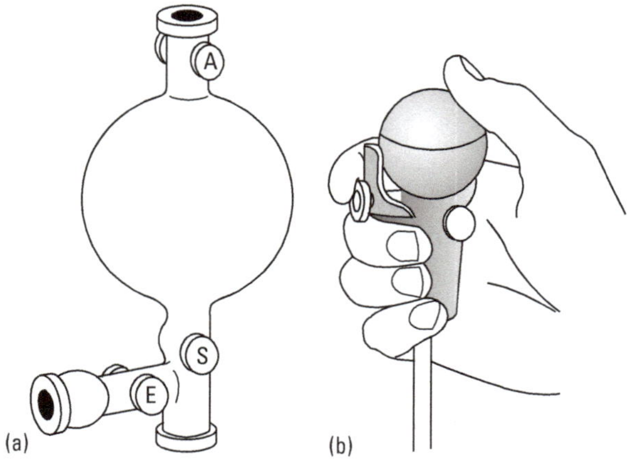

Abb. 2.8: Pipettierhilfen mit Gummiball. (a) Peleus-Ball. (b) Pumpett.

das Ansaugventil S (Saugen) geöffnet, bis der gewünschte Flüssigkeitsstand in der Pipette erreicht ist. Anschließend wird durch das Ventil E (Entleeren) die Pipette belüftet und entleert. Ebenfalls mit Gummiball arbeitet der **Pumpett** (B. Braun, Melsungen) (Abb. 2.8).

Nach dem Prinzip der Kolbenpumpe ist das Gerät **pi · pump**® (Glasfirn, Giessen; Roth, Karlsruhe) konstruiert. In einem Kunststoffgehäuse ist ein Kolben an einer Zahnstange befestigt, die sich über ein Triebrad mit dem Daumen nach oben oder unten bewegen lässt. Ein stufenförmiger Einsteckkonus aus weichem Kunststoff sorgt für sicheren Sitz auf der Pipette, ein Ablaufventil ermöglicht den freien Ablauf der Flüssigkeit. Lieferbar sind drei Größen (für Pipetten bis 2 ml, bis 10 ml und bis 25 ml). Ein weiteres Modell für Pipetten bis 0,2 ml wird ohne Ablaufventil gefertigt (Abb. 2.9). Der **macro-Pipettierhelfer** (BRAND, Wertheim) kann für alle Voll- und Messpipetten von 0,1 bis 100 ml verwendet werden (Abb. 2.10). Das Ventilsystem erlaubt ein leichtes Zusammendrücken des Saugbalges. Mit einem kleinen Hebel kann die Aufnahme und Abgabe von Flüssigkeiten feinfühlig geregelt werden. Zum Ansaugen wird der Pipettierhebel nach oben bewegt. Je weiter er nach oben geschoben wird, desto stärker ist die Saugkraft. Bis zu 50 ml können in einem Zuge in 12 Sekunden aufgesaugt werden. Der Meniskus ist leicht einstellbar. Wird der Pipettierhebel nach unten bewegt, läuft die Flüssigkeit ab. Bei Verwendung von Ausblaspipetten wird die Gummiblase zusätzlich einmal gedrückt. Ein

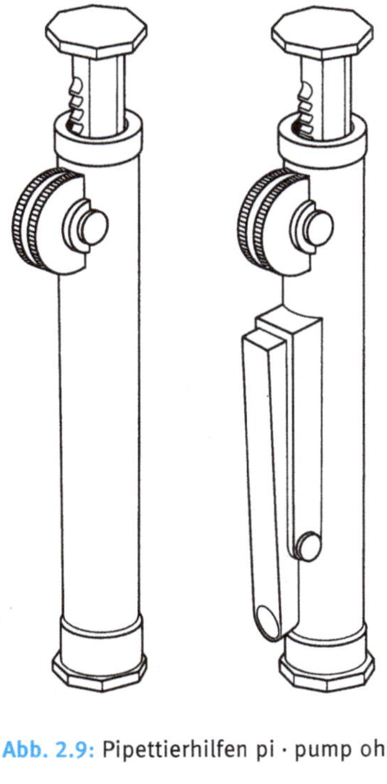

Abb. 2.9: Pipettierhilfen pi · pump ohne und mit Ablaufventil.

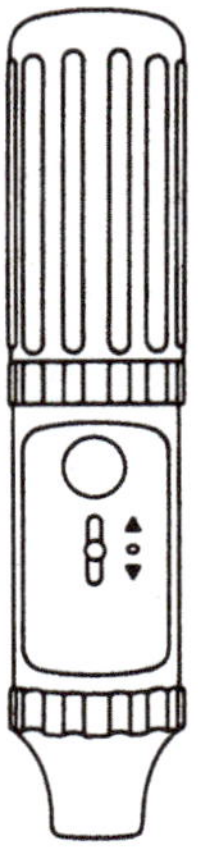

Abb. 2.10: Pipettierhelfer **macro**.

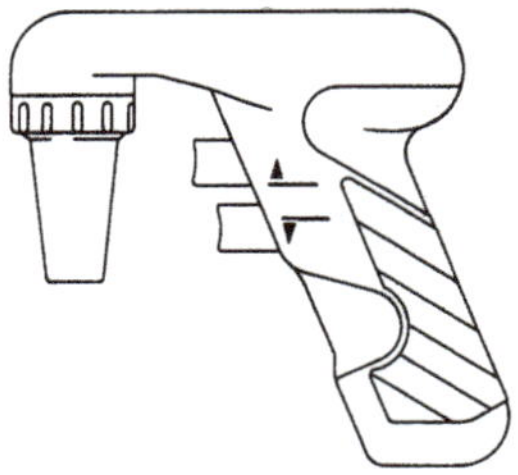

Abb. 2.11: Pipettierhelfer **accu-jet**®.

hydrophobes Membranfilter (3 µm Porenweite) schützt das System gegen eindringende Flüssigkeiten. Da die Flüssigkeitsdämpfe nur mit Silicon, PP und PTFE in Kontakt kommen, ist eine sehr gute Chemikalienbeständigkeit gewährleistet. Das gesamte Gerät ist dampfsterilisierbeständig (121 °C). Für kleinformatige Pipetten (bis 1 ml) ist der **micro-Pipettierhelfer** (BRAND, Wertheim) entwickelt worden. Im Gerät ist eine Abwurfvorrichtung integriert, mit der Einmal-Mikropipetten abgeworfen werden können.

Für das Pipettieren größerer Serien eignen sich elektrisch betriebene Pipettierhilfen (Akku- oder Netzbetrieb). Der **accu-jet**, Piettierhilfe (BRAND, Wertheim) mit Lithium-Batterie ist für alle Voll- und Messpipetten von 0,1 bis 100 ml verwendbar (Abb. 2.11). Mit zwei Funktionsknöpfen können alle Pipettiervorgänge stufenlos gesteuert werden. Langsames und schnelles Aufnehmen bzw. Abgeben durch Auslaufen oder Ausblasen, letzteres mit Motorunterstützung, sowie präzises Einstellen des Meniskus. Das im Pipettenadapter integrierte Rückschlagventil schützt zusammen mit einem hydrophoben Membranfilter (0,2 µm Porendurchmesser) wirksam vor Eindringen von Flüssigkeiten. Flüssigkeitsdämpfe werden durch Druckausgleich nach außen abgeleitet, wodurch das Innere des Gerätes weitestgehend vor Korrosion geschützt wird. Eine Akkuladung reicht für 8 Stunden Dauerpipettieren; die Ladebuchse ist so angebracht, dass auch während des Ladens weitergearbeitet werden kann.

In analoger Weise wie die beschriebenen Geräte arbeiten die Pipettierhelfer der **pipetus**-Reihe (Hirschmann Laborgeräte, Eberstadt) **pipetus-junior** (manuell), **pipetus-micro** (für Pipetten bis 1 ml), **pipetus-akku** (mit stufenweise einstellbarer Pipettiergeschwindigkeit) und **pipetus-standard** (mit Netzgerät) sowie der PIPETBOY acu (INTEGRA Bioscience, Fernwald) und der manuell zu betreibende **Easypet** (Eppendorf Vertrieb, Köln).

Lösungen leicht flüchtiger Gase (NH_3, SO_2) werden nicht angesaugt, sondern besser mithilfe eines Gummihandgebläses in die Pipette hineingedrückt.
Zum **Aufbewahren der Pipetten** benutzt man flache Schalen mit Randkerben zum horizontalen Ablegen oder Gestelle in verschiedenen Ausführungsformen zum senkrechten Einstecken, ferner Kunststoffkörbe, die in Verbindung mit Spülmaschinen verwendet werden können.

Kolbenhubpipetten (Mikroliterpipetten) dienen zum schnellen Pipettieren kleiner Flüssigkeitsvolumina. Nach dem Funktionsprinzip unterscheidet man zwei Typen: Luftpolsterpipetten und Direktverdrängerpipetten [59]. Bei den ersteren befindet sich zwischen dem Kolben der Pipette und der zu pipettierenden Flüssigkeit ein Luftpolster. Bei den Direktverdrängern hat die Flüssigkeit direkten Kontakt zum Kolben der Pipette. Bei beiden Typen wird eine auswechselbare Pipettenspitze aus Polypropylen oder Glas aufgesteckt. Ein weiteres Unterscheidungsmerkmal ist die Ausführungsform als Kolbenhubpipette mit festem Volumen, die zur ausschließlichen Dosierung ihres Nennvolumens, z. B. 100 µl, dient und als solche mit variablem Volumen zur Dosierung eines vom Benutzer wählbaren festgelegten Nutzvolumens, z. B. zwischen 10 µl und 100 µl. Bei den einstellbaren Mikroliterpipetten wird der Kolbenhub durch Verdrehen eines Knopfes oder Rädchens verändert. Das eingestellte Volumen lässt sich digital ablesen. Einige Ausführungsformen zeigt Abb. 2.12.

Der üblicherweise von Kolbenhubpipetten abgedeckte Volumenbereich liegt zwischen 5 µl und 5 ml. So werden beispielsweise unter dem Namen Transferpette® (BRAND; Wertheim) 12 Fix-Modelle im Bereich 5 µl bis 2 ml und 10 Digital-Modelle, von denen jedes eine Zehnerpotenz im Volumen überstreicht, zwischen 0,1 µl und 5 ml angeboten. In der Regel reichen vier variable Geräte aus, um den üblichen Volumenbereich abzudecken. Die relative Abweichung vom Sollwert des abzumessenden Volumens wird mit < 1 % angegeben. Sie gilt für Wasser von 20 °C. Eine ISO-Norm legt Einzelheiten zur Justierung, Kennzeichnung, zu Grenzen für die Messabweichung und Prüfverfahren fest [60].

Der Pipettenschaft der Luftpolsterpipetten enthält einen Zylinder, in dem ein luftdicht schließender Kolben geführt wird, sowie ein System zur Hubbegrenzung des Kolbens. Der Gesamthub ist durch einen Zwischenanschlag unterteilt. Das Pipettiervolumen wird durch den Zylinderdurchmesser und den Hub vom oberen Endanschlag bis zum Zwischenanschlag bestimmt. Der weitere Hub bis zum unteren Endanschlag gestattet die vollständige Abgabe der zu pipettierenden Flüssigkeit. Auf das untere Ende der Pipette wird eine Spitze aus Polypropylen gesteckt, die allein die Flüssigkeit aufnimmt, sodass diese mit der Pipette selbst nicht in Berührung kommt. Durch wässrige Lösungen wird die Spitze praktisch nicht benetzt. Um aber Verschleppungsfehler sicher auszuschließen, wird beim Übergang zu einer anderen Pipettierflüssigkeit die Spitze durch eine neue ersetzt. Nach dem Aufsetzen der Spitze drückt man die Pipettiertaste bis zum ersten Anschlag, bevor man die Spitze in die Flüssigkeit eintaucht. Nach dem Eintauchen lässt man die

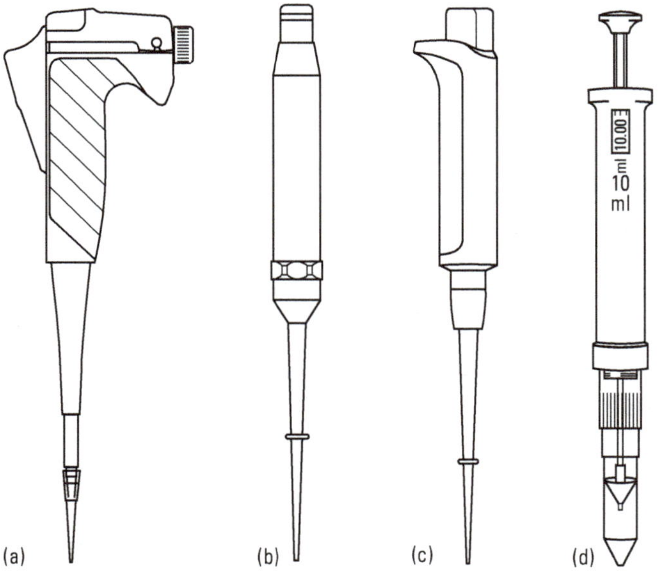

Abb. 2.12: Kolbenhubpipetten.
(a) Transferpette®, BRAND GmbH & Co, Wertheim.
(b) Pipetman® P, Gilson International über ABIMED, Langenfeld.
(c) Finnpipette Digital, Life Sciences International GmbH, Frankfurt am Main.
(d) Transferpettor, BRAND GmbH & Co, Wertheim.

Taste langsam zurückgleiten und saugt durch die Aufwärtsbewegung des Kolbens die Flüssigkeit an. Die Spitze wird an der Wandung des Entnahmegefäßes abgestreift. Zum Entleeren legt man sie an die Wand des schräg gehaltenen Probegefäßes an, drückt die Pippettiertaste langsam bis zum ersten Anschlag und nach ein bis zwei Sekunden weiter bis zum Endanschlag. In dieser Position wird die Pipette an der Wandung aus dem Gefäß gezogen. Danach lässt man die Taste langsam zurückgleiten. Die Pipette ist während des Pipettiervorganges senkrecht zu halten. Ohne aufgesetzte Spitze soll keine Flüssigkeit angesaugt werden, mit gefüllter Spitze soll die Pipette nicht hingelegt werden. Luftpolsterpipetten werden als Einkanal- und auch als Mehrkanalpipetten (mit acht oder zwölf Kanälen) angeboten. Letztere dienen zum Arbeiten in Mikrotiterplatten mit 96 Vertiefungen.

Höchste Genauigkeit beim Pipettieren mit Kolbenhubpipetten wird durch Vermeiden des Einflusses des Luftpolsters erreicht. Das gelingt durch Anwendung des Direktverdrängungsprinzips. Mit diesen Geräten können auch zähflüssige Medien, Flüssigkeiten mit hohem Dampfdruck und zum Schäumen neigende Lösungen pipettiert werden. Abb. 2.12 enthält unter Nr. 4 als Beispiel den Transferpettor (BRAND) für 1 µl bis 10 ml (fest eingestellter Typ) und ab 100 µl als variabler Typ. Der Kolben saugt die Flüssigkeit direkt auf und streift sie beim Ausstoßen vollständig ab. Für kleine Volumina werden Glaskapillaren verwendet, bei Volumina ab 200 µl Kunststoffspitzen.

Weitere Gesichtspunkte bei der Unterscheidung von Kolbenhubpipetten sind das Vorhandensein eines integrierten Spitzenabwerfers, die ergonomische Gestaltung der Pipette, die Anordnung der Funktionseinheiten (Pipettiertaste, Volumeneinstellung und Spitzenabwerfer) und die Möglichkeit, die Pipette auf die jeweiligen Arbeitsbedingungen mit oder ohne Werkzeug zu justieren.

Dispenser sind Kolbenhubgeräte, die zum wiederholten schnellen Abmessen vorgewählter, gleich großer Flüssigkeitsvolumina aus Vorratsflaschen – vor allem für Seriendosierungen – entwickelt wurden. Einzelhubdispenser ermöglichen eine einzige Dosierung, Mehrfachdispenser mehrere Dosierungen je Füllhub. Letztere arbeiten zeitsparend, da das wiederholte Aufsaugen entfällt. Die Geräte werden direkt auf einer Vorratsflasche aufgesteckt oder aufgeschraubt. Sie sind auf Ablauf (Ex) für Wasser von 20 °C justiert. Es existieren verschiedene Ausführungsformen: Handdispenser mit fest eingestelltem Dosiervolumen (z. B. 1/2/5/10 ml), solche mit einstellbarem Volumen für verschiedene Bereiche zwischen 0,05 µl und 100 ml, wobei mit einer Anordnung jeweils eine Zehnerpotenz des Volumens überstrichen wird. Das manuell mit einem Schiebeschalter eingestellte Volumen kann an einer Skala auf dem Kolbenschaft des Gerätes abgelesen oder digital angezeigt werden. Abb. 2.13 zeigt ein Beispiel. Auch akkubetriebene Handdispenser werden angeboten. Vom Hersteller wird die Richtigkeit im Allgemeinen mit 0,5 % (bezogen auf das Endvolumen) und die Reproduzierbarkeit mit 0,1 % angegeben. Die ISO-Norm [60] legt die Grenzen für die systematische und für die zufällige Messabweichung für Einzelhubdispenser von 10 µl bis 200 ml und für Mehrfachdispenser von 1 µl bis 200 ml fest.

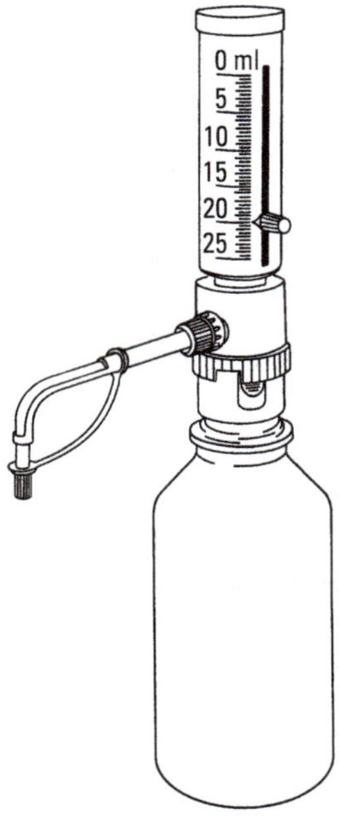

Abb. 2.13: Dispenser (Dispensette, BRAND, Wertheim).

Dilutoren sind ebenfalls Kolbenhubgeräte, die zur Herstellung von Flüssigkeitsgemischen mit dem Ziel der Verdünnung dienen. Sie werden zur Zeitersparnis beim Analysieren großer Serien eingesetzt. Die Verdünnungsflüssigkeit wird bis zu einem festgelegten Volumen aus einem Vorratsgefäß in den Zylinder gesaugt, anschließend wird das vorgewählte Volumen der Probeflüssigkeit aus einem zweiten Gefäß aufgenommen. Das kann durch eine zweite Bewegung des Kolbens erfolgen oder durch ein zweites Kolben- und Zylindersystem. Bei der Abgabe wird zunächst die Probeflüssigkeit ausgestoßen, gefolgt von der Verdünnungsflüssigkeit. Die beiden Volumina werden vor der Aufnahme der Flüssigkeiten eingestellt, sodass sich das gewünschte Verdünnungsverhältnis ergibt. Die Justierung ist mit Wasser der Bezugstemperatur 20 °C vorzunehmen, sie erfolgt für die Probeflüssigkeit auf Einguss (In), für die Verdünnungsflüssigkeit auf Ablauf (Ex). Die Grenzen für die systematische und die zufällige Messabweichung sind für die Nennvolumina von 5 µl bis 1 ml für die Probeflüssigkeit und von 50 µl bis 100 ml für die Verdünnungsflüssigkeit in der ISO-Norm 8655 [60] festgelegt.

Büretten

Büretten sind lange zylindrische Glasröhren, die am unteren Ende einen regulierbaren Ablauf besitzen. Der zylindrische Teil von einheitlichem Durchmesser trägt eine Graduierung. Büretten werden auf Ablauf (Ex) justiert.

Eine häufig verwendete Bürette gestattet die Entnahme von 50 ml; sie ist in Zehntelmilliliter unterteilt. Die ersten Büretten waren am unteren Ende mit einem kurzen Stück Gummischlauch versehen, in den ein in eine Spitze auslaufendes Ausflussröhrchen aus Glas geschoben wurde. Der Verschluss erfolgte mit einem **Quetschhahn** (Mohr'sche Bürette). Solche Büretten sind auch heute noch im Handel. Bunsen verwendete statt des Quetschhahnes ein kleines in den Gummischlauch gebrachtes Glasstäbchen. Später wurden **gläserne Schliffhähne** eingeführt, die entweder senkrecht oder seitlich angesetzt sind. Die Glashähne müssen gefettet werden, damit sie dicht sind. Heute sind die Glashähne durch **Hähne mit Küken aus Polytetrafluorethylen** (PTFE) ersetzt. Auch **Feindosierventile** mit einer PTFE-Spindel sind im Handel. Bei der Verwendung von Kunststoffküken besteht nicht die Gefahr, dass die Messflüssigkeit und die Glaswand durch Hahnfett verunreinigt werden. Abb. 2.14 zeigt verschiedene Ausführungsformen.

Für die Entnahme kleinerer Volumina finden **Mikrobüretten** mit 2, 5 oder 10 ml Inhalt Anwendung (Abb. 2.15). Sie weisen in der Regel Teilungen von 0,01 ml oder 0,02 ml auf. Aus dem Vorratsgefäß kann die Bürette über ein Füllrohr mit Hahn leicht nachgefüllt werden.

Bequemes Füllen gestatten ebenfalls die Büretten auf Vorratsflaschen, die als **Titrierapparate** bezeichnet werden (Abb. 2.16). Die Vorratsflasche fasst ein oder zwei Liter. Mit einem Gummihandgebläse, das auf den seitlichen Ansatzstutzen geschoben wird, lässt sich die Flüssigkeit durch das Füllrohr in die Bürette drü-

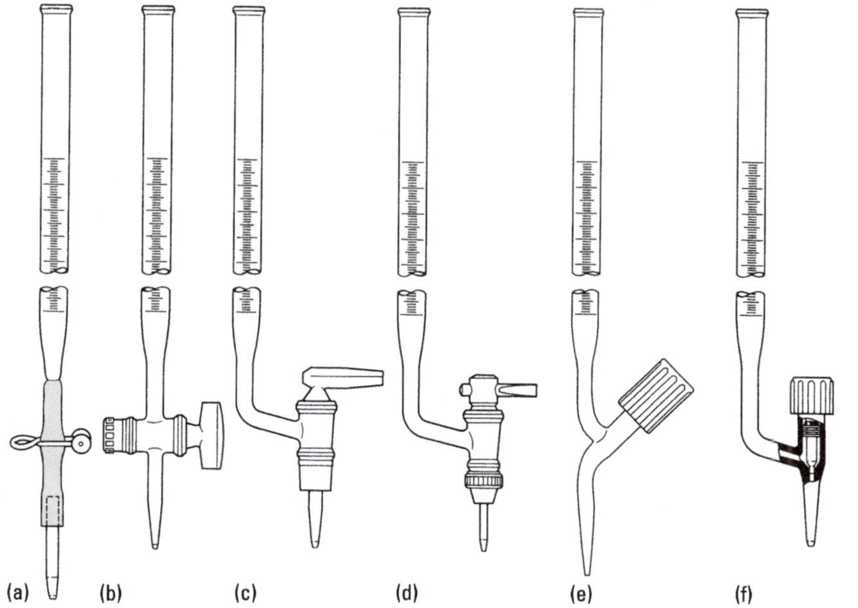

Abb. 2.14: Bürettenhähne.
(a) Gummischlauch mit Quetschhahn.
(b) Gerader Hahn, Glas.
(c) Seitlicher Hahn, konventionelle Form, Glas.
(d) Seitlicher Hahn, konventionelle Form, PTFE.
(e) Gerader Hahn mit PTFE-Ventilspindel.
(f) Seitlicher Hahn mit PTFE-Ventilspindel.

cken. Die Einstellung auf die Nullmarke erfolgt automatisch durch selbstständiges Abhebern der überstehenden Flüssigkeit (Vorrichtung nach Pellet). Diese Büretten werden ohne und mit Zwischenhahn gefertigt.

Besonders geeignet für den Einsatz im Betrieb und bei Felduntersuchungen sind Titrierapparate nach Schilling (Abb. 2.17). Mit ihnen kann man robust umgehen und trotzdem präzise Titrationen ausführen. Sie bestehen aus einer Vorratsflasche aus Polyethylen in einem Plastikfuß und einer Bürette mit Pellet-Oberteil, die durch eine Halteklemme miteinander verbunden sind. Die Maßlösung wird der Bürette über ein Steigrohr aus Polyvinylchlorid aus der Vorratsflasche zugeführt. Die Füllung der Bürette erfolgt durch leichten Druck auf die Flasche. Bürette und Auslaufröhrchen mit Spitze sind durch einen Kunststoffschlauch verbunden, der im Bürettenhalter durch eine Feder verschlossen wird. Ein Druckknopf gestattet schnelles Titrieren (Abb. 2.18a), eine vorklappbare Mikroschraube erlaubt die tropfenweise Zugabe der Titrierflüssigkeit (Abb. 2.18b). Ausführungen sind mit Büretten von 10, 15, 25 und 50 ml Inhalt sowie Vorratsflaschen von 500 und 1000 ml Fassungsvermögen erhältlich.

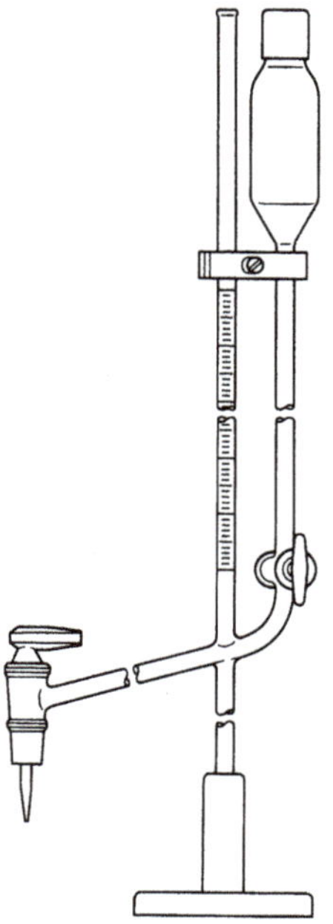

Abb. 2.15: Mikrobürette.

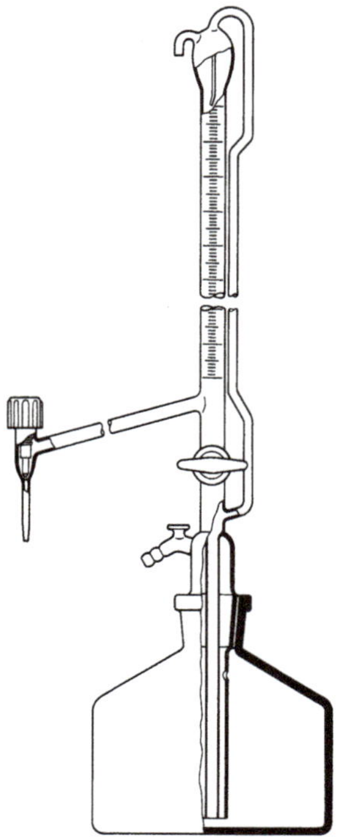

Abb. 2.16: Titrierapparat.

Auch bei Büretten werden **Genauigkeitsklassen** unterschieden [61]: **Klasse A** (enge Fehlergrenzen, Ringteilung, keine Wartezeit), **Klasse AS** (enge Fehlergrenzen, Ringteilung in den Hauptpunkten, verkürzte Ablaufzeit, 30 s Wartezeit) und **Klasse B** (doppelte Fehlergrenzen wie für Klassen A und AS, Strichteilung, keine Wartezeit). Wie bereits bei den Pipetten ausgeführt (s. S. 17) werden heute statt Büretten der Klasse A solche der Klasse AS eingesetzt. Die maximale Skalenlänge, der Teilstrichmindestabstand sowie Teilstrichlänge und -breite sind vorgeschrieben. Tab. 2.6 gibt eine Übersicht über die handelsüblichen Größen, die Fehlergrenzen und Ablaufzeiten.

Wie bei den anderen Messgeräten werden von den Geräteherstellern Büretten angeboten, deren Toleranzen kleiner sind als für die Klasse B vorgegeben; für sie werden die 1,5-fachen Werte der Fehlergrenzen der Klasse A garantiert.

Die Fehlergrenze ist die größte zulässige Abweichung. Sie gilt sowohl für das Gesamtvolumen als auch für jedes Teilvolumen. Damit die relative Abweichung jedoch nicht zu groß wird, soll das abzumessende Flüssigkeitsvolumen mindestens $\frac{1}{5}$ des Nennvolumens betragen. Unter der **Ablaufzeit** ist die Zeitspanne zu verstehen, die bei vollständig geöffnetem Bürettenhahn zum ununterbrochenen Auslaufen der Bürette von der Nullmarke bis zum Skalenendwert benötigt wird.

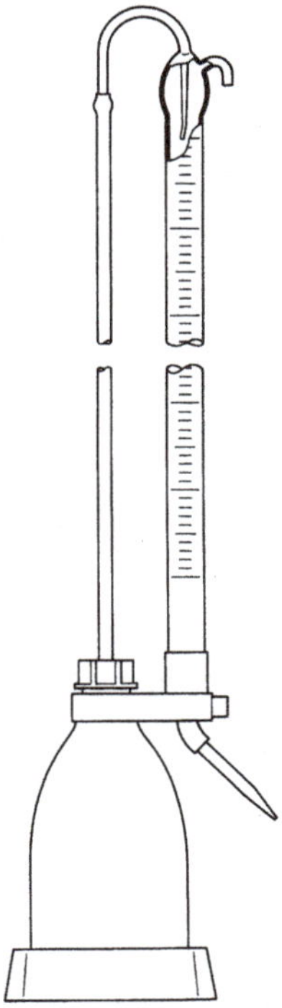

Abb. 2.17: Titrierapparat nach Schilling.

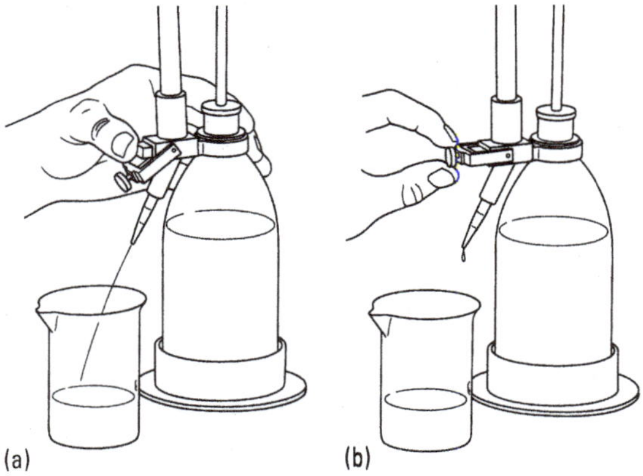

Abb. 2.18: Apparat nach Schilling. (a) schnelles, (b) tropfenweises Titrieren.

Bei den Messkolben und Pipetten wurden bereits die **Aufschriften** zusammengestellt, die auf Volumenmessgeräten aus Glas anzubringen sind oder angebracht werden dürfen (vgl. S. 12 und 19 f.). Sie gelten sinngemäß für Büretten. Das Justierzeichen ist Ex für Büretten der Klassen A und B und Ex + 30 s für solche der Klasse AS. Die Glasart, aus der die Bürette hergestellt ist, wird durch Angabe des Glastyps

Tab. 2.6: Büretten und ihre Fehlergrenzen.

Nennvolumen ml	Skalenteilung ml	Fehlergrenzen	
		Klasse A und AS ml	Klasse B ml
1	0,01	±0,006	±0,01
2	0,01	±0,01	±0,02
5	0,01	±0,01	±0,02
5	0,02	±0,01	±0,02
10	0,02	±0,02	±0,05
10	0,05	±0,03	±0,05
25	0,05	±0,03	±0,05
25	0,10	±0,05	±0,10
50	0,10	±0,05	±0,10
100	0,20	±0,10	±0,20

Ablaufzeiten.

Nennvolumen ml	Skalenteilung ml	Ablaufzeiten			
		Klasse A		Klasse B	
		s min.	s max.	s min.	s max.
1	0,01	20	50	20	50
2	0,01	15	45	10	45
5	0,01	20	75	20	65
5	0,02	20	75	20	65
10	0,02	75	95	40	95
10	0,05	75	95	45	75
25	0,05	70	100	30	70
25	0,10	35	75	30	70
50	0,10	50	100	40	100
100	0,20	60	100	30	100

Ablaufzeiten für Büretten der Klasse AS.

Nennvolumen ml	Skalenteilung ml	Ablaufzeiten	
		s min.	s max.
2	0,01	8	20
5	0,01	15	25
5	0,02	15	25
10	0,02	35	45
10	0,05	35	45
25	0,05	35	45
25	0,10	35	45
50	0,10	35	45

oder durch eine Farbkennzeichnung vermerkt (Borosilicatglas: grün; Soda-Kalk-Glas: schwarz). Das Verbandszeichen DIN ist durch die Aufschrift ISO 385 ersetzt.

Zum Gebrauch wird die Bürette senkrecht in ein Stativ eingespannt und mithilfe eines kleinen Trichters gefüllt. Durch kurzes Öffnen des Hahnes verdrängt man die Luft aus dem unteren verengten Rohr und der Hahnbohrung. Die Flüssigkeit soll danach etwa 5 mm über der Nullmarke stehen. Dann öffnet man den Hahn vorsichtig und lässt die Flüssigkeit bis zur Nullmarke ab. Ein an der Ablaufspitze anhaftender Tropfen wird an der Wand eines Becherglases abgestreift. Nach dieser Einstellung kann die Abmessung des gewünschten Flüssigkeitsvolumens erfolgen bzw. die Titration durchgeführt werden. Dazu öffnet man den Hahn vollständig und lässt die Flüssigkeit bis etwa 5 mm oberhalb des gewählten Teilstriches ablaufen bzw. bis kurz vor Erreichen des Indikatorumschlags in die zu titrierende Lösung einlaufen. Büretten sind im Gegensatz zu Pipetten so justiert, dass sie frei ablaufen müssen und nicht an der Wandung eines schräg gehaltenen Gefäßes anliegen dürfen. Nach Schließen des Hahnes wartet man bei Büretten der Klasse AS 30 s lang und lässt dann die Flüssigkeit bis zur gewünschten Markierung ab bzw. titriert tropfenweise bis zum Farbumschlag. Bei Büretten der Klassen A und B entfällt die Wartezeit. Anschließend streift man die Spitze an der Innenwandung des Glases ab und spült mit einer Spritzflasche nach. Die Ablesung des Flüssigkeitsstandes hat – wie bei den anderen Volumenmessgeräten – an der Stelle zu erfolgen, an der eine durch den tiefsten Punkt des Meniskus senkrecht zur Achse der Bürette gelegte Ebene deren Wandungen schneidet. Das Auge muss sich dabei in gleicher Höhe mit dem Meniskus befinden, um Parallaxenfreiheit zu gewährleisten. Diese Forderung lässt sich leicht kontrollieren, wenn die Bürette eine Ringteilung aufweist. Dann müssen sich der vordere und der rückwärtige Teil der Marke decken. Auch wenn der Teilstrich nur halb um die Bürette herumgeführt ist, lässt sich der Parallaxenfehler vermeiden. Am Titrationsendpunkt stellt sich der Meniskus meistens nicht genau auf einen Teilstrich ein. Man orientiert sich dann an den unter und über dem Meniskus liegenden Teilstrichen und schätzt das dazwischen befindliche Volumen ab. Eine Bürette von 50 ml Inhalt beispielsweise ist auf Zehntelmilliliter ablesbar (vgl. Tab. 2.6), Hundertstelmilliliter müssen geschätzt werden.

Häufig erschweren Reflexionserscheinungen im Flüssigkeitsspiegel die genaue Ablesung der Bürette. Eine Erleichterung bietet die **Visierblende** nach Göckel. Sie besteht aus einem Kartonstück, dessen obere Hälfte weiß, dessen untere Hälfte schwarz ist. Hält man die schwarz-weiße Trennungslinie ein wenig unterhalb des Meniskus, verringert man die störenden Lichtreflexe (Abb. 2.19a). Es wird auch empfohlen, ein entsprechendes Stück Papier mit Schlitzen zu versehen und über die Bürette zu ziehen (Abb. 2.19b).

Leichter ablesen lassen sich Büretten mit **Schellbachstreifen**. Das ist ein breiter weißer Streifen mit einem schmalen blauen Streifen in der Mitte, der auf der Rückwand der Bürette aufgedruckt ist. Die Berührungsstelle der Spiegelbilder, die von der oberen und der unteren Fläche des Meniskus erzeugt werden, erscheint

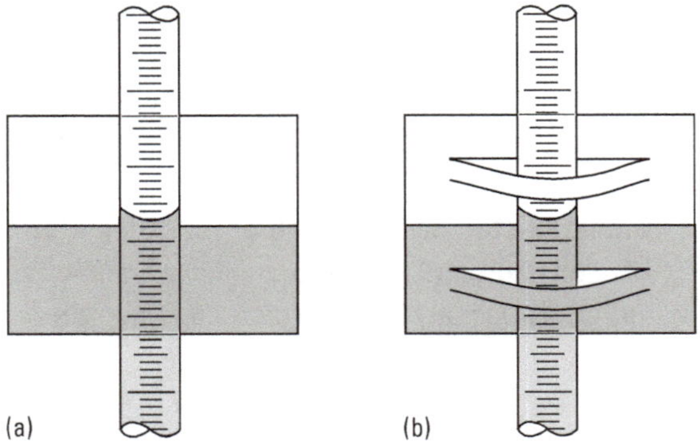

Abb. 2.19: Visierblende.

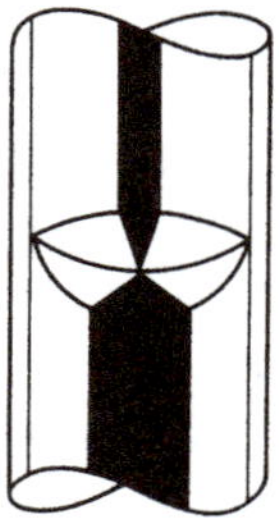

Abb. 2.20: Meniskus in einer Schellbachbürette.

als Einschnürung des blauen Streifens in Form zweier unterschiedlich breiter Keile (Abb. 2.20). Die Ablesung erfolgt in der Ebene, in der sich die beiden Keilspitzen berühren; sie erfordert aber auch die richtige Augenhöhe.

Folgende **allgemeine Regeln über die Behandlung von Büretten** sollten beachtet werden: Alkalische Lösungen lässt man nicht in der Bürette stehen, da sie das Glas angreifen und ein Glashahn sich festfressen kann. Verdunsten der Lösungen und Verstauben der Büretten lassen sich vermeiden, wenn man sie mit einem geeigneten Reagensglas oder einer im Handel erhältlichen Bürettenkappe aus Polypropylen verschließt. Glashähne an Büretten müssen gefettet werden. Dazu genügt eine winzige Menge Hahnfett (Vaseline, die ober- und unterhalb der Bohrung aufgetragen wird). Es empfiehlt sich, das Küken dünn zu schmieren und es dann abzuwischen, wobei kein Fett in die Hahnbohrung gelangen darf. Der im Schliffbett verbleibende Fettrest genügt; es ist falsch, das Hahnküken zu überfetten. Der Schliff soll gleichmäßig klar aussehen, der Hahn soll sich leicht drehen lassen. Ein festgefressenes Hahnküken löst man nach Entleeren der Bürette vorsichtig durch Eintauchen in heißes Wasser. Danach wird es sorgfältig gereinigt und erneut gefettet. Die Ablaufspitze darf bei all diesen Operationen nicht beschädigt werden, weil sich sonst die Ablaufgeschwindigkeit und damit die Messgenauigkeit ändern.

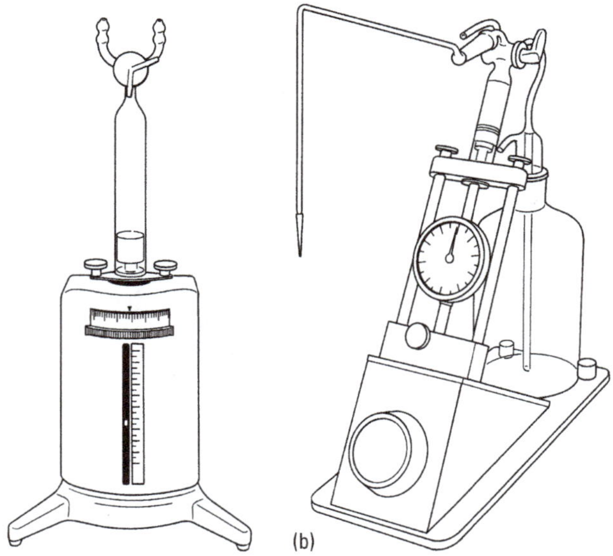

Abb. 2.21: Hand-Kolbenbüretten. (a) Metrohm. (b) Ströhlein.

Kolbenbüretten enthalten einen Präzisionsglaszylinder mit PTFE-Kolben als Dosiereinheit. Bei den ersten **Hand-Kolbenbüretten,** von denen Abb. 2.21 zwei Beispiele zeigt, war dieses Bauteil auf ein Untergestell mit den Ableseskalen und Bedienungselementen montiert. Ein Dreiwegehahn gestattete die Entnahme der Reagenslösung aus dem Vorratsgefäß beim Zurückgleiten des Kolbens (Füllen) und nach Drehen des Hahnes die Abgabe in die vorgelegte Lösung (Dosieren, Titrieren). Durch die Führung des Kolbens an einer Spindel konnte das Volumen als Spindelhub gemessen werden. Eine Spindelumdrehung lässt sich nach dem Prinzip der Mikrometerschraube sehr hoch auflösen und daher präzise messen. Die Ablesung erfolgte an einer senkrechten Grobskale und an einer waagrechten Feinskale, deren Teilstriche 0,1 % des Gesamtvolumens von 5, 10, 20 oder 50 ml entsprachen (Metrohm AG, Herisau, Schweiz, vgl. Abb. 2.21a) bzw. an einer Messuhr mit zwei ineinander liegenden Skalen bis 5 ml mit Unterteilung in 0,002 ml (früher Ströhlein GmbH & Co. Düsseldorf; vgl. Abb. 2.21b). Wechseleinheiten ermöglichten den Austausch der Reagenslösung und/oder des Zylindervolumens. Parallaxen- und Nachlauffehler können bei Kolbenbüretten nicht auftreten. Diese Geräte sind nur noch von historischem Interesse.

Die apparative Entwicklung führte in den achtziger Jahren des 20. Jahrhunderts von diesen einfachen Kolbenbüretten zu den manuell betriebenen **Kolbenbüretten mit Digitalanzeige**, deren Präzision aber immer noch Einflüssen durch die individuelle Arbeitsweise bei der Kolbenführung unterliegt, weiter zu den durch einen Akku oder eine Batterie betriebenen Büretten, die heute von verschiedenen Herstellern angeboten werden. Sie stehen zwischen den klassischen Glasbüretten

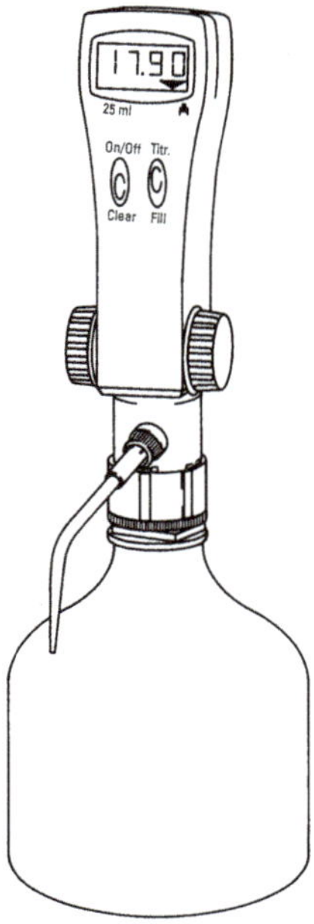

Abb. 2.22: Bürette Digital III (BRAND, Wertheim).

und den teuren Motorbüretten, die in den **automatischen Titratoren** Verwendung finden, bei denen die Zugabe der Maßlösung von einem elektrischen Signal gesteuert wird. Das Steuersignal ergibt sich aus der laufenden Messung einer elektrischen oder optischen Größe in der Lösung (vgl. S. 351).

Als Beispiel sei die Bürette Digital III (BRAND, Wertheim) erwähnt (Abb. 2.22). Sie wird auf eine Vorratsflasche, die die Maßlösung enthält, aufgeschraubt. Mit einer Taste wird von „Füllen" auf „Titrieren" umgeschaltet. Zwei Handräder gestatten die stufenlose Regulierung der Titriergeschwindigkeit von schnell bis tropfenweise. Eine LCD-Anzeige gibt das verbrauchte Volumen der Maßlösung an. Die Bürette ist mit einer schnellen Kalibrierungstechnik ausgestattet. Die Lithium-Batterie reicht nach Herstellerangaben für 60 000 Titrationen ohne Nachladen. Für die Nennvolumina 25 ml und 50 ml mit einer Auflösung von 0,01 ml wird die Richtigkeit zu 0,2 % und die Präzision als Variationskoeffizient zu 0,1 % angegeben.

Die solarbetriebene Digitalbürette solarus® (Hirschmann Laborgeräte, Eberstadt) wird von einer eingebauten Solarzelle gespeist, für deren Betrieb die Lichtstärke von 500 Lux ausreicht.

Die messtechnischen Anforderungen für Kolbenbüretten sind in der ISO-Norm 8655 [60] festgelegt.

Wägebüretten bieten die Möglichkeit, die zum Erreichen des Titrationsendpunktes erforderliche Maßlösung ihrer Masse nach zu bestimmen. Zu dem Zweck wird die Bürette mit der Reagenslösung vor Beginn und nach Beendigung der Titration gewogen. Diese methodische Variante heißt **Wägetitration.** Dass dabei nicht

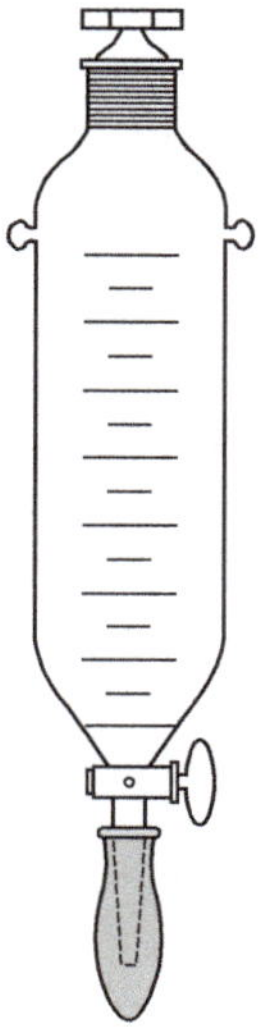

Abb. 2.23: Wägebürette.

das Volumen der Maßlösung, sondern ihre Masse ermittelt wird, scheint im Widerspruch zum Wesen der Maßanalyse zu stehen. Ihr charakteristisches Merkmal aber bleibt erhalten: Die Bestimmung erfolgt über das Reagens, nicht über das Reaktionsprodukt.

Zahlreiche Vorrichtungen wurden im vorigen Jahrhundert als Wägebüretten vorgeschlagen. Ihre verschiedenen Bauprinzipien seien an einigen Beispielen erläutert: Abb. 2.23 zeigt eine von Friedman und LaMer [62a] beschriebene Wägebürette mit Einfüllöffnung und Ablaufhahn, die in eine Schalenwaage eingehängt werden kann. Bei der Titration wird sie von einer Stativklammer gehalten und wie eine normale Bürette benutzt. Die Graduierung dient nur zur Orientierung, für die eigentliche Messung ist sie ohne Bedeutung. Die einfachste und preiswerteste Bürette für die Wägetitration ist eine Polyethylenspritzflasche [62b], deren Auslaufspitze so ausgezogen wurde, dass die Tropfen hinreichend klein sind. Szebelledy und Clauder [62c] benutzten für Titrationen im Mikromaßstab eine Injektionsspritze mit 2 ml Inhalt in einer Stativhalterung mit Schraubenspindel als Wägebürette. Eine von Rellstab [62d] angegebene Anordnung gestattet, die entnommene Flüssigkeit während der Titration unter Verwendung einer Oberschalenwaage kontinuierlich zu messen. Die historische Entwicklung der Wägetitration und der dazu benutzten Geräte beschreiben Kratochvil und Maitra [62e].

Der große Vorteil der Wägetitration ist in der besseren Präzision der Ergebnisse zu sehen. Während man beim Ablesen einer auf 0,1 ml unterteilten Bürette mit einer Ableseunsicherheit von 0,02 ml rechnen muss, lässt sich auf einer Makro-Analysenwaage die Ablesung auf 0,1 mg vornehmen. Selbst wenn man eine Wägeunsicherheit von 1 mg annimmt, entspricht diese nur einer Volumenabweichung von etwa 0,001 ml. Daraus folgt für die Wägetitration eine Präzision, die mindes-

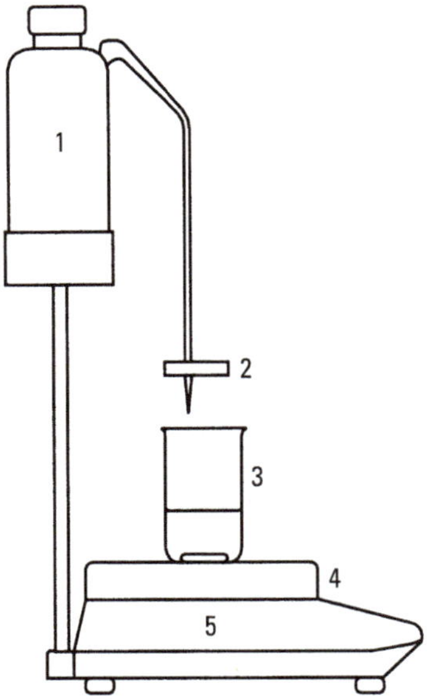

Abb. 2.24: Gravimetrisches Titriergerät.
(1) Vorratsbehälter (Maßlösung).
(2) Dosiervorrichtung.
(3) Becherglas mit Rührstab.
(4) Waagschale mit Magnetrührer.
(5) Präzisionswaage mit integriertem Computer.

tens um eine Größenordnung besser ist. Weitere Vorteile liegen darin, dass der Einfluss der Volumenänderung bei Temperaturabweichungen und der Einfluss des Nachlaufes bei Verwendung viskoser Lösungen sowie die Schwierigkeiten, die bei der Meniskusablesung auftreten können, wegfallen. Ein Nachteil ist die umständlichere Handhabung bei diskontinuierlicher Arbeitsweise. Der größere Zeitaufwand für eine Wägung gegenüber einer Volumenmessung lässt sich durch Verwendung einer modernen elektronischen Wägetechnik weitgehend ausgleichen bzw. wesentlich reduzieren. Saur und Spahn [62f] beschreiben eine Messanordnung aus einer mikroprozessorgesteuerten Waage, in deren Waagschale ein Magnetrührer integriert ist, und einer einfachen Dosiervorrichtung (Abb. 2.24). Auf der Waage werden alle Arbeitsschritte (Tarawägung des Titrationsgefäßes mit Rührstab, Einwaage der Probe, Zusätze von Reagentien, Verdünnungen, Rühren während der Titration, Auswaage nach Zusatz der Maßlösung) ohne Ortswechsel vorgenommen. Das Mikroprozessorsystem speichert die Massen der vorgelegten Probe und der verbrauchten Maßlösung, verrechnet die Werte mit dem abgespeicherten stöchiometrischen Faktor für die Bestimmung und zeigt das Ergebnis der Titration an. Mit einem Messwertdrucker, der an der Schnittstelle der Waage angeschlossen ist, lassen sich die Titrationswerte protokollieren. Als Dosiereinheit kann eine einfache Spritzflasche oder ein Vorratsgefäß mit Schlauch und Quetschhahn oder Magnetventil dienen.

Über Maßlösungen für Wägetitrationen s. S. 59.

2.1.2 Reinigung und Trocknung

Messgeräte, aber auch Bechergläser, Kolben, Schalen usw., die man für quantitativ-analytische Arbeiten benutzt, müssen vollständig sauber sein. Bei den Messgeräten muss sog. **fettfreies Ablaufen** gewährleistet sein. Das erkennt man daran, dass die Glaswand gleichmäßig von der Flüssigkeit benetzt wird. Ungleichmäßige Benetzung macht sich beim Ablaufen am Aufreißen des Flüssigkeitsfilmes unter Bildung von unregelmäßigen Streifen oder von Tröpfchen bemerkbar. Am häufigsten werden die Geräte durch Fett verunreinigt. Ein Fettfilm bewirkt eine geringere Benetzung der Wandung und hat bei Büretten und Pipetten Messfehler wegen einer ungewissen Vergrößerung des abgegebenen Volumens zur Folge. Deshalb soll ein Bürettenhahn aus Glas nur sehr wenig gefettet werden; vor allem darf kein Fett in die Bohrung des Hahnkükens gebracht werden (vgl. S. 28). Günstiger sind Hähne mit Teflonküken, die nicht gefettet zu werden brauchen und daher allgemeine Verbreitung gefunden haben.

Laborgeräte aus Glas und Kunststoff können manuell im Tauchbad oder maschinell in der Laborspülmaschine gereinigt werden. Um die Reinigung schonend vorzunehmen, sollte diese unmittelbar nach dem Gebrauch bei niedriger Temperatur (< 70 °C), geringer Alkalität (< pH 12) und kurzer Einwirkzeit (ca. 2 h) erfolgen. Laborgeräte dürfen nie mit abrasiven Scheuermitteln oder -schwämmen bearbeitet werden, weil dadurch die Oberfläche verletzt werden würde. Häufiges Reinigen der Volumenmessgeräte aus Glas mit stark alkalischen Medien bei hohen Temperaturen und langen Einwirkzeiten führt zur Volumenänderung durch Glasabtrag und zur Zerstörung der Graduierung. Zur Reinigung dienen Wasser, verdünnte und konzentrierte Säuren und Laugen sowie Detergentien. Die Verwendung von **Detergentien** hat sich in steigendem Maße durchgesetzt, weil sie gefahrlos gehandhabt werden können, die Geräte nicht angreifen, schonend für Haut und Kleidung sind und nicht zur Kontamination des Abwassers mit Schwermetallen beitragen, andererseits aber schnell und gründlich reinigen, da sie viele Arten von Schmutz sowie Fett gut lösen. Es sind viele Detergentiengemische im Handel, die speziell für die Reinigung von Laborgeräten angeboten werden (z. B. Extran, Mucasol, RBS, Tween).[8] Durch Verwendung dieser Gemische aus einer optimalen Kombination von organischen Alkaliträgern, Tensiden, Komplexbildnern und Korrosionsinhibitoren kann sogar auf die Reinigung mit Dichromat-Schwefelsäure mit ihrem hohen Gefährdungspotential für Mensch und Umwelt verzichtet werden.

Nach den Richtlinien zur Unfallverhütung für Laboratorien [58] dürfen hochreaktive Reinigungsmittel (z. B. konzentrierte Säuren und Dichromat-Schwefelsäure) nur dann verwendet werden, wenn andere Mittel sich als ungeeignet erwiesen

8 Die Namen sind eingetragene Warenzeichen.

haben. Vor ihrer Verwendung ist festzustellen, ob die Reste im Gefäß mit dem Reinigungsmittel nicht in gefährlicher Weise reagieren.

Zu diesen früher häufig benutzten hochreaktiven Mitteln gehören außer der Dichromat-Schwefelsäure (eine Lösung von Natriumdichromat in konzentrierter Schwefelsäure) die Chromsalpetersäure (eine Lösung von Kaliumdichromat in konzentrierter Salpetersäure), rauchende Salpetersäure und ein Gemisch aus konzentrierter Schwefelsäure und rauchender Salpetersäure.

Auch alkalische Lösungen eignen sich als Entfettungsmittel. Vorgeschlagen wurden alkoholische und wässrige Kalilauge sowie Natronlauge, ferner alkalische Permanganatlösung, hergestellt durch Mischen von gesättigter Kaliumpermanganatlösung mit dem gleichen Volumen Natronlauge (Massenanteil 20 %). Da alkalische Lösungen Glas angreifen, sollten sie zur Reinigung von Messgeräten nicht verwendet werden.

Bewährt hat sich jedoch die Behandlung mit neutraler gesättigter Kaliumpermanganatlösung (64 g/l) und anschließende Nachbehandlung mit konzentrierter Salzsäure. Das entstehende Chlor bewirkt im statu nascendi eine besonders gründliche Oxidation.

Nach der Behandlung mit Reinigungsmitteln werden die Gefäße sorgfältig mit Leitungswasser und danach mit deionisiertem Wasser gespült. Werden alkalische Lösungen zum Reinigen verwendet, ist nach dem ersten Waschen mit Wasser eine Zwischenspülung mit Säure erforderlich.

Die Messgefäße können getrocknet werden, indem man mithilfe einer Wasserstrahlpumpe einen kräftigen Luftstrom hindurchsaugt. Um sie vor Eindringen von Staub zu schützen, wird die Luft durch ein Stück Filtrierpapier, das man am offenen Ende ansaugt, gefiltert. Vorheriges Ausspülen der Gefäße mit Ethanol oder besser Aceton beschleunigt den Trockenvorgang. Das ist jedoch nur sinnvoll, wenn diese Lösemittel keine Fettspuren gelöst enthalten. Das zeitraubende Trocknen der Pipetten und Büretten lässt sich umgehen, wenn man die Gefäße mehrmals mit einigen Millilitern der Lösung ausspült, die abgemessen werden soll.

Die Frage, ob Messgeräte aus Glas ohne Einbuße an Messgenauigkeit erhitzt werden dürfen, wird in fast allen Praktikumsbüchern verneint. Vom Trocknen durch Erwärmen, z. B. im Trockenschrank, wird abgeraten, weil sich dabei das Gefäßvolumen ändert und das ursprüngliche Volumen nur sehr langsam oder gar nicht wieder einstellt. Glasgerätehersteller argumentieren dagegen [55], dass die thermische Ausdehnung einwandfrei getemperter Gläser vollständig reversibel ist, sodass nach dem Erkalten keine Volumenveränderung festzustellen ist. Allerdings darf das Glas nicht so hoch erhitzt werden, dass Deformationen infolge Erweichung auftreten. Sind danach bei trockenen Gläsern keine nachteiligen Folgen zu erwarten, so kann beim Erhitzen nassen Glases der hydrolytische Angriff des Wassers auf die Glasoberfläche bei höheren Temperaturen zu ihrer Aufrauung und damit zur Änderung der Ablaufeigenschaften und Beeinträchtigung der Messgenauigkeit führen. Will man ein Glasgefäß auf höhere Temperaturen erhitzen, sollte es unterhalb 100 °C so lange vorgetrocknet werden, bis das Wasser verdunstet ist; erst dann sollte man die Temperatur steigern. Einige Herstellerfirmen geben an, dass ihre Volumenmessgeräte bis 180 °C erhitzt werden dürfen.

Allerdings sollte man vermeiden, dass durch plötzlichen Temperaturwechsel thermische Spannungen entstehen. Darum wird angeraten, die Glasgeräte in den kalten Trockenschrank zu legen und langsam aufzuheizen. Nach dem Trocknen sollte man den Ofen langsam abkühlen lassen.

2.1.3 Prüfung von Messgeräten

Die genaueste Methode zur Messung des Volumens einer Flüssigkeit ist die Wägung. Deshalb wird die Kalibrierung bzw. Justierung der Volumenmessgeräte durch Auswägen von Wasser vorgenommen. Unter **Kalibrieren** versteht man die Ermittlung der Abweichung des Messwertes vom vorgegebenen Sollwert (Nennvolumen) ohne Eingriff in das System, unter **Justieren** die Einstellung des Messgerätes nach dem Kalibrieren mit technischen Maßnahmen, sodass die geforderte Toleranz, d. h. die maximale Abweichung oder Grenzabweichung eingehalten oder wieder hergestellt wird. Die Justierung der Glasgeräte bei der Herstellung erfolgt mithilfe computergesteuerter Anlagen vollautomatisch. **Eichen** dagegen im Sinne einer amtlichen Überprüfung des Messgerätes dürfen nur die staatlichen Eichämter. Die dem Volumen V entsprechende Masse m wird aus der Dichte ρ bei der Messtemperatur nach $m = \rho \cdot V$ berechnet. Zur Justierung füllt man die dem Nennvolumen entsprechende Masse der Flüssigkeit in das Messgefäß und legt die Ringmarke (neu) fest. Man kann auch die Masse der Flüssigkeit, die sich bei Füllung bis zur Marke in dem Gefäß befindet, durch Wägung bestimmen und daraus das tatsächliche Volumen berechnen. Die Volumenberechnung erfolgt unter Berücksichtigung der thermischen Ausdehnung des Messgefäßes, die Massebestimmung unter Berücksichtigung des Luftauftriebs bei der Wägung.

2.2 Lösungen für die Maßanalyse

Wie einleitend erläutert wurde (vgl. S. 2), enthält eine Maßlösung als Titriermittel ein Reagens in bekannter Konzentration, das sich bei der Titration quantitativ mit dem zu bestimmenden Stoff in der Analysenlösung umsetzt. Die Konzentration der Maßlösung lässt sich im Prinzip beliebig wählen, doch ist es sinnvoll, sie der zu erwartenden Stoffmenge in der Probelösung anzupassen. Setzt man eine Maßlösung zu kleiner Konzentration ein, wird das für die Titration benötigte Volumen zu groß. Verwendet man eine zu konzentrierte Lösung, wird bis zum Äquivalenzpunkt nur wenig verbraucht, sodass der relative Ablesefehler große Werte annehmen kann.

2.2.1 Empirische Lösungen, Normallösungen, Maßlösungen

Als die Entwicklung der Maßanalyse in den ersten Jahrzehnten des 19. Jahrhunderts begann (vgl. S. 361), setzte man die Reagenslösungen so an, dass ein Liter der Lösung einem oder einigen Gramm der zu bestimmenden Substanz entsprach.

So entwickelte Gay-Lussac im Jahre 1832 ein Verfahren zur Titration von Silberionen mit einer Natriumchloridlösung (vgl. S. 153), von der 1 Liter gerade 5 g Silber anzeigte. Margueritte, der 1846 das Kaliumpermanganat in die Maßanalyse einführte, beschrieb eine „Chamaeleonlösung", von der 1 Liter gerade 10 g Eisen entsprach. Der Vorteil dieser Lösung lag darin, dass bei einer Einwaage von 1 g einer eisenhaltigen Substanz und bei Benutzung einer damals üblichen Bürette von 100 ml Inhalt nach der Titration der aufgelösten Probe der Massenanteil an Eisen in Prozent direkt an der Bürette abgelesen werden konnte.

Die Unzweckmäßigkeit solcher **empirischer Lösungen** erwies sich aber in dem Maße, in dem man erkannte, dass mit Kaliumpermanganatlösung nicht nur Eisen, sondern auch andere Substanzen, wie Wasserstoffperoxid, salpetrige Säure, Oxalsäure usw., titriert werden können. Wollte man so wie Margueritte beim Eisen verfahren, müsste man für jede dieser Substanzen eine besondere Maßlösung bereithalten, die jeweils einer bestimmten Masse der zu bestimmenden Substanz entspräche. Bei Verwendung nur einer Lösung hätte man jedes Mal umständliche Umrechnungen vornehmen müssen. Erschwerend kam hinzu, dass damals in den Ländern Europas unterschiedliche Maßeinheiten in Gebrauch waren. Man suchte nach einer allgemein anwendbaren und vom jeweiligen Maßsystem unabhängigen Methode zur Herstellung der Maßlösungen und fand sie in der Verwendung der chemischen Einheiten. Es erwies sich als sinnvoll, die Maßlösungen auf **Äquivalentbasis** anzusetzen. So hat man schon frühzeitig die so genannten **Normallösungen** in die maßanalytische Praxis eingeführt (ab 1844). Aber erst nach Erscheinen von Mohrs **Lehrbuch der chemisch-analytischen Titrirmethode** (1855) setzte sich ihre Anwendung generell durch und brachte eine Verallgemeinerung der Maßanalyse [167].

Der Konzentration einer Normallösung lag das **Äquivalentgewicht** zugrunde. Man bezeichnete als eine 1normale (1 N) Lösung eine solche, die das Äquivalentgewicht[9] (die Äquivalentmasse) der gelösten Substanz (in g) – das man auch **Grammäquivalent** nannte – in einem Liter enthielt. Neben der **Normalität** war als weitere Konzentrationsbezeichnung die **Molarität** eingeführt. In einer 1molaren (1 M) Lösung war so viel von der Substanz in einem Liter gelöst, wie ihr **Molekulargewicht**[10] oder die Molmasse (in g) angab. Für diesen Begriff war auch die Bezeichnung **Grammmolekül** üblich, das man abgekürzt **Mol** nannte. Die entsprechende

---

9 Im allgemeinen Sprachgebrauch wurde (und wird auch heute noch) das Ergebnis einer Wägung oft als Gewicht anstatt als Masse bezeichnet, aber in Einheiten der Masse angegeben; für den Geschäftsverkehr ist das sogar gesetzlich gestattet.

Abkürzung für Grammäquivalent lautete **Val**. Unter 1 Mol $AgNO_3$ verstand man somit 169,873 g $AgNO_3$, unter 1 Mol H_2SO_4 98,07 g H_2SO_4; dagegen war 1 Val H_2SO_4 49,04 g H_2SO_4. Das Molekulargewicht ergab sich für die mehratomigen Moleküle als **Summe der Atomgewichte** der in ihnen enthaltenen Elemente unter Berücksichtigung der stöchiometrischen Zusammensetzung. Das Äquivalentgewicht eines Stoffes erhielt man durch Division seines Atom- oder Molekulargewichts durch die **Wertigkeit**, die er in der betrachteten Reaktion gegenüber dem zu bestimmenden Stoff betätigt (stöchiometrische Wertigkeit), bzw. bei Redoxreaktionen durch die Wertigkeitsänderung (Änderung der Oxidationszahl), die bei der Reaktion eintritt.

Der Begriff **Wertigkeit** oder **Valenz** hat im Laufe der Entwicklung der theoretischen Vorstellungen über die chemische Bindung eine Differenzierung erfahren, die eine einheitliche Anwendung in allen Fällen nicht erlaubt. Sagte man ursprünglich, dass ein Atom eines einwertigen Stoffes ein Atom Wasserstoff oder ein halbes Atom Sauerstoff binden oder ersetzen kann, so wird heute eine Anzahl valenztheoretischer Begriffe unterschieden, die alle unter der Sammelbezeichnung Wertigkeit zusammengefasst werden können [66]: Die stöchiometrische Wertigkeit, die Ionenwertigkeit (Ionenladung), die Oxidationszahl (Oxidationsstufe), die Koordinationszahl, die Bindigkeit (Zahl der kovalenten Bindungen) und die formale Ladung. Der mehrdeutige Begriff Wertigkeit wird im Folgenden weitgehend vermieden.

Mit Einführung des Internationalen Einheitensystems (SI) und Übernahme in nationales Recht durch das Gesetz über Einheiten im Messwesen [41] erfolgte eine Umstellung auf eine neue begriffliche Grundlage, die zwar nicht zu einer Änderung der bisher benutzten Zahlenwerte, aber zu einer neuen und eindeutigen Sprachregelung führte. Da in der Maßanalyse der Äquivalentbegriff eine wichtige Rolle spielt, wirkt sich der Wegfall der nicht in das SI-System passenden Bezeichnungen Molekular- und Äquivalentgewicht mit den individuellen Masseangaben als Grammmolekül und Grammäquivalent auf diesem Gebiet besonders aus. Im Folgenden sollen daher die jetzt gültigen Größen und Einheiten näher erläutert werden.

Stoffmenge

Im Jahre 1971 wurde durch die 14. Generalkonferenz für Maß und Gewicht (CGPM) die **Basiseinheit Mol** in das Internationale Einheitensystem eingeführt. Für die zugehörige physikalische Größe wurde die Bezeichnung **Stoffmenge** festgelegt [41]. Damit ist der Name Mol zwar von früher her übernommen worden, er hat aber eine andere Definition erhalten. Auch der Begriff Stoffmenge hat eine ganz bestimmte Bedeutung erlangt. Man versteht unter Stoffmenge nicht mehr allgemein ein begrenztes Materiesystem oder eine Stoffportion [67, 68] (eine Substanzprobe **ist** eine Stoffmenge), sondern eine messbare Eigenschaft einer Stoffportion (eine Substanzprobe **hat** eine Stoffmenge). Die Quantität, das „Wieviel" einer Stoffportion,[10] lässt sich durch Angabe ihrer Eigenschaften Masse, Volumen oder Anzahl der in ihr enthaltenen Teilchen bestimmter Art erfassen. Von diesen Möglichkeiten ist für die Chemie die letzte von maßgeblicher Bedeutung und hat daher zur Festlegung der Größe Stoffmenge geführt [67, 69, 70].

Da sich einzelne Atome oder Moleküle nicht direkt abzählen lassen, muss man in der Praxis so große Teilchenanzahlen wählen, dass eine Messung möglich ist. Diese sehr großen Teilchenanzahlen in makroskopischen Stoffportionen sind für praktische Berechnungen zu unbequem, sodass die Einführung einer geeigneten **Zähleinheit** für die Teilchenanzahl sinnvoll erschien. Das ist mit der Definition der Basiseinheit Mol geschehen. Das Mol ist somit nicht mehr eine individuelle Masseneinheit, sondern eine Zähleinheit und es gilt definitionsgemäß:

– Ein Mol ist die Stoffmenge eines Systems, das $6{,}022\,140\,76 \cdot 10^{23}$ eines bestimmten Einzelteilchens enthält [70a].

Bei Verwendung der Basiseinheit Mol (Einheitenzeichen: mol), muss stets angegeben werden, welche Einzelteilchen gemeint sind. Sie können Atome, Moleküle, Ionen, Elektronen sowie andere Teilchen oder Gruppen solcher Teilchen genau angebbarer Zusammensetzung sein [42, 67]. Was man bei einem Stoff als Teilchen ansehen will, muss im Einzelfall entschieden werden und richtet sich nach der jeweiligen Betrachtungsweise. Bei Stoffen, die nicht aus Molekülen aufgebaut sind, sondern beispielsweise in Ionengittern kristallisieren, wird im Allgemeinen als Einzelteilchen eine Gruppe von Teilchen definierter Zusammensetzung angesehen, z. B. NaCl, $BaSO_4$, $KMnO_4$, unabhängig davon, ob diese Teilchenkombination im Kristall als Baustein vorhanden ist oder nicht.

Bei Berechnungen soll die Stoffmenge (Größenzeichen: n) durch eine **Größengleichung** angegeben werden, wobei das Symbol der zugrundegelegten Teilchenart in Klammern hinter das Größenzeichen gesetzt wird, z. B. $n(H_2SO_4) = 0{,}5$ mol. Die Stoffmenge ist eine reine Zählgröße, ihre Einheit Mol eine universelle Zähleinheit, die auf alle denkbaren Teilchenarten angewendet werden kann. Ihr liegt die experimentell zugängliche Teilchenanzahl pro Mol zugrunde, die als **Avogadro-Konstante**[11] (**molare Teilchenanzahl**) bezeichnet wird und den Wert $N_A = 6{,}022 \cdot 10^{23}\ \text{mol}^{-1}$ hat.[12] Die Stoffmenge n(X) einer beliebigen Teilchenart X ist mit der Teilchenanzahl N(X) durch die Beziehung

$$n(\mathrm{X}) = \frac{N(\mathrm{X})}{N_A}$$

10 Spezielle Bezeichnungen für eine Stoffportion in der analytischen Chemie sind z. B. *Probe, Einwaage, Auswaage, aliquoter Teil.*

11 Die in der deutschen Literatur früher übliche Bezeichnung *Loschmidt'sche Zahl* bezieht sich auf den reinen Zahlenwert (ohne Einheit).

12 Derzeitiger Wert $N_A = (6{,}022\,140\,76 \pm 0{,}000\,000\,42) \cdot 10^{23}\ \text{mol}^{-1}$.

verknüpft. Sie erfasst die in einer Stoffportion enthaltene Anzahl von Teilchen in Vielfachen von N_A. (Auch bei der Teilchenanzahl N muss wie bei der Stoffmenge n die Art der Teilchen angegeben werden).

Äquivalentteilchen

Der Teilchenbegriff lässt sich auch auf Äquivalente anwenden, was besonders für die Maßanalyse von Bedeutung ist. Unter einem **Äquivalentteilchen** oder kurz **Äquivalent** versteht man rein formal den Bruchteil $1/z^*$ eines Teilchens X (Atom, Molekül, Ion oder Atomgruppe), der bei einer bestimmten chemischen Reaktion jeweils am Austausch von einer positiven oder negativen Elementarladung beteiligt ist. Dem Äquivalentteilchen kommt keine reale Bedeutung zu, die Teilung ist rein gedanklich zu verstehen. Da eine stoffliche Zerlegung mit der Teilung nicht gemeint ist, bleiben die qualitativen Eigenschaften der Teilchenart erhalten. Die Anzahl der Äquivalente je Teilchen X, die **Äquivalentzahl** z^*, ist stets eine ganze Zahl, die sich aus der Reaktionsgleichung (Äquivalenzbeziehung) oder aus der Ionenladung ergibt. Ihr reziproker Wert wird bei der Angabe der Stoffmenge von Äquivalenten vor das Teilchensymbol gesetzt und kennzeichnet so das Äquivalentteilchen, z. B. $n(1/2\,Mg^{2+})$, $n(1/2\,H_2SO_4)$, $n(1/5\,KMnO_4)$, allgemein $n(1/z^*\,X)$.

Man kann folgende Arten von Äquivalentteilchen unterscheiden:

- **Säure-Base-Äquivalent** (**Neutralisationsäquivalent**); es charakterisiert ein gedachtes Teilchen, das bei einer Säure-Base-Reaktion ein Proton freisetzen oder binden kann, z. B. HCl, $1/2\,H_2SO_4$, $1/3\,H_3PO_4$, NaOH, $1/2\,Ba(OH)_2$, $1/3\,Al(OH)_3$. Die Äquivalentzahl z^* ist gleich der Anzahl der H^+ oder OH^--Ionen, die das Teilchen bei vollständiger Umsetzung abgibt. Ist $z^* = 1$, so sind Äquivalentteilchen und Teilchen X identisch ($1/1\,HCl = HCl$, $1/1\,NaOH = NaOH$).
- **Redox-Äquivalent**; es kennzeichnet ein Teilchen, das bei einer Redoxreaktion ein Elektron aufnehmen oder abgeben kann, z. B. Fe^{2+}, $1/5\,KMnO_4$, $1/6\,KBrO_3$. Die Äquivalentzahl z^* ist gleich dem Betrag der Differenz der Oxidationszahlen vor und nach der Reaktion desjenigen Atoms, das dabei seine Oxidationszahl ändert.
- **Ionen-Äquivalent**; es ist als Bruchteil eines Ions zu betrachten, der eine positive oder negative Elementarladung trägt, z. B. Na^+, $1/2\,Mg^{2-}$, $1/3\,Al^{3+}$, Cl^-, $1/2\,SO_4^{2-}$. Die Äquivalentzahl z^* ist gleich dem Betrag der Ladungszahl des an der Reaktion beteiligten Ions, z. B. beim Ionenaustausch oder bei der elektrolytischen Abscheidung.

Die Stoffmenge von Äquivalenten, $n(1/z^*\,X)$, in Kurzform auch $n(\mathrm{eq})$, wird ebenfalls in der Einheit Mol angegeben, die als Zähleinheit für alle Teilchen Verwendung findet. Damit wird die Einheit Val überflüssig und kann wegfallen, da zu jedem Begriff nur ein Name gehören sollte. Auch der Grundsatz des Einheitengesetzes [41], nach dem zwischen zwei verschiedenen Einheiten einer Größe ein fester Umrechnungsfaktor bestehen muss, spricht gegen ihre weitere Verwendung. Val und Mol sind durch variable Umrechnungsfaktoren miteinander verknüpft, die von der zugehörigen Reaktion (z. B. hat $KMnO_4$ in saurer Lösung die Äquivalentzahl $z^* = 5$, in neutraler Lösung $z^* = 3$, vgl. S. 172) und von der Art des Äquivalentteilchens abhängen (für die Oxidation von Fe^{2+} zu Fe^{3+} ist $z^* = 1$, für das Ionen-Äquivalent von Fe^{2+} gilt $z^* = 2$). Ersetzt man die früher übliche Angabe in Val durch die Stoffmengenangabe in Mol auf der Basis von Äquivalentteilchen, ändert sich der Zahlenwert der Angabe nicht (früher: 0,1 Val H_2SO_4, jetzt: $n\,(\frac{1}{2}\,H_2SO_4) = 0{,}1$ mol).

Für eine vorgegebene Schwefelsäureportion sei die Stoffmenge bezogen auf H_2SO_4-Moleküle

$$n(\mathrm{H_2SO_4}) = 0{,}1\ \mathrm{mol}.$$

Bezieht man sie auf Äquivalente, ist die Stoffmenge

$$n(\tfrac{1}{2}\,\mathrm{H_2SO_4}) = 2 \cdot 0{,}1\ \mathrm{mol}.$$

Daraus folgt:

$$2\,n(\mathrm{H_2SO_4}) = n(\tfrac{1}{2}\,\mathrm{H_2SO_4}).$$

Der Zahlenwert der Stoffmenge n verdoppelt sich also gegenüber dem auf H_2SO_4-Moleküle bezogenen Wert, wenn man Äquivalente zugrunde legt, weil jedes H_2SO_4-Molekül 2 Äquivalenten $\frac{1}{2}\,H_2SO_4$ entspricht. Allgemein besteht für eine Stoffportion zwischen der Stoffmenge der Teilchen X und der Stoffmenge ihrer Äquivalentteilchen die Beziehung

$$n\left(\frac{1}{z^*}\,\mathrm{X}\right) = z^* \cdot n(\mathrm{X})\,.$$

Molare Masse

Die Reaktionsgleichungen, mit denen wir chemische Vorgänge beschreiben, geben die Umsetzungen auf der Basis von Teilchen wieder, z. B.

$$\mathrm{HCl + NaOH \longrightarrow NaCl + H_2O}.$$

Da die Teilchenanzahl der auf die gleiche Teilchenart bezogenen Stoffmenge proportional ist, $n(\mathrm{X}) = N(\mathrm{X})/N_\mathrm{A}$, besagt die Gleichung, dass 1 mol HCl mit 1 mol NaOH unter Bildung von 1 mol NaCl und 1 mol H_2O reagiert. Beim praktischen Arbeiten erfolgt die Messung der Quantität der umgesetzten Stoffe jedoch im Allgemeinen nicht aufgrund ihrer Teilchenanzahl, sondern mithilfe der Waage über ihre Masse. Man benötigt deshalb eine Größe, mit der man die Masse und die Stoffmenge einer Stoffportion ineinander umrechnen kann. Diese Größe ist die stoffmengenbezogene Masse oder **molare Masse M**, der Quotient aus der Masse m und der Stoffmenge n:

$$M(\mathrm{X}) = \frac{m}{n(\mathrm{X})}\,.$$

Ihre SI-Einheit ist kg/mol, die übliche Einheit g/mol. Da man sie auf verschiedene Teilchenarten beziehen kann, wird das Symbol für das Teilchen in Klammern hinter das Größenzeichen gesetzt, z. B.

$M(\mathrm{S})$	= 32,06 g/mol	(Atome),
$M(\mathrm{SO_4^{2-}})$	= 96,06 g/mol	(Ionen),
$M(\mathrm{H_2SO_4})$	= 98,07 g/mol	(Moleküle),
$M(\tfrac{1}{2}\,\mathrm{H_2SO_4})$	= 49,04 g/mol	(Äquivalente).

Zwischen der molaren Masse $M(\mathrm{X})$ der Teilchen X und der molaren Masse ihrer Äquivalente $M(\mathrm{eq})$ besteht die Beziehung:

$$M\left(\frac{1}{z^\star}\,\mathrm{X}\right) = \frac{1}{z^\star} \cdot M(\mathrm{X})\,.$$

Die molare Masse ist für einen gegebenen Stoff und eine gegebene Teilchenart eine Konstante; man findet die für die einzelnen Stoffe berechneten Werte tabelliert, z. B. in [5]. Den Zusammenhang zwischen der molaren Masse M und der Masse eines Einzelteilchens m_T beschreibt die Beziehung

$$M = m_\mathrm{T} \cdot N_\mathrm{A}$$

(die Masse von N_A Molekülen, Atomen oder Äquivalenten ist die molare Masse).

Zur Berechnung der Masse aus der Stoffmenge und umgekehrt wird die Definitionsgleichung für die molare Masse nach der gesuchten Größe umgestellt:

$$m = M(\mathrm{X}) \cdot n(\mathrm{X}) \quad \text{bzw.} \quad n(\mathrm{X}) = \frac{m}{M(\mathrm{X})}\,.$$

Beispiel: Welche Masse hat eine Stoffportion Kaliumpermanganat, wenn die gewünschte Stoffmenge 0,1 mol Äquivalente ($z^* = 5$) betragen soll?

$$n(\tfrac{1}{5}\,KMnO_4) = 0{,}1\ mol$$
$$M(\tfrac{1}{5}\,KMnO_4) = 31{,}607\ g/mol$$
$$m = M(\tfrac{1}{5}\,KMnO_4) \cdot n(\tfrac{1}{5}\,KMnO_4)$$
$$m = 31{,}607\ g/mol \cdot 0{,}1\ mol$$
$$m = 3{,}1607\ g.$$

Beispiel: Welche Stoffmenge hat eine Oxalsäureportion, deren Masse 4,5018 g beträgt?

$$m = 4{,}5018\ g$$
$$M(C_2H_2O_4) = 90{,}035\ g/mol$$
$$n(C_2H_2O_4) = \frac{m}{M(C_2H_2O_4)}$$
$$n(C_2H_2O_4) = \frac{4{,}5018\ g}{90{,}035\ g/mol}$$
$$n(C_2H_2O_4) = 0{,}05\ mol.$$

Gehalt von Lösungen

In der Maßanalyse kommt dem Begriff **Lösung** eine zentrale Bedeutung zu. Als Lösung bezeichnet man ein flüssiges homogenes Stoffgemisch (Mischphase), das einen oder mehrere gelöste Stoffe in einem Lösemittel verteilt enthält. Will man eine Aussage über die quantitative Zusammensetzung der Lösung machen, so gibt man deren Gehalt an gelöstem Stoff an. Der Begriff **Gehalt** soll nur benutzt werden, wenn die Aussage allgemeiner (qualitativer) Natur ist (z. B. der Bleigehalt eines Erzes oder der Chloridgehalt eines Wassers soll bestimmt werden). Gehalt soll als Oberbegriff für die Größen **Anteil** und **Konzentration** betrachtet werden, die dann benutzt werden sollen, wenn Zahlenwerte angegeben werden [71]. Die quantitative Zusammensetzung einer Lösung lässt sich mithilfe der Größen Masse m, Stoffmenge n oder Volumen V beschreiben. Dabei ist zu berücksichtigen, dass die Stoffmenge von der Teilchenart, das Volumen von der Temperatur abhängt.

Anteile sind Verhältnisgrößen (Dimension 1), in denen eine der genannten Größen eines Bestandteiles i (m_i, n_i, V_i) auf dieselbe Größe aller Bestandteile einer Stoffportion (m, n, V_0) bezogen ist. Man unterscheidet:

Massenanteil	$w_i = m_i/m$	(früher: Massenbruch),
Stoffmengenanteil	$x_i = n_i/n$	(früher: Molenbruch),
Volumenanteil	$\varphi_i = V_i/V_0$ [13]	(früher: Volumenbruch).

13 Die Größe V_i sollte nur dann benutzt werden, wenn die Stoffportion des Bestandteiles i vor dem Vermischen als Flüssigkeit vorliegt.

V_0 ist das Volumen aller Bestandteile vor dem Vermischen; es ist mit dem Gesamtvolumen V der Mischung nur identisch, wenn beim Mischvorgang keine Volumenänderung eintritt (ideale Mischung). Die Werte von Masse und Stoffmenge der einzelnen Bestandteile dagegen addieren sich beim Vermischen (Lösen).

Die Angabe der Zahlenwerte kann in Form von Dezimalbrüchen, in Prozent bzw. Promille oder mit je einer Einheit im Zähler und Nenner erfolgen; z. B. ist für 5 %ige Salzsäure (herkömmliche Bezeichnungsweise)

$$w(\mathrm{HCl}) = 0{,}05 = 5\,\% = 50\,‰ = 0{,}05\ \mathrm{g/g} = 50\ \mathrm{mg/g}.$$

Die Zeichen % und ‰ stellen keine Einheiten dar, sondern stehen für die Potenzen 10^{-2} bzw. 10^{-3}. Die früher üblichen Bezeichnungen Gewichtsprozent (Gew.-%), Molprozent (Mol-%) bzw. Atomprozent (Atom-%) und Volumenprozent (Vol.-%) sollen – weil sie besondere Einheiten vortäuschen – durch die entsprechenden Größenzeichen w, x und φ ersetzt werden.

Enthält eine Lösung mehrere gelöste Stoffe, so kann man aus dem Anteil eines Bestandteiles natürlich nicht auf die vollständige Zusammensetzung der Lösung schließen. Der Massenanteil w_i eines Bestandteils kann aber unabhängig von anderen Lösungspartnern ermittelt werden, weil die Gesamtmasse m der Lösungsportion direkt bestimmt werden kann. Entsprechendes gilt für den Volumenanteil φ_i bei idealen Mischungen. Dagegen ist der Stoffmengenanteil x_i nur angebbar, wenn alle Bestandteile nach Art und Quantität bekannt sind, weil sich nur dann die Gesamtstoffmenge n der Lösungsportion berechnen lässt.

Konzentrationen sind Gehaltsgrößen, bei denen die Quantitätsgröße des Bestandteiles i auf das Volumen V der Lösungsportion bezogen wird. Zu unterscheiden sind:

Massenkonzentration $$\beta_i = \frac{m_i}{V}$$

Stoffmengenkonzentration $$c_i = \frac{n_i}{V}$$

Volumenkonzentration $$\sigma_i = \frac{V_i}{V}\ .$$

Da sich das Volumen mit der Temperatur ändert, sind die drei Konzentrationsgrößen temperaturabhängig;[14] die Druckabhängigkeit des Volumens von Lösungen dagegen kann vernachlässigt werden.

14 Eine temperaturunabhängige Größe ist die *Molalität* b_i, die auf die Masse einer Lösemittelportion $m(\mathrm{Lm})$ bezogene Stoffmenge n_i der darin gelösten Stoffportion: $b_i = n_i/m(\mathrm{Lm})$.

Massenkonzentration β_i und Massenanteil w_i eines Bestandteiles lassen sich über die Dichte $\rho = \frac{m}{V}$ der Lösung ineinander umrechnen:

$$\beta_i = \frac{m_i}{V} = \frac{m_i \cdot \rho}{m} = w_i \cdot \rho .$$

Beispiel: Welche Massenkonzentration hat „5 %ige Salzsäure“?

w(HCl)	= 0,05
ρ(HCl-Lösung)	= 1,023 g/ml (bei 20 °C)
β(HCl)	= 0,05 · 1,023 g/ml = 0,0512 g/ml
β(HCl)	= 51,2 g/l.

Volumenkonzentration σ_i und Volumenanteil φ_i sind für ideale Mischungen ($V_0 = V$) gleich. Bei der Angabe von Volumengehalten ist im Allgemeinen das Volumen V der Lösung die Bezugsgröße; z. B. ist mit der Angabe „40 %iger Alkohol“ für eine Ethanol-Wasser-Mischung die Volumenkonzentration σ (EtOH) gemeint und nicht der Volumenanteil φ (EtOH). Beide Größen sind wegen des nichtidealen Verhaltens von Alkohol-Wasser-Mischungen nicht gleich.

Die wichtigste Gehaltsgröße in der Maßanalyse ist die Stoffmengenkonzentration c_i. Sie ist in der Regel gemeint, wenn von der Konzentration die Rede ist.[15] Um den Teilchenbezug der Stoffmenge und der aus ihr abgeleiteten Größen auszudrücken, setzen wir das Symbol für die Teilchenart wieder in Klammern hinter das Größenzeichen[16]

$$c(\mathrm{X}) = \frac{n(\mathrm{X})}{V} .$$

Die SI-Einheit von $c(\mathrm{X})$ ist $\mathrm{mol/m^3}$, die übliche Einheit mol/l. Für die Stoffmengenkonzentration von Äquivalenten ist auch der Name **Äquivalentkonzentration** üblich [67]. Zwischen ihr und der auf ganze Teilchen bezogenen Stoffmengenkonzentration besteht die Beziehung

$$c\left(\frac{1}{z^\star}\mathrm{X}\right) = z^\star \cdot c(\mathrm{X}) .$$

Die Verwendung der Namen **Molarität** und **Normalität** für die Stoffmengen- bzw. die Äquivalentkonzentration wird nicht mehr empfohlen [67]. Da das Eigenschafts-

15 Die Kurzbezeichnung Konzentration für Stoffmengenkonzentration wird nach [71] nicht empfohlen.

16 Die eckigen Klammern um das Formelsymbol, eine früher übliche Schreibweise zur Angabe der Stoffmengenkonzentration, z. B. $[\mathrm{H^+}]$, $[\mathrm{SO_4^{2-}}]$, werden durch das Zeichen $c(\mathrm{X})$ ersetzt [67].

wort **molar** die Bedeutung von stoffmengenbezogen hat (Stoffmenge im Nenner), soll es bei der Angabe von Stoffmengenkonzentrationen als volumenbezogene Größen (Volumen im Nenner) nicht mehr benutzt werden. Dasselbe gilt für das Wort **normal** als andere Bezeichnung für die früher verwendete Konzentrationsangabe in Val/l [67]. Daher wird der bisher übliche Name **Normallösung** durch **Maßlösung** ersetzt. Anstatt der früheren Schreibweise

0,05 M H_2SO_4 oder 0,05 molare Schwefelsäure

lautet die Angabe

Schwefelsäure, $c(H_2SO_4) = 0{,}05$ mol/l (Größengleichung) oder
H_2SO_4, 0,05 mol/l (Kurzform).

Analog gilt statt

0,1 N H_2SO_4 oder 0,1 normale Schwefelsäure

die Angabe

Schwefelsäure, $c(\frac{1}{2}H_2SO_4) = 0{,}1$ mol/l oder
Schwefelsäure, $c(H_2SO_4) = 0{,}05$ mol/l oder
H_2SO_4, 0,05 mol/l.

Die Umrechnung der Massenkonzentration in die Stoffmengenkonzentration und umgekehrt erfolgt mithilfe der molaren Masse des gelösten Stoffes nach

$$\beta_i = c(\mathrm{X}) \cdot M(\mathrm{X}) \qquad \text{bzw.} \qquad c(\mathrm{X}) = \frac{\beta_i}{M(\mathrm{X})}.$$

Beispiel: Welche Stoffmengenkonzentration hat Salzsäure der Massenkonzentration $\beta(\mathrm{HCl}) = 51{,}2$ g/l?

Mit $M(\mathrm{HCl}) = 36{,}461$ g/mol ergibt sich

$$c(\mathrm{HCl}) = \frac{51{,}2\ \mathrm{g/l}}{36{,}461\ \mathrm{g/mol}} = 1{,}404\ \mathrm{mol/l}.$$

Die folgenden Beispiele sollen die Ableitung der Äquivalentzahl z^* aus der Reaktionsgleichung erläutern und die Beziehung zwischen der Äquivalentkonzentration und der Massenkonzentration von Maßlösungen verdeutlichen (frühere Konzentrationsbezeichnung in Klammern).

1. Die Neutralisation von Kalilauge durch Salzsäure erfolgt nach dem Reaktionsschema

$$\mathrm{KOH + HCl \longrightarrow H_2O + KCl} \quad \text{oder}$$
$$\mathrm{OH^- + H^+ \longrightarrow H_2O}.$$

Ein KOH-Teilchen liefert ein OH^--Ion, das ein H^+-Ion bindet; folglich ist die Äquivalentzahl $z^* = 1$. Eine Kalilauge-Maßlösung der Äquivalentkonzentration $c(KOH) = 1$ mol/l (1 N) hat die Massenkonzentration

$$\beta(KOH) = c(KOH) \cdot M(KOH)$$
$$\beta(KOH) = 1\,\text{mol/l} \cdot 56{,}105\,\text{g/mol} = 56{,}105\,\text{g/l}.$$

Analog gilt für eine Natronlauge-Maßlösung:

$$c(NaOH) = 1\,\text{mol/l (1 N)} \quad \text{und} \quad \beta(NaOH) = 39{,}997\,\text{g/l}.$$

Dagegen ist für die Neutralisation von Bariumhydroxidlösung nach

$$Ba(OH)_2 + 2\,HCl \rightarrow 2\,H_2O + BaCl_2 \quad \text{oder}$$
$$2\,OH^- + 2\,H^+ \rightarrow 2\,H_2O$$

die Äquivalentzahl $z^* = 2$. Für eine $Ba(OH)_2$-Maßlösung der Äquivalentkonzentration $c(\frac{1}{2}\,Ba(OH)_2) = 1$ mol/l (1 N) erhält man

$$\beta(Ba(OH)_2) = c(\tfrac{1}{2}\,Ba(OH)_2) \cdot \tfrac{1}{2}\,M(Ba(OH)_2)$$
$$\beta(Ba(OH)_2) = 1\,\text{mol/l} \cdot \frac{171{,}35}{2}\,\text{g/mol} = 85{,}67\,\text{g/l}.$$

2. Für die Fällungstitration von Chlorid mit Silberionen nach

$$Ag^+ + Cl^- \rightarrow AgCl$$

ist die Äquivalentzahl für beide Ionensorten $z^* = 1$. Eine Silbernitrat-Maßlösung der Äquivalentkonzentration $c(AgNO_3) = 1$ mol/l (1 N) hat die Massenkonzentration

$$\beta(AgNO_3) = c(AgNO_3) \cdot M(AgNO_3)$$
$$\beta(AgNO_3) = 1\,\text{mol/l} \cdot 169{,}873\,\text{g/mol} = 169{,}873\,\text{g/l}.$$

3. Für eine Natriumthiosulfat-Maßlösung, die zur Titration von Iod nach

$$2\,S_2O_3^{2-} + 2\,I \rightarrow S_4O_6^{2-} + 2\,I^-$$

verwendet werden soll, ist bei der Ermittlung des Äquivalentteilchens ebenfalls $z^* = 1$ zugrunde zu legen, da ein Thiosulfation ein Iodatom reduziert (Änderung der Oxidationszahl um 1). Soll die Äquivalentkonzentration $c(Na_2S_2O_3) = 1$ mol/l (1 N) betragen, ist

$$\beta(Na_2S_2O_3) = c(Na_2S_2O_3) \cdot M(Na_2S_2O_3)$$
$$\beta(Na_2S_2O_3) = 1\,\text{mol/l} \cdot 158{,}11\,\text{g/mol} = 158{,}11\,\text{g/l}.$$

Geht man zur Herstellung von 1 l Maßlösung von dem kristallwasserhaltigen Salz $Na_2S_2O_3 \cdot 5\,H_2O$ aus, sind 248,19 g einzuwägen.

4. Titriert man mit einer Kaliumpermanganat-Maßlösung in stark saurer Lösung, so nimmt ein MnO_4^--Ion bei der Reduktion 5 Elektronen auf, die Oxidationszahl des Mangans ändert sich von VII im Permanganat auf II:

$$MnO_4^- + 8\,H^+ + 5\,e^- \rightarrow Mn^{2+} + 4\,H_2O.$$

Die Äquivalentzahl von $KMnO_4$ ist $z^* = 5$. Titriert man dagegen in schwach saurer oder neutraler Lösung, ändert sich die Oxidationszahl des Mangans nur um 3 ($Mn^{VII} \longrightarrow Mn^{IV}$):

$$MnO_4^- + 2\,H_2O + 3\,e^- \longrightarrow MnO_2 + 4\,OH^-\,.$$

Somit ist $z^* = 3$. Die Äquivalentkonzentration einer Kaliumpermanganatlösung ist im ersten Fall $c(1/5\,KMnO_4) = 1$ mol/l (1 N), im zweiten Fall $c(1/3\,KMnO_4) = 1$ mol/l (ebenfalls 1 N). Die zugehörigen Massenkonzentrationen betragen

$$\beta\,(1/5\,KMnO_4) = c(1/5\,KMnO_4) \cdot 1/5\,M(KMnO_4)$$

$$\beta\,(1/5\,KMnO_4) = 1\,\text{mol/l} \cdot \frac{158{,}034}{5}\,\text{g/mol} = 31{,}607\,\text{g/l}$$

bzw.

$$\beta\,(1/3\,KMnO_4) = c(1/3\,KMnO_4) \cdot 1/3\,M(KMnO_4)$$

$$\beta\,(1/3\,KMnO_4) = 1\,\text{mol/l} \cdot \frac{158{,}034}{3}\,\text{g/mol} = 52{,}678\,\text{g/l}\,.$$

Die frühere Schreibweise 1 N ist keine eindeutige Konzentrationsangabe, weil sie nicht zum Ausdruck bringt, welches Äquivalent gemeint ist.

5. Für eine Kaliumdichromat-Maßlösung der Äquivalentkonzentration $c(\text{eq}) = 1$ mol/l (1 N), die als Oxidationsmittel in saurer Lösung dient, ist für das Dichromat $z^* = 6$, da sich die Oxidationszahl beider Chromatome von VI auf III ändert, ein Dichromation bei der Reduktion folglich 6 Elektronen aufnimmt:

$$Cr_2O_7^{2-} + 14\,H^+ + 6\,e^- \longrightarrow 2\,Cr^{3+} + 7\,H_2O\,.$$

Die Äquivalentkonzentration ist $c(1/6\,K_2Cr_2O_7) = 1$ mol/l (1 N), die Massenkonzentration

$$\beta\,(1/6\,K_2Cr_2O_7) = c(1/6\,K_2Cr_2O_7) \cdot 1/6\,M(K_2Cr_2O_7)$$

$$\beta\,(1/6\,K_2Cr_2O_7) = 1\,\text{mol/l} \cdot \frac{294{,}185}{6}\,\text{g/mol} = 49{,}031\,\text{g/l}\,.$$

Einer Kaliumdichromatlösung, $c(\text{eq}) = 1$ mol/l (1 N), die nicht für Redoxtitrationen, sondern zur Ausfällung von Bariumionen nach

$$Cr_2O_7^{2-} + 2\,Ba^{2+} + H_2O \longrightarrow 2\,BaCrO_4 + 2\,H^+$$

benutzt werden soll, ist als Ionen-Äquivalent $1/4\,K_2Cr_2O_7$ zuzuordnen ($z^* = 4$), da 1 Dichromation 2 Bariumionen mit $z^* = 2$ äquivalent ist. Die Äquivalentkonzentration einer Kaliumdichromatlösung für Fällungszwecke beträgt somit $c(1/4\,K_2Cr_2O_7) = 1$ mol/l (wiederum 1 N), ihre Massenkonzentration

$$\beta\,(1/4\,K_2Cr_2O_7) = c(1/4\,K_2Cr_2O_7) \cdot 1/4\,M(K_2Cr_2O_7)$$

$$\beta\,(1/4\,K_2Cr_2O_7) = 1\,\text{mol/l} \cdot \frac{294{,}185}{4}\,\text{g/mol} = 73{,}546\,\text{g/l}\,.$$

Die beiden letzten Beispiele zeigen deutlich, dass die Äquivalentzahl z^* eines Stoffes und damit seine Äquivalentkonzentration $c(\text{eq})$ keine konstanten Größen sind, sondern für unterschiedliche Reaktionen unterschiedliche Werte besitzen können.

Als Vorteile der Maßlösungen, die auf der Basis von Äquivalenten angesetzt werden, sind zu nennen:

- Gleiche Volumina von Lösungen gleicher Äquivalentkonzentration enthalten äquivalente Stoffmengen. 20 ml Salzsäure, $c(HCl) = 1$ mol/l, neutralisieren genau 20 ml Kalilauge, $c(KOH) = 1$ mol/l, oder 20 ml Bariumhydroxidlösung, $c(\frac{1}{2}Ba(OH)_2) = 1$ mol/l. Das führt zur Vereinfachung der Berechnungen.
- Ein Liter einer solchen Maßlösung zeigt die verschiedenen Stoffe, mit denen sie unter gleichen Reaktionsbedingungen reagiert, im Verhältnis der auf Äquivalente bezogenen molaren Massen dieser Stoffe an. Ein Liter einer Kaliumpermanganatlösung für Titrationen im stark sauren Medium, $c(\frac{1}{5}KMnO_4) = 1$ mol/l, entspricht ½ Mol salpetriger Säure, 1 Mol Eisen(II) oder ½ Mol Oxalsäure und damit auch 23,507 g HNO_2, 55,845 g Fe sowie 45,018 g $H_2C_2O_4$.

Das Volumen der bei einer Titration verbrauchten Maßlösung auf Äquivalentbasis in ml ist gleich dem Zahlenwert des Massenanteils in Prozent an dem zu bestimmenden Stoff in einer Substanzprobe, wenn die Einwaage in g so gewählt wird, dass sie einem Zehntel der auf Äquivalente bezogenen Masse des gesuchten Stoffes entspricht. Will man z. B. den Massenanteil $w(NaCl)$ in Prozent in einem Gemisch aus Natriumchlorid und Natriumnitrat ermitteln, wägt man 5,8443 g Probe ein ($\hat{=} \frac{1}{10}M(NaCl)$) und titriert nach dem Auflösen mit Silbernitratlösung, $c(AgNO_3) = 1$ mol/l. Da 1 l der $AgNO_3$-Lösung 58,442 g NaCl entspricht, zeigt 1 ml 1 % der Einwaage an. Besser verwendet man jedoch eine Lösung mit $c(AgNO_3) = 0{,}1$ mol/l und 0,5844 g Einwaage.

Praktisch arbeitet man im Allgemeinen überhaupt nicht mit Maßlösungen der Konzentration $c(eq) = 1$ mol/l (1 N), sondern mit verdünnteren Lösungen, z. B. mit $c(eq) = 0{,}1$ bzw. 0,2 mol/l (0,1 N bzw. 0,2 N), seltener mit $c(eq) = 0{,}5$ oder 0,05 oder 0,01 mol/l.

In Tab. 2.7 sind einige in der Maßanalyse häufig benutzte Größen in der heute gültigen bzw. empfohlenen und in der alten Bezeichnungsweise zusammengefasst [nach 67].

1 Mol nach neuer Definition kennzeichnet als Einheit der Stoffmenge eine Stoffportion, die N_A Teilchen enthält. 1 Mol nach alter Definition (als Molekulargewicht eines Stoffes in Gramm) ist die Masse einer Stoffportion, die ebenfalls N_A-Teilchen enthält. Trotz der unterschiedlichen Definition des Begriffes Mol bezieht er sich auf die gleiche Quantität und damit auf die gleiche Stoffportion. Daher sind die **Zahlenwerte** der molaren Massen gleich denen der früheren Atom-, Molekular- und Formelgewichte bzw. gleich den relativen Atom-, Molekül- und Formelmassen.

Eine ausführliche Behandlung der hier erörterten Begriffe, Zusammenhänge und Berechnungen findet man in [72, 73].

Tab. 2.7: Größen und Einheiten – heutige und frühere Bezeichnungen.

heutige Bezeichnungen	frühere Bezeichnungen
Masse *m* in kg oder g	Masse, Gewicht, Menge, Gewichtsmenge, Grammmenge in kg oder g
Stoffmenge *n*(X), *n*(eq) in mol	Menge, Molmenge, Molzahl, Anzahl Mole als Grammatom, Grammion, Grammmolekül (Mol), Grammäquivalent (Val)
Molare Masse *M*(X), *M*(eq) in g/mol	Atomgewicht, Atommasse, Molekulargewicht, Molgewicht, Molmasse, Äquivalentgewicht, Äquivalentmasse, Formelgewicht, Formelmasse in g, g/Mol, g/Val, als relative Größen ohne Einheit
Massenkonzentration β in g/l	Konzentration, Gehalt in g/l
Stoffmengenkonzentration *c*(X) in mol/l	Konzentration, Gehalt; molare Konzentration oder Molarität in Mol/l, Zeichen: M
Äquivalentkonzentration *c*(eq) in mol/l	normale Konzentration oder Normalität in Val/l, Zeichen: N
Massenanteil *w* in g/g	Gewichtsprozent (Gew.-%), Massenprozent, Massenbruch
Stoffmengenanteil *x* in mol/mol	Molprozent (Mol-%), Molenbruch, Molgehalt, Atomprozent

2.2.2 Herstellung von Maßlösungen

Grundsätzlich werden Maßlösungen auf folgende Weise hergestellt: Man wägt die berechnete Portion des gewünschten Stoffes, die sich aus der molaren Masse der Äquivalente ergibt, auf einer Analysenwaage ab, spült sie quantitativ in einen sauberen Messkolben mit aufgesetztem Trichter über, füllt den Kolben zu etwa drei Viertel seines Inhalts mit Wasser von Zimmertemperatur, bringt die Substanz unter kräftigem Umschwenken vollständig in Lösung, gibt vorsichtig – zuletzt tropfenweise – Wasser bis zur Ringmarke zu und mischt nach Verschließen des Kolbens zum Konzentrationsausgleich gut durch.

Da der Kolben bei 20 °C justiert ist, begeht man einen Fehler, wenn man bei einer abweichenden Temperatur auffüllt. Der Fehler lässt sich vermeiden, wenn der Kolben unter Verwendung eines Umlaufthermostaten auf (20 ± 0,2) °C temperiert wird. Man kann den Fehler auch korrigieren oder rechnerisch berücksichtigen. Liegt die Temperatur von Lösung und Kolben oberhalb 20 °C, ist die Lösung zu konzentriert, sie würde bei 20 °C ein kleineres Volumen einnehmen. Füllt man bei niedrigeren Temperaturen auf, wäre die Lösung verdünnter als gewünscht.

Bei der Berechnung des Volumenfehlers ist zu berücksichtigen, dass das Volumen des Glaskolbens und das der Lösung unterschiedliche Temperaturabhängig-

Tab. 2.8: Temperaturkorrektur für Maßlösungen: Abweichungen ΔV des Lösungsvolumens $V(\mathrm{L})_{20}$ vom Sollvolumen (1 l).

t_M in °C	ΔV in ml	t_M in °C	ΔV in ml
10	+1,40	21	−0,20
11	+1,31	22	−0,41
12	+1,22	23	−0,64
13	+1,11	24	−0,87
14	+0,98	25	−1,11
15	+0,85	26	−1,36
16	+0,70	27	−1,60
17	+0,54	28	−1,89
18	+0,37	29	−2,17
19	+0,19	30	−2,46

keiten aufweisen; das Volumen der Lösung ändert sich viel stärker mit der Temperatur. Ist γ_1 der Volumenausdehnungskoeffizient des Glases ($\gamma_1 = 1 \cdot 10^{-5}\,\mathrm{K}^{-1}$ für Borosilicatglas; vgl. S. 8 f.) und γ_2 der der Lösung ($\gamma_2 = 20{,}6 \cdot 10^{-5}\,\mathrm{K}^{-1}$ bei 20 °C für Wasser und wässrige Lösungen mit $c \leq 0{,}1$ mol/l, so hat der bei 20 °C justierte Kolben bei der Temperatur t_M, bei der die Maßlösung hergestellt wird, das Volumen

$$V(\mathrm{K})_M = V(\mathrm{K})_{20}\,[1 + \gamma_1(t_M - t_{20})]\,.$$

Das gleiche Volumen hat die Lösung: $V(\mathrm{L})_M = V(\mathrm{K})_M$. Bei 20 °C jedoch würde die Lösung im Kolben das Volumen $V(\mathrm{L})_{20}$ einnehmen, das sich aus der Beziehung

$$V(\mathrm{L})_{20}\,[1 + \gamma_2(t_M - t_{20})] = V(\mathrm{K})_{20}\,[1 + \gamma_1(t_M - t_{20})]$$

zu

$$V(\mathrm{L})_{20} = V(\mathrm{K})_{20}\,\frac{1 + \gamma_1(t_M - t_{20})}{1 + \gamma_2(t_M - t_{20})}$$

ergibt. Dieser Ausdruck erlaubt die Berechnung der Abweichungen ΔV des Lösungsvolumens vom Justiervolumen des Kolbens

$$\Delta V = V(\mathrm{K})_{20} - V(\mathrm{L})_{20}\,,$$

wenn bei einer von der Justiertemperatur 20 °C abweichenden Temperatur t_M aufgefüllt wird. In Tab. 2.8 sind die Abweichungen ΔV in Abhängigkeit von t_M für einen Messkolben aus Borosilicatglas von 1 l Inhalt aufgeführt; sie wurden unter Berücksichtigung der Temperaturabhängigkeit von γ_2 berechnet.

Beispiel: Es wird die zur Herstellung von 1 l Kaliumbromatlösung der Äquivalentkonzentration $c(\frac{1}{6}\,KBrO_3)$ erforderliche Portion mit der Masse $m(KBrO_3) = 167{,}001/6 = 27{,}834$ g abgewogen und bei 25 °C in einem auf 20 °C justierten Kolben von 1 l Inhalt gelöst und aufgefüllt. Bei der Temperatur 20 °C würde die Lösung das Volumen $V(L)_{20} = 1000 - 1{,}11$ ml $= 998{,}89$ ml einnehmen. Sie ist somit zu konzentriert, sie enthält in 998,89 ml so viel Kaliumbromat, wie sie in 1000 ml enthalten sollte. Ihre tatsächliche Konzentration ist $c\left(\frac{1}{6}\,KBrO_3\right) = \frac{1\,\text{mol}}{0{,}99889\,\text{l}} = 1{,}0011$ mol/l.

Der Quotient, der die tatsächliche Konzentration $c(X)_{Ist}$ im Zähler und die theoretische Konzentration $c(X)_{Soll}$ im Nenner enthält, ist der **Titer** t der Lösung (früher **Normalfaktor**):

$$t = \frac{c\,(X)_{Ist}}{c\,(X)_{Soll}}\,.$$

Mit dem Titer t muss das bei einer Titration verbrauchte Volumen einer Maßlösung multipliziert werden, um den Verbrauch einer Lösung korrekter Konzentration zu erhalten.

Will man eine Maßlösung mit $t = 1{,}000$ herstellen, muss das aus Tab. 2.8 zu entnehmende Volumen, im gewählten Beispiel 1,11 ml, der Lösung zugefügt werden.

Die direkte Herstellung exakter Maßlösungen durch einfaches Abwägen ist nur möglich, wenn die abzuwägende Substanz folgende Bedingungen erfüllt:

- Sie muss analysenrein sein, d. h. eine ihrer Formel genau entsprechende Zusammensetzung haben, oder sie muss durch einfache Operationen (Umkristallisieren, Trocknen) leicht und sicher auf den verlangten hohen Reinheitsgrad gebracht werden können.
- Sie muss sich ohne Schwierigkeiten genau abwägen lassen; sie darf also nicht sauerstoffempfindlich sein oder Kohlenstoffdioxid und Feuchtigkeit aus der Luft anziehen.
- Die Konzentration einer aus ihr frisch bereiteten Maßlösung darf sich bei längerem Aufbewahren nicht mehr ändern.

Durch direktes Abwägen lassen sich exakte Maßlösungen z. B. folgender Substanzen herstellen: Natriumcarbonat, Natriumoxalat, Natriumchlorid, Kaliumbromat, Kaliumiodat, Kaliumdichromat, Kaliumhydrogenphthalat, Calciumcarbonat u. a. Man bezeichnet sie als **Urtitersubstanzen** (**primäre Standards**).

Für sehr hohe Genauigkeitsanforderungen muss bei der Einwaage der Luftauftrieb berücksichtigt werden (die molaren Massen sind stets für eine Wägung im Vakuum berechnet).

In allen Fällen, in denen sich die an Urtitersubstanzen zu stellenden Forderungen nicht erfüllen lassen, muss man die Maßlösungen auf indirektem Wege bereiten. Das gilt für alle Säuren (nicht genau bekannter Wassergehalt der konzentrierten Lösungen) und Laugen (schwankender Carbonatgehalt der Alkalimetallhydroxide) sowie für Substanzen, die sich in Lösungen zersetzen können (Kaliumpermanganat, Natriumthiosulfat). Man stellt sich dann zunächst durch eine grobe Einwaage bzw. bei Flüssigkeiten durch Abmessen mit einem Messzylinder eine Lösung her, deren Konzentration etwas größer als die gewünschte ist, und ermittelt anschließend die tatsächliche Konzentration durch mehrere Titrationen abgewogener Portionen einer geeigneten Urtitersubstanz (**Einstellen der Maßlösung**). Sind die für einen Verbrauch von 10 bis 20 ml der Maßlösung einzuwägenden Stoffportionen zu klein, sodass der Wägefehler zu groß wird, nimmt man die Einstellung mit aliquoten Volumenteilen einer Maßlösung der Urtitersubstanz vor, die man sich durch Einwägen einer größeren Stoffportion hergestellt hat. Hierbei ist auf besondere Sorgfalt zu achten, da die Volumenmessung stets mit einer größeren Messunsicherheit behaftet ist als die Wägung (vgl. S. 37). Nach Berechnung der tatsächlichen Konzentration kann man schließlich soviel Wasser der Maßlösung zufügen, dass man eine Lösung der gewünschten Konzentration erhält.

In der Maßanalyse ist es aber gar nicht erforderlich, sich so große Mühe zu geben und so viel Zeit aufzuwenden, um eine Maßlösung mit dem Titer $t = 1{,}000$ herzustellen. Man arbeitet genau so gut mit Lösungen, deren Äquivalentkonzentration ungefähr $c(\mathrm{eq}) = 1{,}0$ oder 0,1 oder 0,01 mol/l ist, wenn man durch sorgfältige Titrationen den Titer ermittelt hat und ihn später stets in Rechnung setzt.

Nimmt man die Titerstellung nicht mithilfe einer Urtitersubstanz, sondern mit einer anderen Maßlösung bekannter Konzentration vor (z. B. Salzsäure mit Natronlauge oder umgekehrt), so muss der Titer der zum Einstellen verwendeten Maßlösung sehr zuverlässig bekannt sein, weil sich der Fehler auf den Titer der einzustellenden Lösung überträgt (Fehlerfortpflanzung).

Es muss nachdrücklich darauf hingewiesen werden, dass die Bestimmung des Titers einer Maßlösung mit ganz besonderer Sorgfalt erfolgen muss. Jeder Fehler, der dabei gemacht wird, wirkt sich als systematische Abweichung auf alle Bestimmungen aus, die mit der Maßlösung durchgeführt werden. Mit einer falsch eingestellten Maßlösung lassen sich keine richtigen Analysenergebnisse erzielen. Eine ausführliche Behandlung weiterer systematischer Fehler, die über die auf S. 63 gegebene Aufzählung hinausgeht, findet man z. B. in [15].

Die bei Titrationen in Erscheinung tretenden zufälligen Abweichungen erkennt man an der Streuung der Messwerte, wenn mehrere gleiche Proben mit der gleichen Maßlösung unter Verwendung der gleichen Bürette nach der gleichen Arbeitsvorschrift nacheinander titriert werden. Sie sind im Wesentlichen durch Tropfenfehler, Ablesefehler und Verfahrensfehler (unscharfe Endpunkterkennung) bedingt. Sie gestatten eine Aussage über die Präzision der Analyseergebnisse. Zu ihrer Abschätzung titriert man je nach Anforderungen an die Präzision mehrere Proben und berechnet die Standardabweichung.

Um beim praktischen Arbeiten Zeit zu sparen, werden im Handel Ampullen aus Kunststoff angeboten, die **Konzentrate** zur Herstellung aller gebräuchlichen

Maßlösungen enthalten (Handelsnamen: Titrisol®[17], Fixanal®[18]). Die Ampulle wird auf den Messkolben aufgesetzt, mit einem Glasstab durchstoßen und ihr Inhalt quantitativ in den Kolben überspült, der anschließend nur noch mit Wasser bis zur Marke aufgefüllt zu werden braucht. Die Titerabweichung von $t = 1{,}000$ wird vom Hersteller mit maximal ±0,2 % angegeben. Daneben werden auch gebrauchsfertige **volumetrische Lösungen** (Titerabweichung maximal ±0,1%) in Kunststoffflaschen angeboten.

Unter dem Namen Titripac®[19] sind fertige volumetrische Lösungen in 4-l- und 10-l-Gebinden im Handel, die dem flexiblen Innenbeutel des Verpackungssystems über einen integrierten Hahn entnommen werden können. Dadurch können Kontaminationen durch Luft, CO_2 und Mikroorganismen ausgeschlossen werden.

Bei der Benutzung im Laboratorium sollte in bestimmten Zeitabständen der Titer überprüft werden.

Bei **Maßlösungen für Wägetitrationen** wird die Stoffmenge zweckmäßigerweise nicht auf das Volumen, sondern auf die Masse der Lösung bezogen. An die Stelle der Äquivalentkonzentration $c(\text{eq}) = \dfrac{n(\text{eq})}{V}$ tritt die auf Äquivalente bezogene **spezifische Partialstoffmenge** $q(\text{eq}) = \dfrac{n(\text{eq})}{m}$. Die Abmessung der Maßlösung erfolgt mithilfe der Waage und ist temperaturunabhängig. Zu ihrer Herstellung wird die trockene Substanz oder der Inhalt einer Konzentrat-Ampulle in ein trockenes, austariertes Gefäß, das keine Graduierung zu haben braucht, z. B. eine Vorratsflasche, gegeben, in Wasser gelöst bzw. verdünnt und mit Wasser bis zum Erreichen einer gewünschten Masse (z. B. 1 kg) versetzt [62d].

2.3 Angabe des Analysenergebnisses

2.3.1 Berechnung des Analysenergebnisses

Die Maßlösungen werden in der Titrimetrie nach der Äquivalentkonzentration angesetzt. Dazu ist die Kenntnis der Äquivalentzahl z^* erforderlich, die sich aus der Reaktionsgleichung ergibt (vgl. Beispiele S. 45). Aus ihrer Konzentration $c(\text{eq}) = \dfrac{n(\text{eq})}{V}$ und dem bei der Titration verbrauchten Volumen V_M der Maßlösung in ml als Messwert lässt sich das Analysenergebnis berechnen.

17 Eingetragenes Warenzeichen der Firma Merck.
18 Eingetragenes Warenzeichen der Firma Riedel-de Haën.
19 Eingetragenes Warenzeichen der Firma Merck.

Die für die Titration benötigte Stoffmenge der Äquivalente ist

$$n(\text{eq})_{\text{M}} = c(\text{eq})_{\text{M}} \cdot V_{\text{M}}.$$

(Der Index M steht für Maßlösung, der Index P bezeichnet die Probe.) Sie ist gleich der in der vorgelegten Probe enthaltenen Stoffmenge der Äquivalente des zu bestimmenden Bestandteiles:

$$n(\text{eq})_{\text{M}} = n(\text{eq})_{\text{P}}.$$

Damit ist $n(\text{eq})_{\text{P}} = c(\text{eq})_{\text{M}} \cdot V_{\text{M}}$.

Will man das Ergebnis in die Masse m_{P} des gesuchten Stoffes umrechnen, $n = \frac{m}{M}$, ist mit der molaren Masse seiner Äquivalente zu multiplizieren:

$$m_{\text{P}} = M(\text{eq})_{\text{P}} \cdot c(\text{eq})_{\text{M}} \cdot V_{\text{M}}.$$

Das Produkt $M(\text{eq})_{\text{P}} \cdot c(\text{eq})_{\text{M}}$ in mg/ml ist der in Tabellenwerken (z. B. [5]) aufgeführte Faktor zur Maßanalyse (das maßanalytische Äquivalent) F. Er gibt die Masse des gesuchten Stoffes in mg an, die 1 ml Maßlösung entspricht:

$$m_{\text{P}} = F \cdot V_{\text{M}}.$$

Soll der Massenanteil des gesuchten Stoffes in einer festen Probe w_{P} als Ergebnis angegeben werden, ist auf die Einwaage m_{E} zu beziehen.

$$w_{\text{P}} = \frac{m_{\text{P}}}{m_{\text{E}}}$$

$$w_{\text{P}} = \frac{F \cdot V_{\text{M}}}{m_{\text{E}}}.$$

Wird schließlich die Massenkonzentration des zu bestimmenden Stoffes β_{P} in der vorgelegten Probelösung (Volumen V_{P}) als Ergebnis gewünscht, gilt

$$\beta_{\text{P}} = \frac{m_{\text{P}}}{V_{\text{P}}}$$

$$\beta_{\text{P}} = \frac{F \cdot V_{\text{M}}}{V_{\text{P}}}.$$

Beispiel: 20 ml Natronlauge der ungefähren Konzentration $c(\text{NaOH}) = 0{,}1$ mol/l werden vorgelegt, mit Wasser auf etwa 100 ml verdünnt und mit Schwefelsäure, $c(\frac{1}{2}\,H_2SO_4) = 0{,}1$ mol/l unter Verwendung von Methylrot als Indikator titriert. Der Verbrauch betrage 20,84 ml. Daraus ergibt sich die vorgelegte Stoffmenge zu

$$n(\text{NaOH}) = 0{,}1\ \text{mmol/ml} \cdot 20{,}84\ \text{ml} = 2{,}084\ \text{mmol}$$

und die Konzentration der Natronlauge zu

$$c(\mathrm{NaOH}) = \frac{2{,}084\,\mathrm{mmol}}{20\,\mathrm{ml}} = 0{,}1042\ \mathrm{mmol/ml\ oder\ mol/l}.$$

Will man die Titration zur Einstellung der Natronlauge benutzen, gibt dieser Wert die Konzentration $c(\mathrm{NaOH})_{\mathrm{Ist}}$ an. Die angestrebte Konzentration wäre $c(\mathrm{NaOH})_{\mathrm{Soll}} = 0{,}1$ mol/l und der Titer

$$t = \frac{c(\mathrm{NaOH})_{\mathrm{Ist}}}{c(\mathrm{NaOH})_{\mathrm{Soll}}} = \frac{0{,}1042\,\mathrm{mol/l}}{0{,}1000\,\mathrm{mol/l}} = 1{,}042.$$

Beispiel: Die Masse des in einer vorgelegten Sodalösung enthaltenen Natriumcarbonats, für deren Titration 42,6 ml Salzsäure, $c(\mathrm{HCl}) = 0{,}1$ mol/l, verbraucht wurden, errechnet sich folgendermaßen:

$$m_{\mathrm{P}}(\mathrm{Na_2CO_3}) = M(\tfrac{1}{2}\,\mathrm{Na_2CO_3}) \cdot c(\mathrm{HCl})_{\mathrm{M}} \cdot V(\mathrm{HCl})_{\mathrm{M}}$$
$$m_{\mathrm{P}}(\mathrm{Na_2CO_3}) = 52{,}994\ \mathrm{mg/mmol} \cdot 0{,}1\ \mathrm{mmol/ml} \cdot 42{,}6\ \mathrm{ml}$$
$$m_{\mathrm{P}}(\mathrm{Na_2CO_3}) = 225{,}75\ \mathrm{mg}.$$

Der Faktor $F = M(\tfrac{1}{2}\,\mathrm{Na_2CO_3}) \cdot c(\mathrm{HCl})$ beträgt 5,2994 mg/ml. War diese Soda in einer festen Probe von 834,3 mg (Einwaage) enthalten, ist der Sodaanteil in der Probe:

$$w(\mathrm{Na_2CO_3}) = \frac{F \cdot V(\mathrm{HCl})_{\mathrm{M}}}{m_{\mathrm{E}}} = \frac{5{,}2994\ \mathrm{mg/ml} \cdot 42{,}6\ \mathrm{ml}}{834{,}3\ \mathrm{mg}}$$
$$w(\mathrm{Na_2CO_3}) = 0{,}2706 = 27{,}06\,\%.$$

Beispiel: Die Massenkonzentration einer Salpetersäurelösung soll durch Titration mit der im ersten Beispiel eingestellten Natronlauge ermittelt werden. Von der Probelösung werden 2 ml vorgelegt, auf 100 ml verdünnt und titriert; Natronlaugeverbrauch 32,51 ml.

$$\beta(\mathrm{HNO_3}) = \frac{M(\mathrm{HNO_3}) \cdot c(\mathrm{NaOH})_{\mathrm{M}} \cdot t \cdot V(\mathrm{NaOH})_{\mathrm{M}}}{V(\mathrm{HNO_3})_{\mathrm{P}}}$$

$$\beta(\mathrm{HNO_3}) = \frac{63{,}013\ \mathrm{mg/mmol} \cdot 0{,}1\ \mathrm{mmol/ml} \cdot 1{,}042 \cdot 32{,}51\ \mathrm{ml}}{2\ \mathrm{ml}}$$
$$\beta(\mathrm{HNO_3}) = 106{,}730\ \mathrm{mg/ml\ oder\ g/l}.$$

2.3.2 Unsicherheit eines Messwertes

Unsicherheit ist kein angenehmer Zustand, Sicherheit jedoch ist ein absurder. (Voltaire, * 21. November 1694, † 30. Mai 1778, französischer Philosoph und Schriftsteller)

Ein Messergebnis ist nur dann als sinnvoll bzw. wissenschaftlich anzusehen, wenn dieses neben der Angabe des Messwertes auch die dazugehörige Messunsicherheit inklusive der entsprechenden Messeinheit enthält:

$$c(\mathrm{NaOH}) = (0{,}10 \pm 0{,}03)\ \mathrm{mol/l}$$

Die **Messunsicherheit** (engl. *measurement uncertanity*) wird als ein nichtnegativer Parameter definiert, der die Streuung der Einzelwerte kennzeichnet, die einer Messgröße auf der Grundlage der benutzten Information beigeordnet ist [73a].

Anders formuliert: Die Messunsicherheit gibt einen Bereich wieder, in dem sich der wahre Wert der gesuchten Größe mit einer bestimmten Wahrscheinlichkeit befindet. Somit ist die Unsicherheit kein Mangelzeichen, sondern beschreibt die Qualität des Ergebnisses.

Nach dem „Leitfaden zur Angabe der Unsicherheit beim Messen (GUM)" kann die Messunsicherheit anhand von zwei Methoden ermittelt werden [73b]:

Methode A: Berechnung mithilfe von statistischen Methoden aus mehreren unabhängigen Messwerten einer Messwiederholung (s. u.),

Methode B: Berechnung ausgehend von Informationen aus anderen Quellen (s. u.).

Die Grundlagen zu der Berechnung der Messunsicherheit inklusive der Anleitungen für die praktische Anwendung wurden ausführlich von M. Krystek beschreiben [73c]. Darüber hinaus vergleicht er die GUM-Methoden mit den traditionellen Methoden. Die Anwendung solcher Berechnungen in der Analytischen Chemie sind im EURACHEM / CITAC Leitfaden detailliert dargestellt [73d].

Messabweichungen. Richtigkeit und Präzision einer Messung

Der **Messwert** – hier 0,10 mol/l – kann zwar durch einmalig durchgeführte Messung ermittelt werden, in der Analytischen Chemie ist jedoch eine Mehrfachbestimmung üblich, also eine Ermittlung von Einzelmesswerten einer Messgröße unter gleichen Bedingungen.

Der Messwert ist dann der **arithmetische Mittelwert** $\bar{x}$ der einzelnen Messwerte x_i aus n Messungen

$$\bar{x} = \frac{x_1 + x_2 + x_3 + ... + x_n}{n} = \frac{1}{n}\sum x_i$$

Der so erhaltene Messwert ist dabei ein Schätzwert, welcher – wie die Einzelwerte – zwar mit einer **Messabweichung** (engl. *error of measurement*) behaftet, jedoch meist zuverlässiger als ein Einzelwert ist.

Die Messabweichung wird aus dem Messwert und einem Referenzwert berechnet [3a].

Ein **Referenzwert** kann ein wahrer Wert sein. Der **wahre Wert** ist ein idealer Wert – ein Wert, welcher nur unter idealen Bedingungen ermittelt werden könnte, und daher prinzipiell unbekannt ist. Ein vereinbarter Referenzwert ist hingegen bekannt. Es kann beispielsweise ein Wert sein, der mit Hilfe eines bewährten Analysenverfahrens ermittelt worden ist und evtl. Bestandteil des Zertifikats eines zertifizierten Referenzmaterials ist.

Grundsätzlich werden zwei Arten der Messabweichung unterschieden: **systematische Messabweichung** und **statistische Messabweichung**.

Stimmt der Mittelwert einer Messreihe nicht mit dem wahren Wert (x_w) oder mit dem vereinbarten Referenzwert (x_{Ref}) überein und handelt es sich dabei um eine einseitig gerichtete Abweichung, liegt eine **systematische Messabweichung (*b*)** (engl. *systematic measurement error*) vor.

$$\bar{x} \approx x_w + b \qquad \text{oder} \qquad \bar{x} = x_{Ref} + b, \text{[73c]}$$

Das Ungefähr-Gleich-Zeichen drückt dabei die Tatsache aus, dass der wahre Wert nicht genau bekannt ist.

Da eine systematische Messabweichung einseitig gerichtet ist, hat sie Betrag und Vorzeichen. Zur Berechnung eines Messergebnisses wird der Messwert um die bekannte systematische Messabweichung berichtigt.

$$\hat{x} = \bar{x} - b$$

Systematische Messabweichungen sind auf verschiedene Ursachen zurückzuführen. Für die Maßanalyse lassen sich – ohne Anspruch auf Vollständigkeit – folgende Möglichkeiten angeben:

- gerätebedingte Fehler, z. B. durch Benutzung unrichtig kalibrierter Wägestücke und Messgeräte, von der Bezugstemperatur (meist 20 °C) abweichende Versuchstemperatur,
- methodisch bedingte Fehler, z. B. durch unvollständig ablaufende Reaktionen, Auftreten von Nebenreaktionen, Miterfassung anderer Bestandteile.

Systematische Messabweichungen sind bestimmend für die **Richtigkeit** (engl. *trueness*) des Ergebnisses und müssen daher erkannt und korrigiert oder ausgeschaltet werden.

Die **statistische Messabweichung** ergibt sich aus der Tatsache, dass die Einzelwerte einer Mehrfachmessung mehr oder weniger stark um diesen Mittelwert streuen. Diese Abweichungen treten immer auf, trotz Anwendung größter Sorgfalt und Arbeiten unter möglichst gleichbleibenden Bedingungen. Die Ursache dafür sind zufällige Einflüsse, die vom Willen des Experimentators unabhängig sind. Diese Messabweichung wird daher auch als **zufällige Messabweichung** (engl. *random measurement error*) bezeichnet.

Das Ausmaß der Streuung der Einzelwerte kann für normalverteilte Werte traditionell nach der von C. F. Gauß vorgeschlagenen Methode der kleinsten Quadrate ermitteln werden. Ein Maß hierfür ist die empirische Standardabweichung.

Zur Berechnung der **Standardabweichung** bildet man die *n* Abweichungen der Einzelwerte vom Mittelwert ($x_i - \bar{x}$), quadriert diese Differenzen, summiert die Quadrate $(x_i - \bar{x})^2$, dividiert die Summe durch die um 1 verminderte Anzahl der Messungen und zieht die Quadratwurzel.

$$s = \sqrt{\frac{\sum (x_i - \bar{x})^2}{n-1}}$$

Die Standardabweichung gibt an, wie weit sich einzelne Messwerte vom Mittelwert unterscheiden, und ist daher gleich der Unsicherheit der Einzelwerte x_i:

$$u(x_i) = s$$

Die Unsicherheit des Messwertes – also des arithmetischen Mittelwertes von n Einzelmessungen – kann dann für normalverteilte Werte wie folgt berechnet werden:

$$u(\bar{x}) = \frac{s}{\sqrt{n}}$$

Da diese Unsicherheit, auch **Standardmessunsicherheit** oder Standardunsicherheit genannt, aus unabhängigen statistischen Einzelwerten einer Mehrfachbestimmung abgeschätzt wird, handelt es sich hierbei um die **Methode A** (s. o.) zur Ermittlung der Messunsicherheit.

Es ist wichtig dabei zu beachten, dass bei wenigen Messwerten keine Normalverteilung vorliegt, sondern die Student-t-Verteilung. In diesem Fall muss ein Korrekturfaktor t einberechnet werden.

$$u(\bar{x})_t = \frac{t \cdot s}{\sqrt{n}}$$

Der t-Faktor ist von der Anzahl der Einzelmessungen und der **statistischen Sicherheit** (P) abhängig und kann einer Tabelle entnommen werden. Mehr Informationen dazu inkl. Tabelle sind in weiterführender Literatur [17, 18] zu finden.

Häufig wird als Maß für die zufälligen Abweichungen nicht die absolute Größe, sondern die auf den Mittelwert bezogene **relative Größe** bzw. deren hundertfacher Wert, der **Variationskoeffizient** υ bzw. **normierter Variationskoeffizient** $\upsilon^\star$ in Prozent angegeben:

$$\upsilon = \frac{s}{\bar{x}} \cdot 100\,\% = \frac{u(x_i)}{\bar{x}} \cdot 100\,\%$$

$$\upsilon^\star = \frac{s}{\sqrt{n} \cdot \bar{x}} \cdot 100\,\% = \frac{u(\bar{x})}{\bar{x}} \cdot 100\,\%$$

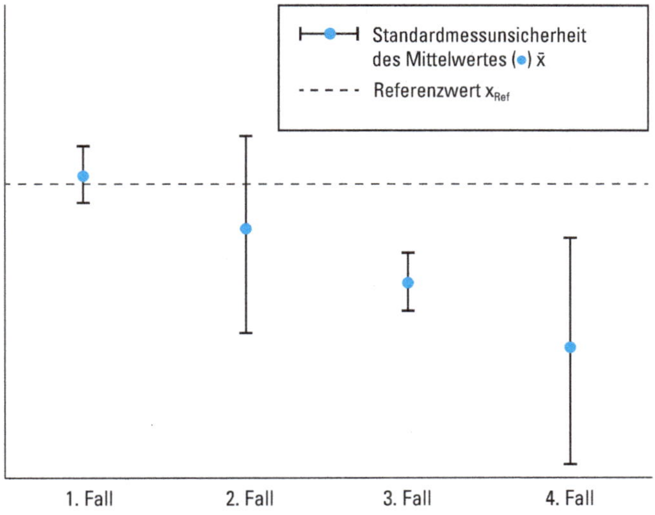

Abb. 2.25: Präzision und Richtigkeit von Messergebnissen.

Zufällige Messabweichungen können grundsätzlich nicht vermieden werden. Durch die Erhöhung der Zahl der Einzelmessungen können diese Messabweichungen jedoch um den Faktor $\sqrt{n}$ minimiert werden. Die zufällige Messabweichung kennzeichnet die **Präzision** (engl. *precision*) eines Messverfahrens.

Die Gesamtmessabweichung eines Messergebnisses setzt sich aus den systematischen und zufälligen Messabweichungen zusammen und spiegelt sich in dem Begriff **Genauigkeit** (engl. *accuracy*) wider. Genauigkeit ist daher ein Sammelbegriff für die Richtigkeit und Präzision [73e].

Abb. 2.25 zeigt Mittelwerte von vier Messreihen inklusive Standardmessunsicherheit. Vergleicht man die Mittelwerte aller Messreihen mit dem Referenzwert x_{Ref}, so ist es ersichtlich, dass die Ergebnisse $\bar{x}_1$ und $\bar{x}_2$ (1. und 2. Fall) richtig sind – der Referenzwert x_{Ref} liegt innerhalb des Bereichs der zufälligen Abweichungen. In den Fällen 3 und 4 jedoch tritt ein so großer systematischer Unterschied auf, dass x_{Ref} außerhalb des Bereichs der Standardmessunsicherheit liegt – $\bar{x}_3$ und $\bar{x}_4$ sind als falsch zu beurteilen und damit unbrauchbar. Ein Vergleich der Standardmessunsicherheiten zeigt, dass es sich in den Fällen 1 und 3 um präzisere Messwerte als in den Fällen 2 und 4 handelt. Das 1. Messergebnis ist aufgrund der hohen Richtigkeit und Präzision als genau anzusehen. Ausführlichere Betrachtungen über die Messunsicherheit und über die Bewertung von Messergebnissen findet man in folgenden Quellen [65, 73d].

Durch mangelnde Sorgfalt beim Messen oder abnormes Geräteverhalten verursachte Fehler, wie fehlerhafte Berechnungen, falsche Reinheit der Reagentien, unkorrektes Ablesen des Messwertes, Verschmutzung der Waage etc., werden als **grobe Fehler** oder auch **Irrtümer** bezeichnet. Diese Fehler sind beim sorgfältigen

Arbeiten grundsätzlich vermeidbar. Beim routinierten Arbeiten im Labor sind solche Fehler meist leicht zu erkennen und müssen ausgeschlossen werden. Beim Sammeln der ersten Erfahrungen im Labor hilft für die Erkennung der Irrtümer ein Vergleich zwischen dem ermittelten Wert und dem Referenzwert. Die mit groben Fehlern behafteten Ergebnisse dürfen für eine Auswertung nicht einbezogen werden.

Ermittlung der Unsicherheiten aus anderen Quellen

In einigen Fällen ist es nicht möglich oder sehr aufwendig eine Messung zu wiederholen. In diesem Fall können die Unsicherheiten nicht statistisch ermittelt werden (**Methode B, s. o.**). Hierfür werden zunächst die Unsicherheiten der Ausgangsgrößen aus anderen Quellen abgeschätzt.

Als solche Quellen eignen sich beispielsweise die Grenzabweichungen der verwendeten Messgeräte, Herstellerangaben zur Reinheit der verwendeten Substanz und so weiter.

Die **Grenzabweichungen** (Δx), auch Fehlergrenze genannt, geben die garantierte oder vereinbarte maximal mögliche Abweichung des abgemessenen Wertes. Der abgelesene oder abgemessene Wert liegt dann nahezu mit 100 % Sicherheit in dem angegebenen Grenzbereich.

Ist für die Einzelwerte innerhalb dieses Bereiches zu erwarten, dass größere und kleinere Abweichungen des angezeigten Wertes mit gleicher Wahrscheinlichkeit vorkommen, dann liegt eine sogenannte Rechtecksverteilung vor. Kann angenommen werden, dass kleinere Abweichungen öfter vorkommen als die größeren, dann liegt eine sogenannte Dreiecksverteilung vor. Daraus lassen sich die zugehörige Standardunsicherheiten abschätzen:

Rechtecksverteilung: $u(x) = \frac{\Delta x}{\sqrt{3}}$

Dreiecksverteilung: $u(x) = \frac{\Delta x}{\sqrt{6}}$

Die Werte der mittels der volumetrischen Geräte abgemessenen Volumina sind üblicherweise dreiecksverteilt. Bei der Berechnung der Standardunsicherheiten einer Einwaage, des Reinheitsgrades sowie der molaren Masse wird empfohlen, die Gleichung der Rechtecksverteilung anzuwenden [18, 73d].

Fortpflanzung der Standardunsicherheiten

Wenn ein Endergebnis durch mathematische Operationen gebildet wird und die Standardunsicherheiten der eingehenden Größen bekannt sind, kann die Standardunsicherheit des Endergebnisses rechnerisch abgeschätzt werden.

Die Zusammenwirkung aller dieser Einzelunsicherheiten wird als Fortpflanzung der Standardunsicherheiten (früher Fehlerfortpflanzung) bezeichnet. Auf diesem Wege berechnete Standardunsicherheiten werden **kombinierte Standardunsicherheiten** genannt.

Die Fortpflanzung der Standardunsicherheiten wird meist anhand des allgemeinen Gaußschen Fehlerfortpflanzungsgesetzes berechnet. Sofern die Einzelgrößen voneinander unabhängig sind – nicht miteinander korrelieren – kann die Unsicherheit mit den folgenden mathematischen Operationen abgeschätzt werden.

Bei *Addition* bzw. *Subtraktion* werden die Quadrate der jeweiligen Einzelfehler addiert:

$$\textit{Für} \quad y = x_1 + x_2 \quad \textit{oder} \quad \textit{für} \quad y = x_1 - x_2 \quad \textit{gilt}$$

$$u^2(y) = u^2(x_1) + u^2(x_2)$$

Aus dieser Gleichung ergibt sich, dass zur Abschätzung der kombinierten Standardmessunsicherheit **die Standardunsicherheit bei Büretten immer verdoppelt** wird, da diese sowohl bei der Nullstellung als auch beim Ablesen des Wertes auftritt:

$$u^2(y) = 2u^2(x)$$

Beispiel: Bei einer Titration wird die Bürette zunächst auf Null gestellt. Nach der Titration wird das verbrachte Volumen von der Bürette abgelesen, dieses beträgt 15,10 ml.

Die Grenzabweichung der Bürette beträgt laut Hersteller ±0,05 ml. Da keine weiteren Informationen angegeben sind, wird von einer Dreiecksverteilung ausgegangen. Die Standardunsicherheit kann dann wie folgt berechnet werden:

$$u(V) = \frac{0{,}05\ \text{ml}}{\sqrt{6}}$$

Die gesamte Unsicherheit wird dann wie folgt berechnet:

$$u(V)_{\text{Verbrauch}} = \sqrt{u^2\left(V_{\text{Nullstellung}}\right) + u^2\left(V_{\text{Nach Titration}}\right)} = \sqrt{\left(\frac{0{,}05}{\sqrt{6}}\right)^2 + \left(\frac{0{,}05}{\sqrt{6}}\right)^2} = 0{,}03\ \text{ml}$$

$$V_{\text{Verbrauch}} = (15{,}10 \pm 0{,}03)\ \text{ml}$$

Bei *Multiplikation* bzw. *Division* werden die Quadrate der relativen Unsicherheit aufsummiert.

$$\text{Für} \quad y = x_1 \cdot x_2 \quad \text{oder für} \quad y = x_1 \div x_2 \quad \text{gilt}$$

$$\left(\frac{u(y)}{y}\right)^2 = \left(\frac{u(x_1)}{x_1}\right)^2 + \left(\frac{u(x_2)}{x_2}\right)^2$$

Diese Gleichung kann beispielsweise zur Berechnung der Konzentrationsunsicherheit einer Lösung angewandt werden:

Beispiel: Eine EDTA-Lösung soll hergestellt werden. Hierfür werden 37,2239 g ($\Delta m_{Waage} = \pm 0{,}0001$ g) getrocknetes EDTA-Dihydrat Dinatriumsalz mit einem Reinheitsgrad von 99,9 ± 0,1 % abgewogen und in einem 1 Liter Messkolben (Enghals, Klasse A, $\Delta V = \pm 0{,}4$ ml) in demineralisiertem Wasser gelöst (s. Seite 253).

Die Stoffmengenkonzentration kann anhand der folgenden Formel berechnet werden:

$$c(EDTA) = \frac{m\left(Na_2H_2C_{10}H_{12}O_8N_2 \cdot 2H_2O\right) \cdot \text{Reinheitsgrad}}{M\left(Na_2H_2C_{10}H_{12}O_8N_2 \cdot 2H_2O\right) \cdot V(\text{Lösung})} = \frac{37{,}2239\ \text{g} \cdot 0{,}999}{372{,}2392\ \frac{\text{g}}{\text{mol}} \cdot 1000{,}0\ \text{ml}} =$$
$$= 0{,}09989995\ \text{mol/l}$$

Die dazugehörige Unsicherheit setzt sich dann aus der Unsicherheit der Waage, der Messkolbenunsicherheit sowie der Unsicherheit der EDTA-Reinheit zusammen.

Auch die molare Masse beinhaltet eine Unsicherheit (372,2392 ± 0,0009) g/mol. Deren Anteil ist jedoch im Vergleich zu den anderen Unsicherheiten gering und kann im Falle der großen Molaren Massen – was bei den Urtitersubstanzen der Fall ist – vernachlässigt werden.

$$\frac{u\left(c(\text{EDTA})\right)}{c\left(\text{EDTA}\right)} = \sqrt{2\left(\frac{u(m)}{m(\text{EDTA})}\right)^2 + \left(\frac{u(V)}{V(\text{Lösung})}\right)^2 + \left(\frac{u(\text{Reinheitsgrad})}{\text{Reinheitsgrad}}\right)^2} =$$

$$\sqrt{2\left(\frac{\Delta m_{Waage}}{\sqrt{3} \cdot m(\text{EDTA})}\right)^2 + \left(\frac{\Delta V_{Messkolben}}{\sqrt{6} \cdot V(\text{Lösung})}\right)^2 + \left(\frac{\Delta\ \text{Reinheitsgrad}}{\sqrt{3} \cdot \text{Reinheitsgrad}}\right)^2} =$$

$$\sqrt{2\left(\frac{0{,}0001\ \text{g}}{\sqrt{3} \cdot 37{,}2239\ \text{g}}\right)^2 + \left(\frac{0{,}4\ \text{ml}}{\sqrt{6} \cdot 1000{,}0\ \text{ml}}\right)^2 + \left(\frac{0{,}1\ \%}{\sqrt{3} \cdot 99{,}9\ \%}\right)^2} = 0{,}00060057$$

$u(c(\text{EDTA})) = 0{,}09989995\ \text{mol/l} \cdot 0{,}00060057 = 0{,}00006\ \text{mol/l}$

Erweiterte Unsicherheit

An dieser Stelle sei noch einmal hervorgehoben, dass die zur Berechnung der kombinierten Standardunsicherheit eingesetzten Unsicherheiten Standardunsicherheiten sind. Daher ist der kombinierten Standardunsicherheit keine statistische Sicherheit (P) beigeordnet. In der Analytischen Chemie wird aus diesem Grund ein Vielfaches der Standardunsicherheit angegeben, die sogenannte erweiterte Unsicherheit:

$$U\left(\bar{x}\right) = k_P \cdot u\left(\bar{x}\right)$$

In den meisten Fällen wird es angeraten den Erweiterungsfaktor k_P gleich 2 zu setzen, was bei normalverteilten Werten einer statistischen Sicherheit (P) von ca. 95 % entspricht [73h]. Im Falle von t-verteilten Daten ist k_P durch den entsprechenden t-Faktor zu ersetzen.

In dem oberen Beispiel beträgt die erweiterte Sicherheit $U(c(\text{EDTA}))$ = 0,00012 mol/l. Die EDTA-Konzentration der EDTA-Lösung kann dann wie folgt angegeben werden:

$$c(\text{EDTA}) = (0{,}09990 \pm 0{,}00012)\ \text{mol/l}$$

Dabei liegt die EDTA-Konzentration im Bereich von 0,09978 mol/l bis 0,10002 mol/l ($[c - U,\ c + U]$) mit einer 95 %igen Wahrscheinlichkeit. Dieser Bereich wird **Konfidenzintervall** KI oder auch **Vertrauensbereich** genannt. Dieses Thema ist beispielsweise in [17, 18] ausführlich erklärt.

2.3.3 Ausreißertest als statistisches Prüfverfahren

Liegen Einzelwerte einer Mehrfachbestimmung vor, werden diese meist – insbesondere dann, wenn ein extrem hoher oder niedriger Wert vorliegt – auf mögliche Ausreißer überprüft. Hierfür wurden verschiedene Tests entwickelt. Die meisten von diesen Tests (Grubbs, Namilov, Dean-Dixon, auch Q-Test genannt etc.) werden auf normalverteilte Werte angewandt. Bei vielen analytischen Ergebnissen handelt es sich um normalverteilte Werte, ob das wirklich zutrifft, kann statistisch überprüft werden.

Bei normalverteilten Einzelwerten empfiehlt die Internationale Organisation für Standardisierung [73f] den **Ausreißertest** nach Grubbs-Beck [73g] anzuwenden:

$$g_{\text{berechnet}} = \frac{|x_i - \bar{x}|}{s}$$

mit x_i – zu prüfender Messwert, $\bar{x}$ – Mittelwert, s – Standardabweichung der Stichprobe.

Ist $g_{\text{berechnet}}$ größer als $g_{\text{crit.}}$ (Tabellenwert, siehe Tabelle 2.9), dann handelt es sich bei dem geprüften Messwert um einen Ausreißer mit der zuvor festgelegten statistischen Sicherheit (P). Wird der geprüfte Wert als Ausreißer erkannt, wird dieser in der Messreihe als solcher eindeutig markiert und aus den weiteren Berechnungen entfernt. Aus den restlichen Werten werden erneut der Mittelwert und die dazugehörige Standardabweichung berechnet.

Beispiel: Analyse einer aluminiumhaltigen wässrigen Probe ergab folgende Messwerte: 10,5 mg/l; 13,5 mg/l; 11,5 mg/l; 10,7 mg/l; 9,6 mg/l und 9,9 mg/l. Der zweite Messwert (siehe Abbildung 2.26) scheint ein Ausreißer zu sein.

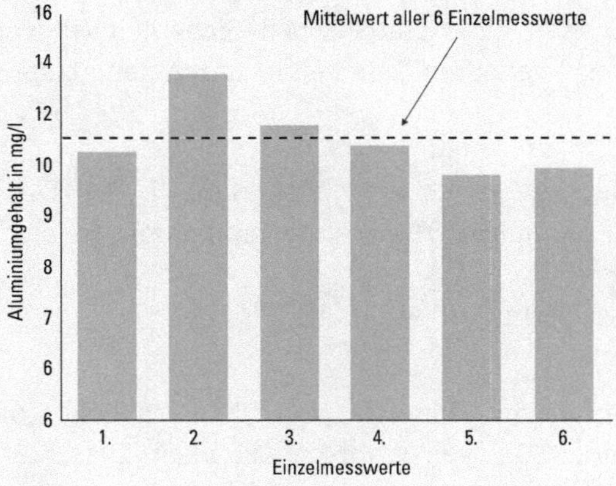

Abb. 2.26: Einzelmesswerte und arithmetischer Mittelwert der Analyse einer aluminiumhaltigen wässrigen Probe.

Es soll nun untersucht werden, ob es sich tatsächlich mit einer 95 %igen statistischen Sicherheit (P) um einen Ausreißer handelt.

Hierfür werden, wie bereits beschrieben, der Mittelwert und die Standardabweichung berechnet:

$$\bar{x} = 10{,}9500 \text{ mg/l und } s = 1{,}4139 \text{ mg/l (ungerundete Werte).}$$

Daraus ergibt sich $g_{\text{berechnet}} = 1{,}804$. Der Tabellenwert $g_{\text{crit.}}$ für P = 95 % und 6 Einzelmessungen ($n = 6$) entspricht dann 1,822. Da der berechnete Wert kleiner als der tabellarische ist, ist der zweite Messwert mit einer 95 %igen statistischen Sicherheit kein Ausreißer und darf daher nicht aus der Messreihe entfernt werden.

Tab. 2.9: Kritische Werte ($g_{\text{crit.}}$) des einseitigen Grubbs-Beck Ausreißertests, mit n – Anzahl der Einzelmessungen und P – statistische Sicherheit.

n	P = 90 %	P = 95 %	P = 99 %
3	1,148	1,153	1,155
4	1,425	1,463	1,492
5	1,602	1,672	1,749
6	1,729	1,822	1,944
7	1,828	1,938	2,097
8	1,909	2,032	2,221
9	1,977	2,110	2,323
10	2,036	2,176	2,410
11	2,088	2,234	2,485
12	2,134	2,285	2,55
13	2,175	2,331	2,607
14	2,213	2,371	2,659
15	2,247	2,409	2,705
16	2,279	2,443	2,747
17	2,309	2,475	2,785
18	2,335	2,504	2,821
19	2,361	2,532	2,854
20	2,385	2,557	2,884
21	2,408	2,580	2,912
22	2,429	2,603	2,939
23	2,448	2,624	2,963
24	2,467	2,644	2,987
25	2,486	2,663	3,009
26	2,502	2,681	3,029
27	2,519	2,698	3,049
28	2,534	2,714	3,068
29	2,549	2,730	3,085
30	2,563	2,745	3,103

2.3.4 Runden des Endergebnisses

Wird aus den Messwerten ein Endergebnis gebildet, stellt sich oft die Frage, wie genau dieses angegeben werden muss oder – anders formuliert – bei wie vielen gültigen Ziffern nun gerundet werden soll [73h].

Alle gültigen Ziffern werden als **signifikante Stellen** bezeichnet. Alle Ziffern ungleich Null und die Nullen innerhalb eines Zahlenwertes oder am rechten Ende einer Zahl sind signifikant. So hat das Ergebnis der Messmethode A vier signifikanten Stellen und das der Messmethode B drei.

Führende Nullen sind hingegen nie signifikant, da durch eine Verschiebung der Dezimalstellen diese Nullen verschwinden können.

Weitere Beispiele zum Thema signifikante Stellen:

267,8 g	hat 4 signifikante Stellen; der Wert kann z. B. auch als $2{,}678 \cdot 10^2$ g geschrieben werden.
100 ml	hat 3 signifikante Stellen, es lässt sich auch als 0,100 l angeben.
100,00 ml	hat 5 signifikante Stellen, wesentlich genauere Volumenangabe als im 2. Beispiel.
0,001 l	hat 1 signifikante Stelle; es lässt sich auch als 1 ml angeben.

Wenn der Zahlenwert der Messunsicherheit hinter den führenden Nullen mit einer Ziffer von 3 bis 9 beginnt, so ist die Messunsicherheit mit einer signifikanten Stelle anzugeben. Beginnt der Zahlenwert hinter den führenden Nullen mit der Ziffer 1 oder 2, so ist die Messunsicherheit mit zwei signifikanten Stellen anzugeben.

Des Weiteren gilt es, den Zahlenwert der Messunsicherheit stets aufzurunden und den Zahlenwert des Messwertes nach den arithmetischen Regeln auf- oder abzurunden.

Beispiel: Analyse einer wässrigen Probe auf den Gesamteisengehalt mittels zwei unabhängigen Messmethoden ergab folgende Ergebnisse:

	ß (Fe) in g/l, ungerundetes Ergebnis	ß (Fe) in g/l, gerundetes Ergebnis
Messmethode A:	0,20496231 ± 0,0007611	0,2050 ± 0,0008
Messmethode B:	0,21134 ± 0,01632011	0,211 ± 0,017

Die Anzahl der signifikanten Stellen spiegelt die Genauigkeit des Experimentes wider. Vergleicht man die relative Messunsicherheit der beiden Messmethoden aus dem oberen Beispiel, ist ersichtlich, dass die Messmethode A mit etwa 0,4 % wesentlich genauer ist als Messmethode B mit etwa 8 %.

Meist geht eine höhere Genauigkeit mit einem erhöhten messtechnischen Aufwand und den damit verbundenen erhöhten Kosten einher. Wird das Ergebnis mit zu wenigen signifikanten Stellen dargestellt, weniger als mit der Messmethode erzielt wurden – z. B. 205 mg/l anstatt 205,0 mg/l –, dann ist die Genauigkeit kleiner als tatsächlich und der Messaufwand hat sich somit nicht gelohnt.

Die Angabe zu vieler signifikanter Stellen täuscht hingegen eine nicht den Tatsachen entsprechende Genauigkeit vor – z. B. 211,34 mg/l anstatt den korrekten 211 mg/l – und ist daher unzulässig und als unverantwortlich anzusehen!

Der Mangel an mathematischer Bildung gibt sich durch nichts so auffallend zu erkennen, wie durch maßlose Schärfe im Zahlenrechnen. (C. F. Gauß, * 30. April 1777, † 23. Februar 1855, deutscher Mathematiker)

Im Falle, dass die **Messunsicherheit nicht bekannt** ist, was meist in einer Ausbildung beim Lösen von Übungsaufgaben vorkommt, wird das Endergebnis ausgehend von den signifikanten Stellen der in der Aufgabe angegebenen Werte gerundet.

Dabei gilt bei *Multiplikation* oder *Division*, dass die Zahl der signifikanten Stellen des Ergebnisses der geringsten Zahl signifikanter Stellen der angegebenen Werte entspricht. Zum Beispiel

$$c(\mathrm{Pb}) = \frac{n(\mathrm{Pb})}{V(\text{Lösung})} = \frac{1{,}3469\ \text{mol (5 sign. Stellen)}}{250\ \text{ml (3 sign. Stellen)}} = 5{,}3876\ \frac{\text{mol}}{\text{l}} = $$
$$= 5{,}39\ \frac{\text{mol}}{\text{l}}\ \text{(3 sign. Stellen)}$$

Bei *Addition* und *Subtraktion* ist dagegen die Zahl mit den geringsten Nachkommastellen maßgebend. Es muss darauf geachtet werden, dass alle Summanden dieselbe Einheit tragen und – bei Potenzen – mit dem gleichen Exponenten dargestellt sind. Beim vorher erfolgenden Umrechnen von Größen dürfen keine zusätzlichen signifikanten Stellen erzeugt werden. Das Ergebnis wird so gerundet, dass es die gleiche Anzahl an Nachkommastellen bekommt, wie die Zahl mit den wenigsten Nachkommstellen (hier 23,4 g):

$$588{,}1\ \text{mg} + 23{,}4\ \text{g} + 30{,}65\ 10^{-2}\ \text{g} = 0{,}5881\ \text{g} + 23{,}4\ \text{g} + 0{,}3065\ \text{g} = 24{,}2946\ \text{g}$$
$$= 24{,}3\ \text{g}$$

Additionen bzw. *Subtraktionen* sind die einzigen Rechenoperationen, bei denen sich die Anzahl an signifikanten Stellen verändern kann:

Beispiel 1: Erhöhung der Anzahl signifikanter Stellen von 2 auf 3:

10,0 ml + 5,0 ml = 15,0 ml (und nicht 15 ml)

Beispiel 2: Erniedrigung der signifikanten Stellen von 3 auf 2:

18,9 mmol – 10,5 mmol = 8,4 mmol (und nicht 8,40 mmol).

Äußerst wichtig ist zu beachten, dass die Rundung der Zwischenergebnisse oft zu einem erheblichen Fehler führt. Um dies zu umgehen, soll die Bildung von Endergebnis und dessen Messunsicherheit in einem Kalkulationsschritt oder, falls dies sehr umständlich ist, mit Hilfe eines Kalkulationsprogramms, wie zum Beispiel Excel, vorgenommen werden.

3 Maßanalysen mit chemischer Endpunktbestimmung

3.1 Säure-Base-Titrationen

Bei den Säure-Base-Titrationen finden Protonenübertragungen zwischen den Reaktionspartnern statt. Sie dienen zur Bestimmung von Säuren oder Basen. Man setzt dabei entweder eine saure Probelösung mit einer äquivalenten Stoffmenge an Base um, indem man mit einer die Base enthaltenden Maßlösung titriert (**Alkalimetrie**), oder man ermittelt umgekehrt die unbekannte Stoffmenge einer Base durch Titration mit einer Säuremaßlösung (**Acidimetrie**).

3.1.1 Theoretische Grundlagen

Säuren und Basen

Die Vorstellungen über das Wesen von Säuren und Basen haben in der Entwicklungsgeschichte der Chemie manche Änderung erfahren. Die ersten Schritte zur Klärung chemischer Begriffe wurden im Zeitalter der Chemiatrie unternommen, in jener Periode, die die mittelalterliche Alchemie ablöste. Schon damals wurde die Einteilung der Stoffe in Säuren, Basen (Laugen) und Salze eingeführt. Man erkannte in der 2. Hälfte des 17. Jahrhunderts, dass sich **Salze** aus zwei Bestandteilen zusammensetzen, einem alkalischen und einem sauren [167]. Boyle (1627–1691) kennzeichnete die **Säuren** aufgrund ihrer Eigenschaften: Sie besitzen eine auflösende Kraft für viele Stoffe, sie verwandeln die blaue Farbe von Pflanzensäften (Veilchen-, Kornblumen-, Lackmussaft) in Rot, sie verlieren ihre Eigenschaften bei der Vereinigung mit **Alkalien.**[1] Letztere waren noch nicht klar definiert; eine Unterscheidung der Alkalien in Oxide bzw. Hydroxide einerseits und Carbonate andererseits traf 1755 Black. Schon damals bezeichnete man diese Stoffgruppen als **Basen.**[2] Eine exakte Definition der Basen erfolgte erst im 19. Jahrhundert. Weil verschiedene Nichtmetalloxide mit Wasser saure Lösungen bilden, sah Lavoisier (1743–1794) den Sauerstoff als den Träger der sauren Eigenschaften eines Stoffes an und gab diesem den entsprechenden Namen (Oxygenium = Säurebildner). Davy erkannte dann 1816, dass der Wasserstoff den sauren Charakter eines Stoffes bedingt, da es auch Säuren gibt, die keinen Sauerstoff enthalten (z. B. Halogenwasserstoffsäuren). Liebig schließlich fand 1838, dass nur solche Wasserstoffverbindungen als Säuren zu betrachten sind, in denen sich der Wasserstoff durch Metalle ersetzen lässt. Die unter Salzbildung ablaufende Reaktion einer Säure mit einer Base nannte Liebig

1 Al kali (arab.) = Pflanzenasche.

2 Basis (griech.) = Grundlage (für die Entstehung eines nichtflüchtigen Salzes).

https://doi.org/10.1515/9783110710816-003

Neutralisation. Verbindungen, die nur ein Metall und einen Säurerest enthalten, bezeichnete er als **Neutralsalze** (z. B. NaCl, Na_2SO_4), solche, die außerdem noch weiteren, durch Metall ersetzbaren Wasserstoff enthalten, als **saure Salze** (z. B. $NaHSO_4$, NaH_2PO_4).

In den Jahren 1884 bis 1887 stellte Arrhenius die **Theorie der elektrolytischen Dissoziation** auf. Nach dieser Theorie sind in Elektrolytlösungen (Lösungen von Säuren, Basen und Salzen, die den elektrischen Strom leiten) frei bewegliche Ionen[3] vorhanden. Die Ionen entstehen nicht erst durch Aufspaltung gelöster Moleküle unter der Wirkung eines elektrischen Feldes – wie man früher angenommen hatte –, sondern beim Lösen der Verbindungen in Wasser. Der durch das Lösemittel Wasser bewirkte Zerfall in einzelne Ionen wird **elektrolytische Dissoziation** genannt. Durch die Arbeiten von Ostwald über Ionengleichgewichte in wässrigen Lösungen wurde die Theorie weiter ausgebaut.

Nach den Definitionen der klassischen Theorie von Arrhenius und Ostwald sind Säuren Verbindungen, die in wässriger Lösung **Wasserstoffionen** (H^+) abspalten (z. B. $HCl \longrightarrow H^+ + Cl^-$) und Basen Stoffe, die unter Freisetzung von **Hydroxidionen** (OH^-) dissoziieren (z. B. $NaOH \longrightarrow Na^+ + OH^-$). Bei der stöchiometrischen Reaktion einer Säure und einer Base entstehen Salz und Wasser, z. B.

$$\underbrace{H^+ + Cl^-}_{\text{Säure}} + \underbrace{Na^+ + OH^-}_{\text{Base}} \longrightarrow \underbrace{Na^+ + Cl^-}_{\text{Salz}} + \underbrace{H_2O}_{\text{Wasser}}$$

An diesem Vorgang, der **Neutralisation,** sind die Kationen der Base und die Anionen der Säure nicht beteiligt, die Salzbildung ist daher von untergeordneter Bedeutung. Die Basekationen und Säureanionen verbleiben dissoziiert in der Lösung und bilden beim Eindampfen des Lösemittels das kristalline Salz (leicht lösliche Salze) oder letzteres entsteht bereits während der Neutralisation (schwer lösliche Salze). Das Wesentliche der Neutralisation im Sinne von Arrhenius ist die Vereinigung der Wasserstoffionen der Säure mit den Hydroxidionen der Base zu Wasser:

$$H^+ + OH^- \rightleftharpoons H_2O\,.$$

Die Umkehrung der Neutralisation, die Reaktion eines Salzes mit Wasser unter Bildung einer Base und einer Säure, wurde **Hydrolyse** des Salzes genannt. Damit erklärte die klassische Theorie die saure bzw. basische Reaktion der Lösungen von Salzen, die entweder eine schwache Base oder eine schwache Säure (vgl. S. 88) enthalten. Zwei Beispiele seien genannt:

3 Die Bezeichnung Ionen für elektrisch geladene Teilchen geht auf Faraday zurück, der 1833 und 1834 die nach ihm benannten Gesetze der Elektrolyse entdeckte.

$$NH_4^+ + Cl^- + H_2O \longrightarrow NH_4OH + H^+ + Cl^-$$
$$\underbrace{K^+ + CN^-}_{\text{Salz}} + \underbrace{H_2O}_{\text{Wasser}} \longrightarrow \underbrace{K^+ + OH^-}_{\text{Base}} + \underbrace{HCN}_{\text{Säure}}$$

Mithilfe der Arrhenius-Ostwald-Theorie ließen sich viele Reaktionen in wässrigen Lösungen beschreiben. Durch die Dissoziationskonstanten der Säuren und Basen konnte erstmalig deren Stärke zahlenmäßig angegeben werden. Die elektrische Leitfähigkeit von Elektrolytlösungen sowie deren Anomalien des osmotischen Druckes und der Gefrierpunktserniedrigung ließen sich erklären. Die Theorie weist jedoch verschiedene Schwächen auf. Sie ist auf wässrige Lösungen beschränkt, die Säure-Base-Reaktion ist auf elektrisch neutrale Molekülsäuren und -basen, wie HCl, H_2SO_4, KOH, $Ca(OH)_2$ usw., eingeengt. Sie berücksichtigt nicht, dass freie Protonen (H^+) in wässrigen Lösungen nicht vorkommen können. Zur Deutung des basischen Verhaltens von Verbindungen, die keine OH^--Gruppen enthalten (NH_3, organische Basen), mussten Verbindungen angenommen werden (z. B. NH_4OH), die nicht existent sind.

1923 schlugen Brönsted und Lowry unabhängig voneinander eine umfassendere Definition für Säuren und Basen vor,[4] bei der nicht die Konstitution, sondern die Funktion im Vordergrund steht. Danach ist eine Säure eine Verbindung, die Protonen abgeben kann (**Protonendonor**), eine Base dagegen vermag Protonen aufzunehmen (**Protonenakzeptor**). Säuren und Basen werden mit dem Sammelbegriff **Protolyte** bezeichnet. Die Definition wird durch die schematische Reaktionsgleichung

$$\begin{array}{lll} S & \rightleftharpoons B & + H^+ \\ \text{Säure} & \rightleftharpoons \text{Base} & + \text{Proton} \end{array}$$

wiedergegeben. Bei der Abgabe eines Protons geht die Säure in eine Base (**korrespondierende** oder **konjugierte Base**) über und umgekehrt die Base bei der Aufnahme eines Protons in eine Säure (**korrespondierende** oder **konjugierte Säure**). Säure und konjugierte Base sind in einem Protolytsystem einander zugeordnet, sie bilden ein **korrespondierendes Säure-Base-Paar**. Beispiele für solche Säure-Base-Paare sind:

$$\begin{array}{lll} CH_3COOH & \rightleftharpoons CH_3COO^- & + H^+ \\ NH_4^+ & \rightleftharpoons NH_3 & + H^+ \\ HSO_4^- & \rightleftharpoons SO_4^{2-} & + H^+ \\ N_2H_6^{2+} & \rightleftharpoons N_2H_5^+ & + H^+ \\ [Fe(H_2O)_6]^{3+} & \rightleftharpoons [Fe(OH)(H_2O)_5]^{2+} & + H^+. \end{array}$$

4 Der Anteil von Brönsted an der Erweiterung des Säure-Base-Begriffes ist erheblich größer, daher spricht man im allgemeinen nur von der Brönsted-Theorie.

Wie man sieht, können Säuren neutrale Moleküle, positiv geladene Kationen oder negativ geladene Anionen sein; analoges gilt für Basen. Dementsprechend unterscheidet man **Neutralsäuren** (z. B. HCl, H_2SO_4, CH_3COOH) und **Neutralbasen** (z. B. NH_3, NH_2OH, PH_3), **Kationensäuren** (z. B. NH_4^+, $N_2H_6^{2+}$, $[Fe(H_2O)_6]^{3+}$) und **Kationenbasen** (z. B. $N_2H_5^+$, $[Fe(OH)(H_2O)_5]^{2+}$) sowie **Anionensäuren** (z. B. HSO_4^-, $H_2PO_4^-$, HS^-) und **Anionenbasen** (z. B. CH_3COO^-, SO_4^{2-}, OH^-).

Die Alkalimetallhydroxide bilden in wässriger Lösung die Base OH^-, eine spezielle Anionenbase unter vielen.

Eine Brönsted-Säure hat stets eine positive Ladungseinheit mehr als ihre korrespondierende Base; für die Säure- bzw. Basewirkung spielt die Ladung allerdings keine Rolle.

Die aufgeführten Reaktionsgleichungen haben nur formalen Charakter; denn freie Protonen können wegen ihrer großen Reaktionsfähigkeit, die auf den kleinen Radius des Teilchens (ca. 10^{-3} pm) und die dadurch bedingte außerordentlich große positive Ladungsdichte zurückzuführen ist, in Lösungen nicht auftreten. Daraus folgt, dass eine Säure nur dann ihr Proton abgeben kann, wenn eine Base zur Aufnahme vorhanden ist. Man benötigt daher für eine **Säure-Base-Reaktion** zwei korrespondierende Säure-Base-Paare:

$$\begin{array}{rcl} S_1 & \rightleftharpoons & B_1 + H^+ \\ H^+ + B_2 & \rightleftharpoons & S_2 \\ \hline S_1 + B_2 & \rightleftharpoons & B_1 + S_2 . \end{array}$$

Die Säure-Base-Reaktion ist nach Brönsted eine **Protonenübertragung** (**Protolyse**). Der Begriff der Dissoziation von Säuren und Basen wird durch den der Protolyse ersetzt.

Eine Säure kann nur in einem Lösemittel protolysieren, das Protonen aufzunehmen vermag, und eine Base nur in einem Lösemittel, das Protonen abgeben kann. Löst man z. B. Ammoniak in Wasser, so reagiert das Wasser als Säure und die Protolyse lässt sich durch die Reaktionsgleichung

$$NH_3 + H_2O \rightleftharpoons NH_4^+ + OH^-$$

beschreiben. Das H_2O-Molekül gibt ein Proton ab und geht in die korrespondierende Base OH^- über. Beim Lösen von gasförmigem HCl in Wasser dagegen verhält sich Wasser als Base und nimmt von der Säure HCl ein Proton auf:

$$HCl + H_2O \rightleftharpoons H_3O^+ + Cl^- .$$

Die entstandene Säure H_3O^+ ist das **Oxoniumion**. Das einzelne H_3O^+-Ion hat in wässriger Lösung nur eine extrem kurze Lebensdauer. Bereits nach etwa 10^{-13} s überträgt es eines seiner drei Protonen auf ein benachbartes H_2O-Molekül. Die positive Ladung ist nicht fixiert, sie verteilt sich symmetrisch auf die drei Protonen, die daher drei stabile Wasserstoffbrückenbindungen zu benachbarten H_2O-Molekülen bilden können. Das hydratisierte Oxoniumion wird auch als **Hydroniumion**, $H_9O_4^+$ ($H_3O^+ \cdot 3\,H_2O$), bezeichnet; es ist gegenüber anderen möglichen Hydraten, wie $H_5O_2^+$ oder $H_7O_3^+$, besonders stabil. Auch das Hydroxidion liegt hydratisiert vor, bevorzugt als $H_7O_4^-$. Die sekundäre Hydratation ist jedoch für die folgenden Betrachtungen nicht von Bedeutung. Es wird daher die vereinfachte Schreibweise H_3O^+ verwendet.[5]

Wie die Reaktionen des Wassers mit NH_3 und HCl zeigen, verhält sich das H_2O-Molekül je nach Reaktionspartner entweder als Säure oder als Base. Man nennt Protolyte, die sowohl Protonen aufnehmen als auch abgeben können, **Ampholyte**. Weitere Beispiele für Ampholyte sind die Ionen HSO_4^-, $H_2PO_4^-$ und HPO_4^{2-}:

$$
\begin{aligned}
HSO_4^- + H^+ &\rightleftharpoons H_2SO_4 \\
HSO_4^- &\rightleftharpoons SO_4^{2-} + H^+ \\
H_2PO_4^- + H^+ &\rightleftharpoons H_3PO_4 \\
H_2PO_4^- &\rightleftharpoons HPO_4^{2-} + H^+ \\
HPO_4^{2-} &\rightleftharpoons PO_4^{3-} + H^+ .
\end{aligned}
$$

Nach Brönsted werden die Elektrolyte in Protolyte (Säuren und Basen) und Salze unterschieden. Salze sind alle Verbindungen, die aus Ionen aufgebaut sind, z. B. NaCl, aber auch Metallhydroxide wie NaOH und Metalloxide wie Na_2O. Die beim Auflösen der Salze in Wasser entstehenden Ionen können sich als Protolyte verhalten (wie OH^- in NaOH-Lösungen), müssen es aber nicht (wie Na^+ und Cl^- in NaCl-Lösungen). Salze sind keine Protolyte, sie können aber Säuren und Basen liefern.

Fügt man zu der Lösung einer praktisch vollständig protolysierten Säure (z. B. HCl) die Lösung einer ebenso protolysierten Base (z. B. NaOH), so erfolgt die Protonenübertragung von den H_3O^+-Ionen zu den OH^--Ionen; es entsteht Wasser nach der Reaktionsgleichung

$$H_3O^+ + Cl^- + Na^+ + OH^- \rightleftharpoons 2\,H_2O + Na^+ + Cl^- .$$

Die Säure-Base-Reaktion

$$H_3O^+ + OH^- \rightleftharpoons 2\,H_2O$$

entspricht der Neutralisation in der Bezeichnungsweise von Arrhenius. Sie verläuft mit großer Geschwindigkeit und positiver Wärmetönung (exotherme Reak-

5 In Fällen, in denen keine Protonenübertragungen im Vordergrund der Betrachtung stehen, genügt zur Bezeichnung des Wasserstoffions auch – dem bei anderen hydratisierten Ionen praktizierten Brauch folgend – die noch einfachere Schreibweise H^+. Man muss aber stets bedenken, dass damit nicht das freie Proton gemeint ist.

tion). Setzt man Säure und Base in äquivalenten Mengen ein, liegen nach der Umsetzung weder H_3O^+- noch OH^--Ionen im Überschuss vor; es tritt vollständige Neutralisation ein. Aus der Geschwindigkeitskonstanten der obigen Reaktion ($k = 1{,}3 \cdot 10^{11}\ \mathrm{l \cdot mol^{-1} \cdot s^{-1}}$ bei 25 °C) lässt sich berechnen, dass sich in Lösungen der Konzentration 0,1 mol/l die Reaktionspartner bereits nach $7{,}7 \cdot 10^{-8}$ s zu 99,9 % umgesetzt haben. Unabhängig von der Art der eingesetzten Säure und Base – sofern sie einer nahezu vollständigen Protolyse unterliegen – wird stets die gleiche Wärmemenge $\Delta H^\circ = -57\ \mathrm{kJ \cdot mol^{-1}}$ (Neutralisationswärme) frei, ein Beweis dafür, dass allen Neutralisationen die gleiche Reaktion zugrunde liegt.

Der Begriff Hydrolyse ist in der Brönsted-Theorie nicht mehr erforderlich.[6] Da definitionsgemäß auch Ionen Säuren und Basen sein können, ist die Hydrolyse nichts anderes als die Säure- bzw. Basewirkung von Ionensäuren bzw. -basen. So erklärt sich die saure Reaktion einer NH_4Cl-Lösung durch das Protolysegleichgewicht

$$NH_4^+ + H_2O \rightleftharpoons NH_3 + H_3O^+$$

und die basische Reaktion einer Na-Acetat-, Na_2CO_3- und KCN-Lösung durch die Protolysereaktionen

$$\begin{aligned} CH_3COO^- + H_2O &\rightleftharpoons CH_3COOH + OH^- \\ CO_3^{2-} + H_2O &\rightleftharpoons HCO_3^- + OH^- \\ CN^- + H_2O &\rightleftharpoons HCN + OH^-. \end{aligned}$$

Metallkationen, wie Fe^{3+}, liegen in wässriger Lösung hydratisiert vor. Die Protolysereaktion

$$[Fe(H_2O)_6]^{3+} + H_2O \rightleftharpoons [Fe(OH)(H_2O)_5]^{2+} + H_3O^+$$

erklärt, warum die Lösung eines Metallsalzes sauer reagiert. Durch die Koordination des H_2O-Moleküls an das Fe^{3+}-Ion wird die Elektronendichte am Sauerstoff verringert und damit die Ablösung eines Protons erleichtert. Wie stark sauer die Metallsalzlösung reagiert, hängt vom Metallion ab. So ist das hydratisierte Fe^{3+}-Ion stärker sauer als das hydratisierte Al^{3+}-Ion; beim hydratisierten Na^+-Ion macht sich der saure Charakter praktisch überhaupt nicht bemerkbar.

Aus den Ausführungen zur Brönsted-Theorie geht hervor, dass die nach der klassischen Theorie von Arrhenius und Ostwald mit verschiedenen Bezeichnungen versehenen Vorgänge Dissoziation von Säuren und Basen, Neutralisation, Hydrolyse, unter dem Aspekt der Protonenübertragung als gleichartig zu be-

---

6 Gerechtfertigt ist der Ausdruck Hydrolyse allerdings bei der Spaltung kovalenter Bindungen durch Wasser.

trachten sind. Die zentrale Stellung nimmt bei Brönsted das Proton ein, die Theorie gilt daher nicht nur für Wasser, sondern auch für alle Lösemittel, in denen Protonen übertragen werden können (**prototrope Lösemittel**), z. B. für flüssiges Ammoniak ($2\,NH_3 \rightleftharpoons NH_4^+ + NH_2^-$), wasserfreie Essigsäure ($2\,CH_3COOH \rightleftharpoons CH_3COOH_2^+ + CH_3COO^-$), wasserfreie Schwefelsäure ($2\,H_2SO_4 \rightleftharpoons H_3SO_4^+ + HSO_4^-$) usw. Sie ist auch nicht auf den flüssigen Zustand beschränkt. Eine Säure-Base-Reaktion in der Gasphase ist z. B. die Umsetzung von gasförmigem HCl und gasförmigem NH_3 zu NH_4Cl.

Eine Erweiterung auf andere ionisierende (ionotrope) Lösemittel, die keine Protonen enthalten, liefert die **Solvens-Theorie** von Cady (1928). Auf diese und auf andere Säure-Base-Theorien von Lewis (1923), Bjerrum (1951), Ussanović (1939) und Pearson (1963), die jeweils unter anderen Gesichtspunkten bestimmte Reaktionsarten beschreiben und Ordnungsprinzipien schaffen, soll hier nicht näher eingegangen werden. (Näheres und weiterführende Literaturangaben in [74]).

Autoprotolyse des Wassers

Auch in reinstem Wasser sind Ionen vorhanden, wie die – wenn auch sehr geringe – elektrische Leitfähigkeit des Wassers beweist (spezifische elektrische Leitfähigkeit $\kappa = 4{,}3 \cdot 10^{-6}\,S \cdot m^{-1}$ bei 18 °C). Die Ionen entstehen durch Autoprotolyse des Wassers (**Eigendissoziation des Wassers**) nach

$$2\,H_2O \rightleftharpoons H_3O^+ + OH^- .$$

Die Autoprotolyse ist als Protonenübertragung von einem Wassermolekül auf ein anderes zu betrachten. Das Gleichgewicht der Reaktion liegt fast ganz auf der linken Seite, d. h. es sind in reinem Wasser nur sehr wenige Ionen vorhanden (10^7 l Wasser enthalten bei 24 °C je 1 mol H_3O^+- und OH^--Ionen).

Wendet man das **Massenwirkungsgesetz**[7] auf die Autoprotolyse des Wassers an, so ergibt sich für den Gleichgewichtszustand die Beziehung

$$\frac{c(H_3O^+) \cdot c(OH^-)}{c^2\,(H_2O)} = K_c$$

bzw.

$$c(H_3O^+) \cdot c(OH^-) = K_c \cdot c^2\,(H_2O).$$

Da die Ionenkonzentrationen $c(H_3O^+)$ und $c(OH^-)$ in reinem Wasser sehr klein sind, können sie gegenüber der Gleichgewichtskonzentration des Wassers $c(H_2O)$ vernachlässigt werden:

7 Erstmals 1867 von Guldberg und Waage entdeckt.

$$c(H_2O)_{gesamt} = c(H_2O) + c(H_3O^+) + c(OH^-)\,.$$

Damit wird $c(H_2O)$ praktisch gleich der Gesamtkonzentration des Wassers $c(H_2O)_{gesamt}$:

$$c(H_2O)_{gesamt} \approx c(H_2O)\,.$$

In verdünnten Lösungen weicht die Gesamtkonzentration des Wassers nur wenig von der in reinem Wasser ab. Daher kann $c(H_2O)$ mit guter Näherung als konstant angesehen und in die Konstante K_c einbezogen werden. Bei 25 °C ist

$$c(H_2O) = \frac{\rho_{25}(H_2O) \cdot 1000}{M(H_2O)}\,,$$

mit $\rho_{25}(H_2O) = 0{,}997043$ g/ml, $M(H_2O) = 18{,}0152$ g/mol und dem Umrechnungsfaktor 1000 ml/l ergibt sich

$$c(H_2O) = 55{,}34 \text{ mol/l.}$$

Man erhält

$$c(H_3O^+) \cdot c(OH^-) = K_W\,.$$

K_w nennt man das **Ionenprodukt des Wassers.**

Sein experimentell bestimmter Wert beträgt $K_w = 10^{-14}$ mol^2 · l^{-2} bei 24 °C. Das Produkt der Stoffmengenkonzentrationen von Wasserstoff- und Hydroxidionen ist nicht nur in reinem Wasser konstant, die Gleichung gilt auch für verdünnte wässrige Lösungen. In Wasser und in Lösungen, in denen die aus dem gelösten Stoff entstandenen Ionen keiner Protolyse unterliegen, gilt

$$c(H_3O^+) = c(OH^-) = \sqrt{K_W} = 10^{-7} \text{ mol/l}\,.$$

Die Autoprotolyse des Wassers ist ein endothermer Prozess, sie nimmt daher mit steigender Temperatur zu. Damit ist das Ionenprodukt temperaturabhängig. Diese Abhängigkeit ist für Temperaturen zwischen 0 °C und 60 °C in Tab. 3.1 wiedergegeben. Aus praktischen Gründen verwendet man häufig anstelle von K_w den negativen dekadischen Logarithmus des Zahlenwertes, den man als pK_w-Wert bezeichnet. Die pK_w-Werte sind ebenfalls in Tab. 3.1 enthalten.

Bei der Anwendung des Massenwirkungsgesetzes auf eine chemische Gleichgewichtsreaktion in der von Guldberg und Waage vorgeschlagenen klassischen Weise unter Benutzung von Konzentrationen erhält man die **stöchiometrische Gleichgewichtskonstante** K_c. Diese Größe sollte nur von der Temperatur, nicht aber von den Konzentrationen der Reaktionsteilnehmer oder anderer in der Lösung vor-

Tab. 3.1: Temperaturabhängigkeit des Ionenproduktes K_w, der pK_w- und pH-Werte [6].

t in °C	$K_w \cdot 10^{14}$	pK_w	pH [8]
0	0,1139	14,9435	7,4713
10	0,2920	14,5346	7,2673
15	0,4505	14,3463	7,1732
20	0,6809	14,1669	7,0835
25	1,008	13,9965	6,9983
30	1,469	13,8330	6,9165
40	2,919	13,5348	6,7674
50	5,474	13,2617	6,6309
60	9,610	13,0171	6,5085

handener Ionen abhängen. Infolge elektrostatischer Wechselwirkungen zwischen Anionen und Kationen, die umso größer sind, je mehr Ionen sich in der Lösung befinden, stellt man jedoch eine Konzentrationsabhängigkeit von K_c fest. Die Anziehungskräfte zwischen den Ionen haben zur Folge, dass deren Konzentrationen geringer zu sein scheinen, als sie tatsächlich sind. Eine konzentrationsunabhängige Größe, die für ein gegebenes chemisches Gleichgewicht nur von der Temperatur abhängt, ist die **thermodynamische Gleichgewichtskonstante** K_a. Man erhält sie, wenn man anstelle der Ionenkonzentrationen c deren **Aktivitäten** a im Gleichgewichtszustand in den Ausdruck für das Massenwirkungsgesetz einsetzt; für die Autoprotolyse des Wassers als Beispiel ergibt sich:

$$\frac{a(H_3O^+) \cdot a(OH^-)}{a^2(H_2O)} = K_a\,.$$

Die Aktivität eines Stoffes (Ions) ist eine thermodynamische Größe, der formal die Bedeutung einer korrigierten Konzentration zukommt. Sie ist so definiert, dass bei ihrer Verwendung das Massenwirkungsgesetz stets strenge Gültigkeit besitzt.[9] Konzentration c und Aktivität a sind durch einen Korrekturfaktor, den **Aktivitätskoeffizienten** f, miteinander verknüpft:[10]

$$a = f \cdot c\,.$$

8 Berechnet nach pH $= -\lg \sqrt{K_W}$.

9 Aktivitäten sind relative Größen, die auf einen zweckmäßig gewählten Standardzustand bezogen werden. Reinen festen und flüssigen Phasen ordnet man die Aktivität 1 zu. In verdünnten Lösungen hat das Lösemittel näherungsweise ebenfalls die Aktivität 1. Die Aktivität a eines gelösten Stoffes bezieht man auf die Stoffmengenkonzentration c; a ist in einer unendlich verdünnten Lösung definitionsgemäß gleich der Konzentration c(ideale Lösung). Nähere Einzelheiten entnehme man Lehrbüchern der Physikalischen Chemie [36, 37, 38, 39].

10 Die Beziehung ist *nicht* die physikochemische Definition der Aktivität.

Er erfasst die Abweichungen der realen Lösungen vom idealen Verhalten, bei dem keine Wechselwirkungen zwischen den Ionen bestehen. Der Zahlenwert von *f*[11] hängt von der Ionenladungszahl und der Konzentration des betreffenden Ions sowie von den Ionenladungen und den Konzentrationen der anderen in der Lösung anwesenden Ionen ab.

Mit zunehmender Verdünnung steigt der Wert von *f* an und erreicht den Wert 1, wenn die Summe der Konzentrationen aller in der Lösung vorhandenen Ionen Null wird, mathematisch ausgedrückt:

$$\lim_{\Sigma c \to 0} f = 1 .$$

Dieser hypothetische Grenzfall wird im reinen Lösemittel erreicht. In realen Lösungen ist $f < 1$; aber auch in hinreichend verdünnten ($c < 10^{-3}$ mol/l) kann $f \approx 1$ gesetzt werden, sodass in guter Näherung mit Ionenkonzentrationen statt mit Aktivitäten gerechnet werden kann. Vernachlässigt man in konzentrierteren Lösungen die Abweichungen der *f*-Werte von 1, so sind nur Überschlagsrechnungen möglich. Bei genaueren Berechnungen muss die exakte Form des Massenwirkungsgesetzes mit den Aktivitäten angewendet werden. In solchen Fällen lässt sich der Wert des Aktivitätskoeffizienten nach der von Debye und Hückel (1923) aufgestellten Theorie abschätzen. Danach besteht eine Beziehung zwischen *f* und der **Ionenstärke** *I* in verdünnten Elektrolytlösungen. Unter der Ionenstärke *I* versteht man die Größe

$$I = \frac{1}{2} \sum_i c_i \cdot z_i^2$$

mit der Konzentration c_i und der Ionenladungszahl z_i der Ionensorte *i*. In einer Lösung, die 0,01 mol/l Na_2SO_4 und gleichzeitig 0,05 mol/l KCl enthält, beträgt beispielsweise die Ionenstärke $I = \frac{1}{2}(2 \cdot 0{,}01 \cdot 1^2 + 0{,}01 \cdot 2^2 + 0{,}05 \cdot 1^2 + 0{,}05 \cdot 1^2) = 0{,}08$.

Aus der Ionenstärke lässt sich mithilfe von Näherungsformeln, die aus der vollständigen Debye-Hückel-Beziehung zwischen *f* und *I* abgeleitet wurden, der Aktivitätskoeffizient f_i einer Ionenart abschätzen, und zwar in wässrigen Lösungen bei 25 °C für $I \leq 0{,}001$ nach

---

11 Mit dem Symbol *f* wird eigentlich nur der rationale Aktivitätskoeffizient bezeichnet, mit dem man rechnet, wenn der Gehalt des gelösten Stoffes in der Lösung durch den Stoffmengenanteil (Molenbruch) ausgedrückt wird. Zur Bezeichnung der praktischen Aktivitätskoeffizienten dienen die Symbole *y*, wenn die Angabe als Stoffmengenkonzentration (mol/l) erfolgt, und γ, wenn die Molalität (mol/kg Lösemittel) verwendet wird [8]. In verdünnten Lösungen ($c < 0{,}1$ mol/l) sind die Unterschiede so gering, dass angenähert gilt: $f \approx y \approx \gamma$. Im folgenden wird daher vereinfacht nur das Symbol *f* verwendet.

Tab. 3.2: Berechnete Aktivitätskoeffizienten f für verschiedene Ionenstärken I.

I	f		
	$z = 1$	$z = 2$	$z = 3$
0	1,00	1,00	1,00
0,001	0,96	0,86	0,72
0,002	0,95	0,82	0,64
0,005	0,93	0,73	0,50
0,01	0,90	0,65	0,38
0,02	0,86	0,56	0,27
0,05	0,81	0,42	0,15
0,1	0,75	0,32	0,08

$$\lg f_i = -0{,}509 \cdot z_i^2 \cdot \sqrt{I}$$

und für $I < 0{,}1$ nach

$$\lg f_i = -0{,}509 \cdot \frac{z_i^2 \cdot \sqrt{I}}{1 + \sqrt{I}} \, .$$

In Tab. 3.2 sind einige nach diesen Formeln berechnete Näherungswerte für drei verschiedene Ionenladungszahlen in Abhängigkeit von der Ionenstärke I zusammengestellt.[12]

Die Formeln ermöglichen zwar die Berechnung des individuellen Aktivitätskoeffizient einer einzelnen Ionenart, experimentell bestimmbar sind aber nur mittlere Aktivitäten $a_\pm$ und mittlere Aktivitätskoeffizienten $f_\pm$ von Ionenpaaren aus Kation und Anion, da sich nur Lösungen herstellen lassen, die sowohl Kationen als auch Anionen enthalten. In erster Näherung gilt

$$\lg f_\pm = -0{,}509 \cdot z_+ \cdot z_- \cdot \sqrt{I} \, .$$

Für Ionenstärken $I > 0{,}1$ sind die f-Werte von den Ionen, die zur Ionenstärke beitragen, individuell abhängig. Sie können nicht mehr abgeschätzt, sondern müssen experimentell bestimmt werden.

Für die maßanalytische Praxis genügt es meistens, Konzentrationen anstelle von Aktivitäten zu verwenden. Deshalb werden bei den folgenden Betrachtungen in der Regel Konzentration und Aktivität gleichgesetzt. Mit hinreichender Näherung gilt das natürlich nur für entsprechend verdünnte wässrige Lösungen.

12 Genauere f-Werte für zahlreiche Ionen hat Kielland [75] berechnet, indem er die effektiven Radien für die hydratisierten Ionen in die Rechnung einbezogen hat; Zahlenwerte in [11].

Wasserstoffionenkonzentration und pH-Wert

Der Ausdruck Wasserstoffionenkonzentration geht auf die Bezeichnungsweise von Arrhenius zurück. Er wird aber auch heute noch anstelle des Begriffes Oxoniumionenkonzentration für die Größe $c(H_3O^+)$ verwendet; in gleicher Weise spricht man vom Wasserstoffion, wenn das H_3O^+-Ion gemeint ist.

Wir hatten gesehen, dass in reinem Wasser und in wässrigen Lösungen, in denen keine Protolysereaktion mit dem Wasser eintritt, die Konzentrationen der H_3O^+- und OH^--Ionen gleich sind. Ihr Zahlenwert ist durch das Ionenprodukt des Wassers bestimmt und beträgt bei 24 °C 10^{-7} mol/l. In sauren Lösungen ist die Konzentration der Wasserstoffionen größer als die der Hydroxidionen,

$$c(H_3O^+) > 10^{-7} > c(OH^-),$$

in basischen (alkalischen) Lösungen liegen mehr OH^--Ionen als H_3O^+-Ionen vor,

$$c(OH^-) > 10^{-7} > c(H_3O^+).$$

Das Ionenprodukt K_w ist bei gegebener Temperatur konstant, aber die beiden Konzentrationen $c(H_3O^+)$ und $c(OH^-)$ in der Gleichung

$$c(H_3O^+) \cdot c(OH^-) = K_w$$

lassen sich durch Zugabe von Säuren oder Basen zum Wasser innerhalb sehr weiter Grenzen variieren. Mithilfe der Definitionsgleichung für das Ionenprodukt kann für jede beliebige H_3O^+-Konzentration die in der Lösung vorhandene OH^--Konzentration und für jede OH^--Konzentration die zugehörige H_3O^+-Konzentration berechnet werden. So ist in einer Natronlauge der Konzentration $c(NaOH) = 0{,}01$ mol/l $c(OH^-) = 10^{-2}$ mol/l und $c(H_3O^+) = 10^{-14}/10^{-2} = 10^{-12}$ mol/l.

Zur Kennzeichnung des sauren Charakters (der Acidität) einer Lösung gibt man üblicherweise nicht die H_3O^+-Konzentration, deren Zahlenwert sich über viele Zehnerpotenzen erstrecken kann, sondern der bequemeren Handhabung wegen den negativen dekadischen Logarithmus ihres Zahlenwertes an. Diese vereinfachte Schreibweise wurde 1909 von Sörensen, S. P. L. [76] eingeführt, der den Wert **Wasserstoffexponent** nannte und das Symbol **pH**[13] dafür verwendete. Er definierte:

$$\mathrm{pH} = -\lg c(H^+).$$

Nach Einführung des Aktivitätsbegriffes und unter Berücksichtigung der von Brönsted aufgestellten Begriffsbestimmung für Säuren lautet die heutige Definition: Der

---

13 pH von pondus hydrogenii (lat.) = Gewicht des Wasserstoffs oder potentia hydrogenii (lat.) = Stärke des Wasserstoffs.

pH-Wert ist der mit (–1) multiplizierte Logarithmus des Zahlenwertes der H_3O^+-Aktivität,

$$pH = -\lg a(H_3O^+) \approx -\lg c(H_3O^+)\,.$$

Wie bereits erwähnt, wird bei maßanalytischen Betrachtungen meistens von der Verwendung der Aktivitäten abgesehen. In stark sauren und stark alkalischen Lösungen weichen daher gemessene und berechnete pH-Werte voneinander ab.

Der pH-Wert ist dimensionslos, denn nicht die Konzentration als physikalische Größe, das Produkt aus Zahlenwert und Einheit, kann logarithmiert werden, sondern nur ihr Zahlenwert. Ist in einer Lösung $c(H_3O^+) = 10^{-2}$ mol/l, so beträgt ihr pH-Wert 2. Hat die H_3O^+-Konzentration den Wert $3{,}7 \cdot 10^{-8}$ mol/l, so gilt: $pH = -\lg (3{,}7 \cdot 10^{-8}) = -(\lg 3{,}7 + \lg 10^{-8}) = -(0{,}57 - 8) = 7{,}43$. Andererseits bedeutet pH = 5,8, dass $c(H_3O^+) = 10^{-5{,}8}$ mol/l $= 10^{0{,}2} \cdot 10^{-6}$ mol/l $= 1{,}58 \cdot 10^{-6}$ mol/l ist.

In neutralen Lösungen ist pH = 7, in sauren Lösungen gilt pH < 7, in alkalischen Lösungen pH > 7. Je größer der pH-Wert ist, desto stärker alkalisch ist die Lösung, je kleiner das pH[14] ist, desto stärker sauer ist sie.

In analoger Weise hat man zur Kennzeichnung des basischen Charakters einer Lösung (der Basizität oder Alkalinität) den negativen dekadischen Logarithmus des Zahlenwertes der Hydroxidionenkonzentration als **pOH-Wert** definiert:

$$pOH = -\lg a(OH^-) \approx -\lg c(OH^-)\,.$$

Aus der Gleichung für das Ionenprodukt des Wassers ergibt sich durch Logarithmieren und Multiplizieren mit (–1) die Beziehung

$$pH + pOH = pK_w = 14\,.$$

In wässrigen Lösungen reicht die normale pH-Skala von 0 bis 14, das bedeutet, dass sich die H_3O^+-Konzentration in allen Lösungen, die zwischen maximal 1 mol/l H_3O^+-Ionen und maximal 1 mol/l OH^--Ionen enthalten, durch positive Zahlen zwischen 0 und 14 ausdrücken lässt. Für Lösungen mit pH-Werten < 0 (übersaure Lösungen) und solche mit pH-Werten > 14 (überalkalische Lösungen) kann aus dem pH-Wert nicht mehr auf die H_3O^+-Konzentration geschlossen werden.

Das folgende Schema veranschaulicht die Beziehungen zwischen den Ionenkonzentrationen $c(H_3O^+)$ und $c(OH^-)$ sowie dem pH- und pOH-Wert

14 Als Symbol ist pH sächlich: der pH-Wert, aber das pH.

$c(H_3O^+)$:	10^0	10^{-1}	10^{-2}	10^{-3}	10^{-4}	10^{-5}	10^{-6}	10^{-7}	10^{-8}	10^{-9}	10^{-10}	10^{-11}	10^{-12}	10^{-13}	10^{-14}
$c(OH^-)$:	10^{-14}	10^{-13}	10^{-12}	10^{-11}	10^{-10}	10^{-9}	10^{-8}	10^{-7}	10^{-6}	10^{-5}	10^{-4}	10^{-3}	10^{-2}	10^{-1}	10^0
pH:	0	1	2	3	4	5	6	7	8	9	10	11	12	13	14
pOH:	14	13	12	11	10	9	8	7	6	5	4	3	2	1	0

← sauer → ← basisch →

↑ neutral

Stärke von Säuren und Basen

Die Stärke einer Säure lässt sich durch ihre Neigung zur Protonenabgabe, die einer Base durch ihre Tendenz zur Protonenaufnahme kennzeichnen. Ein absolutes Maß für die Stärke wäre die Gleichgewichtskonstante der Reaktion

$$HA \rightleftharpoons A^- + H^+,$$

die aber nicht ablaufen kann, wenn nicht ein Reaktionspartner die Protonen aufnimmt bzw. liefert (vgl. S. 77). Die Stärke von Säuren und Basen lässt sich daher nur relativ bestimmen, bezogen auf eine andere Base bzw. Säure. Als übliche Bezugssubstanz hat man Wasser gewählt, das sich als Ampholyt dazu besonders eignet.

Aufgrund des Protolysegleichgewichts einer Säure HA bzw. einer Base B in Wasser

$$HA + H_2O \rightleftharpoons H_3O^+ + A^- \qquad B + H_2O \rightleftharpoons BH^+ + OH^-$$

unterscheidet man starke Säuren bzw. Basen, bei denen das Gleichgewicht weitgehend auf der Seite der Protolyseprodukte (rechts) liegt, und schwache Säuren bzw. Basen, bei denen es mehr oder weniger weit auf der Seite der Ausgangsstoffe (links) liegt. Zu einem quantitativen Maß für die Stärke der Protolyte gelangt man durch Anwendung des Massenwirkungsgesetzes auf die Gleichgewichte:

$$\frac{c(H_3O^+)\cdot c(A^-)}{c(HA)\cdot c(H_2O)} = K_c\,, \qquad \frac{c(BH^+)\cdot c(OH^-)}{c(B)\cdot c(H_2O)} = K'_c\,.$$

Bezieht man die in verdünnten Lösungen konstante Konzentration des Wassers $c(H_2O) = 55{,}34$ mol/l in die Gleichgewichtskonstanten mit ein, so erhält man die Ausdrücke

$$\frac{c(H_3O^+) \cdot c(A^-)}{c(HA)} = K_S, \qquad \frac{c(BH^+) \cdot c(OH^-)}{c(B)} = K_B.$$

K_S ist die **Säurekonstante,**[15] K_B die **Basekonstante;**[15] nach der Arrhenius-Theorie wurden die Größen als **Dissoziationskonstanten der Säure** bzw. **der Base** bezeichnet. Die mit (–1) multiplizierten dekadischen Logarithmen ihrer Zahlenwerte heißen **Säureexponent** bzw. **Baseexponent**:

$$pK_S = -\lg K_S, \qquad pK_B = -\lg K_B.$$

Eine Säure (Base) ist umso stärker, je größer ihre Säurekonstante K_S (Basekonstante K_B) bzw. je kleiner ihr Säureexponent pK_S (Baseexponent pK_B) ist.

Betrachtet man ein korrespondierendes Säure-Base-Paar in Wasser:

$$HA + H_2O \rightleftharpoons H_3O^+ + A^- \qquad \text{und} \qquad A^- + H_2O \rightleftharpoons HA + OH^-,$$

so ist

$$K_S = \frac{c(H_3O^+) \cdot c(A^-)}{c(HA)} \qquad \text{und} \qquad K_B = \frac{c(HA) \cdot c(OH^-)}{c(A^-)}.$$

Das Produkt der Protolysekonstanten

$$K_S \cdot K_B = \frac{c\,(H_3O^+) \cdot c(A^-) \cdot c(HA) \cdot c(OH^-)}{c(HA) \cdot c(A^-)}$$

$$K_S \cdot K_B = c(H_3O^+) \cdot c\,(OH^-)$$

$$K_S \cdot K_B = K_W$$

ist das Ionenprodukt des Wassers. Mit den entsprechenden Exponenten lautet die Beziehung:

$$pK_S + pK_B = pK_W.$$

Man erkennt: Je stärker eine Säure ist, desto schwächer ist ihre korrespondierende Base, und je schwächer eine Säure ist, desto stärker ist diese Base. Kennt man die Säurekonstante, lässt sich die entsprechende Basekonstante leicht berechnen (und umgekehrt).

---

15 Auch hier sind die thermodynamischen Konstanten mithilfe der Aktivitäten zu definieren. Für Überschlagsrechnungen genügt aber die oben gewählte Formulierung der stöchiometrischen Konstanten.

In Tab. 3.3 sind einige wichtige Säure-Base-Paare in der Reihenfolge abnehmender Säurestärke aufgeführt. Die Werte gelten für verdünnte wässrige Lösungen (ca. 0,1 bis 0,01 mol/l) bei 25 °C.

Entsprechend ihrer Stärke hat man die Säuren und Basen folgendermaßen eingeteilt:

sehr starke Säure (Base)	pK_S (pK_B) ≤ –1,74
starke Säure (Base)	pK_S (pK_B) = –1,74 bis 4,5
schwache Säure (Base)	pK_S (pK_B) = 4,5 bis 9,5
sehr schwache Säure (Base)	pK_S (pK_B) = 9,5 bis 15,74
extrem schwache Säure (Base)	pK_S (pK_B) ≥ 15,74.

Die Säurekonstante des Oxoniumions ergibt sich nach

$$H_3O^+ + H_2O \rightleftharpoons H_2O + H_3O^+,$$

wobei das links vom Gleichgewichtszeichen stehende H_2O ein Molekül des Lösemittels Wasser ist, dem das Proton übertragen wird, und das auf der rechten Seite stehende H_2O die zu H_3O^+ korrespondierende Base darstellt, zu

$$K_S = \frac{c(H_2O) \cdot c(H_3O^+)}{c(H_3O^+)} = c(H_2O)$$

$$K_S = 55{,}34\,\text{mol/l}$$

$$pK_S = -1{,}74\,.$$

In analoger Weise erhält man die Säurekonstante des Wassers nach

$$H_2O + H_2O \rightleftharpoons OH^- + H_3O^+$$

zu

$$K_S = \frac{c(OH^-) \cdot c(H_3O^+)}{c(H_2O)} = \frac{K_W}{c(H_2O)}$$

$$K_S = \frac{10^{-14}\,\text{mol}^2/\text{l}^2}{55{,}34\,\text{mol/l}} = 1{,}80 \cdot 10^{-16}\,\text{mol/l}$$

$$pK_S = 15{,}74\,.$$

Diese beiden pK_S-Werte begrenzen den Bereich, in dem Säuren und Basen in wässrigen Lösungen vorkommen können. Stärkere Säuren protolysieren in Wasser vollständig. Ihre Lösungen enthalten nur das H_3O^+-Ion als Säure und das Anion als korrespondierende Base. Daher ist H_3O^+ die stärkste Säure in verdünnten wässrigen Lösungen. Analog ist OH^- die stärkste Base, die in wässrigen Lösungen auftre-

Tab. 3.3: Säure- und Baseexponenten korrespondierender Säure-Base-Paare [6, 20].

pK_S	Säure	Base	pK_B
ca. −9	$HClO_4$	ClO_4^-	ca. 23
ca. −8	HI	I^-	ca. 22
ca. −6	HBr	Br^-	ca. 20
ca. −3	HCl	Cl^-	ca. 17
ca. −3	H_2SO_4	HSO_4^-	ca. 17
−1,74	H_3O^+	H_2O	15,74
−1,32	HNO_3	NO_3^-	15,32
1,25	$C_2O_4H_2$	$C_2O_4H^-$	12,75
1,76	H_2SO_3 ($SO_2 + H_2O$)	HSO_3^-	12,24
1,99	HSO_4^-	SO_4^{2-}	12,01
2,23	H_3PO_4	$H_2PO_4^-$	11,77
2,22	$[Fe(H_2O)_6]^{3+}$	$[Fe(H_2O)_5(OH)]^{2+}$	11,78
3,17	HF	F^-	10,83
3,25	HNO_2	NO_2^-	10,75
3,75	HCOOH	$HCOO^-$	10,25
4,28	$C_2O_4H^-$	$C_2O_4^{2-}$	9,72
4,75	CH_3COOH	CH_3COO^-	9,25
4,85	$[Al(H_2O)_6]^{3+}$	$[Al(H_2O)_5(OH)]^{2+}$	9,15
6,35	H_2CO_3 ($CO_2 + H_2O$)	HCO_3^-	7,65
7,00	H_2S	HS^-	7,00
7,20	HSO_3^-	SO_3^{2-}	6,80
7,21	$H_2PO_4^-$	HPO_4^{2-}	6,79
9,28	H_3BO_3	$H_2BO_3^-$	4,72
9,25	NH_4^+	NH_3	4,75
9,32	HCN	CN^-	4,68
9,61	$[Zn(H_2O)_6]^{2+}$	$[Zn(H_2O)_5(OH)]^+$	4,39
10,25	HCO_3^-	CO_3^{2-}	3,75
11,65	H_2O_2	HO_2^-	2,35
12,32	HPO_4^{2-}	PO_4^{3-}	1,68
12,75	$H_2BO_3^-$	HBO_3^{2-}	1,25
12,92	HS^-	S^{2-}	1,08
13,80	HBO_3^{2-}	BO_3^{3-}	0,20
15,74	H_2O	OH^-	−1,74

ten kann. Stärkere Basen werden protoniert, sie enthalten neben der Base OH^- die korrespondierende extrem schwache Säure. Diese Tatsache hat zur Folge, dass alle Säuren und Basen mit pK_S- bzw. pK_B-Werten ≤ −1,74 in verdünnten wässrigen Lösungen gleich stark sind, d. h. ihre Lösungen gleicher Konzentration haben stets den jeweils gleichen pH-Wert (**nivellierender Effekt** des Wassers).

Will man die relative Stärke solcher Säuren oder Basen bestimmen, muss man die Messungen in einem anderen Lösemittel vornehmen, das stärker sauer (z. B. wasserfreie Essigsäure) oder stärker basisch (z. B. wasserfreies Ammoniak) als Wasser ist. So hat man die in Tab. 3.3 aufgeführten pK_S-Werte für die sehr starken

Säuren und Basen durch Messung der lösemittelabhängigen Gleichgewichtskonstanten ermittelt und dann auf das System Wasser bezogen. Sie sind als Näherungswerte aufzufassen, denen nur orientierende Bedeutung zukommt.

Nach der Zahl der Protonen, die eine Säure abgeben kann, unterscheidet man **einwertige (einbasige)** und **mehrwertige (mehrbasige) Säuren**. Analog spricht man von einer **mehrwertigen (mehrsäurigen) Base**, wenn sie mehrere Protonen aufnehmen oder OH^--Ionen liefern kann. Die Protolyse mehrwertiger Säuren und Basen erfolgt stufenweise. Das Massenwirkungsgesetz lässt sich auf jede **Protolysestufe** (Arrhenius-Bezeichnung: Dissoziationsstufe) anwenden, wodurch mehrere Säure- bzw. Basekonstanten erhalten werden. Sie werden von Stufe zu Stufe kleiner (ihre p*K*-Werte größer), wie das Beispiel der dreiwertigen Phosphorsäure zeigt (vgl. Tab. 3.3):

$$\begin{aligned}
H_3PO_4 + H_2O &\rightleftharpoons H_3O^+ + H_2PO_4^-; \quad & K_{S1} &= 6{,}92 \cdot 10^{-3}\ \text{mol/l}, \quad & pK_{S1} &= 2{,}16\\
H_2PO_4^- + H_2O &\rightleftharpoons H_3O^+ + HPO_4^{2-}; \quad & K_{S2} &= 6{,}17 \cdot 10^{-8}\ \text{mol/l}, \quad & pK_{S2} &= 7{,}21\\
HPO_4^{2-} + H_2O &\rightleftharpoons H_3O^+ + PO_4^{3-}; \quad & K_{S3} &= 1{,}97 \cdot 10^{-13}\ \text{mol/l}, \quad & pK_{S3} &= 12{,}32\,.
\end{aligned}$$

Als Ursache für die Abnahme der K_S- bzw. K_B-Werte ist die Zunahme der negativen Ladung nach jeder Protonenabgabe bzw. die Zunahme der positiven Ladung nach jeder Protonenaufnahme (bei Basen) anzusehen. Die elektrostatische Anziehung bzw. Abstoßung erschwert die Abgabe bzw. Aufnahme des nächsten Protons. Wie die Reaktionsgleichungen zeigen, kann jedes Ion, das in den Protolysegleichgewichten als Zwischenprodukt auftritt, als Säure und als Base reagieren, ist also ein Ampholyt.

Berechnung von pH-Werten

Für die folgenden Berechnungen werden Formeln benutzt, die sich aus allgemein zulässigen Vereinfachungen ergeben. Mit ihrer Hilfe lassen sich die Rechnungen schnell durchführen: Die Ergebnisse sind zwar als Näherungswerte zu betrachten, genügen aber in den meisten Fällen den Anforderungen der quantitativen Analyse vollständig.[16] Abweichungen der Lösungen vom idealen Verhalten bleiben unberücksichtigt.

Sehr starke Säuren und Basen. Da Wasser einen nivellierenden Effekt ausübt, haben Lösungen sehr starker Säuren gleicher Konzentration auch gleiche pH-Werte. Entsprechendes gilt für sehr starke Basen. Protolyte mit K_S- bzw. K_B-Werten > 55,34 mol/l (pK < –1,74) sind für Konzentrationen < 1 mol/l als vollständig protolysiert anzusehen. Die Wasserstoffionenkonzentration ist gleich der Gesamtkonzentration c_0 der Säure (S) oder Base (B):

16 Nähere Einzelheiten und Wege zur exakten Berechnung von pH-Werten in [74].

$$c(H_3O^+) = c_0(S) \qquad \text{bzw.} \qquad c(OH^-) = c_0(B)$$
$$pH = -\lg c_0(S) \qquad\qquad pH = pK_W + \lg c_0(B).$$

Beispiel: Eine Salzsäure der Konzentration 0,01 mol/l hat den pH-Wert 2, eine Natronlauge der Konzentration 0,02 mol/l den pH-Wert 12,30.

Wird die Lösung einer sehr starken Säure oder Base so weit verdünnt, dass $c(H_3O^+)$ bzw. $c(OH^-) \leq 10^{-6}$ mol/l ist, muss bei der pH-Berechnung die Autoprotolyse des Wassers berücksichtigt werden (vgl. S. 81).

Sind beide Protolysekonstanten einer zweiwertigen Säure oder Base sehr groß, gilt näherungsweise:

$$c(H_3O^+) = 2 \cdot c_0(S) \qquad \text{bzw.} \qquad c(OH^-) = 2 \cdot c_0(B)$$
$$pH = -\lg 2 \cdot c_0(S) \qquad\qquad pH = pK_W + \lg 2 \cdot c_0(B).$$

Beispiel: Der pH-Wert einer $Ba(OH)_2$-Lösung der Konzentration 0,04 mol/l beträgt

$$c(OH^-) = 2 \cdot c(Ba(OH)_2)$$
$$c(OH^-) = 0{,}08 \text{ mol/l}$$
$$pH = 14 - 1{,}10$$
$$pH = 12{,}90.$$

In Lösungen, die mehrere sehr starke Säuren oder Basen enthalten, erfolgt die Protolyse unabhängig voneinander, sodass sich die Wasserstoff- bzw. Hydroxidionenkonzentration als Summe der Gesamtkonzentrationen der einzelnen Protolyte ergibt:

$$c(H_3O^+) = \sum_i c_{0i}(S_i) \qquad\qquad c(OH^-) = \sum_i c_{0i}(B_i)$$

bzw.

$$pH = -\lg \sum_i c_{0i}(S_i) \qquad\qquad pH = pK_W + \lg \sum_i c_{0i}(B_i).$$

Beispiel: Der pH-Wert eines Säuregemisches mit 0,01 mol/l HBr und 0,02 mol/l HCl ist

$$c(H_3O^+) = c_0(HBr) + c_0(HCl)$$
$$c(H_3O^+) = 0{,}01 \text{ mol/l} + 0{,}02 \text{ mol/l} = 0{,}03 \text{ mol/l}$$
$$pH = 1{,}52.$$

Schwache Säuren und Basen. Bei schwachen Protolyten ($4{,}5 < pK$) liegt das Protolysegleichgewicht weit auf der linken Seite, sodass die Gleichgewichtskonzentration der Protolyseprodukte einer Säure $c(H_3O^+) = c(A^-)$ sehr klein gegenüber $c(HA)$ ist. In nicht zu verdünnten Lösungen kann daher vereinfachend die Gleichgewichtskonzentration $c(HA)$ gleich der Gesamtkonzentration $c_0(S)$ gesetzt werden.

Aus

$$\frac{c(H_3O^+) \cdot c(A^-)}{c(HA)} = K_S$$

erhält man $c^2(H_3O^+) = K_S \cdot c_0(S)$ und

$$c(H_3O^+) = \sqrt{K_S \cdot c_0(S)}$$

$$\text{pH} = \frac{1}{2}\,\text{p}K_S - \frac{1}{2}\lg c_0(S)\,.$$

Analog gilt für Basen:

$$c(OH^-) = \sqrt{K_B \cdot c_0(B)}$$

$$c(H_3O^+) = \frac{K_W}{\sqrt{K_B \cdot c_0(B)}}$$

$$\text{pH} = 14 - \frac{1}{2}\,\text{p}K_B + \frac{1}{2}\lg c_0(B)\,.$$

Ob die vorgenommene Vereinfachung zulässig ist, hängt nicht nur von der Konstanten K_S bzw. K_B ab, sondern auch von c_0. Die Rechnung zeigt, dass für pK = 4 und c_0 = 0,001 mol/l der pH-Wert nur um –0,07 Einheiten von dem nach der komplizierteren Formel berechneten abweicht. Für größere pK-Werte und größere Konzentrationen wird der Fehler kleiner.

Beispiel: Welchen pH-Wert hat eine Essigsäure der Konzentration 0,1 mol/l? Mit K_S = 1,78 · 10^{-5} mol/l (pK_S = 4,75) ergibt sich:

$$\text{pH} = 0{,}5 \cdot 4{,}75 - 0{,}5 \cdot \lg 0{,}1$$
$$\text{pH} = 2{,}88\,.$$

Beispiel: Welchen pH-Wert hat eine Natriumacetatlösung der Konzentration 0,01 mol/l? Das Na^+-Ion ist kein Protolyt, das Acetation ist eine schwache Base mit pK_B = 9,25. Man erhält:

$$\text{pH} = 14 - 0{,}5 \cdot 9{,}25 + 0{,}5 \cdot \lg 0{,}01$$
$$\text{pH} = 8{,}38\,.$$

Beispiel: Welchen pH-Wert hat eine NH_4Cl-Lösung der Konzentration 0,1 mol/l? NH_4^+ ist eine schwache Säure mit pK_S = 9,25, Cl^- protolysiert nicht. Folglich ist:

$$\text{pH} = 0{,}5 \cdot 9{,}25 - 0{,}5 \cdot \lg 0{,}1$$
$$\text{pH} = 5{,}13\,.$$

Beispiel: Welchen pH-Wert hat eine KCN-Lösung, c(KCN) = 0,02 mol/l? Nur das Cyanidion unterliegt der Protolyse, es ist eine schwache Base mit pK_B = 4,60. Es gilt:

$$pH = 14 - 0{,}5 \cdot 4{,}60 + 0{,}5 \cdot \lg 0{,}02$$
$$pH = 10{,}85\,.$$

Für zweiwertige Protolyte gilt wiederum, dass die zweite Protolysestufe sich umso weniger bemerkbar macht, je mehr sich die K_{S1}- und K_{S2}-Werte unterscheiden.

Beispiel: Welchen pH-Wert hat eine gesättigte Schwefelwasserstofflösung, wenn sich in 1 l Wasser bei 22 °C 2,46 l H_2S lösen? Aus dem molaren Volumen $V_m = 22{,}4$ l/mol ergibt sich die Stoffmenge $n(H_2S) = 2{,}46$ l : 22,4 l/mol = 0,11 mol; die Konzentration der gesättigten Lösung ist daher $c(H_2S) = 0{,}11$ mol/l. Die beiden Säurekonstanten des H_2S unterscheiden sich um fünf Größenordnungen; es braucht somit nur die Erste verwendet zu werden:

$$pH = 0{,}5 \cdot 6{,}92 - 0{,}5 \cdot \lg 0{,}11$$
$$pH = 4{,}42\,.$$

Pufferlösungen

Eine wässrige Lösung, deren pH-Wert sich bei Zusatz gewisser Mengen sehr starker Säuren oder sehr starker Basen oder beim Verdünnen nur wenig ändert, bezeichnet man als Pufferlösung. Die pH-stabilisierende Wirkung solcher Pufferlösungen beruht darauf, dass sie im Stande sind, zugefügte H_3O^+- bzw. OH^--Ionen abzufangen. Zu diesem Zweck muss eine Pufferlösung eine Base und eine Säure enthalten. Man stellt sie daher durch Vermischen einer schwachen Säure mit ihrer korrespondierenden Base bzw. aus einer schwachen Base und ihrer korrespondierenden Säure her. Je nach der gewählten Säure bzw. Base vermag die Lösung in einem bestimmten pH-Bereich zu puffern. Der pH-Wert gebräuchlicher Pufferlösungen liegt zwischen 2 und 12. Eine Übersicht über Puffergemische und deren Herstellung findet sich in [5, 77, 79].

Mischt man eine schwache Säure HA und ihr Salz, das die korrespondierende Base A^- enthält, im stöchiometrischen Verhältnis 1 : 1, so werden die Konzentrationen der HA-Moleküle und der A^--Ionen einander praktisch gleich, da durch Zusatz des Salzes das Gleichgewicht

$$HA + H_2O \rightleftharpoons H_3O^+ + A^-$$

nach links verschoben wird und kaum A^--Ionen aus der Säure HA entstehen. Der pH-Wert einer solchen Lösung wird gleich dem pK_S-Wert der schwachen Säure, da in der Beziehung (**Pufferformel, Henderson-Hasselbalch-Gleichung**)

$$pH = pK_S + \lg \frac{c(A^-)}{c(HA)}$$

$c(A^-) = c(HA)$ wird.

Durch Zusatz einer Säure oder Base werden zwar die Konzentrationen von HA und A^- verändert, ihr Verhältnis ändert sich jedoch nicht wesentlich.

Beispiel: Zu 500 ml einer Pufferlösung, die je 1 mol Essigsäure und 1 mol Natriumacetat enthält, gibt man 100 ml Salzsäure, $c(HCl) = 1$ mol/l. Die H_3O^+-Ionen der Salzsäure reagieren praktisch vollständig mit den Acetationen zu Essigsäuremolekülen. Die Menge der Acetationen wird damit (1 – 0,1) mol, die der Essigsäure (1 + 0,1) mol. Der pH-Wert beträgt jetzt

$$pH = pK_S + \lg \frac{0{,}9}{1{,}1}$$

$$pH = 4{,}66\,.$$

Durch den Zusatz der Salzsäure hat er sich von 4,75 auf 4,66 verringert, also nur um ΔpH = 0,09. Würde man dieselbe Menge HCl-Lösung einer ungepufferten Lösung vom pH = 4,75 zufügen, wäre der pH-Wert etwa 1, da die zugefügten H_3O^+-Ionen von keiner Base gebunden werden.

Bei Zusatz von Natronlauge, $n(NaOH) = 0{,}1$ mol, zu der Pufferlösung setzen sich die OH^--Ionen mit der Essigsäure zu Wasser und Acetationen um. Der pH-Wert der Lösung wird – wie sich in analoger Weise zeigen lässt – nur geringfügig auf pH = 4,84 erhöht.

Die gemessenen pH-Werte in einem Puffersystem weichen in der Regel etwas von den nach der Pufferformel berechneten Werten ab, da Konzentrationen statt Aktivitäten bei den Rechnungen benutzt werden.

Pufferlösungen können nach Literaturvorschriften (vgl. [5, 77]) aus handelsüblichen Puffersubstanzen hergestellt werden. Für Pufferlösungen mit ganzzahligen pH-Abstufungen zwischen pH = 1,00 und pH = 13,00 sowie für Standardpufferlösungen [79] sind Ampullen mit Konzentraten sowie auch gebrauchsfertige Lösungen im Handel, z. B. unter dem Namen CertiPUR®[17] als Titripac®[18]-Gebinde (vgl. S. 59).

Puffer werden in der analytischen Praxis oft benötigt, z. B. wenn Ionen durch Fällungen bei bestimmten pH-Werten getrennt werden sollen oder wenn Reaktionen, in deren Verlauf H_3O^+-Ionen freigesetzt oder verbraucht werden, bei konstantem pH-Wert ablaufen sollen, wie bei den Komplexbildungstitrationen mit Aminopolycarbonsäuren (vgl. Absch. 3.4).

3.1.2 Titrationskurven

Die Bedeutung des Ionenproduktes für Säure-Base-Titrationen ergibt sich aus folgenden Überlegungen: Die H_3O^+-Konzentration einer Salzsäure sei $c(H_3O^+) = 0{,}01$ mol/l. Setzt man zu einem abgemessenen Volumen dieser Lösung einen Tropfen Natronlauge hinzu, so erhöht sich die OH^--Konzentration und damit der Wert des Ionenproduktes $K_W = c(H_3O^+) \cdot c(OH^-)$. Dieses größere Ionenprodukt entspricht aber nicht mehr dem Gleichgewichtszustand in der Lösung. Daher treten

17 Eingetragene Warenzeichen der Firma Merck.

so lange H_3O^+-Ionen und OH^--Ionen zu nicht dissoziiertem Wasser zusammen, bis der ursprüngliche Gleichgewichtswert des Ionenproduktes von ca 10^{-14} mol²/l² wieder erreicht ist. Die H_3O^+-Ionenkonzentration sinkt dabei. Fügt man mehr Lauge hinzu, so nimmt die Anzahl der H_3O^+-Ionen ständig ab, die der OH^--Ionen zu. Der anfänglich bei jedem Zusatz überschrittene Wert von K_W geht dabei jedes Mal auf den Gleichgewichtswert von 10^{-14} mol²/l² zurück. Das beschriebene Verfahren entspricht dem Vorgang bei einer Titration. Im Laufe der Titration erreicht man schließlich den Punkt, an dem die H_3O^+- und die OH^--Konzentration gleich geworden sind. Das ist der **Neutralpunkt**: $c(H_3O^+) = c(OH^-) = 10^{-7}$ mol/l. Setzt man weiter Lauge zu, so überwiegen mehr und mehr die OH^--Ionen und die Lösung reagiert immer stärker alkalisch.

Titration starker Säuren und Basen

Am Beispiel der Titration von Salzsäure der Konzentration $c(HCl) = 0{,}01$ mol/l mit Natronlauge soll berechnet werden, wie sich die H_3O^+-Konzentration und damit der pH-Wert der Lösung nach jedem Reagenszusatz ändert. Dabei soll die vereinfachende Annahme gemacht werden, dass sich das Volumen der Ausgangslösung während der Titration nicht ändert. Dieser Forderung kommt man sehr nahe, wenn man zur Titration Natronlauge der Konzentration $c(NaOH) = 1$ mol/l verwendet, die man einer Mikrobürette entnimmt. Tab. 3.4 gibt an, wie viel ml der Natronlauge zu 100 ml der Salzsäure jeweils zugegeben wurden, welcher Anteil der Salzsäure dadurch umgesetzt wurde, wie groß die H_3O^+-Konzentration, der pH-Wert und der Titrationsgrad τ nach jedem Reagenszusatz sind. Der **Titrationsgrad** ist das Verhältnis der Äquivalentstoffmenge $n_R(eq)$ an Reagens, die der Probelösung zugefügt wurde, zu der Ausgangs-Äquivalentstoffmenge $n_0(eq)$ des zu bestimmenden Stoffes in der Probelösung:

$$\tau = \frac{n_R(eq)}{n_0(eq)} .$$

Zu Beginn einer Titration ist $\tau = 0$, da $n_R(eq) = 0$. Trägt man den pH-Wert in der Vorlage gegen den Titrationsgrad grafisch auf, so erhält man die **Titrationskurve** (Abb. 3.1). Ihr charakteristischer Verlauf lässt erkennen, dass der pH-Wert bei steigendem Titrationsgrad, d. h. mit steigendem OH^--Ionenzusatz, zunächst langsam, dann schneller und schließlich sprunghaft zunimmt. Danach steigt er nur noch langsam und immer langsamer. Die Kurve weist einen Wendepunkt auf. Dieser Punkt, an dem der pH-Wert am stärksten zunimmt, ein bestimmter kleiner Zusatz an OH^--Ionen also die größte relative Änderung in der H_3O^+-Ionenkonzentration hervorruft, ist der **Äquivalenzpunkt** des Systems. An diesem Punkt ist gerade so viel Lauge hinzugegeben worden, wie zum vollständigen Umsatz der vorgelegten Salzsäure erforderlich ist, was dem Titrationsgrad $\tau = 1$ entspricht. Abb. 3.1 zeigt

Tab. 3.4: Titration von 100 ml Salzsäure, 0,01 mol/l, mit Natronlauge, 1 mol/l.

Natronlauge-zusatz in ml	umgesetzter Salzsäureanteil in %	Titrationsgrad τ	$c(H_3O^+)$ in mol/l	pH
0,000	0	0,000	10^{-2}	2
0,900	90	0,900	10^{-3}	3
0,990	99	0,990	10^{-4}	4
0,999	99,9	0,999	10^{-5}	5
1,000	100	1,000	10^{-7}	7
1,001		1,001	10^{-9}	9
1,010		1,010	10^{-10}	10
1,100		1,100	10^{-11}	11
2,000		2,000	10^{-12}	12

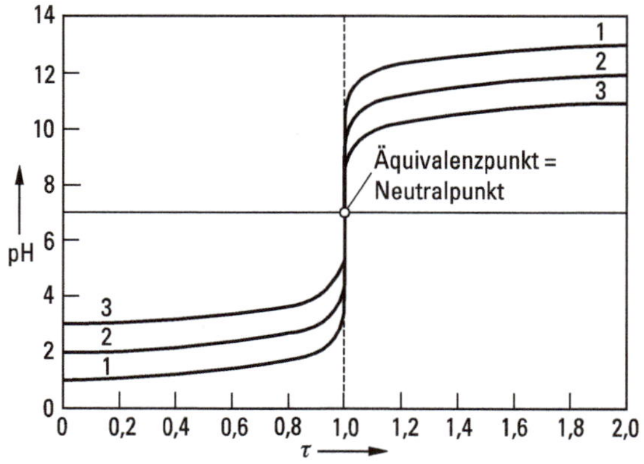

Abb. 3.1: Titration von Salzsäure mit Natronlauge, 1 mol/l; (1) $c(HCl) = 0{,}1$ mol/l (2) $c(HCl) = 0{,}01$ mol/l (3) $c(HCl) = 0{,}001$ mol/l (τ Titrationsgrad).

die Titrationskurven für die Titration von Salzsäure mit Natronlauge bei drei verschiedenen HCl-Konzentrationen. Die Kurvenform ist in allen drei Fällen gleich, jedoch ist der pH-Sprung am Äquivalenzpunkt umso größer, je konzentrierter die vorgelegte Säure ist. Es ist das Ziel jeder Titration, den Äquivalenzpunkt des jeweils vorliegenden Titrationssystems möglichst genau zu erfassen.

Legt man eine starke Base vor und titriert man mit einer starken Säure, so durchläuft man die Titrationskurve (Abb. 3.1) in umgekehrter Richtung. Von einem hohen pH-Wert ausgehend wird nach sprunghafter Abnahme schließlich ein niedriger pH-Wert im sauren Gebiet erreicht. Die Überlegungen für die Titration einer Säure lassen sich sinngemäß auf die einer Base übertragen.

Titration schwacher Säuren und Basen

Wird eine starke oder sehr starke Säure mit einer ebensolchen Base (oder umgekehrt) titriert, so fallen der Äquivalenzpunkt und der **Neutralpunkt** (pH = 7) zusammen. Bei der Titration einer schwachen Säure mit einer starken Base liegt jedoch der Äquivalenzpunkt oberhalb des Neutralpunktes im alkalischen Bereich und bei der Titration einer schwachen Base mit einer starken Säure unterhalb des Neutralpunktes im sauren Bereich. Zur Erläuterung dieses Sachverhaltes soll als Beispiel die Titration von 100 ml einer Essigsäure der Konzentration $c(CH_3COOH) = 0{,}1$ mol/l mit Natronlauge der Konzentration $c(NaOH) = 10$ mol/l behandelt werden.

Über den Verlauf der Titration gibt Tab. 3.5 Auskunft, die Titrationskurve ist in Abb. 3.2 wiedergegeben.

Der Äquivalenzpunkt liegt in diesem Fall nicht im Neutralpunkt (pH = 7), sondern bei pH = 8,88, im alkalischen Gebiet. Obwohl am Äquivalenzpunkt Essigsäure und Natronlauge im äquivalenten Verhältnis zueinander vorliegen, ist die Anzahl der OH^--Ionen in der Lösung größer als die der H_3O^+-Ionen. Der Grund dafür liegt in der Tatsache, dass das Acetation eine schwache Base ist und protolysiert.

Abb. 3.3 zeigt, welchen Einfluss die Säurekonstanten verschieden starker Säuren auf den Verlauf der Titrationskurven haben, wenn man die Titration mit einer starken Base vornimmt. Es handelt sich um Titrationen von Säurelösungen der Konzentration 0,1 mol/l mit Natronlauge der Konzentration 10 mol/l. Man erkennt:
- Die sprunghafte Abnahme der Wasserstoffionenkonzentration (Zunahme des pH-Wertes) in der Nähe des Äquivalenzpunktes ist umso größer, je stärker die titrierte Säure ist.
- Die Lage des Äquivalenzpunktes ($\tau = 1$) weicht umso mehr vom Neutralpunkt (pH = 7) ab und verschiebt sich umso weiter in den alkalischen Bereich, je

Tab. 3.5: Titration von 100 ml Essigsäure, 0,1 mol/l, mit Natronlauge, 10 mol/l.

Natronlauge-zusatz in ml	umgesetzter Essigsäureanteil in %	Titrationsgrad τ	$c(H_3O^+)$ in mol/l	pH
0,000	0	0,000	$1{,}32 \cdot 10^{-3}$	2,88
0,100	10	0,100	$1{,}60 \cdot 10^{-4}$	3,80
0,500	50	0,500	$1{,}78 \cdot 10^{-5}$	4,75
0,900	90	0,900	$1{,}98 \cdot 10^{-6}$	5,70
0,990	99	0,990	$1{,}80 \cdot 10^{-7}$	6,75
0,998	99,8	0,998	$3{,}56 \cdot 10^{-8}$	7,45
0,999	99,9	0,999	$1{,}78 \cdot 10^{-8}$	7,75
1,000	100	1,000	$1{,}35 \cdot 10^{-9}$	8,88
1,001		1,001	$1{,}01 \cdot 10^{-10}$	10,0
1,002		1,002	$5{,}01 \cdot 10^{-11}$	10,3
1,010		1,010	$1{,}01 \cdot 10^{-11}$	11,0

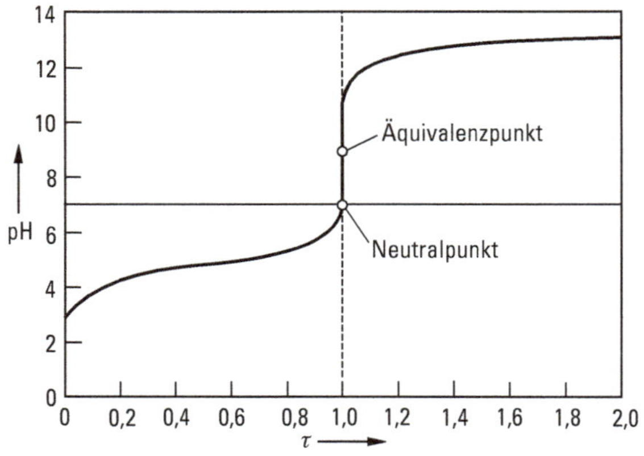

Abb. 3.2: Titration von Essigsäure, 0,1 mol/l, mit Natronlauge, 10 mol/l (τ Titrationsgrad).

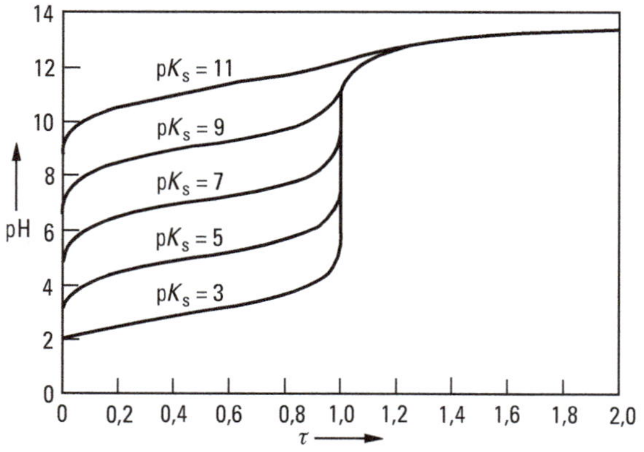

Abb. 3.3: Titration von Säuren verschiedener Stärke, $c(\text{eq}) = 0{,}1$ mol/l, mit Natronlauge (τ Titrationsgrad).

schwächer die titrierte Säure ist; das Übergangsgebiet zwischen der eindeutig sauren und der eindeutig alkalischen Reaktion der Lösung wird umso breiter, je kleiner die Säurekonstante, je größer also der pK_S-Wert der titrierten Säure ist.

Noch verschwommener wird das Übergangsgebiet bei der Titration einer schwachen Säure mit einer schwachen Base, d. h., die Änderung der Wasserstoffionenkonzentration in der Nähe des Äquivalenzpunktes ist noch geringer. Abb. 3.4 zeigt als Beispiel die Titration einer Essigsäure der Konzentration 0,1 mol/l mit Ammoniaklösung gleicher Konzentration. Hier liegt der Äquivalenzpunkt beim Neutralpunkt, was darauf zurückzuführen ist, dass die Zahlenwerte der Säurekon-

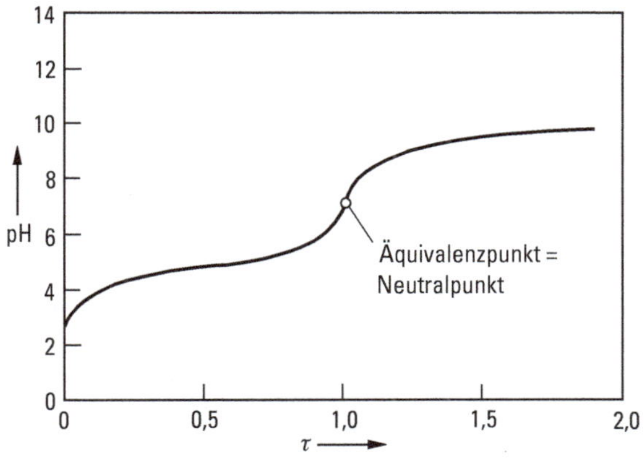

Abb. 3.4: Titration von Essigsäure mit Ammoniaklösung (τ Titrationsgrad).

stante der Essigsäure und der Basenkonstante von Ammoniak gleich groß sind (K_S (CH_3COOH) = K_B (NH_3) = $1{,}78 \cdot 10^{-5}$ mol/l).

3.1.3 Säure-Base-Indikatoren

Bei allen Säure-Base-Titrationen tritt am Äquivalenzpunkt ein mehr oder weniger großer pH-Sprung auf, der aber visuell nicht ohne weiteres verfolgt werden kann, da die eingesetzten Maßlösungen, die zu bestimmenden Stoffe und die bei der Titration entstehenden Salze in der Regel farblos sind. Man setzt der Probelösung deshalb Hilfsstoffe, so genannte **Säure-Base-Indikatoren** oder **Neutralisationsindikatoren**, zu. Säure-Base-Indikatoren sind organische Farbstoffe (Azofarbstoffe, Nitrophenole, Phthaleine, Sulfophthaleine und Triphenylmethanfarbstoffe u. a.), die selbst schwache Säuren oder Basen sind und bei ihrer Protonierung oder Deprotonierung eine Farbänderung zeigen. Bei richtiger Auswahl des Indikators erfolgt diese Farbänderung im Bereich des pH-Sprunges am Äquivalenzpunkt, wodurch das Ende der Titration angezeigt wird.

Indikatorumschlag

Wie eingangs erwähnt, sind Säure-Base-Indikatoren schwache Säuren oder Basen; auf sie können deshalb die in Abschn. 3.1.1 abgeleiteten Beziehungen angewendet werden. Ist der Indikator eine schwache Säure, dann liegt in Lösung stets ein Gleichgewicht zwischen der Indikatorsäure HInd und der korrespondierenden Base Ind^- vor, die unterschiedliche Farben aufweisen, z. B. könnte HInd gelb und Ind^- blau sein:

$$\underset{\text{gelb}}{H_2O + HInd} \rightleftharpoons \underset{\text{blau}}{H_3O^+ + Ind^-}\,.$$

Versetzt man die Lösung einer starken Säure mit einigen Tropfen dieser Indikatorlösung, so wird das obige Gleichgewicht sehr weit nach links verschoben, es liegt fast nur HInd vor, dessen gelbe Farbe die **Grenzfarbe** des Indikators im sauren Bereich ist. Während der Titration mit einer Base vermindert sich die H_3O^+-Konzentration und das Gleichgewicht verschiebt sich nach rechts, bis schließlich fast nur noch die Base Ind^- vorliegt, deren blaue Farbe die Grenzfarbe des Indikators im basischen Bereich ist.

Bei einem ganz bestimmten pH-Wert, dem **Umschlagspunkt,** $pH_{1/2}$, des Indikators, ist $c(HInd) = c(Ind^-)$, die Lösung weist eine Mischfarbe aus den beiden Grenzformen auf, im betrachteten Fall also Grün. Der Umschlagspunkt ergibt sich bei Anwendung des Massenwirkungsgesetzes auf das obige Gleichgewicht aus dem pK_S-Wert der Indikatorsäure:

$$pH = pK_S(HInd) - \lg \frac{c(HInd)}{c(Ind^-)} .$$

Da bei $pH_{1/2}$ definitionsgemäß $c(HInd) = c(Ind^-)$, folgt mit $\lg 1 = 0$:

$$pH_{1/2} = pK_S(HInd).$$

Als **Umschlagsbereich** bezeichnet man den pH-Bereich, in dem visuell erkennbar der Farbumschlag eines Indikators zwischen den beiden Grenzformen erfolgt. Er erstreckt sich ungefähr über ein Intervall von $\Delta pH = 2$: bei $pH = pH_{1/2} - 1$ liegt der Indikator etwa zu 90 % als HInd und zu 10 % als Ind^- vor, bei $pH_{1/2} + 1$ zu 90 % als Ind^- und zu 10 % als HInd. Trägt man den prozentualen Anteil einer Form gegen den pH-Wert auf, so erhält man die s-förmige **Umschlagskurve** des Indikators.

Die Größe des Umschlagsbereiches ist bei den einzelnen Indikatoren verschieden. Dies ist durch die unterschiedliche Empfindlichkeit des menschlichen Auges für die Grenzfarben und durch deren unterschiedliche Farbstärke bedingt.

Die Umschlagsbereiche der heute bekannten Indikatoren decken lückenlos den gesamten pH-Bereich von stark sauer bis stark alkalisch ab, sodass für fast jede alkali- oder acidimetrische Bestimmung ein geeigneter Indikator zur Verfügung steht.

In Tabelle 3.6 sind einige wichtige Indikatoren zusammengestellt.

In der Literatur wird eine große Anzahl weiterer Indikatoren beschrieben; zusammenfassende Darstellungen findet man in einschlägigen Tabellenwerken [5, 80, 81, 82, 83, 84].

Man unterscheidet **einfarbige Indikatoren**, bei denen nur eine Grenzform farbig ist, und **zweifarbige Indikatoren**, bei denen beide Grenzformen farbig sind.

Tab. 3.6: Säure-Base-Indikatoren.

Indikator	Grenzfarben sauer – alkalisch	Umschlagsbereich pH	Gebrauchslösung
Thymolblau	rot – gelb	1,2 ... 2,8	0,04 % in 20 % Ethanol
Methylorange	rot – gelborange	3,1 ... 4,4	0,04 % in Wasser
Bromkresolgrün	gelb – blau	3,8 ... 5,4	0,1 % in 20 % Ethanol
Methylrot	rot – gelb	4,4 ... 6,2	0,1 % in Ethanol
Lackmus	rot – blau	5,0 ... 8,0	0,2 % in Ethanol
Bromkresolpurpur	gelb – purpur	5,2 ... 6,8	0,1 % in 20 % Ethanol
Bromthymolblau	gelb – blau	6,0 ... 7,6	0,1 % in 20 % Ethanol
Neutralrot	rot – gelb	6,8 ... 8,0	0,3 % in 70 % Ethanol
Phenolphthalein	farblos – rot	8,2 ... 9,8	0,1 % in Ethanol
Thymolphthalein	farblos – blau	9,3 ... 10,5	0,04 ... 0,1 % in 50 % Ethanol
Epsilonblau	orange – violett	11,6 ... 13,0	0,1 % in Wasser

An den beiden Indikatoren Methylorange und Phenolphthalein als Beispiele soll das dem Farbumschlag zugrunde liegende Reaktionsschema formelmäßig erläutert werden:

Methylorange ist das gut in Wasser lösliche Natriumsalz der 4-Dimethylaminoazobenzol-4′-sulfonsäure:

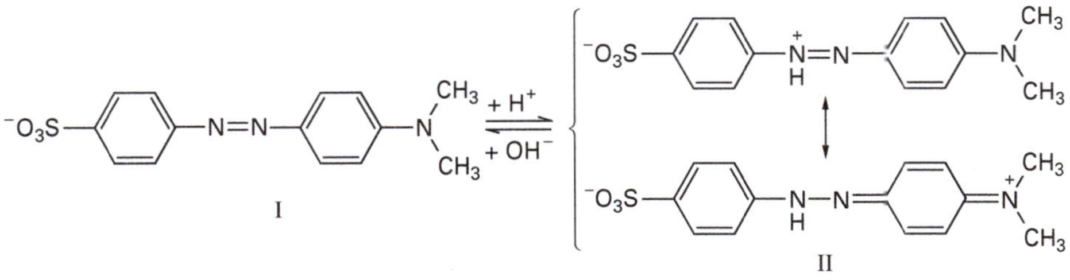

In neutraler oder alkalischer Lösung liegt das Anion I vor, das gelborangefarben ist. Nimmt während einer Titration die H_3O^+-Konzentration in der Lösung zu, geht I in die rote Form II über, indem die Aminogruppe die Struktur eines Ammoniumderivates annimmt (NR_4^+), der Benzolring in einen Chinonring übergeht und ein Proton an die Azogruppe gebunden wird (untere Formel). Die Formel beschreibt jedoch nur eine der angebbaren Grenzverteilungen der Elektronen im Molekül; sie ist eine der **Grenzstrukturen**. Die in konjugierten Doppelbindungen (mehrere durch Einfachbindungen getrennte Doppelbindungen) auftretenden π-Elektronen sind nicht lokalisierbar. Die zweite darstellbare Grenzverteilung der Elektronen wird durch die obere Formel II wiedergegeben. Diese Bindungsverhältnisse in konjugierten π-Elektronensystemen bezeichnet man als **Mesomerie**. Die tatsächliche

Struktur des Farbstoffs lässt sich nicht angeben, sie liegt zwischen den Grenzstrukturen der mesomeren Verbindung (Zwischenzustand). Durch die Mesomerie tritt eine energetische Stabilisierung des Moleküls auf.

Methylrot ist die 4-Dimethylaminoazobenzol-2′-carbonsäure:

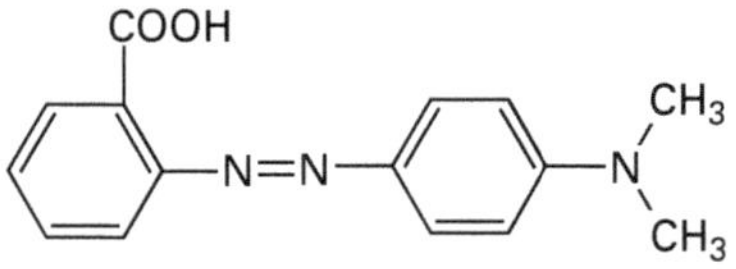

Der Farbwechsel von der alkalischen Grenzfarbe Gelb in die saure Grenzfarbe Rot lässt sich für diesen Azofarbstoff in analoger Weise erklären.

Phenolphthalein, 4′,4″-Dihydroxydiphenylphthalid, ist ein farbloses Lacton (I), das in schwach alkalischer Lösung tiefrot wird. Der Farbwechsel kann wie folgt formuliert werden:

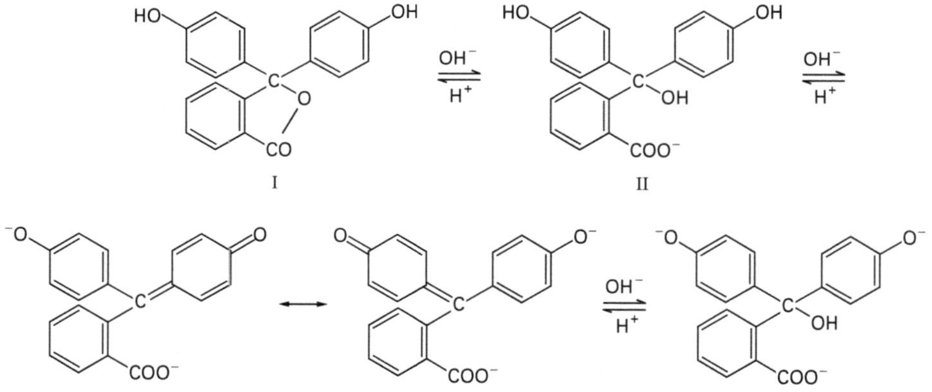

III IV

Zunächst wird bei Zugabe von Laugen der Lactonring geöffnet (II) und dadurch die Abspaltung von einem Molekül Wasser ermöglicht. Es bildet sich ein chinoider Ring aus und über das ganze Molekül entsteht ein System konjugierter Doppelbindungen, für das nur Grenzstrukturen einer mesomeren Verbindung angegeben werden können (III), die eine rote Farbe aufweist. Bei weiterem Zusatz von OH^--Ionen wird das Molekül in sehr stark alkalischen Lösungen in ein farbloses dreifach negativ geladenes Anion (IV) umgewandelt.

Der Farbwechsel eines Indikators ist auf die unterschiedlichen Lichtabsorptionseigenschaften der am chemischen Gleichgewicht beteiligten Indikatorformen zurückzuführen. Bei der Absorption von Lichtquanten erfolgt eine Elektronenanregung, und zwar ein Übergang eines Elektrons vom höchsten besetzten zum niedrigsten unbesetzten Molekülorbital, wobei den $\pi \rightarrow \pi^*$-Übergängen die wesentliche Bedeutung zukommt. Durch Protolyse bzw. Deprotolyse wird das π-Elektronensystem des Indikatormoleküls verändert. Die Differenz der Anregungsenergie E ($E = h \cdot \nu$ mit der Planck-Konstanten h und der Frequenz ν des absorbierten Lichtes) zwischen den beiden Molekülorbitalen ist bei einem durch Mesomerie stabilisierten benzoiden System größer als bei einem in gleicher Weise stabilisierten chinoiden System:

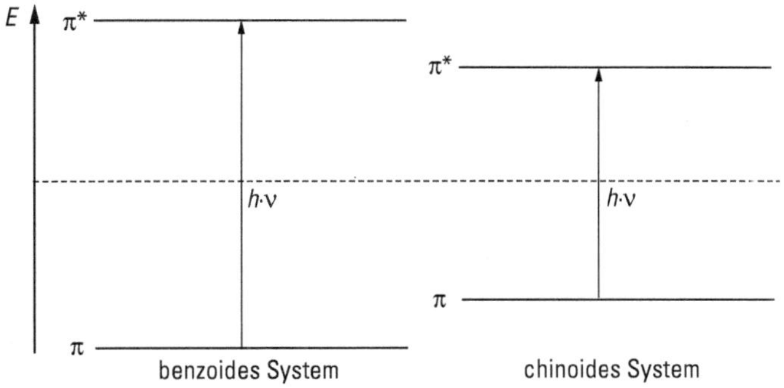

Demzufolge absorbiert ein benzoides System bei größeren Frequenzen ν bzw. bei kleineren Wellenlängen λ ($\nu = c/\lambda$, c = Lichtgeschwindigkeit) als ein chinoides System (**bathochromer Effekt**). Nähere Einzelheiten entnehme man Lehrbüchern der Spektroskopie [85, 86, 87] oder der organischen Chemie [88].

Die Indikatoren Methylorange und Phenolphthalein stammen aus den Anfängen der Maßanalyse; sie werden auch heute noch häufig verwendet. Es ist darauf hinzuweisen, dass Methylorange in heißen Lösungen nicht verwendet werden kann. Für Phenolphthalein gilt diese Einschränkung nicht. In stark alkalischen Lösungen wird Phenolphthalein wie alle Phthaleine umgelagert und dadurch entfärbt.

Bei manchen Indikatoren, so auch bei Methylorange, ist der Farbwechsel nicht leicht zu erkennen. In solchen Fällen empfiehlt es sich, mit Vergleichslösungen zu arbeiten.

Bewährt haben sich auch **Indikatorgemische**, die eine stärkere Kontrastwirkung der Grenzfarben aufweisen und auch die Übergangsfarbe leichter erkennen lassen. Man unterscheidet **Mischindikatoren** und **Kontrastindikatoren**. Erstere enthalten zwei Indikatorfarbstoffe mit ungefähr gleichem Umschlagsbereich, aber unterschiedlicher Farbe, während Kontrastindikatoren aus einem Indikatorfarbstoff und einem pH-indifferenten Farbstoff bestehen.

Mit den folgenden Prozentangaben sind jeweils „Massenanteile in %" gemeint.

Methylorange-Indigocarmin-Kontrastindikator. 25 ml 0,1 %iger Methylorangelösung werden mit 25 ml einer 0,25 %igen Indigocarminlösung gemischt und in einer dunklen Flasche aufbewahrt. Saure Lösungen sind violett, neutrale grau und schwach alkalische grün gefärbt. Titriert wird auf einen grauen Farbton (pH = 4,1).

Neutralrot-Methylenblau-Kontrastindikator. 25 ml einer 0,1 %igen Neutralrotlösung in Ethanol werden mit 25 ml einer 0,1 %igen ethanolischen Methylenblaulösung vermischt und in einer dunklen Flasche aufbewahrt. Zur Titration werden nur wenige Tropfen benötigt. Saure Lösungen sind violettblau, alkalische grün gefärbt. Der Farbwechsel erfolgt bei pH = 7,0. Dieser Indikator eignet sich nach Kolthoff [89] zur direkten Titration von Essigsäure mit Ammoniaklösung ohne Vergleichslösung.

Phenolphthalein-α-Naphtholphthalein-Mischindikator. 50 ml einer 0,1 %igen Phenolphthaleinlösung in 50 %igem Ethanol werden mit 25 ml einer 0,1 %igen Lösung von α-Naphtholphthalein in 50 %igem Ethanol vermischt. Wenige Tropfen dieses Gemisches färben saure Lösungen schwach rosa, alkalische violett. Bei pH = 9,6 ist die Farbe grün, sodass sich der Indikator nach Kolthoff zur Titration der Phosphorsäure bis zur zweiten Stufe eignet.

Bromkresolgrün-Methylrot-Mischindikator. Man mischt 75 ml einer 0,1 %igen Bromkresolgrünlösung und 25 ml einer 0,2 %igen Methyrotlösung, beide in 96 %igem Ethanol. Der Mischindikator schlägt im pH-Gebiet 4 bis 6 von Orangerot (Mischfarbe von Gelb und Rot, den beiden Grenzfarben der Indikatoren im sauren Bereich) über Grau (Mischfarbe aus Grün und Orangerot) nach Grün (Mischfarbe aus Blau und Gelb, den beiden Grenzfarben der Indikatoren im alkalischen Bereich) um. Der Farbumschlag erfolgt sehr scharf, er ist für das Auge gut wahrnehmbar.

In jedem Fall ist darauf zu achten, dass nur wenige Tropfen der Indikatorlösung der zu titrierenden Probe zugesetzt werden. Da der Indikator selbst ein korrespondierendes Säure-Base-Paar ist, verbraucht er Maßlösung.

Weitere Indikatorgemische s. [5, 80–83].

Das Umschlagsintervall eines Indikators wird von der Ionenstärke in der Lösung beeinflusst, und zwar dann, wenn die Aktivitätskoeffizienten der beiden Grenzformen des Indikators unterschiedlich stark beeinflusst werden. Das ist der Fall, wenn z. B. die eine Form ein neutrales Molekül, die andere ein Ion ist. Diese Erscheinung bezeichnet man als **Salzeffekt**; er beruht auf dem Unterschied zwischen der thermodynamischen und stöchiometrischen Säurekonstante des Indikatorsystems (vgl. Kap. 3.1.1).

Indikatorauswahl

Für die praktische Durchführung alkalimetrischer und acidimetrischer Bestimmungen steht eine große Anzahl von Indikatoren zur Verfügung, wobei die verschiedensten Umschlagsbereiche auftreten. Zur Frage, welcher Indikator für ein anstehendes Problem am zweckmäßigsten ausgewählt wird, gelten folgende Überlegungen:

Die Aufgabe jeder maßanalytischen Bestimmung besteht darin, den Äquivalenzpunkt aufzufinden. Dieser fällt – wie gezeigt wurde – nicht immer mit dem Neutralpunkt zusammen, sondern kann infolge von Protolysereaktionen mehr im

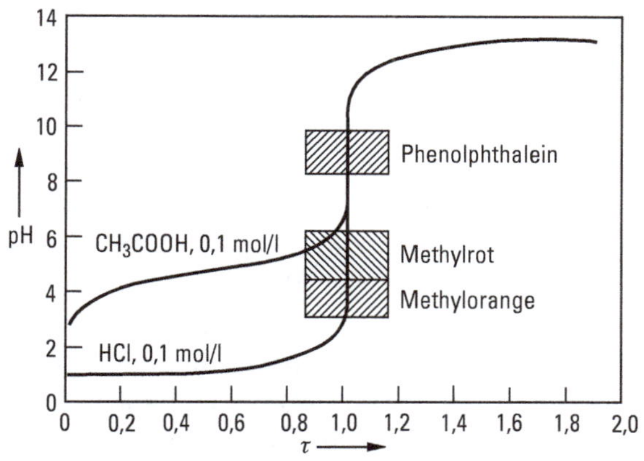

Abb. 3.5: Titrationskurven von Essigsäure und Salzsäure und Umschlagsbereiche der drei Indikatoren Phenolphthalein, Methylrot und Methylorange.

sauren oder mehr im alkalischen Gebiet liegen. Man wird den Indikator nun so auswählen, dass sein Umschlagspunkt möglichst nahe am Äquivalenzpunkt des zu titrierenden Systems liegt.

Die Titrationskurve einer starken Säure mit einer starken Base zeichnet sich durch einen steilen Sprung und damit durch ein relativ schmales Übergangsgebiet in der Nähe des Äquivalenzpunktes aus. Außerdem fällt der Äquivalenzpunkt mit dem Neutralpunkt zusammen. Brauchbar sind in diesem Falle alle Indikatoren, die nahe bei pH = 7 umschlagen. Da aber der Fehler einer Bestimmung normalerweise 0,1 % nicht zu unterschreiten braucht, so können auch alle diejenigen Indikatoren verwendet werden, deren Umschlagspunkte in dem Bereich liegen, der von 0,1 % mehr oder weniger an Basenzusatz überstrichen wird. Diese gerade noch zulässigen Grenzen sind pH = 4 und pH = 10, wenn es sich um Titrationen im Konzentrationsbereich von 0,1 mol/l handelt. Es sind also von Methylorange bis Phenolphthalein alle Indikatoren brauchbar. Bei der Titration im Konzentrationsbereich von 0,01 mol/l dürfen die Umschlagspunkte die pH-Grenzwerte 5 und 9 nicht unter- bzw. überschreiten. Methylorange darf dann nicht mehr verwendet werden, Methylrot ist gerade noch zulässig (s. Abb. 3.5).

Titriert man eine schwache Säure mit einer starken Base, so liegt der Äquivalenzpunkt im alkalischen Bereich – im Beispiel einer Essigsäure der Konzentration 0,1 mol/l mit Natronlauge bei pH = 8,88. Die eben noch zulässigen Indikatorumschlagspunkte liegen bei pH = 7,75 und pH = 10 (s. Tab. 3.5). Ein Indikator, der im sauren Gebiet umschlägt, ist nicht mehr verwendbar. Als geeigneter Indikator kann Phenolphthalein gewählt werden (s. Abb. 3.5).

Umgekehrt liegt der Äquivalenzpunkt bei der Titration einer schwachen Base mit einer starken Säure im sauren Gebiet. Die noch zulässigen Indikatorumschlagspunkte liegen z. B. für die Titration einer Ammoniaklösung der Konzentration

0,1 mol/l mit Salzsäure bei den pH-Werten 4,0 und 6,25, während der Äquivalenzpunkt bei pH = 5,13 liegt. Es lassen sich also alle Indikatoren verwenden, deren Umschlagspunkte zwischen denen von Methylorange und Bromkresolpurpur liegen. Auf keinen Fall darf man Phenolphthalein verwenden.

Die Titrationskurven schwacher Säuren mit schwachen Basen schließlich lassen nur eine geringe Änderung der H_3O^+-Ionenkonzentration am Äquivalenzpunkt erkennen. Wollte man hier mit einem Fehler von 0,1 % titrieren, so dürfte der zu benutzende Indikator seinen Umschlagspunkt nur zwischen pH = 6,96 und pH = 7,04 haben. Es käme fast nur Neutralrot in Frage. Aber auch mit diesem Indikator ist infolge der schleppenden Änderung der H_3O^+-Ionenkonzentration am Äquivalenzpunkt kein scharfer Farbumschlag zu erreichen. Man müsste unter Zuhilfenahme neutraler Vergleichslösungen arbeiten, die den Indikator in der gleichen Konzentration enthalten wie die zu titrierenden Lösungen. Trotzdem wäre nur ein angenähertes Ergebnis zu erwarten. Auch ein Mischindikator lässt sich verwenden.

Wie wichtig die richtige Auswahl des Indikators ist, ergibt sich aus der Betrachtung des Verlaufs der Titrationskurve einer mehrbasigen Säure. Titriert man z. B. Phosphorsäure mit Natronlauge, so herrscht in der Lösung am ersten Äquivalenzpunkt, bei dem Natriumdihydrogenphosphat entstanden ist, der pH-Wert 4,7. Titriert man aber bis zum Dinatriumhydrogenphosphat, so beträgt der pH-Wert 9,9. Will man eine dieser Neutralisationsstufen titrimetrisch korrekt erfassen, muss der Indikator in geeigneter Weise ausgewählt werden.

Somit ergeben sich folgende vier **Grundregeln** für die Praxis der Säure-Base-Titrationen:

- Starke Säuren und starke Basen können unter Verwendung aller Indikatoren miteinander titriert werden, die zwischen Methylorange und Phenolphthalein umschlagen.
- Schwache Säuren lassen sich mit starken Laugen nur unter Verwendung solcher Indikatoren titrieren, die im schwach alkalischen Gebiet umschlagen (z. B. Phenolphthalein).
- Schwache Basen lassen sich mit starken Säuren nur mit solchen Indikatoren titrieren, die im schwach sauren Gebiet umschlagen (z. B. Methylorange oder besser Methylrot).
- Titrationen schwacher Basen mit schwachen Säuren und umgekehrt ergeben nur ungenaue Resultate. Lassen sie sich aber nicht umgehen, so kommen nur ganz wenige, für jeden Fall besonders zu ermittelnde Indikatoren in Frage. Auch kann mit dem Indikator nur unter Zuhilfenahme einer Vergleichslösung titriert werden, die vorher auf den pH-Wert des gewünschten Äquivalenzpunktes gebracht wurde und die die gleiche Indikatorkonzentration aufweist wie die zu titrierende Lösung.

Ein so genannter **Titrierfehler**, worunter man die nicht genaue Übereinstimmung von Umschlagspunkt des Indikators und Äquivalenzpunkt der Titration versteht, kann einmal durch die Wahl eines ungeeigneten Indikators, aber auch durch die

Vernachlässigung der Abhängigkeit des Indikatorumschlages von einer Reihe von Faktoren, nämlich der Temperatur, der Verdünnung der Lösungen, dem Neutralsalzgehalt, der Indikatorkonzentration u. a. entstehen. Auf die Zunahme des Fehlers mit steigender Verdünnung sei besonders hingewiesen. Nähere Einzelheiten und die Methoden zur Berechnung des Titrierfehlers lese man in ausführlicheren Darstellungen nach [9, 15, 80, 89].

3.1.4 Praktische Anwendungen

Einstellung von Säuren

Die wichtigsten bei acidimetrischen Titrationen als Maßlösungen verwendeten Säuren sind Salzsäure und Schwefelsäure, in zweiter Linie Salpetersäure und Perchlorsäure. Für manche Zwecke ist Oxalsäure geeignet. Üblicherweise werden diese Säuren als Lösungen der Konzentration 0,5, 0,2 oder 0,1 mol/l, bezogen auf Äquivalente, verwendet. Die Bestimmung sehr schwacher Basen wird mit Säuren der Konzentration 1 mol/l durchgeführt.

Zur Herstellung der Maßlösung einer starken Säure kann man von den reinen konzentrierten Lösungen des Handels ausgehen, mit einem Aräometer die Dichte messen und die der Dichte entsprechende Stoffmengenkonzentration bzw. den Massenanteil in % einer Tabelle entnehmen [5]. Kennt man den Gehalt der konzentrierten Säure, berechnet man das Volumen in ml, das in einen Messkolben zu bringen und durch Auffüllen mit Wasser bis zur Marke zu verdünnen ist, um eine Lösung der gewünschten Konzentration zu erhalten.

Beispiel: Konzentrierte Salzsäure habe die Dichte $\rho_1 = 1{,}190$ g/ml (20 °C), ihre Konzentration beträgt $c_1 = 12{,}50$ mol/l. Um daraus $V_2 = 1$ Liter Salzsäure mit etwa $c_2 = 0{,}1$ mol/l zu bereiten, lässt man

$$V_1 = \frac{V_2 \cdot c_2}{c_1} = \frac{1000\ \text{ml} \cdot 0{,}1\ \text{mol/l}}{12{,}50\ \text{mol/l}} = 8{,}00\ \text{ml}$$

aus einer Bürette in einen 1-l-Messkolben fließen und füllt zur Marke auf (gut umschütteln!). Da man bei diesem Verfahren Fehler bis zu 1 % machen kann, ist noch eine genaue **Titerstellung** erforderlich.

Aus dem Ergebnis der Einstellung, die nach einer der im Folgenden besprochenen Methoden erfolgen soll, berechnet man den **Titer *t*** der Lösung.

Oxalsäurelösungen genau definierter Konzentration lassen sich direkt durch Auflösen einer berechneten Menge von reinstem, lufttrockenem Oxalsäuredihydrat und Auffüllen der Lösung herstellen. Ein solches Präparat erhält man, wenn man über das fein gepulverte Oxalsäuredihydrat einen Luftstrom leitet, der vorher ein Gemisch aus wasserfreier (bei 100 °C getrockneter) und hydratisierter Oxalsäure passiert hat. Der Wassergehalt des Luftstromes entspricht dann genau dem Wasserdampfpartialdruck des Dihydrates.

Zur genauen Einstellung der Säuremaßlösungen stehen verschiedene Urtitersubstanzen zur Verfügung. Es sind dies Natriumcarbonat, Natriumoxalat, Kaliumhydrogencarbonat und Quecksilberoxid (Incze [92]).

Einstellung mit Natriumcarbonat. Das wasserfreie Salz muss genau der Formel Na_2CO_3 entsprechen, es darf kein Natriumhydroxid und kein Natriumhydrogencarbonat enthalten. Außerdem muss es chlorid-, sulfat- und wasserfrei sein. Ein solches Präparat lässt sich folgendermaßen herstellen: Man bereitet sich eine bei Zimmertemperatur gesättigte Lösung von 250 g kristallisiertem Natriumcarbonat und filtriert sie durch ein Faltenfilter in einen größeren Glaskolben. Dann leitet man einen langsamen Strom reinen, mit $NaHCO_3$-Lösung gewaschenen Kohlenstoffdioxids durch die Sodalösung und bringt dadurch Natriumhydrogencarbonat zur Abscheidung. Kühlen der Lösung und gelegentliches Umschütteln beschleunigen die Kristallisation. Nach etwa 2 Stunden wird das ausgeschiedene Salz auf einer Glasfilternutsche abgesaugt und mit eiskaltem, CO_2-haltigem Wasser so lange ausgewaschen, bis im Waschwasser keine Cl^-- und SO_4^{2-}-Ionen mehr nachzuweisen sind. Das Salz wird anschließend bei 105 °C getrocknet, in einen geräumigen Platintiegel überführt, der Tiegel mit Inhalt gewogen und dann auf 260 bis 270 °C erhitzt. Von Zeit zu Zeit ist der Tiegelinhalt mit einem Platindraht umzurühren. Nach etwa einer Stunde lässt man den Tiegel im Exsikkator abkühlen, der mit Calciumchlorid frisch gefüllt sein soll, und wägt. Erhitzen und Wägen wird bis zur Gewichtskonstanz fortgeführt. Die so gewonnene reine Soda muss in einem gut verschlossenen Behälter aufbewahrt werden.

Zur Titerstellung werden aus einem verschließbaren Wägegläschen drei Proben von je ca. 0,2 g des reinsten, wasserfreien Natriumcarbonats in drei Erlenmeyerkolben aus Borosilicatglas von 300–400 ml Inhalt genau eingewogen. Beim Abwägen ist äußerste Vorsicht geboten, denn das wasserfreie Salz stäubt leicht und zieht auch begierig Wasser an. Jede Probe wird in etwa 100 ml Wasser gelöst, mit 2–3 Tropfen Methylorangelösung versetzt (nicht zu viel Indikatorlösung verwenden!) und unter dauerndem Umschwenken des Kolbens so lange mit der einzustellenden Säure titriert, bis der Indikator gerade umschlägt, d. h. eben einen etwas kräftigeren Orangeton aufweist als eine danebenstehende Vergleichslösung, die aus 125 ml Wasser und der gleichen Anzahl Tropfen der Methylorangelösung bereitet wurde. Da die Lösung mit CO_2 gesättigt und somit etwas saurer ist, ist der Äquivalenzpunkt noch nicht erreicht. Man erhitzt daher die Lösung 2 bis 3 Minuten zum Sieden, um das CO_2 zu vertreiben, kühlt ab und titriert die erkaltete und nun wieder gelbe Lösung bis zum eben beginnenden Farbumschlag (Goldton). Wegen der besseren Erkennbarkeit des Endpunktes wird auch die Verwendung des Kontrastindikators Methylorange-Indigocarmin (vgl. S. 105) empfohlen [30]. Aus dem Volumen der verbrauchten Säure berechnet man den Titer in der üblichen Weise (vgl. S. 57). Es ist der **Gebrauchstiter** der Säure bei Verwendung von Methylorange als Indikator.

Der Gebrauchstiter enthält den Titrierfehler (vgl. S. 108). Man erhält daraus den **korrigierten Titer** auf folgende Weise: In dem gleichen Volumen destillierten

Wassers, das die titrierte Lösung beim beginnenden Indikatorumschlag einnimmt, löst man eine etwa äquivalente Menge Kochsalz auf, gibt das gleiche Volumen Indikatorlösung hinzu und titriert mit der einzustellenden Säure auf Farbgleichheit mit der titrierten Lösung. Bei Zimmertemperatur beträgt die Korrektur auf 100 ml etwa 0,1 ml Säure (c(eq) = 0,1 mol/l). Dieses Volumen zieht man von dem Volumen der für die erste Titration verbrauchten Säurelösung ab und berechnet aus dem erhaltenen Wert den korrigierten Titer. Wesentlich empfindlicher ist der Farbumschlag, wenn Methylrot als Indikator verwendet wird. Das hängt mit den unterschiedlichen Umschlagsgebieten der beiden Indikatoren zusammen. Bei einem Endvolumen von 100 ml sind für eine pH-Änderung von 4,4 auf 3,1 (Umschlagsgebiet von Methylorange) theoretisch 0,75 ml Säure (c(eq) = 0,1 mol/l) erforderlich, während für die Änderung des pH-Wertes von 6,2 auf 4,4 (Umschlagsgebiet von Methylrot) nur 0,04 ml der Säure benötigt werden. Kolthoff [89] empfiehlt die Einstellung der Säure gegen Rosolsäure (Umschlagsgebiet 6,9–8,0) oder Phenolrot (6,4–8,2) in der Hitze. Ein Titrierfehler tritt hierbei nicht auf, sodass keine Vergleichslösung benötigt wird.

Will man den Titer für die Verwendung von Phenolphthalein als Indikator ermitteln, so gibt man zu der Na_2CO_3-Lösung 1–2 Tropfen Phenolphthaleinlösung, titriert bei Zimmertemperatur bis gerade zur Entfärbung, erhitzt die Lösung 5 min lang zum Sieden und titriert die wieder rot gefärbte Lösung nochmals bis zum Verschwinden der Rotfärbung. Diese Operationen werden so lange vorsichtig wiederholt, bis auch bei 10 min langem Sieden keine Rosafärbung mehr auftritt. Bei Verwendung von Phenolphthalein als Indikator ist das vollständige Verkochen des CO_2 unerlässlich. Versäumt man es, so fällt der Säureverbrauch zu gering aus, da Phenolphthalein bereits im schwach alkalischen Bereich umschlägt.

Alle Farbänderungen während der Titration soll man gegen einen weißen Untergrund (Kachel, Porzellanplatte, Papier) betrachten und beurteilen.

1 ml Säure, c(eq) = 0,1 mol/l, entspricht 5,2994 mg Na_2CO_3.

Einstellung mit Natriumoxalat. Reinstes wasserfreies Natriumoxalat (vgl. S. 173) wird auf 330 bis 350 °C erhitzt. Es zersetzt sich dabei nach

$$(COONa)_2 \longrightarrow Na_2CO_3 + CO\uparrow$$

Das entstehende Natriumcarbonat wird in der beschriebenen Weise mit der einzustellenden Säure titriert. Die Zersetzung der genau abgewogenen Probe (ca. 0,3 g) wird in einem Platintiegel vorgenommen. Nach etwa einer halben Stunde ist die Umwandlung quantitativ vollzogen. Diese von Sörensen [91] angegebene Methode macht die Eigenschaften der Urtitersubstanz Natriumoxalat auch für die Säure-Base-Titration nutzbar.

1 ml Säure, c(eq) = 0,1 mol/l, entspricht 6,700 mg $Na_2C_2O_4$.

Einstellung von Laugen

Die für alkalimetrische Bestimmungen verwendeten Maßlösungen, meistens Natron- oder Kalilauge der Konzentration 0,2 oder 0,1 mol/l, sollen möglichst carbonatfrei sein, da die Anwesenheit von Carbonat den Farbumschlag von Methylorange und besonders von Phenolphthalein, das im schwach alkalischen Gebiet umschlägt, deutlich beeinflusst. Im letzten Falle verbraucht eine carbonathaltige Lauge weniger Säure als eine carbonatfreie. Daraus ergeben sich zwei Forderungen für die Bereitung und Benutzung eingestellter Laugen:

- Die Lauge soll von Anfang an möglichst carbonatarm oder besser carbonatfrei sein,
- die Lauge muss so aufbewahrt werden, dass sie kein Kohlenstoffdioxid aus der umgebenden Luft anziehen kann.

Die zweite Forderung lässt sich dadurch erfüllen, dass man die Maßlösung in einer geräumigen Vorratsflasche aus Borosilicatglas oder Kunststoff aufbewahrt, die mit einem Titrierapparat (vgl. Abschn. 2.1., Abb. 2.16) verbunden ist. Das Gummihandgebläse wird unter Zwischenschalten eines Natronkalkröhrchens angeschlossen. Damit beim Stehen kein Wasser aus dem Vorratsgefäß in das Natronkalkröhrchen überdestillieren kann, schließt man es durch einen Quetschhahn auf dem Gummischlauch des Gebläses gegenüber dem Vorratsgefäß ab.

Eine für die meisten praktischen Zwecke genügend carbonatarme Natronlauge der Konzentration 0,2 mol/l erhält man auf folgende Weise: Man wägt 9–10 g reinsten Natriumhydroxids in Plätzchenform roh auf einer Oberschalenwaage ab, spült sie in einer Porzellanschale schnell dreimal hintereinander mit deionisiertem Wasser ab, um die anhaftende Kruste von Natriumcarbonat abzulösen, bringt das Natriumhydroxid sofort in die saubere Vorratsflasche (Borosilicatglas oder Kunststoff), durch die man zuvor etwa 2 Stunden lang einen kohlenstoffdioxidfreien Luftstrom geleitet hat, und füllt mit frisch ausgekochtem, erkaltetem deionisiertem Wasser zu dem gewünschten Volumen auf. Schließlich wird die saubere und trockene Bürette auf die Flasche aufgesetzt. Wenn sich alles Natriumhydroxid gelöst hat, schüttelt man die Flasche gut um, wartet den Temperaturausgleich ab, füllt die Bürette mithilfe des Gummihandgebläses und ermittelt die genaue Konzentration durch Titerstellung. Durch eine konduktometrische Titration (vgl. Abschn. 4.3) lässt sich der Nachweis liefern, dass eine solche Lauge praktisch carbonatfrei ist.

Eine völlig carbonatfreie Lauge lässt sich aus metallischem Natrium herstellen, das in absolutem Ethylalkohol gelöst wird. Das entstandene Natriumalkoholat wird mit portionsweise zugesetztem, vorher ausgekochtem deionisiertem Wasser hydrolysiert, der Alkohol völlig verkocht und die Lösung mit ausgekochtem deionisiertem Wasser in geeigneter Weise verdünnt. Alle Operationen müssen unter Durchleiten von CO_2-freier Luft durchgeführt werden (vgl. [93]).

Die erstmals von Sörensen [94] empfohlene Methode zur Herstellung carbonatfreier Natronlauge durch Abhebern und Verdünnen hochkonzentrierter sog. **Öllauge**, hergestellt aus festem Natriumhydroxid und Wasser in gleichen Anteilen, in der Natriumcarbonat praktisch nicht löslich ist, lässt sich nur anwenden, wenn die Zubereitung in Kunststoffgefäßen vorgenommen wird. Die konzentrierte Natronlauge greift auch chemisch resistente Gläser unter Herauslösen von Silicium- und Aluminiumoxid merklich an; die Lauge kann daher leicht durch Natriumsilicat und -aluminat verunreinigt werden. Kalilauge lässt sich auf diese Weise nicht herstellen, da Kaliumcarbonat in der konzentrierten Kaliumhydroxidlösung zu gut löslich ist.

Gewähr für die Abwesenheit von Carbonaten bietet die Benutzung von Barytlauge unter den genannten Vorsichtsmaßregeln. Eine Barytlauge der ungefähren Konzentration 0,1 mol/l (bezogen auf Äquivalente) erhält man folgendermaßen: Etwa 20 g kristallisiertes Bariumhydroxid werden unter kräftigem Schütteln in Lösung gebracht. Wenn sich die durch Bariumcarbonat getrübte Lösung nach längerem Stehen geklärt hat, wird die Lösung vorsichtig in eine mit CO_2-freier Luft (s. o.) gefüllte Flasche abgehebert und diese sofort durch Aufsetzen der sauberen und trockenen Bürette verschlossen.

Die Einstellung der Laugen erfolgt am besten durch Titration mit einer Säure entsprechender Äquivalentkonzentration, deren Titer nach einer der im vorigen Abschnitt aufgeführten Vorschriften ermittelt wurde. Als Indikatoren können Methylorange, Methylrot, Methylorange-Indigocarmin, Phenolphthalein u. a. dienen. Die bei Verwendung von Methylorange und Phenolphthalein gefundenen Gebrauchstiter dürfen um nicht mehr als 0,1 % voneinander abweichen. Außerdem muss die Lauge bei Verwendung von Phenolphthalein das gleiche Volumen Säuremaßlösung verbrauchen, wenn sie einmal bei Raumtemperatur direkt titriert wird, zum anderen, wenn sie kurz vor Erreichen des Endpunktes aufgekocht, wieder abgekühlt und dann zu Ende titriert wird. Ist das nicht der Fall, enthält sie zu viel Carbonat. Die Einstellung einer Bariumhydroxidlösung erfolgt nur mit Phenolphthalein als Indikator.

Man kann die Einstellung der Laugen auch direkt mit einer geeigneten Urtitersubstanz, wie Oxalsäuredihydrat, Benzoesäure, Kaliumhydrogenphthalat oder Amidosulfonsäure, vornehmen.

Beispiel: Zur Einstellung mit kristallisierter Oxalsäure werden 0,3–0,4 g reinstes Oxalsäuredihydrat (vgl. S. 109) genau abgewogen, in etwa 200 ml ausgekochtem deionisiertem Wasser gelöst und unter Verwendung von Phenolphthalein mit der einzustellenden Lauge der angenäherten Äquivalentkonzentration $c(\text{eq}) = 0{,}2$ mol/l bis zum Auftreten einer Rosafärbung titriert.

1 ml Lauge, $c(\text{eq}) = 0{,}2$ mol/l, entspricht 12,607 mg $(COOH)_2 \cdot 2\,H_2O$.

Bei allen Einstellungen der Maßlösungen in der Acidimetrie und Alkalimetrie ist stets ausgekochtes Wasser zum Verdünnen der Lösungen zu benutzen.

Bestimmung starker und schwacher Basen

Starke und schwache Basen werden stets mit starken Säuren titriert. Die Wahl des Indikators erfolgt nach den im Abschn. 3.1.3 angegebenen Gesichtspunkten. Die Stoffmengenkonzentration der zu titrierenden Lauge soll der zur Titration verwendeten Säure ungefähr entsprechen. Soll der Gehalt fester Hydroxide bestimmt werden, so muss beim Einwägen die Aufnahme von Wasserdampf und Kohlenstoffdioxid aus der Umgebungsluft möglichst vermieden werden. Das Abwägen wird daher in einem Wägegläschen vorgenommen. Auch konzentrierte Ammoniaklösung wird stets im verschlossenen Wägegläschen eingewogen. Das Gläschen wird anschließend unter Wasser geöffnet, um NH_3-Verluste während des Verdünnens zu vermeiden. Verdünnte Ammoniaklösung wird mit der Pipette abgemessen. Es ist zweckmäßig, die Lösung in die Pipette hineinzudrücken, nicht hineinzusaugen. Die Bestimmung kann entweder durch direkte Titration oder durch Rücktitration vorgenommen werden.

Bestimmung des Gesamtalkaligehaltes von technischem Natriumhydroxid

Arbeitsvorschrift: Etwa 5 g der Substanz werden in einem verschlossenem Wägeglas abgewogen, in Wasser gelöst und in einem Messkolben zu einem Liter aufgefüllt.

1. **Direkte Titration:** 50 ml der Lösung werden in der Kälte mit Schwefelsäure ($c(H_2SO_4)$ = 0,1 mol/l) gegen Methylorange als Indikator titriert. Hierbei wird auch derjenige Anteil am Alkaligehalt ermittelt, der als Carbonat vorliegt.
2. **Rücktitration:** 50 ml der Lösung werden mit V_1 = 30 ml Schwefelsäure ($c(H_2SO_4)$ = 0,1 mol/l) versetzt. Das durch die überschüssige Schwefelsäure verdrängte Kohlenstoffdioxid wird durch gelindes Sieden der Lösung völlig vertrieben. Dann setzt man Phenolphthalein als Indikator zu und titriert die noch heiße Lösung mit Natriumhydroxidlösung ($c(NaOH)$ = 0,2 mol/l) bis zur beginnenden Rosafärbung zurück (Verbrauch V_2 in ml). Die Differenz $V_1 - V_2$ ergibt das Volumen der zur Neutralisation des gesuchten Gesamtalkaligehaltes (Carbonat + Hydroxid) erforderlichen Schwefelsäure.

1 ml Schwefelsäure, $c(H_2SO_4)$ = 0,1 mol/l, entspricht 6,198 mg Na_2O. Man gibt das Analysenergebnis als Massenanteil in Prozent an.

Bestimmung von Carbonaten sowie von Hydroxiden und Carbonaten nebeneinander

Alle Carbonate reagieren mit Säuren im Sinne der Gleichung

$$Na_2CO_3 + H_2SO_4 \longrightarrow Na_2SO_4 + H_2O + CO_2\uparrow.$$

In Lösung reagiert die Base CO_3^{2-} mit der Säure nach $CO_3^{2-} + 2\,H_3O^+ \longrightarrow 3\,H_2O + CO_2\uparrow$. Carbonate lassen sich daher wie Hydroxide direkt mit Säuren titrieren. Die Bestimmung erfolgt mithilfe von Methylorange als Indikator in der Kälte. Arbeitet man mit verdünnteren Säurelösungen z. B. der Äquivalentkonzentration $c = 0{,}1$ mol/l, so ist es günstiger, die Carbonatlösung zunächst in der Kälte bis zum Farbumschlag des Indikators mit der Säure zu titrieren, dann die Lösung kurz aufzukochen, um das Kohlenstoffdioxid zu vertreiben, und die wieder abgekühlte und von neuem mit 2 Tropfen Methylorangelösung versetzte Lösung zu Ende zu titrieren. Dieses Vorgehen wurde bereits bei der Titerstellung von Säuren mit Natriumcarbonat besprochen (vgl. S. 110).

Man kann auch die Carbonate unter Verwendung von Phenolphthalein als Indikator in der Siedehitze titrieren. Hierbei verfährt man so, wie im vorangegangenen Beispiel bei der Titration von Alkalimetallhydroxiden beschrieben wurde. Die Carbonate können also durch direkte und durch Rücktitration bestimmt werden. Die Rücktitration findet dann Anwendung, wenn es sich um die Bestimmung nicht wasserlöslicher Carbonate handelt. Sollen in einer carbonathaltigen Natronlauge, die z. B. durch längeres Stehen CO_2 aufgenommen hat, der Hydroxid- und der Carbonatgehalt nebeneinander bestimmt werden, arbeitet man nach der Methode von Winkler [95]. Danach wird zunächst der Gesamtalkaligehalt (Carbonat + Hydroxid) der Lauge durch acidimetrische Titration in der Kälte mithilfe von Methylorange als Indikator ermittelt. In einer zweiten Probe werden die Carbonationen durch Zugabe eines Überschusses von neutraler Bariumchloridlösung als schwer lösliches Bariumcarbonat nach

$$Na_2CO_3 + BaCl_2 \rightarrow 2\,NaCl + BaCO_3\downarrow$$

gefällt. Das in der Lösung verbleibende Hydroxid wird anschließend unter Verwendung von Phenolphthalein als Indikator mit Oxalsäuremaßlösung ($c(C_2H_2O_4)$ $= 0{,}05$ mol/l) titriert.

Aus dem Verbrauch an Oxalsäurelösung ergibt sich die Masse des vorhandenen Alkalimetallhydroxids, aus der Differenz von Gesamtalkali- und Hydroxidgehalt die Masse an Alkalimetallcarbonat.

Arbeitsvorschrift: Es werden 25 ml der zu untersuchenden Natronlauge ($c \approx 2$ mol/l) mit ausgekochtem Wasser in einem Messkolben auf 500 ml verdünnt. 25 ml dieser Lösung werden nach Zusatz von Methylorange bei Raumtemperatur mit Salzsäure ($c(HCl) = 0{,}1$ mol/l) titriert (V_1 in ml). Eine zweite Probe von 25 ml der Lösung fügt man zu 50 ml Bariumchloridlösung ($c(BaCl_2)$ $= 0{,}05$ mol/l), die vorher mit einigen Tropfen Phenolphthaleinlösung versetzt und mit Natronlauge neutralisiert worden waren. Nach einer Wartezeit von etwa 10 Minuten wird die durch ausgefälltes Bariumcarbonat getrübte Lösung langsam und unter ständigem Umschwenken mit der Oxalsäurelösung bis zur Entfärbung des Indikators titriert (V_2 in ml). Oxsalsäure wird verwendet, weil Salz- oder Schwefelsäure auch bei sehr vorsichtigem Zusatz das Bariumcarbonat teilweise umsetzen würden.

25 ml der verdünnten Lauge enthalten $4{,}000 \cdot V_2$ mg NaOH und $5{,}299 \cdot (V_1 - V_2)$ mg Na_2CO_3.

Bestimmung von Carbonat und Hydrogencarbonat nebeneinander

Nach Winkler [95] wird durch Titration mit einer Säure bekannten Gehaltes der Gesamtalkaligehalt der zu untersuchenden Lösung ermittelt (s. S. 114). Dann wird bestimmt, welches Volumen einer carbonatfreien (!) Natronlauge bekannten Gehaltes erforderlich ist, um das Hydrogencarbonat nach

$$HCO_3^- + OH^- \rightleftharpoons CO_3^{2-} + H_2O$$

quantitativ in das Carbonat umzuwandeln.

Aus dem Volumen der Natronlauge erhält man direkt die Masse des Hydrogencarbonats.

Arbeitsvorschrift: In einem aliquoten Teil der Probelösung bestimmt man den Gesamtalkaligehalt (Carbonat + Hydrogencarbonat) durch Titration mit Salzsäure ($c(HCl) = 0{,}1$ mol/l) bei Raumtemperatur unter Verwendung von Methylorange (Verbrauch: V_1 in ml). Einen zweiten aliquoten Teil der Probelösung versetzt man mit einem abgemessenen Überschuss von Natronlauge ($c(NaOH) = 0{,}1$ mol/l) (Volumen: V_2 in ml) und führt so das Hydrogencarbonat in Carbonat über. Anschließend titriert man die nicht verbrauchte Natronlauge neben dem Carbonat in der Weise, wie es in der vorstehenden Arbeitsvorschrift beschrieben wurde, nach Zusatz von neutraler Bariumchloridlösung mit Oxalsäure-Maßlösung und Phenolphthalein als Indikator (Verbrauch: V_3 in ml). Die Differenz $V_2 - V_3$ ist das zur Umwandlung des Hydrogencarbonats benötigte Volumen der NaOH-Lösung, aus dem sich die Masse des Hydrogencarbonats ergibt.

1 ml Natronlauge, $c(NaOH) = 0{,}1$ mol/l, entspricht 6,1017 mg HCO_3^- bzw. 8,4007 mg $NaHCO_3$.

Die Differenz $V_1 - (V_2 - V_3)$ ist das zur Umsetzung des Carbonats erforderliche Volumen der Säure-Maßlösung.

1 ml Säurelösung, $c(eq) = 0{,}1$ mol/l, entspricht 3,0005 mg CO_3^{2-} bzw. 5,2994 mg Na_2CO_3.

Wenn die zur Titration benutzte Natronlauge nicht carbonatfrei ist, muss ihr Carbonatgehalt in einer gesonderten Bestimmung ermittelt und ihr Titer entsprechend korrigiert werden.

Bestimmung von Borax

Wie die Carbonate der Alkalimetalle titriert werden können, so lassen sich auch die Alkalimetallsalze anderer schwacher Säuren, z. B. der arsenigen Säure, der Blausäure, der Tellursäure und der Borsäure, durch direkte Titration mit Mineralsäuren unter Verwendung von Methylorange oder besser von Methylrot bzw. Methylorange-Indigocarmin bestimmen. Diese Art von Titrationen wurde früher als **Verdrängungstitration** bezeichnet, weil die schwache Säure von der starken Mineralsäure aus ihren Salzen verdrängt wird. Nach der Theorie von Brönsted sind Verdrängungstitrationen jedoch ebenfalls Säure-Base-Titrationen. Das beim Lösen des Salzes entstehende Anion ist eine Base, die zwar schwächer als die Base OH^- ist, aber dennoch direkt mit einer Säure titriert werden kann. Als Beispiel soll die Bestimmung von Borax, $Na_2[B_4O_5(OH)_4] \cdot 8\,H_2O$, beschrieben werden. Die Titration verläuft nach

$$B_4O_5(OH)_4^{2-} + 2\,H_3O^+ + H_2O \rightarrow 4\,H_3BO_3\,.$$

Aus dem Tetraborat entsteht die schwache Borsäure (pK_{S1} = 9,24); der pH-Wert ihrer Lösung beträgt bei der Konzentration $c(H_3BO_3)$ = 0,2 mol/l 4,97 (vgl. S. 93). Die Titration ist daher beendet, wenn pH = 5 unterschritten wird, was der Umschlag von Methylrot von Gelb nach Rot anzeigt.

Arbeitsvorschrift: Etwa 6 bis 7 g Borax werden genau abgewogen, in einem Messkolben in ausgekochtem Wasser gelöst und auf 250 ml aufgefüllt. 50 ml dieser Lösung werden mit einigen Tropfen Methylrot versetzt und bei Raumtemperatur mit Salzsäure (c(HCl) = 0,2 mol/l) titriert. Es empfiehlt sich, eine Vergleichslösung zu verwenden, die Natriumchlorid, Borsäure und Methylrot in etwa jeweils gleicher Konzentration wie die Probelösung in ausgekochtem Wasser enthält.

1 ml Salzsäure, c(HCl) = 0,2 mol/l, entspricht 38,137 mg $Na_2B_4O_7 \cdot 10\,H_2O$ oder 20,122 mg $Na_2B_4O_7$ oder 6,198 mg Na_2O oder 4,598 mg Na.

Bestimmung von Stickstoff nach Kjeldahl

Die Bestimmung des Ammoniaks in Ammoniumsalzen, der Salpetersäure in Nitraten und des Stickstoffgehaltes organischer Verbindungen beruht darauf, dass das Ammoniumion durch Zugabe überschüssiger Natronlauge als gasförmiges Ammoniak ausgetrieben wird:

$$NH_4^+ + OH^- \rightleftharpoons NH_3\uparrow + H_2O\,.$$

Nach Absorption in einem abgemessenen Volumen einer Säurelösung bekannter Konzentration, die im Überschuss vorgelegt wird, bestimmt man das Ammoniak durch Rücktitration der nicht umgesetzten Säure.

Liegt der zu bestimmende Stoff nicht in Form eines Ammoniumsalzes vor, so muss er durch geeignete Operationen in ein solches übergeführt werden. Organische stickstoffhaltige Verbindungen, insbesondere Aminoverbindungen, werden nach Kjeldahl [96] durch Erhitzen mit konzentrierter Schwefelsäure zerstört. Der Kohlenstoff wird dabei zu Kohlenstoffdioxid oxidiert, während der zuvor organisch gebundene Stickstoff quantitativ in Ammoniumsulfat übergeführt wird.

Die Reduktion der Nitrate kann sowohl in saurer wie in alkalischer Lösung vorgenommen werden. Nach Ulsch (1891) wird das Nitrat in siedender schwefelsaurer Lösung durch Reduktion mit ferrum reductum ohne Bildung von Zwischenprodukten quantitativ in Ammonium umgewandelt. In alkalischer Lösung führt man die Reduktion am zweckmäßigsten mit der von Devarda (1894) angegebenen Legierung durch. Sie besteht zu 50 % aus Kupfer, zu 45 % aus Aluminium und zu 5 % aus Zink. Da sie sehr spröde ist, lässt sie sich leicht pulverisieren.

Die Zerstörung der organischen stickstoffhaltigen Verbindungen nach Kjeldahl wird durch Zugabe wasserentziehender Mittel, wie Phosphor(V)-oxid oder Kaliumsulfat, sehr erleichtert. Eine beschleunigende Wirkung hat ferner die Gegenwart eines Katalysators, wie Quecksilber(II)-oxid, metallisches Quecksilber, wasserfreies Kupfer(II)-sulfat oder Platin(IV)-chlorid.

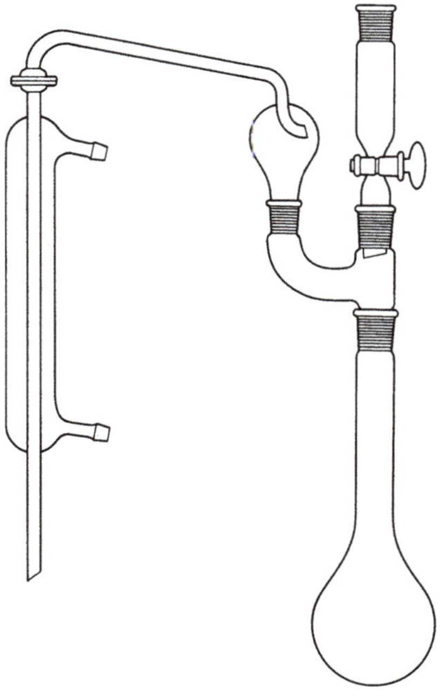

Abb. 3.6: Destillationsapparatur nach Kjeldahl.

Die Umwandlung des gebundenen Stickstoffs organischer Nitro- und Cyanoverbindungen in Ammoniumsulfat gelingt quantitativ nur, wenn die Zerstörung der organischen Substanz in Gegenwart von Phenolschwefelsäure vorgenommen wird. Andernfalls entweicht der Stickstoff, zumindest teilweise, in Form nichtbasischer flüchtiger Verbindungen. Pyridin- und Chinolinverbindungen lassen sich nach der Methode von Kjeldahl nicht bestimmen.

Zu allen Bestimmungen verwendet man die in Abb. 3.6 dargestellte Apparatur. Der meist birnenförmige Langhalskolben (Kjeldahlkolben) mit einem Fassungsvermögen von etwa 500 ml trägt einen Tropftrichter und einen Tropfenfänger, der ein Überspritzen von Flüssigkeitströpfchen aus dem Kolben in die anschließenden Apparateteile wirksam verhindert. Der Tropfenfänger ist mit einem Liebigkühler verbunden. Das Destillat wird in einem Absorptionsgefäß aufgefangen.

Die folgenden Beispiele sind für die Ammoniakdestillationsmethode geeignet und lassen ihre Bedeutung erkennen.

Bestimmung des Stickstoffgehaltes von Salpeter

Arbeitsvorschrift: 10 g der zu analysierenden Substanz werden in Wasser zu einem Liter aufgelöst. Von dieser Lösung, die nicht filtriert wird, werden für jede der folgenden Bestimmungen je 50 bzw. 25 ml verwendet.

Bestimmung des Ammoniumgehaltes

Man gibt 50 ml der Ausgangslösung in den Kjeldahlkolben, verdünnt sie mit etwa 200 ml Wasser und verbindet den Kolben sorgfältig mit der übrigen Apparatur, nachdem man zur Gewährleistung eines gleichmäßigen Siedevorganges einige Glasperlen mit angerauter Oberfläche hineingeworfen hat. Das Absorptionsgefäß wird mit 50 ml Schwefelsäure der Konzentration $c(\frac{1}{2}\,H_2SO_4) = 0{,}2$ mol/l und etwa 150 ml Wasser beschickt. Dann werden ungefähr 30 ml Natronlauge, $c(NaOH) = 0{,}2$ mol/l, durch den Tropftrichter in den Kolben gebracht. Der Tropfrichter wird verschlossen und der Kolbeninhalt etwa 30 Minuten lang zu lebhaftem Sieden erhitzt. Nach Beendigung der Destillation wird die überschüssige, durch das übergetriebene Ammoniak nicht umgesetzte Schwefelsäure durch Titration des erkalteten Destillats mit Natronlauge, $c(NaOH) = 0{,}2$ mol/l, unter Verwendung von Methylrot oder Methylorange als Indikator zurückgemessen.

1 ml H_2SO_4, $c(\frac{1}{2}\,H_2SO_4) = 0{,}2$ mol/l, entspricht 3,406 mg NH_3 oder 3,603 mg NH_4^+ oder 2,801 mg N.

Bestimmung des Nitratgehaltes

Nach Reduktion in saurer Lösung. 25 ml der Ausgangslösung werden im Kjeldahlkolben mit 5 g ferrum reductum und 10 ml einer Schwefelsäure versetzt, die durch Mischen von einem Volumenteil konzentrierter Säure und 2 Volumenteilen Wasser bereitet wurde. Durch Einhängen eines unten zugeschmolzenen, mit Wasser gefüllten Trichters in den Kolbenhals wird für Kühlung gesorgt. Der Kolben wird nun mit kleiner Flamme langsam angeheizt. Erst nach etwa 5 Minuten soll die Flüssigkeit zu sieden beginnen; sie wird noch 20 Minuten lang gekocht. Schließlich lässt man den Kolbeninhalt abkühlen, spült den Kühltrichter sorgfältig ab und verdünnt die Lösung mit etwa 100 ml Wasser. Der Kolben wird dann mit den übrigen Teilen der Destillationsapparatur verbunden. Etwa 30 ml einer Natronlauge der Konzentration etwa 2 mol/l werden durch den Tropftrichter hinzugegeben. Schließlich wird wie oben beschrieben weiter verfahren.

Nach Reduktion in alkalischer Lösung. 25 ml der Ausgangslösung werden im Kjeldahlkolben mit etwa 2 g fein gepulverter Devardascher Legierung versetzt und mit Wasser auf etwa 100 ml verdünnt. Der Kolben wird dann an die Destillationsapparatur angeschlossen. Durch den Tropftrichter werden nun 50–60 ml einer etwa 2 mol/l enthaltenden Natronlauge hinzugegeben. Durch schwaches Erwärmen wird die Reduktion begünstigt. Erst nach einstündigem schwachem Heizen wird mit der eigentlichen Destillation begonnen.

In beiden Fällen enthält das Absorptionsgefäß jeweils 50 ml Schwefelsäure, $c(\frac{1}{2}\,H_2SO_4) = 0{,}2$ mol/l. Der Versuch ergibt hier die Summe des Nitrat- und Ammoniakstickstoffs. Es ist in beiden Fällen notwendig, durch einen Blindversuch festzustellen, wie viel Ammoniak das verwendete Reduktionsmittel von sich aus bildet.

1 ml Schwefelsäure, $c(\frac{1}{2}\,H_2SO_4) = 0{,}2$ mol/l, entspricht 12,401 mg NO_3^-.

Bestimmung des Stickstoffgehaltes von Steinkohle

Arbeitsvorschrift: Etwa 0,75 g der fein gepulverten Kohle werden in den Kjeldahlkolben genau eingewogen und 10 g wasserfreies Kaliumsulfat sowie 1–2 g entwässertes Kupfer(II)-sulfat hinzugegeben. Nach Zufügen von 10–12 ml konzentrierter Schwefelsäure wird der Kolben mit einem in seine Öffnung eingehängten Trichter, der nach Zuschmelzen des Ablaufrohres mit Wasser gefüllt wurde und so als Kühler wirkt, lose verschlossen und über einem Drahtnetz langsam und vorsichtig bis nahe zum Sieden der Schwefelsäure so lange erhitzt, bis sein anfangs braunschwarzer Inhalt vollständig klar und farblos geworden ist. Diese Operation erfordert in den meisten Fällen 2–3 Stunden. Nach dem Abkühlen wird der Kolben mit der Destillationsapparatur verbunden. Nach Zugabe von zunächst 100 ml Wasser, darauf 80 ml einer etwa 6 mol/l enthaltenden Natronlauge durch den Tropftrichter kann man mit der Destillation beginnen. Die Vorlage enthält 10 ml Schwefelsäure, $c(^1/_2\,H_2SO_4)$ = 0,2 mol/l, deren Rücktitration mit Natronlauge der Konzentration 0,2 mol/l erfolgt. Sie wird einer Mikrobürette von 5 ml Nenninhalt entnommen.

An Stelle von Kupfer(II)-sulfat kann man 0,1 g Quecksilber(II)-oxid verwenden. Doch müssen dann nach der Zersetzung außer der Natronlauge noch einige Milliliter einer konzentrierten Natriumsulfidlösung hinzugesetzt werden, um das Quecksilber als Sulfid auszufällen und so die Bildung von Quecksilber-Ammoniak-Verbindungen zu verhindern. Danach kann man mit der Destillation beginnen.

Bestimmung des Gesamtstickstoffgehaltes eines Gartendüngers

Der Dünger enthält Harnstoff, Kaliumnitrat und Ammoniumphosphat.

Arbeitsvorschrift: 1 g der Substanz wird in den Kjeldahlkolben eingewogen und in 15 ml Phenolschwefelsäure aufgelöst. Die Phenolschwefelsäure wird hergestellt, indem man eine kalte Lösung von 20 g Phosphor(V)-oxid in konzentrierter Schwefelsäure und eine ebenfalls kalte Lösung von 4 g Phenol in wenig konzentrierter Schwefelsäure miteinander mischt und das Gemisch mit konzentrierter Schwefelsäure auf 100 ml auffüllt. Nach dem Auflösen werden 1–2 g Natriumthiosulfat und nach dessen Zersetzung noch 10 ml konzentrierte Schwefelsäure und ein Tropfen Quecksilber hinzugegeben. Dann wird vorsichtig angeheizt und wie beschrieben weiter verfahren.

Der Zusatz von Phenolschwefelsäure führt zur Entstehung von Nitrophenol, das durch die Zersetzungsprodukte des Natriumthiosulfats zu Aminophenol reduziert wird.

Wasserfreie Titrationen

Eine Reihe schwach basischer Stoffe, u. a. einige Arzneimittel können titrimetrisch ohne Kjeldahl-Aufschluss bestimmt werden, wenn man vom Wasser auf ein anderes Lösemittel ausweicht. Wenn ein Analyt, z. B. ein tertiäres Amin sehr schwach basisch ist und sein pK_B-Wert zu dicht bei dem pK_B-Wert des Wassers (15,74) liegt, dann ist eine Bestimmung dieses Analyten durch Titration in wässeriger Lösung nicht mehr möglich, da das Wasser als Base mit dem Analyten um die aus der Titersubstanz stammenden Protonen konkurriert. Daher wird in solchen Fällen eine Titration in wasserfreier Essigsäure durchgeführt. Als Titersubstanz wird in der Regel eine Lösung von Perchlorsäure, 0,1 mol/l, in wasserfreier Essigsäure eingesetzt. Es wird an dieser Stelle darauf hingewiesen, dass sich eine solche Mischung leicht entzünden kann. Zur Umsetzung von restlichem Wasser wird etwas

Acetanhydrid hinzugegeben. Positiv macht sich bemerkbar, dass in Wasser schwer lösliche basische Analyten in Essigsäure oft wesentlich besser gelöst werden können.

Die bei der wasserfreien Titration stattfindenden Reaktionen werden im Folgenden erläutert. Ein tertiäres Amin als Analyt wird beim Auflösen in wasserfreier Essigsäure zumindest teilweise protoniert, wobei Acetat entsteht:

$$R_3N + CH_3COOH \rightleftharpoons R_3NH^+ + CH_3COO^-$$

Die Titersubstanz Perchlorsäure liegt in wasserfreier Essigsäure praktisch vollständig dissoziiert vor, wobei die Essigsäure zum Acetacidiumion protoniert wird:

$$HClO_4 + CH_3COOH \rightleftharpoons ClO_4^- + CH_3COOH_2^+$$

Als protisches Lösemittel erfährt Essigsäure eine Autoprotolyse analog zum Wasser:

$$2\,CH_3COOH \rightleftharpoons CH_3COOH_2^+ + CH_3COO^-$$

Diesem Gleichgewicht entsprechend, das in reiner Essigsäure praktisch vollständig bei den Essigsäuremolekülen liegt, reagiert das Acetacidium der Maßlösung mit dem Acetat in der Vorlage, wobei dieses durch Reaktion des tertiären Amins bei fortschreitender Titration sukzessive nachgebildet wird. Am Äquivalenzpunkt nimmt der pH-Wert sprunghaft ab, was mit einem pH-Indikator oder potentiometrisch mit einer Glasmembranelektrode angezeigt wird.

Als Indikator werden bei der wasserfreien Titration mit Perchlorsäure häufig Kristallviolett, Sudan III/IV (Vorsicht: Cancerogen Klasse III) oder Naphtholbenzein (Umschlag von braungelb nach grün) verwendet [96a].

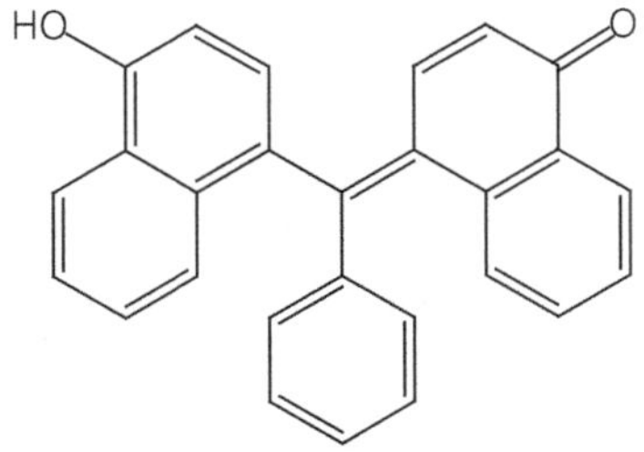

Naphtholbenzein

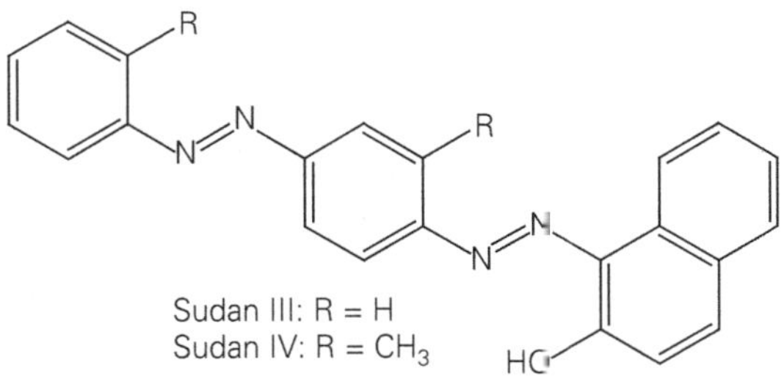

Sudan III: R = H
Sudan IV: R = CH_3

Der sehr häufig verwendete Triphenylmethan-Farbstoff Kristallviolett zeigt einen Umschlag von violett nach grün (Polymethinfarbstoff: Cyanin), nach weiterem Zusatz an Maßlösung schlägt die Farbe nach gelb (Polyenfarbstoff) um. Bei einigen Titrationen wird gezielt auf die gelbe Farbe titriert (übertitriert).

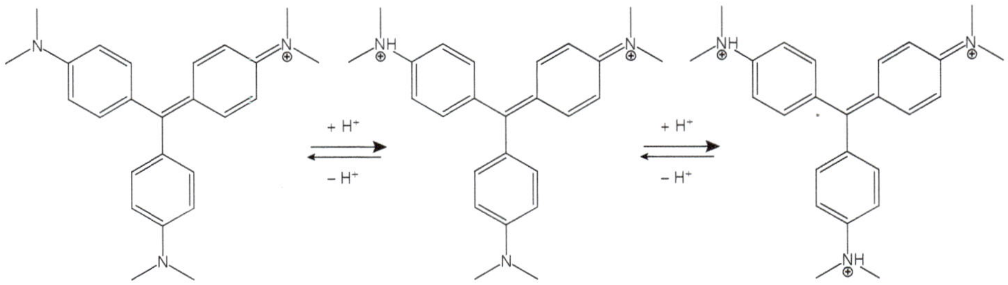

violett
Polymethin-Farbstoff:
Cyanin

grün
Polymethin-Farbstoff:
Cyanin

gelb
Polyen-Farbstoff

Durch die wasserfreie Titration mit Perchlorsäure in Eisessig können auch zahlreiche Anionen wie Carboxylate (z. B. Citrate, Tartrate, Acetate), Sulfate, Fluoride, Nitrate oder Phosphate als schwache Basen bestimmt werden.

Anionen wie Chlorid oder Bromid können ebenfalls wasserfrei bestimmt werden. Hierbei kann man den Analyten mit einem Überschuss Quecksilber(II)-acetat versetzen, einer nicht dissoziierten Verbindung, die dann eine äquivalente Menge Acetat-Ionen gegen Chlorid oder Bromid austauscht. Diese Acetat-Ionen werden mit Perchlorsäure titriert. Aufgrund der Verwendung von Quecksilber(II)-acetat sollte das Verfahren möglichst nicht mehr verwendet werden.

In vielen Fällen können Chloride oder Bromide aber auch in einer Mischung aus Eisessig oder Ameisensäure und Acetanhydrid wasserfrei mit Perchlorsäure bestimmt werden. Die Chlorid- oder Bromid-Ionen reagieren mit Acetanhydrid zu Acetat-Ionen und Acetylchlorid bzw. Acetylbromid. Das gebildete Acetat kann dann wieder mit Perchlorsäure titriert werden.

Bestimmung von Nicotinamid

Das Nicotinamid (Vitamin B3) kann wasserfrei mit Perchlorsäure unter Protonierung am Pyridin-Stickstoff titriert werden.

Arbeitsvorschrift: Von der Probesubstanz werden etwa 0,250 g genau abgewogen und in 20 ml wasserfreier Essigsäure gelöst. Falls nötig, muss hierbei erwärmt werden. Nach Zusatz von 5 ml Acetanhydrid wird zur Sicherheit einige Zeit gerührt. Die Titration erfolgt mit Perchlorsäure, 0,1 mol/l, als Maßlösung und etwas Kristallviolett-Lösung als Indikator. Der Äquivalenzpunkt wird durch einen Umschlag nach Grünlich-Blau angezeigt.

1 ml Perchlorsäure, $c = 0{,}1$ mol/l, entspricht 12,21 mg $C_6H_6N_2O$ [8a].

Bestimmung von Fenbendazol

Das in der Veterinärmedizin eingesetzte Chemotherapeutikum gegen Wurminfektionen wird nach Ph. Eur. im wasserfreien Milieu mit Perchlorsäure unter Protonierung der Guanidin-Struktur bestimmt.

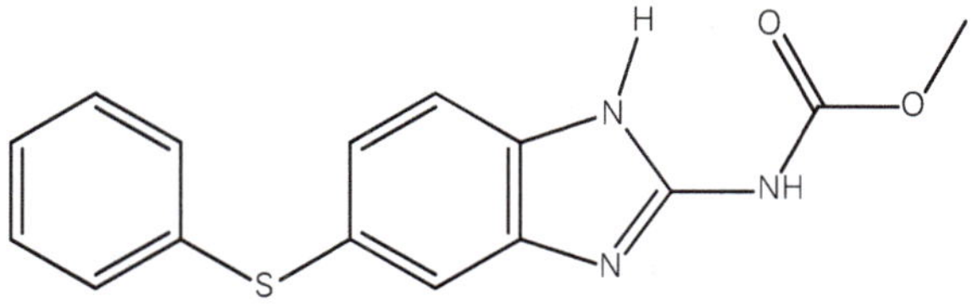

Arbeitsvorschrift: Von der Probesubstanz werden etwa 0,200 g genau abgewogen und in 30 ml wasserfreier Essigsäure gelöst. Falls nötig, muss hierbei erwärmt werden. Nach dem Abkühlen wird mit Perchlorsäure, 0,1 mol/l, titriert. Der Äquivalenzpunkt wird potentiometrisch ermittelt (s. Kap. 4.4).

1 ml Perchlorsäure, $c = 0{,}1$ mol/l, entspricht 29,94 mg $C_{15}H_{13}N_3O_2S$ [8a].

Bestimmung von Pantoprazol

Der Protonenpumpenhemmer Pantoprazol (Arzneistoff zur Verringerung der Magensäure) wird nach Ph. Eur. im wasserfreien Milieu unter Protonierung am Pyridin-Stickstoff mit Perchlorsäure bestimmt.

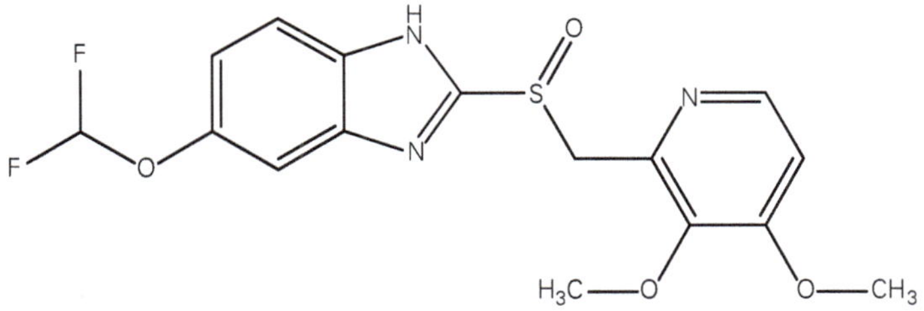

Arbeitsvorschrift: Von der Probesubstanz werden etwa 0,200 g genau abgewogen und in 80 ml wasserfreier Essigsäure gelöst. Nach Zusatz von 5 ml Acetanhydrid wird mindestens 10 min gerührt. Die Titration erfolgt mit Perchlorsäure, 0,1 mol/l. Der Äquivalenzpunkt wird potentiometrisch ermittelt (s. Kap. 4.4).

1 ml Perchlorsäure, $c = 0{,}1$ mol/l, entspricht 20,27 mg $C_{16}H_{14}F_2N_3NaO_4S$ [8a].

Bestimmung von Chlordiazepoxid-hydrochlorid nach Ph. Eur.

Der Tranquilizer Chlordiazepoxid-hydrochlorid wird im Europäischen Arzneibuch nach der oben beschriebenen Methode über die Chlorid-Bestimmung quantifiziert.

Arbeitsvorschrift: 0,400 g Substanz, in einer Mischung von 2 ml wasserfreier Ameisensäure und 60 ml Acetanhydrid gelöst, werden mit Perchlorsäure, 0,1 mol/l, titriert. Der Endpunkt wird mit Hilfe der Potentiometrie bestimmt [8a].

1 ml Perchlorsäure, c = 0,1 mol/l, entspricht 45,1 mg $C_{22}H_{27}ClN_2O_4S$

Die Verwendung von Acetanhydrid als Lösungsmittel in der wasserfreien Titration eröffnet weitere Möglichkeiten bei einer Titration:

- Acetanhydrid kann Wasser in Analyten binden, das in größerer Menge stören würde.
- Acetanhydrid ist lipophiler als Essigsäure und ist somit für die Löslichkeit einzelner Analyten wichtig.
- In Substanzgemischen aus primären oder sekundären Aminen mit tertiären Aminen kann man erstere durch Acetanhydrid maskieren, da diese acetyliert werden können und somit nicht mehr ausreichend basisch für eine Titration mit Perchlorsäure sind.

Bestimmung des Formaldehyds nach dem Sulfitverfahren

Formaldehyd reagiert analog zu anderen Carbonylverbindungen mit Hydrogensulfitionen zu einer Additionsverbindung:

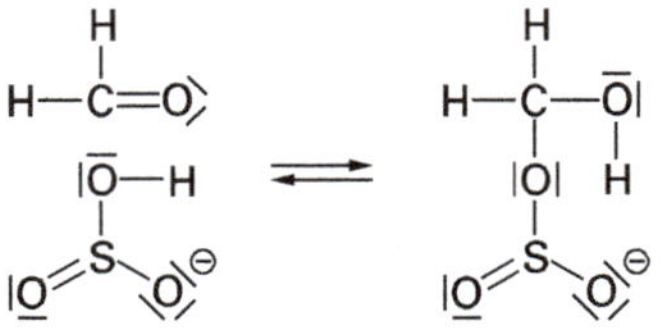

Auch in sehr stark verdünnter Lösung liegt das Reaktionsgleichgewicht praktisch vollständig auf der Seite der Additionsverbindung. Das Bestimmungsverfahren beruht auf der Tatsache, dass Sulfitionen in wässriger Lösung mit dem Lösemittel Wasser eine Säure-Base-Reaktion eingehen und dass hierbei Hydrogensulfit und Hydroxid gerade in der Stoffmenge entstehen, wie der Weiterreaktion des Hydrogensulfits mit dem Formaldehyd entspricht:

$$SO_3^{2-} + H_2O \rightleftharpoons HSO_3^- + OH^-$$

Diese Reaktion findet so weit statt, bis praktisch der ganze Formaldehyd mit Hydrogensulfit umgesetzt ist und somit eine zum Formaldehyd äquimolare Stoffmenge Hydroxid in der Lösung vorliegt. Diese kann durch Titration mit Salzsäure bestimmt werden. Hierbei ist ein Mehrverbrauch an Salzsäure durch das überschüssig vorliegende Sulfit zu ermitteln und bei der Auswertung zu berücksichtigen. Phenolphthalein ist als Indikator geeignet, Poethke empfiehlt jedoch eine Mischung aus Phenolphthalein und α-Naphtholphthalein zur schärferen Anzeige des Endpunktes [28].

Arbeitsvorschrift: Etwa 3 g Formaldehydlösung werden genau abgewogen und in 50 ml frisch angesetzte Natriumsulfitlösung, 1 mol/l, gegeben. Das Natriumsulfit sollte praktisch frei sein von Hydrogensulfit, Hydroxid oder Carbonat. Nach Zugabe des Indikators (Phenolphthalein oder

Gemisch Phenolphthalein/α-Naphtholphthalein) wird langsam mit Salzsäure titriert. Die Sollkonzentration der Maßlösung richtet sich nach dem Gehaltsbereich des Formaldehyds. Für konzentrierte Lösungen wird eine Salzsäure, 1 mol/l, verwendet, zur Bestimmung niedriger Formaldehydgehalte zieht man eine Salzsäure, 0,1 mol/l, heran. Der Verbrauch an Salzsäure betrage *x* ml. Also liegt ein Überschuss von (50 – *x*) ml Sulfitlösung vor. In einem Blindversuch wird gerade dieses Volumen Sulfitlösung auf z. B. etwa 100 ml verdünnt, mit Indikator versetzt und mit Salzsäure titriert. Das hierbei verbrauchte Volumen wird bei der Auswertung als Blindwert subtrahiert. Sollte die Formaldehydlösung säurehaltig sein, so ist sie vor der Analyse zu neutralisieren.

1 ml Maßlösung entspricht 30,03 mg Formaldehyd (bei 1 mol/l Sollkonzentration) bzw. 3,003 mg (bei 0,1 mol/l) [28].

Bestimmung starker und schwacher Säuren

Starke und schwache Säuren werden mit Lösungen starker Basen – NaOH, KOH, $Ba(OH)_2$ – titriert. Auch hier gilt: Die Stoffmengenkonzentration der zu titrierenden Säure soll ungefähr der Konzentration der zur Titration verwendeten Lauge entsprechen. Auf die richtige Auswahl des Indikators ist zu achten (Gesichtspunkte dafür s. S. 106). Als erstes Beispiel wird die Titration einer starken Säure beschrieben.

Bestimmung von Schwefelsäure

Die Reaktion läuft ab nach der Stoffgleichung

$$H_2SO_4 + 2\,NaOH \longrightarrow Na_2SO_4 + 2\,H_2O\,.$$

Schwefelsäure ist auch in der zweiten Stufe stark protolysiert. Die Säurekonstante des Hydrogensulfations beträgt $K_{S2} = 1{,}20 \cdot 10^{-2}$ bei 25 °C ($pK_{S2} = 1{,}92$).

Arbeitsvorschrift: Die Analysenlösung wird mit frisch ausgekochtem, CO_2-freiem Wasser auf etwa 100 ml verdünnt, mit einigen Tropfen Indikatorlösung versetzt und mit Natronlauge, 0,1 mol/l, bei Raumtemperatur unter ständigem Umschwenken des Titrierbechers bis zum Umschlag des Indikators (Beobachtung gegen eine Vergleichslösung) titriert. Zur Indikation des Endpunktes eignen sich z. B. Methylorange, Methylrot, Bromthymolblau oder Bromkresolgrün-Methylrot-Mischindikator.

1 ml NaOH-Lösung, $c(NaOH) = 0{,}1$ mol/l, entspricht 4,9037 mg H_2SO_4.

In gleicher Weise lassen sich andere starke Säuren, wie HCl, HBr, HI $HClO_4$, HNO_3, titrieren.

Konzentrierte und rauchende Säuren werden abgewogen, nicht pipettiert, um Verdampfungsverluste zu vermeiden. Am Beispiel der Gehaltsbestimmung **rauchender Schwefelsäure** (Oleum) sei die Vorgehensweise geschildert. Zum Abwägen kann man sich einer Wägebürette (vgl. S. 36) bedienen oder man verwendet eine einfache dünnwandige Glaskugel, die in eine lange Kapillare ausläuft. Eine Kugel soll höchstens 2 g Säure aufnehmen können. Sie wird sorgfältig getrocknet und gewogen. Dann erwärmt man sie vorsichtig und taucht die Spitze der Kapillare in die rauchende Säure. Beim Abkühlen der Kugel steigt die Säure durch die Kapillare auf. Die Spitze wird gesäubert und zugeschmolzen, die Kugel erneut gewogen. Anschließend wird sie in einer dickwandigen Stöpselflasche, die etwas Wasser enthält, durch kräftiges Schütteln zertrümmert, wobei darauf zu achten ist, dass auch die Kapillare völlig zertrümmert wird. Man verdünnt mit CO_2-freiem Wasser, führt die Säurelösung in einen Messkolben von 250 ml Inhalt über, spült Flasche und Trichter mit Wasser nach und lässt zum Temperaturausgleich 1 bis 2 Stunden stehen, bevor man mit CO_2-freiem Wasser zur Marke auffüllt. Bei Verwendung einer Wägepipette legt man in dem 250-ml-Messkolben etwa 100 ml ausgekochtes Wasser vor, wägt mit der Wägepipette einige Gramm der Säure aus, gibt etwa 1 bis 2 g davon über einen Trichter in den Kolben und wägt die Pipette zurück. Der Kolben wird wie beschrieben aufgefüllt. Man entnimmt nun mit einer Pipette 20- oder 25-ml-Proben und titriert nach der oben angegebenen Arbeitsvorschrift.

Schwächere Säuren, wie Oxalsäure oder Essigsäure, werden unter Verwendung von Phenolphthalein als Indikator titriert. Auf die Abwesenheit von Carbonat muss hier besonders geachtet werden. Man titriert daher mit Alkalilaugen in der Hitze oder mit Barytlauge in der Kälte. Vielfach ist es zweckmäßig, die Lösung der schwachen Säure mit überschüssiger, carbonatfreier Lauge zu versetzen und den Laugenüberschuss mit eingestellter Mineralsäure zurückzutitrieren. Als Beispiel für die Bestimmung einer schwachen Säure sei die Titration von Essigsäure beschrieben.

Bestimmung von Essigsäure

Die Umsetzung erfolgt nach der Gleichung:

$$CH_3COOH + NaOH \rightarrow CH_3COONa + H_2O\,.$$

Wegen der geringen Säurestärke von Essigsäure ($K_S = 1{,}78 \cdot 10^{-5}$ bei 25 °C, $pK_S = 4{,}75$) ist der Äquivalenzpunkt durch den pH-Wert der Natriumacetatlösung gegeben. Er liegt bei der Titration von 100 ml Essigsäure der Konzentration 0,1 mol/l mit Natronlauge gleicher Konzentration bei 8,72.

Arbeitsvorschrift: Die Analysenlösung wird mit frisch ausgekochtem, CO_2-freiem Wasser auf ca. 100 ml verdünnt, mit einigen Tropfen Phenolphthaleinlösung versetzt und mit Natronlauge, 0,1 mol/l, bei Raumtemperatur unter ständigem Umschwenken des Titrierbechers bis zum Auftreten einer Rosafärbung titriert, die mindestens 60 s lang bestehen bleiben muss.

1 ml NaOH-Lösung, $c(NaOH) = 0{,}1$ mol/l, entspricht 6,0053 mg CH_3COOH.

Nach der gleichen Vorschrift lassen sich Säuren mit $K_S \geq 10^{-5}$ titrieren, wie Flusssäure ($K_S = 7{,}24 \cdot 10^{-4}$) in Kunststoffbechern, Ameisensäure ($K_S = 1{,}77 \cdot 10^{-4}$), Propionsäure ($K_S = 1{,}34 \cdot 10^{-5}$), Oxalsäure ($K_{S2} = 6{,}17 \cdot 10^{-5}$), Weinsäure ($K_{S2} = 4{,}55 \cdot 10^{-5}$).

Zur Bestimmung des Gehaltes von **Eisessig** werden etwa 2 g in einen trockenen konischen Kolben von 50 ml Inhalt mit Schliffstopfen genau eingewogen, mit etwa 20 ml Wasser versetzt und in einen 250-ml-Messkolben überführt. Der Wägekolben wird mehrmals nachgespült. Nachdem man mit CO_2-freiem Wasser zur Marke aufgefüllt hat, werden aliquote Teile von 20 oder 25 ml entnommen und wie beschrieben titriert.

Weinessig enthält üblicherweise 4 bis 5 % Essigsäure. Zur Bestimmung **der Essigsäure in Weinessig** wägt man etwa 20 g Weinessig wie beschrieben ein, verdünnt im Messkolben auf 100 ml und titriert eine Probe von 25 ml, die man mit dem gleichen Volumen Wasser verdünnt hat, nach Zusatz von Phenolphthalein mit Natronlauge, 0,1 mol/l, wie beschrieben. Der Essigsäuregehalt wird in g Essigsäure je 100 g Weinessig berechnet (Massenanteil in Prozent).

Bestimmung von Borsäure

Borsäure, H_3BO_3, hat mit $K_{S1} = 5{,}75 \cdot 10^{-10}$ eine so kleine Säurekonstante, dass sie die Farbe von Methylorange nicht verändert. Auch in Gegenwart von Phenolphthalein lässt sich Borsäure mit Alkalilaugen nicht titrieren, da der Indikator lange vor Erreichen des Äquivalenzpunktes umschlägt. Der Zusatz mehrwertiger Alkohole, wie Mannit oder Glycerin, bzw. von Glucose oder Fructose, steigert die Säurekonstante der Borsäure durch Komplexbildung auf $K_{S1} = 3{,}6 \cdot 10^{-7}$ (Mannit), sodass sie sich wie eine einbasige mittelstarke Säure titrieren lässt (gegen Phenolphthalein).

Bei Überschuss eines Polyalkohols, der zwei benachbarte Hydroxylgruppen enthalten muss, erfolgt eine Veresterung der OH-Gruppen der Borsäure mit zwei Molekülen des Alkohols. Da Bor die Koordinationszahl 4 anstrebt, tritt eine weitere Bindung zu dem Sauerstoffatom einer benachbarten alkoholischen Hydroxylgruppe auf. Dadurch wird die Bindung zum Wasserstoff gelockert und dessen Abspaltung als H^+ erleichtert. Eine Grenzstruktur des Borsäure-Komplexes lässt sich wie folgt wiedergeben:

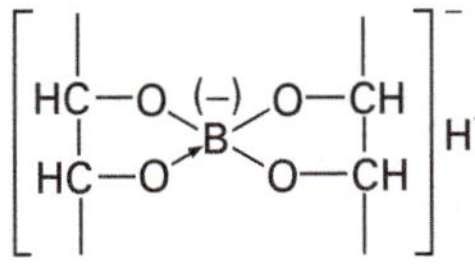

Ist der Alkohol im Unterschuss vorhanden, entsteht eine Verbindung mit dem Stoffmengenverhältnis Borsäure : Polyalkohol = 1 : 1, die sich ebenfalls wie eine einbasige Säure verhält, deren saurer Charakter aber nicht so stark ausgeprägt ist wie der der (1 : 2)-Verbindung. Bemerkenswert ist, dass die Reaktion mit einer für eine

Veresterung erstaunlich großen Geschwindigkeit abläuft. Die Titration der Borsäure wird überwiegend in Gegenwart eines Überschusses von Glycerin gegen Phenolphthalein durchgeführt (pH ≈ 8). Die komplexen Verbindungen mit Fructose, Mannit, Dulcit oder Sorbit sind jedoch wesentlich stärkere Säuren. Bei genügend großer Konzentration eines dieser Polyalkohole wird der saure Charakter der Komplexverbindung soweit verstärkt, dass auf pH ≈ 6 titriert werden kann (Methylrot oder Bromkresolpurpur als Indikator). Dieses Verhalten hat Bedeutung für die Bestimmung der Borsäure neben protolysierenden Salzen oder schwachen Säuren, die bei einer Titration gegen Phenolphthalein mit erfasst werden. Eisen und Aluminium müssen aber in jedem Fall abgetrennt werden [97].

Das Gelingen der Borsäuretitration ist an folgende Voraussetzungen geknüpft: 1. Der verwendete Alkohol muss neutral reagieren. Da Glycerin üblicherweise sauer reagiert, muss es vorher gegen Phenolphthalein sorgfältig neutralisiert werden. 2. Der Polyalkohol muss in ausreichendem Überschuss zugesetzt werden, damit die Borsäure quantitativ in die Komplexverbindung übergeführt wird. 3. Die Titration muss unter sorgfältigem Ausschluss von CO_2 durchgeführt werden.

Arbeitsvorschrift: 20 ml Glycerin werden nach Zusatz von 2–3 Tropfen Phenolphthaleinlösung und 5 ml Wasser mit Natronlauge, 0,1 mol/l, genau neutralisiert (schwache Rosafärbung). Nach Hinzufügen von 20 ml Analysenlösung wird ohne weitere Verdünnung mit der Maßlösung bei Raumtemperatur unter dauerndem Umschwenken des Titrierbechers titriert, bis die Rosafärbung mindestens 60 s lang bestehen bleibt.

Bei Verwendung von Mannit werden 20 ml der Analysenlösung mit CO_2-freiem Wasser auf 100 ml verdünnt, mit 3,6 g Mannit und 2–3 Tropfen Indikatorlösung versetzt und wie beschrieben titriert.

1 ml NaOH-Lösung, c(NaOH) = 0,1 mol/l, entspricht 6,1832 mg H_3BO_3 oder 3,4809 mg B_2O_3.

Als weiteres Beispiel sei die Bestimmung des Borsäuregehaltes eines Alkalimetallborates beschrieben.

Arbeitsvorschrift: Etwa 1,5 g des carbonatfreien Borats werden genau abgewogen und in ausgekochtem Wasser gelöst, die Lösung wird auf 100 ml aufgefüllt. Ein aliquoter Teil von 25 ml wird mit Salzsäure, c(HCl) = 0,2 mol/l, nach der auf S. 117 angegebenen Arbeitsvorschrift titriert, um den Alkaligehalt des Borats zu bestimmen. Dann wird eine zweite Probe der Boratlösung von ebenfalls 25 ml durch Zusatz des bei der ersten Titration ermittelten Volumens Salzsäure genau neutralisiert, mit einigen Tropfen Phenolphthalein sowie mit 50 ml Glycerin, das gegen Phenolphthalein neutralisiert wurde (s. o.), versetzt und mit carbonatfreier Natronlauge, c(NaOH) = 0,2 mol/l, bis zur bleibenden Rosafärbung titriert. Man fügt dann nochmals 10 ml Glycerin hinzu und titriert, falls die Lösung sich entfärbt, wieder auf Rosafärbung. Wenn auf erneuten Glycerinzusatz die Farbe bestehen bleibt, ist der Endpunkt erreicht.

Enthält die Boratprobe Carbonat, so wird die Lösung wie beschrieben mit Salzsäure gegen Methylrot neutralisiert und das CO_2 durch kurzes Sieden unter Rückfluss (damit die wasserdampfflüchtige Borsäure nicht entweicht) und durch langsames Durchleiten eines CO_2-freien Luftstromes vertrieben. Nach dem Abkühlen der Lösung wird der Rückflusskühler ausgespült und die Borsäure titriert.

1 ml Natronlauge, c(NaOH) = 0,2 mol/l, entspricht 6,9618 mg B_2O_3.

Bestimmung von Magnesium durch Rücktitration

Wie durch acidimetrische Titrationen Salze schwacher Säuren bestimmt werden können, so lassen sich auch alkalimetrisch Salze schwacher Basen titrieren. Durch Zugabe starker Basen zu den Lösungen der mineralsauren Salze von Metallen, die schwer lösliche Hydroxide bilden, werden diese ausgefällt, wie die folgende Stoffgleichung wiedergibt:

$$MgSO_4 + 2\,NaOH \rightarrow Na_2SO_4 + Mg(OH)_2\,.$$

In gleicher Weise reagieren z. B. die Nitrate, Chloride und Sulfate von Cobalt, Nickel, Mangan und Kupfer. Man neutralisiert zunächst die Lösungen gegen Dimethylgelb, Methylorange oder Methylorange-Indigocarmin, fügt einen abgemessenen Überschuss von NaOH-Maßlösung hinzu, filtriert den Hydroxidniederschlag ab und titriert in einem aliquoten Teil des Filtrats den Natronlaugeüberschuss mit Salzsäure zurück. Das Verfahren sei am Beispiel der Bestimmung des Magnesiumgehaltes einer Magnesiumchloridlösung erläutert.

Arbeitsvorschrift: Die schwach saure Probelösung, deren Magnesiumkonzentration etwa 0,5 mol/l betragen soll, darf keine Ammoniumsalze enthalten. 25 ml der Lösung werden in einem 250-ml-Messkolben durch tropfenweise Zugabe von Natronlauge, $c(NaOH) = 0{,}2$ mol/l, unter Verwendung von Dimethylgelb oder Methylorange genau neutralisiert. Dann wird der Kolben bis zur Marke mit ausgekochtem Wasser aufgefüllt. 100 ml der Lösung werden in einem zweiten Messkolben mit 100 ml der NaOH-Maßlösung versetzt, wieder auf 250 ml aufgefüllt und gut durchgeschüttelt. Die Lösung wird durch ein trockenes Filter filtriert und der Niederschlag nicht ausgewaschen. Die ersten 50 ml des Filtrats werden verworfen. Dann titriert man in 100 ml des Filtrats den NaOH-Überschuss mit Salzsäure, $c(HCl) = 0{,}2$ mol/l, unter Verwendung von Dimethylgelb oder Methylorange zurück.

1 ml Natronlauge, $c(NaOH) = 0{,}2$ mol/l, entspricht 2,431 mg Mg oder 9,521 mg $MgCl_2$.

Fällungsverfahren mit Anzeige der pH-Änderung

Magnesium oder Calcium können durch Säure-Base-Titration direkt bestimmt werden. Hierfür eignet sich eine Maßlösung mit Kaliumpalmitat als Titersubstanz. Während der Titration fällt beispielsweise Magnesiumpalmitat aus:

$$Mg^{2+} + 2\,C_{15}H_{31}COO^- \rightarrow Mg(C_{15}H_{31}COO)_2\downarrow$$

Nach Erreichen des Äquivalenzpunktes werden weiter zugesetzte Palmitationen zum Teil durch das Wasser protoniert, wobei Hydroxid frei wird:

$$C_{15}H_{31}COO^- + H_2O \rightarrow C_{15}H_{31}COOH + OH^-$$

Als Indikator wird Phenolphthalein eingesetzt. Der Titrationsendpunkt gilt als erreicht, wenn eine Rosafärbung auftritt [24a].

Bestimmung von Magnesium durch direkte Titration

Arbeitsvorschrift:
Maßlösung: 15 g KOH werden in 100 ml Ethanol unter Erwärmen gelöst. In einem anderen Gefäß werden 25,6 g Palmitinsäure ($C_{15}H_{31}COOH$), 0,1 g Phenolphthalein, 500 ml Propanol und 300 ml Wasser zusammengegeben und langsam mit der KOH-Lösung titriert, bis eine klare rosa gefärbte Flüssigkeit vorliegt. Im 1-l-Messkolben wird mit Wasser bis zur Marke aufgefüllt, so wird eine Maßlösung 0,1 mol/l erhalten. Eingestellt wird gegen $MgCl_2$ oder $CaCl_2$. Die Lösung nimmt CO_2 aus der Luft auf und sollte daher recht bald verbraucht werden.

Durchführung: Von der Probelösung werden 20 ml in den Titrierkolben pipettiert und dort neutralisiert sowie mit Wasser auf etwa 100 ml verdünnt. Nach Zugabe von wenig Phenolphthalein wird mit Maßlösung 0,1 mol/l bis zum Auftreten einer Rosafärbung titriert (V_1). Eine Blindtitration wird durchgeführt (V_2). Die Differenz $V_1 - V_2$ ergibt das Volumen der bei der Umsetzung des Analyten verbrauchten Maßlösung 0,1 mol/l.

1 ml hiervon entspricht 1,215 mg Mg [24a].

Bestimmung von Ammoniumsalzen

Ammoniumsalze starker Säuren, wie NH_4Cl und $(NH_4)_2SO_4$, lassen sich selbst im Konzentrationsbereich 1 mol/l nicht mit Natronlauge titrieren, da der Endpunkt nicht genügend scharf zu erkennen ist. NH_4^+ ist eine zu schwache Säure ($pK_S = 9{,}25$), die korrespondierende Base NH_3 daher eine zu starke Base ($pK_B = 4{,}75$), sodass Phenolphthalein nicht als Indikator verwendet werden kann. In Gegenwart von überschüssigem Formaldehyd ist jedoch die Titration mit Natronlauge möglich. Das bei Zusatz von Natronlauge frei werdende NH_3 kondensiert in einer schnell ablaufenden Reaktion mit Formaldehyd unter Bildung der sehr schwachen Base Hexamethylentetraamin (Urotropin, $pK_B = 9{,}1$) nach

$$4\,NH_4^+ + 6\,CH_2O \rightleftharpoons (CH_2)_6N_4 + 6\,H_2O + 4\,H^+ ,$$

die nicht mehr auf Phenolphthalein einwirkt.

Arbeitsvorschrift: Die Probelösung, die etwa 0,1 bis 0,2 g Ammoniumsalz enthalten und neutral reagieren soll, wird mit 10 ml einer zuvor gegen Phenolphthalein neutralisierten, etwa 35 %igen Formaldehydlösung versetzt und nach Verdünnen auf 100 ml mit ausgekochtem Wasser und Zugabe einiger Tropfen Phenolphthaleinlösung mit carbonatfreier Natronlauge, $c(NaOH) = 0{,}1$ mol/l, bei Raumtemperatur bis zum Auftreten einer beständigen Rosafärbung titriert.

1 ml Natronlauge, $c(NaOH) = 0{,}1$ mol/l, entspricht 1,7031 mg NH_3 oder 1,8039 mg NH_4^+.

Formoltitration

(Titration nach Sörensen)

Nach dem gleichen Prinzip können auch Aminosäuren mit wässriger Natronlauge gegen Phenolphthalein (oder potentiometrischer Indikation) titriert werden. Aminosäuren liegen als Zwitterionen vor und können daher trotz pK_s-Werten von ca. 2–3 nicht im wässrigen Medium titriert werden. Durch den Zusatz von Formaldehyd kommt es zur Iminbildung mit der primären Aminogruppe (genauere Untersuchungen haben allerdings gezeigt, dass es zu komplexeren Verbindungen als nur zur Bildung von Formiminen kommt) und dadurch zu einer deutlichen Abnahme der Basizität, so dass sich kein Zwitterion mehr ausbildet und die Carbonsäure klassisch im Wässrigen gegen Phenolphthalein oder potentiometrisch titriert werden kann.

Bestimmung von Glycin

Glycin: R = H

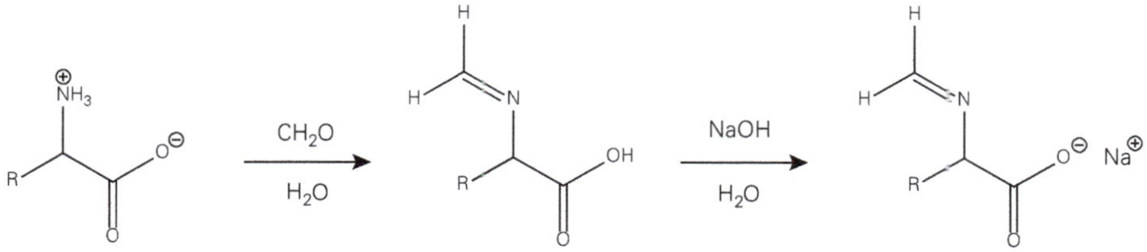

> **Arbeitsvorschrift:** 70 mg Glycin werden in 50 ml Wasser gelöst, mit 5 ml Formalin (vorher gegen Phenolphthalein neutralisiert) und mit 0,4 ml Phenolphthaleinlösung versetzt und anschließend mit Natriumhydroxid-Lösung, 0,1 mol/l, titriert.
> 1 ml Natriumhydroxid-Lösung, c = 0,1 mol/l, entspricht 7,507 mg $C_2H_5NO_2$

Bestimmung von Kationensäuren durch Verdrängungstitration

Salze organischer Amine weisen meist pK_S-Werte von etwa 8–10 auf. Sie sind somit nicht in Wasser mit Natronlauge titrierbar. Dieses Problem wurde früher durch Verwendung der Zweiphasentitration behoben, in dem die Kationensäuren in einer Mischung aus Ethanol und Chloroform mit wässriger Natronlauge gegen Phenolphthalein titriert wurden. In diesem Fall wird die während der Titration gebildete freie Base ständig ins Chloroform ausgeschüttelt und damit das Gleichgewicht nach rechts verschoben, so dass die Kationensäure komplett deprotoniert wird. Aufgrund der Verwendung von Chloroform mit seinem carcinogenen und umwelttoxischen Potential ist diese Titration nicht mehr zeitgemäß (Bsp.: DAB 7 Bestimmung von Morphin-Hydrochlorid).

Nach Arzneibüchern wie Ph. Eur. [8a] oder USP titriert man daher heute Kationensäuren durch Verdrängungstitration in Ethanol mit wässriger Natronlauge bei potentiometrischer Indikation. Dem Lösungsmittel Ethanol wird eine geringe Menge Salzsäure (0,01 M) zugesetzt, was das Lösen des Salzes erleichtert und geringe Anteile von freier Base protoniert. Bei der Titration wird dann zunächst die Salzsäure-Maßlösung zurücktitriert (erster Äquivalenzpunkt) und auch evtl. vorhandene saure Verunreinigungen im Lösungsmittel, anschließend erfolgt die Titration der Kationensäure (zweiter Äquivalenzpunkt). Die Differenz zwischen beiden Äquivalenzpunkten liefert folglich den Verbrauch zur Titration der Kationensäure.

Bestimmung von Imipraminhydrochlorid nach Ph. Eur.

Das tricyclische Antidepressivum Imipraminhydrochlorid wird im europäischen Arzneibuch als Kationensäure unter Verbrauch von 1 Äquivalent Natronlauge bestimmt.

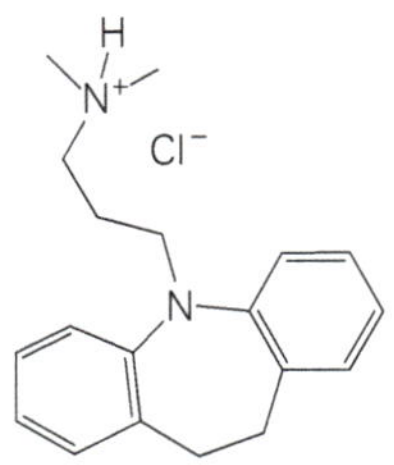

Arbeitsvorschrift: 0,250 g Substanz, in 50 ml Ethanol 96 % gelöst, und 5,0 ml Salzsäure (0,01 mol/l) versetzt, werden mit Natriumhydroxid-Maßlösung (0,1 mol/ml) titriert. Das zwischen den beiden mit Hilfe der Potentiometrie (s. Kap. 4.4) bestimmten Wendepunkten zugesetzte Volumen wird abgelesen [8a].

1 ml Natriumhydroxid-Lösung, c = 0,1 mol/l, entspricht 31,69 mg $C_{19}H_{25}ClN_2$.

Titration schwacher Säuren im wasserfreien Medium

Ein weiteres Verfahren zur Bestimmung von schwachen Säuren wie Phenolen, Sulfonamiden, Ammoniumionen, Imiden etc. mit pK_S-Werten zwischen etwa 8 und 11 ist die Titration als schwache Säure im wasserfreien Medium. Als Maßlösungen finden hierbei Tetrabutylammoniumhydroxid (TBAH), ethanolische Kali- oder Natronlauge, Lithiummethanolat oder andere Alkoholate Verwendung. Die Analyten können in Lösungsmitteln wie Dimethylsulfoxid (DMSO), Dimethylformamid (DMF), Pyridin oder Alkoholen gelöst werden und dann mit der entsprechenden Maßlösung gegen Thymolphthalein, Thymolblau oder bei potentiometrischer Indikation titriert werden.

Herstellung von 0,1 M Tetrabutylammoniumhydroxid-Maßlösung

Tetrabutylammoniumhydroxid-Maßlösung wird durch Auflösen von Tetrabutylammoniumiodid und Silberoxid in Methanol und anschließendes Verdünnen mit Toluol hergestellt.

$$N(C_4H_9)_4I + H_3COH + Ag_2O \rightarrow AgI + N(C_4H_9)_4OH + AgOCH_3$$

Arbeitsvorschrift: 40 g Tetrabutylammoniumiodid werden in 90 ml wasserfreiem Methanol gelöst. Nach Zusatz von 20 g fein gepulvertem Silberoxid wird 1h kräftig geschüttelt. Einige Milliliter der Mischung werden zentrifugiert, und die Identitätsprüfung auf Iodid wird mit der überstehenden Flüssigkeit durchgeführt. Fällt die Reaktion positiv aus, werden weitere 2 g Silberoxid der Mischung zugesetzt und diese 30 min geschüttelt. Dieser Vorgang wird so lange wiederholt, bis die überstehende Flüssigkeit keine Reaktion auf Iodid mehr gibt. Die Mischung wird über einen engporigen Glassintertiegel filtriert und das Gefäß und der Filter 3 mal mit je 50 ml Toluol gespült. Die Waschflüssigkeiten werden mit dem Filtrat vereinigt und mit Toluol zu 1000,0 ml verdünnt. In die Lösung wird 5 min lang CO_2-freier Stickstoff eingeleitet. Anstelle von Toluol kann die Maßlösung auch in 2-Propanol (= Isopropanol) hergestellt werden [8a].

Einstellung von 0,1 M Tetrabutylammoniumhydroxid-Maßlösung

Arbeitsvorschrift: 10 ml Dimethylformamid werden unter Zusatz von 0,05 ml einer Lösung von Thymolblau (3 g/l) in Methanol mit der Tetrabutylammoniumhydroxid-Lösung bis zur reinen Blaufärbung titriert. Etwa 0,200 g Benzoesäure-Urtiter, die zuvor genau eingewogen sind, werden sofort dieser Lösung zugesetzt. Bis zum Lösen der Substanz wird umgeschüttelt und mit der Tetrabutylammoniumhydroxid-Lösung bis zur erneuten Blaufärbung titriert. Während der Titration ist die Lösung vor CO_2 der Luft zu schützen. Der Faktor wird aus dem Titrationsvolumen der zweiten Titration errechnet. Der Faktor ist unmittelbar vor Gebrauch zu bestimmen.

1 ml Tetrabutylammoniumhydroxid-Lösung, c = 0,1 mol/l, entspricht 12,21 mg $C_7H_6O_2$.

Bestimmung von Hydrochlorothiazid nach Ph. Eur.

Das Thiazid-Diuretikum Hydrochlorothiazid wird im europäischen Arzneibuch durch wasserfreie Titration als schwache Säure mit Tetrabutylammoniumhydroxid bestimmt. Die beiden schwach sauren Sulfonamide (pK_{S1} 8,6–9,5 bzw. pK_{S2} 9,9–10,4) werden hierbei deprotoniert.

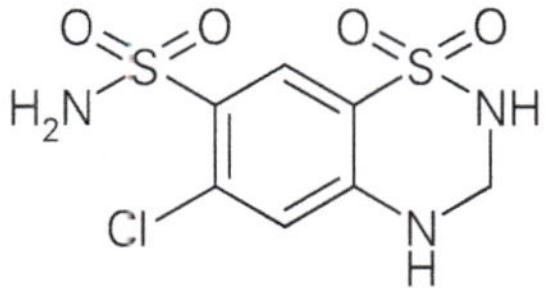

Arbeitsvorschrift: 0,120 g Substanz, in 50 ml Dimethylsulfoxid gelöst, werden mit 2-propanolischer Tetrabutylammoniumhydroxid-Lösung (0,1 mol/l) bis zum zweiten Wendepunkt titriert. Der Endpunkt wird mit Hilfe der Potentiometrie bestimmt. Eine Blindtitration wird durchgeführt [8a].

1 ml 2-propanolische Tetrabutylammoniumhydroxid-Lösung, c = 0,1 mol/l, entspricht 14,88 mg $C_7H_8ClN_3O_4S_2$.

Bestimmung von Rutosid nach Ph. Eur.

Das Flavonoid Rutosid wird im europäischen Arzneibuch durch wasserfreie Titration mit Tetrabutylammoniumhydroxid als schwache Säure bestimmt. Bei der Titration werden zwei der vier phenolischen Hydroxy-Gruppen erfasst.

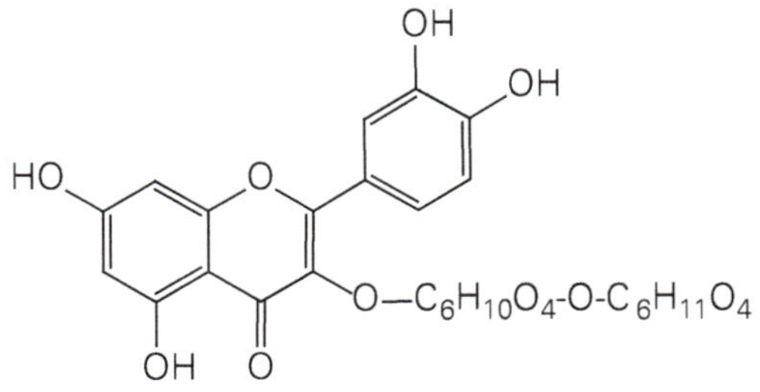

Arbeitsvorschrift: 0,200 g Substanz, in 20 ml Dimethylformamid gelöst, werden mit Tetrabutylammoniumhydroxid-Lösung (0,1 mol/l) titriert. Der Endpunkt wird mit Hilfe der Potentiometrie bestimmt [8a].

1 ml Tetrabutylammoniumhydroxid-Lösung, c = 0,1 mol/l, entspricht 30,53 mg $C_{27}H_{30}O_{16}$.

Bestimmung von Glycerol nach Ph. Eur.

Der dreiwertige Alkohol Glycerol kann nach Umsetzung mit Natriumperiodat in einer Malaprade-Spaltung (Diol-Spaltung) durch Titration mit Natronlauge bestimmt werden. Durch oxidative Spaltung mit Natriumperiodat werden vicinale Alkohole zunächst zu den Aldehyden gespalten. Im Fall von Glycerol erhält man zunächst Formaldehyd und 2-Hydroxyacetaldehyd. Letzterer wird in einer erneuten Spaltung zu Ameisensäure und Formaldehyd gespalten. Die Ameisensäure kann anschließend mit Natronlauge titriert werden. Vor der Titration muss der Überschuss Natriumperiodat mit einem Überschuss Ethylenglycol zerstört werden. Nach dem gleichen Verfahren lassen sich auch andere Zuckeralkohole wie Sorbitol oder Mannitol bestimmen, bei diesen beiden Zuckeralkoholen entstehen jeweils 4 Moleküle Ameisensäure und 2 Moleküle Formaldehyd. Die Malaprade-Spaltung kann auch im Rahmen von Redoxtitrationen iodometrisch ausgewertet werden. Dieses Verfahren gilt heute aber aufgrund seiner Komplexität und der Verwendung einer Maßlösung von arseniger Säure als obsolet (vgl. Ph. Eur. Kom.).

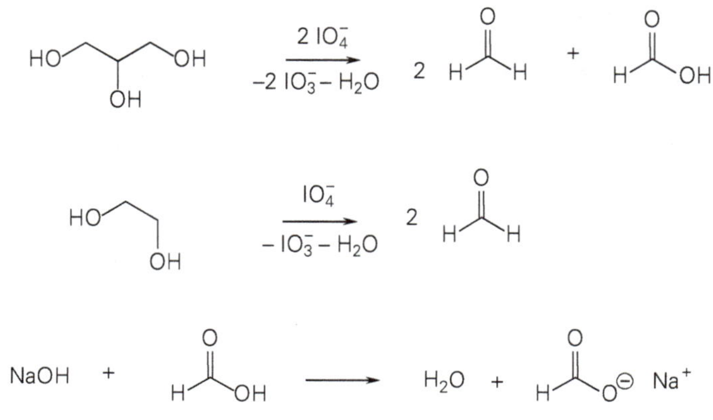

Arbeitsvorschrift: 75 mg Substanz werden gründlich mit 45 ml Wasser gemischt Die Mischung wird mit 25,0 ml einer Mischung von 1 Volumenteil Schwefelsäure (0,1 mol/l) und 20 Volumenteilen Natriumperiodat-Lösung (0,1 mol/l) versetzt und 15 min lang unter Lichtschutz stehen gelassen. Nach Zusatz von 5,0 ml einer Lösung von Ethylenglycol (500 g/l) wird diese Mischung 20 min lang unter Lichtschutz stehen gelassen und mit Natriumhydroxid-Lösung (0,1 mol/l) unter Zusatz von 0,5 ml Phenolphthalein-Lösung (0,1 % in 80 % Ethanol) titriert. Eine Blindtitration wird durchgeführt [8a].

1 ml Natriumhydroxid-Lösung, c = 0,1 mol/l, entspricht 9,21 mg $C_3H_8O_3$.

Bestimmung von Phosphorsäure

Als Beispiel für die Bestimmung mehrbasiger Säuren sei die Titration der Phosphorsäure behandelt.

Die Protolyse mehrbasiger Säuren erfolgt stufenweise. Titriert man z. B. die dreibasige Orthophosphorsäure (H_3PO_4) mit Lauge, so entstehen nacheinander Dihydrogenphosphat, Hydrogenphosphat und Phosphat:

$$H_3PO_4 + OH^- \rightleftharpoons H_2PO_4^- + H_2O$$
$$H_2PO_4^- + OH^- \rightleftharpoons HPO_4^{2-} + H_2O$$
$$HPO_4^{2-} + OH^- \rightleftharpoons PO_4^{3-} + H_2O\,.$$

Jede dieser Stufen hat ihre charakteristische Säurekonstante, sie betragen $K_{S1} = 6{,}92 \cdot 10^{-3}$ ($pK_{S1} = 2{,}16$), $K_{S2} = 6{,}17 \cdot 10^{-8}$ ($pK_{S2} = 7{,}21$) und $K_{S3} = 1{,}97 \cdot 10^{-13}$ ($pK_{S3} = 12{,}32$). Die Wasserstoffionenkonzentration in der Lösung eines der Phosphate erhält man als geometrisches Mittel der jeweiligen Säurekonstanten bzw. den pH-Wert als arithmetisches Mittel der jeweiligen pK_S-Werte. Die Lösung des Dihydrogenphosphats weist eine H_3O^+-Ionenkonzentration von $2{,}16 \cdot 10^{-5}$ mol/l auf, die des Hydrogenphosphats von $1{,}15 \cdot 10^{-10}$ mol/l, die des Phosphats von etwa $10^{-13{,}5}$ mol/l. Daher ist es möglich, Orthophosphorsäure sowie auch andere mehrbasige Säuren stufenweise zu titrieren, wenn die Säurekonstanten der einzelnen Stufen weit genug auseinander liegen (ca. 4 Zehnerpotenzen). Die Indikatoren müssen so ausgewählt werden, dass ihr Umschlagspunkt möglichst dicht mit dem pH-Wert in der Lösung des gewünschten Salzes zusammenfällt.

Arbeitsvorschrift:

1. Titration der 1. Stufe: Man titriert die auf etwa 100 ml mit Wasser verdünnte Probelösung unter Umschwenken des Titrierbechers bei Raumtemperatur mit Natronlauge, 0,1 mol/l, gegen Methylorange bis zur kräftigen Orangefärbung oder besser gegen Dimethylgelb auf eine rein gelbe Farbe oder noch exakter gegen Bromphenolblau (Umschlagsintervall 3,0–4,6) auf pH = 4,5. Es wird stets auf die Farbgleichheit mit einer Vergleichslösung titriert, die NaH_2PO_4 in der Konzentration 0,05 mol/l und dieselbe Indikatorkonzentration enthält.
2. Titration der 2. Stufe: Um pH = 9,7 zu erreichen, verwendet man als Indikator Thymolphthalein (Umschlagsintervall 9,3–10,5) und titriert bis zur schwachen Blaufärbung. Will man Phe-

nolphthalein verwenden, muss die Reaktion des Hydrogenphosphats mit Wasser durch Sättigung der Titrationslösung mit Natriumchlorid zurückgedrängt werden. Der Fehler beträgt in beiden Fällen etwa 1 %.

3. Titration der 3. Stufe: Eine direkte Titration ist wegen der kleinen Säurekonstante nicht möglich. Doch lässt sich durch Zugabe von Calciumchlorid in geeigneter Konzentration erreichen, dass Calciumphosphat ausfällt und die nach

$$2\,H_2PO_4^- + 3\,Ca^{2+} + 4\,H_2O \longrightarrow Ca_3(PO_4)_2 + 4\,H_3O^+$$

entstehenden H_3O^+-Ionen gegen Phenolphthalein titriert werden können.

Arbeitsvorschrift nach Kolthoff [90]:
Die auf Dimethylgelb neutralisierte Lösung wird mit 30 ml einer neutralen (!) 40 %igen Calciumchloridlösung versetzt, zum Sieden erhitzt und auf 14 °C abgekühlt. Nach Zusatz von Phenolphthalein wird mit carbonatfreier Lauge unter kräftigem Umschwenken bis zur Rosafärbung titriert. Der Kolben wird dann verschlossen und die Lösung, deren Farbe langsam verschwindet, nach zweistündigem Stehen bei 14 °C zu Ende titriert. Der Fehler beträgt 1–2 %.

1 ml NaOH-Lösung, c(NaOH) = 0,1 mol/l, entspricht 9,7995 mg H_3PO_4 (Titration der 1. Stufe) oder 4,8998 mg H_3PO_4 (gemeinsame Titration der ersten beiden Stufen).

Bestimmung nach Ionenaustausch

Eine Reihe von Bestimmungen, die analytisch umständlich und schwierig sind, z. B. die Ermittlung von Alkalimetallionen oder von Nitrat-, Perchlorat-, Acetat- und anderen Anionen in Salzlösungen, kann leicht und ausreichend genau mithilfe von Ionenaustauschern durchgeführt werden [98]. Die für analytische Zwecke verwendeten Ionenaustauscher sind Kunstharze, die durch Polymerisation erzeugt werden und Gruppen mit austauschfähigen Ionen enthalten. Man unterscheidet Kationenaustauscher (Symbol: RH), die H^+ gegen Metallkationen oder umgekehrt, und Anionenaustauscher (Symbol: ROH), die OH^- gegen Anionen in stöchiometrischer Weise austauschen. Der Vorgang lässt sich schematisch durch folgende Gleichungen wiedergeben:

$$\mathrm{RH + Me^+ \rightleftharpoons RMe + H^+}$$
$$\mathrm{ROH + A^- \rightleftharpoons RA \quad + OH^-}.$$

Die Bestimmung eines Salzes läuft dabei auf eine alkalimetrische bzw. acidimetrische Titration hinaus.

Ein Kationenaustauscher besteht aus einem polymeren Harzgerüst mit anionischen Gruppen und ionogen gebundenen Kationen, während ein Anionenaustauscher ein polymeres Kation mit aktiven Anionen darstellt.

Der schematische Aufbau eines Kationenaustauschers geht aus dem Formelbild der Abb. 3.7 hervor, das einen vielfach benutzten Austauscher zeigt. Er wird durch Copolymerisation von Styrol mit einem kleineren Anteil Divinylbenzol und nachfolgende Sulfonierung hergestellt.

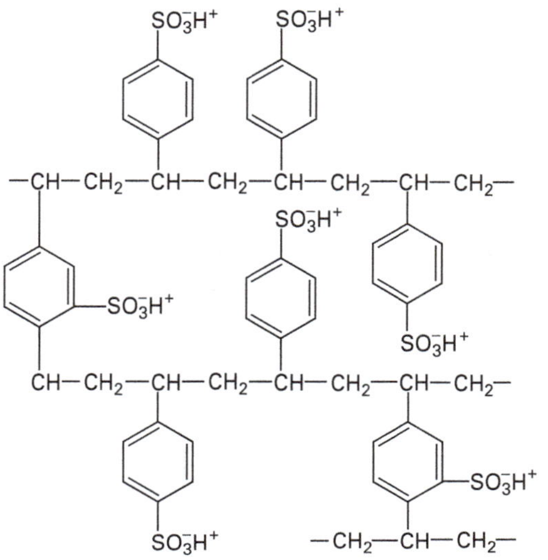

Abb. 3.7: Kationenaustauscher (H^+-Form).

Neben diesen stark sauren Kationenaustauschern mit —SO_3H-Gruppen sind auch schwach saure mit —COOH-Gruppen im Handel, z. B. Copolymerisate von Methacrylsäure, $CH_2{=}C(CH_3){-}COOH$ und Glycol-bis-methacrylat, $CH_2{=}C(CH_3){-}COOCH_2{-}CH_2OOC{-}C(CH_3){=}CH_2$.

Anionenaustauscher sind ebenfalls quervernetzte, hochpolymere Substanzen, deren basischer Charakter durch den Einbau von Amino-, substituierten Amino- oder quaternären Ammoniumgruppen gegeben ist. Die Polymere mit den letztgenannten Gruppen stellen stark basische Anionenaustauscher dar. Ein häufig benutzter Austauscher dieser Art ist das Copolymerisat von Styrol mit etwas Divinylbenzol, in das anschließend durch Chlormethylierung die Gruppe —CH_2Cl eingeführt und mit einer Base wie Trimethylamin umgesetzt wird. Ein Formelbild zeigt Abb. 3.8.

Für maßanalytische Zwecke sind nur die stark sauren bzw. stark basischen Ionenaustauscher zu verwenden. Der Kationenaustausch erfolgt an den Sulfonsäuregruppen

$$R(SO_3^-)_n(H^+)_n + n\,Me^+ \longrightarrow R(SO_3^-)_n(Me^+)_n + n\,H^+ ,$$

der Anionenaustausch an den quaternären Ammoniumgruppen

$$R(N'^+_3)_n(OH^-)_n + n\,A^- \longrightarrow R(N'^+_3)_n(A^-)_n + n\,OH^- .$$

Handelsnamen für Ionenaustauscher sind z. B. Amberlite (Rohm u. Haas, USA), Duolite (Diamont Alkali, USA), Dowex (Dow Chemical Co., USA), Lewatit (Merck, Sigma-Aldrich, Fluka, Riedel-de Haën)[18].

18 Alle Namen sind eingetragene Warenzeichen.

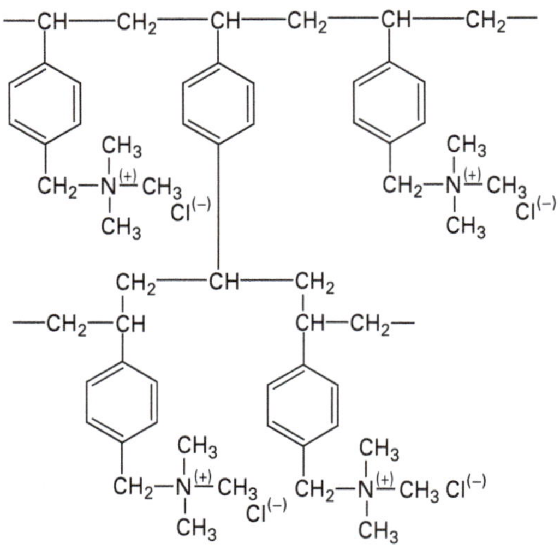

Abb. 3.8: Anionenaustauscher (Cl^--Form).

Der Austausch wird in Glassäulen vorgenommen, in die das Harz eingefüllt ist (Abb. 3.9). Die Abmessungen der Säule richten sich nach der Stoffmenge der auszutauschenden Ionen und der Anzahl der Analysen, die ohne Regeneration des Austauschers vorgenommen werden sollen. Für das Arbeiten mit Konzentrationen im Bereich 0,1 mol/l eignen sich Säulen von etwa 20 cm Länge und 2 cm Durchmesser. Das Säulenrohr trägt oben eine kugelförmige Erweiterung und ist am unteren Ende mit einem Ablasshahn versehen. Über dem Hahn befindet sich eine Frittenplatte (G 2) oder eine Siebplatte aus Glas mit einer Lage Glaswolle, die die Harzkörner trägt. Die Säule wird mit dem Harz zu ⅔ bis ¾ ihrer Länge gefüllt. Um den Einschluss von Luftblasen zu verhindern, trägt man das Harz in die mit Wasser gefüllte Säule ein.

Ionenaustauscher für maßanalytische Zwecke sind in der Na^+- bzw. Cl^--Form erhältlich. Es ist daher notwendig, sie in die saure bzw. basische Form umzuwandeln. Die Überführung in die H^+-Form wird mit Salzsäure der Konzentration 3 mol/l vorgenommen, für die Überführung des Anionenaustauschers in die OH^--Form dient Natronlauge ($c = 1$ bis 2 mol/l). Die Säure bzw. Lauge muss langsam durch das Harz laufen, damit der Austausch stattfinden kann. Die Durchlaufgeschwindigkeit regelt man mit dem Ablaufhahn ein. Eine eventuell anfangs zu beobachtende Braunfärbung der Lösung durch organische Harzbestandteile ist ohne Bedeutung. Das Ende der Regenerierung wird festgestellt, indem man auf das Ausbleiben einer für das zu ersetzende Ion charakteristischen Reaktion prüft. Letzte Spuren des Ions müssen nicht entfernt werden. Anschließend wird das „beladene" Harz mit Wasser bis zur neutralen Reaktion des Ablaufs gewaschen. Die Austauscher werden ständig unter Wasser aufbewahrt, ein Trockenlaufen der Säule ist zu vermeiden. Vor der Benutzung der Austauschersäule ist die Reaktion des Wassers im Ablauf zu

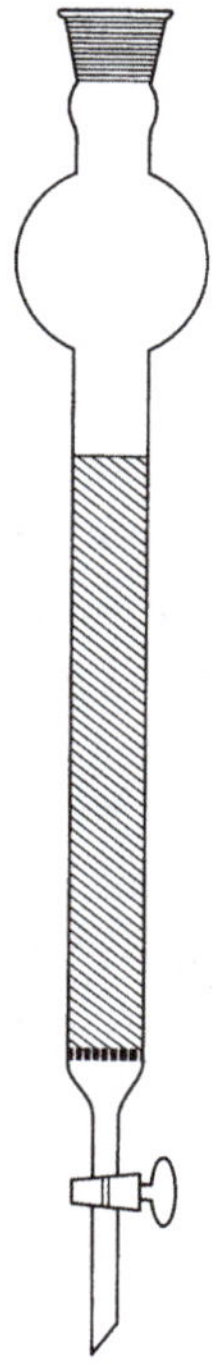

Abb. 3.9: Ionenaustauschersäule.

prüfen. Im Falle einer sauren bzw. basischen Reaktion muss das Harz wiederum bis zur Neutralität mit Wasser gewaschen werden.

Anionenaustauscher aus Polystyrolharzen haben eine Austauschkapazität von etwa 1 mmol/ml feuchtes Harz, bezogen auf Äquivalente. Die Kapazität von Kationenaustauschern ist etwa doppelt so groß. Eine Säule mit den oben angegebenen Dimensionen enthält etwa 50 ml Harz. Nimmt man an, dass für jede Analyse 20 ml einer neutralen Lösung der Konzentration $c = 0{,}1$ mol/l benutzt werden, so muss bei einer Ausnutzung der Kapazität von 70–80 % ein Anionenaustauscher nach 18–20 Bestimmungen, ein Kationenaustauscher nach 35–40 Bestimmungen regeneriert werden. Das geschieht durch Aufgabe von 1 Liter Natronlauge ($c = 1$ bis 2 mol/l) bzw. Salzsäure ($c = 3$ mol/l), die man mit einer Geschwindigkeit von 10–12 Tropfen/min durch die Säule laufen lässt. Dann wäscht man bis zur neutralen Reaktion mit Wasser nach.

Bestimmung von Phosphaten, Nitraten und Perchloraten der Alkalimetalle. Die verdünnte Probelösung wird auf die Säule gegeben, aus der das Wasser bis zur Harzoberfläche abgelassen worden ist. An den Wandungen haftende Salzlösung wird mit wenig Wasser abgespült. Man wäscht mit 150–200 ml Wasser in kleinen Portionen nach und wartet jedes Mal das Absinken bis auf die Harzoberfläche ab. Die Durchlaufgeschwindigkeit soll 5–10 ml/min betragen. Zum Schluss spült man noch mit etwa 50 ml Wasser nach. Die entstandene Lauge wird mit einer eingestellten Säuremaßlösung in üblicher Weise titriert. Der Zeitbedarf für eine Bestimmung beträgt etwa 30 Minuten.

Säurezahl, Verseifungszahl und Esterzahl bei der Untersuchung von fetthaltigen Arzneimitteln und Lebensmitteln

Die Säurezahl fetthaltiger Probesubstanzen ist ein Maß für den Gehalt anwesender freier Säuren und damit für eine bereits erfolgte partielle Zersetzung von Fetten durch Verseifungsreaktionen. Die Angabe erfolgt in Milligramm Kaliumhydroxid je Gramm Probesubstanz. Nach Neutralisation des noch nicht mit Probesubstanz versetzten Lösemittelgemisches wird die Probelösung mit Kalilauge oder Natronlauge schnell titriert. Als Indikator wird Phenolphthalein verwendet.

Die Verseifungszahl schließt den Verbrauch an Hydroxid durch Verseifung der bislang unzersetzten Fette ein. Die Angabe erfolgt ebenfalls in Milligramm Kaliumhydroxid je Gramm Probesubstanz. Nach Verseifung der Fette mit einem Überschuss Kaliumhydroxid in siedender ethanolischer Lösung wird mit Salzsäure zurücktitriert. Als Indikator dient hier wieder Phenolphthalein.

Die Esterzahl (*EZ*) ergibt sich als Differenz von Verseifungszahl (*VZ*) und Säurezahl (*SZ*) und dient somit als Maß für den Gehalt an unzersetzten Fetten.

$$EZ = VZ - SZ$$

Die drei Fettkennzahlen sind wichtiger Bestandteil der Reinheitsprüfungen fetter Öle in den Arzneibüchern (z. B. Ph. Eur.).

Bestimmung der Säurezahl

Arbeitsvorschrift: 25 ml Ethanol, 96 %, sowie 25 ml Petrolether werden gemischt und nach Zusatz von Phenolphthalein mit der Maßlösung (Kalilauge, 0,1 mol/l, oder Natronlauge, 0,1 mol/l) neutralisiert. Etwa 10,00 g Probesubstanz werden genau abgewogen und in dem Lösemittelgemisch gelöst. Falls erwärmt werden muss, hält man während des Auflösens und der Titration eine Temperatur von 90 °C ein. Es wird rasch titriert, bis die Rosafärbung mindestens 15 s lang bestehen bleibt [8a].

1 ml Maßlösung, c = 0,1 mol/l, entspricht einer Säurezahl von 5,610 mg KOH je g Probesubstanz.

Bestimmung der Verseifungszahl

Arbeitsvorschrift: Zunächst wird eine geeignete Einwaage festgelegt, z. B. der etwa 200-fache Kehrwert der etwa erwarteten Verseifungszahl, als Masse in Gramm. Die Probesubstanz wird mit 25,0 ml ethanolischer Kaliumhydroxidlösung, 0,5 mol/l, 30 min unter Rückfluss gekocht. Nach Zugabe von Phenolphthalein wird die noch heiße Lösung mit Salzsäure 0,5 mol/l titriert. Im Europäischen Arzneibuch wird auf die Notwendigkeit eines Blindversuchs „unter gleichen Bedingungen" hingewiesen.

1 ml Salzsäure, c = 0,5 mol/l, entspricht einer Verseifungszahl von 28,05 mg KOH je g Probesubstanz [8a].

Bestimmung NH-acider Verbindungen

NH-acide Verbindungen wie Imine (z. B. Barbiturate, Hydantoine) oder Sulfonamide mit pK_S-Werten zwischen 5 und 9 können in vielen Fällen direkt mit wässriger Natronlauge titriert werden, nachdem mit einem Überschuss Silbernitrat Silber-Komplexe oder Silberfällungen entstanden sind und eine äquivalente Menge Protonen freigesetzt worden ist. Häufig wird eine Lösung von Silbernitrat in Pyridin zugesetzt, so dass sich eine äquivalente Menge an Pyridiniumionen bildet, die anschließend titriert wird. Das Verfahren, das auch bei terminalen Alkinen angewendet werden kann (siehe unten), wird als Argentoacidimetrie (Silber-Pyridin-Methode nach Dutrieux) bezeichnet.

Bestimmung von Phenobarbital nach Ph. Eur.

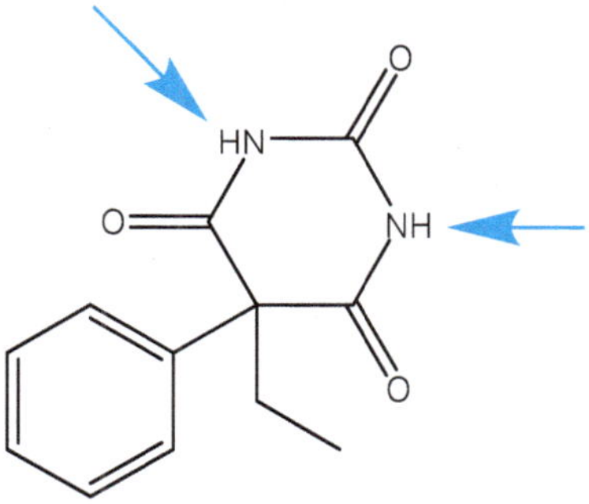

Das Antiepileptikum Phenobarbital kann wie alle Barbiturate argentoacidimetrisch bestimmt werden. Durch Bildung eines Silberkomplexes werden hierbei beide aciden Protonen (pK_S 7,36 und 12,14) erfasst (im Unterschied zur Titration als schwache Säure von Barbituraten).

Arbeitsvorschrift: 0,100 g Substanz, in 5 ml Pyridin gelöst, werden nach Zusatz von 0,5 ml Thymolphthalein-Lösung sowie 10 ml Silbernitrat-Pyridin (85 g/l) mit ethanolischer Natriumhydroxid-Lösung, 0,1 mol/l, bis zur reinen Blaufärbung titriert. Eine Blindtitration wird durchgeführt [8a].

1 ml ethanolische Natriumhydroxid-Lösung, c = 0,1 mol/l, entspricht 11,61 mg $C_{12}H_{12}N_2O_3$.

Bestimmung von Ethinylestradiol

Sehr schwache organische Säuren können mit besonderen Techniken titrimetrisch bestimmt werden. Ethinylestradiol z. B. kann mit seiner terminalen Ethinylgruppe in Gegenwart eines Überschusses von Silberionen als Säure fungieren und ein Proton an Wasser abgeben, wobei Oxonium gebildet wird, welches dann mit Natronlauge titriert werden kann [98a]:

$$R{-}C{\equiv}C{-}H + 7\,AgNO_3 \rightarrow R{-}C{\equiv}C{-}Ag \times 6\,AgNO_3 + H^+ + NO_3^-$$

Arbeitsvorschrift: Von der Probesubstanz werden etwa 0,200 g genau abgewogen und in 40 ml Tetrahydrofuran gelöst. Nach Zusatz von 5 ml Silbernitratlösung, 100 g/l, wird mit Natronlauge, 0,1 mol/l, titriert. Der Äquivalenzpunkt wird potentiometrisch ermittelt (s. Kap. 4.4). Eine Blindtitration wird durchgeführt. Die Elektrode wird nach jeder Titration mit Aceton gespült.

1 ml Natronlauge, c = 0,1 mol/l, entspricht 29,64 mg $C_{20}H_{24}O_2$ [8a].

Bestimmung von Salicylsäure

Salicylsäure in Arzneimitteln wird alkalimetrisch ermittelt, obwohl ein bromatometrisch-iodometrisches Verfahren existiert, vgl. Kap. 3.3.6.

Arbeitsvorschrift: Etwa 0,12 g Probesubstanz werden genau abgewogen und in 30 ml Ethanol 96 % gelöst. Nach Zusatz von 20 ml Wasser sowie etwas Phenolrot als Indikator wird mit Natriumhydroxid-Maßlösung, c = 0,1 mol/l, titriert. 1 ml Natronlauge, c (NaOH) = 0,1 mol/l, entspricht 13,81 mg Salicylsäure [8a].

Bestimmung von Acetylsalicylsäure

Das Schmerzmittel Acetylsalicylsäure wird in vielen Arzneibüchern durch Verseifungstitration bestimmt. Mit einem Überschuss Natronlauge wird die Acetylsalicylsäure zu Natriumacetat und Natriumsalicylat verseift. Anschließend wird der Überschuss Natronlauge mit Salzsäure gegen Phenolphthalein zurücktitriert (Verbrauch 2 Äquivalente).

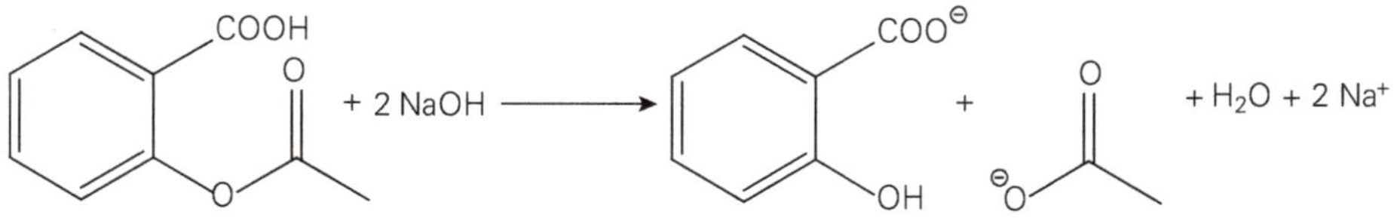

Arbeitsvorschrift: 1,000 g Substanz wird in einem Erlenmeyerkolben mit Schliffstopfen in 10 ml Ethanol 96 % R gelöst. Nach Zusatz von 50,0 ml Natriumhydroxid-Lösung, c = 0,5 mol/l, wird der Kolben verschlossen und 1 h lang stehen gelassen. Nach Zusatz von 0,2 ml Phenolphthalein-Lösung (0,1 % in 80 % Ethanol) wird diese Lösung mit Salzsäure (0,5 mol/l) titriert. Eine Blindtitration wird durchgeführt.

1 ml Natriumhydroxid-Lösung, c = 0,5 mol/l, entspricht 45,04 mg $C_9H_8O_4$.

3.2 Fällungstitrationen

Bei den maßanalytischen Fällungsanalysen wird der zu bestimmende Stoff während der Titration in eine schwer lösliche Verbindung definierter Zusammensetzung übergeführt. Der Endpunkt der Titration ist erreicht, wenn das in der Maßlösung enthaltene Fällungsmittel in äquivalenter Menge zugesetzt worden ist.

In der Gravimetrie wird eine außerordentlich große Anzahl von Fällungsreaktionen zur Durchführung quantitativer Bestimmungen verwendet. Von diesen Reaktionen eignen sich jedoch nur wenige als Grundlage für Fällungstitrationen. Daher steht auch nur eine verhältnismäßig geringe Anzahl brauchbarer maßanalytischer Fällungsverfahren zur Verfügung. Die Ursache ist vor allem in dem Mangel an allgemein anwendbaren und zuverlässigen Methoden zur Erkennung des Titrationsendpunktes zu suchen. Auch laufen manche Fällungsreaktionen – besonders in verdünnten Lösungen – nicht mit der für eine Titration erforderlichen Schnelligkeit ab. Außerdem können Mitfällungserscheinungen auftreten, die die Stöchiometrie der Reaktion beeinflussen.

Zu den brauchbaren und häufig angewendeten Fällungstitrationen gehören die Verfahren zur Bestimmung der Halogenide und Pseudohalogenide mit Silbernitratmaßlösung (argentometrische Titrationen sowie des Silbers mit Natriumchloridmaßlösung.

3.2.1 Theoretische Grundlagen

Lösegleichgewicht

Nach erfolgter Fällung liegt ein Gleichgewicht zwischen dem Niederschlag (Bodenkörper) und der darüber befindlichen Flüssigkeit vor. Diese Flüssigkeit ist eine **gesättigte Lösung**; sie enthält den ausgefällten Stoff in der höchsten möglichen Konzentration, der **Sättigungskonzentration**, die von der Temperatur abhängt. Die schwer löslichen Verbindungen, die bei Fällungstitrationen entstehen, sind in der Regel aus Ionen aufgebaute Salze. Die Bestandteile des Ionengitters, die Kationen und Anionen, gehen beim Lösevorgang direkt vom Bodenkörper in die Lösung über. Umgekehrt bilden sie beim Fällungsvorgang direkt das Ionengitter des Kristalls aus. Salze sind als starke Elektrolyte in der Lösung vollständig in ihre Ionen dissoziiert, d. h. neben den Ionen sind keine undissoziierten Moleküle in der Lösung vorhanden.

Versetzt man z. B. eine Silbernitratlösung mit einer Natriumchloridlösung, so fällt festes Silberchlorid aus:

$$Ag^+ + Cl^- \rightleftharpoons AgCl_{fest}\,.$$

Der Vorgang ist umkehrbar, wenn auch das Gleichgewicht weit auf der rechten Seite liegt. Das bedeutet, dass sich festes Silberchlorid in Wasser löst, aber nur in sehr geringem Maße. Dabei treten Silber- und Chloridionen in äquivalenter Anzahl aus der Oberfläche der Kristalle in das Lösemittel über. Wenn das Lösegleichgewicht erreicht ist, ist die Anzahl der in der Zeiteinheit aus dem Kristallgitter austretenden Ionenpaare gleich der Anzahl der aus der Lösung sich an der Oberfläche der Kristalle anlagernden Ionenpaare. Es liegt ein **dynamisches Gleichgewicht** vor. Bei gleich bleibender Temperatur ist die Anzahl der Ionenpaare konstant.

Löslichkeitsprodukt und Löslichkeit

Die Anwendung des Massenwirkungsgesetzes auf das Lösegleichgewicht von AgCl ergibt

$$c(Ag^+) \cdot c(Cl^-) = K_L$$

Der Bodenkörper, AgCl, tritt in dieser Gleichung **nicht** auf, da er ein reiner fester Stoff ist. K_L nennt man das **Löslichkeitsprodukt** eines Salzes, in diesem Fall von AgCl. Erhöht man die Silber- oder die Chloridionenkonzentration in der Lösung, so ist diese **übersättigt**. Es fällt dann so lange festes Silberchlorid aus, bis das Löslichkeitsprodukt wieder erreicht ist.

Das Löslichkeitsprodukt ist somit ein Maß für die Löslichkeit der betreffenden Verbindung.

In einer Lösung von reinem Silberchlorid sind die Stoffmengenkonzentrationen der Silber- und der Chloridionen einander gleich. Es gilt daher

$$c^2(Ag^+) = c^2(Cl^-) = K_L\,.$$

Wenn wir mit der angenommenen Größe $c(AgCl)$ die Gesamtkonzentration an Silberchlorid in der Lösung bezeichnen, so gilt $c(AgCl) = c(Ag^+) = c(Cl^-)$ und es folgt

$$c(AgCl)^2 = K_L$$

und

$$c(AgCl) = \sqrt{K_L}\,.$$

Die Sättigungskonzentration in reinem Wasser wird auch als **Löslichkeit L** bezeichnet. Sie ist für Silberchlorid gleich der Quadratwurzel aus dem Löslichkeitsprodukt. Da im vorliegenden Falle $K_L = 10^{-10}$ mol²/l² ist, beträgt die Konzentration der gesättigten Silberchloridlösung $c(AgCl) = 10^{-5}$ mol/l. Sie enthält 10^{-5} mol/l AgCl bzw. 10^{-5} mol/l Ag^+ und 10^{-5} mol/l Cl^-.

Durch Zusatz von überschüssigen Silber- oder Chloridionen zu der gesättigten Lösung lässt sich die Löslichkeit des Silberchlorids weiter herabdrücken. Sie lässt sich wie folgt berechnen:

In einer Silbernitratlösung, die 10^{-4} mol/l Silberionen enthält, beträgt die Chloridionenkonzentration

$$c(\mathrm{Cl}^-) = \frac{K_\mathrm{L}}{c(\mathrm{Ag}^+)} = \frac{10^{-10}\,\mathrm{mol}^2/\mathrm{l}^2}{10^{-4}\,\mathrm{mol/l}} = 10^{-6}\,\mathrm{mol/l}\,.$$

Da das gelöste Silberchlorid praktisch vollständig dissoziiert ist, muss man $c(\mathrm{AgCl_{gelöst}}) = c(\mathrm{Cl}^-)$ setzen, sodass die Löslichkeit 10^{-6} mol/l beträgt.

Diese Betrachtungen gelten für Elektrolyte der Zusammensetzung AB (Verhältnis Kation A : Anion B = 1 : 1). Prinzipiell gleichartige Betrachtungen lassen sich jedoch für alle anderen Fällungsvorgänge anstellen. Im allgemeinsten Fall, der Bildung einer Verbindung der Zusammensetzung $\mathrm{A}_m\mathrm{B}_n$ gilt:

$$\mathrm{A}_m\mathrm{B}_n \rightleftharpoons m\,\mathrm{A}^{n+} + n\,\mathrm{B}^{m-}$$
$$c(\mathrm{A}^{n+})^m \cdot c(\mathrm{B}^{m-})^n = K_\mathrm{L}$$

Da $c(\mathrm{A}_m\mathrm{B}_n) = \frac{1}{m}\,c(\mathrm{A}^{n+}) = \frac{1}{n}\,c(\mathrm{B}^{m-}) = L$ ist, folgt

$$K_\mathrm{L} = (m\,L)^m \cdot (n\,L)^n$$
$$K_\mathrm{L} = m^m\,L^m \cdot n^n\,L^n$$
$$K_\mathrm{L} = m^m \cdot n^n \cdot L^{m+n}$$

und

$$L = \sqrt[m+n]{\frac{K_\mathrm{L}}{m^m \cdot n^n}}\,.$$

Der spezielle Fall mit $m = n = 1$, den wir beim Silberchlorid kennengelernt haben, führt zu

$$L = \sqrt{K_\mathrm{L}}\,.$$

In allen Fällen gilt grundsätzlich:
- Die Abscheidung eines Niederschlages beginnt immer dann, wenn das Löslichkeitsprodukt der beteiligten Ionenarten überschritten wird.
- Die Löslichkeit einer schwer löslichen Verbindung lässt sich durch einen Überschuss an Fällungsmittel weiter herabdrücken. Das Maximum der Löslichkeit liegt im Äquivalenzpunkt vor.

Ausnahmen von dieser Regel sind stets dann zu beobachten, wenn das überschüssige Reagens mit dem Niederschlag eine lösliche Komplexverbindung bilden kann.

So ist z. B. Silberchlorid in überschüssiger Salzsäure beträchtlich löslich. Es entstehen Chlorokomplexe des Silbers, z. B. $H[AgCl_2]$.

Aus diesen Betrachtungen geht hervor, dass alle direkten Fällungstitrationen eine gemeinsame Fehlerquelle aufweisen. Sie besteht darin, dass es absolut unlösliche Verbindungen nicht gibt und dass gerade am Äquivalenzpunkt, dessen möglichst genaue Ermittlung das Ziel des maßanalytischen Arbeitens ist, die Löslichkeit des Niederschlags am größten ist.

3.2.2 Titrationskurven

Die bei der Fällung auftretende Änderung der Ionenkonzentration der zu bestimmenden Ionensorte wird durch die Titrationskurve wiedergegeben. Man trägt dazu den negativen dekadischen Logarithmus des Zahlenwertes der Ionenkonzentration, den **Ionenexponenten** (pIon-Wert in Analogie zum pH-Wert), gegen das Volumen an zugesetzter Maßlösung auf.

Betrachten wir den Fall der Titration von 100 ml einer verdünnten Silbernitratlösung mit einer relativ konzentrierten Natriumchloridlösung. Zur Vereinfachung lässt sich dann annehmen, dass sich während der Titration das Volumen der titrierten Lösung nicht ändert. Auch die Temperatur soll während des Titrationsvorganges konstant bleiben. Die anfängliche Konzentration an Silberionen sei $c(Ag^+) = 10^{-1}$ mol/l, die Maßlösung habe die Konzentration $c(Cl^-) = 10$ mol/l. Infolge der Ausfällung von Silberchlorid bei Zusatz der Maßlösung sinkt die Silberionenkonzentration. Hat man 0,9 ml NaCl-Lösung zugesetzt, sind 9 mmol Ag^+-Ionen als AgCl ausgefallen oder 90 % der vorhandenen Silberionen. Die Ag^+-Konzentration beträgt jetzt 10^{-2} mol/l. Nach Zugabe von weiteren 0,09 ml NaCl-Lösung (insgesamt 0,99 ml) sind 9,9 mmol Silberionen ausgefallen. Bezogen auf die Anfangskonzentration befindet sich noch 1 % der Silberionen in Lösung. Die Ag^+-Konzentration ist jetzt 10^{-3} mol/l. Hat man gerade die der Silberstoffmenge äquivalente Chloridstoffmenge zugegeben, herrscht in der Lösung eine sich aus dem Löslichkeitsprodukt ergebende Silberionenkonzentration von $c(Ag^+) = 10^{-5}$ mol/l. Nach Überschreiten des Äquivalenzpunktes fällt weiteres AgCl aus, wie die Betrachtungen im vorangegangenen Abschnitt gezeigt haben. Wenn nur 0,1 % der äquivalenten Menge an NaCl im Überschuss zugefügt wird, beträgt die Ag^+-Konzentration noch

$$c(Ag^+) = \frac{K_L}{c(Cl^-)} = \frac{10^{-10}\,\text{mol}^2/\text{l}^2}{10^{-4}\,\text{mol/l}} = 10^{-6}\,\text{mol/l}\,.$$

Bei einem Überschuss von 1 % beträgt die Cl^--Konzentration 10^{-3} mol/l und die Ag^+-Konzentration 10^{-7} mol/l. Ein 10 %iger Überschuss an NaCl senkt die Silberionenkonzentration auf den Wert 10^{-8} mol/l, ein 100 %iger Überschuss auf 10^{-9} mol/l.

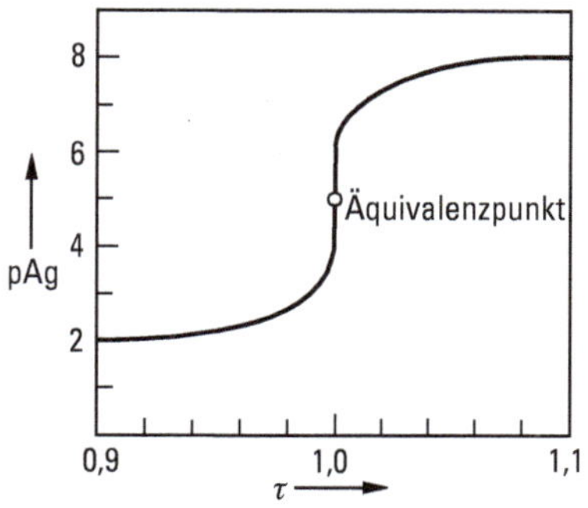

Abb. 3.10: Titration von $AgNO_3$-Lösung, 0,1 mol/l, mit NaCl-Lösung, 10 mol/l (pAg = –lg $c(Ag^+)$, τ Titrationsgrad).

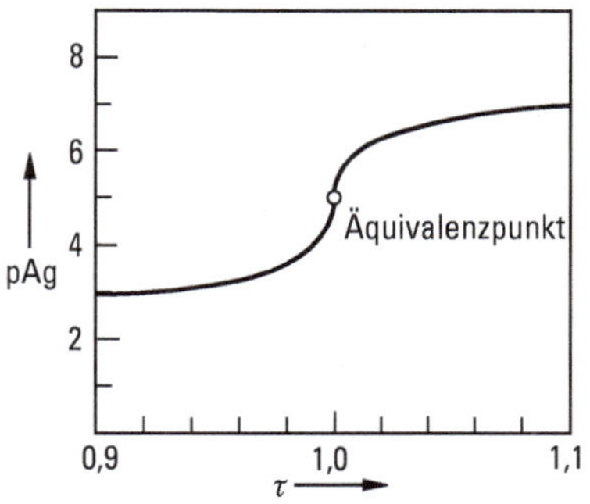

Abb. 3.11: Titration von $AgNO_3$-Lösung, 0,01 mol/l, mit NaCl-Lösung, 10 mol/l (pAg = –lg $c(Ag^+)$, τ Titrationsgrad).

Abb. 3.10 zeigt die Titrationskurve. Auf der Ordinate ist der pAg-Wert, auf der Abszisse der Titrationsgrad τ (s. S. 97) aufgetragen.

Man erkennt, dass der Äquivalenzpunkt, also der gesuchte Endpunkt der Titration, identisch ist mit dem Wendepunkt der Titrationskurve. Es ist der Punkt, an dem die relative Änderung der Silberionenkonzentration ihren größten Wert im Verlauf der Titration erreicht.

In Abb. 3.11 ist die Titrationskurve dargestellt, die sich für eine zehnfach verdünntere Silbernitratlösung mit der gleichen Natriumchloridlösung ergibt, $c(Ag^+) = 10^{-2}$ mol/l. Der Sprung in der Kurve ist wesentlich kleiner geworden.

Titriert man dagegen eine Silbernitratlösung der Konzentration $c(Ag^+) = 10^{-2}$ mol/l mit einer Natriumiodidlösung der Konzentration $c(NaI) = 10$ mol/l, so erhält man die in Abb. 3.12 wiedergegebene Titrationskurve. Der Sprung in der Kurve ist bedeutend größer. Diese Tatsache ist bedingt durch die erheblich kleinere Löslichkeit des Silberiodids gegenüber dem Silberchlorid. Das Löslichkeitsprodukt von AgI beträgt etwa 10^{-16} mol²/l², sodass sich am Äquivalenzpunkt eine Gleichgewichtskonzentration der Silberionen von 10^{-8} mol/l einstellt.

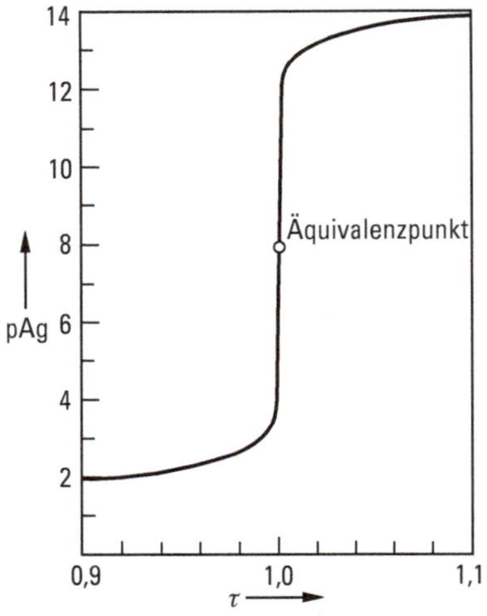

Abb. 3.12: Titration von $AgNO_3$-Lösung, 0,01 mol/l, mit NaI-Lösung, 10 mol/l ($pAg = -\lg c(Ag^+)$, τ Titrationsgrad).

Die Beispiele der Titrationskurven lassen erkennen, dass das Ergebnis einer titrimetrischen Fällungsanalyse um so genauer wird, je besser die folgenden Bedingungen erfüllt sind:

- Das Löslichkeitsprodukt der ausgefällten Verbindung soll möglichst klein sein.
- Die Anfangskonzentration der zu titrierenden Ionensorte muss groß genug sein.

Weiterhin gilt auch hier:

- Der praktisch erkennbare Endpunkt der Titration muss möglichst nahe beim Wendepunkt der Titrationskurve liegen.

Die Erfüllung der letzten Forderung bietet in den meisten Fällen besondere Schwierigkeiten. Daher ist gerade der Mangel an allgemein anwendbaren und zuverlässigen Methoden zur Endpunktbestimmung schuld daran, dass von den zahlreichen gravimetrisch ausnutzbaren Fällungsvorgängen nur so wenige auch zur Grundlage maßanalytischer Fällungsverfahren gemacht werden konnten.

3.2.3 Methoden der Endpunktbestimmung

Die älteste und einfachste Methode zur Erkennung des Titrationsendpunktes bedient sich keines Indikatorzusatzes. Die Titration wird so lange durchgeführt, bis ein weiterer Zusatz an Maßlösung in der durch kräftiges Umschütteln und Sedimentieren des Niederschlages geklärten Lösung keine Trübung mehr hervorruft.

Diese Art der Endpunktbestimmung ist aber recht umständlich und zeitraubend. Darüber hinaus kann sie in allen den Fällen zu falschen Ergebnissen führen, in denen sich der Niederschlag nicht rasch absetzt. Die Reaktionsprodukte bleiben nämlich häufig vor ihrer endgültigen Ausfällung in kolloider Verteilung oder in Form feinster Suspension in der Lösung. So hat sich z. B. die 1828 von Gay-Lussac angegebene Methode zur maßanalytischen Sulfatbestimmung mithilfe einer Bariumsalzlösung nicht durchsetzen können. Die ebenfalls von Gay-Lussac 1832 vorgeschlagene maßanalytische Silberbestimmung [99] mit eingestellter Natriumchloridlösung gehört dagegen zu den genauesten Methoden der Maßanalyse. Der Grund ist darin zu suchen, dass das während der Titration zunächst in kolloider Verteilung ausgeschiedene Silberchlorid im Äquivalenzpunkt, an dem alle das AgCl-Hydrosol stabilisierenden Ionen verbraucht sind, vollständig ausflockt. Man titriert in diesem Fall bis zum Erreichen des sog. Klarpunktes.

Als Umkehrung eines Fällungsverfahrens, das ohne Indikatorzusatz arbeitet, ist die von Liebig 1851 beschriebene Cyanidbestimmung anzusehen [100]. Die Cyanidlösung wird mit eingestellter Silbernitratlösung titriert. Solange sich in der Probelösung Cyanidionen im Überschuss befinden, entstehen mit den hinzukommenden Silberionen komplexe Dicyanoargentationen $[Ag(CN)_2]^-$, sodass der Endpunkt der Titration am Auftreten und nicht an der Beendigung einer Niederschlagsbildung erkannt wird (s. S. 160).

Eine weitere Methode zur Bestimmung des Endpunktes verwendet einen Indikator, der am Titrationsendpunkt die Farbe der Lösung verändert. Dabei kann der Indikator entweder mit den bei der Titration verschwindenden oder mit den durch die Maßlösung neu hinzukommenden Ionen eine farbige, lösliche Verbindung bilden, die beim Erreichen des Äquivalenzpunktes verschwindet bzw. entsteht. Möglichst im Äquivalenzpunkt soll daher die Konzentration der neu hinzukommenden Ionensorte schon so groß sein, dass der Indikator unter Bildung einer farbigen Verbindung reagieren kann. Oder es muss umgekehrt die Konzentration des verschwindenden Ions im Äquivalenzpunkt schon so gering geworden sein, dass der Indikator nicht mehr weiterhin die farbige Verbindung zu bilden vermag. In beiden Fällen tritt am Endpunkt der Titration eine Farbänderung der Lösung auf. Ein praktisches Beispiel ist die Verwendung von Eisen(III)-Ionen als Indikator bei der Titration von Silberionen mit eingestellter Kaliumthiocyanatlösung nach Volhard [101]. Die Konzentration des Thiocyanats in einer gesättigten Lösung des Silberthiocyanats reicht nicht aus, um mit den Eisen(III)-Ionen das dunkelrote Eisenthiocyanat entstehen zu lassen. Erst ein geringer Überschuss an SCN^--Ionen färbt die Lösung schwach rosa.

Eine dritte für Fällungsanalysen brauchbare Methode zur Endpunkterkennung benutzt Indikatoren, die mit der Maßlösung einen farbigen schwer löslichen Niederschlag bilden, sobald mit dem Erreichen des Äquivalenzpunktes die reaktionsfähigen Ionen in der Probelösung als schwer löslicher Niederschlag ausgefällt sind, d. h., sobald eine Möglichkeit zum Auftreten eines geringen Überschusses an Fällungsmittel gegeben ist. Als Beispiel sei die Verwendung von Chromationen als Indikator bei der Titration von Halogenidionen nach Mohr [102] zu nennen. Sobald im Verlauf der Titration einer Chloridlösung die Chloridionen als Silberchlorid ausgefällt sind, bildet schon ein geringer Überschuss an Silberionen rotbraunes schwer lösliches Silberchromat. Die wichtigste Voraussetzung für die Verwendbarkeit eines solchen Indikators besteht darin, dass in der gesättigten Lösung des während der Titration entstehenden Niederschlages (z. B. AgCl) die Konzentration derjenigen Ionen (hier Ag^+), die mit den Indikatorionen (CrO_4^{2-}) den zur Endpunkterkennung dienenden Niederschlag (Ag_2CrO_4) bilden, nicht ausreicht, um dessen Löslichkeitsprodukt zu überschreiten. Andernfalls würde der Endpunkt vor Erreichen des Äquivalenzpunktes angezeigt werden, der Umschlag also zu früh eintreten.

In solchen Fällen kann eine vierte Methode der Endpunkterkennung zum Ziele führen: die Tüpfelmethode. Dabei wird der Probelösung nach jedem Zusatz an Maßlösung ein Tropfen entnommen und auf einer geeigneten Unterlage, z. B. auf einer Porzellanplatte oder auf einem Stück Filtrierpapier, mit einem Tropfen der Indikatorlösung zusammengebracht. Die Endpunkterkennung vollzieht sich somit außerhalb der zu titrierenden Lösung (externer Indikator). Als Beispiel sei die Zinkbestimmung nach Schaffner (1858) angeführt. Die Zinksalzlösung wird mit einer Natriumsulfidlösung bekannter Konzentration titriert. Als Tüpfelindikator dient eine Cobaltsalzlösung, die auf der Tüpfelplatte unter Abscheidung von schwarzem Cobaltsulfid reagiert, sobald ein geringer Überschuss an Sulfidionen vorhanden ist. Der entnommene Tropfen darf aber kein Zinksulfid enthalten, sonst reagiert dieses mit dem Indikator und der Endpunkt erscheint zu früh. Mithilfe eines Tüpfelindikators lässt sich auch die Bestimmung von Eisen(II)-Ionen mit Kaliumdichromat durchführen (vgl. S. 193). Alle Tüpfelmethoden sind umständlich und weisen eine weniger gute Präzision auf. Man zieht daher die Titrationsmethoden mit direkter Endpunkterkennung vor.

Eine fünfte Methode zur Bestimmung des Titrationsendpunktes wurde 1923 von Fajans angegeben [103]. Er beschreibt die Verwendung von Adsorptionsindikatoren in der Argentometrie [104]. Diese Methode nutzt das Auftreten von Adsorptionseffekten aus, die sonst bei den Fällungsvorgängen häufig eine Fehlerquelle darstellen, indem fremde Bestandteile (unverbrauchtes Reagens der Maßlösung) mitgerissen werden (Okklusion im Innern der Niederschlagsteilchen oder Adsorption an ihrer Oberfläche). Die gebräuchlichsten Adsorptionsindikatoren sind Eosin und Fluorescein. Die Wirkungsweise der Indikatoren stellt man sich folgendermaßen vor: Titriert man eine Bromidlösung mit Silbernitratlösung in Gegenwart von Eosin, entstehen in der rosafarbenen Lösung kolloide Teilchen von Silberbromid, deren Oberfläche die noch in der Lösung befindlichen Bromidionen adsorbiert, wodurch sie sich negativ auflädt. Nach Überschreiten des Äquivalenzpunktes sind statt der Bromidionen Silberionen in geringem Überschuss vorhanden, die nun von den kolloiden Silberbromidteilchen adsorbiert werden. Die Teilchen laden sich nunmehr positiv auf und sind imstande, die Anionen des Farbstoffes anzulagern. Hierdurch werden die Elektronenhüllen der Farbstoffanionen deformiert, was als Farbänderung in Erscheinung tritt. Sobald der Äquivalenzpunkt überschritten ist, färben sich daher Niederschlag und kolloide Lösung rot. Die Färbung verschwindet, sobald die Lösung wieder Bromidionen im Überschuss enthält und kehrt wieder, wenn die Silberionen überwiegen; die Erscheinung ist so lange reversibel, als noch kolloide Silberbromidteilchen in der Lösung vorhanden sind. Ein Adsorptionsindikator ist nur dann gut geeignet, wenn er erst in unmittelbarer Nähe des Äquivalenzpunktes stark adsorbiert wird und nicht schon lange vor Erreichen des Endpunktes den Niederschlag anfärbt. Letzteres ist der Fall, wenn man Eosin zur Titration von Chlorid verwendet. Hierfür ist Fluorescein besser geeignet. Die Gegenwart größerer Elektrolytkonzentrationen kann dadurch stören, dass sie die Ausflockung des Silberhalogenidsols begünstigt. Dem kann jedoch vielfach durch Verwendung eines Schutzkolloids entgegengetreten werden. Weitere Adsorptionsindikatoren s. [82, 83, 84].

3.2.4 Bestimmung des Silbers und argentometrische Bestimmungen

Herstellung der Maßlösungen

Die wichtigsten Methoden der Fällungsanalyse beruhen auf der Schwerlöslichkeit der Silberhalogenide und des Silberthiocyanats. Sie ermöglichen die Bestimmung des Silbers mit Halogenid- und Thiocyanatmaßlösung sowie die der löslichen Halogenide und Thiocyanate mit Silbernitratmaßlösung. Die letztgenannten Verfahren fasst man unter dem Begriff Argentometrie zusammen. Zur Durchführung der Titrationen sind Maßlösungen von Silbernitrat, Natriumchlorid und Ammonium- oder Kaliumthiocyanat der jeweiligen Konzentration $c(\text{eq}) = 0{,}1$ mol/l erforderlich.

Silbernitratlösung. Man geht entweder von reinstem metallischem Silber (Feinsilber), das in Form von Blech oder Draht im Handel ist, oder von chemisch reinem Silbernitrat aus. Nach Richards und Wells (1908) lässt sich metallisches Silber auch durch Reduktion von Silbernitrat mit Ammoniumformiat darstellen. Die Ammoniumformiatlösung wird durch Einleiten von Ammoniak in frisch destillierte Ameisensäure bereitet. Der Silberniederschlag wird ammoniakfrei gewaschen und im Wasserstoffstrom geschmolzen. 10,7868 g Feinsilber werden genau abgewogen und in 100 ml reinster chloridfreier Salpetersäure, $\rho = 1{,}20$ g/ml, gelöst. Die Lösung wird zur Zerstörung der salpetrigen Säure und Entfernung der Stickstoffoxide zum Sieden erhitzt, nach dem Abkühlen in einen Literkolben übergeführt und mit deionisiertem Wasser zur Marke aufgefüllt. Die Konzentration der Salpetersäure ist etwa 0,5 mol/l. Eine besondere Einstellung ist nicht erforderlich.

Wird für die Bestimmungen nach Mohr eine neutrale Silbernitratlösung benötigt, so wägt man 16,9873 g reines, bei 150 °C bis zur Massenkonstanz getrocknetes Silbernitrat genau ab, löst es in Wasser und verdünnt die Lösung auf 1 Liter. Das verwendete Silbernitrat darf kein metallisches Silber enthalten, seine Lösung muss neutral reagieren. Es kann durch Umkristallisieren aus schwach salpetersäurehaltigem Wasser rein erhalten werden. Auch hier ist eine besondere Titerstellung nicht notwendig. Es ist jedoch zweckmäßig, den Titer der Silbernitratlösung mithilfe von reinstem Natriumchlorid zu kontrollieren (s. u.). Die Silbernitratlösung wird zum Schutz gegen direkte Einwirkung von Sonnenlicht in einer braunen Flasche aufbewahrt.

Natriumchloridlösung. Zur Bereitung der Lösung dient reinstes Natriumchlorid, das man folgendermaßen darstellen kann: In eine gesättigte Lösung des reinsten käuflichen Salzes wird unter äußerer Kühlung mit Eiswasser gasförmiges Hydrogenchlorid eingeleitet. Das Natriumchlorid scheidet sich aus, wird mithilfe einer Glasfilternutsche abgesaugt und mehrmals mit wenig Eiswasser ausgewaschen. Das Salz wird dann bei 110 °C vorgetrocknet, fein gepulvert und schließlich im elektrischen Ofen bei etwa 500 °C bis zur Massenkonstanz erhitzt. Benutzt man eine Gasflamme zum Erhitzen des Tiegels, muss der Zutritt der Verbrennungsgase zum Tiegelinhalt verhindert werden. Das Salz muss bromid-, iodid- und sulfatfrei sein, es darf kein Kalium und keine Erdalkalimetalle enthalten.

Zur Herstellung der Maßlösung werden etwa 5,85 g reinstes Natriumchlorid zu 1 Liter gelöst und die Lösung mit der angenäherten Konzentration 0,1 mol/l mit einer Silbernitratmaßlösung der gleichen Konzentration oder mit Feinsilber eingestellt. Die Einstellung wird nach dem gleichen Verfahren vorgenommen, nach dem später mit der Lösung gearbeitet werden soll (nach Gay-Lussac oder nach Fajans), und möglichst unter gleichen Bedingungen. Dann ergibt sich ein empirischer Titer, der den durch das Verfahren bedingten Fehler (z. B. durch Berücksichtigung der Löslichkeit des Silberchlorids) in gewissem Maße ausschaltet.

Ammoniumthiocyanatlösung. Ammoniumthiocyanat ist hygroskopisch und zersetzt sich, wenn man es bei höheren Temperaturen zu trocknen versucht. Man stellt daher nur eine Lösung der ungefähren Konzentration 0,1 mol/l her, indem man 8 bis 9 g des möglichst trockenen Salzes in einem Liter Wasser auflöst. Das verwendete Salz muss unbedingt chloridfrei sein. Die Prüfung darauf wird nach Kolthoff [89] folgendermaßen durchgeführt: 200 mg Thiocyanat werden in 25 ml Wasser gelöst, mit 15 ml Schwefelsäure, $c(H_2SO_4) = 2$ mol/l, und dann mit so viel Kaliumpermanganatlösung versetzt, bis die rotbraune Farbe bestehen bleibt (braun vom abgeschiedenen Braunstein). Dann wird unter dem Abzug 10 bis 15 Minuten lang zum Sieden erhitzt, bis sich das Hydrogencyanid verflüchtigt hat und das Volumen etwa 10 bis 15 ml beträgt. Der Braunstein wird mit Perhydrol reduziert. Nach dem Abkühlen darf mit Silbernitrat nicht mehr als eine schwache Opaleszenz entstehen.

Die Thiocyanatlösung wird nach Volhard (vgl. S. 154 ff.) auf Silbernitratlösung der Konzentration 0,1 mol/l eingestellt, indem 25 ml der Silbernitratlösung mit 20 ml ausgekochter Salpetersäure, $c(HNO_3) = 2$ mol/l, und 2 bis 3 ml der salpetersauren Ammoniumeisen(II)-sulfat-Indikatorlösung versetzt, auf etwa 100 ml verdünnt und langsam unter ständigem Umschwenken mit der Thiocyanatlösung titriert werden, bis ein schwach roter Farbton eben gerade bestehen bleibt.

Bestimmung von Silber nach Gay-Lussac

Das Verfahren wird wegen seiner großen Genauigkeit hauptsächlich in den Münzlaboratorien verwendet, um den Silbergehalt von Legierungen zu ermitteln. Das Prinzip wurde bereits geschildert (vgl. S. 42). Man verwendet eine unter den Bedingungen der späteren Titrationen gegen Feinsilber oder eine Silbernitratlösung bekannter Konzentration eingestellte Natriumchloridlösung und vermeidet so den Verfahrensfehler von etwa 0,1 %, der durch die Löslichkeit des Silberchlorids ($K_L = 1{,}12 \cdot 10^{-10}$ mol^2/l^2, entsprechend $L = 1{,}43$ mg/l) und den zur Erreichung der vollständigeren Ausfällung eben notwendigen Überschuss an Chloridlösung bedingt ist.

Für die Analyse von Silberlegierungen muss der Störeinfluss anderer Metalle berücksichtigt werden. Solche Metalle, die leicht lösliche Nitrate und Chloride bilden, stören nicht. Quecksilber muss vor der Bestimmung durch Umschmelzen der Legierung im elektrischen Ofen entfernt werden. Blei darf nur in Spuren anwesend sein. Antimon und Bismut werden durch Zusatz von Weinsäure in Lösung gehalten. Enthält die Legierung mehr als ein Sechstel ihrer Masse an Gold, so ist sie in Salpetersäure nicht mehr vollständig löslich. In diesem Falle schmilzt man sie mit einer abgewogenen Portion reinsten Silbers zusammen.

Arbeitsvorschrift: Die Legierung wird in 10 ml chloridfreier Salpetersäure ($\rho = 1{,}2$ g/ml) gelöst und die Lösung zur Vertreibung der Stickstoffoxide kurz aufgekocht. Die abgekühlte Lösung wird – gegebenenfalls nach dem Abfiltrieren von schwer löslicher Metazinnsäure – auf 100 ml aufgefüllt und wie folgt titriert:

25 ml der schwach sauren Silbernitratlösung werden in einer Glasflasche von etwa 200 ml Inhalt mit 50 ml Wasser verdünnt. Man gibt Natriumchloridlösung der Konzentration 0,1 mol/l in Anteilen von je 1 ml, später von je 0,5 ml zu, verschließt die Flasche nach jedem Zusatz und schüttelt kräftig. Sobald der Zusatz eines halben Milliliters in der über dem Niederschlag stehenden klaren Lösung keine Trübung mehr hervorruft, ist der erste, orientierende Versuch beendet. Man nimmt wieder 25 ml Lösung ab, verdünnt mit 50 ml Wasser und gibt jetzt einen Milliliter der Kochsalzlösung weniger als im Vorversuch auf einmal hinzu. Die Flüssigkeit wird wiederum so lange geschüttelt, bis sich der Niederschlag zusammengeballt hat. Nach dem Absitzen des Niederschlages gibt man aus einer Mikrobürette portionsweise jeweils 0,5 ml einer Natriumchloridlösung der Konzentration 0,01 mol/l, die man sich durch Verdünnen der 0,1 mol/l enthaltenden Lösung bereitet hat, in der Weise hinzu, dass die Lösung an der Glaswand herabfließt. Solange noch nicht alles Silberchlorid ausgefällt ist, beobachtet man an der Oberfläche der Flüssigkeit eine deutlich sichtbare Trübung, die besonders leicht erkennbar wird, wenn man die Schüttelflasche im reflektierten Licht betrachtet. Die Flüssigkeit wird wieder geschüttelt, und mit dem Zusatz der Natriumchloridlösung wird fortgefahren, bis weitere 0,5 ml keine Opaleszenz mehr hervorrufen. Der letzte Reagenszusatz wird bei der Ablesung der Bürette nicht berücksichtigt. Mindestens zwei Kontrollbestimmungen sind zur Sicherung des Ergebnisses not-

wendig. Mit diesem Verfahren ist eine Präzision von 0,05 % zu erreichen, wenn auf gleiche Temperatur beim Einstellen und beim Gebrauch der Maßlösungen geachtet wird.

1 ml Natriumchloridlösung, $c(NaCl) = 0{,}1$ mol/l, entspricht 10,787 mg Ag oder 16,987 mg $AgNO_3$. Bei Silberlegierungen ist das Ergebnis in mg/g anzugeben.

Noch präziser lässt sich die Silberbestimmung nach Gay-Lussac vornehmen, wenn man statt der Natriumchloridlösung eine Kaliumbromidlösung verwendet, da AgBr ($K_L = 4{,}8 \cdot 10^{-13}$ mol²/l²) schwerer löslich ist als AgCl ($K_L = 1{,}1 \cdot 10^{-10}$ mol²/l²). Chloridfreies Kaliumbromid erhält man durch vorsichtiges Schmelzen von analysenreinem Kaliumbromat in einer Platinschale. Das Bromat zersetzt sich unter Abgabe von Sauerstoff. Der Schmelzkuchen wird gepulvert und das Kaliumbromid im elektrischen Ofen auf 500 °C bis zur Massenkonstanz erhitzt.

Bestimmungen nach Volhard

Bestimmung von Silber. Weniger umständlich als das an sich äußerst genaue Verfahren von Gay-Lussac ist die von Volhard (1874) angegebene Vorschrift. Sie beruht auf der Ausfällung des schwer löslichen Silberthiocyanats ($K_L = 6{,}84 \cdot 10^{-13}$ mol²/l²):

$$Ag^+ + SCN^- \rightarrow AgSCN\downarrow.$$

Ein Überschuss an Thiocyanationen wird mithilfe einer Eisen(III)-Salzlösung erkannt (vgl. S. 149):

$$Fe^{3+} + 3\,SCN^- \rightarrow Fe(SCN)_3.$$

Als Indikatorlösung dient eine kalt gesättigte Lösung von Ammoniumeisen(III)-sulfat, die mit ausgekochter Salpetersäure bis zum Verschwinden der Braunfärbung versetzt wird. Von dieser Lösung werden 2 ml für je 100 ml der zu titrierenden Lösung verwendet.

Die Titration wird in kalter salpetersaurer Lösung vorgenommen. Die Säurekonzentration soll etwa 0,4 mol/l betragen. Geringe Schwankungen der Wasserstoffionenkonzentration sind ohne Einfluss. Die Salpetersäure darf aber keine salpetrige Säure enthalten, weil diese mit Thiocyanat rotes Nitrosylthiocyanat, NOSCN, bildet. Handelt es sich um die Analyse einer Silberlegierung, so muss deren salpetersaure Lösung (vgl. S. 151) ausgekocht werden. Die Gegenwart anderer Metallionen stört nicht, wenn sie leichtlösliche, dissoziierte Thiocyanate bilden und keine starke Eigenfarbe aufweisen. Quecksilber bildet ein schwerer lösliches, in Lösung nicht dissoziiertes Thiocyanat, muss also vor der Analyse entfernt werden. Liegt der Kupfergehalt einer Legierung unter 70 %, ist die Störung vernachlässigbar gering.

Arbeitsvorschrift: Analog der auf S. 152 f. angegebenen Vorschrift zur Einstellung der NH_4SCN-Maßlösung wird die silberhaltige Probelösung mit 20 ml ausgekochter (HNO_2-freier) Salpetersäure, $c(HNO_3) = 2$ mol/l, versetzt, auf etwa 100 ml mit Wasser verdünnt und langsam unter ständigem Umschwenken mit Ammoniumthiocyanatlösung bis zum Auftreten einer bleibenden schwachen Rotfärbung titriert.

1 ml Ammoniumthiocyanatlösung, $c(NH_4SCN) = 0{,}1$ mol/l, entspricht 10,7868 mg Ag.

Die Einhaltung gleicher Arbeitsbedingungen wie bei der Titerstellung der Thiocyanatmaßlösung ist wichtig, da Silberionen an dem frisch gefällten Silberthiocyanat adsorbiert werden, wodurch ein unter gleichen Versuchsbedingungen gleich bleibender Überschuss an Thiocyanatlösung erforderlich ist, bevor die rote Farbe des Eisen(III)-thiocyanats erkennbar wird.

Bestimmung von Thiocyanat und von Kupfer. Die Thiocyanatlösung wird mit Silbernitratlösung im Überschuss versetzt und der Silberionenüberschuss wie beschrieben zurücktitriert. Die direkte Titration ist nicht möglich, weil das ausfallende Silberthiocyanat Eisen(III)-thiocyanat adsorbiert, sodass die Entfärbung, auf die titriert werden müsste, nicht exakt beobachtet werden kann.

1 ml Silbernitratlösung, $c(AgNO_3) = 0{,}1$ mol/l, entspricht 5,808 mg SCN^-.

Die argentometrische Thiocyanattitration lässt sich auch zur Bestimmung von Kupfer verwenden. Kupfer(II)-Ionen werden durch schweflige Säure zu Kupfer(I)-Ionen reduziert:

$$2\,Cu^{2+} + H_2O + SO_3^{2-} \rightleftharpoons 2\,Cu^+ + SO_4^{2-} + 2\,H^+\,.$$

Die Kupfer(I)-Ionen fallen nach Zusatz überschüssiger Thiocyanatlösung als schwer lösliches Kupfer(I)-thiocyanat aus:

$$Cu^+ + SCN^- \rightleftharpoons Cu\,SCN\downarrow.$$

Im Filtrat des weißen Niederschlages (mit einem Stich ins Violette) lässt sich aus dem genannten Grund das überschüssige Thiocyanat nicht direkt mit Silbernitrat zurücktitrieren. Man muss vielmehr Silbernitratlösung im Überschuss hinzufügen und den Silberüberschuss mit Ammoniumthiocyanatlösung zurücktitrieren.

Silber-, Quecksilber-, Chlorid-, Bromid-, Iodid- und Cyanidionen dürfen nicht anwesend sein. In silberhaltigen Kupfererzen bestimmt man zuerst nach der oben beschriebenen Methode die Summe des Kupfers und Silbers, anschließend das Silber allein nach Gay-Lussac.

Arbeitsvorschrift: 50 ml der neutralen oder ganz schwach schwefelsauren Kupfer(II)-sulfatlösung werden mit frisch bereiteter schwefliger Säure im Überschuss (etwa 30 ml) und mit 100 ml Ammoniumthiocyanatlösung, 0,1 mol/l, versetzt. Man erhitzt die Lösung zur Vertreibung des überschüssigen Schwefeldioxids zum Sieden, lässt erkalten, bringt Lösung und Niederschlag quantitativ in einen Messkolben von 250 ml Inhalt und füllt mit Wasser bis zur Marke auf. Die Lösung wird gut durchgeschüttelt und durch ein trockenes Filter filtriert. Die ersten 25 ml der Lösung werden verworfen, der Rest wird in einem trockenen Becherglas aufgefangen. 50 ml der Lösung werden in ein Becherglas abpipettiert, mit 30 ml Silbernitratlösung, 0,1 mol/l, 20 ml Salpetersäure, 2 mol/l, und 2 ml Indikatorlösung versetzt. Der Silberionenüberschuss wird dann mit Ammoniumthiocyanatlösung, 0,1 mol/l, zurücktitriert.

V_1 sei das zur Kupferfällung zugesetzte Volumen der Thiocyanatlösung (genau 0,1 mol/l), V_2 das Volumen der Silbernitratlösung und V_3 das Volumen der Thiocyanatlösung für die Rücktitration; dann ist V_x das Volumen der zur Fällung des Kupfers verbrauchten Thiocyanatlösung:

$$V_x = V_1 - 5\,(V_2 - V_3)\,.$$

1 ml Ammoniumthiocyanatlösung, $c(NH_4SCN) = 0{,}1$ mol/l, entspricht 6,3546 mg Cu.

Bestimmung von Halogeniden und Cyanid. Volhards Methode zur Silberbestimmung ist vor allem deshalb sehr brauchbar, weil sie als sog. Restmethode die Ermittlung des Halogenidgehaltes saurer Lösungen ermöglicht. Die Halogenidlösung wird mit überschüssiger Silbernitratlösung versetzt, der Überschuss an Silberionen wird mit Thiocyanatlösung zurücktitriert.

1. Chloride: Die Chloridbestimmung kann nicht nach der einfachen, für Bromide gültigen Vorschrift erfolgen. Man kann das überschüssige Silber erst dann mit Thiocyanat titrieren, wenn man das ausgefällte Silberchlorid abgetrennt hat. Der Umschlag des Indikators wäre sonst unscharf, weil das abgeschiedene Silberchlorid nach

$$3\,AgCl + Fe(SCN)_3 \rightleftharpoons 3\,AgSCN + FeCl_3$$

sich so lange mit Eisenthiocyanat in das schwerer lösliche Silberthiocyanat umwandeln würde, bis sich der Gleichgewichtszustand in der Lösung zwischen Chlorid- und Thiocyanationen eingestellt hat (1 SCN^--Ion auf 164 Cl^--Ionen). Die zunächst erreichte Rotfärbung würde dauernd verblassen, ein zu hoher Verbrauch an Thiocyanatlösung und damit ein zu geringer Verbrauch an Silbernitrat für die Chloridfällung wären die Folgen. Die Löslichkeit von Silberbromid und Silberthiocyanat ist dagegen gleich.

Arbeitsvorschrift: 25 ml der Chlorid-Probelösung werden in einem Messkolben von 100 ml Inhalt mit Silbernitratlösung, 0,1 mol/l, bis zur Marke aufgefüllt. Man schüttelt die Lösung einige Minuten lang gut durch, filtriert durch ein trockenes Filter, verwirft die ersten 20 ml und fängt das übrige Filtrat in einem trockenen Becherglas auf. 50 ml davon werden abpipettiert und darin der Silberüberschuss in der beschriebenen Weise bestimmt.

Da jedoch frisch gefälltes Silberchlorid Silberionen adsorbiert, verbraucht man stets etwas zu viel Silbernitrat. Es hat sich in der Praxis ergeben, dass man von dem gefundenen Wert 0,7 % abziehen muss, um den richtigen Wert zu erhalten.

Nach Caldwell und Moyer [105] ist die Korrektur nicht erforderlich, wenn man zu der salpetersauren Probelösung Nitrobenzol (1 ml auf je 0,05 g Chlorid) und 1–4 ml Silbernitratlösung im Überschuss zufügt. Die Lösung wird dann 30–40 s lang geschüttelt, damit sich der Niederschlag zu großen Flocken zusammenballt. Das hydrophobe Nitrobenzol bedeckt den Niederschlag, sodass, ohne zu filtrieren, der Indikator zugesetzt und der Silberüberschuss mit Thiocyanatmaßlösung wie beschrieben zurücktitriert werden kann.

Alary et al. [106] ersetzen das giftige und umweltgefährdende Nitrobenzol durch Polyvinylpyrrolidon (PVP). Zu 100 ml der Probelösung mit 0,2 bis 5 mg Chlorid gibt man 1 ml 65 %ige Salpetersäure, 3 ml Indikatorlösung (470 g $Fe(NO_3)_3 \cdot 9\,H_2O$ in 800 ml Wasser lösen, 20 ml 65 %ige Salpetersäure zusetzen und auf 1 l auffüllen), 5 ml PVP-Lösung (35 g PVP in ca. 700 ml Wasser lösen) und danach 2 oder 5 ml $AgNO_3$-Lösung, 0,05 mol/l. Das PVP bildet eine stabile Schicht auf den AgCl-Partikeln bereits beim Entstehen des Niederschlages. Es tritt keine Trübung auf, sodass der Endpunkt besser zu erkennen ist.

2. Bromide: 25 ml Probelösung werden mit 20 ml ausgekochter Salpetersäure, 2 mol/l, 2 ml Indikatorlösung und 50 ml Silbernitratlösung, 0,1 mol/l, versetzt. Anschließend wird das überschüssige Silber durch Titration mit Ammoniumthiocyanatlösung, 0,1 mol/l, ermittelt.

3. Iodide: Die Bestimmung wird wie für die Bromide beschrieben durchgeführt. Sie liefert ausgezeichnete Werte, wenn man die Indikatorlösung erst zusetzt, nachdem durch Silbernitratüberschuss die Iodidionen bereits ausgefällt sind und die Lösung 5 min lang kräftig durchgeschüttelt wurde. Andernfalls reduzieren die Iodidionen das Eisen(III):

$$2\,Fe^{3+} + 2\,I^- \rightleftharpoons I_2 + 2\,Fe^{2+}.$$

4. Cyanide: Die Bestimmung erfolgt nach der für Chloride angegebenen Vorschrift. Auch Silbercyanid adsorbiert Silberionen, sodass hier ebenfalls eine Korrektur von −0,7 % an der bestimmten Masse angebracht werden muss.

1 ml Silbernitratlösung, $c(AgNO_3) = 0{,}1$ mol/l, entspricht 3,5453 mg Cl bzw. 7,9904 mg Br bzw. 12,690 mg I bzw. 2,6018 mg CN.

Bestimmungen nach Mohr

Bei der Bestimmung nach Mohr werden die Halogenidionen direkt mit Silbernitratlösung titriert. Als Indikator dient Kaliumchromat. Der Endpunkt wird dadurch erkannt, dass ein geringer Überschuss an Silberionen zur Ausfällung von rotbraunem Silberchromat führt (s. S. 149 f.):

$$2\,Ag^+ + CrO_4^{2-} \longrightarrow Ag_2CrO_4\downarrow$$

Der pH-Wert bei der Titration muss zwischen 6,5 und 10,5 liegen. Die in sauren Lösungen nach

$$2\,CrO_4^{2-} + 2\,H^+ \rightleftharpoons Cr_2O_7^{2-} + H_2O$$

entstehenden Dichromationen bilden nämlich kein ausreichend schwer lösliches Silberdichromat ($K_L = 2 \cdot 10^{-7}$ mol³/l³). Saure Lösungen müssen daher mit Natriumhydrogencarbonat oder Borax abgestumpft werden. Bei zu hohen pH-Werten lässt sich die Bestimmung nicht durchführen, weil Silberhydroxid und eventuell auch Silbercarbonat ausfallen. Phosphat-, Arsenat-, Sulfit- und Fluoridionen stören bei der Titration.

Die günstigste Indikatorkonzentration von $c(K_2CrO_4) = 5 \cdot 10^{-3}$ mol/l erhält man durch Zusatz von 2 ml einer neutralen 5 %igen Kaliumchromatlösung je 100 ml Probelösung. Da die Löslichkeit von Silberchromat mit steigender Temperatur stark zunimmt, darf man nur bei Raumtemperatur titrieren.

Alle Bestimmungen müssen möglichst unter den gleichen Bedingungen bezüglich der Halogenid- und Chromationenkonzentration erfolgen wie bei der Einstellung der Maßlösung, damit der für die erkennbare Rotbraunfärbung notwendige Überschuss an Silberionen immer gleich groß ist.

Dies gilt besonders für die Bestimmung von Iodiden. Wie die folgenden Überlegungen zeigen, ist wegen des großen Löslichkeitsunterschiedes zwischen Silberiodid ($K_L(AgI) = 10^{-16}$ mol²/l²) und Silberchromat ($K_L(Ag_2CrO_4) = 2 \cdot 10^{-12}$ mol³/l³) ein merklicher Überschuss an Silberionen erforderlich, um das Löslichkeitsprodukt von Silberchromat zu überschreiten. Die Anwendung des Massenwirkungsgesetzes auf die beiden Gleichgewichte

$$Ag^+ + I^- \rightleftharpoons AgI\downarrow \qquad \text{und} \qquad 2\,Ag^+ + CrO_4^{2-} \rightleftharpoons Ag_2CrO_4\downarrow$$

ergibt, dass Silberchromat erst dann ausfällt, wenn die Iodidionenkonzentration kleiner wird als der durch die Beziehung

$$\frac{c(I^-)}{\sqrt{c(CrO_4^{2-})}} = \frac{K_L(AgI)}{\sqrt{K_L(Ag_2CrO_4)}}$$

gegebene Wert $c(I^-) = 7{,}1 \cdot 10^{-11} \cdot \sqrt{c(CrO_4^{2-})}$ mol/l. Bei der üblichen Indikatorkonzentration von $c(K_2CrO_4) = 5 \cdot 10^{-3}$ mol/l beginnt die Ausfällung also bei $c(I^-) = 7{,}1 \cdot 10^{-11} \cdot \sqrt{5 \cdot 10^{-3}} = 5 \cdot 10^{-12}$ mol/l. Dies entspricht einer Silberionenkonzentration von $c(Ag^+) = 2 \cdot 10^{-5}$ mol/l, die um drei Zehnerpotenzen größer ist als am Äquivalenzpunkt, an dem sie nur $c(Ag^+) = \sqrt{K_L(AgI)} = 10^{-8}$ mol/lbeträgt. Der für die praktische Erkennbarkeit des Endpunktes notwendige Silberüberschuss ist natürlich noch größer. Man muss deshalb unbedingt eine Silbernitratlösung benutzen, die unter den Bedingungen der späteren Titration auf Kaliumiodid eingestellt wurde.

Hauptsächlich wird die Methode zur Bestimmung von Chloriden und Bromiden verwendet. Sie liefert auch bei relativ verdünnten Lösungen noch gute Resultate. Auf die Gefahrstoffeinstufung des Chromats sei hingewiesen.

Bestimmung von Chlorid in Natriumchloridlösung.

Arbeitsvorschrift: Zu 25 ml der neutralen Natriumchloridlösung, die ungefähr 0,1 mol/l NaCl enthalten soll, werden 2 ml neutrale 5 %ige Kaliumchromatlösung zugesetzt. Die deutlich gelbe Lösung wird langsam unter ständigem Schütteln mit Silbernitratlösung, 0,1 mol/l, titriert, bis die nach jedem neuen Reagenszusatz entstehende Rotbraunfärbung nicht mehr verschwindet, sondern auch noch nach einigen Minuten besteht.

1 ml Silbernitratlösung, $c(AgNO_3)$ = 0,1 mol/l, entspricht 3,5453 mg Cl.

Bestimmung von Chlorid in Trinkwasser und in Abwasser. Der pH-Wert des Wassers muss entsprechend den Bedingungen der Titration nach Mohr zwischen 6,5 und 10,5 liegen. Wenn das Wasser stark gefärbt ist oder Hydrogensulfid enthält, kocht man 1 Liter davon 5 min lang mit etwas Kaliumpermanganatlösung. Die noch rote Flüssigkeit wird mit 30 %iger Wasserstoffperoxidlösung entfärbt, nach dem Abkühlen wieder auf 1 Liter aufgefüllt und filtriert (die ersten Anteile des Filtrats werden verworfen).

Arbeitsvorschrift: Jede von zwei 100-ml-Proben des Wassers wird mit 2 ml 5 %iger Kaliumchromatlösung versetzt und mit Silbernitratlösung, 0,01 mol/l, aus einer Mikrobürette bis zur ersten schwachen Rotbraunfärbung titriert. Dann wird mit Wasser auf 150 ml verdünnt. Dabei entfärben sich die Lösungen wieder. Man benutzt nun eine Probe als Vergleichslösung und titriert die andere bis zum eben erkennbaren bleibenden Umschlag zu Ende. Auf diese Weise hat man immer das gleiche Endvolumen, kann also immer dieselbe Korrektur für den notwendigen Überschuss an Maßlösung, nämlich 0,6 ml, vom Verbrauch abziehen.

Bestimmungen nach Fajans

Die Endpunkterkennung mit Adsorptionsindikatoren wurde bereits auf S. 150 f. behandelt. Eosin ist für die Bestimmung von Bromid, Iodid und Thiocyanat gut geeignet, nicht jedoch für die von Chlorid, da es von Silberchlorid schon bei Beginn der Titration adsorbiert wird. Brauchbar ist dagegen in diesem Fall Fluorescein. Die Silberbestimmung gelingt mit dem basischen Farbstoff Rhodamin 6G.

Da die photochemische Zersetzung der Silberhalogenide durch die erwähnten Farbstoffe stark beschleunigt wird, sollen die im folgenden beschriebenen Titrationen zügig und nicht im direkten Sonnenlicht durchgeführt werden.

Bestimmung von Bromid, Iodid und Thiocyanat. Die Titration erfolgt in schwach essigsaurer Lösung mit Eosin als Indikator (1 %ige wässrige Lösung des Natriumsalzes; Zugabe von 2 Tropfen auf jeweils 10 ml Halogenidlösung, $c(\text{Hal}) \approx 0{,}1$ mol/l). Man titriert so lange unter kräftigem Schütteln, bis der Niederschlag plötzlich eine deutlich rote ($c(\text{Hal}) \approx 0{,}1$ mol/l) bzw. rosarote ($c(\text{Hal}) \approx 0{,}01$ mol/l) Farbe annimmt. Beträgt die Halogenidionenkonzentration nur 0,001 mol/l, flockt das Silberhalogenid nicht mehr aus, aber die Farbe der Lösung ändert sich am Äquivalenzpunkt scharf von Rosa nach Purpurrot.

Bestimmung von Chlorid. Die neutrale Lösung, die ungefähr 0,1 mol/l Chlorid enthalten soll, wird mit Fluorescein als Indikator versetzt (0,2 %ige wässrige Lösung des Natriumsalzes; Zugabe von 2 Tropfen auf jeweils 10 ml Probelösung) und bis zur plötzlichen Hellrotfärbung des Niederschlags titriert. Nach Kolthoff [89] kann man das Silberchlorid kolloid in Lösung halten, wenn man zu jeweils 10 ml Probelösung 5 ml 2 %ige chlorfreie Dextrinlösung zufügt; die Farbe der Flüssigkeit schlägt dann am Äquivalenzpunkt scharf nach Rosa um. Mehrwertige Ionen können wegen ihrer koagulierenden Wirkung die Erkennung des Endpunkts erschweren.

Bestimmung von Silber. Die Titration von Silber erfolgt in essigsaurer Lösung mit Kaliumbromidlösung und Rhodamin 6G als Indikator bis zur plötzlichen Blauviolettfärbung des Silberbromids. Der Fehler der Bestimmung beträgt ungefähr 0,1 %.

Bestimmung von Cyanid nach Liebig

Im Gegensatz zu den bisher besprochenen fällungsanalytischen Verfahren erfolgt bei der Cyanidbestimmung nach Liebig (1851) die Bildung des Niederschlages erst am Ende der Titration, wenn der Äquivalenzpunkt eben überschritten worden ist. Sie ist zugleich ein einfaches Beispiel für die Anwendung einer Komplexbildungsreaktion in der Maßanalyse (vgl. Abschn. 3.4).

Versetzt man eine schwach alkalische Alkalimetallcyanidlösung tropfenweise mit Silbernitratlösung, so beobachtet man an der Eintropfstelle das Auftreten eines weißen Niederschlages von Silbercyanid, der aber beim Umschütteln sofort wieder verschwindet, da das im Überschuss vorhandene Cyanid mit dem Silbercyanid den löslichen Dicyanoargentat(I)-Komplex bildet:

$$AgCN + CN^- \rightleftharpoons [Ag(CN)_2]^-.$$

Sind aber im Verlaufe der Titration praktisch sämtliche Cyanidionen in dieser Weise gebunden worden, so erzeugt der erste überschüssige Tropfen der Silbernitratlösung eine bleibende Trübung von Silbercyanid

$$[Ag(CN)_2]^+ + Ag^+ \rightleftharpoons 2\,AgCN\downarrow,$$

die das Ende der Titration anzeigt. Für die Berechnung ist maßgebend, dass 1 mol Ag^+ 2 mol CN^- entspricht.

Die Titration soll, besonders gegen Ende, langsam und unter ständigem Schütteln durchgeführt werden, da das an der Eintropfstelle primär ausgeschiedene Silbercyanid bei nur noch geringem Cyanidüberschuss nur langsam in Lösung geht. Die Lösung soll schwach alkalisch sein (pH < 13) und darf keine Ammoniumsalze enthalten, weil das Vorhandensein von Ammoniak die Ausfällung des Silbercyanids verhindert. Die Gegenwart von Chlorid-, Bromid-, Iodid- und Thiocyanationen hat keinen störenden Einfluss. Als Beispiel sei die Analyse von technischem Kaliumcyanid beschrieben.

Arbeitsvorschrift: Mehrere Proben von etwa 0,3 g Kaliumcyanid werden genau abgewogen, in je 100 ml Wasser gelöst und nach Zusatz von jeweils 2 ml Kalilauge, $c(KOH) = 2$ mol/l, mit Silbernitratlösung, $c(AgNO_3) = 0{,}1$ mol/l, langsam und unter Umschütteln bis zum Eintreten einer eben erkennbaren bleibenden Trübung titriert. Zur Erleichterung der Erkennung des Endpunktes stellt man das Titriergefäß auf eine dunkle Unterlage (z. B. schwarzes Papier).

1 ml Silbernitratlösung, $c(AgNO_3) = 0{,}1$ mol/l, entspricht 5,2036 mg CN oder 5,4052 mg HCN oder 13,024 mg KCN. Man rechnet das Analysenergebnis in Massenanteil KCN in Prozent um. Enthält das technische Produkt Natriumcyanid, so kann der Zahlenwert über 100 % liegen.

Argentometrische Titrationen organischer Ammonium-Salze

Auch Hydrochloride oder Hydrobromide organischer Ammoniumsalze lassen sich analog argentometrisch titrieren. Als Beispiel sind die Titrationen der Salze Levomethadon-HCl (starkes Schmerzmittel) und Ipratropiumbromid (Therapeutikum bei chronischen Atemwegserkrankungen) aus der Ph. Eur. aufgeführt [8a].

Bestimmung von Levomethadon-HCl nach Ph. Eur.

Arbeitsvorschrift: 0,300 g Substanz in einer Mischung von 40 ml Wasser und 5 ml Essigsäure gelöst, werden mit Silbernitrat-Lösung, 0,1 mol/l, titriert. Der Endpunkt wird mit Hilfe der Potentiometrie unter Verwendung einer Silber-Elektrode als Indikatorelektrode bestimmt [8a].

1 ml Silbernitrat-Lösung, 0,1 mol/l, entspricht 34,59 mg $C_{21}H_{28}ClNO$.

Bestimmung von Ipratropiumbromid nach Ph. Eur.

Arbeitsvorschrift: 0,350 g Substanz in 50 ml Wasser gelöst, werden nach Zusatz von 3 ml verdünnter Salpetersäure (12,5 %) mit Silbernitrat-Lösung, 0,1 mol/l, titriert. Der Endpunkt wird mit Hilfe der Potentiometrie unter Verwendung einer Silber-Elektrode als Indikatorelektrode bestimmt [8a].

1 ml Silbernitrat-Lösung, 0,1 mol/l, entspricht 41,24 mg $C_{20}H_{30}BrNO_3$.

Bestimmung nach Budde

NH-acide Verbindungen wie Barbitursäurederivate oder Sulfonamide lassen sich durch direkte Titration mit Silbernitrat bestimmen. Bei dieser Titration sind keine Indikatoren erforderlich, da vor dem Äquivalenzpunkt lösliche Silberkomplexe mit dem Analyten vorliegen, und es nach Überschreiten des Äquivalenzpunktes zur Fällung von Silbersalzen mit dem Analyten kommt.

Bestimmung von Cyclobarbital-Calcium nach DAB 7 – DDR.
Barbiturate, die nur an einem N oder keinem N substituiert sind, können direkt mit Silbernitrat nach Budde titriert werden. Bei am N-unsubstituierten Barbituraten bildet sich vor dem Äquivalenzpunkt ein löslicher 1 : 1 Silber/Barbiturat-Komplex, bei am N-substituierten Barbituraten ein 2 : 1 Komplex. Bei der aufgeführten Arbeitsvorschrift wird vor der Titration das Calcium als Carbonat ausgefällt [28].

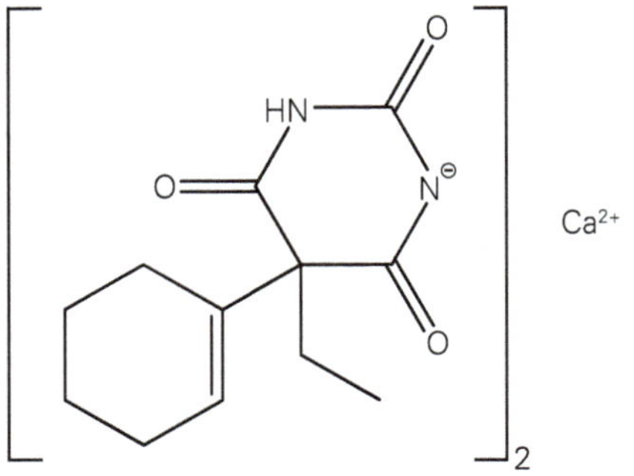

Arbeitsvorschrift: 0,300 g getrocknete Substanz werden in einem 100 ml Erlenmeyerkolben mit 5,0 ml Natriumcarbonatlösung (20,0 g/100 ml) und 20,0 ml Wasser versetzt. Die Mischung wird in einem Wasserbad von 55 °C unter wiederholtem Schwenken 15 min erwärmt und dann filtriert. Der Erlenmeyerkolben und das Filtrat werden 2-mal mit je 10,0 ml der Mischung aus 10,0 ml Ethanol und 10,0 ml Wasser gewaschen. Die vereinigten Filtrate werden mit Silbernitratlösung (0,1 mol/l) titriert, bis eine Trübung entsteht, die 5 min bestehen bleibt.
1 ml Silbernitratlösung entspricht 25,53 mg $C_{24}H_{30}CaN_4O_6$ [8b].

Argentometrische Bestimmung von organisch gebundenem Chlor- oder Brom

Zahlreiche organische Halogenverbindungen können nach Mineralisierung oder Aufschluss argentometrisch titriert werden. In einigen Fällen kann dies bereits mit wässriger Natronlauge erfolgen (vgl. Titration von Lindan oder Cyclophosphamid), in den meisten Fällen ist eine Carbonat-Schmelze oder ein reduktiver Aufschluss mit elementarem Natrium erforderlich.

Titration von Lindan nach Ph. Eur.
Das Insektizid Lindan (1,2,3,4,5,6-Hexachlorcyclohexan) kann nach Umsetzung mit ethanolischer Kalilauge zu 1,3,5-Trichlorbenzol argentometrisch nach Volhard titriert werden [8a].

Arbeitsvorschrift: 0,200 g Substanz werden mit 10 ml Ethanol 96 % versetzt. Die Mischung wird auf dem Wasserbad bis zur vollständigen Lösung erwärmt, abgekühlt, mit 20 ml ethanolischer Kaliumhydroxid-Lösung (0,5 mol/l) versetzt und 10 min lang unter häufigem Schütteln stehen gelassen. Nach Zusatz von 50 ml Wasser, 20 ml verdünnter Salpetersäure (12,5 %), 25,0 ml Silbernitrat-Lösung (0,1 mol/l) und 5 ml Ammoniumeisen(III)-sulfat-Lösung (100 g/l) wird die Lösung mit

Ammoniumthiocyanat-Lösung (0,1 mol/l) bis zum Farbumschlag nach Rötlich-Gelb titriert. Eine Blindtitration wird durchgeführt.

1 ml Silbernitrat-Lösung, c = 0,1 mol/l, entspricht 9,694 mg $C_6H_6Cl_6$.

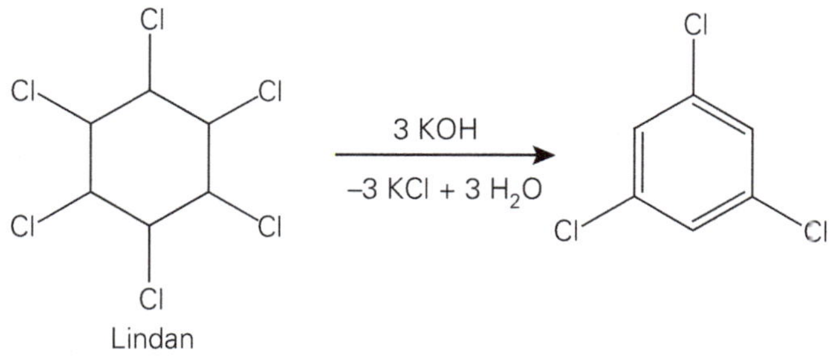

Titration von Cyclophosphamid nach Ph. Eur.

Das Zytostatikum Cyclophosphamid wird nach dem europäischen Arzneibuch nach alkalischem Aufschluss und anschließender argentometrischer Titration nach Volhard bestimmt. Beim aliphatischen Alkylhalogenid gelingt die quantitative Hydrolyse bereits mit wässriger Natronlauge [8a].

Arbeitsvorschrift: 0,100 g Substanz werden in 50 ml einer Lösung von Natriumhydroxid (1 g/l) in Ethylenglycol gelöst. Die Lösung wird 30 min lang zum Rückfluss erhitzt. Nach dem Erkalten wird der Kühler mit 25 ml Wasser gewaschen. Nach Zusatz von 75 ml 2-Propanol, 15 ml verdünnter Salpetersäure (12 %), 10,0 ml Silbernitrat-Lösung (0,1 mol/l) und 2,0 ml Ammoniumeisen(III)-sulfat-Lösung (100 g/l) wird die Mischung mit Ammoniumthiocyanat-Lösung (0,1 mol/l) titriert.

1 ml Silbernitrat-Lösung, c = 0,1 mol/l, entspricht 13,05 mg $C_7H_{15}Cl_2N_2O_2P$.

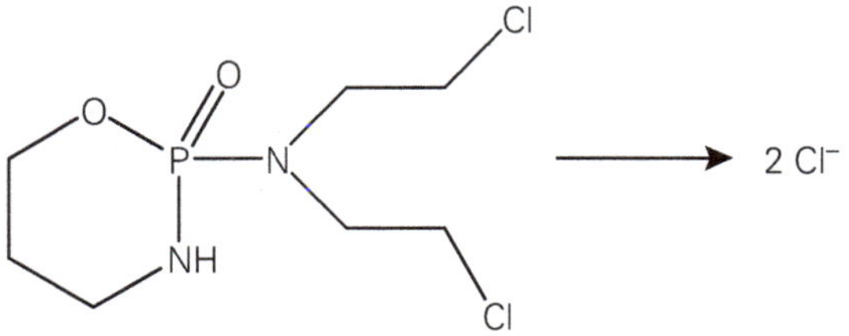

3.3 Oxidations- und Reduktionstitrationen

3.3.1 Theoretische Grundlagen

Oxidation und Reduktion

In der geschichtlichen Entwicklung der Chemie haben die Begriffe Oxidation und Reduktion des Öfteren einen wesentlichen Bedeutungswandel erfahren. Anfangs verstand man unter Oxidation die chemische Umsetzung eines Stoffes mit Sauerstoff (lat. oxygenium) und unter Reduktion das Zurückführen (lat. reducere) des oxidierten Stoffes in den ursprünglichen Zustand, also den Entzug von Sauerstoff (Lavoisier, 1777). So ist jeder Verbrennungsprozess eine Oxidation, z. B.

$$2\,H_2 + O_2 \rightarrow 2\,H_2O$$
$$2\,CO + O_2 \rightarrow 2\,CO_2$$

und der Vorgang

$$PbO + H_2 \rightarrow Pb + H_2O$$

eine Reduktion.

In der ersten Hälfte des 19. Jahrhunderts erfuhren beide Begriffe Erweiterungen. Einmal bezeichnete man auch den Prozess des Wasserstoffentzugs als Oxidation, z. B.

$$2\,NH_3 + {}^3\!/_2\,O_2 \rightarrow N_2 + 3\,H_2O\,.$$

und den der Vereinigung mit Wasserstoff als Reduktion, z. B.

$$N_2 + 3\,H_2 \rightarrow 2\,NH_3\,.$$

Zum anderen wurden die Begriffe auch auf solche chemischen Reaktionen ausgedehnt, bei denen Sauerstoff oder Wasserstoff gar nicht in elementarer Form aufgenommen bzw. abgegeben, sondern von anderen Verbindungen übertragen werden, z. B.

$$2\,HBr + Cl_2 \rightarrow Br_2 + 2\,HCl$$

(Oxidation von HBr, Reduktion von Cl_2),

$$CO + PbO \rightarrow CO_2 + Pb$$

(Oxidation von CO, Reduktion von PbO).

Im Jahre 1860 wurde der Begriff Oxidation nochmals erweitert. Unter einer Oxidation sollte eine chemische Reaktion verstanden werden, die zu einer Wertigkeitserhöhung (vgl. S. 43) des betreffenden Elementes führt, z. B.

$$2\,Na + Cl_2 \rightarrow 2\,NaCl$$

(„Verbrennung" des Natriums in einer Chloratmosphäre, Oxidation des „nullwertigen" zum „einwertigen" Natrium; in heutiger Ausdrucksweise: Erhöhung der Ionenwertigkeit des Natriums von 0 auf 1+) oder

$$4\,FeO + O_2 \rightarrow 2\,Fe_2O_3$$

(Oxidation des „zweiwertigen“ Eisens zum „dreiwertigen“; Erhöhung der Ionenwertigkeit des Eisens von 2+ auf 3+).

Auf der erstmals von Kossel und Lewis 1916 formulierten Elektronentheorie der chemischen Bindung beruht die heute geltende Definition der Begriffe Oxidation und Reduktion.

Danach beruhen alle Oxidations- und Reduktionsreaktionen auf der Übertragung von Elektronen. Es besteht eine formale Übereinstimmung mit der Theorie der Säure-Base-Reaktionen von Brönsted (vgl. Abschn. 3.1.1), nach der Protonen übertragen werden.

Unter **Oxidation** ist die **Abgabe von Elektronen**, unter **Reduktion** die **Aufnahme von Elektronen** zu verstehen. So sind folgende Reaktionen Oxidationsvorgänge:

$$Fe^{2+} \rightarrow Fe^{3+} + e^-$$
$$2\,I^- \rightarrow I_2 + 2\,e^-$$
$$Na \rightarrow Na^+ + e^-.$$

Als Beispiele für Reduktionsprozesse seien genannt:

$$Fe^{3+} + e^- \rightarrow Fe^{2+}$$
$$Sn^{4+} + 2\,e^- \rightarrow Sn^{2+}$$
$$Cl_2 + 2\,e^- \rightarrow 2\,Cl^-.$$

Kommt ein Stoff – wie in den aufgeführten Beispielen – in zwei Formen vor, die sich lediglich durch die Anzahl ihrer Elektronen unterscheiden, so bilden diese beiden Formen ein **korrespondierendes Redoxpaar** (Redoxsystem). Die oxidierte Form A_{ox} ist durch Aufnahme von Elektronen (Reduktion) in die reduzierte Form A_{red} überführbar und diese kann durch Entzug von Elektronen (Oxidation) in die oxidierte Form übergehen

$$A_{ox} + z\,e^- \rightleftharpoons A_{red},$$

wobei z die Anzahl der am Redoxvorgang beteiligten Elektronen ist.

Wenn ein Stoff unter Abgabe von Elektronen oxidiert wird, so muss zwangsläufig ein anderer Stoff gleichzeitig unter Aufnahme von Elektronen reduziert werden, denn freie Elektronen treten unter normalen chemischen Reaktionsbedingungen nicht auf. Jede Oxidation eines Stoffes bedeutet somit zugleich die Reduktion eines anderen. Man drückt diese Kopplung durch die Bezeichnung **Redoxreaktion** aus.

An jeder Redoxreaktion müssen stets zwei korrespondierende Redoxpaare teilnehmen:

$$A_{red} + B_{ox} \rightleftharpoons A_{ox} + B_{red}\,.$$

Die Teilchen A_{red} wirken reduzierend, indem sie an die Teilchen B_{ox} Elektronen abgeben. A_{red} heißt daher **Reduktionsmittel**. Reduktionsmittel sind Elektronendonatoren, sie werden durch die Elektronenabgabe oxidiert. Die Teilchen B_{ox} oxidieren A_{red}, indem sie Elektronen aufnehmen. B_{ox} ist somit ein **Oxidationsmittel**, ein Elektronenakzeptor. Bei der Reaktion geht es in die reduzierte Form über.

Eine Redoxreaktion stellt eine Elektronenübertragung von einem Reduktionsmittel auf ein Oxidationsmittel dar.

Beispiel: $2\,Fe^{3+} + Sn^{2+} \rightarrow 2\,Fe^{2+} + Sn^{4+}$.
In saurer Lösung werden Fe^{3+}-Ionen von Sn^{2+}-Ionen reduziert bzw. – in anderer Formulierung – werden Sn^{2+}-Ionen von Fe^{3+}-Ionen oxidiert. Die beteiligten korrespondierenden Redoxpaare sind Fe^{3+}/Fe^{2+} und Sn^{4+}/Sn^{2+}.

Beispiel: $Fe + Cu^{2+} \rightarrow Fe^{2+} + Cu$.
Dieser Vorgang spielt sich beim Eintauchen eines Eisennagels in eine Kupfersalzlösung ab. Eisen reduziert die Kupferionen. Die beteiligten Redoxpaare sind Fe^{2+}/Fe und Cu^{2+}/Cu.

Stoffe wie Eisen(II)-Ionen, die unter Elektronenaufnahme als Oxidationsmittel wirken können ($Fe^{2+} + 2\,e^- \rightarrow Fe$), aber auch Elektronen abgeben können ($Fe^{2+} \rightarrow Fe^{3+} + e^-$), bezeichnet man als **redoxamphotere Stoffe**.

Oxidationszahl

Zur quantitativen Beschreibung von Redoxreaktionen ist es sinnvoll, den Oxidationszustand der beteiligten Elementatome durch Zahlen zu bezeichnen. Bei Reaktionen zwischen Ionen lässt sich die Ionenladungszahl mit positivem oder negativem Vorzeichen, die **Ionenwertigkeit**, verwenden. Die Ionenbindung ist aber nur ein Grenzfall der chemischen Bindung, und bei weitem nicht alle Verbindungen sind aus Ionen aufgebaut. Der Übergang von Elektronen ist daher bei vielen Redoxvorgängen nicht so einfach zu erkennen.

Werden beispielsweise bei der Oxidation des Wasserstoffs durch Sauerstoff kovalente, nichtpolare Bindungen in den Elementmolekülen gebrochen und stark polare O-H-Bindungen im Wassermolekül gebildet:

$$2\,H-H + \underline{\overline{O}}=\underline{\overline{O}} \rightarrow 2\; {}^{\delta+}H{-}O^{2\delta-}{-}H^{\delta+},$$

so ist auch dieser Vorgang als – partieller – Elektronenübergang aufzufassen. In den neu gebildeten Bindungen sind die bindenden Elektronen stärker zum elektronegativeren Bindungspartner hingezogen. In solchen Fällen müssen die Polaritäten der betreffenden kovalenten Bindungen betrachtet werden. Ein weiteres Beispiel ist die Bildung von gasförmigem Hydrogenchlorid aus den Elementen:

$$H-H + |\overline{\underline{Cl}}-\overline{\underline{Cl}}| \rightarrow 2\,{}^{\delta+}H-\overline{\underline{Cl}}|^{\delta-},$$

An Stelle der Ionenwertigkeit ist deshalb der Begriff **Oxidationszahl** für ein Elementatom eingeführt worden. Unter der Oxidationszahl eines Elementatoms in einem Atomverband versteht man die Ladung, die das Atom haben würde, wenn die Elektronen aller Bindungen an diesem Atom dem jeweils elektronegativeren Bindungspartner zugeordnet werden.

Man denkt sich dabei eine Verbindung formal in positiv und negativ geladene Bestandteile zerlegt und gibt die Oxidationszahl des jeweiligen Atoms durch eine römische Ziffer an, die rechts oben neben oder auch über das Elementsymbol geschrieben wird. Ziffern ohne Vorzeichen bedeuten positive Oxidationszahlen; negative Oxidationszahlen werden durch ein Minuszeichen **vor** der Ziffer bezeichnet.

Beispiele: $C^{IV}O_2^{-II}$ $N^{-III}H_3^{I}$ $H_2^{\pm 0}$

Die algebraische Summe der Oxidationszahlen aller vorhandenen Atome ist in einem ungeladenen Molekül gleich null, in einem Molekülion gleich der Ionenladung, z. B.

CO_2	C:	IV	SO_4^{2-}	S:	VI
	O:	2 · (–II)		O:	4 · (–II)
Summe:		0	Summe:		–2

Für die Ermittlung der Oxidationszahlen können folgende Regeln angewendet werden:

1. Atome in Molekülen von Elementen und in elementaren Metallen haben die Oxidationszahl Null. Sie tragen keinen Ladungsüberschuss und unterscheiden sich nicht in ihrer Elektronegativität:

$$\overset{\pm 0}{N}\equiv\overset{\pm 0}{N} \qquad \overset{\pm 0}{Cu}$$

2. Bei Atomionen ist die Oxidationszahl gleich der Ionenladung:

$$Na^{+},\ Mg^{2+},\ Fe^{3+},\ O^{2-}.$$

3. In Molekülen und Molekülionen, die aus mehreren Elementen bestehen, ist die Oxidationszahl eines Atoms gleich der formalen Ladung, die diesem Atom zukäme, wenn das Molekül, in dem es eingebaut ist, vollständig aus Atomionen bestünde.

Zur Ermittlung der Oxidationszahlen geht man folgendermaßen vor: Man schreibt die Strichformel (Lewis-Formel) der Verbindung mit sämtlichen (bindenden und nichtbindenden) Valenzelektronen auf. Dann trennt man formal alle kovalenten Bindungen, wobei die Bindungselektronen dem jeweils elektronegativeren Partner zugeordnet werden. Ein Kriterium für die relative Elektronegativität bilden die Koeffizienten von Pauling [107]. Bei kovalenten Bindungen zwischen gleichartigen Atomen werden die Bindungselektronen hälftig zugeordnet. Die Differenz zwischen der Anzahl der Valenzelektronen des jeweils betrachteten Atoms im ungeladenen Zustand und der Anzahl der Valenzelektronen, die das Atom nach der formal durchgeführten Bindungstrennung erhält, ist seine Oxidationszahl. Zur Kontrolle stellt man die Elektronenbilanz auf.

Beispiel: Phosphorsäure, H_3PO_4

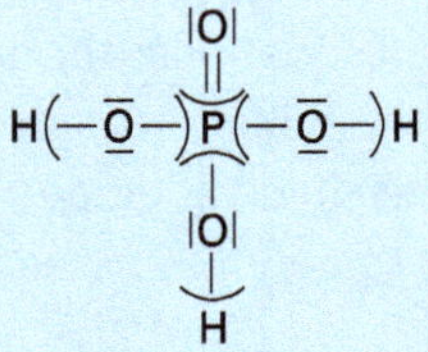

Oxidationszahlen: Wasserstoff I, Sauerstoff –II, Phosphor V

Bilanz: 3 · I + 4 · (–II) + V = 0.

Beispiel: Oxalsäure, $H_2 C_2 O_4$

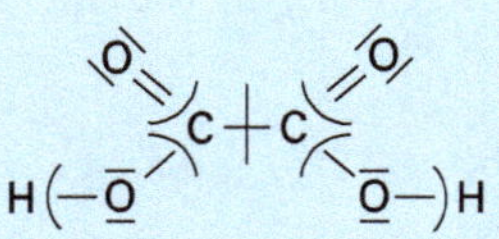

Oxidationszahlen: Wasserstoff I, Sauerstoff –II, Kohlenstoff III

Bilanz: 2 · I + 4 · (–II) + 2 · III = 0.

Beispiel: Kaliumpermanganat, $KMnO_4$

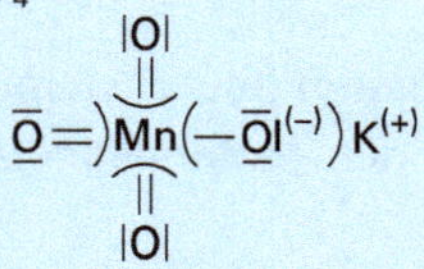

Oxidationszahlen: Kalium I, Sauerstoff –II, Mangan VII

Bilanz: I + 4 · (–II) + VII = 0.

Beispiel: Hydrogenperoxid, H_2O_2

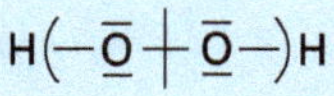

Oxidationszahlen: Wasserstoff I, Sauerstoff –I

Bilanz: 2 · I + 2 · (–I) = 0.

Wie die Regeln und Beispiele erkennen lassen, haben die Oxidationszahlen – abgesehen von den Atomionen – keine konkrete physikalische Bedeutung, sondern nur einen formalen Sinn. Sie stellen ein Hilfsmittel zum Erkennen von Redoxvorgängen und den mit ihnen verbundenen vollständigen oder partiellen Elektronenübergängen dar. Mithilfe der Oxidationszahlen lässt sich die Definition einer Redoxreaktion neu und umfassender formulieren:

- Jede chemische Reaktion, bei der irgendeine Änderung der Oxidationszahlen der beteiligten Elemente stattfindet, ist eine Redoxreaktion.
- Oxidation bedeutet die Erhöhung der Oxidationszahl eines Elementes, Reduktion die Erniedrigung der Oxidationszahl.

Redoxpotential

Die Fähigkeit eines Stoffes, als Oxidations- bzw. Reduktionsmittel zu wirken, hängt im Wesentlichen von seiner Elektronenaffinität bzw. seiner Ionisierungsenergie ab.

Taucht man einen Zinkstab in eine Kupfer(II)-sulfatlösung, so überzieht er sich mit metallischem Kupfer:

$$Zn + Cu^{2+} \longrightarrow Cu + Zn^{2+}.$$

Bei dem Vorgang wird Zink oxidiert und Kupfer reduziert. Er lässt sich in zwei Teilprozesse auflösen:

$$\begin{aligned} Zn &\rightleftharpoons Zn^{2+} + 2\,e^- \\ Cu^{2+} + 2\,e^- &\rightleftharpoons Cu\,. \end{aligned}$$

Ein Zinkstab, der in eine Zinksalzlösung eintaucht, reagiert prinzipiell nach der ersten Gleichung. Der Vorgang kommt aber sehr bald mit seinem – durch den unteren Pfeil der Gleichung bezeichneten – Gegenprozess ins Gleichgewicht. Dadurch, dass metallisches Zink – wenn auch nur in geringem Maße – als Zn^{2+}-Ionen in Lösung geht, lädt sich der Zinkstab negativ auf. Taucht dagegen ein Kupferstab in eine Kupfersalzlösung, so scheidet sich nach der zweiten Gleichung eine geringe Menge metallischen Kupfers ab. Dadurch erhält der Kupferstab gegenüber der Lösung eine geringe positive Aufladung. Die Kombinationen Zn (Metall)/Zn^{2+} (gelöst) und Cu (Metall)/Cu^{2+} (gelöst) bezeichnet man als **Halbelemente** (im Sinne galvanischer Elemente), ihre durch die Aufladung gegebenen elektrischen Potentiale als **Einzelpotentiale**. Durch Kombination der Halbelemente entstehen die bekannten galvanischen Elemente, im Falle der Kombination der obigen Halbelemente Zn/Zn^{2+} und Cu/Cu^{2+} das **Daniellelement**.

Auch der elementare Wasserstoff nimmt gegenüber der Lösung seiner Ionen ein bestimmtes Einzelpotential an. Taucht man z. B. ein platiniertes Platinblech (s. S. 281) in eine Säure ein und bespült es mit Wasserstoffgas, so löst sich etwas von dem Gas im Platin. Dieser an der Oberfläche mit Wasserstoffgas gesättigte Platinstab verhält sich dann wie ein **Wasserstoffstab**.

Tab. 3.7: Elektrochemische Spannungsreihe einiger Metalle [6, 20].

Redoxsystem	$E°$ in V	Redoxsystem	$E°$ in V
$Li^+ + e^- \rightleftharpoons Li$	−2,96	$Co^{2+} + 2\,e^- \rightleftharpoons Co$	−0,28
$Ca^{2+} + 2\,e^- \rightleftharpoons Ca$	−2,76	$Pb^{2+} + 2\,e^- \rightleftharpoons Pb$	−0,13
$Mg^{2+} + 2\,e^- \rightleftharpoons Mg$	−2,38	$2\,H^+ + 2\,e^- \rightleftharpoons H_2$	±0,00
$Al^{3+} + 3\,e^- \rightleftharpoons Al$	−1,67	$Cu^{2+} + 2e^- \rightleftharpoons Cu$	+0,35
$Mn^{2+} + 2e^- \rightleftharpoons Mn$	−1,18	$Ag^+ + e^- \rightleftharpoons Ag$	+0,80
$Zn^{2+} + 2\,e^- \rightleftharpoons Zn$	−0,76	$Hg^{2+} + 2\,e^- \rightleftharpoons Hg$	+0,85
$Fe^{2+} + 2\,e^- \rightleftharpoons Fe$	−0,45	$Au^{3+} + 3\,e^- \rightleftharpoons Au$	+1,42

Die relative Größe der Einzelpotentiale hängt von der Natur des betreffenden Elementes sowie von der Konzentration seiner Ionen in der Lösung ab (vgl. Abschn. 4.4.1). Sie lässt sich experimentell bestimmen, indem man die verschiedenen Halbelemente nacheinander mit ein und demselben Halbelement als Bezugselement kombiniert und die verschiedenen Spannungen am Voltmeter abliest. In Tab. 3.7 ist eine Reihe von **Standardpotentialen E°** zusammengestellt,[19] die bei 20 °C gemessen wurden. Als Bezugselektrode dient dabei die **Standardwasserstoffelektrode**, der man willkürlich das Potential Null zugeordnet hat.

Die Reihenfolge der metallischen Elemente nach steigenden (positiven) Einzelpotentialen geordnet nennt man die **elektrochemische Spannungsreihe**. Sie gibt uns einen brauchbaren Maßstab für die Beurteilung der Bindungsfestigkeit der Elektronen in den äußersten Elektronenschalen. Von den in Tab. 3.7 aufgeführten Elementen gibt z. B. Lithium am leichtesten, Gold dagegen am schwersten Valenzelektronen ab.

Ebenso wie man das Bestreben der Elemente, Elektronen abzugeben bzw. aufzunehmen, also ihr Oxidations- bzw. Reduktionsvermögen, durch Aufstellung einer Spannungsreihe miteinander vergleichen kann, lassen sich auch alle anderen Oxidations- und Reduktionsmittel dadurch kennzeichnen, dass man ihre Einzelpotentiale, ihre **Redoxpotentiale** bestimmt.

Eine Elektrode aus blankem Platin, die in die Lösung eines Oxidations- oder Reduktionsmittels eintaucht, nimmt ein bestimmtes Potential an. Je größer das Oxidationsvermögen der Lösung ist, um so positiver oder edler, je stärker reduzierend die Lösung wirkt, umso negativer oder unedler wird das Potential der Elektrode. Stellt man die am Voltmeter abgelesenen Werte für die Lösungen verschiedener Oxidations- und Reduktionsmittel, gemessen gegen die Standardwasserstoffelektrode als Bezugssystem, zusammen, so erhält man Tab. 3.8. Die Potentiale, die durch die jeweiligen Oxidations- und Reduktionsvorgänge geliefert werden, hän-

---

19 Gemessen unter *Standardbedingungen*: Aktivität der gelösten Ionen $a = 1$, feste Stoffe liegen rein vor, Gase haben den Druck $p = 1{,}013$ bar.

Tab. 3.8: Elektrochemische Spannungsreihe für Ionen [6,20].

Redoxsystem	$E°$ in V
$S(\text{fest}) + H_2O + 2\,e^- \rightleftharpoons HS^- + OH^-$	−0,48
$Cr^3 + e^- \rightleftharpoons Cr^{2+}$	−0,44
$[Ti(OH)]^{3+} + H^+ + e^- \rightleftharpoons Ti^{3+} + H_2O$	−0,06
$Sn^{4+} + 2\,e^- \rightleftharpoons Sn^{2+}$	+0,15
$[Fe(CN)_6]^{3-} + e^- \rightleftharpoons [Fe(CN)_6]^{4-}$	+0,36
$I_3^- + 2\,e^- \rightleftharpoons 3\,I^-$	+0,54
$Fe^{3+} + e^- \rightleftharpoons Fe^{2+}$	+0,77
$ClO^- + H_2O + 2\,e^- \rightleftharpoons Cl^- + 2\,OH^-$	+0,88
$Br_2\,(\text{gelöst}) + 2\,e^- \rightleftharpoons 2\,Br^-$	+1,09
$IO_3^- + 6\,H^+ + 6\,e^- \rightleftharpoons I^- + 3\,H_2O$	+1,09
$Ce^{4+} + e^- \rightleftharpoons Ce^{3+}$	+1,71
$Cr_2O_7^{2-} + 14\,H^+ + 6\,e^- \rightleftharpoons 2\,Cr^{3+} + 7\,H_2O$	+1,36
$Cl_2\,(\text{gelöst}) + 2\,e^- \rightleftharpoons 2\,Cl^-$	+1,36
$BrO_3^- + 6\,H^+ + 6\,e^- \rightleftharpoons Br^- + 3\,H_2O$	+1,44
$MnO_4^- + 8\,H^+ + 5\,e^- \rightleftharpoons Mn^{2+} + 4\,H_2O$	+1,51

gen auch hier wieder von der Konzentration der beteiligten Stoffe ab. Die in Tab. 3.8 enthaltenen Standardpotentiale $E°$ beziehen sich auf Lösungen von 25 °C.

Im Sinne der oberen Pfeile gelesen beschreiben die in Tab. 3.8 aufgeführten Reaktionsgleichungen Reduktionsvorgänge, im Sinne der unteren Pfeile Oxidationsprozesse. Das Reduktionsvermögen des Titan(III)-Ions ist danach größer als z. B. das des Zinn(II)-Ions, und dieses wieder ist stärker reduzierend als das $[Fe(CN)_6]^{4-}$-Ion. Andererseits ist das Permanganation in saurer Lösung ein stärkeres Oxidationsmittel als etwa das Bromation oder das Hypochloritiom. Ebenfalls kommt in der Reihe $Cl_2/Br_2/I_2$ das abnehmende Oxidationsvermögen der Halogene in den Potentialwerten zum Ausdruck.

Zusammenfassend lässt sich sagen: Das Oxidations- oder Reduktionsvermögen jedes Oxidations- bzw. Reduktionsmittels lässt sich zahlenmäßig kennzeichnen durch die Größe des elektrischen Potentials, das eine in seine Lösung eintauchende unangreifbare Elektrode gegenüber der Standardwasserstoffelektrode annimmt.

Die reduzierte Form eines Redoxpaares kann nicht an jede beliebige oxidierte Form eines anderen Redoxpaares Elektronen abgeben bzw. die oxidierte Form eines bestimmten Paares nicht von jeder beliebigen reduzierten Form anderer Paare Elektronen aufnehmen. Ob die oxidierte Form eines Redoxpaares als Oxidationsmittel bzw. ob die reduzierte Form als Reduktionsmittel wirken kann, hängt von den Versuchsbedingungen ab. Ein Stoff ist nicht von vornherein ein Oxidationsmittel oder ein Reduktionsmittel. Es kommt dabei auf den Reaktionspartner an. Weiterhin ist das Verhalten abhängig von der Temperatur und den Konzentrationen. In vielen Fällen stellen sich Redoxgleichgewichte ein.

3.3.2 Permanganometrische Bestimmungen

In der Permanganometrie, in der Kaliumpermanganatlösung als Maßlösung verwendet wird, nutzt man das große Oxidationsvermögen des MnO_4^--Ions aus. Der Verlauf der Redoxreaktionen ist jedoch ganz unterschiedlich, je nachdem ob das Reaktionsmedium sauer, neutral oder alkalisch ist.

Die überwiegende Anzahl der in der Permanganometrie für Titrationszwecke ausgenutzten Umsetzungen spielen sich in saurer Lösung ab, und zwar nach der Gleichung

$$MnO_4^- + 8\,H^+ + 5\,e^- \longrightarrow Mn^{2+} + 4\,H_2O.$$

Das Permanganation, in dem Mangan die Oxidationszahl VII aufweist, wird unter Mitwirkung von 8 Wasserstoffionen unter Aufnahme von 5 Elektronen, die das jeweilige Reduktionsmittel liefert, zum Mangan(II)-Ion reduziert. Dabei entstehen aus 8 Wasserstoffionen 4 Moleküle Wasser.

In einigen Fällen wird die Titration mit Kaliumpermanganat in neutraler Lösung vorgenommen. Das gilt hauptsächlich für solche Stoffe, die wie z. B. Hydrazin nur in Lösungen geringer Wasserstoffionenkonzentration von Permanganat eindeutig oxidiert werden.

In schwach sauren, neutralen oder schwach alkalischen Lösungen reagiert das Permanganat nach

$$MnO_4^- + 4\,H^+ + 3\,e^- \longrightarrow MnO_2\downarrow + 2\,H_2O.$$

Hier wird das Mangan von der Oxidationszahl VII unter Mitwirkung von 4 H^+-Ionen unter Aufnahme von nur 3 Elektronen, die das Reduktionsmittel abgibt, zum Mangandioxid reduziert, in dem Mangan die Oxidationszahl IV hat.

Der wirkliche Verlauf jedoch, der Mechanismus der Reaktionen, die sich in den Lösungen abspielen, in denen Permanganat als Oxidationsmittel verwendet wird, ist bedeutend verwickelter als die Formulierungen erkennen lassen. Beispiele werden das später zeigen.

Eine weitere Möglichkeit besteht darin, in stark alkalischen Lösungen zu arbeiten. Hier findet die Reduktion des Permanganats zum Manganat(VI) statt:

$$MnO_4^- + e^- \longrightarrow MnO_4^{2-}.$$

Auch diese Reaktion lässt sich maßanalytisch verwenden. Sie dient z. B. zur Bestimmung von Phosphit, Hypophosphit, Methanol und Formaldehyd (vgl. Kap 3.3.9) [124].

Herstellung der Kaliumpermanganatlösung

Aus den Ausführungen über Maßlösungen und über die Oxidationswirkung des Permanganats folgt, dass eine für Titrationen im sauren Bereich zu verwendende

Kaliumpermanganatlösung der Konzentration $c(\frac{1}{5}\,KMnO_4) = 1$ mol/l (früher 1 normale $KMnO_4$-Lösung, 1 N) 158,034 : 5 = 31,607 g $KMnO_4$ je Liter enthalten muss. In der Praxis arbeitet man meist mit 10-fach verdünnten Lösungen, $c(\frac{1}{5}\,KMnO_4) = 0{,}1$ mol/l.

Trotz der Reinheit des im Handel erhältlichen Kaliumpermanganats kann man sich keine präzise Maßlösung durch Abwägen von genau 3,1607 g $KMnO_4$, Auflösen in Wasser und Auffüllen auf einen Liter bereiten, weil eine solche Lösung keine Titerkonstanz aufweist. Man wiegt vielmehr auf einer Laborwaage ungefähr die berechnete Portion des Salzes ab, etwa 3,2 g, löst sie in einer sauberen Flasche zu einem Liter mit deionisiertem Wasser auf und lässt die Lösung etwa ein bis zwei Wochen stehen. Auch bei noch so sorgfältiger Arbeit nimmt der Titer in den ersten Tagen langsam ab, weil Spuren von Ammoniumsalzen, Staubteilchen und andere organische Verunreinigungen allmählich unter Verbrauch von Permanganat oxidiert werden. Statt des längeren Stehenlassens kann man die Lösung auch eine Stunde lang auf dem siedenden Wasserbad erwärmen. Dadurch werden die Oxidationsvorgänge beschleunigt. Anschließend wird die Lösung durch einen sorgfältig gereinigten Glasfiltertiegel (kein Papierfilter!) in eine ebenfalls sorgfältig gesäuberte Vorratsflasche filtriert. Versäumt man das Filtrieren, so nimmt der Titer der Lösung auch weiterhin ab, da der bei der Oxidation der Staubteilchen entstandene Braunstein die Selbstzersetzung des gelösten Permanganats katalysiert, etwa nach folgendem Schema:

$$4\,KMnO_4 + 2\,H_2O \longrightarrow 4\,MnO_2\downarrow + 4\,KOH + 3\,O_2\uparrow .$$

Die Vorratsflasche bewahre man lichtgeschützt auf.

Der chemische Wirkungswert der gebrauchsfertigen Kaliumpermanganatlösung muss noch genau festgestellt werden. Das geschieht mithilfe geeigneter Urtitersubstanzen. In Betracht kommen vor allem Natriumoxalat, $Na_2(COO)_2$, und chemisch reines Eisen.

Einstellung mit Natriumoxalat. Die Titerstellung mit Natriumoxalat beruht auf den klassischen Untersuchungen von Sörensen in den Jahren 1897–1906. Ihr ist bei weitem der Vorzug zu geben. Im Folgenden wird die Arbeitsweise in allen Einzelheiten beschrieben, weil sich dabei die Gesichtspunkte erkennen lassen, die sowohl für die Titerstellung von Permanganatlösungen als auch für Titerstellungen allgemein von Bedeutung sind.

Die Titerstellung beruht auf folgender Redoxgleichung:

$$2\,MnO_4^- + 5\,C_2O_4^{2-} + 16\,H^+ \longrightarrow 2\,Mn^{2+} + 10\,CO_2 + 8\,H_2O .$$

Die Oxidation des Oxalations zu Kohlenstoffdioxid verläuft in warmer schwefelsaurer Lösung innerhalb relativ weiter Grenzen der Wasserstoffionenkonzentration ohne störende Nebenreaktionen nach der angegebenen Reaktionsgleichung.

Die Vorzüge des Natriumoxalats als Titersubstanz sind: Es lässt sich durch Umkristallisieren leicht sehr rein entsprechend seiner formelmäßigen Zusammensetzung erhalten. Es enthält kein Kristallwasser. Es lässt sich gut trocknen. Es ist ein neutrales Salz, das weder Wasser noch Kohlenstoffdioxid noch Ammoniak aufzunehmen bestrebt ist. Es lässt sich daher bequem abwägen.

Von der präparativen Darstellung aus Soda und Oxalsäure her kommen als Verunreinigungen in Betracht: Feuchtigkeit, Natriumcarbonat, Natriumhydrogenoxalat, Natriumsulfat oder Natriumchlorid. Die Feuchtigkeit ist durch Trocknen des Salzes im Trockenschrank bei 230 bis 250 °C leicht zu entfernen. Erst oberhalb 330 °C beginnt das Natriumoxalat sich zu zersetzen ($Na_2C_2O_4 \rightarrow Na_2CO_3 + CO\uparrow$). Eine Beimengung von Natriumcarbonat oder von Natriumhydrogenoxalat lässt sich durch Titration mit HCl bzw. NaOH unter Verwendung von Phenolphthalein als Indikator ermitteln und durch Umkristallisation entfernen. Sulfate und Chloride lassen sich durch geeignete Fällungsreaktionen in einer angesäuerten Lösung von etwa 10 g des Salzes erkennen. Zur Feststellung der Abwesenheit organischer Verunreinigungen wird 1 g des Salzes mit 10 ml reiner konzentrierter Schwefelsäure erhitzt. Die Schwefelsäure darf sich nicht braun oder gar schwarz färben.

Arbeitsvorschrift: Man wägt drei oder vier Proben von ungefähr 0,15 bis 0,2 g getrocknetes Natriumoxalat auf ±0,1 mg ab. Dazu benutzt man ein längliches Wägeröhrchen mit aufgesetzter Glaskappe, das eine beliebige Masse der abzuwägenden Substanz enthält. Nach genauem Wägen öffnet man das Röhrchen, führt den Hals vorsichtig tief in die Öffnung eines Titrierbechers von 400 ml Inhalt ein, und lässt durch vorsichtiges Klopfen auf das schräg gehaltene Röhrchen die gewünschte Substanzportion in den Becher gleiten. Das Wägeröhrchen wird darauf verschlossen und erneut gewogen. Aus der Differenz beider Wägungen ergibt sich die Masse der im Becher befindlichen Substanzprobe. Beim Einschütten ist peinlich darauf zu achten, dass die Substanz nicht verstäubt. Jede Probe wird in etwa 200 ml Wasser gelöst, die Lösung mit je 10 ml Schwefelsäure (konzentrierte Schwefelsäure 1 : 4 verdünnt) angesäuert und auf 75 bis 85 °C erwärmt.

Die Titration erfolgt, indem man die auf die Nullmarke eingestellte Kaliumpermanganatlösung (bei undurchsichtigen Lösungen nimmt man die Ablesung am oberen Rand des Meniskus vor!) unter ständigem kreisenden Umschwenken des Titrierbechers aus der Bürette in die heiße Natriumoxalatlösung eintropfen lässt. Man wartet vor jeder neuen Permanganatzugabe so lange, bis die Lösung sich entfärbt hat. Anfänglich findet nämlich die Oxidation des Oxalations nur langsam statt. Die Reaktionsgleichung gibt nur das Anfangs- und Endstadium wieder. Die Reaktion verläuft in Wirklichkeit viel komplizierter, wobei das Mangan(II)-Ion eine Rolle als Katalysator spielt (Skrabal, 1904). Es ist anfänglich nur spurenweise vorhanden, entsteht aber im Verlaufe der Titration in zunehmendem Maße. Nach Zugabe einiger Milliliter kann man die Permanganatlösung etwas schneller einfließen lassen. Um den Endpunkt nicht zu überschreiten, muss man sie gegen Ende der Titration wieder sehr langsam und vorsichtig eintropfen lassen.

Der Endpunkt gibt sich dadurch zu erkennen, dass die Permanganatlösung nicht mehr entfärbt wird, sondern der Lösung eine schwach rotviolette Färbung erteilt. Die Farbstärke der Permanganationen erkennt man daraus, dass – nach einer Angabe von Kolthoff [89] – eine Lösung der Konzentration 1 bis $2 \cdot 10^{-5}$ mol/l (bezogen auf Äquivalente) noch äußerst schwach rosa gefärbt ist. Diesem Umstand und der Tatsache, dass das Mangan(II)-Ion schon in mäßig verdünnten Lösungen völlig farblos erscheint, verdanken wir es, dass die Permanganometrie ohne fremde Indikatorzusätze auskommt. Zur Erkennung des Endpunktes der Titration ist also der überschüssige Zusatz eines gewissen kleinen Volumens der Permanganatlösung erforderlich. Ein Tropfen, das sind etwa 0,03 ml, vermag 300 ml farblose Lösung noch schwach rosa anzufärben. Bei einem Verbrauch von 20 bis 30 ml Permanganatlösung wäre das ein Zuviel von etwa 0,1 %. Denselben zusätzlichen Verbrauch an Permanganatlösung hat man aber auch bei den späteren Titrationen, sodass er bei gewöhnlichen Bestimmungen nicht berücksichtigt zu werden braucht. Bei ganz exakten Titrationen jedoch muss dieses Zuviel unter Berücksichtigung des Volumens der vorgelegten Lösung ebenso beachtet werden wie bei der zugehörigen Titerstellung.

Die Beobachtung, dass die schwache Rosafärbung einer austitrierten Lösung nach einiger Zeit allmählich verschwindet, erklärt sich nicht nur aus dem Zutritt von oxidierbaren Staubteilchen aus der Luft, sondern auch dadurch, dass die im Verlauf der Titration entstandenen Mangan(II)-Ionen ihrerseits die Permanganationen langsam reduzieren.

Die **Berechnung des Titers** der Kaliumpermanganatlösung aufgrund der Titrationsergebnisse geschieht in folgender Weise:

Angenommen, wir hätten drei Proben von 0,2718 g, 0,1854 g und 0,1922 g $Na_2C_2O_4$ mit der $KMnO_4$-Lösung titriert und dabei 40,15 ml, 27,40 ml bzw. 28,47 ml bis zum Äquivalenzpunkt verbraucht. 1 ml einer genau 0,1 mol/l Äquivalente ($\frac{1}{5}$ $KMnO_4$) enthaltenden Permanganatlösung zeigt genau 0,1 mmol Äquivalente Natriumoxalat ($\frac{1}{2}$ $Na_2C_2O_4$) an, das sind 67,000 mg/mmol · 0,1 mmol/ml = 6,700 mg/ml $Na_2C_2O_4$. Die Brüche 271,8 mg : 6,7 mg/ml = 40,55 ml, 185,4 mg : 6,7 mg/ml = 27,69 ml und 192,2 mg : 6,7 mg/ml = 28,69 ml geben also an, welchem Volumen in ml einer genau 0,1 mol/l $KMnO_4$-Lösung unsere drei Proben entsprechen. In Wirklichkeit haben wir nicht 40,55 ml, sondern nur 40,15 ml bzw. statt 27,69 ml nur 27,40 ml und statt 28,69 ml nur 28,47 ml von der Maßlösung verbraucht. Sie ist also etwas stärker als 0,1 mol/l. Die Brüche 40,55/40,15 = 1,011, 27,69/27,40 = 1,010 und 28,69/28,47 = 1,010, im Mittel also 1,010, geben den Titer an. 1 ml der verwendeten Kaliumpermanganatlösung entspricht 1,01 ml einer Lösung der genauen Konzentration 0,1 mol/l (Die Lösung hat die Konzentration $c(\frac{1}{5}\ KMnO_4)$ = 0,101 mol/l).

Die Oxalsäure selbst, $H_2C_2O_4 \cdot 2\,H_2O$, ist zur Einstellung der Permanganatlösungen weniger gut geeignet, weil es schwieriger ist, ein genau dem Wassergehalt entsprechendes Präparat zu erhalten, und weil sie leicht in der Laboratoriumsluft enthaltenes Ammoniak anzieht und dabei spurenweise in Ammoniumoxalat übergeht. Doch wird die Verwendung von Oxalsäuremaßlösung häufig deswegen empfohlen, weil sie auch zur Bestimmung von Laugen benutzt werden kann. Die Einstellung mit Oxalsäure erfolgt analog der Titerstellung mit Natriumoxalat. Die Substanz wird in lufttrockenem Zustand verwendet.

1 ml $KMnO_4$-Lösung, $c(\frac{1}{5}\ KMnO_4)$ = 0,1 mol/l, entspricht 1 ml Oxalsäurelösung, $c(\frac{1}{2}\ H_2C_2O_4 \cdot 2\,H_2O)$ = 0,1 mol/l, oder 6,303 mg $H_2C_2O_4 \cdot 2\,H_2O$.

Einstellung mit chemisch reinem Eisen. Das Verfahren ist sehr exakt, wenn reines Eisen zur Verfügung steht, das nach Mittasch (1928) durch thermische Zersetzung von Eisenpentacarbonyl, $Fe(CO)_5$, dargestellt werden kann und auch im Handel erhältlich ist. Das metallische Eisen wird unter Luftabschluss in verdünnter Schwefelsäure zu Eisen(II)-sulfat gelöst, die Lösung dann – wie nachstehend beschrieben – mit Kaliumpermanganat titriert.

Unter keinen Umständen darf man zur Einstellung so genannten Blumendraht verwenden, wie in älteren Lehrbüchern empfohlen wird. Blumendraht kann nämlich bis über 0,3 % Fremdbestandteile, wie Kohlenstoff, Silicium, Phosphor und

Schwefel, enthalten, die sich in Schwefelsäure zum Teil zu oxidierbaren Verbindungen lösen. Dadurch wird mehr Permanganatlösung verbraucht als dem tatsächlichen Eisengehalt des Drahtes entspricht, sodass der Verbrauch scheinbar über 100 % der Theorie betragen kann. Hinzu kommt, dass der Carbidgehalt des Drahtes erheblichen Schwankungen unterworfen ist.

Die Auflösung der abgewogenen Eisenproben in verdünnter Schwefelsäure muss zur Vermeidung der Oxidation des Eisens zu Eisen(III)-Ionen unter Luftabschluss vorgenommen werden. Man nimmt sie am besten in einem Rundkolben mit Bunsenventil (vgl. Abb. 3.13) vor. Die Titration erfolgt so wie im Abschnitt „Bestimmung von Eisen in schwefelsaurer Lösung" beschrieben.

Einstellung mit Natriumthiosulfat-Lösung nach Ph. Eur. 20,0 ml der Kaliumpermanganat-Lösung, 0,02 mol/l, werden mit 2 g Kaliumiodid und 10 ml verdünnter Schwefelsäure, 98 g/l, versetzt. Die Mischung wird mit Natriumthiosulfat-Lösung, 0,1 mol/l, titriert. Gegen Ende der Titration wird 1 ml Stärkelösung, 10 g/l, zugesetzt. Der Faktor ist unmittelbar vor Gebrauch zu bestimmen [8a].

Bestimmung von Eisen in schwefelsaurer Lösung

Die Titration des Eisen(II) in schwefelsaurer Lösung erfolgt nach der Reaktionsgleichung

$$MnO_4^- + 5\,Fe^{2+} + 8\,H^+ \longrightarrow Mn^{2+} + 5\,Fe^{3+} + 4\,H_2O\,.$$

Mit dieser Titration, die sehr genaue Ergebnisse liefert, begründete Margueritte im Jahre 1846 die Permanganometrie.

Titration einer Eisen(II)-sulfatlösung. Man legt so viel der Lösung vor, dass der Verbrauch an Permanganatlösung 25 bis 40 ml beträgt, gibt 10 ml verdünnte Schwefelsäure (1 : 4) hinzu und verdünnt mit luftfreiem Wasser auf etwa 200 ml. Die Titration kann bei Raumtemperatur oder auch nach Erhitzen der Lösung vorgenommen werden. Der Endpunkt ist erreicht, wenn die Lösung noch eine Minute nach dem letzten Permanganatzusatz schwach orangefarben bleibt. Die Farbe resultiert aus der schwach gelblichen Farbe der entstandenen Eisen(III)-Salzlösung und dem Rotviolett des überschüssigen Permanganats. Durch Zusatz von etwas Phosphorsäure lassen sich die Eisen(III)-Ionen in farblose Komplexverbindungen überführen, sodass dann die Rosafärbung der Permanganationen am Ende der Titration erhalten bleibt. Doch auch ohne Phosphorsäurezusatz ist der Endpunkt der Titration unschwer festzustellen.

1 ml einer Kaliumpermanganatlösung, $c(\frac{1}{5}\,KMnO_4) = 0{,}1$ mol/l, entspricht 5,5845 mg Eisen.

Titration einer Eisen(III)-sulfatlösung. Wenn das Eisen nicht von vornherein mit der Oxidationszahl II vorliegt, muss es vor der Titration mit Kaliumpermanganat quantitativ zu Eisen(II) reduziert werden. Dazu sind nur solche Reduktionsmittel geeignet, deren Überschuss nach der Reduktion ohne Schwierigkeiten aus der Lösung entfernt werden kann. Man verwendet u. a. schweflige Säure, naszierenden Wasserstoff oder Zinn(II)-chlorid.

Die **Reduktion mit schwefliger Säure** nach

$$2\,Fe^{3+} + SO_3^{2-} + H_2O \rightleftharpoons 2\,Fe^{2+} + SO_4^{2-} + 2\,H^+$$

verläuft in stärker sauren Lösungen entsprechend dem Massenwirkungsgesetz unvollständig. Die Eisen(III)-Salzlösung wird daher – falls sie sauer ist – mit Sodalösung fast neutralisiert, mit frisch bereiteter Lösung von schwefliger Säure im Überschuss versetzt und unter langsamem Durchleiten von luftfreiem Kohlenstoffdioxid ¼ bis ½ Stunde lang zum Sieden erhitzt. Nachdem etwa 30 bis 40 ml Wasser aus dem Kolben abdestilliert sind, wird geprüft, ob der durchgeleitete CO_2-Strom noch SO_2 enthält. Zu diesem Zweck wird das Ablaufrohr des Kühlers in ein Kölbchen mit schwach schwefelsaurem, durch einen Tropfen der Kaliumpermanganatmaßlösung rosa gefärbtem Wasser getaucht. Tritt keine Entfärbung mehr ein, wird die Lösung direkt im Kolben nach Zusatz von 10 ml verdünnter Schwefelsäure mit Permanganatlösung titriert.

Die **Reduktion mit naszierendem Wasserstoff** nach

$$Fe^{3+} + H \longrightarrow Fe^{2+} + H^+$$

wird in schwefelsaurer Lösung durch Zugabe von reinem metallischen Zink oder Aluminium vorgenommen. Der naszierende Wasserstoff entsteht beim Auflösen des Metalles, z. B.

$$Zn + 2\,H^+ \longrightarrow Zn^{2+} + 2\,H\,.$$

Daneben findet auch folgende Reaktion statt:

$$2\,Fe^{3+} + Zn \longrightarrow 2\,Fe^{2+} + Zn^{2+}.$$

Man benutzt einen **Reduktionskolben mit Bunsenventil** (vgl. Abb. 3.13). Das Zink wird in das Glaskörbchen gebracht, das sich an einem Glasstab befindet, der gasdicht, aber verschiebbar oben durch die Schliffkappe hindurchragt. Während der Reduktion wird das Glaskörbchen, das aus einem spiralförmig aufgewickelten Glasstab besteht, bis fast auf den Grund des Reduktionskolbens gesenkt; die Lösung wird auf etwa 70 bis 80 °C erhitzt. Ihr Volumen darf nicht unnötig groß sein, da die Reduktion sonst zu lange dauert. Der sich lebhaft entwickelnde Wasserstoff kann den Kolben durch das Bunsenventil verlassen, das aus einem in der Mitte zu einer kleinen Kugel erweiterten Glasrohr besteht und mit dem unteren Ende durch die Schliffkappe in das Reduktionskölbchen ragt. Oben sitzt ein seitlich aufgeschlitztes Stückchen Gummischlauch auf, das seinerseits wieder mit einem Glasstab verschlossen ist. Durch den seitlichen Schlitz kann der Wasserstoff den Kolben bei Überdruck verlassen. Herrscht jedoch Unterdruck im Kolben, so wird der Schlauch fest zusammengedrückt und der Schlitz verschlossen, sodass keine

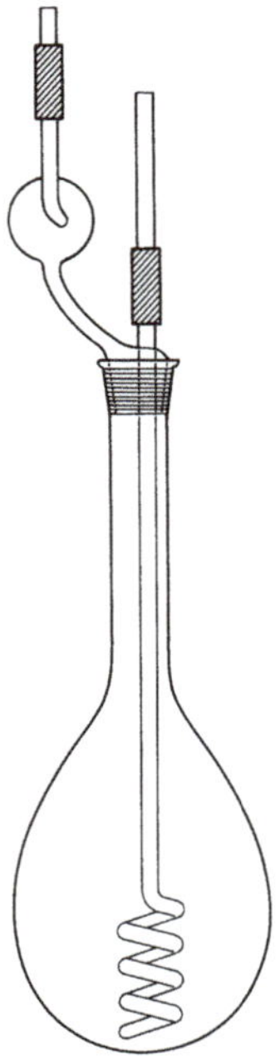

Abb. 3.13: Reduktionskolben mit Bunsenventil.

Luft eindringen kann. Die kugelförmige Erweiterung des Bunsenventils hat den Zweck, etwa mitgerissene Flüssigkeitströpfchen absitzen und wieder in den Reduktionskolben zurückfließen zu lassen. Das dem Schlitz entweichende Wasserstoffgas soll bei richtig konstruiertem Bunsenventil und vorschriftsmäßig geleiteter Reduktion keine saure Reaktion auf feuchtem Indikatorpapier hervorrufen. Das ist ein Beweis dafür, dass keine saure Lösung aus dem Kolben mitgerissen wird. Nach ein bis zwei Stunden ist die Reduktion beendet. Das Körbchen mit dem überschüssigen Zink oder Aluminium wird hochgezogen, die Schliffkappe abgenommen und die Teile werden sorgfältig mit ausgekochtem Wasser abgespült. Dann wird die noch warme Lösung titriert. Die verwendeten Metalle müssen natürlich eisenfrei sein. Gegebenenfalls muss man den Permanganatverbrauch einer abgewogenen und aufgelösten Probe ermitteln und als Korrektur berücksichtigen.

Die Reduktion der Eisen(III)-Ionen kann auch mit amalgamiertem Zink im **Jones-Reduktor** (H. C. Jones [108]) vorgenommen werden (vgl. Abb. 3.14). Ein Glasrohr von etwa 20 mm Durchmesser und 35 bis 40 cm Länge enthält oberhalb eines Ablaufhahnes eine Glasfritte (G 2) oder eine Porzellanfilterplatte mit feinen Löchern und darüber ein Polster aus Glaswolle. Die Säule ist mit fein granuliertem, amalgamiertem, eisenfreien Zink gefüllt, das man durch Schütteln des Zinkgranulats mit einer Lösung, die 2 % der Zinkmasse Quecksilber(II)-chlorid oder -nitrat enthält, herstellt. Durch den Reduktor werden 50 bis 100 ml 2- bis 3 %iger warmer Schwefelsäure gesaugt. Ein Tropfen der Permanganatlösung darf von der Schwefelsäure nach Passieren des Reduktors nicht mehr entfärbt werden. Andernfalls ist

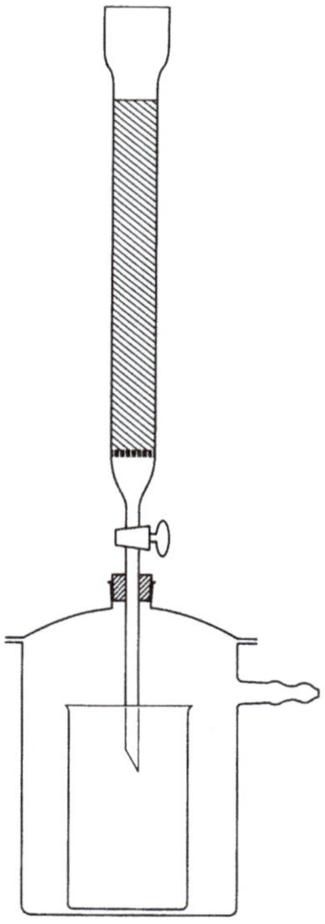

Abb. 3.14: Jones-Reduktor.

die Behandlung mit der verdünnten Schwefelsäure zu wiederholen. Die verdünnte Eisen(III)-sulfatlösung (etwa 100 ml) wird in einer Minute durch den Reduktor gesaugt und im Titriergefäß unter Schutzgasatmosphäre (N_2, CO_2) aufgefangen. Dann wird mit 25 bis 50 ml 2- bis 3 %iger Schwefelsäure und anschließend mit 100 bis 150 ml luftfreiem Wasser nachgewaschen. Das Filtrat wird dann sofort titriert. Durch nochmaliges Auswaschen mit Wasser werden etwa im Reduktor verbliebene Eisen(II)-sulfatreste herausgespült. Das Waschwasser wird zu der Probelösung gegeben und mittitriert. Der Reduktor wird mit Wasser gefüllt aufbewahrt und vor jeder Benutzung in der oben angegebenen Weise mit verdünnter Schwefelsäure behandelt. An Stelle von amalgamiertem Zink können auch mit Cadmium oder feinkörnigem Silber gefüllte Reduktoren verwendet werden (vgl. [109]).

Die Reduktion mit **Zinn(II)-chlorid** wird im Abschnitt „Bestimmung von Eisen in salzsaurer Lösung“ beschrieben.

Bestimmung von Eisen(II) neben Eisen(III) Es werden zwei Titrationen durchgeführt. Eine Probe der schwefelsauren Lösung wird direkt titriert; sie liefert den Gehalt an Eisen(II)-Ionen. Die zweite Probe der Lösung wird vor der Titration reduziert; aus ihr erhält man den Gesamtgehalt an Eisen. Die Differenz beider Werte gibt den Gehalt an Eisen(III)-Ionen an.

Bestimmung von Eisen in salzsaurer Lösung

Die Oxidation der Eisen(II)-Ionen in schwefelsaurer Lösung verläuft genau nach der angegebenen Reaktionsgleichung, sodass dieses Bestimmungsverfahren sehr zuverlässige Werte liefert. Versucht man aber analog Eisen(II)-Salze in Gegenwart von Salzsäure zu titrieren, so beobachtet man, dass 1. sich der Endpunkt der Titration sehr viel schlechter erkennen lässt, 2. die Lösung während der Titration deutlich nach Chlor riecht und 3. für die gleiche Menge Eisen(II)-Salzlösung nicht unerheblich mehr Permanganatlösung verbraucht wird als in schwefelsaurer Lösung. Gegenwart von Salzsäure bedingt also einen anderen, vom angegebenen Schema abweichenden Reaktionsverlauf, da ein Teil der Salzsäure vom Permanganat zum Chlor oxidiert wird. Eine quantitative Bestimmung salzsaurer Eisen(II)-Salzlösungen durch Titration mit Kaliumpermanganatlösung ist ohne weitere Vorsichtsmaßregeln nicht durchführbar.

Zur Klärung des Reaktionsablaufs tragen folgende Beobachtungen bei:

1. Verdünnte Salzsäure allein wird von Permanganatlösungen nicht oxidiert (Schäfer, 1954). Obwohl eine Oxidation nach der Lage der Redoxpotentiale der Redoxpaare möglich sein müsste, ist der Ablauf offenbar gehemmt (vgl. die Oxidation von $C_2O_4^{2-}$ durch MnO_4^-, S. 174).
2. Die Anwesenheit von Eisenionen muss für die Chlorentwicklung und den dadurch bedingten Mehrverbrauch an Permanganat verantwortlich gemacht werden. Da aber auch Eisen(III)-Salze auf die Reaktion von Permanganat und Salzsäure keinen Einfluss haben, muss der Fehler durch die Eisen(II)-Ionen verursacht werden.
3. Zimmermann [110] hat die Beobachtung gemacht, dass die durch Salzsäure verursachte Reaktionsstörung auf ein Minimum reduziert werden kann, wenn der Eisen(II)-Salzlösung vor Beginn der Titration ein genügender Überschuss an Mangan(II)-sulfat hinzugesetzt wird.

Die Oxidation des Chlorids wird durch Eisen(II)-Ionen gefördert, während die Gegenwart von Mangan(II)-Ionen in genügend hoher Konzentration offenbar die Reaktion zwischen Permanganat und Chlorid weitgehend verhindert. Man muss hieraus schließen, dass der Reaktionsablauf bei der Oxidation von Eisen(II)-Ionen durch Permanganat wesentlich komplizierter ist als das Reaktionsschema erkennen lässt.

Die Induzierung der Oxidation von Chloridionen zu elementarem Chlor in Gegenwart von Eisen(II)-Ionen haben zuerst Zimmermann (1882) und Manchot (1902) zu klären versucht. Sie nahmen die intermediäre Bildung einer labilen höheren Oxidationsstufe des Eisens an. Manchot stellte fest, dass bei der Oxidation von Fe^{2+} zu Fe^{3+} in Gegenwart eines Akzeptors, d. h. eines Stoffes, dessen Oxidation durch MnO_4^- von Fe^{2+} induziert wird, wie Salzsäure oder Weinsäure, so viel Permanganat verbraucht wird wie der Bildung einer Eisenverbindung der Oxidationszahl V entspricht. Manchot nahm daraufhin an, dass ganz allgemein bei der Titration von

Eisen(II)-Salzlösungen mit Permanganat als Zwischenprodukt Eisen dieser Oxidationszahl in einer bisher nicht bekannten kurzlebigen Verbindung auftritt.

Wenn auch bei anderen Reaktionen, wie z. B. der katalytischen Zersetzung von Wasserstoffperoxid, die Bildung von Eisen mit höheren Oxidationszahlen (VI, IV) wahrscheinlich gemacht werden konnte (Bohnson und Robertson 1923, Bray und Gorin 1932) und die Darstellung von Verbindungen des Eisens mit den Oxidationszahlen IV bis VI möglich ist (Scholder 1952, Klemm und Wahl 1954), so fehlt doch jeder entscheidende Beweis dafür, dass bei der Titration von Eisensalzlösungen höhere Oxidationszahlen des Eisens auftreten.

Eine andere Möglichkeit ist die intermediäre Bildung von Mangan mit niedrigeren Oxidationszahlen, wie VI, V, IV und III, bei der Reduktion des Permanganats. Birch hat bereits 1909 vermutet, dass in Abwesenheit von Mangan(II)-Ionen Mangan(III)-chlorid entsteht. Da in saurer Lösung Mangan(III)-Salze leicht zu Mangan(II)-Salzen reduziert werden, oxidiert das entstandene Mangan(III) die Chloridionen zu Chlor. Obgleich über den Reaktionsablauf zu Beginn der Titration und über die Beteiligung der verschiedenen Oxidationsstufen des Mangans noch wenig bekannt ist, wird heute allgemein angenommen, dass für den Ablauf der Redoxreaktion das Gleichgewicht

$$Mn^{3+} + e^- \rightleftharpoons Mn^{2+}$$

mit $E° = 1{,}51$ V von entscheidender Bedeutung ist (F. C. Kessler 1863, Skrabal 1904, Birch 1909, Schleicher 1951, 1952, 1955).

Das Mangan(III) wird entweder zu Anfang der Reaktion durch Reduktion des MnO_4^- gebildet oder es entsteht später durch die Umsetzung von MnO_4^- mit Mn^{2+} (vgl. die Beschleunigung der Redoxreaktion durch die zunehmende Mn(II)-Konzentration bei der Titration von Oxalat (S. 174).

Im Gegensatz zu den Reaktionen mit MnO_4^- laufen die Reaktionen mit Mn^{3+} sehr schnell ab (Schleicher 1951). Das Redoxpotential des Systems Mn^{2+}/Mn^{3+} liegt so hoch, dass außer Fe^{2+} (Fe^{2+}/Fe^{3+}, $E° = +0{,}77$ V) auch in der Lösung vorhandenes Chlorid ($2\,Cl^-/Cl_2$, $E° = +1{,}36$ V) oxidiert werden kann. Die Oxidation der Chloridionen bei der Eisentitration in salzsaurer Lösung wird jedoch weitgehend unterbunden, wenn man der Lösung eine Mischung aus Mangansulfatlösung, Phosphorsäure und Schwefelsäure (**Reinhardt-Zimmermann-Lösung**) zusetzt. Wie zahlreiche Untersuchungen gezeigt haben, kann die Oxidation der Chloridionen aber auch in Gegenwart von anderen Salzen, wie Sulfaten, Acetaten, Phosphaten, Fluoriden und Oxalaten mehr oder weniger wirkungsvoll unterbunden werden (Skrabal 1904, Barneby 1914, Ishibashi, Shigematsu und Shibata 1956, Somasundaram und Suryanarayana 1956). Hieraus kann auch eine gewisse Bestätigung für das Auftreten von Mangan(III) bei der Titration mit Permanganat abgeleitet werden. Das zur Komplexbildung neigende Mn^{3+} geht mit den genannten Anionen komplexe Verbindungen ein, wodurch die Mn^{3+}-Konzentration gesenkt und das

Oxidationspotential so weit erniedrigt wird (vgl. Nernst'sche Gleichung, S. 295 f.), dass die Oxidation von Chloridionen nicht mehr möglich ist (vgl. Taube 1948).

Die Titration läuft in Gegenwart von Reinhardt-Zimmermann-Lösung etwa in folgender Weise ab: Die hohe Mn^{2+}-Konzentration sorgt durch Bildung von Mn(III) für die Beseitigung der Reaktionshemmung und dadurch für den schnellen Ablauf der Reaktion

$$Fe^{2+} + Mn^{3+} \rightarrow Fe^{3+} + Mn^{2+}.$$

Gleichzeitig wird durch die hohe Mn^{2+}-Konzentration das Oxidationspotential des Systems Mn^{2+}/Mn^{3+} so weit erniedrigt – wozu auch noch die Phosphorsäure durch Komplexbildung beiträgt – dass die Oxidation von Chlorid nicht mehr stattfinden kann. Die Phosphorsäure erleichtert außerdem durch Bildung eines farblosen Eisen(III)-Komplexes nicht nur die Erkennung des Endpunktes der Titration, die durch tiefgelbe Chlorosäuren des Eisens, z. B. $H_3[FeCl_6]$, in salzsaurer Lösung erschwert ist, sondern bewirkt gleichzeitig durch Herabsetzung der Fe^{3+}-Konzentration die Abnahme des Redoxpotentials von Fe^{2+}/Fe^{3+}, was wiederum die Oxidation des Fe^{2+} fördert.

Ausführlich sind die hier kurz behandelten Vorgänge bei Laitinen [111] dargestellt. Zum Thema Induktion und Katalyse bei Redoxtitrationen vgl. auch [9], [112] und Schleicher (1951–1958).

Titration einer Eisen(II)-chloridlösung. Die auf 100 ml verdünnte salzsaure Probelösung wird mit 10 ml Reinhardt-Zimmermann-Lösung versetzt und unter kräftigem kreisenden Umschwenken titriert.

Nach Kolthoff und Smit (1924) kann der Fehler bei der Bestimmung unter 0,2 % gehalten werden, wenn die Eisenkonzentration bei 0,1 mol/l liegt und die Salzsäurekonzentration 1 mol/l nicht übersteigt. Reinhardt-Zimmermann-Lösung soll reichlich zugegeben und die Titration nicht zu schnell vorgenommen werden.

Die Reinhardt-Zimmermann-Lösung ist folgendermaßen zusammengesetzt: Ein aus 1 Liter Phosphorsäure (ρ = 1,3 g/ml), 600 ml Wasser und 400 ml Schwefelsäure (ρ = 1,84 g/ml) bereitetes Gemisch wird zu einer Lösung von 200 g kristallisiertem Mangan(II)-sulfat in 1 Liter Wasser hinzugegeben.

Titration einer Eisen(III)-chloridlösung. Das auf Reinhardt [113] und Zimmermann zurückgehende Verfahren wurde in metallurgischen und Hüttenlaboratorien viel angewandt. Es gestattet, salzsaure Lösungen der Eisenerze und Eisenlegierungen direkt zu titrieren. Beimengungen von Cobalt, Kupfer, Blei, Chrom und Titan sowie Arsen stören nicht; nur Antimon darf nicht zugegen sein.

Die Reduktion der Eisen(III)-Ionen wird durch Zugabe von Zinn(II)-chlorid erreicht:

$$Sn^{2+} + 2\,Fe^{3+} \rightarrow Sn^{4+} + 2\,Fe^{2+},$$

das nur in geringem Überschuss verwendet wird. Der Überschuss wird durch Zugabe von wenig Quecksilber(II)-chlorid beseitigt:

$$Sn^{2+} + 2\,Hg^{2+} \longrightarrow Sn^{4+} + Hg_2^{2+}\ .$$

Das ausfallende Quecksilber(I)-chlorid

$$Hg_2^{2+} + 2\,Cl^- \longrightarrow Hg_2Cl_2\downarrow$$

wird von Permanganat praktisch nicht oxidiert. Trotzdem darf aber nur wenig Quecksilber(I)-chlorid entstehen, da es unter Umständen das im Verlauf der Titration entstehende Eisen(III)-chlorid wieder reduzieren kann.

Arbeitsvorschrift: Zu der siedenden, stark salzsauren Eisen(III)-Salzlösung wird vorsichtig tropfenweise so viel Zinn(II)-chloridlösung zugesetzt, dass die Flüssigkeit gerade völlig farblos geworden ist. Nach Erkalten der Lösung werden 10 ml einer klaren, kalt gesättigten Sublimatlösung in einem Guss zugefügt, wonach rein weißes, kristallines Quecksilber(I)-chlorid ausfallen muss. Entsteht ein durch metallisches Quecksilber grau gefärbter Niederschlag (besonders bei zu hohen Sn^{2+}-Konzentrationen kann das Hg^{2+} bis zum metallischen Hg reduziert werden), so darf nicht weiter gearbeitet werden. Nach zwei Minuten wird auf 600 bis 700 ml verdünnt, mit 10 ml Reinhardt-Zimmermann-Lösung versetzt und mit Kaliumpermanganatlösung titriert.

Die Zinn(II)-chloridlösung wird wie folgt hergestellt: Durch Auflösen von 120 g reinem Zinn in 500 ml Salzsäure (ρ = 1,124 g/ml) wird eine Lösung erhalten, die in eine 4-l-Flasche gegossen wird, die bereits 1 l Salzsäure gleicher Konzentration enthält und außerdem 2 l Wasser. Die Vorratsflasche soll nach Kolthoff [89] metallisches Zinn enthalten.

Bestimmung von Eisen(II) neben Eisen(III) Auch in salzsauren Lösungen lässt sich die Bestimmung unter Verwendung von Reinhardt-Zimmermann-Lösung ohne weiteres durchführen. Ein Beispiel ist die Titration von Auflösungen der Magneteisensteinsorten.

Bestimmung von Uran und von Phosphat

Uranylsalze, die Uran mit der Oxidationszahl VI enthalten, lassen sich in schwefelsaurer Lösung durch Aluminiumblech quantitativ zu Uran(IV) reduzieren, ohne dass eine weitere Reduktion zu Uran(III) zu befürchten ist:

$$UO_2^{2+} + 2\,H + 2\,H^+ \longrightarrow U^{4+} + 2\,H_2O\,.$$

Bei Verwendung von Zink, amalgamiertem Zink oder Cadmium als Reduktionsmittel tritt dagegen stets teilweise Reduktion bis zum Uran(III) auf. Die im Kölbchen mit Bunsenventil (s. Abb. 3.13) reduzierte Lösung wird mit Kaliumpermanganat titriert.

Die Methode ermöglicht auch die permanganometrische Bestimmung von Phosphat, was bei der Analyse künstlicher Düngemittel von Bedeutung ist. Das Verfahren beruht darauf, dass Phosphationen aus einer schwach essigsauren, NH_4^+-Salze enthaltenden Alkaliphosphatlösung bei Zusatz überschüssiger Uranyl(VI)-acetatlösung als schwer lösliches Uranylammoniumphosphat quantitativ gefällt werden:

$$HPO_4^{2-} + NH_4^+ + UO_2^{2+} \longrightarrow NH_4UO_2PO_4\downarrow + H^+ .$$

Das gefällte $NH_4UO_2PO_4$ wird abfiltriert, ausgewaschen und in Schwefelsäure gelöst. Die Lösung wird – wie oben angegeben – reduziert und mit Kaliumpermanganatlösung titriert.

Bestimmung von Oxalat

Die Titration von Oxalsäure und von Oxalaten wurde bereits bei den Methoden zur Einstellung von Kaliumpermanganatlösungen beschrieben (vgl. S. 173 ff.).

1 ml $KMnO_4$-Lösung, $c(\frac{1}{5}\,KMnO_4) = 0{,}1$ mol/l, entspricht 4,5018 mg wasserfreier Oxalsäure.

Bestimmung von Calcium

Calciumionen lassen sich aus schwach ammoniakalischer, NH_4Cl enthaltender Lösung in der Siedehitze mit Ammoniumoxalatlösung quantitativ ausfällen:

$$Ca^{2+} + C_2O_4^{2-} \longrightarrow CaC_2O_4\downarrow .$$

Löst man das CaC_2O_4 nach Abfiltrieren und Auswaschen in Schwefelsäure oder Salzsäure, so kann die freigesetzte Oxalsäure mit Kaliumpermanganatlösung titriert werden. Das Verfahren wurde häufig in der Mörtel- und Zementindustrie sowie zur Härtebestimmung von Trink- und Brauchwasser verwendet (vgl. S. 256 f.).

Arbeitsvorschrift: Es soll ein Kalkspat analysiert werden, der aus $CaCO_3$ und Beimengungen von silicatischer Gangart, fester Tonerde (Al_2O_3) und Eisen(III)-oxid, Fe_2O_3, besteht. Man wägt eine Portion des staubfein gemahlenen Materials ein, bringt sie über einen Trichter in einen Erlenmeyerkolben und löst in Salzsäure bei Siedetemperatur. Die nicht lösliche Gangart wird abfiltriert. Die erkaltete Lösung wird in einem Messkolben bis zur Marke aufgefüllt und durchmischt. Zur weiteren Analyse wird ein aliquoter Teil entnommen.

Nach Oxidation des Eisens entfernt man dieses sowie das Aluminium durch Fällung als Hydroxide, indem man in der Siedehitze ammoniumcarbonatfreie Ammoniaklösung zusetzt. Der Niederschlag wird abfiltriert und gut ausgewaschen. Im Filtrat wird Calcium bestimmt, indem man die schwach ammoniakalische Lösung mit etwas NH_4Cl-Lösung versetzt, aufkocht und mit einem kleinen Überschuss an heißer Ammoniumoxalatlösung versetzt. Die Lösung bleibt einige Stunden lang stehen und wird dann – am besten durch ein Membranfilter – filtriert. Der Niederschlag wird zuerst mit ammoniumoxalathaltigem Wasser, dann mit reinem Wasser gewaschen und anschließend in einen Erlenmeyerkolben gespült. Man löst in warmer verdünnter Schwefelsäure. Arbeitet man nicht mit Membranfiltern, sondern mit gehärteten Papierfiltern, spült man die Hauptmasse des Niederschlages vom Filter und löst dann die Reste anhaftender Füllung durch Auftropfen heißer verdünnter Schwefelsäure quantitativ in denselben Erlenmeyerkolben. Werden zur Filtration Filtertiegel aus Glas oder Porzellan verwendet, muss darauf geachtet werden, dass in den Poren der Filterplättchen keine Niederschlags- oder Lösungsreste zurückbleiben. Dann wird mit heißem Wasser auf etwa 300 ml verdünnt und mit Kaliumpermanganatlösung titriert.

1 ml $KMnO_4$-Lösung, $c(\frac{1}{5}\,KMnO_4) = 0{,}1$ mol/l, entspricht 2,004 mg Ca oder 2,8040 mg CaO. Der Gehalt des Kalkspats an CaO wird in Prozent angegeben.

Bestimmung von Wasserstoffperoxid

Wasserstoffperoxid reagiert in saurer Lösung mit Permanganat nach

$$2\,MnO_4^- + 5\,H_2O_2 + 6\,H^+ \longrightarrow 2\,Mn^{2+} + 5\,O_2\uparrow + 8\,H_2O\,.$$

Die glatt verlaufende Reaktion wird auch zur gasvolumetrischen Bestimmung des Wasserstoffperoxids verwendet.

Die Titration wird nach Zusatz von 30 ml Schwefelsäure (1 : 4 verdünnt) zu der auf 200 ml verdünnten Lösung bei Raumtemperatur durchgeführt. Ist Salzsäure zugegen, so werden 10 ml Reinhardt-Zimmermann-Lösung (vgl. S. 181 f.) hinzugefügt.

1 ml $KMnO_4$-Lösung, $c(\frac{1}{5}\,KMnO_4) = 0{,}1$ mol/l, entspricht 1,701 mg H_2O_2. Das Analysenergebnis wird als Massenanteil in Prozent berechnet.

Auch bei der Reaktion von MnO_4^- und H_2O_2 ist eine anfängliche Verzögerungserscheinung des sichtbaren Reaktionsbeginns, eine Inkubationsperiode, zu beobachten, die auf die gleichen Ursachen zurückzuführen ist wie die bei der Oxidation der Oxalsäure mit $KMnO_4$ beobachtete Erscheinung (vgl. S. 174).

Die permanganometrische H_2O_2-Bestimmung spielte in den Laboratorien der Bleichereien eine große Rolle. Auch Peroxide, Perborate und Percarbonate können wegen der hydrolytischen Abspaltung von H_2O_2 in schwefelsauren Lösungen in analoger Weise titriert werden.

Bestimmung von Peroxodisulfat

Peroxodischwefelsäure lässt sich wegen ihrer geringen Protolyse nicht direkt mit Kaliumpermanganat titrieren. Da sie aber durch Eisen(II)-sulfat nach

$$S_2O_8^{2-} + 2\,Fe^{2+} \longrightarrow 2\,SO_4^{2-} + 2\,Fe^{3+}$$

zu Schwefelsäure reduziert werden kann, lässt sie sich auf indirektem Wege bestimmen. Man lässt die Peroxodisulfationen mit überschüssiger, dem Gehalt nach aber genau bekannter Eisen(II)-sulfatlösung unter Luftausschluss reagieren und titriert nach der Reaktion den Überschuss an Eisen(II)-Ionen mit Kaliumpermanganatlösung zurück.

Bestimmung von Nitrit

Die Oxidation von Nitrit durch $KMnO_4$ nach

$$2\,MnO_4^- + 5\,NO_2^- + 6\,H^+ \rightarrow 5\,NO_3^- + 2\,Mn^{2+} + 3\,H_2O$$

verläuft bei Zimmertemperatur nur langsam. In der Wärme wird die salpetrige Säure zersetzt, auch kann sie aus der schwefelsauren Lösung unzersetzt entweichen. Man titriert daher nach Lunge (1891, 1904, vgl. auch [89]) umgekehrt, indem man die Nitritlösung so lange in eine warme, mit verdünnter Schwefelsäure angesäuerte Permanganatlösung einfließen lässt, bis diese farblos geworden ist.

Arbeitsvorschrift: Zur Prüfung des Reinheitsgrades von Kaliumnitrit werden 2 g der Probe in Wasser gelöst, die Lösung wird im Messkolben auf 250 ml aufgefüllt. Diese Lösung wird in die Bürette gefüllt. Dann werden 25 ml einer $KMnO_4$-Lösung (c = 0,02 mol/l) mit 20 ml H_2SO_4 (c = 2 mol/l) versetzt, die Lösung wird auf etwa 300 ml verdünnt, auf 40 °C (nicht höher!) erwärmt und mit der Nitritlösung ganz langsam und vorsichtig bis zur Entfärbung titriert. Man muss dabei ständig kreisend umschwenken und ganz besonders in der Nähe des Endpunktes langsam titrieren. Bei zu schnellem Titrieren kann der Fehler nach Kolthoff [89] über 1 % betragen. Die Methode wird zur Bestimmung des N_2O_3-Gehaltes der Nitrose verwendet.

1 ml $KMnO_4$-Lösung, $c(1/5\,KMnO_4)$ = 0,1 mol/l, entspricht 4,255 mg KNO_2 oder 1,900 mg N_2O_3.

Bestimmung von Hydroxylamin

Erhitzt man Hydroxylamin in saurer Lösung mit Eisen(III)-Salzlösung im Überschuss zum Sieden, so wird nach

$$2\,NH_2OH + 4\,Fe^{3+} \rightarrow N_2O\uparrow + 4\,Fe^{2+} + H_2O + 4\,H^+$$

das Hydroxylamin zu Distickstoffoxid und Wasser oxidiert, während eine äquivalente Menge an Fe(III) zu Fe(II) reduziert wird. Die Fe(II)-Ionen können mit Permanganatlösung titriert werden.

Man muss aber einen genügend großen Überschuss an Eisen(III)-sulfat verwenden, weil sonst die Nebenreaktion

$$4\,NH_2OH + 3\,O_2 \rightarrow 6\,H_2O + 4\,NO\uparrow$$

sich störend bemerkbar macht.

Bestimmung von Mangan(IV)

Die Bestimmung von Mangan(IV)-oxid beruht darauf, dass Mangan(IV) beim Erwärmen mit überschüssiger Oxalsäure in schwefelsaurer Lösung zu Mangan(II) reduziert wird:

$$MnO_2 + C_2O_4^{2-} + 4\,H^+ \rightarrow Mn^{2+} + 2\,CO_2\uparrow + 2\,H_2O\,.$$

Der Überschuss an Oxalsäure wird mit Permanganatlösung zurücktitriert. Die Reduktion des MnO_2 kann auch mit eingestellter schwefelsaurer Eisen(II)-sulfatlösung vorgenommen werden.

Arbeitsvorschrift: Der Braunstein wird staubfein gepulvert (sehr wichtig!). Etwa 0,5 g werden eingewogen und über einen Trichter in einen Erlenmeyerkolben gebracht. Aus einer Pipette werden 100 ml Oxalsäurelösung, 0,05 mol/l, bekannten Titers sowie 10 ml Schwefelsäure, 2 mol/l, hinzugegeben. Auf dem Wasserbad wird so lange erwärmt, bis der Braunstein zersetzt und nur noch die Gangart zurückgeblieben ist. Dann wird mit heißem Wasser verdünnt und die überschüssige Oxalsäure mit Permanganatlösung zurücktitriert.

Der Verbrauch $V(H_2C_2O_4)$ an Oxalsäurelösung berechnet sich aus dem zugefügten Volumen (100 ml), dem Verbrauch $V(KMnO_4)$ an Kaliumpermanganatlösung und den Titern der beiden Lösungen zu

$$V(H_2C_2O_4) = [100 \cdot t(H_2C_2O_4) - V(KMnO_4) \cdot t(KMnO_4)]\ \text{ml}$$

1 ml Oxalsäurelösung, $c(\frac{1}{2}\,H_2C_2O_4 = 0{,}1$ mol/l, entspricht 4,347 mg MnO_2. Der Gehalt des Braunsteins an MnO_2 wird als Massenanteil in Prozent angegeben.

Die Bestimmung des Mangans in Roheisen, Stahl und manganhaltigen Eisenerzen beruht auf der Möglichkeit der Oxidation von Mangan(II) zu Mangan(IV)-oxid mithilfe von Kaliumchlorat (Hampe, 1883/85) oder Kaliumperoxodisulfat (Knorre, 1901):

$$Mn^{2+} + S_2O_8^{2-} + 2\,H_2O \longrightarrow MnO_2\downarrow + 2\,SO_4^{2-} + 4\,H^+ .$$

Das ausgeschiedene MnO_2 wird abfiltriert, gewaschen und – wie beschrieben – titriert. Das Verfahren eignet sich zur Bestimmung des Mangans in Roheisen, Ferromangan, Manganlegierungen und Manganeisenerzen.

Bestimmung von Mangan(II)

Wird eine ganz schwach saure, fast neutrale Mangan(II)-Salzlösung bei etwa 80–90 °C mit Kaliumpermanganat versetzt, so oxidiert das Permanganat das Mangan(II) zu Mangan(IV)-oxidhydrat und wird dabei selbst zu der gleichen Verbindung reduziert, die als dunkelbrauner Niederschlag ausfällt (Guyard, 1863):

$$2\,MnO_4^- + 3\,Mn^{2+} + 7H_2O \longrightarrow 5\,MnO_2 \cdot H_2O\downarrow + 4\,H^+ .$$

Da aber das Mangan(IV)-oxidhydrat seiner Beschaffenheit nach eine Gallerte und seinem chemischen Charakter nach eine schwache Säure ist, so nimmt es leicht Bestandteile aus der Lösung auf, und zwar insbesondere zweiwertige Kationen. Man beobachtet einen zu geringen $KMnO_4$-Verbrauch, der daher rührt, dass noch nicht oxidierte Mangan(II)-Ionen mit dem Mangan(IV)-oxidhydrat schwer lösliche Mangan(II)-manganate(IV) etwa der Formel $Mn(HMnO_3)_2$ bilden, sodass ein gewisser Teil des Mn^{2+} nicht permanganometrisch erfasst wird. Diesem Übelstand kann man aber nach Volhard (1879) dadurch abhelfen, dass man von vornherein reichlich fremde Kationen, z. B. Zn^{2+}, hinzusetzt. Dann fallen anstelle der Mangan(II)- die Zink(II)-manganate(IV) aus. Liegen zur Analyse Auflösungen von eisenhaltigen Manganerzen oder Manganlegierungen (in Schwefelsäure) vor, so muss das zuvor zu Fe(III) oxidierte Eisen aus der bei Raumtemperatur mit Natriumcarbonat fast vollständig neutralisierten Lösung entfernt werden. Das geschieht am besten durch Zugabe von aufgeschlämmtem Zinkoxid:

$$Fe_2(SO_4)_3 + 3\,ZnO + 3\,H_2O \rightarrow 3\,ZnSO_4 + 2\,Fe(OH)_3\downarrow .$$

Arbeitsvorschrift (Fischer, 1909): Die neutralisierte Mangan(II)-Salzlösung wird in einem Messkolben, 500 ml Inhalt, mit 1–1,5 g aufgeschlämmtem Zinkoxid sowie mit einer Lösung von 5–10 g $ZnSO_4$ versetzt und der Kolben mit Wasser aufgefüllt. Nach gutem Durchmischen filtriert man entweder durch ein trockenes Filter und einen trockenen Trichter in ein trockenes Becherglas, verwirft die Ersten 10 bis 20 ml des Filtrats und verwendet von dem später ablaufenden Filtrat je nach Mangangehalt 100 bis 200 ml für die Titration oder man lässt absitzen und pipettiert vorsichtig von der über dem Bodenkörper stehenden klaren Flüssigkeit 100 bis 200 ml in einen Erlenmeyerkolben ab. Die Lösung wird noch etwas verdünnt, zum Sieden erhitzt und schnell unter ständigem Umschwenken so lange mit Permanganatlösung titriert, bis die überstehende Lösung nach dem Absitzen des Niederschlages schwach rosa bleibt. Erfahrungsgemäß befindet man sich – wohl wegen einer geringen Adsorption von Mn^{2+} an dem überschüssigen Zinkoxid – noch kurz vor dem eigentlichen Endpunkt. Es wird daher mit 1 ml Eisessig angesäuert, wodurch sich das Zinkoxid auflöst und die Mn^{2+}-Ionen freigesetzt werden. Jetzt wird zu Ende titriert. Zinkoxid, Zinksulfat und Eisessig dürfen selbstverständlich für sich kein Permanganat verbrauchen. Man überzeugt sich durch eine Blindprobe davon.

Nach Reinitzer und Conrath (1926) lässt sich der Zusatz von ZnO und $ZnSO_4$ vermeiden, wenn man in schwach essigsaurer, mit viel Natriumacetat gepufferter Lösung arbeitet. Da – wie die Reaktionsgleichung zeigt – während der Titration freie Mineralsäure entsteht, die den Reaktionsablauf hemmt, führt das Natriumacetat die mineralsaure Lösung in eine essigsaure mit geringer Wasserstoffionenkonzentration über. Dadurch werden die günstigsten Bedingungen für die Entstehung eines von niederen Oxiden freien Mangan(IV)-oxidhydrats geschaffen. Außerdem wird durch die hohe Natriumkonzentration die Entstehung von Natriummanganaten(IV) begünstigt; der große Elektrolytüberschuss koaguliert das anfänglich kolloid gelöste Oxidhydrat, lässt also den Endpunkt besser erkennen. Endlich werden etwa anwesende Eisen(III)-Ionen in der Siedehitze als basische Acetate gefällt. Bei Gegenwart von Eisen muss auf die Abwesenheit von Chloridionen geachtet werden, da sonst zu viel Permanganatlösung verbraucht wird. Die Erkennung des Endpunktes lässt sich, zumal wenn viel Eisen zugegen ist, durch Zusatz von Kaliumfluorid sehr erleichtern. Es scheidet sich dann der größte Teil des Eisens als schweres, weißes $K_3[FeF_6]$ ab. Außerdem fällt das Mangan(IV)-oxidhydrat in Gegenwart von Kaliumfluorid als dichter, dunkelfarbiger Niederschlag aus, der sich verhältnismäßig schnell absetzt.

Arbeitsvorschrift: Als Beispiel diene die Analyse eines Weißeisens mit etwa 3 % Mangan. 4–5 g der Substanz werden in Schwefelsäure ($\rho = 1{,}12$ g/ml) gelöst, wobei zum Schluss zum Sieden erhitzt wird. Die heiße Lösung wird zur Oxidation der Eisen(II)-Ionen mit 5 ml konzentrierter Salpetersäure versetzt und bis zur Entfernung der Stickstoffoxide zum Sieden erhitzt. Nach dem Erkalten wird die Lösung in einem Messkolben auf 1 Liter verdünnt. Man entnimmt einen aliquoten Teil, z. B. 50 ml, neutralisiert ihn annähernd mit Sodalösung und lässt ihn schnell in eine zum Sieden erhitzte, ganz schwach essigsaure Lösung von 5 g reinstem, carbonat-freiem Natriumacetat und 5 g Kaliumfluorid in etwa 400 ml Wasser einlaufen. Der entstehende Niederschlag von $K_3[FeF_6]$ und basischem Eisen(III)-acetat setzt sich nach einigem Umschwenken rasch ab. Danach wird – wie oben beschrieben – mit Kaliumpermanganatlösung titriert. Gegen Ende der Titration ist es zweckmäßig, nochmals zum Sieden zu erhitzen, um die Beständigkeit der Entfärbung feststellen zu können. Auch hier dürfen natürlich die verwendeten Reagentien kein Permanganat verbrauchen.

Es empfiehlt sich, den Titer der Kaliumpermanganatlösung je nach Anwendung des Arbeitsverfahrens in gleicher Weise mit einer Mangan(II)-Salzlösung bekannten Gehaltes einzustellen.

1 ml $KMnO_4$-Lösung, $c(\frac{1}{5}\,KMnO_4) = 0{,}1$ mol/l, entspricht 2,747 mg Mn oder 3,547 mg MnO.

Bestimmung von Chrom in Stahl

Zur Bestimmung des Chroms in Stahlproben wird die Probesubstanz zunächst in einem Gemisch aus Schwefelsäure und Phosphorsäure aufgelöst. Das dadurch entstandene Chrom(III) wird dann – bei Anwesenheit von Silberionen als Katalysator – mit Peroxodisulfat zum Dichromat oxidiert:

$$2\,Cr^{3+} + 3\,S_2O_8^{2-} + 7\,H_2O \rightarrow Cr_2O_7^{2-} + 6\,SO_4^{2-} + 14\,H^+$$

Daraufhin wird mit NaCl gekocht, so dass aus Mangan(II) entstandenes Permanganat zerstört wird und Silberionen gefällt werden. Beide Stoffe könnten sonst später als Oxidationsmittel mitreagieren und somit miterfasst werden. Überschüssiger Peroxosauerstoff zerfällt unter diesen Bedingungen. Dann wird in stark saurem Milieu mit einem Überschuss an Ammoniumeisen(II)-sulfat-Maßlösung versetzt, so dass das Dichromat mit einem Teil des Eisens(II) umgesetzt wird:

$$Cr_2O_7^{2-} + 6\,Fe^{2+} + 14\,H^+ \rightarrow 2\,Cr^{3+} + 6\,Fe^{3+} + 7\,H_2O$$

Das bei dieser Reaktion unverbrauchte Eisen(II) wird mit $KMnO_4$-Maßlösung bis zur ersten Rosafärbung zurücktitriert.

Arbeitsvorschrift: Eine Portion Stahl, die etwa 5–15 mg Chrom enthält, wird genau abgewogen und in 60 ml Mischsäure (H_2SO_4 3 mol/l, H_3PO_4 6 mol/l) unter vorsichtigem Erhitzen gelöst. Im Titrierkolben wird mit Wasser auf etwa 200 ml verdünnt. Nach Zusatz von 2 ml Silbernitratlösung, 25 g/l, wird mit 20 ml frischer $(NH_4)_2S_2O_8$-Lösung, 150 g/l, versetzt und etwa 10 min gekocht, bis sich die Lösung gelborange oder violett gefärbt hat (Entstehung von Dichromat bzw.

Permanganat). Nach erneutem Sieden über 10 min lässt man abkühlen und setzt weitere 10 ml Mischsäure zu. Nach Zugabe von $V_1 = 20$ ml $(NH_4)_2Fe(SO_4)_2$-Lösung, 0,1 mol/l, wird mit $KMnO_4$-Lösung titriert ($c(\frac{1}{5} KMnO_4) = 0{,}1$ mol/l). Das hierbei verbrauchte Volumen Maßlösung ist V_2. $V_1 - V_2$ entspricht dem Volumen der vor der Titration mit Dichromat umgesetzten $(NH_4)_2Fe(SO_4)_2$-Lösung, 0,1 mol/l.

1 ml dieses Volumens entspricht 1,7332 mg Chrom.

Das Verfahren kann auch mit einer direkten Titration durchgeführt werden, so dass statt Zugabe eines Eisen(II)-Überschusses direkt mit eisen(II)-haltiger Maßlösung titriert wird. Es handelt sich dann also um eine ferrometrische Titration (s. 3.3.5). Der Äquivalenzpunkt wird z. B. mit Ferroin als Indikator angezeigt oder mit einer potentiometrischen Messanordnung (Kap. 4).

Permanganatindex (PMI)

Die Bestimmung der Oxidierbarkeit gelöster organischer Stoffe im Wasser gehört zu den klassischen Methoden der Wasseranalytik und ist ein wichtiges Kriterium zu Beurteilung der Gewässer bzw. des Abwassers. Dieser Summenparameter wird als chemischer Sauerstoffbedarf (CSB) bezeichnet und wird als volumenbezogene Masse Sauerstoff angegeben, der das abreagierte Oxidationsmittel stöchiometrisch entspricht [121a]. Als Oxidationsmittel werden Kaliumdichromat oder Kaliumpermanganat eingesetzt. Die CSB-Bestimmung nach dem DIN-Verfahren geht von Kaliumdichromat als Oxidationsmittel aus (vgl. Kap. 3.3.3).

Wird eine solche Bestimmung permanganometrisch durchgeführt, so wird dieser Parameter als Permanganatindex (PMI) bezeichnet und wird in mg $KMnO_4$ pro Liter angegeben [113b].

Die Methode beruht auf einer zweifachen Rücktitration. Einer zu untersuchenden Wasserprobe wird eine definierte Menge an Kaliumpermanganat im Überschuss hinzugefügt. Die Lösung wird angesäuert und mindestens 10 Minuten erhitzt. Dabei werden die in der Wasserprobe vorhandenen oxidierbaren Stoffe durch Permanganat oxidiert:

$$\text{oxidierbare Stoffe} + MnO_4^- + 8\,H^+ \longrightarrow \text{oxidierte Stoffe} + Mn^{2+} + 4\,H_2O$$

Das überschüssige Kaliumpermanganat wird dann mit einer definierten Menge an Oxalat ebenso im Überschuss versetzt. Die restliche Stoffmenge Oxalat wird durch Titration mit einer Kaliumpermanganat-Maßlösung ermittelt.

Die Bestimmung des Permanganatindexes ist mit der des chemischen Sauerstoffbedarfs vergleichbar, weist jedoch bei Vermessung spezieller Wasserproben, wie beispielsweise Abwasser, systematische Fehler auf. Daher wird der Permanganatindex nur zur Bewertung von Trinkwässern und wenig verschmutzter natürlicher Gewässer eingesetzt. Andernfalls wird das dichromatometrische Verfahren vorgezogen.

Arbeitsvorschrift: 50,0 ml einer Wasserprobe werden mit einer Vollpipette im Erlenmeyerkolben vorgelegt und mit 2,5 ml 20 Gew.-% Schwefelsäure angesäuert. Die Lösung wird mit 5,0 ml einer $KMnO_4$-Lösung, $c(KMnO_4) = 0{,}005$ mol/l, versetzt und 10 Minuten bis zum gerade erkennbaren Sieden erhitzt. Für das gleichmäßige Erhitzen werden der Lösung 4–5 Siedesteine hinzugefügt. Der Kolben wird mit einem Uhrglas zugedeckt. Sollte die rosa/violette Farbe nicht bestehen, muss die gleiche Menge $KMnO_4$ zugesetzt werden und erneut 10 Minuten erhitzt werden.

Die noch heiße Lösung wird mit 10,0 ml Oxalat-Lösung, $c(H_2C_2O_4) = 0{,}01$ mol/l, versetzt und mit $KMnO_4$-Lösung, $c(KMnO_4) = 0{,}005$ mol/l, zu einer schwachen Rosafärbung titriert.

Berechnung: Die für die Oxidation verbrauchte Menge an $KMnO_4$ lässt sich wie folgt berechnen:

$$n(KMnO_4)_{verbraucht} = n(KMnO_4)_{Zusatz} - {}^2\!/_5\, n(H_2C_2O_4)_{Zusatz} + n(KMnO_4)_{Titration}.$$

$$\text{PMI} = n(KMnO_4)_{verbraucht} \cdot M(KMnO_4) \,/\, V(\text{Probe}) \text{ in mg } KMnO_4 \text{ pro Liter.}$$

Einheiten der PMI-Werte und der CSB-Werte können ineinander umgerechnet werden: 1 mg $KMnO_4$ pro Liter (PMI-Einheit) entspricht 3,95 mg O_2 pro Liter (CSB-Einheit).

3.3.3 Dichromatometrische Bestimmungen

Wie das Permanganat vermag auch Chrom der Oxidationszahl VI in saurer Lösung eine große Zahl von Reduktionsmitteln zu oxidieren. Von dieser Eigenschaft hat man lange Zeit bei der Reinigung von Glasgefäßen mit Dichromat-Schwefelsäure Gebrauch gemacht (vgl. S. 39 f.). Das in saurer Lösung beständige Dichromat wird dabei unter Beteiligung von Wasserstoffionen unter Aufnahme von sechs Elektronen (3 für jedes Cr(VI)), die das jeweilige Reduktionsmittel liefert, nach

$$Cr_2O_7^{2-} + 14\,H^+ + 6\,e^- \longrightarrow 2\,Cr^{3+} + 7\,H_2O$$

zum Chrom(III) reduziert.

Gegenüber der Permanganometrie weist die Dichromatometrie eine Reihe von Vorteilen auf. So lässt sich durch Abwägen von Kaliumdichromat und Auflösen in einem bestimmten Volumen ohne weitere Titerstellung eine Maßlösung gewünschter Konzentration herstellen (Urtitersubstanz). Die Kaliumdichromatlösungen sind titerbeständig. Titrationen mit ihnen in salzsauren Lösungen bereiten keine Schwierigkeiten. Trotzdem ist die Bedeutung der Methode lange gering geblieben, und sie wurde hauptsächlich nur zur Bestimmung von Eisen(II)-Salzen verwendet.

Der Grund dafür war in der schwierigen Erkennbarkeit des Endpunktes zu suchen. Aus den orangefarbenen Dichromationen entstehen während der Titration grüne Chrom(III)-Ionen. Lange Zeit war man mangels geeigneter Indikatoren auf die Tüpfelreaktion bei der Endpunktbestimmung angewiesen. Man musste der zu titrierenden Lösung (z. B. einer Eisen(II)-Salzlösung) gegen Ende der Bestimmung von Zeit zu Zeit einen Tropfen entnehmen und ihn mithilfe einer geeigneten Reagenslösung, dem Tüpfelindikator (hier einer $K_3[Fe(CN)_6]$-Lösung), darauf prüfen, ob er noch die zu titrierende Ionenart (hier Fe^{2+}) enthielt.

Knop fand 1915 in einer farblosen Lösung von 0,2 g Diphenylamin in 100 ml stickstoffoxidfreier konzentrierter Schwefelsäure einen geeigneten Indikator. Setzt man der Probelösung vier Tropfen dieser Lösung zu, so färbt sie sich bei geringstem Überschuss an Dichromat über eine grüne Zwischenfarbe hinweg tief violett. Bereits 0,1 ml einer Kaliumdichromatlösung der Konzentration $\frac{1}{60}$ mol/l genügt, um 100 ml Wasser mit vier Tropfen Indikatorlösung violett zu färben.

Das Diphenylamin ist ein typischer Redoxindikator mit reversiblem Umschlag, der nicht vom Charakter des Oxidations- oder Reduktionsmittels abhängt, sondern von der Lage der Redoxpotentiale des zu titrierenden Systems und des Indikators. Redoxindikatoren allgemein sind leicht reversibel oxidierbare oder reduzierbare organische Farbstoffe, deren reduzierte Form meist farblos ist. Derartige Verbindungen eignen sich als Indikatoren für die Endpunktbestimmung einer Redoxtitration, wenn das Redoxpotential beim Farbumschlag mit dem Potential am Äquivalenzpunkt der Titration übereinstimmt oder in dessen Nähe liegt. Wenn auch H^+-Ionen an der dem Farbwechsel zugrunde liegenden Reaktion beteiligt sind, ist das Umschlagspotential pH-abhängig. Oxidierend wirkende Säuren, wie Salpetersäure oder salpetrige Säure, dürfen während der Titration nicht anwesend sein, da sie auf den Indikator einwirken würden. In sauren Lösungen wird das Diphenylamin nach Kolthoff und Sarver (1930) durch starke Oxidationsmittel zunächst irreversibel zum Diphenylbenzidin oxidiert:

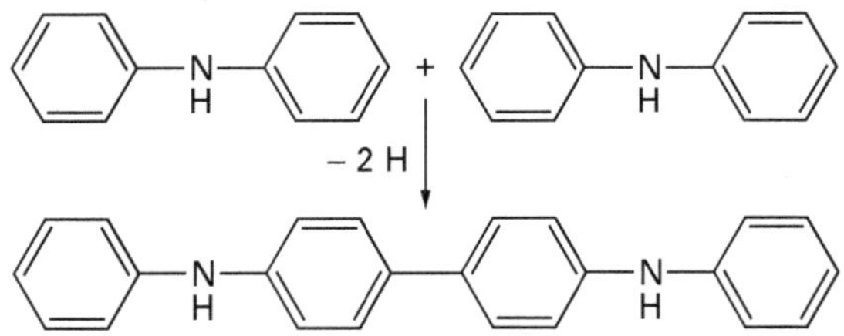

Das Diphenylbenzidin wird dann weiter reversibel zum Diphenylbenzidinviolett oxidiert:

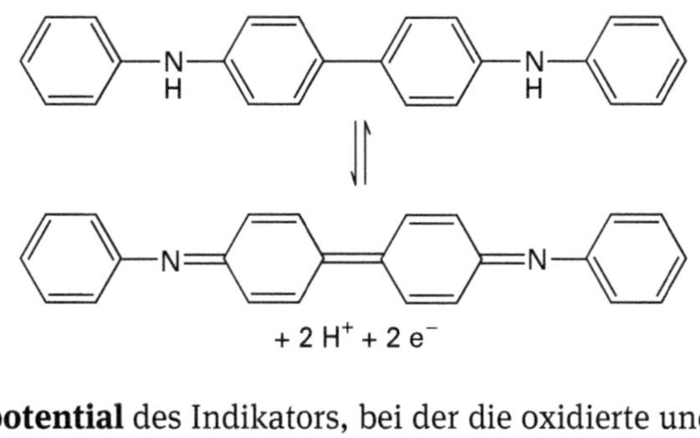

Das **Umschlagspotential** des Indikators, bei der die oxidierte und reduzierte Form in gleicher Konzentration vorliegen, beträgt +0,76 V.

Die in den zurückliegenden Jahrzehnten in steigendem Maße angewendete potentiometrische Indikation des Endpunktes (vgl. Abschn. 4.4) bei maßanalytisch verwertbaren Reaktionen hat der Dichromatometrie ebenso wie den bromatometrischen Verfahren eine erhöhte Bedeutung und weitere Verbreitung verschafft.

Herstellung der Dichromatlösung

Aus der Reaktionsgleichung, die der Dichromatometrie zugrunde liegt, ergibt sich, dass eine auf Äquivalente bezogene Kaliumdichromatlösung der Konzentration $c(1/6\ K_2Cr_2O_7) = 0{,}1$ mol/l 1/60 mol im Liter enthalten muss, das sind 4,9031 g $K_2Cr_2O_7$.

Ist das zur Verfügung stehende Kaliumdichromat nicht analysenrein, sondern durch Kaliumsulfat verunreinigt, kann es leicht durch drei- bis viermaliges Umkristallisieren aus heißem Wasser titerrein erhalten werden. Zum Filtrieren wird eine Glasfrittennutsche benutzt. Das Trocknen erfolgt im Trockenschrank bei 130 °C bis zur Gewichtskonstanz.

4,9031 g $K_2Cr_2O_7$ werden genau abgewogen und daraus durch Auflösen im Messkolben und Auffüllen auf 1 Liter die Maßlösung bereitet. Sie ist praktisch unbegrenzt haltbar.

Bestimmung von Eisen durch Tüpfelreaktion

Mineralsaure Eisen(II)-Salzlösungen werden bereits bei Raumtemperatur nach

$$Cr_2O_7^{2-} + 6\,Fe^{2+} + 14\,H^+ \longrightarrow 2\,Cr^{3+} + 6\,Fe^{3+} + 7\,H_2O$$

sofort quantitativ oxidiert. Die Titration ist dann beendet, wenn ein der Lösung entnommener Tropfen auf eine für Eisen(II)-Ionen spezifische Nachweisreaktion nicht mehr anspricht. Als solche dient die Reaktion mit $K_3[Fe(CN)_6]$, die die Anwesenheit von Fe^{2+}-Ionen äußerst empfindlich durch Bildung des intensiv farbigen Turnbulls Blau anzeigt:

$$3\,Fe^{2+} + 2\,[Fe(CN)_6]^{3-} \rightarrow Fe_3[Fe(CN)_6]_2 .$$

Fe^{3+}-Ionen bilden dagegen mit $K_3[Fe(CN)_6]$ eine bräunliche lösliche Verbindung der Formel $Fe\,[Fe(CN)_6]$.

Das verwendete $K_3[Fe(CN)_6]$ muss absolut frei von $K_4[Fe(CN)_6]$ sein, weil dieses mit dem während der Titration entstehenden Fe^{3+}-Ionen etwa nach

$$4\,Fe^{3+} + 3\,[Fe(CN)_6]^{4-} \rightarrow Fe_4\,[Fe(CN)_6]_3$$

das Berliner Blau bilden würde. So würde man stets eine Blaufärbung erhalten. Man verwende nur reinstes $K_3[Fe(CN)_6]$, spüle es vor dem Auflösen gründlich mit Wasser ab und überzeuge sich durch eine Probe mit Fe(III)-Salz.

Arbeitsvorschrift: Die saure Eisen(II)-Salzlösung, die etwa 0,1 g Eisen in 100 ml enthalten soll, wird mit $K_2Cr_2O_7$-Maßlösung, 1/60 mol/l, titriert. Der Probelösung wird kurz vor dem Endpunkt mehrmals mit einem Glasstab ein Tropfen entnommen. Der Tropfen wird auf einer weißen Porzellanplatte neben einen Tropfen einer etwa 2 %igen $K_3[Fe(CN)_6]$-Lösung gebracht. Wenn beim Vereinigen beider Tropfen mit einem sauberen Glasstab keine Blau- oder Grünfärbung mehr auftritt, ist die Titration beendet. Die erste Bestimmung ist nur als Vorprobe zu betrachten. Bei der zweiten Titration gibt man fast die ganze zum Erreichen des Endpunktes erforderliche $K_2Cr_2O_7$-Lösung hinzu und versucht, durch nur zwei- bis dreimaliges Tüpfeln den Endpunkt zu erreichen.

1 ml $K_2Cr_2O_7$-Lösung, $c(1/6\ K_2Cr_2O_7)$ = 0,1 mol/l, entspricht 5,585 mg Fe.

Der Gedanke liegt nahe, dass durch das Tüpfeln eine größere Ungenauigkeit der Bestimmung verbunden ist. Eine Überschlagsrechnung zeigt jedoch, wie groß der Fehler ist, den man durch die Entnahme mehrerer Tropfen gegen Ende der Titration in Bezug auf das Gesamtergebnis macht: Es mögen 10 Tropfen von je 0,05 ml, im Ganzen also 0,5 ml entnommen worden sein. Bei einem Flüssigkeitsvolumen von 250–300 ml würde das, bezogen auf das gesamte vorhandene Eisen, nur einen nicht durch die Titration erfassten Anteil von etwa 0,2 % bedingen. Der Fehler bezieht sich aber nicht auf das gesamte Eisen, sondern nur auf das gegen Titrationsende noch vorhandene, als Fe(II) vorliegende Eisen, z. B. auf das letzte Zehntel. Der Anteil würde dann nur noch etwa 0,02 % betragen, d. h. sich kaum bemerkbar machen. Außerdem verringert er sich mit fortschreitender Oxidation des Fe(II) ständig weiter. Bei der Haupttitration benötigt man nicht 10 Tropfen, sondern nur 3 bis 4, wodurch sich der durch die Entnahme der Tüpfelproben bedingte Anteil unterhalb 0,005 % halten lässt.

Bestimmung von Eisen mit Redoxindikatoren

Indikation mit Diphenylamin. Bereits während der Titration tritt eine grüne bis blaugrüne Färbung auf, die darauf zurückzuführen ist, dass das Umschlagspotential des Indikators von +0,76 V annähernd den gleichen Wert wie das Standardpotential des Redoxsystems Fe^{2+}/Fe^{3+} hat, der Farbumschlag also bereits vor Beginn des Potentialsprunges am Äquivalenzpunkt erfolgt. Um den Indikatorumschlag und den Äquivalenzpunkt der Titration in Übereinstimmung zu bringen, muss das Redoxpotential des Systems Fe^{2+}/Fe^{3+} erniedrigt werden. Das erreicht man durch Zusatz von Phosphorsäure, die durch Komplexbildung die Fe(III)-Konzentration genügend weit herabsetzt (vgl. S. 176 f.).

Arbeitsvorschrift: Zu 25,0 ml der Eisen(II)-Salzlösung werden 10 ml Schwefelsäure, 2 mol/l, oder Salzsäure, 4 mol/l, und vier Tropfen Indikatorlösung (s. S. 191 f.) gegeben (in salzsaurer Lösung erst gegen Ende der Titration). Dann wird mit der $K_2Cr_2O_7$-Maßlösung titriert. In der Nähe des Endpunktes vertieft sich die grüne Farbe der Lösung. Wenn sie dunkelgrün geworden ist – ungefähr bei $\tau = 0{,}985$ – werden 5 ml 25 %ige Phosphorsäure hinzugefügt. Die Lösung wird vorsichtig weiter titriert, bis ihre Farbe plötzlich blauviolett wird.

Indikation mit Diphenylamin-4-sulfonsäure Natriumsalz. In Gegenwart von Wolframsäure ist eine Titration des Eisens mit Diphenylamin als Redoxindikator nicht möglich. Knop und Kubelková-Knopová (1941) haben anstelle von Diphenylamin *N*-Methyldiphenylamin-*p*-sulfonsäure bzw. ihr Natriumsalz als Redoxindikator eingeführt. Diese Substanzen zeichnen sich außer durch Unempfindlichkeit gegen die Anwesenheit von Wolframsäure auch durch bessere Löslichkeit in Wasser und einen schärferen Farbumschlag aus. Statt mit diesen Verbindungen, die im Handel nicht mehr erhältlich sind, kann heute mit Diphenylamin-4-sulfonsäure Natriumsalz gearbeitet werden, wahlweise auch mit dem Bariumsalz. Der Farbumschlag erfolgt von Farblos nach Rotviolett. Es liegt der gleiche Reaktionsmechanismus wie beim Diphenylamin zugrunde. Der Indikator wird in Form des Natriumsalzes in 0,1 %iger wässriger Lösung verwendet.

Arbeitsvorschrift: 100–200 ml der Eisen(II)-Salzlösung, die etwa 0,05 bis 0,2 g Eisen enthalten soll, werden mit 10 bis 15 ml einer Säuremischung (150 ml H_3PO_4, $\rho = 1{,}7$ g/ml, und 150 ml H_2SO_4, $\rho = 1{,}84$ g/ml, in 700 ml Wasser) sowie 10 bis 20 ml Schwefelsäure (1 : 4) oder Salzsäure (1 : 1) und 0,1 bis 0,2 ml 0,1 %iger Indikatorlösung versetzt und mit der $K_2Cr_2O_7$-Maßlösung titriert. Das Ende der Titration kündigt sich durch eine grauviolette Verfärbung an. Am Äquivalenzpunkt ist die Farbe ein sattes Grau-Rotviolett. Wegen der Beeinflussung des Farbumschlages durch H^+-Ionen soll die H^+-Konzentration der Lösung nicht kleiner als 0,5 mol/l und nicht größer als 2 mol/l sein.

Liegen Eisen(III)-Salze vor, wird mit $SnCl_2$ reduziert (s. S. 182 f.) und wie angegeben titriert.

3.3.4 Cerimetrische Bestimmungen

Cer(IV)-sulfat ist ein starkes Oxidationsmittel. Das Redoxpotential in Schwefelsäure, 0,5 bis 4 mol/l, beträgt 1,44 V. Es lässt sich nur in saurer Lösung verwenden. Wenn die Lösung neutralisiert wird, fallen Cer(IV)-hydroxid oder basische Salze aus. Die Lösung ist intensiv gelb. In heißen, nicht zu verdünnten Lösungen lässt sich der Endpunkt ohne Indikator erkennen, allerdings ist dann die Durchführung einer Blindtitration erforderlich.

Cer(IV)-sulfat als Oxidationsmittel in der Maßanalyse weist folgende Vorteile auf: Die Lösungen sind stabil über einen langen Zeitraum. Sie brauchen nicht vor Licht geschützt zu werden und verändern sich in der Konzentration nicht, wenn sie kurze Zeit zum Sieden erhitzt werden. Stabile Lösungen werden erhalten, wenn man 10 bis 40 ml konzentrierte Schwefelsäure je Liter zusetzt. Sie sind somit Permanganatlösungen an Stabilität überlegen. Cer(IV)-sulfat kann zur Bestimmung von Reduktionsmitteln in Gegenwart hoher HCl-Konzentrationen verwendet werden. Ce^{4+}-Lösungen der Konzentration 0,1 mol/l sind nicht so stark farbig, dass die Ablesung des Meniskus in Büretten gestört wird.

Der Cerimetrie liegt das Redoxgleichgewicht

$$Ce^{4+} + e^- \rightleftharpoons Ce^{3+}$$

zugrunde. Es entstehen nicht wie beim Permanganat je nach Reaktionsbedingungen unterschiedliche Reaktionsprodukte. Das Cer(III)-Ion ist farblos. Mit Cer(IV)-sulfat lassen sich die meisten Titrationen, zu denen Permanganat verwendet wird, durchführen sowie noch einige andere. Als Redoxindikatoren für cerimetrische Titrationen lassen sich *N*-Phenylanthranilsäure, Ferroin und 5,6-Dimethylferroin verwenden (vgl. [114, 115]).

Indikator Ferroin.
Der Indikator Ferroin ist ein Chelat-Komplex aus Eisen(II)-Ionen und Phenanthrolin. Die Herstellung erfolgt durch Lösen von Eisen(II)-sulfat und Phenanthrolin-HCl in Wasser.

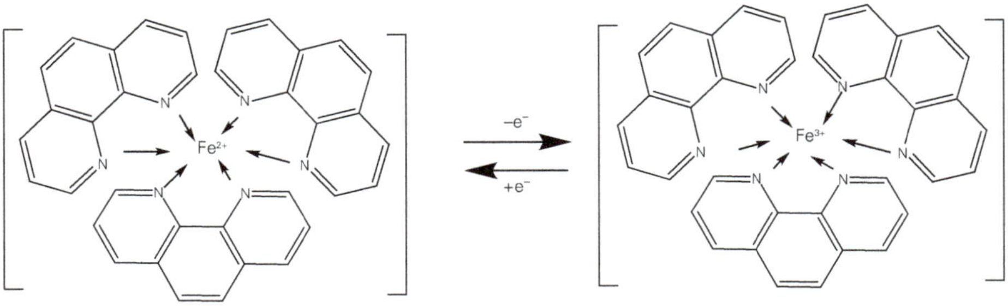

Durch den Überschuss der Cer(IV)-Maßlösung wird das Eisen(II)-Ion (im Ferroin) zum Eisen(III)-Ion (im Ferriin) oxidiert und es kommt zum Farbwechsel von Rot nach Blau. Das Normalpotential des Komplexes wird mit 1,14 V angegeben, der Umschlagsbereich mit 1,08–1,2 V.

Eine Alternative zu Ferroin ist Diphenylamin, das von Farblos nach Blau umschlägt. Das Diphenylamin wird hierbei in saurer Lösung vermutlich zunächst zu Diphenylbenzidin oxidiert, das dann reversibel weiter zum blauen Farbstoff oxidiert wird (vgl. Kap. 3.3.3).

Ph. Eur. verwendet diesen Redoxindikator bei der cerimetrischen Bestimmung von Tocopherol (Vitamin E) [8a].

Herstellung der Cer(IV)-sulfatlösung

42 g Cer(IV)-sulfattetrahydrat, $Ce(SO_4)_2 \cdot 4\,H_2O$, oder 65 g Ammoniumcer(IV)-sulfatdihydrat, $2\,(NH_4)_2SO_4 \cdot Ce(SO_4)_2 \cdot 2\,H_2O$, werden in 500 ml Schwefelsäure, 1 mol/l, unter mäßigem Erwärmen auf einem Wasserbad gelöst und zu 1000 ml aufgefüllt. Zur Einstellung eignen sich z. B. Arsen(III)-oxid, Oxalsäure, metallisches Eisen oder Kaliumiodid. Natürlich kann die Titerstellung auch mit geeigneten Maßlösungen, wie Eisen(II)-sulfatlösung, erfolgen.

Einstellung mit Kaliumiodid. In schwefelsaurer, acetonhaltiger Lösung werden Iodidionen von Cer(IV)-Ionen zu Iodaceton oxidiert:

$$I^- + CH_3COCH_3 + 2\,Ce^{4+} \longrightarrow CH_3COCH_2I + 2\,Ce^{3+} + H^+$$

Da in der Nähe des Äquivalenzpunktes auch etwas Aceton und Iodaceton von Cer(IV)-Ionen oxidiert werden, ist der gefundene Titer bei der Einstellung einer Maßlösung, 0,1 mol/l, geringfügig, um ungefähr 0,05 %, zu niedrig. Bei einer Konzentration der Cer(IV)-sulfatlösung von 0,01 mol/l beträgt der Fehler dagegen 0,8 bis 1 %.

Arbeitsvorschrift: Ungefähr 0,35 g bei 250 °C getrocknetes Kaliumiodid werden in 100 ml Schwefelsäure, 1,5 mol/l, gelöst. Nach Zusatz von 3 Tropfen Ferroinlösung, 0,025 mol/l (handelsübliche Lösung), und 25 ml Aceton wird gut durchgeschüttelt und mit Cer(IV)-sulfatlösung von Rot nach Farblos titriert. Der Umschlagspunkt ist erreicht, wenn die Rotfärbung nach Zugabe eines Tropfens der Maßlösung mindestens 30 Sekunden lang verschwindet.

Bestimmung von Eisen

Eisen(II) wird in salz- oder schwefelsaurer Lösung glatt zu Eisen(III) oxidiert:

$$Fe^{2+} + Ce^{4+} \longrightarrow Fe^{3+} + Ce^{3+}$$

Liegt ganz oder teilweise Eisen(III) vor, muss es vor der Bestimmung reduziert werden. Die Reduktion kann z. B. mit Silber in der auf S. 180 beschriebenen Reduktorbürette erfolgen.

Arbeitsvorschrift: 100 ml der Probelösung, die ungefähr 0,5 bis 1 g/l Fe enthalten soll, werden mit 10 ml konz. Salzsäure angesäuert. Nach Zusatz von einem Tropfen Ferroinlösung, 0,025 mol/l, wird mit Cer(IV)-sulfatlösung, 0,1 mol/l, bis zum scharfen Umschlag von Orangerot nach Gelbgrün titriert. Säuert man statt mit Salzsäure mit 5 ml konz. Schwefelsäure an, so erfolgt der Farbwechsel von Rot nach Blassblau.

1 ml Cer(IV)-sulfatlösung, $c(Ce(SO_4)_2) = 0{,}1$ mol/l, entspricht 5,5845 mg Fe.

Bestimmung von Nitrit

In saurer Lösung wird Nitrit durch Cer(IV) zu Nitrat oxidiert:

$$NO_2^- + 2\,Ce^{4+} + H_2O \longrightarrow NO_3^- + 2\,Ce^{3+} + 2\,H^+$$

Die Reaktion verläuft quantitativ und anfangs schnell, in der Nähe des Äquivalenzpunktes dagegen langsamer. Bei der Titration wird ein gemessenes Volumen der Cer(IV)-sulfatlösung vorgelegt und die Probelösung aus der Bürette zugegeben.

Arbeitsvorschrift: 25 ml Cer(IV)-sulfatlösung, 0,1 mol/l, werden in einem 250-ml-Becherglas (breite Form) mit 5 ml konz. Salpetersäure versetzt, auf 100 bis 150 ml verdünnt und auf 50 °C erwärmt. Mit der Probelösung, die 0,05 bis 0,1 mol/l NO_2^- enthalten soll, wird so lange titriert, bis die Gelbfärbung der vorgelegten Lösung fast verschwunden ist. Dabei muss die Bürettenspitze gerade in die Lösung eintauchen. Dann wird ein Tropfen Ferroinlösung, 0,025 mol/l, zugefügt und langsam bis zum Umschlag von Blaugrau nach Schwachrosa titriert.

1 ml Cer(IV)-sulfatlösung, $c(Ce(SO_4)_2)$ = 0,1 mol/l, entspricht 2,3003 mg NO_2^-.

Bestimmung von Hexacyanoferrat(II)

Cer(IV) oxidiert in saurer Lösung Hexacyanoferrat(II) zu Hexacyanoferrat(III):

$$[Fe(CN)_6]^{4-} + Ce^{4+} \rightarrow [Fe(CN)_6]^{3-} + Ce^{3+}$$

Arbeitsvorschrift: 100 ml Probelösung, die ungefähr 2 g/l Hexacyanoferrat(II) enthalten soll, werden mit 10 ml konz. Salzsäure, 7 mol/l, und 1 Tropfen Ferroinlösung, 0,025 mol/l, versetzt. Bei Zimmertemperatur wird mit Cer(IV)-sulfatlösung, 0,1 mol/l, bis zum scharfen Umschlag von Orangebraun nach Gelbgrün titiert.

1 ml Cer(IV)-sulfatlösung, $c(Ce(SO_4)_2)$ = 0,1 mol/l, entspricht 21,195 mg $Fe(CN)_6$ bzw. 36,835 mg $K_4Fe(CN)_6$.

Bestimmung von Nifedipin

Nifedipin enthält ein Dihydropyridin-Ringsystem, das mithilfe von Cer(IV) zu einem Pyridin-Ringsystem oxidiert werden kann:

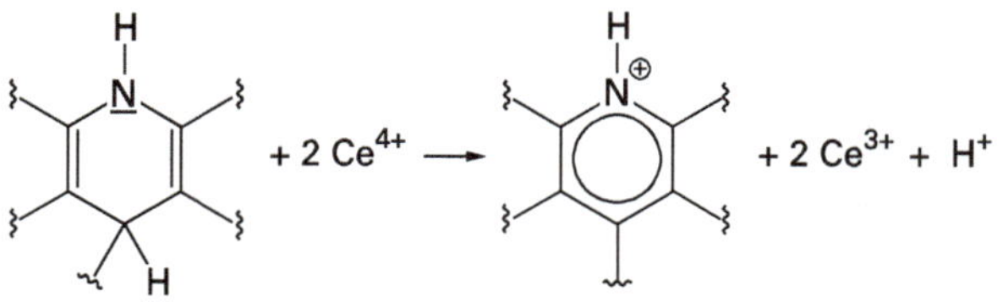

Da Nifedipin praktisch unlöslich in Wasser ist, wird es in tert-Butanol als einem nicht reduzierenden Alkohol gelöst. Als Titersubstanz wird Cer(IV)-sulfat eingesetzt, als Indikator dient Ferroin. Da die Titration im Sauren durchgeführt wird, können keine Cersalze ausfallen. Weil die Reaktion nicht sehr schnell abläuft, muss insbesondere in der Nähe des Äquivalenzpunktes langsam genug titriert werden. Eine Blindtitration wird empfohlen.

Arbeitsvorschrift: Von der Probesubstanz werden etwa 0,13 g genau abgewogen und in einer Mischung aus 25 ml tert-Butanol und 25 ml Perchlorsäure, 0,6 mol/l, gelöst. Nach Zusatz von etwas Ferroinlösung, 1/40 mol/l, wird mit $Ce(SO_4)_2$-Lösung, 0,1 mol/l, bis zum Verschwinden der Rosafärbung titriert. In der Nähe des Äquivalenzpunktes muss langsam genug titriert werden. Eine Blindtitration soll durchgeführt werden.

1 ml $Ce(SO_4)_2$-Lösung, $c = 0{,}1$ mol/l, entspricht 17,32 mg $C_{17}H_{18}N_2O_6$ [8a].

Arbeitsvorschrift: Die Reinheitsprüfung von Nifedipin bezüglich basischer Verunreinigungen erfolgt durch wasserfreie Säure-Base-Titration. Von der Probesubstanz werden etwa 4 g genau abgewogen und in 160 ml wasserfreier Essigsäure auf dem Ultraschallbad gelöst. Die Titration erfolgt mit Perchlorsäure, 0,1 mol/l, als Maßlösung und etwas Naphtholbenzeinlösung als Indikator. Der Äquivalenzpunkt wird durch einen Umschlag von Bräunlich-Gelb nach Grün angezeigt. 0,48 ml Perchlorsäure, 0,1 mol/l, dürfen höchstens verbraucht werden [8a].

Bestimmung von Paracetamol

Die pharmazeutische Gehaltsbestimmung von Paracetamol erfolgt cerimetrisch nach der sauer katalysierten Verseifung der Verbindung an der Amidbrücke. Hierbei entstehen p-Aminophenol (p-Hydroxyanilin) und Essigsäure:

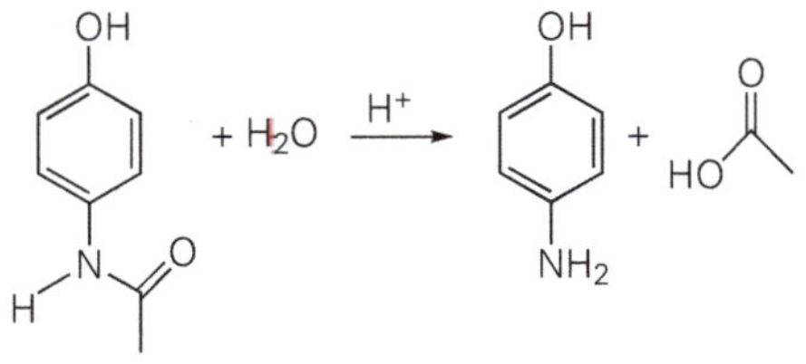

p-Aminophenol wird durch Cer(IV)-Ionen zu p-Chinonimin oxidiert. Die hier geltende Stöchiometrie ist durch ein Verhältnis von zwei Cer(IV)-Ionen zu einem p-Aminophenol-Molekül gekennzeichnet, das wiederum einem Molekül Paracetamol entspricht [28]:

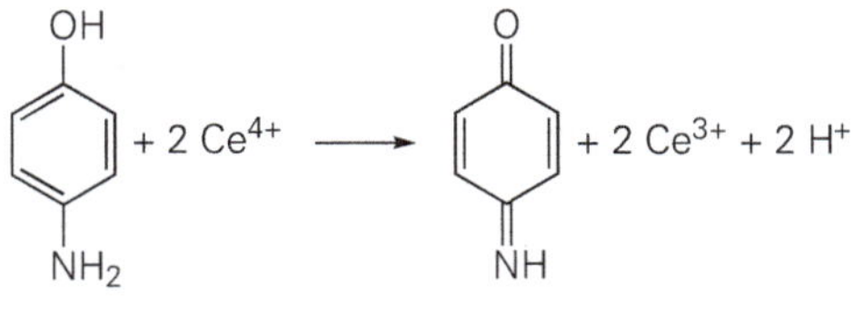

Arbeitsvorschrift: Von der Probesubstanz werden etwa 0,3 g genau abgewogen und in einem Gemisch aus 10 ml Wasser und 30 ml verdünnter Schwefelsäure, 1,0 mol/l, gelöst. Die Verseifung findet nun unter Rückfluss statt und soll eine Stunde dauern. Man lässt abkühlen, überführt verlustfrei in einen 100-ml-Messkolben und füllt dort mit Wasser zur Marke auf. Als Aliquot werden 20 ml dieser Lösung im Titrierkolben vorgelegt. Hinzugefügt werden nun 40 ml Wasser,

40 g Eis und 15 ml verdünnte Salzsäure, 2,0 mol/l. Nach Zusatz von 0,1 ml Ferroinlösung, 1/40 mol/l, wird mit $Ce(SO_4)_2$-Lösung, 0,1 mol/l, bis zum grünlichgelben Farbton titriert (Verschwinden der Rosafärbung). Eine Blindtitration soll durchgeführt werden.

1 ml $Ce(SO_4)_2$-Lösung, c = 0,1 mol/l, entspricht 7,558 mg $C_8H_9NO_2$ [8a].

Bestimmung von Vitamin K_3 (Menadion) nach Ph. Eur.

Chinone können nach vorhergehender Reduktion mit Zink und Salzsäure zum Hydrochinon cerimetrisch titriert werden. Als Beispiel ist hier die Bestimmung von Menadion (Vitamin K_3) nach Ph. Eur. aufgeführt [8a].

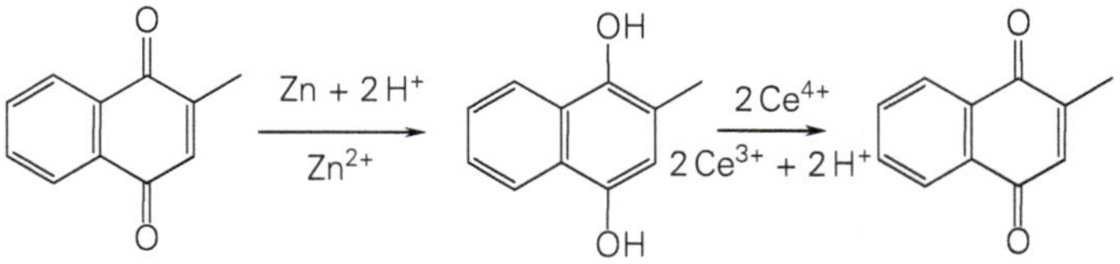

Arbeitsvorschrift: 0,150 g Substanz werden in einem Kolben, der mit einem Bunsenventil versehen ist, in 15 ml Essigsäure 99 % gelöst. Nach Zusatz von 15 ml verdünnter Salzsäure und 1 g Zinkstaub wird der Kolben verschlossen und unter gelegentlichem Umschütteln 60 min lang unter Lichtschutz stehen gelassen. Die Lösung wird durch Watte filtriert und die Watte 3-mal mit je 10 ml CO_2-freiem Wasser gewaschen. Nach Zusatz von 0,1 ml Ferroin-Lösung wird das Gesamtfiltrat sofort mit Ammoniumcer(IV)-nitrat, 0,1 mol/l, titriert.

1 ml Ammoniumcer(IV)-nitrat, c = 0,1 mol/l, entspricht 8,61 mg $C_{11}H_8O_2$.

3.3.5 Ferrometrische Bestimmungen

Wie sich Eisen(II) mit Kaliumdichromat titrieren lässt, kann auch umgekehrt Chrom(VI) von Eisen(II) quantitativ zu Chrom(III) reduziert werden. Mit einer Fe(II)-Maßlösung kann noch eine Reihe weiterer reduktometrischer Titrationen durchgeführt werden. Nachteilig macht sich jedoch die geringe Titerbeständigkeit, die auf der leichten Oxidierbarkeit der Eisen(II)-Ionen durch Luftsauerstoff beruht, bemerkbar. Schäfer (1949) hat durch eine einfache Maßnahme die Konstanz des Titers einer $FeSO_4$-Lösung erreicht. Er arbeitete mit einer Reduktorbürette, die aus einer mit der Maßlösung gefüllten Bürette und einem vorgeschalteten Jones-Reduktor (vgl. S. 178 f.) besteht. Die durch den Luftsauerstoff in geringem Maße oxidierte Eisen(II)-sulfatlösung läuft vor dem Eintropfen in die zu titrierende Lösung über das Reduktormetall (in diesem Fall Silber), wobei die vorhandenen Fe^{3+}-Ionen wieder zu Fe^{2+}-Ionen reduziert werden.

Grundlage der Ferrometrie ist das Gleichgewicht

$$Fe^{2+} \rightleftharpoons Fe^{3+} + e^-.$$

Für die Erkennung des Endpunktes eignen sich ebenfalls Redoxindikatoren.

Weil bei ferrometrischen Titrationen am Äquivalenzpunkt der Übergang von einem oxidierenden Milieu in ein reduzierendes Milieu erfolgt, kann es als vorteilhaft angesehen werden, wenn der Redoxindikator hierbei eine Farbvertiefung zeigt. Dies ist bei Diphenylamin und seinen Derivaten nicht der Fall, beim Ferroin (Tris(1,10-phenanthrolin)eisen(II)-sulfat) trifft es jedoch zu, da der Farbumschlag von einem eher schwachen Blau nach Tiefrot verläuft.

Herstellung der Eisen(II)-sulfatlösung

Eine Eisen(II)-sulfatlösung der Konzentration 0,1 mol/l enthält 27,801 g $FeSO_4 \cdot 7\,H_2O$ oder 39,214 g $(NH_4)_2Fe(SO_4)_2 \cdot 6\,H_2O$ (Mohr'sches Salz). Zur Herstellung der genauen Maßlösung eignet sich nur das Mohr'sche Salz. $FeSO_4$ hat aber den Vorteil, dass es in salzsaurer oder schwefelsaurer Lösung weniger schnell oxidiert wird.

Etwa 28 g $FeSO_4 \cdot 7\,H_2O$ werden in einer Mischung aus 100 ml Wasser, 25 ml konzentrierter Schwefelsäure und 50 ml Salzsäure gelöst, die Lösung wird im Messkolben mit Wasser auf 1 Liter aufgefüllt. Der Zusatz von Salzsäure ist für die Verwendung in der Reduktorbürette mit Silberfüllung notwendig.

Als Reduktor wird Silber verwendet, das durch Abscheidung mit metallischem Kupfer aus einer Silbernitratlösung dargestellt und mehrfach mit Schwefelsäure und Wasser gewaschen worden ist. In den Reduktorraum der Bürette, der gegen den Hahn mit einem Pfropfen aus Quarz- oder Glaswolle verschlossen ist, werden einige Milliliter Maßlösung eingefüllt und 5 bis 6 g Silber eingetragen. Nach dem Durchspülen der etwa 8 cm hohen luftblasenfreien Schicht mit der Maßlösung ist die Bürette gebrauchsfertig. Eine störende Hemmung des Auslaufs durch die Reduktorschicht tritt nicht ein. Die Eisen(II)-Salzlösung muss sauer sein. Bei der Reduktion der Fe^{3+}-Ionen entsteht aus dem metallischen Silber in Gegenwart von Cl^--Ionen schwer lösliches Silberchlorid.

Zur Regenerierung wird das gebrauchte Reduktorsilber mit Zinkstangen in verdünnter Schwefelsäure geschüttelt. Etwa abgeschiedene basische Zinksalze werden durch Behandeln mit Salzsäure, 6 mol/l, in der Wärme entfernt.

Verschiedene Typen von Reduktorbüretten sind von Flaschka (1950), Weber und Hahn (1952) sowie Karsten, Kies und Bergshoeff (1952) vorgeschlagen worden.

Die Einstellung der Eisen(II)-sulfatlösung erfolgt mit vorgelegtem Kaliumdichromat unter Verwendung von einem Tropfen Ferroinlösung, 0,025 mol/l, als Redoxindikator, mit einem Farbumschlag von Grün nach Rot.

Bestimmung von Chromat(VI) und Chrom(III)

Die Reaktion zwischen den in saurer Lösung vorliegenden $Cr_2O_7^{2-}$-Ionen und den Fe^{2+}-Ionen verläuft nach der auf S. 193 angegebenen Gleichung. Chrom(III)-Salze werden vor der Titration mit Ammoniumperoxodisulfat in Gegenwart von Ag^+ zu Chrom(VI)-Verbindungen oxidiert. Als Redoxindikator hat sich auch hier Ferroin bewährt.

Arbeitsvorschrift (in Anlehnung an Blasius und Wittwer [116]): Die Bestimmung erfolgt wie bei der Eisen(II)-Titration beschrieben (s. S. 194), nur setzt man als Indikator einen Tropfen Ferroinlösung, 0,025 mol/l, hinzu und titriert bis zum ersten Rotstich.

Schwefelsaure Chrom(III)-Salzlösungen mit einem Gehalt von etwa 50 bis 55 mg und einem maximalen Volumen von 100 ml werden bei Raumtemperatur mit 20 ml einer Silbernitratlösung, 0,02 mol/l, und 15 ml 15 %iger Ammoniumperoxodisulfatlösung versetzt und bis zum Auftreten der Dichromatfarbe erwärmt (nicht zum Sieden erhitzen!). Dann wird das überschüssige $S_2O_8^{2-}$ durch etwa 15 min langes Sieden zerstört. Nach dem Abkühlen werden 5 ml 5 %ige NaCl-Lösung zugegeben. Die Lösung wird auf 150 ml aufgefüllt und nach Zusatz von Phosphorsäuremischung wie beschrieben titriert.

1 ml Eisen(II)-sulfatlösung, $c(FeSO_4) = 0{,}1$ mol/l, entspricht 1,733 mg Cr, 2,533 mg Cr_2O_3 oder 4,903 mg $K_2Cr_2O_7$.

Bestimmung von Chrom in Stahl

Chrom lässt sich in Stahlproben bestimmen, indem man die Probesubstanz in Mischsäure auflöst und das dadurch entstandene Chrom(III) mit Peroxodisulfat zum Dichromat oxidiert und nach Verkochen des Peroxosauerstoffs mit eisen(II)-haltiger Maßlösung titriert. Nähere Informationen zur Probenvorbereitung finden sich in 3.3.2.

Arbeitsvorschrift: In ein 150-ml-Becherglas werden etwa 1 g Stahlprobe gegeben (entsprechend etwa 10 mg Chrom) und in etwa 60 ml Mischsäure unter Rühren und eventuellem Kochen gelöst. Nach Abkühlen auf Raumtemperatur mit 20 ml Reinstwasser in ein 400-ml-Becherglas überführen! Dann werden 1 ml Silbernitratlösung (2,5 %ig) und 20 ml Ammoniumperoxodisulfatlösung (15 %ig) zugefügt. Man lässt 10 min kochen, bis die Lösung gelborange bzw. – bei Anwesenheit von Mangan – violett wird! Nach Zugabe von 5 ml Natriumchloridlösung (5 %ig) lässt man nochmals 10 min kochen – wobei ein Niederschlag von Silberchlorid ausfällt – und dann abkühlen. Nachdem 20 ml Mischsäure (s. u.) sowie 3 Tropfen des Ferroin-Indikators (s. u.) zugefügt worden sind, wartet man 10 min. Direkte Titration erfolgt – langsam genug – mit einer Eisen(II)-sulfatlösung ($c(FeSO_4) = 0{,}1$ mol/l). Der Umschlag verläuft von Orange über eine allmähliche Grünfärbung sowie einen am Äquivalenzpunkt kurz zu beobachtenden blauen Farbton nach Rot.

1 ml Eisen(II)-sulfatlösung, $c(FeSO_4) = 0{,}1$ mol/l, entspricht 1,733 mg Cr, 2,533 mg Cr_2O_3 oder 4,903 mg $K_2Cr_2O_7$.

Mischsäure: In 700 ml H_2O werden 150 ml 18 mol/l H_2SO_4 und 150 ml 15 mol/l H_3PO_4 vorsichtig hinzugegeben und gemischt.

Ferroin-Indikator: 0,7 g Eisen(II)-sulfat-Heptahydrat und 1,76 g 1,10-Phenanthrolinhydrochlorid werden in 70 ml demineralisiertem Wasser gelöst. Die Lösung wird mit Wasser zu 100 ml verdünnt.

Bestimmung von Vanadium

In saurer Lösung wird Vanadium(V) nach

$$VO_2^+ + Fe^{2+} + 2\,H^+ \longrightarrow VO^{2+} + Fe^{3+} + H_2O$$

von Eisen(II) zu Vanadium(IV) reduziert. An Stelle der Vanadium(V)oxid-Ionen können auch Polyvanadat(V)-Ionen in der Lösung enthalten sein, da die Gleichgewichte zwischen den verschiedenen Kondensationsformen der Vanadat(V)-Ionen von der Wasserstoffionenkonzentration abhängig sind. Dies ist aber für den Ablauf der Reduktion ohne Bedeutung. Bei der Verwendung von Ferroin lassen sich Vanadate(V) wie Dichromate mit Eisen(II)-sulfat titrieren.

Arbeitsvorschrift: Die 0,05–0,1 g Vanadium enthaltende Lösung wird mit 10 ml Phosphorsäuremischung (s. S. 189) und soviel verdünnter Schwefelsäure versetzt, dass die Säurekonzentration nach Verdünnen auf 100 ml zwischen 0,25 und 1 mol/l liegt. Nach Zusatz von einem Tropfen Indikatorlösung wird mit Eisen(II)-sulfatlösung, 0,1 mol/l, bis zum ersten Rotstich titriert.

1 ml Eisen(II)-sulfatlösung, $c(FeSO_4) = 0{,}1$ mol/l, entspricht 8,294 mg VO_2^+ oder 9,094 mg V_2O_5.

3.3.6 Bromatometrische Bestimmungen

Kaliumbromat ist ein Oxidationsmittel und kann zur titrimetrischen Bestimmung von Arsen(III), Antimon(III), Zinn(II), Kupfer(I), Thallium(I) sowie Hydrazin verwendet werden. Das Bromat wird dabei in saurer Lösung zum Bromid reduziert:

$$BrO_3^- + 6\,H^+ + 6\,e^- \longrightarrow Br^- + 3\,H_2O\,.$$

Das Standardpotential des Systems BrO_3^-/Br^- ist $E° = 1{,}44$ V. Mit $z^* = 6$ ist die molare Masse des Kaliumbromats bezogen auf Äquivalente $M(1/6\,KBrO_3) = 27{,}833$ g/mol.

Zur Erkennung des Titrationsendpunktes nutzt man die Tatsache aus, dass das während der Titration entstandene (oder vorher absichtlich zugesetzte) Bromid mit überschüssigem Bromat zu elementarem Brom komproportioniert:

$$BrO_3^- + 5\,Br^- + 6\,H^+ \longrightarrow 3\,H_2O + 3\,Br_2\,.$$

Nach Überschreiten des Endpunktes färbt sich die vorher farblose Lösung durch die Bromausscheidung schwach gelb. Da aber die Färbung infolge der geringen Bromkonzentration schlecht zu erkennen ist, nutzt man die Oxidationswirkung des Broms auf organische Farbstoffe wie Methylorange oder Methylrot aus. Die Farbstoffe werden durch Brom irreversibel oxidiert (entfärbt). Die Reaktion benötigt eine gewisse Zeit. Daher muss die Bromatlösung gegen Ende der Titration langsam und tropfenweise zugefügt werden. Kurz vor Erreichen des Endpunktes setzt man der Lösung nochmals einen Tropfen Indikatorlösung zu, weil ein lokaler Bromatüberschuss an der Eintropfstelle mitunter ein vorzeitiges Verblassen des Indikators bewirkt. Die Temperatur soll 40 bis 60 °C betragen.

Auch Chinolingelb eignet sich gut zur Erkennung des Endpunktes. Seine Entfärbung ist sogar nach Zusatz eines kleinen Bromatüberschusses kurze Zeit durch einige Tropfen Arsen(III)-Lösung wieder rückgängig zu machen.

Herstellung der Kaliumbromatlösung

Kaliumbromat ist sehr rein erhältlich (Urtitersubstanz). Durch mehrfaches Umkristallisieren und Trocknen bei 180 °C lässt es sich auch in genügender Reinheit darstellen. Zur Herstellung der Maßlösung, $c(\frac{1}{6}\,KBrO_3) = 0{,}1$ mol/l, löst man $\frac{1}{60}$ der molaren Masse, 2,7833 g $KBrO_3$, in Wasser und füllt im Messkolben zu 1 Liter auf. Die Lösung ist gut haltbar und titerbeständig. Sie darf jedoch keine Bromidionen enthalten. Zur Reinheitsprüfung werden 5 ml der Bromatlösung mit 2 ml Schwefelsäure, $c(H_2SO_2) = 2$ mol/l, angesäuert und 1 Tropfen 0,1 %iger Methylorangelösung zugesetzt. Die rosa Farbe darf nach Angaben von Kolthoff [89] noch nach zwei Minuten nicht verschwunden sein.

Bestimmung von Arsen und Antimon

Die bereits 1893 von St. Győry beschriebene Titration beruht auf der Oxidation der Ionen von der Oxidationszahl III zu V:

$$BrO_3^- + 3\,As^{3+} + 6\,H^+ \longrightarrow Br^- + 3\,As^{5+} + 3\,H_2O,$$
$$BrO_3^- + 3\,Sb^{3+} + 6\,H^+ \longrightarrow Br^- + 3\,Sb^{5+} + 3\,H_2O.$$

Arbeitsvorschrift: Die Lösung des Arsenats(III) bzw. Antimonats(III) wird mit Salzsäure stark angesäuert, sodass die Säurekonzentration 1–2 mol/l beträgt.

Nach Zusatz von 1–2 Tropfen Methylrot- oder Methylorangelösung (1 %ig) wird auf etwa 50 °C erwärmt und mit $KBrO_3$-Lösung, $\frac{1}{60}$ mol/l, bis zur Entfärbung titriert. Dabei muss der Titrierbecher ständig umgeschwenkt werden. Die Bromatlösung muss man gegen Ende der Titration langsam zutropfen lassen. Kurz vor dem Endpunkt ist noch 1 Tropfen Indikatorlösung zuzufügen.

1 ml $KBrO_3$-Lösung, $c(\frac{1}{6}\,KBrO_3) = 0{,}1$ mol/l, entspricht 3,7461 mg As bzw. 6,0880 mg Sb oder 4,9460 mg As_2O_3 bzw. 7,288 mg Sb_2O_3.

Bestimmung von Bismut

Das 1927 von Reißaus beschriebene Verfahren beruht auf der Reduktion des Bismut(III) in salzsaurer Lösung durch metallisches Kupfer, wobei in äquivalenter Menge Kupfer(I) entsteht, das bromatometrisch titriert wird:

$$Bi^{3+} + 3\,Cu \longrightarrow Bi + 3\,Cu^{+}$$
$$BrO_3^{-} + 6\,Cu^{+} + 6\,H^{+} \longrightarrow Br^{-} + 6\,Cu^{2+} + 3\,H_2O\,.$$

Die Schwierigkeit liegt in der außerordentlich großen Empfindlichkeit der Kupfer(I)-Ionen gegenüber Luftsauerstoff.

Arbeitsvorschrift: Das Bismut wird zunächst als Bismutoxidchlorid abgeschieden, um es von Begleitmetallen, wie Kupfer, Arsen und Antimon zu trennen. Das Salz wird abfiltriert und in einem 500-ml-Erlenmeyerkolben in 30 ml konzentrierter Salzsäure gelöst. Man verdünnt mit Wasser auf 200 ml, erhitzt unter Durchleiten von CO_2 zum Sieden und fügt nach vollständigem Verdrängen der Luft blanke Elektrolytkupferspäne zu. Wenn nach 15-minütigem Sieden ein frisch eingeworfener Kupferspan blank bleibt, wird die Lösung unter Ausschluss von Luft in einer CO_2-Atmosphäre durch einen Glasfiltertiegel in einen mit Kohlenstoffdioxid gefüllten Literkolben filtriert und mit heißem, salzsäurehaltigem Wasser nachgespült. Die Lösung (400–500 ml) wird mit 2–3 Tropfen 1%iger Methylorangelösung versetzt und heiß mit $KBrO_3$-Maßlösung titriert. Die Farbe schlägt am Endpunkt von Rosa nach Blau um.

1 ml $KBrO_3$-Lösung, $c(\frac{1}{6}\,KBrO_3) = 0{,}1$ mol/l, entspricht 6,9660 mg Bi oder 6,3546 mg Cu.

Bestimmung von Hydroxylamin

Hydroxylamin wird von Bromat in Gegenwart von Salzsäure zum Nitrat oxidiert:

$$NH_2OH + BrO_3^{-} \longrightarrow NO_3^{-} + Br^{-} + H^{+} + H_2O\,.$$

Zur Bestimmung versetzt man die Hydroxylaminlösung mit einem abgemessenen Volumen $KBrO_3$-Lösung, $\frac{1}{60}$ mol/l, sodass 10–30 ml im Überschuss vorhanden sind, und fügt 40 ml HCl, 5 mol/l, hinzu. Nach 15 Minuten bestimmt man den Überschuss an Bromat durch Zusatz von KI-Lösung und Titration des entstandenen Iods mit Thiosulfatmaßlösung (s. Kap. 3.3.7).

1 ml $KBrO_3$-Lösung, $c(\frac{1}{6}\,KBrO_3) = 0{,}1$ mol/l, entspricht 0,5505 mg NH_2OH.

Das soeben beschriebene und die folgenden Verfahren kombinieren die bromatometrische Umsetzung des Analyten mit einer der Varianten der Iodometrie (s. Kap. 3.3.7)

Bestimmung von Metallionen als Oxinato-Komplexe

Zahlreiche Metallionen lassen sich indirekt bromatometrisch über ihre Hydroxychinolin-Komplexe bestimmen. Die Methode beruht auf der Ausfällung der Metallkomplexe unter geeigneten pH-Bedingungen, Freisetzen des 8-Hydroxychinolins (Oxins) durch Lösen in verdünnter Salzsäure und Bromierung des Oxins zum 5,7-Dibrom-8-hydroxychinolin.

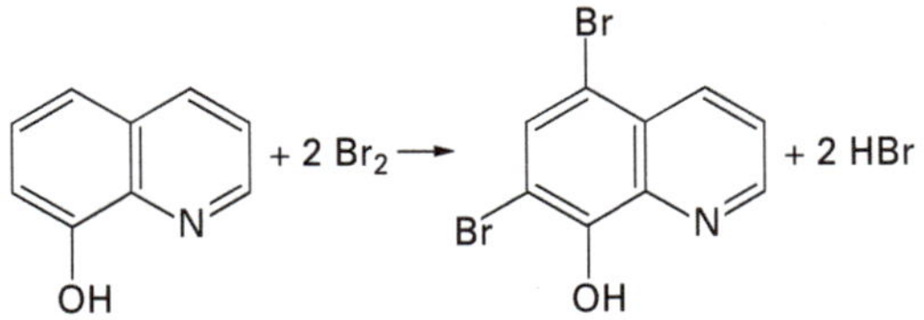

Das Brom wird durch Zusatz von $KBrO_3$-Maßlösung zu überschüssigem Bromid erzeugt. Die Substitutionsreaktion verläuft langsam. Deshalb arbeitet man mit einem Überschuss an Brom. Den nicht umgesetzten Rest reduziert man mit KI und titriert das entstandene Iod gegen Stärke als Indikator mit Thiosulfatmaßlösung (s. Kap. 3.3.7).

Zweiwertige Metallionen binden zwei, dreiwertige drei Oxin-Liganden.

Berechnung: 1 mol Oxin entspricht 2 mol Br_2 bzw. 4 mol Br. Ein Ion eines zweiwertigen Metalls entspricht also 4 mol Br_2 (8 mol Br), eines dreiwertigen Metalls 6 mol Br_2 (12 mol Br). Bei der Reaktion von 1 mol $KBrO_3$ und 5 mol KBr entstehen 3 mol Br_2 (6 mol Br).

Als Beispiel sei die Bestimmung von Aluminium beschrieben.

Bestimmung von Aluminium

Die Reagenslösung wird durch Lösen von 8-Hydroxychinolin in Essigsäure ($c = 2$ mol/l) zu einer 2 %igen Lösung, Zusatz von Ammoniaklösung bis zum Auftreten eines geringen Niederschlages und Erwärmen bis zum Wiederauflösen hergestellt.

Arbeitsvorschrift: 25 ml Probelösung mit ca. 0,02 g Aluminium werden in einem Erlenmeyerkolben mit 125 ml Wasser versetzt und auf 50–60 °C erwärmt. Dann wird ein 20 %iger Überschuss an Oxin-Lösung zugefügt (1 ml fällt 0,001 g Al). Die Fällung wird durch Zugabe einer Lösung von 4 g Ammoniumacetat in möglichst wenig Wasser vervollständigt. Unter Umrühren lässt man die Lösung abkühlen, filtriert dann durch einen Glas- oder Porzellanfiltertiegel (Porosität 4) und wäscht mit warmem Wasser nach.

Der Komplex wird in warmer konzentrierter Salzsäure gelöst und mit einigen Tropfen Methylrot oder Methylorangelösung (1 %ig) sowie 0,5–1 g KBr versetzt. Dann titriert man langsam mit $KBrO_3$-Lösung, $\frac{1}{60}$ mol/l, bis die Farbe reingelb wird. Der genaue Endpunkt ist nicht leicht zu erkennen. Deshalb ist es am besten, einen Überschuss an $KBrO_3$-Lösung zuzusetzen (etwa 2 ml), sodass die Lösung freies Brom enthält. Zur Verhinderung einer Ausfällung von 5,7-Dibromoxin während der Titration verdünnt man die Lösung stark mit Salzsäure, 2 mol/l, fügt nach 5 Minuten 10 ml einer 10 %igen KI-Lösung hinzu und titriert das freigesetzte Iod mit Natriumthiosulfatlösung, 0,1 mol/l, unter Verwendung von Stärke als Indikator (s. Kap. 3.3.7).

1 ml $KBrO_3$-Lösung, $c(\frac{1}{6}\,KBrO_3) = 0{,}1$ mol/l, entspricht 0,22485 mg Al.

Bemerkungen: Das Waschen des Niederschlages mit warmem Wasser dient zur Entfernung des Oxinüberschusses. So lassen sich Komplikationen durch Adsorption von Iod vermeiden. Die braune Additionsverbindung von Iod mit dem Dibromderivat des Oxins kann während der Titration ausfallen. Sie löst sich aber im Allgemeinen wieder während der nachfolgenden Titration mit Thiosulfat unter Erzeugung einer gelben Farbe, sodass der Endpunkt mit Stärke erkennbar ist. Gibt man 10 ml Kohlenstoffdisulfid vor dem KI-Zusatz zu der Lösung, vermeidet man, dass sich die dunkelbraune Verbindung nicht schnell genug löst (Kohlenstoffdisulfid ist sehr feuergefährlich und ein starkes Lungen- und Hautgift).

Das Verfahren eignet sich zur Bestimmung folgender Metalle: Al, Fe, Cu, Zn, Cd, Ni, Co, Mn und Mg.

Bestimmung von 8-Hydroxychinolin (Oxin)

Die oben beschriebene Bromierung von Oxin lässt sich freilich nicht nur zur Metallbestimmung, sondern – mit einem einfacheren Verfahren – zur Bestimmung des Oxins selbst nutzen, nämlich für die Untersuchung von Produkten, die Oxin als Hauptbestandteil enthalten, z. B. Chinosol.

Arbeitsvorschrift: Gerade so viel Probesubstanz wird genau abgewogen, dass man – ausgehend von einem Schätzwert – mit etwa 0,16 g Oxin rechnen kann. Anschließend wird in 50 ml Salzsäure 3,0 mol/l und 25 ml Wasser gelöst. Nach Zugabe von 1,0 g Kaliumbromid und 1 bis 2 Tropfen Methylrotlösung 0,2 % wird Kaliumbromat-Maßlösung [$c(1/6\ KBrO_3) = 0{,}1$ mol/l] zugegeben, bis die Lösung hellgelb ist, dann werden noch weitere 1 bis 2 ml hinzugefügt. Das verbrauchte Volumen ist V_1.

Die bis zum Zeitpunkt der hellgelben Färbung erfolgte irreversible Zerstörung des im sauren Milieu rot gefärbten Methylrots zeigt das Auftreten überschüssigen elementaren Broms an. Der durch den Indikator hervorgerufene systematische Fehler (Überbefund) des Endergebnisses beträgt schätzungsweise 0,1 % der Analytmasse.

Zur Erzeugung elementaren Iods wird 1 g Kaliumiodid in 5 ml Wasser zugesetzt. Die Titration erfolgt mit Natriumthiosulfat 0,1 mol/l als Maßlösung und – nach Aufhellen des Gemischs – mit Stärkelösung als Indikator. Der Äquivalenzpunkt wird durch Verschwinden der Blaufärbung angezeigt. Das verbrauchte Volumen ist V_2.

$V_1 - V_2$ entspricht dem Volumen der bei der Bromierung verbrauchten $KBrO_3$-Lösung [$c(1/6\ KBrO_3) = 0{,}1$ mol/l]. 1 ml dieses Volumens entspricht 3,629 mg Oxin [28].

Bromatometrische Bestimmung von Phenolen und Anilinen

Aniline und Phenole können durch bromatometrische Titration bestimmt werden. Dieses Verfahren geht auf Koppeschar zurück und ist seit über 50 Jahren z. B. in den Arzneibüchern (z. B. DAB 7) zu finden. Durch elementares Brom können in Position 2, 4 oder 6 unsubstituierte Phenole und Aniline in o- und p-Position quantitativ bromiert werden.

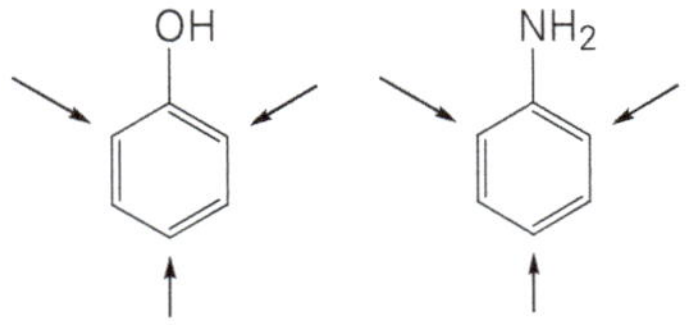

Dies kann für die Quantifizierung beider Strukturelemente genutzt werden. In einigen Fällen können Phenole und Aniline direkt mit Kaliumbromat-Maßlösung in Anwesenheit von Bromid titriert werden. Als Indikatoren können hierbei Ethoxychrysoidin oder Methylrot verwendet werden. Gebräuchlicher ist die Auswertung über eine iodometrische Rücktitration, da zum Teil mit elementarem Brom weitere Bromierungen erfolgen, die im Überschuss Kaliumiodid dann aber wieder zurückreagieren.

Bestimmung von Salicylsäure

Analog zur Oxinbestimmung kann auch Salicylsäure bestimmt werden, da es sich auch hier um eine phenolische Verbindung handelt. Auf Grund der geringeren Reaktionsgeschwindigkeit sind allerdings Wartezeiten vonnöten. Außerdem liegt eine andere Stöchiometrie vor, da nicht nur zwei Wasserstoffatome, sondern auch die Carbonsäuregruppe durch Bromatome substituiert werden [28]:

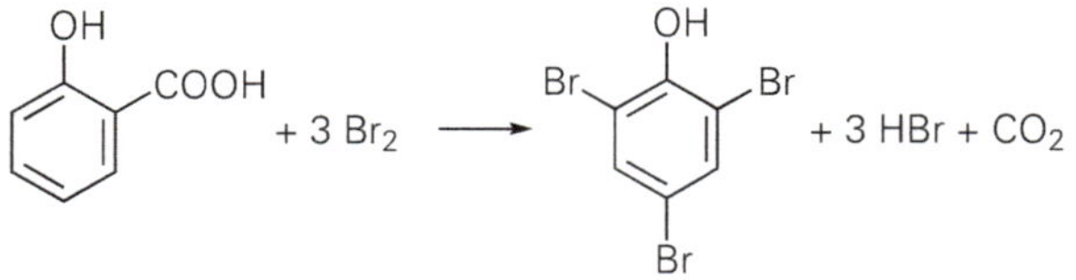

Acetylsalicylsäure lässt sich nur nach Verseifung auf analoge Weise bestimmen [28]. Schließlich wird der mesomere Effekt der RCOO-Gruppe auf den aromatischen Ring dadurch erheblich gemindert, dass ein mesomerer Effekt auf die Carbonylgruppe zu erwarten ist. Also würde bei direkter Bromierung der Acetylsalicylsäure nicht in hinreichend selektiver Weise nach den Ortho-Positionen und nach der Para-Position dirigiert, wie die phenolische OH-Gruppe der Salicylsäure dies tut.

Arbeitsvorschrift: Gerade so viel Probesubstanz wird genau abgewogen, dass man – ausgehend von einem Schätzwert – mit etwa 35 mg Salicylsäure rechnen kann. Anschließend wird im Jodzahlkolben in 25 ml Wasser gelöst bzw. bis zu einem solchen Volumen verdünnt. Nach Zugabe von V_1 = 25 ml Kaliumbromat-Maßlösung [$c(\frac{1}{6}\,KBrO_3)$ = 0,1 mol/l] und 1,0 g Kaliumbromid wird gewartet, bis das Letztere aufgelöst ist. Dann werden 5 ml Salzsäure 3 mol/l hinzugefügt und die Mischung 25 min im verschlossenen Kolben stehen gelassen, ohne sie dabei zu schwenken.

Zur Erzeugung elementaren Iods wird 1 g Kaliumiodid zugesetzt, kurz gerührt und 5 min stehen gelassen. Mit Wasser wird auf etwa 200 ml aufgefüllt. Die Titration erfolgt mit Natriumthiosulfat 0,1 mol/l als Maßlösung und – nach Aufhellen des Gemischs – mit Stärkelösung als Indikator. Der Äquivalenzpunkt wird durch Verschwinden der Blaufärbung angezeigt. Das verbrauchte Volumen ist V_2.

$V_1 - V_2$ entspricht dem Volumen der bei der Bromierung verbrauchten $KBrO_3$-Lösung [$c(\frac{1}{6} KBrO_3) = 0{,}1$ mol/l].

1 ml dieses Volumens entspricht 2,302 mg Salicylsäure [28].

Bestimmung von Phenol

Die Gehaltsbestimmung von Phenol in Arzneimitteln wird in ähnlicher Weise beschrieben [8a]. Die hier vorliegende Stöchiometrie ist analog zur Salicylsäurebestimmung. Auf ein Molekül Phenol kommen also ebenfalls drei Moleküle elementaren Broms, so dass drei Wasserstoffatome des Phenols durch Bromatome substituiert werden. Auch hier sind wegen der langsamen Reaktion Wartezeiten vonnöten.

Arbeitsvorschrift: Etwa 2 g der zu prüfenden Substanz werden genau abgewogen und zu einem Volumen von 1,0000 l mit Wasser gelöst. Von dieser Lösung werden genau 25 ml in einem Iodzahlkolben vorgelegt und mit $V_1 = 50$ ml Kaliumbromat-Maßlösung [$c(\frac{1}{6} KBrO_3) = 0{,}1$ mol/l] versetzt. Nach Europäischem Arzneibuch wird diese Maßlösung so angesetzt, dass sie auch 13 g Kaliumbromid je Liter Maßlösung enthält. Das entspricht einer Masse Kaliumbromid von 0,65 g. Dann werden 5 ml Salzsäure 10 mmol/l hinzugefügt und die Mischung 30 min im verschlossenen Kolben stehen gelassen, während sie dabei gelegentlich geschwenkt wird. Dann lässt man sie ohne Schwenken weitere 15 min lang im verschlossenen Kolben stehen.

Zur Erzeugung elementaren Iods wird 1 g Kaliumiodid zugesetzt. Nach dem Arzneibuch wird hierzu eine Kaliumiodidlösung 200 g/l hergestellt, aus der 5 ml in das Gemisch hineinpipettiert werden. Nach Schütteln erfolgt die Titration mit Natriumthiosulfat 0,1 mol/l als Maßlösung und – nach Aufhellen des Gemischs – mit Stärkelösung als Indikator. Der Äquivalenzpunkt wird durch Verschwinden der Blaufärbung angezeigt. Das verbrauchte Volumen ist V_2.

$V_1 - V_2$ entspricht dem Volumen der bei der Bromierung verbrauchten $KBrO_3$-Lösung [$c(\frac{1}{6} KBrO_3) = 0{,}1$ mol/l].

1 ml dieses Volumens entspricht 1,569 mg Phenol [8a].

Bestimmung von Sulfonamiden nach DAB 7

Das Deutsche Arzneibuch 7 bestimmte zahlreiche Sulfonamid-Antibiotika bromatometrisch nach Koppeschar mit anschließender iodometrischer Rücktitration. Heute wird diese Stoffklasse meistens nitritometrisch titriert (vgl. Kap 4.5.4).

Bestimmung von Sulfanilamid

Arbeitsvorschrift: 0,100 bis 0,110 g Substanz, genau gewogen, werden in einem Iodzahlkolben von etwa 200 ml Inhalt in 10,0 ml Essigsäure und 10,0 ml Salzsäure heiß gelöst. Nach Zusatz einer Lösung von 1,0 g Kaliumbromid in 2,0 ml Wasser und 20,0 ml Essigsäure wird die abgekühlte Lösung unter Umschwenken mit 30,0 ml Kaliumbromatlösung (0,0166 mol/l) versetzt. Nach 2 Minuten werden 0,5 g KI hinzugefügt. Nach einer weiteren Minute wird mit Natriumthiosulfatlösung (0,1 mol · l^{-1}) gegen Stärke zurücktitriert.

1,0 ml Kaliumbromatlösung, c = 0,0166 mol/l, entspricht 4,305 mg $C_6H_8O_2N_2S$.

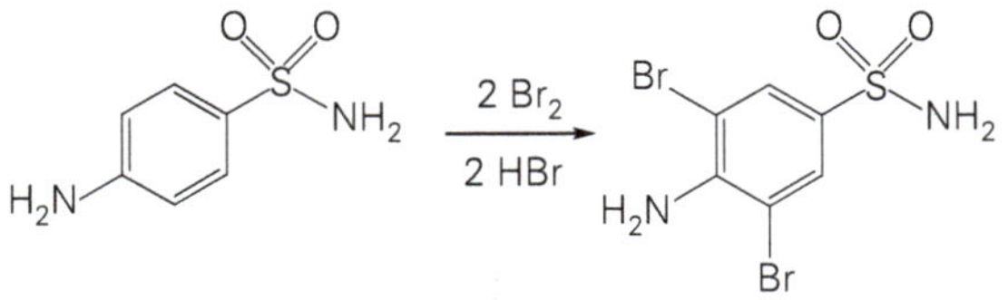

Bestimmung von Cystin nach Ph. Eur.

Cystin ist das Oxidationsprodukt der Aminosäure Cystein. Die Substanz wird in der Ph. Eur. bromatometrisch bestimmt [8a]. Cystin wird als Lebensmittelzusatzstoff (Mehlbehandlung) eingesetzt, ist Bestandteil verschiedener Nahrungsergänzungsmittel gegen Haarausfall und wird als Ausgangsstoff verschiedener Synthesen verwendet.

Das Disulfid im Cystin wird durch einen Überschuss Brom oxidativ zu zwei Sulfonsäuren gespalten. Anschließend wird der Überschuss Brom mit Iodid in Iod überführt und dieses mit Natriumthiosulfat titriert.

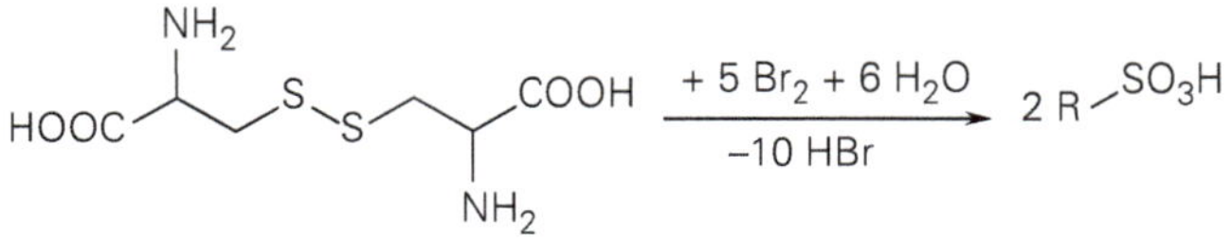

Arbeitsvorschrift: In einem Erlenmeyerkolben mit Schliffstopfen werden 0,100 g Substanz in einer Mischung von 2 ml verdünnter Natriumhydroxid-Lösung (85 g/l) und 10 ml Wasser gelöst. Nach Zusatz von 10 ml einer Lösung von Kaliumbromid (200 g/l), 50,0 ml Kaliumbromat-Lösung (0,0167 mol/l) und 15 ml verdünnter Salzsäure wird der Kolben verschlossen, in einer Eis-Wasser-Mischung abgekühlt und unter Lichtschutz 10 min lang stehen gelassen. Nach Zusatz von 1,5 g Kaliumiodid R wird die Lösung nach 1 min mit Natriumthiosulfat-Lösung (0,1 mol/l) titriert unter Zusatz von 2 ml Stärke-Lösung R gegen Ende der Titration. Eine Blindtitration wird durchgeführt.

1 ml Kaliumbromat-Lösung, c = 0,0167 mol/l, entspricht 2,403 mg $C_6H_{12}N_2O_4S_2$.

3.3.7 Iodometrische Bestimmungen

Die Iodometrie ist eine der vielseitigsten Methoden der Redoxtitration. Diese Vielseitigkeit beruht auf der oxidierenden Wirkung des Iods einerseits, zum anderen auf der reduzierenden Wirkung der Iodidionen. Der zugrunde liegende Vorgang

$$I_2 + 2e^- \rightleftharpoons 2I^-$$

ist vollständig umkehrbar.

Grundsätzlich ergeben sich daraus zwei Möglichkeiten für den Einsatz der Iodometrie:

1. Reduktionsmittel können mit Iodlösung direkt titriert werden. Sie werden dabei unter Reduktion des Iods zum Iodid oxidiert, z. B.

$$S^{2-} + I_2 \rightleftharpoons 2\,I^- + S\,.$$

2. Oxidationsmittel werden mit angesäuerter Kaliumiodidlösung im Überschuss reduziert, wobei das Iodid zum elementaren Iod oxidiert wird, z. B.

$$2\,Fe^{3+} + 2\,I^- \rightleftharpoons I_2 + 2\,Fe^{2+}.$$

Das entstandene Iod wird anschließend mit der Maßlösung eines geeigneten Reduktionsmittels titriert. Hierzu eignen sich Natriumsulfit, arsenige Säure oder Natriumthiosulfat.

Du Pasquier führte 1840 die erste iodometrische Bestimmung durch. Er titrierte das Iod mit schwefliger Säure. Der Wasserbedarf dieser Reaktion wird beim später entwickelten Karl-Fischer-Verfahren zur Wasserbestimmung ausgenutzt (s. Kap. 4.5.4). Ebenso verfuhr Bunsen, der 1853 die Aufmerksamkeit der Chemiker auf die von ihm systematisch bearbeiteten Verfahren der Iodometrie lenkte. Im gleichen Jahr führte Schwarz das Natriumthiosulfat anstelle des Sulfits in die analytische Praxis ein, das heute fast ausschließlich zur Titration des Iods verwendet wird. Nur in stärker alkalischen Lösungen benutzt man arsenige Säure.

Bei der Titration des Iods mit Natriumthiosulfat wird in neutraler bis schwach saurer Lösung das Thiosulfat zum Tetrathionat oxidiert:

$$2\,S_2O_3^{2-} + I_2 \longrightarrow S_4O_6^{2-} + 2\,I^-\,.$$

Die Umsetzung erfolgt quantitativ nach der angegebenen Gleichung nur in neutraler oder schwach saurer Lösung. Durch alkalische Iodlösungen wird das Thiosulfat teilweise bis zum Sulfat weiteroxidiert, was sich etwa durch die Gleichung

$$S_2O_3^{2-} + 4\,I_2 + 10\,OH^- \longrightarrow 2\,SO_4^{2-} + 8\,I^- + 5\,H_2O$$

beschreiben lässt. In alkalischer Lösung erfordert die Reduktion der gleichen Iodmenge viel weniger Thiosulfat als in neutraler Lösung. Man beobachtet also einen Minderverbrauch. Das liegt darin begründet, dass alkalische Iodlösungen wegen des Vorhandenseins von hypoiodiger Säure, HIO, ein höheres Redoxpotential aufweisen als neutrale Iodlösungen. Bei der Titration von Iod mit Thiosulfat darf die Wasserstoffionenkonzentration der Probelösung einen Minimalwert niemals unterschreiten. Diese untere Grenze liegt nach Angaben von Kolthoff [89] für Iodlösungen der Konzentration 0,05 mol/l bei etwa $2{,}5 \cdot 10^{-8}$ mol/l (pH = 7,6), der Konzentration 0,005 mol/l bei etwa $3 \cdot 10^{-7}$ mol/l (pH = 6,5) und der Konzentration

0,0005 mol/l bei ca. 10^{-5} mol/l (pH = 5). Die notwendige H^+-Konzentration steigt also mit der Verdünnung stark an. Weiterhin dürfen Salze, deren Lösung alkalisch reagiert, wie Natrium- und Ammoniumcarbonat, Natriumhydrogenphosphat, Borax usw., nicht zugegen sein. Lässt man umgekehrt die Iodlösung in die Natriumthiosulfatlösung einfließen, gelten diese Einschränkungen nicht. Die störende Nebenwirkung der Hydroxidionen fällt fast vollständig weg, weil das Iod von dem im Überschuss vorhandenen Thiosulfat sofort reduziert wird, bevor es zur Bildung von hypoiodiger Säure kommt. Bei der Titration von Thiosulfat mit Iodlösung stören daher geringe Hydroxidkonzentrationen kaum.

Ob die Reaktion

$$I_2 + 2e^- \rightleftharpoons 2I^-$$

nach der linken oder der rechten Seite der Gleichung hin quantitativ verläuft, hängt von der Größe des Redoxpotentials des zu bestimmenden Stoffes ab. Die Iodlösung wirkt oxidierend, wenn das Redoxpotential des Reaktionspartners niedriger ist als das des Iods. Iodid wirkt als Reduktionsmittel, wenn umgekehrt das Redoxpotential des Partners höher liegt als das des Iodids. Da die Größe des Redoxpotentials stark von der Wasserstoffionenkonzentration, der Temperatur und anderen Faktoren abhängt, ist es möglich, dass ein und dieselbe Reaktion durch geeignete Wahl der Versuchsbedingungen einmal in Richtung des Oxidationsvorganges, zum anderen in die des Reduktionsvorganges quantitativ ablaufen kann. So lässt sich die Arsensäure in stark saurer Lösung durch Iodidionen quantitativ zu arseniger Säure reduzieren, während arsenige Säure in neutraler oder schwach alkalischer Lösung durch Iod quantitativ zu Arsensäure oxidiert wird. Die Vorgänge lassen sich durch die Gleichung

$$AsO_3^{3-} + I_2 + H_2O \rightleftharpoons AsO_4^{3-} + 2H^+ + 2I^-$$

beschreiben. Die Verwendung der arsenigen Säure zur Titration von Iod in schwach alkalischer Lösung beruht auf der gleichen Reaktion.

Endpunkterkennung

Der Endpunkt der iodometrischen Titrationen ist durch das Auftreten oder durch das Verschwinden des Iods gekennzeichnet. Da elementares Iod in Wasser schwer löslich ist, enthalten die in der Iodometrie verwendeten Iodlösungen stets außer Iod auch Kaliumiodid. Es bildet sich dabei ein gut wasserlösliches tiefbraunes Triiodidion:

$$I_2 + I^- \rightleftharpoons I_3^-$$

Die Lösungen sind daher auch in starker Verdünnung (bis zu etwa 10^{-5} mol/l Iod) noch gelb gefärbt, so daß die Eigenfarbe als Indikator genügen könnte. Zur besse-

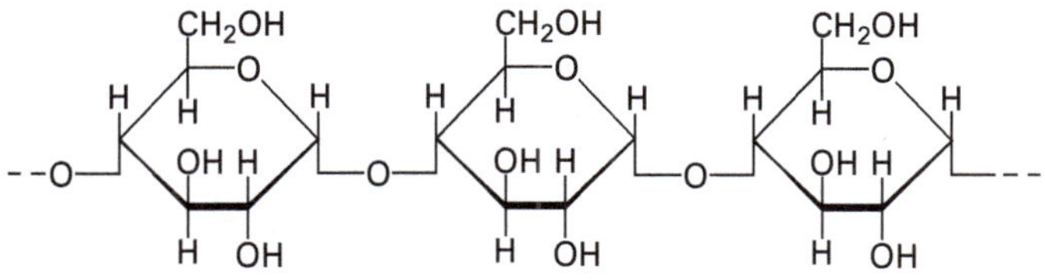

Abb. 3.15: Ausschnitt aus der Kettenstruktur der Amylose.

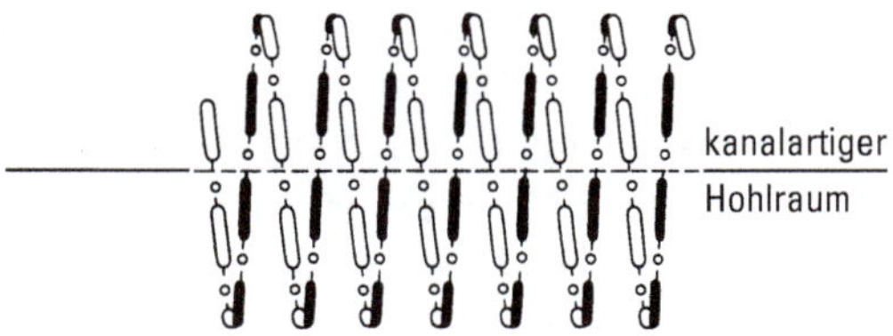

Abb. 3.16: Helixstruktur der Amylose.

ren Erkennung des Iods setzt man aber als Indikator etwas Stärkelösung zu. Stärke bildet mit Iod eine tiefblaue Verbindung, anhand der sich noch Iodkonzentrationen von 10^{-5} mol/l erkennen lassen. Die Farbstärke der blauen Iod-Stärke-Verbindung übertrifft die des freien Iods allein erheblich. Wichtig für die analytische Praxis ist die Tatsache, daß die hohe Empfindlichkeit der Iod-Stärke-Reaktion an das Vorhandensein von Iodidionen gebunden ist.

Durch folgenden Versuch kann man sich davon überzeugen: Lässt man zu ca. 200 ml Wasser, das nur mit etwas Stärkelösung versetzt ist, aus einer Bürette gesättigtes Iodwasser fließen (die gesättigte Lösung von Iod in reinem Wasser enthält etwa ($^1/_{1400}$) mol/l Iod), so beobachtet man erst nach Zugabe von mehreren Millilitern eine schwache Blaufärbung des Wassers. Gibt man jedoch zu dem Wasser außer Stärkelösung etwas Kaliumiodidlösung, so beobachtet man sofort nach Zusatz von wenigen Tropfen Iodwasser eine intensive Blaufärbung.

Die Konstitution der blauen Iod-Stärke-Verbindung ist nach Untersuchungen von Cramer [117] wie folgt zu beschreiben: Der lösliche Bestandteil der Stärke besteht aus Amylose, unverzweigten Ketten aus Glucosemolekülen in α-(1→4)-glycosidischer Bindung (Abb. 3.15).
Mit ihr bildet Iod eine blaue Einschlussverbindung. Darunter versteht man Verbindungen, deren Aufbau und Zusammensetzung weitgehend durch räumliche Verhältnisse und nicht durch Bindungsverhältnisse bestimmt werden. Die Glucoseketten der Amylose sind helixartig aufgewickelt (Abb. 3.16), wodurch im Innern kanalartige Hohlräume entstehen.

In diesen kanalartigen Hohlräumen ist das Iod eingelagert, und zwar in Form linearer Polyiodidketten, z. B. mit I_5^--Einheiten, in denen die Iodatome einen mittleren I—I-Abstand von 310 pm aufweisen. Die Einheiten sind durch Bindungen miteinander verknüpft, wodurch eine Elektronendelokalisierung entlang der Kette erleichtert wird und sich das Auftreten der tiefblauen Farbe (Absorptionsmaximum 620 nm) erklären lässt [118].

Herstellung der Stärkelösung

3 g lösliche Stärke werden mit wenig kaltem Wasser in einer Reibschale so lange verrieben, bis ein Brei von gleichmäßiger Konsistenz entstanden ist. Diesen Brei gibt man zu 600 ml siedendem Wasser und kocht einige Minuten weiter. Dann lässt man in einem schmalen Gefäß abkühlen und von ungelösten Anteilen absitzen. Die klare Lösung über dem Bodensatz gießt oder hebert man in eine saubere Flasche ab und setzt einige Milliliter Quecksilber(II)-iodidlösung zu, um Pilz- oder Bakterienbefall auszuschalten und die Haltbarkeit der Stärkelösung zu erhöhen. Wenn keine lösliche Stärke zur Verfügung steht, so benutzt man Kartoffelstärke (nicht Weizenstärke) zur Bereitung der Lösung. Bei einer Bestimmung setzt man 1 bis 3 ml Stärkelösung zu. Der Farbton mit Iod soll rein blau sein.

Gelegentlich benutzt man zur Erkennung des Endpunktes die Eigenschaft des Iods, in organischen Lösemitteln, die mit Wasser nicht mischbar sind und deren Molekül keinen Sauerstoff enthält, wie Kohlenstofftetrachlorid oder Chloroform, mit roter Farbe in Lösung zu gehen. Die Methode ist sehr empfindlich und kann in bestimmten Fällen von Vorteil sein. Man titriert dann in Iodzahlkolben, das sind weithalsige Flaschen, die sich mit einem Schliffstopfen verschließen lassen. Man setzt etwa 5–10 ml des organischen Lösemittels zu und schüttelt nach jedem Reagenszusatz den geschlossenen Kolben kräftig durch.

Für die iodometrischen Bestimmungen benötigt man folgende Reagenslösungen:

- Iodlösung, $c(\frac{1}{2}I_2) = 0{,}1$ mol/l,
- Natriumthiosulfatlösung, $c(Na_2S_2O_3) = 0{,}1$ mol/l,
- Kaliumiodidlösung, $c(KI) = 0{,}2$ mol/l (3,3 %ig),
- Stärkelösung.

Herstellung der Natriumthiosulfatlösung

Aus der Reaktionsgleichung

$$2\,S_2O_3^{2-} + I_2 \longrightarrow S_4O_6^{2-} + 2\,I^- .$$

folgt, dass eine auf Äquivalente bezogene Lösung der Konzentration 0,1 mol/l $\frac{1}{10}$ der molaren Masse von $Na_2S_2O_3 \cdot 5\,H_2O$ je Liter enthalten muss. Das Salz muss frei von Verunreinigungen wie Carbonat, Chlorid, Sulfat, Sulfit, Sulfid und elementarem Schwefel sein. Es lässt sich gegebenenfalls durch mehrfaches Umkristallisieren und Trocknen über Calciumchlorid reinigen. Im Handel ist es in großer Reinheit erhältlich (p. a.). Trotzdem bereitet man sich eine nur ungefähr 0,1 mol/l enthaltende Maßlösung, weil Thiosulfatlösungen erfahrungsgemäß in den ersten 1 bis 2 Wochen nicht titerbeständig sind. Als Ursache dafür kommen mehrere Gründe in Betracht. Die Vermutung, dass im Wasser gelöstes Kohlenstoffdioxid die Zersetzung verursacht, konnte von Kolthoff [89] nicht bestätigt werden. Die Oxidation durch Luftsauerstoff kann für die Verringerung des Titers (Erhöhungen wurden nicht beobachtet) in Frage kommen. Sie kann durch Schwermetallspuren (z. B. Cu^{2+}) oder durch Stoffwechselvorgänge gewisser Mikroorganismen, besonders Bacillus thioxydans, katalytisch beschleunigt bzw. ausgelöst werden. Oxidationsprodukte sind Tetrathionat und Sulfat. Auch die Gegenwart von Wasserstoffionen kann eine Titerverminderung bewirken, möglicherweise nach

$$5\,S_2O_3^{2-} + 6\,H^+ \longrightarrow 2\,S_5O_6^{2-} + 3\,H_2O\,.$$

Die so entstandene Pentathionationen zerfallen in Tetrathionat und Schwefel. Die Verunreinigung des Natriumthiosulfalts mit Polythionaten könnte sich auf seine Titerbeständigkeit auswirken.

Zum Haltbarmachen von Thiosulfatlösungen wurden empfohlen: Zusatz von 1 g Amylalkohol/l; Zusatz von 0,1 g Quecksilber(II)-cyanid/l; Einleiten von Wasserdampf zur gründlichen Sterilisierung.

Man wägt ca. $^1/_{10}$ der molaren Masse, $M(Na_2S_2O_3 \cdot 5\,H_2O) = 248{,}19$ g/mol, d. h. etwa 25 g, reinstes Thiosulfat ab und löst es zu einem Liter in ausgekochtem, doppelt destilliertem Wasser. Nach etwa einwöchigem Stehen ermittelt man den Titer der Lösung. Sie wird vor Lichteinwirkung geschützt aufbewahrt.

Einstellung der Natriumthiosulfatlösung

Als Urtitersubstanzen lassen sich Iod, Kaliumiodat oder Kaliumdichromat verwenden. Ferner kann eine eingestellte Kaliumpermanganatlösung benutzt werden.

1. Einstellung mit Iod: Im Handel befindliches Iod kann durch Chlor, Brom und Wasser verunreinigt sein. Es wird durch doppelte Sublimation gereinigt und getrocknet. Genau abgewogene Portionen des gereinigten Iods werden in Kaliumiodidlösung gelöst und mit der Natriumthiosulfatlösung titriert.

Arbeitsvorschrift: 10 g reines Iod werden mit 1 g KI und etwa 2 g CaO gemischt und verrieben, anschließend aus einem trockenen Becherglas unter den trockenen Boden eines mit kaltem Wasser gefüllten Rundkolbens sublimiert, der das Becherglas oben abschließt. Die Sublimation wird ohne Zusatz von KI und CaO wiederholt. Das gereinigte Iod wird in einem Exsikkator mit fettfreiem Deckel über Calciumchlorid aufbewahrt. Für das Abwägen der Iodproben sind wegen des hohen Dampfdruckes von Iod besondere Vorsichtsmaßnahmen erforderlich. Man löst etwa 2 g reines iodatfreies Kaliumiodid in einem Wägegläschen in 2 ml Wasser, wägt das Gläschen nach Temperaturausgleich etwa 15 Minuten nach dem Auflösen, bringt schnell etwa 0,3 g Iod hinein, verschließt das Wägegläschen und wägt es wieder zur genauen Ermittlung der zugegebenen Iodmenge. Das Iod löst sich sofort in der konzentrierten KI-Lösung. Das Wägegläschen wird dann in einen mit etwa 300 ml Wasser und etwa 1 g KI beschickten Erlenmeyerkolben gebracht, indem man es während des Hineingleitens in den schräg gestellten Kolben öffnet und den Deckel nachwirft. Dann wird sofort mit der Natriumthiosulfatlösung aus einer Bürette titriert. Wenn die Iodlösung nur noch ganz schwach gelb ist, gibt man 2 ml Stärkelösung hinzu und titriert die dunkelblaue Lösung bis zur vollständigen Entfärbung. Der Titer wird aufgrund von 3 bis 4 Titrationen berechnet.

1 ml Natriumthiosulfatlösung, $c(Na_2S_2O_3) = 0{,}1$ mol/l, entspricht 12,690 mg Iod.

2. Einstellung mit Kaliumiodat: Kaliumiodat wird in saurer Lösung durch überschüssiges Kaliumiodid zu Iod reduziert, das mit Thiosulfat titriert wird:

$$IO_3^- + 5\,I^- + 6\,H^+ \longrightarrow 3\,I_2 + 3\,H_2O\,.$$

Falls erforderlich, kann das im Handel erhältliche Kaliumiodat durch mehrmaliges Umkristallisieren aus Wasser und Trocknen bei 180 °C weiter gereinigt werden.

Arbeitsvorschrift: Man wägt 0,08 bis 0,1 g KIO_3 ab und löst es in einem Erlenmeyerkolben in etwa 200 ml Wasser. Nach Zugabe von etwa 1 g KI wird mit verdünnter Salzsäure angesäuert und mit $Na_2S_2O_3$-Lösung wie beschrieben titriert.

1 ml Natriumthiosulfatlösung, $c(Na_2S_2O_3) = 0{,}1$ mol/l, entspricht 3,567 mg KIO_3.

3. Einstellung mit Kaliumdichromat: Kaliumdichromat wird von konzentrierter Salzsäure zu Chrom(III) reduziert, wobei eine äquivalente Menge Chlorid zum Chlor oxidiert wird:

$$Cr_2O_7^{2-} + 6\,Cl^- + 14\,H^+ \longrightarrow 2Cr^{3+} + 7\,H_2O + 3\,Cl_2\,.$$

Bunsen, der 1853 diese Methode entwickelte, nahm die Reaktion in einer kleinen geschlossenen Destillationsapparatur vor, in der das entwickelte Chlor übergetrieben und in einer Vorlage mit überschüssiger KI-Lösung aufgefangen werden konnte. Das dabei entstehende I_2 wird mit $Na_2S_2O_3$ titriert.

$$Cl_2 + 2\,I^- \rightleftharpoons I_2 + 2\,Cl^-.$$

Die Einstellung erfolgt am besten mit der auf S. 229 abgebildeten Apparatur (Abb. 3.18).

Arbeitsvorschrift: Man wägt etwa 0,1 g $K_2Cr_2O_7$ genau ab und führt es in den Zersetzungskolben über. Stattdessen kann man auch 5–10 ml einer $K_2Cr_2O_7$-Lösung der Konzentration 1,5 bis 3,0 mol/l mit genau bekanntem Titer einpipettieren. Der Tropftrichter wird mit 40 ml konzentrierter Salzsäure beschickt. In den Erlenmeyerkolben und in das Péligotrohr, die beide von außen mit Eiswasser gekühlt werden, gibt man insgesamt 40 ml KI-Lösung ($c \approx 0{,}2$ mol/l). Dann wird der Tropftrichter mit einem CO_2-Entwickler verbunden, der Schliffhahn geöffnet und die

Salzsäure durch das CO_2 in das Kölbchen gedrückt. Während der Bestimmung soll ständig ein ganz langsamer CO_2-Strom durch die Apparatur gehen. Schließlich wird langsam bis zum beginnenden Sieden erhitzt und 30–40 Minuten lang destilliert. Anschließend wird der Inhalt des Péligotrohres in den Erlenmeyerkolben übergespült und das ausgeschiedene Iod mit der $Na_2S_2O_3$-Lösung titriert.

1 ml Natriumthiosulfatlösung, $c(Na_2S_2O_3) = 0{,}1$ mol/l, entspricht 4,903 mg $K_2Cr_2O_7$.

Nach Zulkowski (1868) ist die Destillation des Chlors nicht erforderlich. Er gibt die Lösungen von $K_2Cr_2O_7$, HCl und KI zusammen und titriert das nach

$$Cr_2O_7^{2-} + 14\,H^+ + 6\,I^- \longrightarrow 2Cr^{3+} + 3\,I_2 + 7\,H_2O$$

ausgeschiedene Iod in dem Lösungsgemisch direkt mit der einzustellenden $Na_2S_2O_3$-Lösung. Wenn man nach dieser Methode arbeitet, ist auf die Ausschaltung einer Reihe von Fehlermöglichkeiten zu achten. Die Reaktion zwischen Cr(VI) und I^- verläuft nur in konzentrierten und genügend stark angesäuerten Lösungen quantitativ. Vor allem erfordert ihr vollständiger Ablauf einige Zeit. Man darf daher die Titration nicht unmittelbar nach Zugabe der Dichromatlösung zur angesäuerten KI-Lösung vornehmen. Sonst bewirkt die noch vorhandene Chromsäure einen Mehrverbrauch an Thiosulfat. Es wird angenommen, dass bei zu großer Säurekonzentration die Oxidation von Iodid durch Luftsauerstoff für den Mehrverbrauch verantwortlich ist. Die Titration wird deshalb vielfach in einer CO_2-Atmosphäre durchgeführt, die man durch Zugabe von $NaHCO_3$ zur Lösung erzeugt.

Arbeitsvorschrift: In einen von außen mit Eiswasser gekühlten Erlenmeyerkolben werden 40 ml konzentrierte Salzsäure und 40 ml KI-Lösung, $c \approx 0{,}2$ mol/l, gegeben. Man wägt etwa 100 mg $K_2Cr_2O_7$ genau ab, löst in wenig Wasser und fügt die Lösung zu der salzsauren KI-Lösung. Nach 15–20 Minuten wird das ausgeschiedene Iod mit der $Na_2S_2O_3$-Lösung titriert. Der Endpunkt ist erreicht, wenn die Lösung nicht mehr durch Iod-Stärke blau, sondern durch Cr^{3+}-Ionen bläulichgrün gefärbt ist, was sich nach einiger Übung ganz gut erkennen lässt.

Bei richtiger Durchführung ergeben die Destillationsmethode nach Bunsen und die Arbeitsweise nach Zulkowski übereinstimmende Resultate.

Einfacher – ohne dass wesentlich schlechtere Ergebnisse erzielt werden – titriert man nach Kolthoff (1920) gleich nach Zusatz der KI-Lösung und der Salzsäure, wenn die Salzsäurekonzentration wenigstens 0,6 mol/l beträgt.

Höchstens um 0,5 ‰ zu hoch soll der Titer der $Na_2S_2O_3$-Lösung gefunden werden, wenn eine genau abgewogene $K_2Cr_2O_7$-Portion in soviel Wasser gelöst wird, dass die Konzentration ungefähr $c(1/6\,K_2Cr_2O_7) = 0{,}1$ mol/l beträgt. Je 50 ml dieser Lösung werden mit 12–13 ml 25 %iger Salzsäure sowie mit 10 ml KI-Lösung, 1 mol/l, versetzt und nach Durchmischen mit $Na_2S_2O_3$-Lösung titriert.

4. Einstellung mit Kaliumpermanganat: Nach Angaben von Volhard (1879) wird Permanganat nach

$$2\,MnO_4^- + 10\,I^- + 16\,H^+ \longrightarrow 2\,Mn^{2+} + 5\,I_2 + 8\,H_2O$$

durch eine angesäuerte KI-Lösung unter Abscheidung einer äquivalenten Stoffmenge Iod quantitativ zu Mangan(II) reduziert. Das Iod kann anschließend mit Natriumthiosulfatlösung titriert werden.

5. Einstellung mit Kaliumbromat nach Ph. Eur.

Arbeitsvorschrift: 10,0 ml Kaliumbromat-Lösung (0,033 mol/l) werden mit 40 ml Wasser, 10 ml Kaliumiodid-Lösung (166 g/l) sowie 5 ml Salzsäure (0,37 g/l) versetzt und mit Natriumthiosulfat-Lösung titriert. Gegen Ende der Titration wird 1 ml Stärke-Lösung (10 g/l) zugesetzt [8a].

Herstellung der Iodlösung

20 bis 25 g reines iodatfreies Kaliumiodid werden in einem Literkolben in etwa 40 ml Wasser gelöst und 12,7 bis 12,8 g Iod hinzugegeben. Der verschlossene Kolben wird ohne weitere Wasserzugabe so lange geschüttelt, bis alles Iod in Lösung gegangen ist. Dann wird mit Wasser zur Marke aufgefüllt. Verdünnt man zu früh mit Wasser, geht der noch ungelöste Iodrest nur außerordentlich langsam in Lösung. Die so hergestellte Iodlösung hat die ungefähre Konzentration $c(\frac{1}{2}\,I_2) = 0{,}1$ mol/l. Sie wird mit Natriumthiosulfatlösung bekannter Konzentration oder mit arseniger Säure eingestellt.

Einstellung der Iodlösung mit Natriumthiosulfat nach Ph. Eur. Um den giftigen Urtiter Arsen(III)-oxid zu vermeiden, wird der Faktor einer Iod-Maßlösung in der Ph. Eur. gegen eine eingestellte Natriumthiosulfat-Maßlösung unter Stärke-Indikation bestimmt [8a].

Arbeitsvorschrift: 2 ml der Iodlösung (0,05 mol/l) werden nach Zusatz von 1 ml verdünnter Essigsäure und 50 ml Wasser unter Verwendung von Stärke-Lösung mit Natriumthiosulfat-Lösung (0,1 mol/l) titriert.

1 ml Iodlösung, $c = 0{,}05$ mol/l entspricht 1 ml Natriumthiosulfatlösung, $c = 0{,}1$ mol/l.

Bestimmung von Sulfiden

Sulfidionen und Iod reagieren miteinander nach

$$S^{2-} + I_2 \rightarrow 2\,I^- + S\,.$$

Die direkte Titration von H_2S-Wasser mit I_2-Lösung führt zu schwankenden und stets zu niedrigen Werten, weil sich Hydrogensulfid während der Titration zum Teil verflüchtigt und weil störende Nebenreaktionen stattfinden. Man titriert daher umgekehrt und lässt ein bestimmtes Volumen des H_2S-Wassers aus einer Pipette in überschüssige Iodlösung einlaufen. Den Überschuss der Iodlösung titriert man mit $Na_2S_2O_3$-Lösung zurück.

Arbeitsvorschrift: 10–20 ml H_2S-Wasser mittlerer Konzentration werden in 50 ml Iodlösung, $c(\frac{1}{2} I_2) = 0{,}1$ mol/l, einpipettiert. Der Überschuss wird nach Verdünnen der Lösung auf 200 ml mit Natriumthiosulfatlösung, 0,1 mol/l, zurücktitriert. Sollte der ausgeschiedene Schwefel braun gefärbt sein, so enthält er Iod, das der Titration entgangen ist. Man nimmt dann den Schwefel, der als zusammenhängende Haut auf der Oberfläche schwimmt, heraus und schüttelt ihn in einem mit einem Glasstopfen verschließbaren Fläschchen mit 5 ml Kohlenstoffdisulfid (Vorsicht: sehr giftig und feuergefährlich!). Dieses färbt sich beim Lösen des Iods violett. Durch tropfenweise Zugabe der $Na_2S_2O_3$-Lösung aus einer Bürette bis zur Entfärbung des CS_2 lässt sich auch das im Schwefel eingeschlossene Iod erfassen und bei der Berechnung berücksichtigen.

1 ml Iodlösung, $c(\frac{1}{2} I_2) = 0{,}1$ mol/l, entspricht 1,704 mg H_2S.

Lösungen von Alkalimetallsulfiden werden in derselben Weise titriert. Da die Sulfide aber vielfach durch Alkalimetallhydroxide verunreinigt sind, die einen Mehrverbrauch an Iodlösung hervorrufen würden (vgl. S. 211), gibt man zu der überschüssigen Iodlösung etwas Essigsäure.

Schwerlösliche Sulfide können mit Salzsäure in der Wärme zersetzt werden. Das entweichende Hydrogensulfid wird durch einen indifferenten Gasstrom, z. B. Stickstoff oder Kohlenstoffdioxid, quantitativ in überschüssige Iodlösung, $c(\frac{1}{2} I_2) = 0{,}1$ mol/l, übergeführt, die dann mit Natriumthiosulfatlösung, $c(Na_2S_2O_3) = 0{,}1$ mol/l, zurücktitriert wird. Eine geeignete Apparatur zeigt Abb. 3.18 (s. S. 229).

Bestimmung von Sulfiten

Bei direkter Titration mit Iodlösung ergeben sich auch hier fehlerhafte Werte. Das liegt einerseits an der Flüchtigkeit der schwefligen Säure, zum anderen an störenden Nebenreaktionen, wie die durch Luftsauerstoff bewirkte Oxidation des Sulfits zum Sulfat, die durch die Titrationsreaktion (Oxidation des Sulfits durch Iod) merklich induziert und beschleunigt wird. Richtige Werte jedoch erhält man, wenn man ein abgemessenes Volumen der nicht zu konzentrierten Sulfitlösung in überschüssige Iodlösung einfließen lässt und das nicht verbrauchte Iod mit $Na_2S_2O_3$-Maßlösung zurücktitriert. Die Reaktion läuft ab nach

$$SO_3^{2-} + I_2 + H_2O \rightarrow SO_4^{2-} + 2H^+ + 2I^- \,.$$

Arbeitsvorschrift: 10 ml der zu bestimmenden schwefligen Säure werden im Messkolben auf 1 l verdünnt. 50 ml dieser Lösung werden in 50 ml Iodlösung, $c(\frac{1}{2} I_2) = 0{,}1$ mol/l einpipettiert. Die Lösung wird auf 200 ml verdünnt. Der Iodüberschuss wird mit Natriumthiosulfatlösung, $c(Na_2S_2O_3) = 0{,}1$ mol/l, zurücktitriert. Sind Sulfite zu bestimmen, wird die Iodlösung vor Zugabe der Sulfitlösung mit Salzsäure schwach angesäuert.

1 ml Iodlösung, $c(\frac{1}{2} I_2) = 0{,}1$ mol/l, entspricht 3,203 mg SO_2.

Bestimmung von Hydrazin

Hydrazinhydrat und seine Salze werden in hydrogencarbonathaltiger Lösung nach Stollé (1902) durch Iodlösung quantitativ zu Stickstoff oxidiert:

$$N_2H_4 + 2\,I_2 \rightarrow N_2 + 4\,I^- + 4\,H^+.$$

Die Titration soll sofort nach dem Zusatz des Hydrogencarbonats durchgeführt werden.

1 ml Iodlösung, $c(\frac{1}{2}I_2) = 0{,}1$ mol/l, entspricht 0,8011 mg N_2H_4.

Bestimmung von Arsen und Antimon

Die Bestimmung von Arsen(III)-oxid wird so vorgenommen, wie es bereits bei der Titerstellung der Iodlösung beschrieben wurde.

In allen Fällen, in denen Arsen in Gegenwart geeigneter Reduktionsmittel durch Destillation mit konzentrierter Salzsäure im Destillat als Arsen(III)-chlorid erhalten wird, kann seine Bestimmung auf iodometrischem Wege erfolgen. Die vorgelegte Lösung muss mit Hydrogencarbonat versetzt werden:

$$AsCl_3 + 6\,NaHCO_3 \rightarrow Na_3AsO_3 + 3\,NaCl + 6\,CO_2 + 3\,H_2O\,.$$

Diese Bestimmung ist für die Analyse arsenhaltiger Erze oder Legierungen von Bedeutung.

Die Bestimmung von Antimon(III)-oxid erfolgt in analoger Weise ebenfalls in $NaHCO_3$-haltiger Lösung:

$$SbO_2^- + I_2 + 4\,H_2O \rightarrow 2\,I^- + 2\,H^+ + Sb(OH)_6^-\,.$$

Damit nicht infolge Protolyse basische Antimonsalze ausfallen, ist ein Zusatz von Weinsäure oder Kaliumnatriumtartrat (Seignettesalz) erforderlich. Es bilden sich lösliche Antimontartratkomplexe.

Arbeitsvorschrift

Zur Bestimmung des Antimongehaltes von Brechweinstein, $K[C_4H_2O_6Sb(OH_2)] \cdot \frac{1}{2}H_2O$, löst man 0,3 bis 0,4 g des Präparates in etwa 100 ml Wasser, versetzt mit etwa 0,5 g $NaHCO_3$ und titriert nach Zusatz von Stärkelösung mit Iodlösung, $c(\frac{1}{2}I_2) = 0{,}1$ mol/l, bis zur ersten bleibenden Blaufärbung.

1 ml Iodlösung, $c(\frac{1}{2}I_2) = 0{,}1$ mol/l, entspricht 6,089 mg Sb bzw. 7,289 mg Sb_2O_3 bzw. 16,697 mg $K[C_4H_2O_6Sb(OH_2)] \cdot \frac{1}{2}H_2O$.

Bestimmung von Zinn

Die Bestimmung von Zinn(II) kann nicht nur in hydrogencarbonathaltiger, sondern auch in saurer Lösung vorgenommen werden:

$$[Sn(OH)_3]^- + I_2 + 3\,H_2O \rightarrow [Sn(OH)_6]^{2-} + 2\,I^- + 3\,H^+$$

bzw.

$$Sn^{2+} + I_2 \rightarrow 2\,I^- + Sn^{4+}.$$

Um bei der Titration in saurer Lösung Störungen infolge Oxidation durch Luft zu vermeiden, arbeitet man mit überschüssiger Iodlösung und titriert mit $Na_2S_2O_3$-Maßlösung zurück. Gleichzeitig erzeugt man durch Einwerfen eines Stückchens Marmor eine Kohlenstoffdioxidatmosphäre über der Lösung.

Arbeitsvorschrift

1. in alkalischer Lösung: Die Zinn(II)-chloridlösung wird mit 1 g Kaliumnatriumtartrat und überschüssigem Natriumhydrogencarbonat versetzt. Nach Zugabe von Stärkelösung wird mit Iodmaßlösung bis zur Blaufärbung titriert.
2. in saurer Lösung: Die salzsaure Zinn(II)-chloridlösung, die etwa 0,12 bis 0,15 g Zinn enthalten soll, wird mit 100 ml Wasser verdünnt. Ein Stück Marmor wird eingeworfen, nach einigen Minuten werden 50 ml Iodlösung, $c(\frac{1}{2}I_2) = 0{,}1$ mol/l, einpipettiert. Anschließend wird das nichtverbrauchte Iod mit $Na_2S_2O_3$-Maßlösung, $c(Na_2S_2O_3) = 0{,}1$ mol/l, zurücktitriert.

1 ml Iodlösung, $c(\frac{1}{2}I_2) = 0{,}1$ mol/l, entspricht 5,935 mg Sn oder 6,735 mg SnO.

Die Titration des Zinns in saurer Lösung ist auch in Gegenwart von Eisen(II)-Salzen, Antimonsalzen, Iodiden und Bromiden durchführbar. Sie gestattet z. B. eine Zinnbestimmung in Zinn-Antimon-Legierungen.

Bestimmung von Quecksilber

Quecksilber(I)-Salze werden durch Iodlösung in Gegenwart von überschüssigem Kaliumiodid in $K_2[HgI_4]$ umgewandelt:

$$Hg_2Cl_2 + I_2 + 6\,I^- \rightarrow 2\,[HgI_4]^{2-} + 2\,Cl^-.$$

Man verwendet Iodlösung im Überschuss und titriert das nichtverbrauchte Iod mit $Na_2S_2O_3$-Lösung zurück.

Arbeitsvorschrift: 0,2 bis 0,25 g Kalomel, Hg_2Cl_2, werden in einem Erlenmeyerkolben mit 1 g Kaliumiodid und 50 ml Iodlösung, $c(\frac{1}{2}I_2) = 0{,}1$ mol/l, so lange geschüttelt, bis eine klare gelbe Lösung vorliegt. Dann wird der Iodüberschuss mit Natriumthiosulfatlösung, $c(Na_2S_2O_3) = 0{,}1$ mol/l, unter Verwendung von Stärke als Indikator zurücktitriert.

1 ml Iodlösung, $c(\frac{1}{2}I_2) = 0{,}1$ mol/l, entspricht 23,604 mg Hg_2Cl_2 bzw. 20,059 mg Hg.

Quecksilber(II)-Salze werden nach Überführung in das komplexe Tetraiodomercurat(II) zu metallischem Quecksilber reduziert, z. B. mit Formaldehyd:

$$Hg^{2+} + 4\,I^- \rightleftharpoons [HgI_4]^{2-}$$
$$[HgI_4]^{2-} + HCHO + 3\,OH^- \rightarrow Hg + 4\,I^- + (HCOO)^- + 2\,H_2O.$$

Das metallische Quecksilber kann dann durch überschüssige Iodlösung in Gegenwart von Kaliumiodid wieder oxidiert werden:

$$Hg + I_2 + 2\,I^- \rightarrow [HgI_4]^{2-}.$$

Das dazu verbrauchte Iod wird durch Rücktitration des überschüssigen Iods mit Thiosulfatlösung ermittelt.

Arbeitsvorschrift (nach Rupp, 1905/07): Eine etwa 0,2 g $HgCl_2$ enthaltende Sublimatlösung wird in einer Weithalsflasche mit eingeschliffenem Glasstopfen mit 1 bis 2 g Kaliumiodid versetzt und so lange umgeschwenkt, bis eine klare gelbe Lösung entstanden ist. Diese wird mit 30 ml Wasser verdünnt. Es werden 20 ml Natronlauge, 2 mol/l, hinzugefügt und ein Gemisch aus 3 ml reiner 40 %iger Formaldehydlösung und 10 ml Wasser unter dauerndem Umschwenken in die alkalische Lösung eingegossen. Die Flasche wird verschlossen und 2 bis 3 Minuten lang ununterbrochen kräftig geschüttelt. Darauf säuert man mit 20 ml Eisessig an und gibt 30 ml Iodlösung, $c(\frac{1}{2}\,I_2)$ = 0,1 mol/l, hinzu. Anschließend wird abermals so lange kräftig geschüttelt, bis alles Quecksilber in Lösung gegangen ist. Dann wird der Iodüberschuss mit Natriumthiosulfatlösung, $c(Na_2S_2O_3)$ = 0,1 mol/l, zurücktitriert. Das Bestimmungsverfahren lässt sich in der angegebenen Weise durchführen, weil Formaldehyd in saurer Lösung nicht von Iod oxidiert wird.

1 ml Iodlösung, $c(\frac{1}{2}\,I_2)$ = 0,1 mol/l, entspricht 13,575 mg $HgCl_2$ oder 10,030 mg Hg.

Bestimmung von Ascorbinsäure

Ascorbinsäure – Vitamin C – lässt sich sowohl direkt als auch indirekt titrimetrisch bestimmen. Die Oxidation der beiden Hydroxygruppen der C(2)- und C(3)-Atome (Endiol) führt zur Bildung der Dehydroascorbinsäure.

Beim direkten Verfahren wird die Ascorbinsäure mit elementarem Iod umgesetzt. Der Äquivalenzpunkt wird bei Nutzung von Stärke als Indikator anhand der blauen Farbe des Stärke-Iod-Komplexes erkannt.

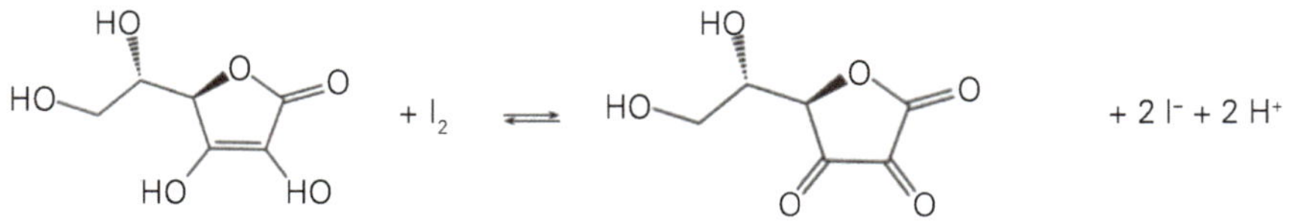

Bei der von Stevens entwickelten indirekte Titration – sogenannte doppelte Rücktitration – wird der Probelösung ein bekannter Überschuss an Iod-Maßlösung und anschließend ein bekannter Überschuss an Natriumthiosulfat-Maßlösung hinzugefügt. Die nicht verbrauchte Menge an Natriumthiosulfat wird dann mit Iod-Maßlösung rücktitriert [118a].

C. R. Silva et al. zeigten 1999, dass Ascorbinsäure auch als primärer Standard für eine Iod-Lösung unter Anwendung der direkten Titration eingesetzt werden kann [118b]. Es soll dabei geachtet werden, dass die Titration rasch erfolgt, um eine Oxidation der Ascorbinsäure durch Luftsauerstoff zu minimieren.

Limitierend auf die Richtigkeit dieser Methoden können sich mögliche Inhaltsstoffe einer Realprobe auswirken, die ebenso durch Iod oxidiert werden können. Dies kann sich durch einen Mehrverbrauch an Iod-Maßlösung zeigen. In einigen Fruchtsäften ist jedoch eine störungsfreie Ascorbinsäurebestimmung möglich [118a, 118c]. Die Säfte sollen möglichst frisch zubereitet werden. Die festen Bestandteile können beispielsweise mithilfe großporigen Filterpapiers entfernt werden.

Direkte Bestimmung von Ascorbinsäure in Orangensaft:

Arbeitsvorschrift: 20,0 ml eines Orangensaftes werden mit einer Vollpipette im Erlenmeyerkolben vorgelegt, mit 50 ml Wasser verdünnt und mit ca. 20 ml 1 mol/l Schwefelsäure angesäuert. Die Probelösung wird mit genau 10 Tropfen Stärkelösung versetzt und mit der Iodlösung, $c(\frac{1}{2}\,I_2) = 0{,}005$ mol/l, bis zur gerade bleibenden grünlichen Färbung der Lösung titriert.

Anmerkung: die grüne Farbe am Äquivalenzpunkt ergibt sich aus der Mischung der am Äquivalenzpunkt blau gefärbten Stärkelösung und der gelben Farbe des Orangensaftes.

1,0 ml Iodlösung, $c(\frac{1}{2}\,I_2) = 0{,}005$ mol/l, entspricht 1,761 mg Ascorbinsäure.

Bestimmung von Iodid

Iodide werden nach dem Verfahren von Duflos (1845) bestimmt. Die Iodidionen werden durch Eisen(III)-sulfat zu Iod oxidiert:

$$2\,I^- + 2\,Fe^{3+} \rightarrow I_2 + 2\,Fe^{2+}.$$

Das ausgeschiedene Iod wird in überschüssige Kaliumiodidlösung überdestilliert und in der Vorlage mit Natriumthiosulfatlösung titriert. Bromide stören nicht, da sie im Gegensatz zu den Iodiden nicht von Eisen(III)-Salzen oxidiert werden.

Arbeitsvorschrift (Analyse von Kaliumiodid): Unter Verwendung des Destillationsapparates in Abb. 3.18 werden etwa 0,3 g KI in den kleinen Destillationskolben eingewogen und in wenig Wasser gelöst.

Man fügt etwa 1 g festes Ammoniumeisen(III)-sulfat und 10 ml H_2SO_4, $c(\frac{1}{2}\,H_2SO_4) = 2$ mol/l zu, verdünnt mit Wasser auf etwa 50 ml und verschließt das Kölbchen. In dem Erlenmeyerkolben und dem Péligotrohr befinden sich insgesamt etwa 30 ml Kaliumiodidlösung, $c(KI) = 0{,}2$ mol/l, die noch mit Wasser verdünnt werden. Der Erlenmeyerkolben wird von außer mit Eiswasser gekühlt. Während nun durch das Gaszuleitungsrohr ganz langsam Kohlenstoffdioxid eingeleitet wird, erhitzt man den Inhalt des Destillierkölbchens vorsichtig zum Sieden und destilliert so lange, bis keine Ioddämpfe mehr übergehen. Der Inhalt der Vorlage wird dann mit $Na_2S_2O_3$-Maßlösung titriert.

1 ml Natriumthiosulfatlösung, $c(Na_2S_2O_3) = 0{,}1$ mol/l, entspricht 12,690 mg I_2 oder 16,600 mg KI.

Bestimmung des Hypochlorits

Hypochlorit kann iodometrisch bestimmt werden, weil es in saurer Lösung mit Iodid unter Bildung von Chlorid und Iod reagiert:

$$ClO^- + 2\,I^- + 2\,H^+ \rightarrow Cl^- + I_2 + H_2O$$

Nach Zugabe von Salzsäure oder Schwefelsäure wird Chlorit in stark saurer Lösung quantitativ miterfasst:

$$ClO_2^- + 4\,I^- + 4\,H^+ \rightarrow Cl^- + 2\,I_2 + 2\,H_2O$$

Da beide Ionen stark oxidierend wirken und man bei dieser Analytik primär an der Oxidationswirkung des Gemisches interessiert ist, ist es sinnvoll, die Ionen als gemeinsamen Parameter zu erfassen. Zudem entsteht Chlorit bei der Alterung von Hypochlorit und ist daher gelegentlich in den entsprechenden Proben, z. B. Chlorkalk vorhanden. Bei einem zu hohen Säuregehalt kann Chlorat partiell mitreagieren und somit das Ergebnis verfälschen. Das durch die Redoxreaktion freigesetzte Iod wird mit Natriumthiosulfat-Maßlösung titriert, wobei kurz vor dem Äquivalenzpunkt Stärke zugesetzt wird [28].

Arbeitsvorschrift: Etwa 5 g Probesubstanz werden genau abgewogen und in einem Mörser mit Wasser zu einem Brei verrieben, der anschließend unter Spülen mit Wasser verlustfrei in einen 500-ml-Messkolben überführt wird. Die Mischung wird mit Wasser bis zur Marke aufgefüllt und kräftig geschüttelt. 50,00 ml werden aus diesem Gemisch abpipettiert und dann mit 20,00 ml frischer KI-Lösung, 100 g/l, und 5,00 ml Salzsäure, 6 mol/l, versetzt. Man titriert mit $Na_2S_2O_3$-Lösung, 0,1 mol/l; kurz vor dem Äquivalenzpunkt wird etwas Stärkelösung hinzugegeben. Der Äquivalenzpunkt ist beim erstmaligen Verschwinden der Blaufärbung erreicht.

1 ml $Na_2S_2O_3$-Lösung, $c = 0{,}1$ mol/l, entspricht 3,545 mg wirksamem Chlor [28].

Bestimmung von Chlorat, Bromat, Iodat und Periodat

Chlorate werden in Gegenwart von Kaliumbromid in stark salzsaurer Lösung reduziert:

$$ClO_3^- + 6\,H^+ + 6\,Br^- \rightarrow 3\,Br_2 + Cl^- + 3\,H_2O\,.$$

Das Brom scheidet nach Zugabe von Kaliumiodidlösung eine äquivalente Stoffmenge Iod aus, die mit Natriumthiosulfatlösung titriert wird. Exakter ist die Bestimmung der Chlorate nach der Destillationsmethode von Bunsen (vgl. S. 226 ff.).

Arbeitsvorschrift: 10 ml einer Kaliumchloratlösung, $c(\tfrac{1}{6}\,KClO_3) \approx 0{,}2$ mol/l, werden in einer Weithalsflasche mit eingeschliffenem Stopfen mit 1 g reinem Kaliumbromid und 20 ml konzentrierter Salzsäure versetzt. Die Flasche lässt man 10 Minuten lang verschlossen stehen. Dann gibt man 30 ml Kaliumiodidlösung, $c(KI) = 0{,}2$ mol/l, hinzu, verdünnt und titriert mit Natriumthiosulfatlösung.

1 ml Natriumthiosulfatlösung, $c(Na_2S_2O_3) = 0{,}1$ mol/l, entspricht 2,0425 mg $KClO_3$, 1,4074 mg $HClO_3$ bzw. 1,391 mg ClO_3^-.

Bromate werden besser nach Volhard [101] argentometrisch bestimmt (vgl. S. 154 ff.), nachdem man sie mit salpetriger Säure reduziert hat. Sollen sie iodometrisch bestimmt werden, so muss nach Kolthoff (1921) die Salzsäurekonzentration ziemlich hoch sein (mindestens 0,5 mol/l). Ferner muss man einige Zeit warten, bevor man titriert. Durch den Zusatz von 3 Tropfen Ammoniummolybdatlösung, 1 mol/l, zu dem stark salzsauren Bromat-Kaliumiodid-Gemisch wird die Einstellung des Gleichgewichts erheblich beschleunigt.

Iodate lassen sich iodometrisch vorzüglich bestimmen. Die Reaktion

$$IO_3^- + 5\,I^- + 6\,H^+ \longrightarrow 3\,I_2 + 3\,H_2O$$

verläuft mit großer Geschwindigkeit.

Arbeitsvorschrift: Etwa 0,1 g KIO_3 wird zusammen mit 3 g KI in etwa 200 ml Wasser gelöst, dann werden 20 ml Salzsäure, 2 mol/l, hinzugefügt. Nach gutem Durchschütteln wird mit $Na_2S_2O_3$-Lösung, 0,1 mol/l, titriert.

1 ml Natriumthiosulfatlösung, $c(Na_2S_2O_3) = 0{,}1$ mol/l, entspricht 3,567 mg KIO_3 oder 2,932 mg HIO_3 oder 2,782 mg I_2O_5.

Periodate reagieren in saurer Lösung mit Iodid nach der Gleichung

$$IO_4^- + 7\,I^- + 8\,H^+ \longrightarrow 4\,I_2 + 4\,H_2O\,.$$

Die Titration wird so durchgeführt, wie für Iodate beschrieben wurde.

1 ml Natriumthiosulfatlösung, $c(Na_2S_2O_3) = 0{,}1$ mol/l, entspricht 2,399 mg HIO_4.

Bestimmung von Wasserstoffperoxid

Wasserstoffperoxid reagiert in saurer Lösung langsam mit KI nach der Gleichung:

$$H_2O_2 + 2\,I^- + 2\,H^+ \rightarrow I_2 + 2\,H_2O\,.$$

Die Reaktion wird durch Wolframat- oder Molybdationen beschleunigt (Brode, 1901).

Die iodometrische Bestimmung des Wasserstoffperoxids hat gegenüber der manganometrischen den Vorzug, dass gewisse organische Konservierungsmittel, wie Glycerin oder Salicylsäure, die im technischen Wasserstoffperoxid enthalten sein können, keinerlei störenden Einfluss haben.

Arbeitsvorschrift: 10 ml einer ungefähr 3 %igen Lösung von Wasserstoffperoxid werden in einem Messkolben auf 250 ml aufgefüllt. Von dieser Lösung werden je 25 ml zur Analyse verwendet. Man gibt in eine weithalsige Flasche mit Glasstopfen 30 ml KI-Lösung, 0,2 mol/l (3,3 %ig), säuert mit Schwefelsäure, 1 mol/l, an und lässt dann 25 ml verdünntes Wasserstoffperoxid langsam und tropfenweise, unter ständigem Umschwenken der Flasche, aus einer Pipette zu der sauren Iodidlösung fließen. Die Flasche wird verschlossen und das Gemisch zur Beendigung der Reaktion etwa eine viertel bis eine halbe Stunde lang stehen gelassen. Dann wird mit Natriumthiosulfatlösung, 0,1 mol/l, langsam und vorsichtig so lange titriert, bis die Lösung nur noch schwach gelb ist. Nach Zusatz von 1 bis 3 ml Stärkelösung wird zu Ende titriert. Will man sofort titrieren, so fügt man noch drei Tropfen Ammoniummolybdatlösung, 0,1 mol/l, hinzu (Kolthoff, 1921).

1 ml Natriumthiosulfatlösung, 0,1 mol/l, entspricht 1,7007 mg H_2O_2.

Alkali- und Erdalkaliperoxide, Percarbonate und Perborate werden in entsprechender Weise titriert.

Bestimmung der Peroxidzahl

Fetthaltige Lebensmittel und Arzneimittel können mithilfe ihres Peroxidgehaltes hinsichtlich ihres Zersetzungsstandes beurteilt werden. Peroxide entstehen durch Wechselwirkung von Luftsauerstoff mit dem Fett, so dass ihr Gehalt im Laufe fortschreitender Zersetzung zunimmt. Als Peroxidzahl ist – auf ein Kilogramm Probesubstanz bezogen – die Stoffmenge in mmol $\frac{1}{4}\,O_2$ definiert, die Iodid zu elementarem Iod zu oxidieren vermag („Milliäquivalente aktiver Sauerstoff“ [8a]). Das entstandene Iod wird schließlich mit Natriumthiosulfat-Maßlösung titriert, wobei kurz vor dem Äquivalenzpunkt Stärke zugesetzt wird.

Arbeitsvorschrift [8a]: Etwa 5,00 g Probesubstanz werden genau abgewogen, in einen 250-ml-Iodzahlkolben gegeben und in einem Gemisch aus 2 Volumenteilen Chloroform und 3 Volumenteilen Eisessig gelöst. Nach Zugabe von 0,5 ml gesättigter KI-Lösung wird genau eine Minute lang geschüttelt und dann sofort mit 30 ml Wasser versetzt sowie mit $Na_2S_2O_3$-Lösung, 0,01 mol/l, titriert. Kurz vor Erreichen des Äquivalenzpunktes wird etwas Stärkelösung hinzugegeben. Der Äquivalenzpunkt ist beim Verschwinden der Blaufärbung erreicht. Der Verbrauch an Maßlösung ist V_1. Unter gleichen Bedingungen wird ein Blindversuch durchgeführt und V_2 erhalten. Die Peroxidzahl *POZ*, bezogen auf die Einwaage m_E, ergibt sich aus folgender Gleichung:

$$POZ = \frac{10\,(V_1 - V_2)}{m_E}$$

mit V_1 und V_2 in ml und m_E in g.

Bestimmung höherer Oxide

Zur Bestimmung einer Reihe von Stoffen, die in zwei verschiedenen, wohldefinierten Oxidationszuständen auftreten können, hat Bunsen (1853) ein Destillationsverfahren angegeben. Es beruht darauf, dass bei der Einwirkung konzentrierter

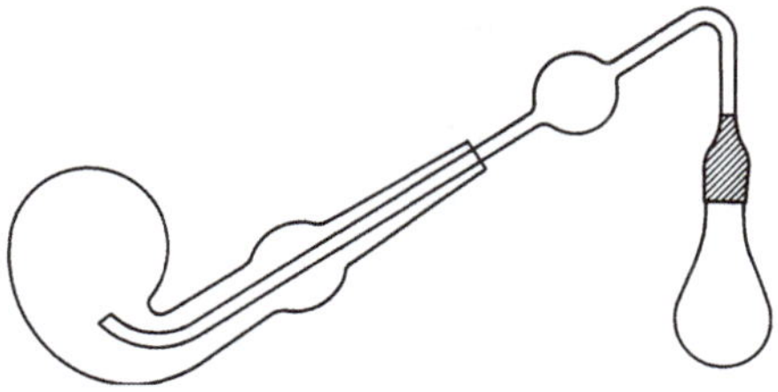

Abb. 3.17: Apparatur nach Bunsen zur Bestimmung höherer Oxide.

Lösungen von Hydrogenhalogeniden auf die in dem höheren Oxidationszustand befindlichen Stoffe – z. B. höhere Oxide wie Bleidioxid – Halogen in Freiheit gesetzt, in einer geeigneten Apparatur abdestilliert und in gekühlter, überschüssiger Kaliumiodidlösung aufgefangen wird:

$$PbO_2 + 4\,HCl \longrightarrow PbCl_2 + 2\,H_2O + Cl_2\uparrow.$$

Das nach der Gleichung

$$Cl_2 + 2\,I^- \longrightarrow I_2 + 2\,Cl^-$$

ausgeschiedene Iod wird dann mit Natriumthiosulfatlösung titriert.

Als Beispiel für die historische Entwicklung einer Apparatur sei hier etwas ausführlicher auf die Abwandlung eingegangen, die die ursprüngliche von Bunsen benutzte Apparatur im Laufe der Zeit erfahren hat.

Bunsen bediente sich für diese Bestimmungen einer einfachen Apparatur, die aus einem runden Zersetzungskölbchen von etwa 50–80 ml Inhalt mit nicht zu engem und kurzem Hals besteht. Der Hals wird durch ein Stück Gummischlauch mit einem längeren, zweimal abgebogenen Überleitungsrohr verbunden, das in den Bauch einer umgekehrten Retorte eingeführt wird, deren Hals eine oder mehrere kugelförmige Erweiterungen besitzt. Der Bauch der Retorte ist vollständig mit Kaliumiodidlösung gefüllt, der Hals mit den kugelförmigen Erweiterungen nur zu einem kleinen Teil. Bei der Destillation soll er die durch die übergehende Luft aus dem Retortenbauch verdrängte Kaliumiodidlösung vollständig aufnehmen können. Abb. 3.17 veranschaulicht die beschriebene Apparatur. Beim Arbeiten mit dieser Apparatur sind folgende Fehlermöglichkeiten zu beachten: Einerseits kann die Vorlageflüssigkeit sehr leicht während der Destillation, besonders aber gegen Ende der Bestimmung, in das Zersetzungskölbchen steigen. Andererseits können Iodverluste eintreten, und zwar sowohl infolge von Verdunstung aus dem schwer gut zu kühlenden Retortenhals, als auch nach beendeter Destillation durch das Umgießen der Vorlageflüssigkeit aus der Retorte in ein für die Titration geeignetes Gefäß. Und endlich kann schon während der Beschickung der Apparatur mit einem geringen Chlorverlust gerechnet werden, wenn höhere Oxide bestimmt werden sollen, die bereits durch kalte, konzentrierte Salzsäure schnell angegriffen werden. Man hat daher vielfach versucht, die Apparatur umzugestalten und eine geeignetere zu schaffen (Ullmann, 1894; Marc, 1902; Farsoe, 1907).

Aber Rupp (1918, 1928) erkannte, dass der Methode außer den apparativen Mängeln auch noch ein prinzipieller Fehler anhaften könne: Das mit den Wasserdämpfen zugleich in die Vorlage hinüberdestillierende Chlor kann merklich nach der Gleichung:

$$2\,H_2O + 2\,Cl_2 \rightleftharpoons 4\,HCl + O_2$$

in Hydrogenchlorid zurückverwandelt werden und verliert dadurch teilweise seinen iodometrischen Wirkungswert, denn der zugleich entstehende Sauerstoff wirkt nur ganz langsam und träge auf eine angesäuerte Kaliumiodidlösung unter Iodabscheidung ein. Er durchstreicht größtenteils wirkungslos die Vorlageflüssigkeit.

Aufgrund der Überlegung, dass der Anteil des Chlors, welcher durch die genannte Reaktion mit dem Wasserdampf für die Bestimmung verloren geht, umso kleiner ist, 1. je höher von vornherein die Konzentration des Hydrogenchlorids im Zersetzungskolben und damit auch in den übergehenden Dämpfen ist (Massenwirkungsgesetz!) und 2. je kürzere Zeit Wasserdampf und Chlor nebeneinander vorhanden sind, bzw. je kleiner der Raum zwischen der Flüssigkeitsoberfläche im Zersetzungskolben und dem Ende des Überleitungsrohres an der Berührungsstelle mit der Vorlageflüssigkeit ist, wurde dann später die durch Abb. 3.18 veranschaulichte, verbesserte Destillationsapparatur geschaffen und eine Arbeitsweise angegeben, welche die Chlorreduktion zu vermeiden gestattet und auch das lästige Zurücksteigen der vorgelegten Kaliumiodidlösung verhindert (Jander und Beste, 1924).

Die Zersetzung der Analysensubstanz wird in einem kleinen, birnenförmig gestalteten Destillationskölbchen von etwa 60 bis 80 ml Inhalt vorgenommen, an das ein kurzes, nur 40 cm langes, rechtwinklig nach unten gebogenes Überleitungsrohr seitlich angesetzt ist. In den Hals des Kölbchens ist ein mit einem Glashahn versehener Tropftrichter von etwa 20 ml Inhalt gasdicht eingeschliffen, dessen zu einer Spitze ausgezogenes Ablaufrohr bis fast an den Boden des Kölbchens reicht. Oben ist der Tropftrichter durch ein kurzes, rechtwinklig abgebogenes Glasrohr, das durch einen Gummistopfen führt, mit einem Kohlenstoffdioxidentwickler verbunden. Das Überleitungsrohr reicht von dem Zersetzungskölbchen bis auf den Boden eines etwa 200–300 ml fassenden Erlenmeyerkolbens, in dessen Hals es durch einen doppelt durchbohrten Gummistopfen eingeführt wird. Durch die andere Öffnung des Gummistopfens führt ein kurzes, rechtwinklig gebogenes Glasrohr, das durch ein kurzes Schlauchstück mit einem Péligotrohr – Glas an Glas stoßend – verbunden ist.

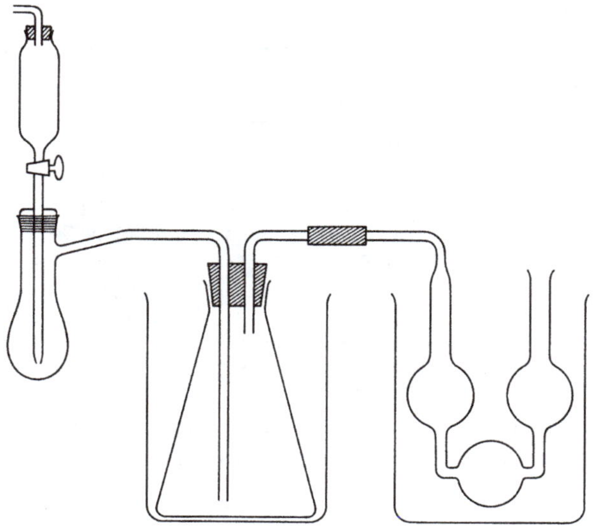

Abb. 3.18: Apparatur zur Bestimmung höherer Oxide nach Jander und Beste.

Erlenmeyerkolben und Péligotrohr dienen zur Aufnahme der vorgelegten, überschüssigen Kaliumiodidlösung und stehen während der Destillation in Eiswasser. In das Zersetzungskölbchen wird die zu bestimmende Substanz eingewogen bzw. als möglichst konzentrierte Lösung einpipettiert. Der Tropftrichter nimmt die zur Zersetzung erforderliche konzentrierte Salzsäure auf, etwa 40 ml. Bei Beginn der Analyse wird die Salzsäure vorsichtig unter dem Druck des Kohlenstoffdioxids in das Zersetzungskölbchen gebracht, die Flüssigkeit im Kölbchen zum ganz gelinden Sieden erhitzt und etwa 30 Minuten lang unter langsamem Durchleiten von Kohlenstoffdioxid destilliert. Nach beendeter Destillation wird der Inhalt des Péligotrohrs, welcher höchstens eine ganz geringe Iodfärbung zeigen soll, in den Erlenmeyerkolben hinübergespült, und dessen Inhalt mit Natriumthiosulfatlösung, 0,1 mol/l, titriert. Die Methode ergibt vorzügliche Werte. Ihre Durchführung wurde bereits anlässlich der Titerstellung der Natriumthiosulfatlösung mit Kaliumdichromat beschrieben (s. S. 215 ff.).

Hahn (1930) treibt das gebildete Chlor mit Kohlenstofftetrachlorid über und verwendet hierfür ebenfalls eine modifizierte Bunsenapparatur.

Nach der Bunsen-Methode können u. a. bestimmt werden (vgl. Tab. 3.9)

Mangandioxid: $MnO_2 + 4\,HCl \rightarrow MnCl_2 + 2\,H_2O + Cl_2\uparrow$
Bleidioxid: $PbO_2 + 4\,HCl \rightarrow PbCl_2 + 2\,H_2O + Cl_2\uparrow$
Selensäure: $H_2SeO_4 + 2\,HCl \rightarrow H_2SeO_3 + H_2O + Cl_2\uparrow$
Tellursäure: $H_2TeO_4 + 2\,HCl \rightarrow H_2TeO_3 + H_2O + Cl_2\uparrow$
Chlorate: $KClO_3 + 6\,HCl \rightarrow KCl + 3\,H_2O + 3\,Cl_2\uparrow$.

Tab. 3.9: Bestimmung höherer Oxide nach der Bunsen-Methode.

Substanz	zweckmäßige Einwaage etwa	1 ml Natriumthiosulfatlösung, $c(Na_2S_2O_3)$ = 0,1 mol/l, entspricht		
MnO_2	0,2 g	4,348 mg MnO_2	oder	2,747 mg Mn
PbO_2	0,5 g	11,960 mg PbO_2	oder	10,360 mg Pb
K_2SeO_4	0,3 g	11,058 mg K_2SeO_4	oder	3,948 mg Se
K_2TeO_4	0,4 g	13,490 mg K_2TeO_4	oder	6,380 mg Te
$KClO_3$	0,05 g	2,043 mg $KClO_3$	oder	1,391 mg ClO_3^-
V_2O_5	0,2 g	9,094 mg V_2O_5	oder	5,094 mg V
CeO_2	0,4 g	17,212 mg CeO_2	oder	14,012 mg Ce

Vanadium(V)-oxid lässt sich nach Holverscheidt (1890) nur mit Hydrogenbromidlösung statt Salzsäure einheitlich zum blauen Vanadium(IV)-oxidbromid reduzieren:

$$V_2O_5 + 6\,HBr \rightarrow 2\,VOBr_2 + 3\,H_2O + Br_2\,.$$

Hier wird also Brom überdestilliert. Man gibt zu dem in den Zersetzungskolben eingewogenen Vanadat 2 g Kaliumbromid und verfährt im Übrigen so wie bei den anderen Bestimmungen.

Cer(IV)-Verbindungen: Reines Cer(IV)-oxid lässt sich nur durch Hydrogeniodid reduzieren:

$$2\,CeO_2 + 2\,KI + 8\,HCl \rightarrow 2\,KCl + 2\,CeCl_3 + 4\,H_2O + I_2\,.$$

Hier wird also Iod abdestilliert. Man gibt zu dem in den Zersetzungskolben eingewogenen Cer(IV)-Salz 2 g Kaliumiodid und destilliert in der üblichen Weise nach Zugabe von 40 ml Salzsäure.

Bestimmung von Kupfer

Die iodometrische Bestimmung von Kupfer(II)-Salzen nach de Haën (1854) und Low (1905) beruht auf der Gleichgewichtsreaktion

$$2\,Cu^{2+} + 4\,I^- \rightleftharpoons 2\,CuI\downarrow + I_2\,.$$

CuI ist schwer löslich und fällt als gelblichweißer Niederschlag aus. Dadurch und durch den Umstand, dass das ausgeschiedene Iod während der Titration mit Natriumthiosulfat laufend entfernt wird, gelingt es, die Reaktion überwiegend auf die rechte Seite zu legen. Praktisch vollständig verläuft sie aber nur dann, wenn durch Zugabe eines großen Überschusses von KI zugleich die Konzentration der Iodidionen sehr groß ist.

Das überschüssige KI löst zwar das ausgeschiedene CuI wieder auf; die entstehenden Iodocuprat(I)-Komplexionen haben aber keinen Einfluss auf die Gleichgewichtslage. Die Titration muss in schwach schwefelsaurer Lösung erfolgen. In höheren Konzentrationen lösen nämlich Mineralsäuren, vor allem Salzsäure, das ausgefällte CuI teilweise auf: Es befinden sich dann in der Lösung Cu(I)-Ionen, die die Oxidation des Hydrogeniodids durch Luftsauerstoff induzieren und zu einem Mehrverbrauch an Natriumthiosulfatlösung führen können.

Arbeitsvorschrift: Etwa 0,6 g des zu bestimmenden Kupfer(II)-Salzes werden in einer verschließbaren Flasche genau eingewogen und in 50 ml Wasser gelöst. Nach dem Ansäuern mit 2 ml konzentrierter Schwefelsäure wird die Lösung mit 2 g iodatfreiem Kaliumiodid versetzt, die Flasche wird verschlossen und kurze Zeit geschüttelt. Dann wird mit Natriumthiosulfatlösung, 0,1 mol/l, titriert, bis die Lösung nur noch schwach gelb ist. Nach Zusatz von 2 ml Stärkelösung (s. S. 214) wird langsam und unter dauerndem Umschwenken zu Ende titriert. Der Endpunkt ist erreicht, wenn der bläuliche Farbton eben verschwunden ist und die trübe Flüssigkeit nur noch gelblich- bis bräunlichweiß erscheint. Eisen und Arsen dürfen nicht zugegen sein.

1 ml Natriumthiosulfatlösung, $c(Na_2S_2O_3)$ = 0,1 mol/l, entspricht 6,3546 mg Cu.

Das 1854 von de Haën [119] beschriebene Verfahren zur Kupferbestimmung erfordert viel Kaliumiodid, dessen Preis recht hoch ist. Bruhns [120] hat daher eine Variante vorgeschlagen, die Iodid zu sparen gestattet, indem man der Lösung Kaliumthiocyanat neben weniger Kaliumiodid zusetzt. Da Kupfer(I)-thiocyanat schwerer löslich ist als Kupfer(I)-iodid, werden die nach

$$2\,Cu^{2+} + 2\,I^- \rightleftharpoons 2\,Cu^+ + I_2$$

entstehenden Kupfer(I)-Ionen nicht als CuI, sondern als CuSCN ausgefällt:

$$Cu^+ + SCN^- \longrightarrow CuSCN\downarrow.$$

Titriert man das ausgeschiedene Iod mit Thiosulfatlösung, so werden die Iodidionen nach

$$I_2 + 2\,S_2O_3^{2-} \longrightarrow 2I^- + S_4O_6^{2-}$$

zurückgewonnen und können erneut Cu^{2+} reduzieren. Man benötigt daher wesentlich weniger Kaliumiodid, da es nur eine Mittlerrolle in der Gesamtreaktion

$$2\,Cu^{2+} + 2\,SCN^- + 2\,S_2O_3^{2-} \longrightarrow 2\,CuSCN\downarrow + S_4O_6^{2-}$$

übernimmt.

Das elegant erscheinende Verfahren hat jedoch den Nachteil, dass infolge von Nebenreaktionen oft Unterbefunde auftreten, was zu zahlreichen Untersuchungen führte. Danach kann Iod etwas Thiocyanat unter Bildung von H_2SO_4 und HCN oxidieren und HCN sich weiter mit Iod zu ICN umsetzen. Nur dann, wenn man genügend stark ansäuert und die Titration sofort nach Zusatz des Iodid-Thiocyanat-Gemisches vornimmt, lässt sich die Störung auf ein Mindestmaß beschränken. So findet man nach der unten angegebenen Vorschrift einen konstanten Minderverbrauch an Thiosulfatlösung von 0,5 %, der sich allerdings dadurch eliminieren lässt, dass man die Thiosulfatlösung gegen eine Kupfer(II)-Salzlösung bekannten Gehaltes einstellt. Nach Arbeiten von Bastius [121] kommt der Säurekonzentration eine entscheidende Bedeutung zu: Die Titration gelingt in schwefel-, salz- oder salpetersaurer Lösung (nicht aber in essigsaurer), wenn die Säurekonzentration größer als 1 mol/l ist. Arbeitet man in salpetersaurer Lösung, ist Harnstoff zuzusetzen und $c(HNO_3) < 2$ mol/l zu halten.

Zur Analyse einer kupferhaltigen Legierung wird die Probe in einem Schwefelsäure-Salpetersäure-Gemisch aufgelöst. Die dabei entstehende salpetrige Säure wird durch Zusatz von Harnstoff entfernt:

$$CO(NH_2)_2 + 2\,HNO_2 \rightarrow CO_2\uparrow + 2\,N_2\uparrow + 3\,H_2O\,.$$

Enthält die Legierung mehr als 0,2 % Eisen, muss dieses durch Zusatz von Natriumdiphosphat komplex gebunden werden. Quecksilber und Silber dürfen nicht anwesend sein. Blei dagegen erleichtert die Erkennung des Endpunktes, da in seiner Gegenwart das schmutzig grauviolette Kupfer(I)-thiocyanat einen schwach gelblichen Farbton annimmt, von dem die kurz vor Erreichen des Endpunktes schwach blaue Farbe der Iodstärke besser absticht.

Arbeitsvorschrift: Die Einwaage der Legierung, die etwa 0,2 g Kupfer enthalten soll, wird mit 10 ml einer Mischsäure (500 ml H_2SO_4, 1 : 1 verdünnt, 200 ml HNO_3, $\rho = 1{,}40$ g/ml, und 300 ml H_2O) so lange zum Sieden erhitzt, bis alles gelöst ist und keine braunen Dämpfe mehr auftreten. Dann werden 10 ml einer Lösung zugesetzt, die 100 g Harnstoff, 1,5 g Bleinitrat und wenig Salpetersäure je Liter enthält. Das Gemisch wird kräftig geschüttelt und auf Raumtemperatur abgekühlt. Man fügt nun 10 ml einer Lösung hinzu, die 100 g KSCN und 10 g KI je Liter enthält, schüttelt durch und titriert die schmutzig grüne Lösung sofort mit Thiosulfat-Maßlösung. Der Niederschlag nimmt dabei eine violettgraue Farbe an. Gegen Ende der Titration werden 5 ml Stärkelösung hinzugegeben. Die jetzt dunkelblaue Lösung wird tropfenweise langsam mit Thiosulfatlösung zu Ende titriert. Die Erkennung des Endpunktes wird dadurch erleichtert, dass sich der gelblichgraue Niederschlag zusammenballt und abzusetzen beginnt.

Arbeitsvorschrift (Variante): Etwa 80–100 mg Späne werden eingewogen (etwa 50–70 mg Kupfer enthaltend) und in ca. 10–15 ml halbkonzentrierter Salpetersäure gelöst. Anschließend werden die entstandenen Stickoxide verkocht. 5 ml 20 %ige Harnstofflösung werden zur Zerstörung entstandener salpetriger Säure hinzugegeben, danach mehrere Milliliter verdünnter NH_3-Lösung, bis eine tiefblaue Färbung auftritt (pH ca. 8–9). Mit halbkonzentrierter Essigsäure wird nun auf einen pH-Wert von 3–4 gebracht und schließlich abgekühlt. In die auf diesem Wege gepufferte Lösung werden – zur Maskierung von Eisen – 1 g Natriumfluorid und – zur Erzeugung einer der Oxidationswirkung des Kupfers (II) äquivalente Stoffmenge elementaren Iods – 2,5 g Kaliumiodid hinzugefügt. Damit die Reaktion vollständig ist, lässt man die Probe 10 Minuten im Becherglas mit Uhrglasabdeckung dunkel und verschlossen stehen. Nun wird mit Natriumthiosulfat-Maßlösung c ($Na_2S_2O_3$) = 0,1 mol/l titriert. Gegen Ende der Titration (erkennbar am Heller-Werden der Braunfärbung) werden 1,5 g Ammoniumthiocyanat und 2,0 ml frisch angesetzte Stärkelösung hinzugegeben. Der Umschlag verläuft von einer bräunlich flockigen Suspension über Dunkelblau nach einem reinen Weiß (eventuell Beige).

Bestimmung des Sauerstoffs nach Winkler

Das Verfahren dient zur Bestimmung des gelösten Sauerstoffs in Wasserproben. Es beruht darauf, dass das Oxidationsvermögen des Sauerstoffs durch eine Redoxreaktion mit Mangan(II) auf das Mangan übertragen und somit fixiert wird. Die Reaktion läuft in alkalischer Lösung ab und liefert einen Bodensatz von Mangan(IV)-oxidhydrat:

$$2\,Mn(OH)_2 + O_2 \rightarrow 2\,MnO(OH)_2$$

Durch Zusatz von Säure werden aus diesem Niederschlag durch Einwirken von überschüssigem Mangan(II) durch Komproportionierung Mangan(III)-Ionen freigesetzt, die mit Iodid reagieren:

$$2\,Mn^{3+} + 2\,I^- \rightarrow 2\,Mn^{2+} + I_2$$

Das so freigesetzte Iod wird nun mit Natriumthiosulfat-Maßlösung titriert, wobei kurz vor dem Äquivalenzpunkt Stärke zugesetzt wird [121a].

Arbeitsvorschrift [121a, 121b]: Die Proben werden mithilfe einer speziellen „Sauerstoff-Flasche“ genommen und mit verschlossenem Stopfen luftblasenfrei gelagert. Recht bald nach der Probenahme werden je 1 ml $MnCl_2$-Lösung ($MnCl_2$-Tetrahydrat 667 g/l) und 1 ml Fällungsreagens (NaOH 410 g/l, KI 350 g/l; ggf. 12 g/l NaN_3 zur Zerstörung von NO_2^-) so mit eingetauchter Pipettenspitze in die Flasche hineingegeben, dass beim nachfolgenden Schließen des Stopfens nur überstehendes Wasser über den Flaschenrand hinauslaufen kann. Die Probe kann nun maximal zwei Tage im Dunkeln bei konstanter Temperatur gelagert oder auch gleich weiterbehandelt werden. Eine Möglichkeit besteht in der späteren Titration in der Probenahmeflasche. Hierzu wird oberhalb des abgesetzten Niederschlages etwa ein Drittel der Lösung vorsichtig abpipettiert. Es ist darauf zu achten, dass das in der Lösung vorhandene Iodid für die Reaktion mit dem Mangan(III) ausreichen muss. Man setzt 5 ml Phosphorsäure 50 % mit eingetauchter Pipettenspitze hinzu, verschließt die Flasche wieder, vermischt durch Schütteln und bewahrt das Gemisch 10 min im Dunkeln auf. Man titriert mit $Na_2S_2O_3$-Lösung 0,01 mol/l; kurz vor dem Äquivalenzpunkt wird etwas Stärkelösung hinzugegeben. Der Äquivalenzpunkt ist beim erstmaligen Verschwinden der Blaufärbung erreicht. Der Verbrauch an Maßlösung ist V_M. Das Füllvolumen der Sauerstoff-Flasche ist V_P.

Die Massenkonzentration an gelöstem Sauerstoff in der Wasserprobe wird entsprechend folgender Gleichung berechnet:

$$\beta(O_2) = \frac{V_M \cdot 80}{V_P - 2} \quad \text{in mg/l}$$

mit V_M und V_P in ml.

Bestimmung der Iodzahl

Lagerungsverhalten und ernährungsphysiologische Eigenschaften von Fetten werden stark durch den Gehalt an ungesättigten Bindungen beeinflusst. Ein Maß hierfür ist die Iodzahl; darunter versteht man die Masse an Iod in Gramm, die von 100 g Probesubstanz gebunden werden kann. Die Iodzahl nimmt mit der Zahl der ungesättigten Bindungen im Molekül zu, wenn auch nicht linear, sondern unterproportional.

Für die titrimetrische Bestimmung werden mehrere Varianten vorgeschlagen, die auf der Addition von Halogenatomen an die ungesättigten Bindungen beruhen. Als Additionsreagentien werden hierbei z. B. elementares Brom (Methode nach Kaufmann), Iodmonochlorid (Methode nach Wijs) oder Iodmonobromid (Methode nach Hanus) eingesetzt. Eines dieser Reagentien wird in ausreichender Stoffmenge zur Probesubstanz gegeben, nach erfolgter Reaktion wird mit einem Überschuss Kaliumiodid versetzt und dann mit Natriumthiosulfat-Maßlösung zurücktitriert, wobei kurz vor dem Äquivalenzpunkt Stärke zugesetzt wird.

Arbeitsvorschrift [8a]: Zunächst wird eine geeignete Einwaage festgelegt, z. B. der 15-fache Kehrwert der etwa erwarteten Iodzahl, als Masse in Gramm. Etwa diese Masse Probesubstanz wird genau abgewogen und in einem mit Eisessig ausgespülten 250-ml-Iodzahlkolben in 15 ml Chloroform gelöst. Es werden allmählich 25,0 ml IBr-Lösung (20 g/l in Eisessig) hinzugegeben, der Kolben wird verschlossen und 30 min im Dunkeln geschüttelt. Schließlich wird mit 10 ml KI-Lösung 100 g/l und 100 ml Wasser versetzt und mit $Na_2S_2O_3$-Lösung 0,1 mol/l titriert. Kurz vor Erreichen des Äquivalenzpunktes wird etwas Stärkelösung hinzugegeben. Der Äquivalenzpunkt ist beim Verschwinden der Blaufärbung erreicht. Der Verbrauch an Maßlösung ist V_1. Unter gleichen Bedingungen wird ein Blindversuch durchgeführt und V_2 erhalten. Die Iodzahl IZ, bezogen auf die Einwaage m_E, ergibt sich aus folgender Gleichung:

$$IZ = \frac{1{,}269\,(V_2 - V_1)}{m_E}$$

mit V_1 und V_2 in ml und m_E in g.

Die iodometrischen Bestimmungsverfahren zeichnen sich durch Eleganz in der Ausführbarkeit und durch große Zuverlässigkeit aus, da der Titrationsendpunkt durch die Iodstärkereaktion ausgezeichnet zu erkennen ist. Ihrer Anwendbarkeit, vor allem bei Serienbestimmungen, stand stets der relativ hohe Preis von Iod und Kaliumiodid im Wege. Deshalb hat man sich oft bemüht, die Iodometrie durch eine

Bromometrie zu ersetzen. Schwierigkeiten ergaben sich jedoch hierbei durch den erheblich höheren Dampfdruck von Brom- gegenüber Iodlösungen und die daraus resultierende geringere Titerbeständigkeit sowie durch die nicht so leichte Erkennbarkeit des Titrationsendpunktes.

Einige bromatometrische Verfahren führen zur Entstehung elementaren Broms, das Iodid zu Iod oxidiert, welches mit Thiosulfat-Maßlösung titriert wird (s. Kap. 3.3.6).

Bestimmung von Acetylcystein nach Ph. Eur.

Mercaptane wie in den Arzneistoffen Acetylcystein (siehe Formel), Captopril oder in der Aminosäure Cystein können durch Iod-Lösung quantitativ zu Disulfiden oxidiert werden.

Das Sekretolytikum Acetylcystein wird durch direkte iodometrische Titration in der Ph. Eur. quantifiziert [8a].

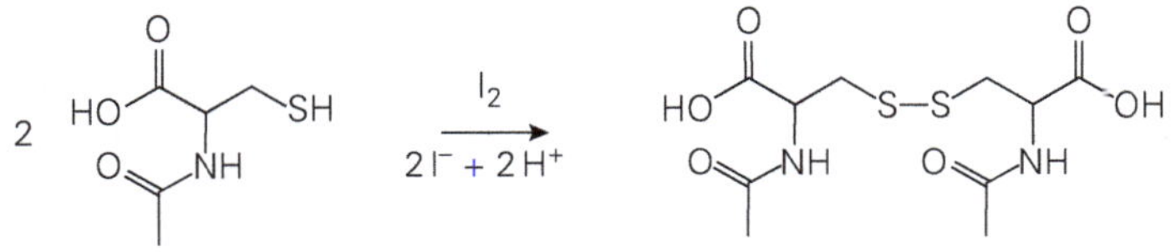

Arbeitsvorschrift: 0,140 g Substanz werden in 60 ml Wasser gelöst und mit 10 ml verdünnter Salzsäure (20 g Salzsäure 36 % in 100 ml Wasser) versetzt. Die Lösung wird nach dem Abkühlen in einer Eis-Wasser-Mischung mit 10 ml Kaliumiodid-Lösung (166 g/l) versetzt Diese Lösung wird unter Zusatz von 1 ml Stärke-Lösung (10 g/l[20]) mit Iod-Lösung (0,05 mol/l) titriert.

1 ml Iodlösung, $c = 0{,}05$ mol/l, entspricht 16,32 mg $C_5H_9NO_3S$.

Bestimmung von Cystein-HCl nach Ph. Eur.

Das Salz Cystein-Hydrochlorid wird in der Ph. Eur. durch iodometrische Rücktitration bestimmt [8a].

Arbeitsvorschrift: In einem Erlenmeyerkolben mit Schliffstopfen werden 0,300 g Substanz und 4 g Kaliumiodid in 20 ml Wasser gelöst. Nach dem Abkühlen in einer Eis-Wasser-Mischung wird die Lösung mit 3 ml Salzsäure (70 g Salzsäure 36 % in 100 ml Wasser) und 25,0 ml Iod-Lösung (0,05 mol/l) versetzt. Der Kolben wird verschlossen 20 min lang im Dunkeln stehen gelassen. Die Lösung wird mit Natriumthiosulfat-Lösung (0,1 mol/l) titriert, wobei gegen Ende der Titration 3 ml Stärke-Lösung (10 g/l[20]) zugesetzt werden. Eine Blindtitration wird durchgeführt.

1 ml Iodlösung, $c = 0{,}05$ mol/l, entspricht 15,76 mg $C_3H_8ClNO_2S$.

---

20 Der in den Arzneibüchern vorgeschriebene Zusatz von Quecksilber(II)-iodid zur Konservierung sollte aus umwelttoxikologischen Gründen entfallen.

Bestimmung von Phenazon

Das Analgetikum Phenazon kann durch iodometrische Rücktitration quantifiziert werden. Durch einen Überschuss Iod-Maßlösung wird Phenazon zum Iodphenazon substituiert. Der Überschuss wird anschließend mit Natriumthiosulfat gegen Stärke zurücktitriert.

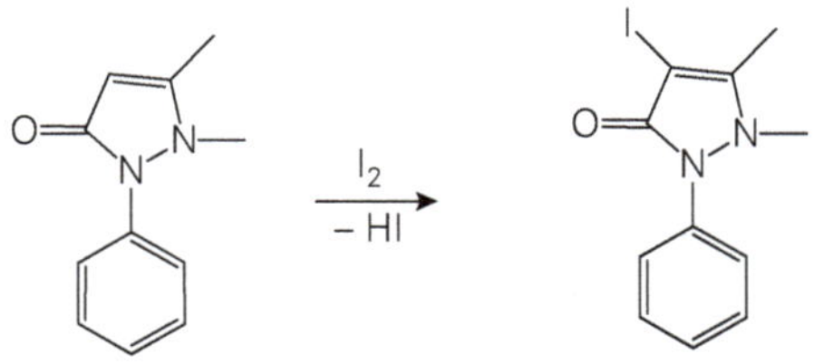

$$2\,S_2O_3^{2-} + I_2 \longrightarrow S_4O_6^{2-} + 2\,I^-$$

Arbeitsvorschrift: 0,150 g Substanz werden in 20 ml Wasser gelöst und nach Zusatz von 2g Natriumacetat, 1 ml verdünnter Essigsäure und 25,0 ml Iod-Lösung (0,05 mol/l) 30 min lang unter Lichtschutz stehen gelassen. Die Lösung wird mit 25 ml Dichlormethan versetzt, bis zum Lösen des Niederschlags geschüttelt und mit Natriumthiosulfat (0,1 mol/l) titriert, wobei 1 ml Stärke-Lösung (10 g/l) gegen Ende der Titration zugesetzt wird. Eine Blindtitration wird durchgeführt.
1 ml Iodlösung, $c = 0{,}05$ mol/l, entspricht 9,41 mg $C_{11}H_{12}N_2O$.

3.3.8 Bestimmung von Mangan in Stahl mit Arsenit-Maßlösung

Zur Bestimmung des Mangans in Stahlproben wird die Probesubstanz zunächst in halbkonzentrierter Salpetersäure gelöst. Das dadurch entstandene Mangan(II) wird nach Verkochen der Stickoxide – bei Anwesenheit von Silberionen als Katalysator – mit Peroxodisulfat in der Hitze zum Permanganat oxidiert:

$$2\,Mn^{2+} + 5\,S_2O_8^{2-} + 8\,H_2O \rightarrow 2\,MnO_4^- + 10\,SO_4^- + 16\,H^+$$

Überschüssiger Peroxosauerstoff zerfällt unter diesen Bedingungen. Daraufhin werden die Silberionen bei Raumtemperatur mit NaCl gefällt, so dass sie bei der Titration nicht als Oxidationsmittel miterfasst werden können. Nunmehr wird mit Natriumarsenit-Maßlösung bis zum Verschwinden der Rosafärbung titriert:

$$2\,MnO_4^- + 5\,H_3AsO_3 + 6\,H^+ \rightarrow 2\,Mn^{2+} + 5\,H_3AsO_4 + 3\,H_2O$$

Es ist unwahrscheinlich, dass im Stahl enthaltenes Chrom bei diesem Verfahren miterfasst werden könnte, da das Permanganat wegen seines höheren Standardpotentials zuerst reduziert wird und dann die Rosafärbung verschwindet, bevor Chrom umgesetzt werden kann.

Herstellung der Natriumarsenitlösung

Arbeitsvorschrift: 0,666 g As_2O_3 und 2 g $NaHCO_3$ werden in heißem Wasser gelöst. Die Lösung wird auf Raumtemperatur abgekühlt und dann auf 1 l aufgefüllt. Auf diesem Wege erhält man eine Natriumarsenit-Maßlösung mit $c(\frac{1}{2}\,As_2O_3) = 0{,}00666$ mol/l. Die Lösung wird mithilfe eines Standardstahls eingestellt.

Bestimmung von Mangan in Stahl

Arbeitsvorschrift (Procter Smith): Eine Portion Stahl, die etwa 0,5–3,0 mg Mangan enthält, wird genau abgewogen und in 15 ml Salpetersäure 7 mol/l und 20 ml Wasser gelöst. Die Stickoxide werden durch Sieden über 5–10 min entfernt. Die Lösung wird gekühlt, 20 ml ausgekochte Salpetersäure, 7 mol/l, 50 ml Silbernitratlösung, 1,7 g/l, und 4 ml frische $(NH_4)_2S_2O_8$-Lösung, 500 g/l, werden zugesetzt. Man belässt das Gemisch etwa 5 min bei 60–80 °C – Violettfärbung durch Permanganat – und kühlt dann bis Raumtemperatur. Nach Zusetzen von 50 ml Wasser und 3 ml Natriumchloridlösung, 12 g/l, wird mit Natriumarsenitlösung titriert, bis die Rosafärbung verschwunden ist.

1 ml Natriumarsenitlösung, $c(\frac{1}{2}\,As_2O_3) = 0{,}00666$ mol/l, entspricht 0,07325 mg Mangan [121c, 121d].

3.3.9 Bestimmungen mit Formiat-Maßlösung

Wie bei der Behandlung der permanganometrischen Bestimmungen bereits erwähnt (Kap. 3.3.2), lassen sich verschiedene Analyte (z. B. Phosphit, Hypophosphit, Methanol und Formaldehyd) zwar nicht permanganometrisch in saurer Lösung titrieren, erfahren jedoch im Basischen eine definierte Redoxreaktion mit Permanganat, wobei dieses zu Manganat reduziert wird:

$$MnO_4^- + e^- \longrightarrow MnO_4^{2-}$$

Wesentlich langsamer erfolgt eine weitere Reduktion des Manganats zu Mangandioxid:

$$MnO_4^{2-} + 4\,H^+ + 2\,e^- \longrightarrow MnO_2 + 2\,H_2O$$

Damit ein taugliches Bestimmungsverfahren erhalten werden kann, das auf der Reduktion des Permanganats zu Manganat basiert, muss die zweite Reaktion hinreichend unterbunden werden. Hierfür schlägt Stamm mehrere Maßnahmen vor [121e, 121f, 121g].

- Weil für die Weiterreaktion des Manganats Oxoniumionen benötigt werden, wird ein hoher pH-Wert > 14 eingestellt, was diese Reaktion sowohl kinetisch hemmt als auch das Gleichgewicht zum Manganat hin verschiebt.

- Ein ständig vorhandener Überschuss von Permanganat während der ganzen Reaktion führt zu einem stark oxidierenden Milieu in der Lösung und behindert so die Weiterreaktion des Manganats. Damit dies erreicht wird, wird die Probelösung in einen solchen Überschuss an Kaliumpermanganat-Maßlösung hineingegeben, bei dem höchstens 50 % des Permanganats verbraucht werden. Es sollten jedoch mindestens 10 % verbraucht werden, damit sich der Ablesefehler nicht zu stark auf die Präzision des Analysenergebnisses auswirkt.
- Bei der später erfolgenden Rücktitration des unverbrauchten Permanganats wird Manganat mithilfe von zugesetztem Bariumchlorid als schwer lösliches Bariummanganat gefällt und somit dessen Weiterreaktion behindert.

Diese Verfahrensweise bedingt also, dass die überschüssige Stoffmenge Permanganat durch Rücktitration ermittelt wird. Dies kann mithilfe von Natriumformiat-Maßlösung im basischen Milieu geschehen, alternativ mit Oxalsäure im Sauren. Die Titration des Permanganats mit Formiat beruht auf einer definierten Reaktion zu Manganat und Carbonat:

$$2\,MnO_4^- + HCOO^- + 3\,OH^- \longrightarrow 2\,MnO_4^{2-} + CO_3^{2-} + 2\,H_2O$$

Der Äquivalenzpunkt wird dadurch erkannt, dass die violette Farbe des Permanganats verschwindet. Dunkelgrünes Bariummanganat fällt während der Titration aus und setzt sich schnell ab, so dass der Niederschlag bei der Erkennung des Äquivalenzpunkts nicht stört. Sulfat stört die Reaktion durch Bildung von schwer löslichem Bariumsulfat, das Permanganat während der Titration in Form von Mischkristallen aufnimmt und somit dessen Reduktion verhindert. Daher ist Sulfat vor der Analyse als Bariumsulfat auszufällen, welches die weiteren Reaktionen dann nicht mehr stört. Die Geschwindigkeit der Titrationsreaktion wird kurz vor dem Äquivalenzpunkt naturgemäß geringer, so dass man zu diesem Zeitpunkt etwas Nickelnitrat als Katalysator zusetzt, damit nicht übertitriert wird.

Herstellung der Natriumformiatlösung

Arbeitsvorschrift [28]: 3,400 g getrocknetes HCOONa und 5 g NaOH werden in ausgekochtem und wieder abgekühltem Wasser gelöst. Beim Auffüllen auf 1 Liter erhält man eine Maßlösung der Konzentration c = 0,05 mol/l. Die Äquivalentkonzentration c(eq) beträgt 0,1 mol/l.

Die Lösung wird folgendermaßen eingestellt: V_1 = 20,0 ml $KMnO_4$-Lösung 0,1 mol/l werden mit 10 ml Natronlauge 300 g/l und 15 ml einer Lösung von Bariumchlorid-Dihydrat 300g/l versetzt sowie anschließend im Titrierkolben mit Wasser auf etwa 100 ml verdünnt. Nun wird mit der einzustellenden Maßlösung bis zur Entfärbung der überstehenden Lösung titriert. Nach Verbrauch von etwa 90 % eines im Vorversuch verbrauchten Maßlösungsvolumens wird jeweils etwas Nickelnitrat ggf. wiederholt zugegeben. Der so ermittelte Verbrauch an Maßlösung ist V_2. Der Titer ergibt sich aus $t = V_1/V_2$.

Bestimmung von Hypophosphit (Phosphinat)

Hypophosphit reagiert folgendermaßen mit Permanganat:

$$H_2PO_2^- + 4\,MnO_4^- + 6\,OH^- \rightarrow PO_4^{3-} + 4\,MnO_4^{2-} + 4\,H_2O$$

Arbeitsvorschrift: Zu V_1 = 20,0 ml $KMnO_4$-Lösung 0,1 mol/l gibt man etwa 10 ml Natronlauge 300 g/l. Man gibt die Probelösung hinzu, die größenordnungsmäßig 0,05 bis 0 25 mmol Hypophosphit enthalten sollte und in der etwa vorhandenes Sulfat vorher mit Bariumchlorid gefällt worden ist. Das Gemisch wird 10 min bei 15 bis 25 °C stehen gelassen. 15 ml einer Lösung von Bariumchlorid-Dihydrat 300 g/l werden zugesetzt. Nach Verdünnen mit Wasser im Titrierkolben auf etwa 100 ml wird mit Natriumformiatlösung 0,05 mol/l bis zur Entfärbung der überstehenden Lösung titriert. Werden weniger als 10 ml Maßlösung verbraucht, muss mit einer geringeren Analytstoffmenge wiederholt werden. Nach Verbrauch von etwa 90 % eines im Vorversuch verbrauchten Maßlösungsvolumens wird jeweils etwas Nickelnitrat ggf. wiederholt zugegeben. Der so ermittelte Verbrauch an Maßlösung ist V_2. Die Differenz $V_1 - V_2$ ergibt das Volumen der bei der Umsetzung des Analyten verbrauchten $KMnO_4$-Lösung 0,1 mol/l.

1 ml hiervon entspricht 1,650 mg H_3PO_2 [28].

Bestimmung von Phosphit (Phosphonat)

Phosphit reagiert folgendermaßen mit Permanganat:

$$HPO_3^{2-} + 2\,MnO_4^- + 3\,OH^- \rightarrow PO_4^{3-} + 2\,MnO_4^{2-} + 2\,H_2O$$

Arbeitsvorschrift: Die Bestimmung erfolgt analog zu der von Hypophosphit. Zu V_1 = 20,0 ml $KMnO_4$-Lösung, 0,1 mol/l, gibt man etwa 10 ml Natronlauge, 300 g/l. Man gibt die Probelösung hinzu, die größenordnungsmäßig 0,1 bis 0,5 mmol Phosphit enthalten sollte und in der etwa vorhandenes Sulfat vorher mit Bariumchlorid gefällt worden ist. Das Gemisch wird 10 min bei 15 bis 25 °C stehen gelassen. 15 ml einer Lösung von Bariumchlorid-Dihydrat, 300 g/l, werden zugesetzt. Nach Verdünnen mit Wasser im Titrierkolben auf etwa 100 ml wird mit Natriumformiatlösung, 0,05 mol/l, bis zur Entfärbung der überstehenden Lösung titriert. Werden weniger als 10 ml Maßlösung verbraucht, muss mit einer geringeren Analytstoffmenge wiederholt werden. Nach Verbrauch von etwa 90 % eines im Vorversuch verbrauchten Maßlösungsvolumens wird jeweils etwas Nickelnitrat ggf. wiederholt zugegeben. Der so ermittelte Verbrauch an Maßlösung ist V_2. Die Differenz $V_1 - V_2$ ergibt das Volumen der bei der Umsetzung des Analyten verbrauchten $KMnO_4$-Lösung.

1 ml $KMnO_4$-Lösung, c = 0,1 mol/l, entspricht 4,100 mg H_3PO_3 [28].

3.3.10 Weitere Möglichkeiten der Redoxtitration

Außer den hier besprochenen Oxidations- und Reduktionsmitteln, die in den Maßlösungen für Redoxtitrationen Verwendung finden, sind in der Literatur zahlreiche weitere Reagentien beschrieben worden, die für maßanalytische Bestimmungen eingesetzt werden. So lassen sich als Oxidationsmittel z. B. Kaliumiodat und Kaliumperiodat [122], Blei(IV)-acetat und Vanadat(V), Eisen(III)-Salze und Cobalt(III)-Verbindungen [123] benutzen. Als Reduktionsmittel können z. B. Zinn(II)-chlorid, Chrom(II)-sulfat, Titan(III)-chlorid und Vanadium(II)-sulfat dienen [125]. Diese Beispiele lassen die vielfältigen Möglichkeiten erkennen, die in den Anwendungen maßanalytischer Redoxverfahren zur Bestimmung anorganischer und organischer Verbindungen liegen. Zur weiteren Information muss auf umfangreichere Werke und Monografien verwiesen werden [27, 123].

Vielfach haben die Verfahren erst an Bedeutung gewinnen können, nachdem es gelungen war, die Schwierigkeiten der Endpunkterkennung mit visuellen Indikatoren zu eliminieren, indem die weiterentwickelten physikalischen Indikationsmethoden, insbesondere die elektrischen, zur Ermittlung des Titrationsendpunktes eingesetzt wurden. Durch elektrochemische Reagenserzeugung in der Probelösung mithilfe der Coulometrie wurde es möglich, auch solche Reagentien für analytische Zwecke heranzuziehen, deren Maßlösungen instabil und damit nicht titerbeständig sind (vgl. Kap. 4).

3.4 Komplexbildungstitrationen

In der Maßanalyse blieb die Anwendung chemischer Reaktionen, die unter Bildung von Komplexen ablaufen, lange Zeit im Wesentlichen auf die von Liebig 1851 eingeführte Titration von Cyanid mit Silbernitratlösung [100] beschränkt (vgl. S. 160 f.).

Die Grundlage für eine Weiterentwicklung stellte 85 Jahre später die Entdeckung dar, dass bestimmte Aminopolycarbonsäuren [126] – Verbindungen mit der Gruppierung

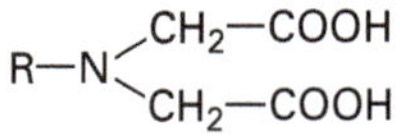

– mit Metallionen (auch mit Erdalkalimetallionen) stabile wasserlösliche Komplexverbindungen bilden. Zunächst versuchte man, die Substanzen technisch zur Wasserenthärtung einzusetzen [127]. Im Hinblick auf ihre analytische Verwendbarkeit blieben sie fast 10 Jahre lang unbeachtet. Aufbauend auf physikalisch-chemischen Untersuchungen an diesen Verbindungen entwickelte dann als erster Schwarzenbach ab 1945 Titrationsverfahren für Metallionen mit den Komplexbildnern [128, 129]. Er führte den Namen **Komplexone** für die Aminopolycarbonsäuren ein und fasste die Titrationsverfahren, bei denen Komplexone in Maßlösungen benutzt werden, unter der Bezeichnung **Komplexometrie** zusammen [130, 131]. Zuerst bestimmte man die Metallionen durch alkalimetrische Titration der bei der Komplexbildung freigesetzten Wasserstoffionen. Aber bereits 1946 konnte der erste

Indikator eingeführt werden, der direkt auf Metallionen anspricht, das Murexid [132]. Auf der Suche nach weiteren **Metallindikatoren** gelangte man zu den Azofarbstoffen, zuerst zum Eriochromschwarz T [132, 133]. Von Přibil und Mitarbeitern wurde erstmals der wichtige Indikator Xylenolorange verwendet [134], mit dem sich Titrationen bei niedrigen pH-Werten durchführen lassen. Seit den Fünfzigerjahren setzte auf diesem Gebiet der Maßanalyse eine stürmische Entwicklung ein – wie an der Zahl der veröffentlichten Arbeiten abzulesen ist –, die Anfang der Sechzigerjahre wohl ihren Höhepunkt erreichte. Die Komplexometrie breitete sich wegen ihrer vielseitigen Anwendbarkeit schnell aus und dürfte in jedem analytischen Laboratorium Eingang gefunden haben.

Auf direktem oder indirektem Wege können heute mithilfe der Komplexone die meisten Kationen sowie auch einige Anionen titrimetrisch bestimmt werden [135]. Durch geeignete Wahl von Komplexbildner und Indikator, von pH-Wert und Art der Titration sowie durch Zusatz von Hilfskomplexbildnern können zahlreiche selektive Bestimmungen vorgenommen werden, wobei sich umständliche Trennungen oft vermeiden und die Analysen in kürzerer Zeit durchführen lassen.

3.4.1 Grundlagen der Komplexbildung

Bezeichnungen und Definitionen

Unter einem **Komplex** versteht man ein zusammengesetztes Teilchen (Ion oder Molekül), das durch Vereinigung von einfachen, selbstständig und unabhängig voneinander existenzfähigen Molekülen oder Ionen entstanden ist, z. B.

$$NH_3 + HCl \rightleftharpoons [NH_4]^+ + Cl^-$$
$$Ag^+ + 2\,NH_3 \rightleftharpoons [Ag(NH_3)_2]^+$$
$$Al(OH)_3 + OH^- \rightleftharpoons [Al(OH)_4]^-$$
$$Fe^{2+} + 6\,CN^- \rightleftharpoons [Fe(CN)_6]^{4-}$$
$$Ni + 4\,CO \rightleftharpoons [Ni(CO)_4]$$

Die komplexen Teilchen werden in Formeln üblicherweise in eckige Klammern gesetzt. Wie die Beispiele zeigen, können Komplexe als Kationen, Anionen oder Neutralteilchen auftreten.

Nach einer umfassenderen Definition wird der Begriff des Komplexes auch auf solche zusammengesetzten Teilchen ausgedehnt, deren Bildung man sich durch Bindung von Atomen, Ionen oder Molekülen durch Atome oder Ionen mit freien Elektronenpaaren, mit Elektronenlücken oder mit besetzbaren freien d-Orbitalen vorstellen kann. Danach sind die Anionen NO_3^-, SO_4^{2-} und PO_4^{3-} ebenfalls Komplexionen. Nähere Einzelheiten lese man in Lehrbüchern der Allgemeinen oder Anorganischen Chemie nach [32–35 und 136, 137].

Neutralkomplexe und Verbindungen, die ionische Komplexe enthalten, bezeichnet man als **Komplexverbindungen** oder **Koordinationsverbindungen**. Komplexe

Teilchen sind auch in Lösung stabil und dissoziieren nur wenig in ihre Einzelbestandteile. Dadurch unterscheiden sie sich von **Gitterverbindungen**, die nur im kristallinen Zustand als komplexe Einheiten existieren, in Lösung aber weitgehend in ihre Bausteine zerfallen sind. Typische Gitterverbindungen sind die Alaune, Doppelsulfate mit ein- und dreiwertigen Kationen, z. B. $KAl(SO_4)_2 \cdot 12\,H_2O$. Zwischen beiden Verbindungsarten gibt es Übergänge.

Kennzeichnend für die Komplexbildung ist, dass analytische Reaktionen, die für eine Ionensorte charakteristisch sind, ausbleiben, wenn die Ionen komplex gebunden werden. So fällt z. B. in einer Silbernitratlösung bei Zusatz von Chloridionen kein AgCl-Niederschlag aus, wenn man vorher durch Zugabe von Ammoniaklösung die Ag^+-Ionen in den $[Ag(NH_3)_2]^+$-Komplex übergeführt hat. Man macht von solcher **Maskierung** häufig Gebrauch, wenn bei Trennungs-, Bestimmungs- oder Nachweisoperationen die Wirkung von Störionen ausgeschaltet werden soll.

Aufbau der Komplexe

Den Mittelpunkt eines Komplexes bildet das **Zentralatom** oder **Zentralion**, das in der weitaus größten Anzahl der Fälle ein Kation und selten ein Atom ist. In der Regel spricht man vom Zentralatom, unabhängig davon, welche Ladung das Teilchen trägt. Es wird in regelmäßiger Anordnung von den **Liganden** umgeben. Die Liganden sind im Allgemeinen Anionen, wie F^-, Cl^-, Br^-, I^-, OH^-, CN^-, oder neutrale Moleküle, wie NH_3, H_2O, CO. Der Zusammenhalt zwischen den Liganden und dem Zentralion wird durch **koordinative Bindungen** bewirkt. Es handelt sich dabei um eine **Donor-Akzeptor-Bindung**, bei der der Ligand (Donor) das bindende Elektronenpaar liefert und somit als Lewis-Base fungiert, während das Zentralatom (Akzeptor) dieses Elektronenpaar aufnimmt und daher als Lewis-Säure bezeichnet wird. Die Anzahl der koordinativen Bindungen in komplexen Teilchen nennt man **Koordinationszahl**. Am häufigsten treten die Koordinationszahlen 4 und 6 auf, seltener 2 und 8. Auch Komplexe mit ungeraden Koordinationszahlen sind bekannt. Den einzelnen Koordinationszahlen sind bestimmte **Molekülgeometrien** zuzuordnen. So können bei der Koordinationszahl 4 die vier Donoratome in den Liganden in Form eines Tetraeders oder eines Quadrates um das Zentralatom angeordnet sein. Die Koordinationszahl 6 entspricht der geometrischen Anordnung in Form eines Oktaeders, das oft vom regulären Bau abweicht und verzerrt ist. Dann sind die sechs Ligandenplätze nicht mehr gleichwertig. Für die Koordinationszahl 2 findet man einen linearen Aufbau, die ideale Anordnung von 8 Liganden sind die Ecken eines Würfels. Die Koordinationszahl wird durch sterische Faktoren, vor allem aber durch die Anzahl und die Art der Atomorbitale bestimmt, die für die Bildung der koordinativen Bindungen zur Verfügung stehen.

Die **Ladung** eines Komplexes ergibt sich als Summe aus den Ladungen seiner Bestandteile.

Besteht zwischen einem Liganden und dem Zentralatom nur eine koordinative Bindung, so nennt man den Liganden **einzähnig** (unidental). Werden von einem Liganden zwei oder mehr Koordinationsstellen besetzt, bezeichnet man ihn als **zweizähnig** oder **vielzähnig** (bidental oder multidental). Wenn mehrzähnige Liganden am gleichen Zentralatom mehrere Koordinationsstellen besetzen, so entstehen Ringe. Den Komplex bezeichnet man dann als **Chelat**[21] oder **Chelatkomplex**, den Liganden als **Chelatbildner.** Nicht jeder Ligand mit zwei oder mehr Donoratomen kann einen Chelatring bilden. Die Donoratome müssen einen Mindestabstand voneinander haben, damit sie an dasselbe Zentralatom gebunden werden können. So besitzt z. B. Hydrazin, $H_2N—NH_2$, zwei Donoratome, vermag aber nur eine Koordinationsstelle des Zentralatoms zu besetzen, während Ethylendiamin, $H_2N—CH_2—CH_2—NH_2$, als bidentaler Ligand fungiert und zwei Koordinationsstellen besetzt. Der Abstand zwischen beiden Donoratomen muss eine spannungsfreie Ringbildung ermöglichen. Daher sind bestimmte Ringgrößen (Fünfringe, Sechsringe) bevorzugt.

Beispiele sind:

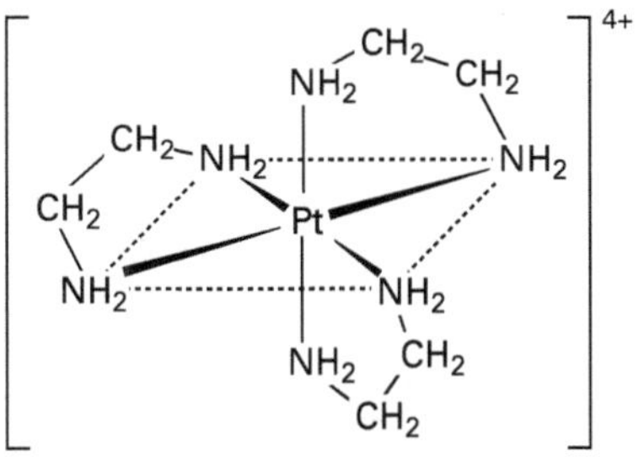

Tris (ethylendiamin) platin (IV)

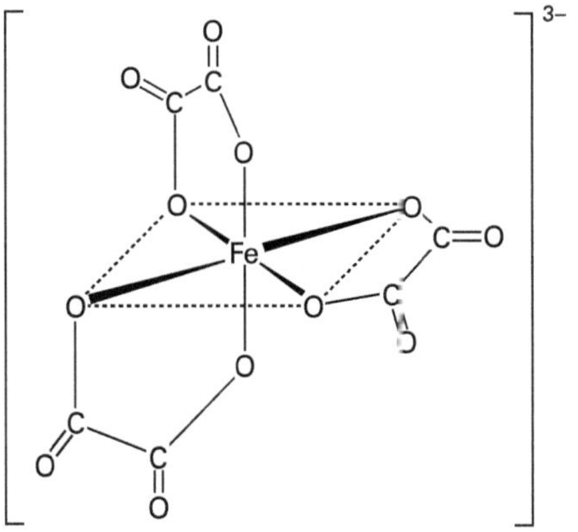

Tris (oxalato) ferrat (III)

Sind in einem Komplex zwei oder mehr Zentralatome enthalten, nennt man ihn **zweikernig** oder **mehrkernig** (binuklear oder polynuklear). Die Zentralatome sind in dem Komplex über **Brückenliganden** verbunden.

Werden in einem Chelatkomplex die positiven Ladungen des Zentralions gerade durch die negativen Ladungen der Liganden kompensiert, liegt eine **innere Salzbildung** vor. Solche neutralen Chelate heißen **Innere Komplexe** oder **Innerkomplexsalze.** Zweizähnige Liganden mit einer geladenen und einer ungeladenen Donorgruppe bilden Innere Komplexe, wenn die Koordinationszahl gerade doppelt

21 Abgeleitet von Χηλη (gr.) Krebsschere, weil das Zentralion bildlich betrachtet vom Liganden wie von einer Krebsschere festgehalten wird.

so groß ist wie die positive Ladung des Zentralions. Ist die positive Ladung geringer als die maximale Koordinationszahl, entstehen Innerkomplexsalze, in denen die freien Koordinationsstellen durch Neutralliganden besetzt werden.

Nomenklaturregeln

Für die Benennung von Komplexen und Komplexverbindungen gelten die folgenden wichtigsten Regeln [8]:

1. In **Formeln** und **Namen** wird zuerst das Kation, dann das Anion genannt.
2. In **Formeln** von Komplexen gibt man als erstes das Zentralatom an, dann die Liganden in der Reihenfolge anionische, neutrale, kationische Liganden.
3. In **Namen** von Komplexen ist die Reihenfolge a) Anzahl der Liganden, b) Art der Liganden, c) Zentralatom, d) Oxidationszahl des Zentralatoms einzuhalten.
   a) Die Anzahl gleicher Liganden wird durch das griechische Zahlwort (di, tri, tetra, penta, hexa usw.) angegeben; für mehrzähnige und solche Liganden, deren Namen bereits mit einem Zahlwort beginnt, benutzt man das multiplikative Zahlwort (bis, tris, tetrakis usw.).
   b) Die Liganden werden in alphabetischer Reihenfolge aufgeführt. Anionische Liganden erhalten die Endung -o. Die Namen neutraler Liganden werden nicht verändert (Ausnahmen: H_2O aqua, NH_3 ammin, CO carbonyl, NO nitrosyl).
   c) Für das Zentralatom wird bei einem kationischen Komplex die deutsche Bezeichnung des Elementes verwendet; bei einem anionischen Komplex wird der lateinische Wortstamm des Elementes mit der Endung -at versehen.
   d) Die Oxidationszahl wird durch eine in Klammern gesetzte römische Ziffer ausgedrückt.

Beispiele:

$[Ag(NH_3)_2]Cl$	Diamminsilber(I)-chlorid
$[CrCl_3(NH_3)_3]$	Triammintrichlorochrom(III)
$K_4[Fe(CN)_6]$	Kaliumhexacyanoferrat(II)
$[CoCl_2(NH_3)_4]Cl$	Tetraammindichlorocobalt(III)-chlorid
$Na_2[Fe(CN)_5NO]$	Natriumpentacyanonitrosylferrat(III)
$[Mg(C_9H_6NO)_2(H_2O)_2]$	Diaqua-bis(hydroxychinolinato)-magnesium(II).

Stabilitätskonstante

Die Bildung und der Zerfall von Komplexverbindungen sind Gleichgewichtsreaktionen, auf die das Massenwirkungsgesetz angewendet werden kann, z. B.

$$Ag^+ + 2\,NH_3 \rightleftharpoons [Ag(NH_3)_2]^+ \quad K = \frac{c([Ag(NH_3)_2]^+)}{c(Ag^+)\cdot c^2(NH_3)}$$

$$Fe^{2+} + 6\,CN^- \rightleftharpoons [Fe(CN)_6]^{4-} \quad K = \frac{c([Fe(CN)_6]^{4-})}{c(Fe^{2+})\cdot c^6(CN^-)}$$

Die Gleichgewichtskonstante K für die Bildung von Komplexen bezeichnet man als **Komplexbildungs-** oder **Stabilitätskonstante**, die zu ihr reziproke Größe $K_D = 1/K$ ist die **Komplexdissoziations-** oder **Instabilitätskonstante**. Die Größe K ist ein Maß für die Stabilität eines Komplexes. Vergleicht man Komplexe mit gleicher Koordinationszahl, so gilt, dass ein Komplex umso stabiler ist, je größer seine Stabilitätskonstante ist. Chelatkomplexe sind besonders stabil und haben daher sehr große K-Werte. Die Stabilitätskonstanten werden häufig in Form der **positiven** dekadischen Logarithmen ihrer Zahlenwerte angegeben: $pK = \lg K$.

3.4.2 Grundlagen der Komplexbildungstitrationen

Wesentliche Voraussetzungen für die Eignung einer chemischen Reaktion zu maßanalytischen Bestimmungen sind die sprunghafte Abnahme der Konzentration der zu bestimmenden Ionenart in der Nähe des Äquivalenzpunktes und die Auffindung geeigneter Indikationsmethoden hierfür.

Titriert man beispielsweise eine Kupfer(II)-Salzlösung mit Ammoniaklösung unter Bedingungen, bei denen keine Fällung des Hydroxids auftritt, und trägt den Metallionenexponenten $pCu = -\lg c(Cu^{2+})$ gegen das Stoffmengenverhältnis auf, so sollte aufgrund der großen Stabilitätskonstante des Kupfertetraamminkomplexes, $K = 3{,}89 \cdot 10^{12}$, $pK = 12{,}59$, ein deutlicher Sprung beim Äquivalenzpunkt der Reaktion

$$Cu^{2+} + 4\,NH_3 \rightleftharpoons [Cu(NH_3)_4]^{2+}$$

zu erwarten sein. Wie Abb. 3.19a zeigt, ist das nicht der Fall. Die Reaktion erfolgt nämlich stufenweise mit den Stabilitätskonstanten K_1 bis K_4 nach folgendem Schema:[22]

$$\begin{array}{llll} Cu^{2+} & + NH_3 \rightleftharpoons [Cu(NH_3)]^{2+} & K_1 = 1{,}35 \cdot 10^4, & pK_1 = 4{,}13 \\ [Cu(NH_3)]^{2+} & + NH_3 \rightleftharpoons [Cu(NH_3)_2]^{2+} & K_2 = 3{,}02 \cdot 10^3, & pK_2 = 3{,}48 \\ [Cu(NH_3)_2]^{2+} & + NH_3 \rightleftharpoons [Cu(NH_3)_3]^{2+} & K_3 = 7{,}41 \cdot 10^2, & pK_3 = 2{,}87 \\ [Cu(NH_3)_3]^{2+} & + NH_3 \rightleftharpoons [Cu(NH_3)_4]^{2+} & K_4 = 1{,}29 \cdot 10^2, & pK_4 = 2{,}11 \end{array}$$

22 Kupfer(II)-Ionen liegen in wässrigen Lösungen als Aquakomplexe vor, was aber für die folgenden Betrachtungen ohne Einfluss ist.

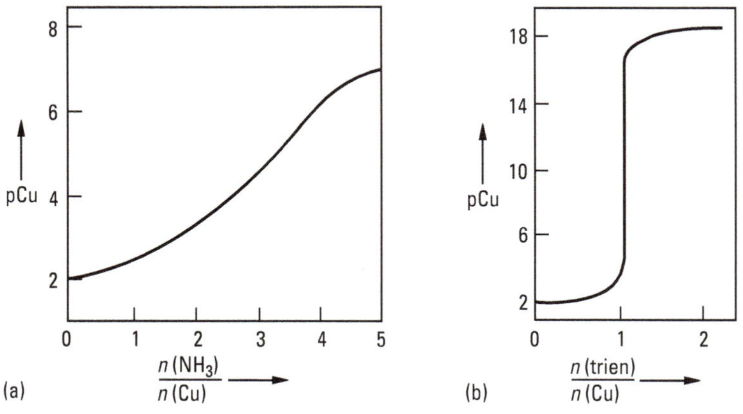

Abb. 3.19: Titration einer $CuSO_4$-Lösung, 0,01 mol/l, mit (a) Ammoniaklösung und (b) Triethylentetramin-Lösung (pCu = $-\lg c(Cu^{2+})$).

Wie aus den Konstanten zu ersehen ist, können die Werte für K_1 bis K_3 gegenüber K_4 nicht vernachlässigt werden. Die Bildung des Komplexes in einem Schritt beim Stoffmengenverhältnis $n(Cu) : n(NH_3) = 1 : 4$ ist also nicht zu erwarten. Das wäre nur der Fall, wenn die Verhältnisse K_1/K_2, K_2/K_3 und K_3/K_4 sehr große Werte ergeben würden, die ersten drei Stufen also im Vergleich zur vierten Stufe in der Lösung viel stärker dissoziiert wären. Sprünge bei den Stoffmengenverhältnissen $n(Cu) : n(NH_3) = 1 : 1$, $1 : 2$, $1 : 3$ und $1 : 4$ können ebenfalls nicht auftreten, weil die Werte der Konstanten nicht weit genug auseinander liegen. Die Verhältnisse liegen ähnlich wie bei der Titration mehrbasiger Säuren. Die Titration der zweibasigen Schwefelsäure ergibt nur einen Sprung am Äquivalenzpunkt, während die der dreibasigen Phosphorsäure zwei Sprünge erkennen lässt (vgl. S. 135 f.).

Wie diese Betrachtung zeigt, ist eine Komplexbildungsreaktion maßanalytisch nur dann verwertbar, wenn es gelingt, die Bildung der Zwischenstufen auszuschalten. Das ist möglich, wenn der Ligand eine Verbindung ist, die mehrere zur Koordination befähigte Sauerstoff- oder Stickstoffatome enthält, die gleichzeitig das Metallion binden (Bildung von Chelatkomplexen). Den Aufbau einer derartigen Verbindung zeigt als Beispiel das Formelbild des bei der Reaktion von Cu^{2+} mit Triethylentetramin (trien)

$$H_2N{-}CH_2{-}CH_2{-}NH{-}CH_2{-}CH_2{-}NH{-}CH_2{-}CH_2{-}NH_2$$

entstehenden Chelats:

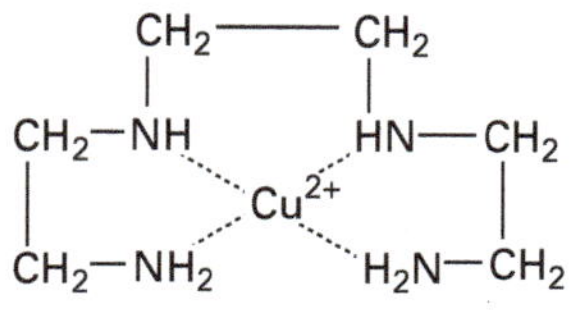

Kupferionen reagieren mit Triethylentetramin im Stoffmengenverhältnis 1 : 1, wobei die Koordinationszahl 4 des Kupfer(II)-Ions durch die vier Stickstoffatome des Amins erfüllt wird. Die Chelatbildung in Form fünfgliedriger Ringe ist im Formelbild deutlich zu erkennen. Die hierdurch bedingte große Zunahme der Beständigkeit des Komplexes ($K = 3{,}16 \cdot 10^{20}$, $pK = 20{,}5$) wird als **Chelateffekt** bezeichnet.

Titriert man eine Cu^{2+}-Ionen enthaltende Lösung mit einer Triethylentetraminlösung, so nimmt die Cu^{2+}-Konzentration beim Stoffmengenverhältnis 1 : 1 tatsächlich sprunghaft ab, wie aus Abb. 3.19b zu ersehen ist.

Die für die Komplexbildungstitrationen eingesetzten Reagentien sind ausschließlich Chelatbildner, daher bezeichnet man die mit ihnen durchgeführten Bestimmungsverfahren als **chelatometrische Titrationen**. Die bereits erwähnten Aminopolycarbonsäuren entsprechen den Anforderungen, die an ein chelatometrisches Titrationsmittel gestellt werden müssen: Gute Löslichkeit, genügend große Reaktionsgeschwindigkeit mit dem zu bestimmenden Ion, Bildung eines leicht löslichen stabilen Chelatkomplexes unter Bildung mehrerer Koordinationsbindungen (mehrzähniger Ligand). Hinsichtlich einer universellen Verwendbarkeit haben sich folgende Verbindungen als brauchbar erwiesen:

Nitrilotriessigsäure (NTE, H_3X)

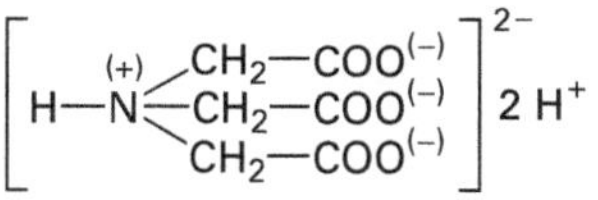

mit vier zur Koordination befähigten Atomen (1 N, 3 O der drei einbindigen O-Atome der Carboxylgruppen);

Ethylendiamintetraessigsäure (EDTA, H_4Y)

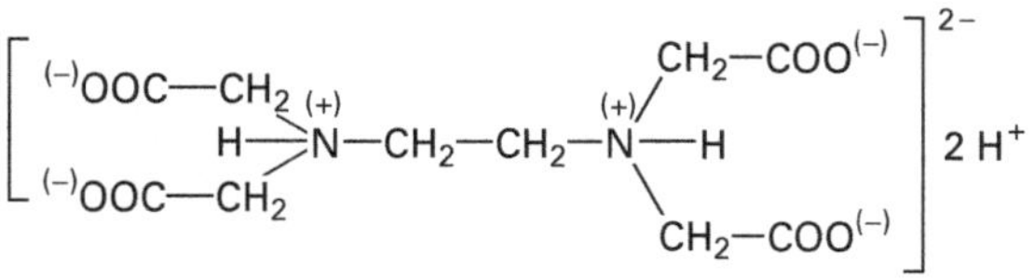

mit sechs koordinativ wirkenden Atomen (2 N und 4 einbindige O-Atome der Carboxylgruppen). Wegen der besseren Löslichkeit verwendet man das Dinatriumsalz der Ethylendiamintetraessigsäure in Form des Dihydrats.

Später hat eine ganze Reihe weiterer chelatbildender Verbindungen Eingang in die analytische Praxis gefunden. Erwähnt seien hier die **Diethylentriaminpentaessigsäure** (DTPA), die 1,2-Cyclohexandiamintetraessigsäure (CDTA) und die N-(2-Hydroxyethyl)-ethylendiamintetraessigsäure. Die in der Chelatometrie verwendeten Verbindungen sind z. B. unter den Handelsnamen Titriplex® und Idranal®[23] erhältlich.

23 Eingetragene Warenzeichen der Firmen Merck (Titriplex) und Riedel-de Haën (Idranal).

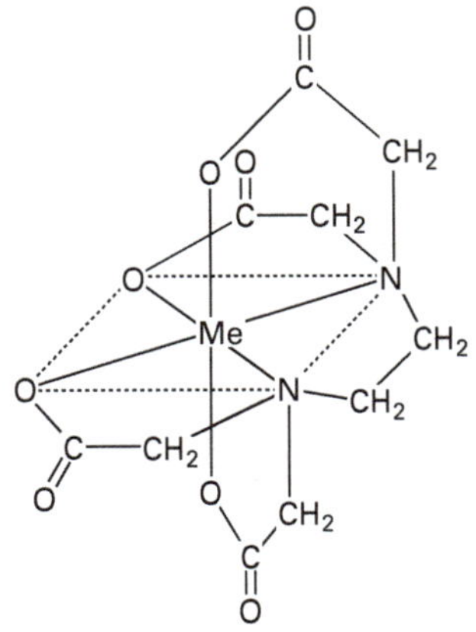

Abb. 3.20: Sterischer Bau eines Metall-EDTA-Komplexes.

Wie die meisten chelatbildenden Verbindungen ist auch EDTA eine mehrwertige Säure. Die neutrale Ethylendiamintetraessigsäure ist eine vierprotonige Säure (H_4Y) und kann auf Grund der beiden freien Elektronenpaare an den Stickstoffatomen bei niedrigen pH-Werten weitere zwei Protonen aufnehmen (H_6Y^{2+}). Daher kann EDTA je nach pH-Wert in 7 unterschiedlichen Formen vorliegen: H_6Y^{2+}, H_5Y^{+}, H_4Y, H_3Y^{-}, H_2Y^{2-}, HY^{3-} und Y^{4-}. Die entsprechenden Gleichgewichtskonstanten lauten: $pKs_1 = 0{,}0$; $pKs_2 = 1{,}5$; $pKs_3 = 2{,}0$; $pKs_4 = 2{,}69$; $pK_5 = 6{,}13$ und $pK_6 = 10{,}37$ [18], wobei zunächst die Protonen der Carboxylgruppen und anschließend die an den Stickstoffatomen gebundenen Protonen abgegeben werden.

Es sind zwar einige protonierte Metall-EDTA-Komplexe bekannt, wie beispielsweise $MgHY^{-}$ oder auch AlHY, die Bildungskonstante aller Metallionen mit Y^{4-} sind jedoch so dominant, dass die anderen Komplexe keine Rolle spielen.

Aufgrund der sechs möglichen koordinativen Stellen der vollständig deprotonierten Spezies (Y^{4-}) bildet EDTA nahezu mit allen Metallionen einen sechsfach koordinierten Komplex. Den sterischen Aufbau eines Metall-EDTA-Komplexes zeigt Abb. 3.20. Das Metallion als Zentralatom wird von dem EDTA-Molekül oktaedrisch umhüllt. Die Bildung der fünfgliedrigen Chelatringe wird durch die Zeichnung deutlich.

Die Komplexbildung erfolgt mit mehrwertigen Kationen unabhängig von der Ionenladung im Verhältnis 1 : 1 und kann am Beispiel von Nickel wie folgt formuliert werden:

$$Ni^{2+} + Y^{4-} \rightleftharpoons NiY^{2-}$$

Die dazugehörige Komplexbildungskonstante lautet:

$$K_K = \frac{c(NiY^{2-})}{c(Ni^{2+})c(Y^{4-})}$$

Die Konzentration des vollständig deprotonierten Y^{4-} Liganden ist jedoch vom vorherrschenden Milieu abhängig. Wie das dynamische Gleichgewicht zwischen den EDTA-Spezies zeigt, wird die Dissoziation des EDTA entsprechend dem Massenwirkungsgesetz mit sinkendem pH-Wert (steigender Oxoniumionen-Konzentration) zurückgedrängt.

$$H_6Y^{2+} \xrightleftharpoons{-H^+} H_5Y^+ \xrightleftharpoons{-H^+} H_4Y \xrightleftharpoons{-H^+} H_3Y^- \xrightleftharpoons{-H^+} H_2Y^{2-} \xrightleftharpoons{-H^+} HY^{3-} \xrightleftharpoons{-H^+} Y^{4-}$$

Im sauren Milieu verschiebt sich das Gleichgewicht zugunsten von H_3Y^- und in sehr saurer Lösung auch zu H_4Y bzw. H_6Y^{2+}. Die Konzentration an Y^{4-} sinkt entsprechend und kann gegebenenfalls nicht mehr für die Bildung eines stabilen Komplexes ausreichen. Entscheidend hierfür ist die jeweilige Komplexbildungskonstante.

Der pH-abhängige Anteil an Y^{4-} kann über den Dissoziationsgrad α ausgedrückt werden.

$$\alpha_{Y^{4-}} = \frac{c(Y^{4-})}{c_0\,(\mathrm{EDTA})}$$

$\alpha_{Y^{4-}}$-Werte des EDTA-Gleichgewichtes lassen sich unter Berücksichtigung der Säurekonstanten des EDTA für jeden pH-Wert einer Lösung berechnen.

Ersetzt man die Konzentration des Liganden durch die pH-abhängige Konzentration, ausgedrückt durch den jeweiligen α-Wert, so erhält man einen Ausdruck für die **effektive Komplexbildungskonstante (K′)** auch **konditionelle Stabilitätskonstante** genannt.

$$K_K = \frac{c(\mathrm{NiY}^{2-})}{c(\mathrm{Ni}^{2+}) \cdot c(Y^{4-})} = \frac{c(\mathrm{NiY}^{2-})}{c(\mathrm{Ni}^{2+}) \cdot \alpha_{Y^{4-}} \cdot c(\mathrm{EDTA})}$$

oder mit $K_K \cdot \alpha_{Y^{4-}} = K'_K$

$$K'_K = \frac{c(\mathrm{NiY}^{2-})}{c(\mathrm{Ni}^{2+}) \cdot c(\mathrm{EDTA})}$$

Damit ein Metallkation komplexometrisch mit EDTA quantifiziert werden kann, also die Komplexierung mindestens 99,9 % beträgt, soll der Mindestwert der konditionellen Stabilitätskonstante $10^6/10^x$ aufweisen, wobei 10^x der ungefähren Metallion-Konzentration in mol/l in der Arbeitslösung entspricht. Werden beispielsweise 10,0 ml Probelösung mit $c(Me^{n+}) \approx 0{,}1$ mol/l vorgelegt und auf 100 ml verdünnt, so soll die konditionelle Stabilitätskonstante (K′) mindestens 10^8 sein. Daraus kann berechnet werden, ab welchem pH-Wert eine Titration des jeweiligen Metallions möglich ist (Tabelle 3.10).

Die Tabelle kann auch als Anhaltspunkt für die selektive Titration eines Ions in Gegenwart eines anderen dienen (simultane Bestimmung). Zum Beispiel: Würde

Tab. 3.10: Komplexbildungskonstante einiger EDTA-Komplexe als lg K [18] bzw. minimal erforderlicher pH-Wert für eine 99,9 %ige Komplexierung ($K' > 10^8$).

Kation	lg K	pH-Wert	Kation	lg K	pH-Wert
Na^+	1,86	–	Al^{3+}	16,4	~ 3,7
Li^+	2,95	–	Zn^{2+}	16,5	~ 3,7
Ag^+	7,20	–	Ni^{2+}	18,4	~ 2,7
Ba^{2+}	7,88	–	Cu^{2+}	18,78	~ 2,6
Mg^{2+}	8,79	~ 9,5	Hg^{2+}	21,5	~ 1,5
Ca^{2+}	10,65	~ 7,5	Fe^{3+}	25,1	~ 3,2
Cd^{2+}	16,5	~ 3,7	Co^{3+}	41,4	< 0

man eine Cu^{2+}/Mg^{2+}-Lösung bei pH ≈ 5 titrieren, so würde nur Kupfer erfasst werden, da Magnesium bei diesem pH-Wert einen sehr instabilen Komplex bildet. In der Praxis bedeutet dies, Chelate mit kleiner Bildungskonstante lassen sich nur bei hohen pH-Werten (alkalische wässrige Lösung) bestimmen, solche mit großen Bildungskonstanten auch in saurer Lösung. In alkalischer Lösung lassen sich mit EDTA die Summengehalte komplex zusammengesetzter Metallsalzlösungen (ausgenommen die von Alkalimetallionen) ermitteln. In stärker saurer Lösung erfasst man die Metallkationen mit kleinerer Bildungskonstante nur unvollständig oder nicht mehr.

Es sollte auch auf jeden Fall beachtet werden, dass bei der Komplexbildung Y^{4-} gebunden wird und das Gleichgewicht aller Spezies sich zu Y^{4-} verschiebt. Dadurch werden Oxoniumionen freigesetzt und der pH-Wert sinkt, wodurch gegebenenfalls die effektive Bildungskonstante des Metall-EDTA-Komplexes herabgesetzt wird, was zu einer unvollständigen Komplexbildung führen könnte. Daher werden alle komplexometrischen Titrationen in **gepufferter** Lösung durchgeführt. Wenngleich in alkalischer Lösung die resultierende Gleichgewichtsbeeinflussung am geringsten ausfällt, wird selbst bei pH 10,5 gepuffert.

Bei einem pH-Wert größer 10 können in der Regel alle freien Metallionen bestimmt werden, die eine ausreichend hohe Komplexbildungskonstante haben; es sei denn, sie lassen sich infolge Fällung oder Bildung stabiler Hydroxokomplexe nicht oder nur unvollständig durch die Titrationsreaktion umsetzen. Zu solchen Metallionen gehören Ti^{4+}, Fe^{3+}, Al^{3+}, Fe^{2+}, Zn^{2+}, Ni^{2+}, Co^{2+}, Mn^{2+}, Mg^{2+}, Pb^{2+}.

So fällt bei einer Magnesiumionen-Konzentration von 0,01 mol/l Magnesium als Magnesiumhydroxid ab dem pH-Wert 10,4 aus:

$$Mg^{2+} + 2\,OH^- \longrightarrow Mg(OH)_2\downarrow$$

$$K_L(Mg(OH)_2) = 6 \cdot 10^{-10}\ mol^3/l^3 = c(Mg^{2+}) \cdot c(OH^-)^2$$

$$c(OH^-) = (6 \cdot 10^{-10}\ mol^3/l^3\ /\ 10^{-2}\ mol/l)^{0,5} = 2,45 \cdot 10^{-4}\ mol/l$$

$$pH = 10,4$$

Bei größerer Magnesiumionen-Konzentration fällt Magnesium bei noch kleineren pH-Werten aus: bei $c(Mg^{2+}) = 0{,}05$ mol/l ab dem pH-Wert von ca. 10,0 und bei $c(Mg^{2+}) = 0{,}1$ mol/l ab dem pH-Wert von ca. 9,9.

Um dies zu vermeiden, werden so genannte **Hilfskomplexbildner**, wie zum Beispiel Ammoniak, eingesetzt. Bei der Magnesiumbestimmung (s. S. 254 f.) wird hierfür ein ammoniakalischer Puffer (NH_4^+/NH_3) verwendet. Mg^{2+}-Ionen bleiben durch die Bildung von Aminkomplexen in Lösung:

$$Mg^{2+} + 4\,NH_3 \rightleftharpoons \left[Mg(NH_3)_4\right]^{2+}$$

Wichtig ist, dass die Stabilitätskonstante des Metall-EDTA-Komplexes größer ist als die des Metall-Hilfskomplexbildners.

Die Bildung des schwerlöslichen Hydroxides kann auch analytisch ausgenutzt werden. Die Calciumbestimmung neben Magnesium (s. Wasserhärtebestimmung, vgl. Kap. 3.4.4) wird bei einem pH-Wert von 14 und ohne ammoniakalischen Puffer – demnach ohne Hilfskomplexbildner – durchgeführt. Bei diesen Bedingungen bildet Magnesium ein stabiles Hydroxid und wird somit bei der Titration nicht erfasst.

Zur Vertiefung dieser Inhalte sind die im Literaturverzeichnis aufgeführten theoretisch orientierten Werke zu empfehlen.

Den sterischen Aufbau eines Metall-EDTA-Komplexes zeigt Abb. 3.20. Das Metallion als Zentralatom wird von dem EDTA-Molekül oktaedrisch umhüllt. Die Bildung der fünfgliedrigen Chelatringe wird durch die Zeichnung deutlich.

3.4.3 Indikation des Endpunktes

Die Erkennung des Äquivalenzpunktes einer chelatometrischen Titration, z. B. mit EDTA-Lösung, erfolgt durch Indikatoren, die auf eine Änderung des pMe-Wertes mit einer Farbänderung reagieren. Solche Metallindikatoren sind z. B. Eriochromschwarz T, Murexid, Brenzcatechinviolett, Xylenolorange, Pyridylazoresorcin (PAR) und Pyridylazonaphthol (PAN). Diese Indikatoren bilden mit den Metallionen ebenfalls Chelatkomplexe, die eine andere Farbe aufweisen als die freien Indikatoren. Der Farbumschlag am Äquivalenzpunkt erfolgt durch den Zerfall des Metall-Indikator-Komplexes und das Auftreten der Farbe des freien Indikators. Die Stabilität des Metall-Indikator-Komplexes muss dabei geringer sein als die des Metall-EDTA-Komplexes. Sie muss aber groß genug sein, um einen scharfen Farbumschlag zu gewährleisten.

Nachfolgend sind in der Tabelle 3.11 einige typische Metallindikatoren dargestellt, die in der Komplexometrie genutzt werden. Da die meisten Metallindikatoren ebenfalls Säure-Base-Indikatoren sind, ist die Farbe des freien Indikators pH-abhängig. Demzufolge ist der Indikator so zu wählen, dass er mit demjenigen pH-Bereich harmoniert, der wegen der Chelatkomplexbildung eingestellt werden muss.

Tab. 3.11: Einige komplexometrische Indikatoren.

Indikator	**Farbe des freien Indikators im optimalen pH-Arbeitsbereich**	**Farbe des Metall-Indikatorkomplexes**	**Anwendung**
Sulfosalicylsäure	gelb (pH ≈ 2,5)	rot	Fe^{2+}
Tiron	gelb (pH ≈ 2,5)	blaugrün	Fe^{2+}
Xylenolorange (XO)	gelb (pH < 5)	rot	Ba^{2+}, Sr^{2+}, Bi^{3+}, Pb^{2+}, Zn^{2+}, Al^{3+}, Th^{4+}, Cd^{2+}, seltene Erden
Eriochromschwarz T	blau (pH 6,5–11)	weinrot	Ba^{2+}, Cd^{2+}, In^{3+}, Mg^{2+}, Mn^{2+}, Pb^{2+}, Zn^{2+}, Zr^{2+}, seltene Erden (Lanthanoide)
Calcein (Fluorexon)	orange (pH ≈ 10), nicht fluoreszierend	gelbgrün, fluoreszierend	Ca^{2+}, Mg^{2+}, Ba^{2+}, Sr^{2+}, Cr^{3+} und zur indirekten Bestimmung von SO_4^{2-}
Calconcarbonsäure	violett (pH > 12)	rot	Ca^{2+} (Störung durch Sr^{2+}, Ba^{2+})
Murexid	blauviolett (pH > 12)	gelb rot mit Ca^{2+}	Cu^{2+}, Ni^{2+}, Co^{2+}, Ca^{2+}

Eriochromschwarz T (Erio T) gehört zur Gruppe der Eriochromschwarz-Farbstoffe (2,2′-Dihydroxyazonaphthaline) und hat folgende Struktur:

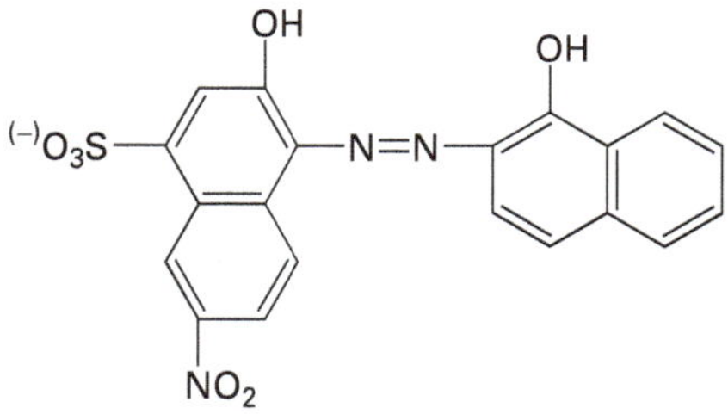

Das H^+-Ion der stark sauren Sulfonsäuregruppe ist in dem interessierenden pH-Bereich (7 bis 12) bereits abgespalten (abgekürzte Formel: H_2Ind^-). Die Farbe des Indikators ist nach

$$\underset{\text{weinrot}}{H_2Ind^-} \underset{pH\ 6,3}{\overset{-H^+}{\rightleftharpoons}} \underset{\text{tiefblau}}{HInd^{2-}} \underset{pH\ 11,5}{\overset{-H^+}{\rightleftharpoons}} \underset{\text{orange}}{Ind^{3-}}$$

von der H^+-Konzentration abhängig. Im Bereich pH < 6 neigt Erio T zur Polymerisation unter Gelbbraunfärbung, die durch Na^+, K^+ oder NH_4^+ in größerer Konzentration beschleunigt wird. Gegenwart von Aceton oder Alkohol sowie Temperaturerhöhung wirkt der Polymerisation entgegen. Aus diesem Grunde und wegen der roten Farbe der Form H_2Ind^-, die der Farbe des Metall-Indikator-Komplexes sehr ähnlich ist, verwendet man den Indikator oberhalb pH 6,5. Der Farbumschlag erfolgt z. B. bei der Titration von Mg^{2+} nach

$$\underset{\text{rot}}{[MgInd]^-} + H^+ \rightleftharpoons Mg^{2+} + \underset{\text{blau}}{HInd^{2-}} \,.$$

Lösungen von Erio T in Wasser oder Alkohol sind unbeständig. Dagegen wirkt Triethanolamin durch Komplexbildung stabilisierend. In 100 ml Triethanolamin werden 0,5 g des Farbstoffes gelöst. Die Lösung ist mindestens einen Monat lang haltbar.

Der Indikator kann auch in fester Form mit Kochsalz vermischt der zu titrierenden Lösung zugesetzt werden. Wird der Indikator selten gebraucht, vermeidet man so die Zersetzung der nicht unbegrenzt haltbaren Lösung. Der Farbstoff wird mit analysenreinem Natriumchlorid im Verhältnis 1 : 100 zu einem staubfeinen Pulver verrieben. Je 100 ml Probelösung werden 3 bis 7 mg Farbstoff benötigt. Verwendet man die als Erio TM bezeichnete Verreibung von Erio T mit Methylrot, so beobachtet man bei der Titration einen Farbumschlag von Rot nach Grün.

Verschiedene Metallionen, wie z. B. Co^{2+}, Ni^{2+}, Cu^{2+}, Al^{3+}, Ti^{4+}, bilden mit Erio T stabilere Komplexe als mit EDTA. Eine Verunreinigung der zu titrierenden Lösung mit diesen Metallkationen verhindert die Durchführung einer Titration mit Erio T als Indikator, indem sie ihn blockieren.

Indikatorpuffertabletten enthalten Eriochromschwarz T als „universellen Metallionen-Indikator". Ein optisch scharfer Umschlag erfolgt von Rot nach Grün mit geringen grauen Farbabstufungen. Zusätzlich puffern die Tabletten die Lösung. Eine verbreitete Pufferlösung in der Komplexometrie ist: der Ammoniak/Ammoniumchlorid-Puffer (pH 10), der bei Bestimmungen mit Eriochromschwarz T verwendet wird.

Eine Verbesserung des Kontrasts beim Umschlag erreicht man durch Mischen von Eriochromschwarz T mit Methylrot. Im basischen Milieu erhält man bei dem Metallion als Analyten in der Vorlage einen Umschlag von Rot nach Grün.

Die Aminopolycarbonsäuren reagieren mit zahlreichen Metallionen unter Komplexbildung, sind also als Reagentien nicht spezifisch. Wenn verschiedene Metallionen in der Lösung gleichzeitig vorhanden sind, muss dies berücksichtigt werden.

3.4.4 Chelatometrische Bestimmungen

Herstellung der EDTA-Lösung

Da die freie Säure in Wasser schwer löslich ist, geht man von dem gut löslichen Dihydrat des Dinatriumsalzes aus, das sehr rein im Handel erhältlich ist. 37,2239 g $Na_2H_2C_{10}H_{12}O_8N_2 \cdot 2\,H_2O$, (molare Masse 372,239 g/mol), das bei 80 °C bis zu Massenkonstanz getrocknet worden ist, werden genau eingewogen und in Wasser zu 1 Liter gelöst. Die Lösung hat die Konzentration 0,1 mol/l. Das Dihydrat kann auch zwischen 120 und 140 °C entwässert werden. Eine Lösung der Konzentration 0,1 mol/l enthält 33,6209 g des wasserfreien Salzes im Liter. Bei der Einwaage muss aber die Hygroskopizität des wasserfreien Salzes beachtet werden. Eine Titerstellung ist nicht erforderlich, kann aber z. B. mit einer Calciumsalzlösung bekannten Gehaltes nach dem unten angegebenen Verfahren durchgeführt werden. Die Calciumsalzlösung wird durch Auflösen von analysenreinem, bis zur Massenkonstanz geglühtem Calciumcarbonat in Salzsäure hergestellt. Das zur Herstellung der Maßlösung verwendete Wasser muss sehr rein sein, da das Reagens mit Calcium, Magnesium und anderen im Wasser eventuell vorhandenen Kationen reagiert. Diese Verunreinigungen können in einfacher Weise mithilfe eines Kationenaustauschers entfernt werden. Die Lösung ist bei Aufbewahrung in Vorratsflaschen aus Polyethylen oder auch aus Borosilicatglas, die vor der Verwendung gut ausgedämpft worden sind, monatelang haltbar. Flaschen aus gewöhnlichem Glas eignen sich nicht, da über längere Zeit in merklichem Maße Calcium an die Lösung abgegeben wird, wodurch der Titer der Lösung allmählich abnimmt.

Bestimmung von Magnesium

Mg^{2+}-Ionen können durch direkte Titration mit EDTA-Lösung und mit Erio T als Indikator in alkalischer Lösung bestimmt werden. Die Stabilitätskonstante des Mg-Erio T-Komplexes ($K = 10^7$) ist im Vergleich zu der des Mg-EDTA-Komplexes ($K = 10^{8,69}$) genügend groß, sodass am Äquivalenzpunkt ein scharfer Farbumschlag auftritt. Die Titration wird in gepufferter Lösung bei pH = 10 (Ammoniak-Ammoniumchlorid-Puffer) vorgenommen, um die während der Titration frei werdenden Wasserstoffionen zu binden und sicherzustellen, dass der Farbumschlag des pH-empfindlichen Indikators von Rot (Farbe des Mg-Erio T-Komplexes) nach Blau (Farbe des freien Indikators) erfolgt. Die Reaktion verläuft nach der Gleichung

$$Mg^{2+} + [HY^{3-}] \rightleftharpoons [MgY]^{2-} + H^+.$$

Die Erdalkaliionen werden bei dieser Bestimmung mit erfasst und müssen mit Ammoniumcarbonatlösung ausgefällt werden. Co, Ni, Cu, Zn, Cd, Hg und die Platinmetalle können mit KCN maskiert werden. Mn, Cr, Al, Pb, Bi, Sb, Ti, Zr, Th, die Lanthanoide, Ta und Ga müssen dagegen, z. B. durch Ausfällen als Hydroxide, entfernt werden, ebenso Fe^{3+}. Letzteres kann aber auch zu Fe^{2+} reduziert und dieses mit KCN maskiert werden [138].

Arbeitsvorschrift: 100 ml der zu titrierenden Lösung (saure Lösungen werden vorher mit verdünnter Natronlauge neutralisiert), die nicht mehr als 0,01 mol/l Mg (0,24 g/l) enthalten soll, werden mit 5 ml Pufferlösung (pH = 10, s. unten) versetzt. Nach Zugabe des Indikators (2 bis 4 Tropfen Lösung oder eine Spatelspitze Kochsalzverreibung, s. S. 253) wird mit EDTA-Lösung, 0,1 mol/l, bis zum Umschlag von Rot nach rein Blau titriert. Wegen der verhältnismäßig langsamen Geschwindigkeit der Komplexbildung muss in der Nähe des Äquivalenzpunktes langsam titriert werden. Die Bestimmung kann auch mit EDTA-Lösung der Konzentration 0,01 mol/l oder sogar 0,001 mol/l durchgeführt werden.

Herstellung der Pufferlösung: 5,40 g Ammoniumchlorid werden in 20 ml Wasser gelöst, 35 ml konz. Ammoniaklösung hinzugefügt und mit Wasser auf 100 ml aufgefüllt.
1 ml EDTA-Lösung, $c = 0{,}1$ mol/l, entspricht 2,4305 mg Mg.

Bestimmung von Calcium

Calcium kann bei pH > 12 mit Murexid oder Calconcarbonsäure als Indikator mit EDTA-Lösung direkt titriert werden. Die Bestimmung wird durch die schon bei der Magnesiumbestimmung aufgeführten Kationen gestört, die daher in der beschriebenen Weise entfernt werden müssen. Kleine Mengen von Barium und Magnesium stören nicht, wohl aber von Strontium. Sind größere Mengen von Magnesium anwesend, so fällt bei dem pH-Wert, bei dem die Titration durchgeführt wird, Magnesiumhydroxid aus, das etwas Calcium mitreißt. In diesem Fall kann man Calcium durch Rücktitration bestimmen. Dazu versetzt man die Lösung mit einem geringen Überschuss an EDTA, ehe man sie alkalisch macht; dann fällt reines calciumfreies Magnesiumhydroxid aus. Das überschüssige EDTA wird mit einer Calciumlösung bekannten Gehaltes unter Verwendung von Murexid als Indikator zurücktitriert. Mit Erio T als Indikator kann Calcium im Gegensatz zu Magnesium nicht direkt titriert werden, da die Stabilitätskonstante des Ca-Indikatorkomplexes zu klein ist ($K = 10^{5,4}$; dagegen der Ca-EDTA-Komplex: $K = 10^{10,7}$), weshalb der Farbumschlag nur schleppend erfolgt. Die Bestimmung ist aber durch Substitutionstitration möglich. Dabei wird der Calciumlösung eine Lösung des Mg-EDTA-Komplexes ($K = 10^{8,7}$) hinzugefügt. Das Magnesium wird durch das Calcium, das einen stabileren Komplex mit EDTA bildet, nach der Gleichung

$$[MgY]^{2-} + Ca^{2+} \rightleftharpoons [CaY]^{2-} + Mg^{2+}$$

verdrängt. Die Endpunktanzeige erfolgt dann wie bei der Magnesiumbestimmung durch die blaue Farbe des am Äquivalenzpunkt gebildeten freien Indikators. Der Umschlag ist beim Stoffmengenverhältnis $n(\text{Ca}) : n(\text{Mg}) = 10 : 1$ am schärfsten, jedoch sind auch schon viel kleinere Magnesiummengen wirksam.

Arbeitsvorschrift:

1. **Direkte Titration** mit Murexid als Indikator: 100 ml der Probelösung, die ungefähr 0,01 mol/l Calcium enthalten soll, werden, falls erforderlich, mit Natronlauge neutralisiert und mit 1 ml

Natronlauge, 2 mol/l, versetzt. Nach Zufügen des Indikators (frisch bereitete gesättigte wässrige Lösung) wird mit EDTA-Lösung, 0,1 mol/l, bis zum Umschlag von Rot nach Violett titriert. Die Titration muss sofort nach dem Zusatz der Natronlauge erfolgen, da sonst infolge Absorption von CO_2 aus der Luft $CaCO_3$ ausfallen kann.

2. **Substitutionstitration** mit Erio T als Indikator: 100 ml der Probelösung, die ungefähr 0,01 mol/l Calcium enthalten soll, werden, falls erforderlich, mit verd. Natronlauge neutralisiert. Nacheinander werden 5 ml Pufferlösung (pH = 10, s. S. 255), 1 ml Mg-EDTA-Lösung, 0,1 mol/l, (s. unten) und der Indikator (2 bis 4 Tropfen oder eine Spatelspitze Kochsalzverreibung, s. S. 253) zugegeben. Die Titration wird der Magnesiumbestimmung entsprechend durchgeführt.

Herstellung der Mg-EDTA-Lösung: Äquivalente Mengen einer Magnesiumsulfat- und einer EDTA-Lösung werden gemischt. Mit Natronlauge wird der pH-Wert zwischen 8 und 9 eingestellt (Umschlag von Phenolphthalein nach Rot). Mg und EDTA liegen im richtigen Stoffmengenverhältnis von 1 : 1 vor, wenn nach Zugabe von etwas Pufferlösung (pH = 10, s. S. 255) und Erio T als Indikator die Lösung eine schmutzig violette Farbe hat, die durch einen Tropfen EDTA-Lösung, 0,01 mol/l, nach Blau und durch einen Tropfen $MgSO_4$-Lösung, 0,01 mol/l, nach Rot umschlägt. Schließlich wird durch Zusatz von Wasser die Konzentration 0,1 mol/l eingestellt. Eine Titerstellung ist nicht notwendig.

1 ml EDTA-Lösung, $c = 0{,}1$ mol/l, entspricht 4,008 mg Ca.

Bestimmung der Wasserhärte

Den Gehalt eines Wassers an gelösten Calcium- und Magnesiumsalzen bezeichnet man als dessen **Härte** (**Calcium-** und **Magnesiumhärte**). Sie muss für viele Anwendungen entfernt werden. Betreibt man z. B. Wärmekraftanlagen mit zu hartem Wasser, so scheidet sich ein Teil der gelösten Salze als **Kesselstein** ab. Dadurch wird zum einen der Querschnitt von Rohrleitungen verengt und zum andern der Wärmeübergang stark vermindert. Die Folge sind erhöhter Brennstoffverbrauch, und, wenn die Ablagerungen zu dick werden, Überhitzungsschäden bis hin zu Kesselexplosionen.

Je nach dem Verhalten beim Kochen des Wassers unterscheidet man zwischen temporärer (vorübergehender) und permanenter (bleibender) Härte.

Die im Wasser gelösten Hydrogencarbonate $Ca(HCO_3)_2$ und $Mg(HCO_3)_2$ bilden zusammen die **temporäre Härte** (**Carbonathärte**). Sie werden beim Kochen, z. B. nach der Gleichung

$$Ca(HCO_3)_2 \rightarrow CaCO_3\downarrow + H_2O + CO_2\uparrow,$$

als Carbonate ausgefällt (Kesselstein!), während die Calcium- und Magnesiumsulfate, -chloride, -silicate, -nitrate und -humate als **permanente Härte** (**Nichtcarbonathärte**) in Lösung bleiben.

Die Bestimmung von Calcium und Magnesium in Wässern erfolgt durch Atomabsorptionsspektrometrie oder chelatometrisch. Die die Titration störenden, als

Hydroxide fällbaren Metallionen (s. Bestimmung von Magnesium) sind in Wässern normalerweise nur in sehr geringen Konzentrationen enthalten und werden bei der Zugabe der Pufferlösung ausgefällt. Kolloidal in Lösung bleibendes Eisen(III)-hydroxid stört schon in Spuren und muss mit Na_2S entfernt werden. Die übrigen, bereits bei der Magnesiumbestimmung genannten Kationen können mit KCN maskiert werden. Phosphationen werden am besten an einem Anionenaustauscher abgeschieden.

Die Resultate von Wasserhärtebestimmungen werden in mol/m^3 angegeben. In der Praxis ist noch die Angabe in Härtegraden üblich. Ein deutscher Härtegrad (1° DH) entspricht 10 mg/l CaO oder der äquivalenten Massenkonzentration von 7,18 mg/l MgO.

Arbeitsvorschrift:

1. **Bestimmung der Summe von Calcium und Magnesium:** 50 ml Wasser, dessen Härte bestimmt werden soll, werden nach Zugabe von 1 ml Salzsäure, 2 mol/l, etwa 1 min gekocht, um die Hydrogencarbonationen zu zersetzen und das gebildete CO_2 aus der Lösung zu vertreiben. Nach dem Abkühlen auf ungefähr 50 °C wird mit verd. Natronlauge neutralisiert und 5 ml Pufferlösung (pH = 10, s. S. 255) zugefügt. Enthält das Wasser kein Mg, gibt man 1 ml Mg-EDTA-Lösung, 0,1 mol/l, zu (s. S. 256). Nach Zusatz des Indikators Erio T wird die Titration analog der Magnesiumbestimmung (s. S. 254 f.), jedoch mit EDTA-Lösung der Konzentration $c = 0{,}01$ mol/l, durchgeführt. Ist der Verbrauch an Maßlösung kleiner als 4,5 ml, wird die Titration mit einem größeren Volumen der Probelösung wiederholt; ist der Verbrauch größer als 20 ml, wiederholt man die Bestimmung mit einem kleineren Volumen der Probelösung und verdünnt diese mit Wasser auf 50 ml.

   1 ml EDTA-Lösung, $c = 0{,}01$ mol/l, entspricht der Stoffmenge $n(Ca + Mg) = 0{,}01$ mmol. Das Resultat der Bestimmung wird als Stoffmengenkonzentration $c(Ca + Mg)$ in mol/m^3 angegeben.
2. **Bestimmung von Calcium:** 50 ml der Wasserprobe werden mit 1 ml Salzsäure, 2 mol/l, 1 min lang gekocht und nach dem Abkühlen mit verd. Natronlauge neutralisiert. Man setzt 2 ml Natronlauge, 2 mol/l, und ungefähr 200 mg Indikator zu (Verreibung von 0,2 g Calconcarbonsäure mit 100 g NaCl) und titriert sofort mit EDTA-Lösung, 0,01 mol/l, bis zum Umschlag von Rot nach Blau. Die Farbe soll sich bei Zugabe eines weiteren Tropfens der Maßlösung nicht mehr ändern. In der Nähe des Umschlagspunktes muss langsam titriert werden. Werden mehr als 20 ml oder weniger als 4,5 ml EDTA-Lösung verbraucht, verfahre man wie unter 1. beschrieben.

1 ml EDTA-Lösung, $c = 0{,}01$ mol/l, entspricht 0,01 mmol Ca. Das Resultat ist in mol/m^3 anzugeben. Für die Magnesiumkonzentration gilt:

$$c(Mg) = c(Mg + Ca) - c(Ca)\,.$$

Bestimmung von Zink und Cadmium

Zink und Cadmium lassen sich ähnlich wie Magnesium mit Erio T als Indikator in alkalischer, gepufferter Lösung bei pH = 10 titrieren. Der Farbumschlag von Rot nach Blau ist im pH-Bereich zwischen 7 und 10 extrem scharf. Der Endpunkt kann selbst in Gegenwart von viel Ammoniak noch gut bestimmt werden. Unterhalb pH = 7 ist Erio T wegen der Bildung des weinroten H_2Ind^- nicht als Indikator geeignet.

Die Bestimmung wird durch zahlreiche andere Metallionen gestört. Fe^{3+}, Al^{3+}, Bi^{3+} sowie Pb^{2+} müssen vorher abgetrennt werden. Geringe Mengen an Al^{3+} lassen sich allerdings mit Tiron oder Natriumfluorid maskieren. Metallionen, die stabile Cyanokomplexe bilden, können mit KCN maskiert werden. Die hierbei ebenfalls gebildeten Cyanokomplexe des Zinks und des Cadmiums werden in ammoniakalischer Lösung durch Reaktion mit Formaldehyd unter Bildung von Cyanhydrin zersetzt:

$$[Zn(CN)_4]^{2-} + 4\,CH_2O + 4\,H^+ \longrightarrow Zn^{2+} + 4\,HOCH_2CN$$

Die Cyanokomplexe von Fe, Hg, Cu, Ni und Co reagieren dabei nicht oder nur sehr langsam mit Formaldehyd. Jedoch ist zu beachten, dass schon Spuren von Cu^{2+}, Co^{2+} oder Ni^{2+} den Indikator blockieren (Näheres s. [130]).

Wegen der Schärfe des Farbumschlags sind Mikro- und Ultramikrobestimmungen möglich. Sehr reines Zink oder Zinkoxid sind als Urtitersubstanzen für die Einstellung von EDTA-Maßlösungen geeignet.

Arbeitsvorschrift: 100 ml der Probelösung, die nicht mehr als 250 mg/l Zn oder 500 mg/l Cd enthalten soll, werden, falls erforderlich, mit verd. Natronlauge neutralisiert. Man versetzt mit 5 ml Pufferlösung (pH = 10, s. S. 255), fügt den Indikator zu (2 bis 4 Tropfen Lösung oder eine Spatelspitze Kochsalzverreibung, s. S. 219 und titriert mit EDTA-Lösung, 0,1 mol/l, bis zum Umschlag von Rotviolett nach Blau. Die rötliche Farbe verschwindet am Äquivalenzpunkt schlagartig nach Zugabe eines Tropfens der Maßlösung.

1 ml EDTA-Lösung, c = 0,1 mol/l, entspricht 6,541 mg Zn oder 11,241 mg Cd.

Bestimmung von Kupfer

Die Titration von Kupfer mit EDTA-Lösung kann in schwach saurer, gepufferter Lösung mit PAN (1-(2-Pyridyl-azo)-2-naphthol) als Indikator erfolgen.

Arbeitsvorschrift: 100 ml der mit carbonatfreier Natronlauge annähernd neutralisierten Probelösung, die etwa 1 g/l Cu^{2+} enthalten soll, werden mit 5 ml Acetat-Pufferlösung (pH = 5, s. unten) und mit 3 bis 5 Tropfen Indikatorlösung (PAN in Methanol, 1 % Massenanteil) versetzt. Man titriert in der Siedehitze mit EDTA-Lösung, 0,1 mol/l, bis zum scharfen Umschlag von Violett nach Gelb. Enthält die Lösung 30 bis 50 % Ethanol oder Aceton, kann bei Zimmertemperatur titriert werden. In Lösungen, die keinen Alkohol enthalten, beobachtet man manchmal ein feines Häutchen von PAN an der Oberfläche der Lösung oder an der Wand des Titrierbechers; da es bei nachfolgenden Titrationen stören kann, muss man es mit Alkohol oder mit Säuren entfernen.

Pufferlösung: Eine Lösung von 27,3 g Natriumacetat-3-hydrat wird nach Zugabe von 30 ml Salzsäure, 2 mol/l, mit kohlenstoffdioxidfreiem Wasser auf 1000 ml verdünnt.

1 ml EDTA-Lösung, c = 0,1 mol/l, entspricht 6,355 mg Cu^{2+}.

Bestimmung von Aluminium

Aluminium kann durch Rücktitration chelatometrisch bestimmt werden. Dabei wird EDTA-Lösung im Überschuss zugegeben und mit Zinksulfat- oder Bleinitratlösung zurücktitriert. Bei Verwendung von Erio T als Indikator muss die Rücktitration sehr rasch erfolgen, da Aluminium mit Erio T zwar langsam, aber irreversibel zum Al-Indikatorkomplex reagiert. Xylenolorange hat diesen Nachteil nicht und ist deshalb für die Indikation besser geeignet.

Arbeitsvorschrift: 100 ml der Probelösung, die nicht mehr als 400 mg/l Al enthalten soll, werden mit genau 20 ml EDTA-Lösung, 0,1 mol/l, versetzt und zum Sieden gebracht (1 min). Nach dem Abkühlen werden 4,0 g festes Hexamethylentetramin und 3–5 Tropfen Indikatorlösung (50 mg Xylenolorange in 100 ml Wasser) zugefügt. Der Überschuss an EDTA wird mit Bleinitratlösung, 0,1 mol/l, bis zum Umschlag nach Rot titriert. Zur Herstellung der Bleinitratlösung werden 33,120 g bei 105 °C getrockneten Bleinitrats mit CO_2-freiem Wasser zu 1000 ml aufgefüllt.

Berechnung: Der Verbrauch an EDTA-Lösung ist die Differenz zwischen dem zugesetzten Volumen und dem Verbrauch an Bleinitratlösung.

1 ml EDTA-Lösung, $c = 0{,}1$ mol/l, entspricht 2,6982 mg Al.

Bestimmung von Bismut

Wegen der großen Stabilität ($K = 10^{27{,}94}$) des Bi-EDTA-Komplexes kann Bismut in relativ saurer Lösung und deshalb weitgehend selektiv titriert werden. Als Indikator eignet sich z. B. Xylenolorange (XO). Zu saure Lösungen werden mit Natriumhydrogencarbonatlösung, 1 mol/l, oder mit Natriumacetat abgestumpft. Bei Verwendung von Natronlauge oder Ammoniak entstehen nämlich infolge örtlich zu großer Basenkonzentration Bismutpolykationen, die nur langsam mit EDTA reagieren und auch beim Ansäuern nur langsam wieder zu Bi^{3+}-Ionen zerfallen. Die direkte Titration von Bismut wird durch Chloridionen gestört, da beim Einstellen des erforderlichen pH-Wertes Bismutoxidchlorid ausfällt. In diesem Fall kann die Bestimmung durch Rücktitration erfolgen, indem zur stark sauren Probelösung zuerst EDTA im Überschuss zugefügt und dann erst der pH-Wert auf 2,5 bis 3 erhöht wird. Der Überschuss wird mit Bismutnitratlösung zurücktitriert. Bromid- und Iodidionen stören ebenfalls und werden mit Salpetersäure abgeraucht.

Arbeitsvorschrift: 100 ml der Probelösung, die ungefähr 4 g/l Bi enthalten soll, werden, falls erforderlich, mit verd. Salpetersäure bzw. mit Natriumhydrogencarbonatlösung, 1 mol/l, auf einen pH-Wert von 2,5 bis 3 gebracht. Nach Zusatz von XO (einige Tropfen 0,5 %ige wässrige Lösung) wird mit EDTA-Lösung, 0,1 mol/l, bis zum Umschlag nach Gelb titriert.

1 ml EDTA-Lösung, $c = 0{,}1$ mol/l, entspricht 20,898 mg Bi.

Bestimmung von Eisen

Eisen(III)-Ionen bilden mit EDTA einen sehr stabilen Komplex ($K = 10^{25{,}1}$); sie können deshalb in saurer Lösung bestimmt werden, wobei der pH-Wert ungefähr bei

2,5 liegen soll. Sb und Bi stören, da die Stabilitätskonstanten ihrer EDTA-Komplexe ebenfalls sehr groß sind. Dagegen werden zweiwertige Ionen sowie Al^{3+} und Cr^{3+} bei pH = 2,5 nicht mit erfasst. Als Indikatoren sind z. B. Tiron oder Sulfosalicylsäure geeignet.

Arbeitsvorschrift: Die Probelösung soll etwa 200 bis 700 mg/l Fe^{3+} und nicht zu viel freie Salzsäure enthalten. Liegt Eisen eventuell zum Teil mit der Oxidationszahl +2 vor, wird etwas Ammoniumperoxodisulfat zugefügt und kurz aufgekocht. Zum Einstellen des pH-Wertes von etwa 2,5 gibt man so lange festes p-Chloranilin zu, bis es sich nicht mehr löst. Man kann die überschüssige Säure auch mit Natrium- oder Ammoniumacetat abstumpfen. Wird die Acetationenkonzentration aber zu groß, dann verläuft der Umschlag wegen der Bildung von Eisenacetatokomplexen schleppender. Nach Zugabe des Indikators wird mit EDTA-Lösung, 0,1 mol/l, titriert.

1. **Indikation mit Tiron, 2 %ige wässrige Lösung:** Zugabe von 2 ml Indikatorlösung je 100 ml: Titration bei 40 bis 50 °C bis zur reinen Gelbfärbung.
2. **Indikation mit Sulfosalicylsäure, 2 %ige wässrige Lösung:** Zugabe von 2 ml Indikatorlösung je 100 ml; Umschlag von Violettrot (Fe(III)-Indikatorkomplex) nach Gelb (Fe(III)-EDTA-Komplex).

1 ml EDTA-Lösung, c = 0,1 mol/l, entspricht 5,585 mg Fe.

Bestimmung von Phosphat

Phosphat wird indirekt über eine äquivalente Stoffmenge Magnesium bestimmt. Dazu wird das Phosphat als $Mg(NH_4)PO_4 \cdot 6\,H_2O$ gefällt. Der Niederschlag wird gewaschen, filtriert und in Salzsäure gelöst. EDTA-Lösung wird im Überschuss zugefügt, ein pH-Wert von ungefähr 10 eingestellt und mit $MgCl_2$-Lösung zurücktitriert. Die störenden mehrwertigen Kationen können vor der Fällung mit EDTA-Lösung, 1 mol/l, maskiert oder auch durch Kationenaustauscher entfernt werden.

Arbeitsvorschrift: 20 ml der Probelösung, die höchstens 0,1 mol/l Phosphat enthalten soll, werden in einem 250-ml-Becherglas auf 50 ml verdünnt und 1 ml konz. Salzsäure sowie einige Tropfen Methylrot (0,1 % in Ethanol) zugefügt. Nach Zugabe von 3 ml Magnesiumsulfatlösung, 1 mol/l, wird zum Sieden erhitzt und unter heftigem Rühren so lange konz. Ammoniaklösung tropfenweise zugesetzt, bis der Indikator nach Gelb umschlägt, und dann noch weitere 2 ml. Nach mehrstündigem Stehen (oder über Nacht) wird der Niederschlag durch einen Glasfiltertiegel G 4 filtriert und mit ungefähr 100 ml Ammoniaklösung, 1 mol/l, gewaschen. Das Fällungsgefäß wird mit 25 ml Salzsäure, 1 mol/l, gespült und diese Flüssigkeit in Portionen in den Filtertiegel gebracht, wobei vor jeder Zugabe der Unterdruck in der Saugflasche beseitigt wird. Der Vorgang wird mit weiteren 10 ml der Salzsäure und dann mit 75 ml Wasser wiederholt. Die salzsaure Lösung wird in der Saugflasche mit 25 ml EDTA-Lösung, 0,1 mol/l, versetzt und mit Natronlauge, 1 mol/l, neutralisiert. Nach Zusatz von 5 ml Pufferlösung (pH = 10, s. S. 255) und Erio T (2 bis 4 Tropfen Lösung oder eine Spatelspitze Kochsalzverreibung, s. S. 253) wird der Überschuss an EDTA mit $MgCl_2$-Lösung, 0,1 mol/l, bis zum Umschlag von Blau nach Weinrot titriert.

Herstellung der $MgCl_2$-Lösung, 0,1 mol/l: 2,4305 g reine Magnesiumspäne werden in verd. Salzsäure gelöst. Die Lösung wird mit Natronlauge, 1 mol/l, fast neutralisiert und mit deionisiertem Wasser auf 1000 ml aufgefüllt.

Berechnung: Der Verbrauch an EDTA-Lösung ist die Differenz zwischen dem zugesetzten Volumen und dem Verbrauch an $MgCl_2$-Lösung.

1 ml EDTA-Lösung, $c = 0{,}1$ mol/l, entspricht 9,4971 mg PO_4.

Bestimmung von Sulfat

Sulfat lässt sich nach dem Verfahren der Rücktitration mit DTPA (Diethylentriaminpentaessigsäure) und Erio T als Indikator bestimmen. Dabei fällt man die Sulfationen mit Bariumchloridlösung aus und titriert den Überschuss an Bariumionen mit DTPA-Lösung zurück. Die Löslichkeit des Bariumsulfats lässt sich durch Zusatz von Ethanol herabsetzen. Mehrwertige Kationen stören die Bestimmung und müssen, am besten mit einem Kationenaustauscher, entfernt werden.

Arbeitsvorschrift: 100 ml der Probelösung, die zwischen 0,5 g/l und 1,5 g/l Sulfat enthalten soll, werden mit 1 ml Salzsäure, 0,1 mol/l, 20 ml $BaCl_2$-Lösung, 0,1 mol/l (s. unten), 30 ml Ethanol, 10 ml Pufferlösung (pH = 10, s. S. 255) und 5 ml Mg-DTPA-Lösung, 0,1 mol/l, versetzt. (Die Mg-DTPA-Lösung wird in gleicher Weise wie Mg-EDTA-Lösung hergestellt, s. S. 256). Nach Zusatz des Indikators Erio T (1 Spatelspitze Kochsalzverreibung 1 : 100) wird mit DTPA-Lösung, 0,1 mol/l, bis zum Umschlag nach Blau titriert.

Zur Herstellung der DTPA-Lösung werden 39,336 g DTPA in einem 1-l-Messkolben in 150 ml Natronlauge, 1 mol/l, gelöst und bis zur Marke aufgefüllt. Die Titerstellung kann mit $Pb(NO_3)_2$-Lösung erfolgen (s. S. 259). Hierzu werden 10,0 ml DTPA-Lösung mit 100 ml Wasser verdünnt und mit $Pb(NO_3)_2$-Lösung, 0,1 mol/l, mit Xylenolorange (0,5 %ige wässrige Lösung) als Indikator bis zur intensiven Rotviolettfärbung titriert.

Zur Herstellung der $BaCl_2$-Lösung werden 24,43 g $BaCl_2 \cdot 2\,H_2O$ mit Wasser zu einem Liter gelöst. Die Titerstellung erfolgt mit DTPA-Lösung.

Berechnung: Der Verbrauch an $BaCl_2$-Lösung ist die Differenz zwischen dem zugesetzten Volumen und dem Verbrauch an DTPA-Lösung.

1 ml $BaCl_2$-Lösung, $c = 0{,}1$ mol/l, entspricht 9,606 mg SO_4.

Carbamatometrische Titrationen

Diese Art Titrationen enthält einen Anreicherungsschritt, mit dem eine niedrige Bestimmungsgrenze erreicht werden kann. Es wird eine Maßlösung verwendet, die das Diethyldithiocarbamat(DDTC)-Anion enthält, einen zweizähnigen Liganden:

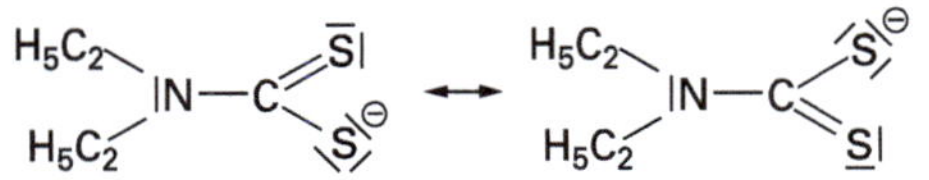

Mit einer Reihe von Schwermetallen bildet DDTC sehr stabile Komplexe. Der Chelateffekt ist zwar bei einem zweizähnigen Liganden nicht so stark wie bei einem sechszähnigen, z. B. EDTA, aber der Schwefel des DDTC als weiche Base bildet mit großen Schwermetallionen stabilere Bindungen aus als Stickstoff oder Sauerstoff [140a]. Die DDTC-Komplexe enthalten gerade so viele Liganden, wie der Ladungszahl des Metallions Z entspricht, und sind daher elektrisch neutral. Die Struktur ist bei zwei Liganden tetraedrisch:

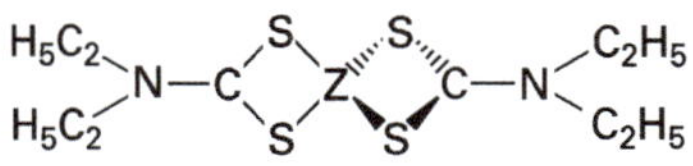

Aufgrund der peripher angeordneten organischen Reste sind die Komplexe unpolar und daher gut mit relativ unpolaren Lösungsmitteln extrahierbar, z. B. Ethylacetat, Chloroform oder Trichlorethylen. Durch günstige Wahl des Volumenverhältnisses von wässeriger Probelösung und Extraktionsmittel kann ein hoher Anreicherungsfaktor erzielt werden und damit eine niedrige Bestimmungsgrenze.

Da DDTC-Komplexe in saurer Lösung zerstört werden, wird in der wässrigen Phase ein pH-Bereich 9–10 eingestellt.

Besonders Cu^{2+}, Zn^{2+}, Cd^{2+}, Hg^{2+} und Pb^{2+} lassen sich mit dieser Verfahrensweise gut bestimmen, aber auch andere Metalle werden von DDTC komplexiert und können somit stören. Hierbei ist zu beachten, dass die Komplexbildungskonstanten entsprechend folgender Reihe abnehmen:

$$\text{Hg} > \text{Ag/Pd} > \text{Cu} > \text{Ni} > \text{Co} > \text{Pb} > \text{Bi} > \text{Cd}$$
$$> \text{Tl(III)} > \text{Sb(III)} > \text{Zn/Fe} > \text{Mn}$$

Als Indikator wird oft Dithizon eingesetzt, das mit vielen Metallionen zum Teil farbige Komplexe bildet. Es ist auch möglich, ein Metallion als Indikator einzusetzen, wenn dessen DDTC-Komplex farbig ist sowie weniger stabil als der DDTC-Komplex des Analyten [24b]. Somit eignet sich z. B. Kupfer(II)-acetat als Indikator bei der carbamatometrischen Titration von Quecksilber.

Bestimmung von Quecksilber

Arbeitsvorschrift:
Maßlösung: Als Titersubstanz bietet sich das Trihydrat des Natriumsalzes an, $Na(C_2H_5)_2NCS_2 \cdot 3\,H_2O$. Man verwendet je nach Größenordnung der Analytstoffmenge eine Konzentration von 0,2 mol/l (45,06 g/l), 0,02 mol/l oder 0,002 mol/l Titersubstanz in NaOH, 0,01 mol/l. Eingestellt wird z. B. gegen $AgNO_3$, $HgCl_2$ oder $PbCl_2$.

Durchführung: Von der Probelösung werden 5 ml in den Titrierkolben pipettiert und dort neutralisiert sowie mit Wasser auf etwa 25 ml aufgefüllt. 5,0 ml Weinsäure 1 mol/l, 0,5 ml $Cu(CH_3COO)_2$-Lösung, 0,01 mol/l, und 2,0 ml Ammoniak, 13,5 mol/l, werden hinzugefügt sowie mit Wasser auf etwa 50 ml aufgefüllt. Der pH soll jetzt 9 bis 10 betragen. Nach Zugabe von 10 ml Extraktionsmittel (z. B. Ethylacetat oder Chloroform) wird mit Maßlösung, 0,02 mol/l, bis zum Auftreten einer Braunfärbung in der organischen Phase titriert.

1 ml Maßlösung, c = 0,02 mol/l, entspricht 2,0059 mg Hg [24b].

3.5 Zweiphasentitrationen

Bestimmung von Anionen- und Kationentensiden

Anionen- und Kationentenside spielen in vielen Bereichen unseres Lebens eine wichtige Rolle. In Wasch- und Reinigungsmittel, Schmiermitteln, als Hilfsstoffe in Arzneimitteln oder Kosmetika, in Desinfektionsmitteln und Antiseptika finden sich Vertreter aus diesen beiden Gruppen.

anionisches Tensid

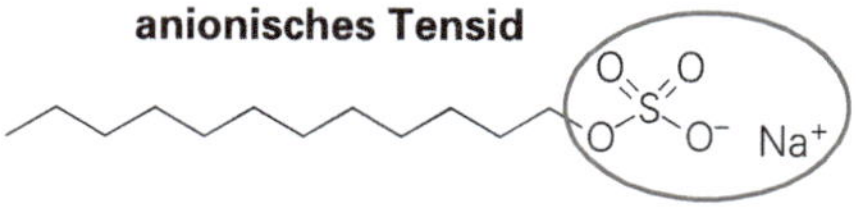

Natriumdodecylsulfat Ph. Eur.

kationisches Tensid

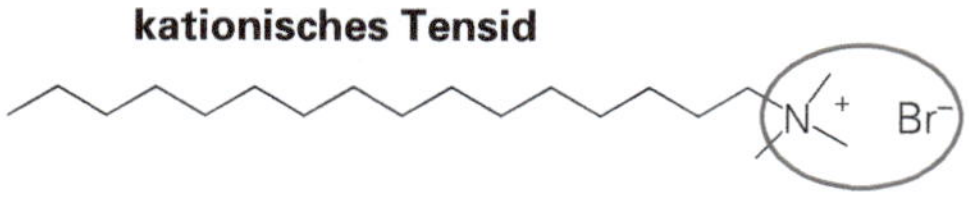

Cetyltrimethylammoniumbromid (Cetrimid, Ph. Eur.)

Da häufig geeignete funktionelle Gruppen für eine klassische Titration fehlen, bietet sich eine Titration mit einem zweiten Tensid unter Bildung von Ionenpaaren an. Anionentenside können folglich mit Kationentensiden, Kationentenside mit Anionentensiden bestimmt werden. Das während der Titration gebildete Ionenpaar aus Anionen- und Kationentensid wird kontinuierlich in ein organisches Lösungsmittel (meist Chloroform oder Dichlormethan) ausgeschüttelt. Es handelt sich also um eine Zweiphasentitration (Zweiphasentitration nach Epton, 1947). Die Indikation erfolgt durch Farbindikatoren, die jeweils mit Anionen- oder Kationentensid Ionenpaare bilden, in die organische Phase ausgeschüttelt werden und dadurch deren Farbe ändern (häufig wird mit zwei Indikatoren (kationischer Indikator und anionischer Indikator) gearbeitet, so dass vor dem Äquivalenzpunkt ein Ionenpaar aus Analyt und Indikator I die organische Phase färbt und nach dem Äquivalenzpunkt ein Ionenpaar aus Maßlösung und Indikator II). Das gebildete Ionenpaar des Analyten muss stabiler und besser extrahierbar sein als das mit dem Indikator gebildete Ionenpaar. Der Endpunkt ist erreicht, wenn es zum Farbwechsel in der organischen Phase kommt.

Die Titration kann alternativ auch potentiometrisch unter Verwendung einer Glaselektrode indiziert werden (vgl. Kap. 4) [24c]. Bei der Titration von Anionen-Tensiden in Waschmitteln kann man je nach pH-Wert diese allein (pH-Wert 2) oder in Kombination mit Seifen (pH-Wert 11) mit Benzethoniumchlorid titrieren.

Die Tensid-Titration (Epton-Titration) eignet sich nicht nur für klassische Tenside, sondern auch für zahlreiche andere anionische oder kationische Verbindungen, die ausreichend lipophil sind und mit einem Tensid ein Ionenpaar bilden können. Als Maßlösungen für Kationen werden Natriumdodecylsulfat, Natriumdodecylbenzolsulfonat oder Natriumtetraphenylborat verwendet, für Anionen finden Benzethoniumchlorid (Hyamine® 1622), Cetyltrimethylammoniumchlorid oder Cetylbenzyldimethylammoniumchlorid Verwendung.

Als Indikatoren können Brillantblau, Bromphenolblau, Dimidiumbromid, Sulfanblau, Dimethylgelb, Disulfinblau, Methylenblau, Oracetblau oder Thymolphthalein verwendet werden.

Als Beispiel ist die Titration von Natriumdodecylsulfat nach Ph. Eur. aufgeführt [8a].

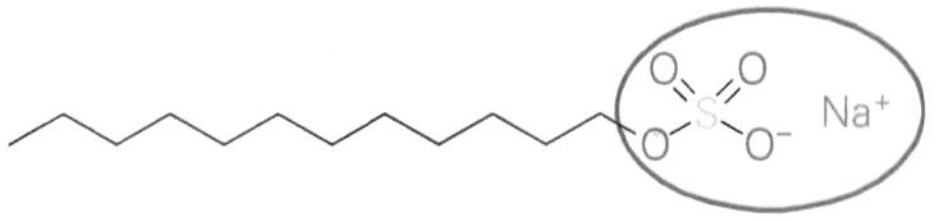

Arbeitsvorschrift: 1,15 g Substanz werden mit Wasser zu 1000,0 ml, falls erforderlich unter Erwärmen, gelöst. 20,0 ml Lösung werden mit 15 ml Chloroform und 10 ml Dimidiumbromid-Sulfanblau-Reagens versetzt. Unter kräftigem Schütteln wird mit Benzethoniumchlorid-Lösung (0,004 mol/l) titriert, wobei vor jedem neuerlichen Zusatz die Phasentrennung abgewartet wird. Der Endpunkt ist erreicht, wenn die Rosafärbung der Chloroformphase vollständig verschwunden und eine graublaue Farbe entstanden ist.

1 ml Benzethoniumchlorid-Lösung, $c = 0{,}004$ mol/l, entspricht 1,154 mg Natriumdodecylsulfat.

Herstellung der Benzethoniumchlorid-Lösung (0,004 mol/l)

1.792 g Benzethoniumchlorid (getrocknet bei 100–105 °C bis zur Massekonstanz) werden in Wasser zu 1000,0 ml gelöst.

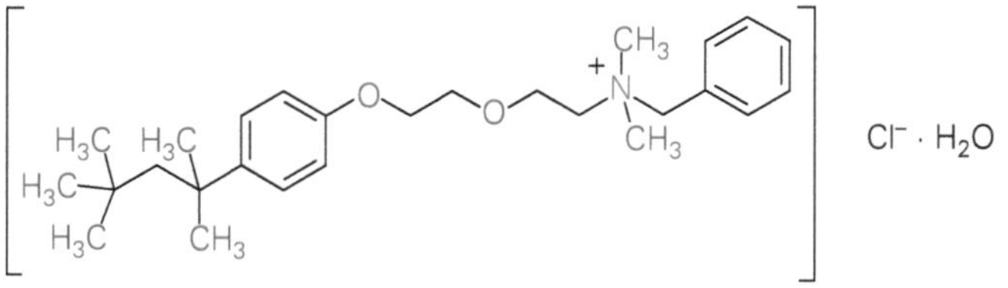

Die Einstellung der Maßlösung erfolgt gegen eine eingestellte Perchlorsäure-Maßlösung unter Verwendung der Quecksilberacetat-Methode. (Bestimmung von Chlorid, s. Kap. 3.1.4).

1 ml Perchlorsäure, c = 0,1 mol/l, entspricht 44,81 mg $C_{27}H_{42}ClNO_2$.

Herstellung des Dimidium-Sulfanblau-Reagens

Getrennt werden 0,5 g Dimidiumbromid und 0,25 g Sulfanblau in je 30 ml einer heißen Mischung von 1 Volumenteil wasserfreiem Ethanol und 9 Volumenteilen Wasser gelöst. Nach Umrühren werden die beiden Lösungen gemischt und mit der gleichen Lösungsmittelmischung zu 250 ml verdünnt. 20 ml dieser Lösung werden zu einer Verdünnung von 20 ml einer 14-prozentigen Lösung (V/V) von Schwefelsäure mit etwa 250 ml Wasser gegeben. Diese Lösung wird mit Wasser zu 500 ml verdünnt.

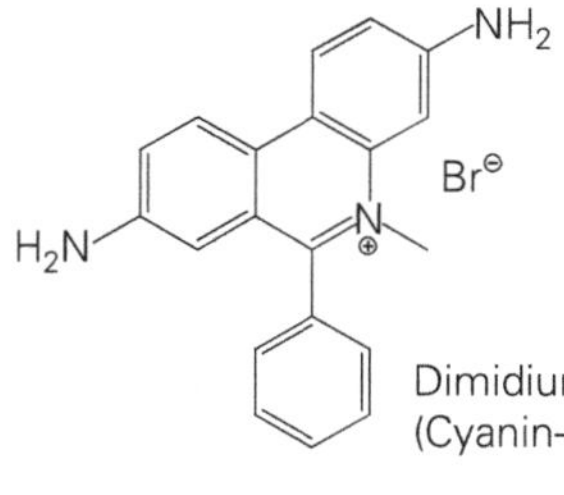

Dimidiumbromid
(Cyanin-Farbstoff)

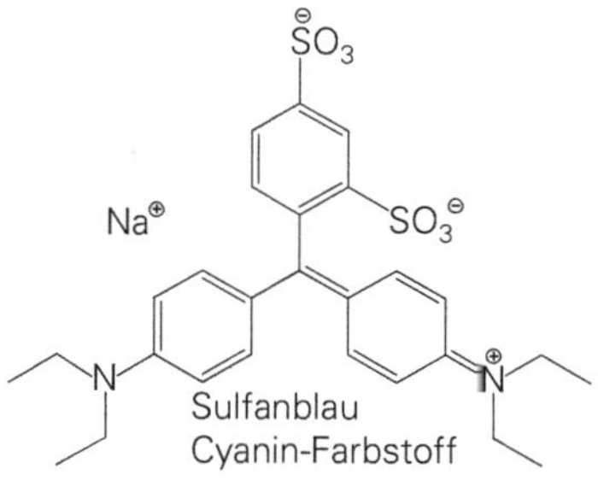

Sulfanblau
Cyanin-Farbstoff

Bestimmung von Cetrimid nach Ph. Eur.

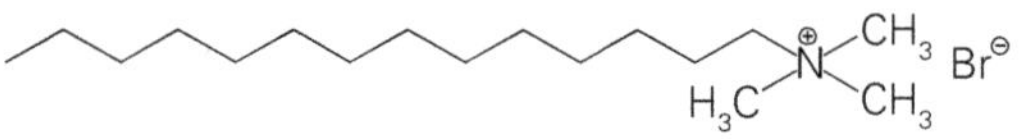

Das Kationentensid Cetrimid aus der Gruppe der Quats (quartäre Ammoniumsalze) wird nach Ph. Eur. indirekt iodatometrisch bestimmt [8a]. Zunächst wird der Analyt mit Kaliumiodid-Lösung versetzt und anschließend das dabei gebildete Ionenpaar aus Iodid und Cetrimid mit Chloroform extrahiert. Nach Abtrennung der Chloroformphase und erneutem Ausschütteln mit Chloroform (quantitative Extraktion) wird der Überschuss Kaliumiodid in der wässrigen Phase nach dem Iodmonochlorid-Verfahren mit Kaliumiodat-Lösung titriert.

Das Iodid synproportioniert zunächst mit Iodat zu Iod, das in der stark salzsauren Lösung anschließend zu Iodmonochlorid oxidiert wird. Bei der Titration wird erneut etwas Chloroform zugesetzt. Dieses löst zunächst Iod unter violetter Farbe. Nachdem alles Iod zu Iodmonochlorid oxidiert ist, wird die Chloroformphase farblos (Äquivalenzpunkt).

Durch eine Blindtitration wird der genaue Gehalt der Kaliumiodid-Lösung ermittelt.

$$IO_3^- + 5\,I^- + 6\,H^+ \longrightarrow 3\,I_2 + 3\,H_2O$$

$$I_2 + HCl \longrightarrow ICl + I^- + H^+$$

Arbeitsvorschrift: 2,000 g Substanz werden in Wasser zu 100,0 ml gelöst. 25,0 ml Lösung werden in einem Scheidetrichter mit 25 ml Chloroform, 10 ml Natriumhydroxid-Lösung (0,1 mol/l) und 10,0 ml einer frisch hergestellten Lösung von Kaliumiodid (50 g/l) versetzt und geschüttelt. Nach der Trennung der Schichten wird die untere Chloroformphase verworfen. Die wässrige Phase wird 3-mal mit je 10 ml Chloroform geschüttelt. Die Chloroformphasen werden verworfen. Die wässrige Phase wird mit 40 ml Salzsäure 36 % versetzt und nach dem Erkalten mit Kaliumiodat (0,05 mol/l) titriert, bis die dunkelbraune Färbung fast verschwunden ist. Nach Zusatz von 2 ml Chloroform wird die Titration unter kräftigem Schütteln fortgesetzt, bis sich die Farbe der Chloroformphase nicht mehr ändert. Mit einer Mischung von 10,0 ml einer frisch hergestellten Lösung von Kaliumiodid (50 g/l), 20 ml Wasser und 40 ml Salzsäure wird eine Blindtitration durchgeführt.

1 ml Kaliumiodat-Lösung, $c = 0{,}05$ mol/l, entspricht 33,64 mg $C_{17}H_{38}BrN$.

4 Maßanalysen mit physikalischer Endpunktbestimmung

4.1 Übersicht über die Indikationsmethoden

Im Vergleich zu den gravimetrischen Bestimmungen haben wir die Titrationen als schnelle und in der Regel einfache Verfahren zur quantitativen Ermittlung des Gehaltes einer Probe kennengelernt. Dennoch muss man sich darüber klar sein, dass in der analytischen Chemie insbesondere der Gravimetrie die Bedeutung einer absoluten Methode zukommt, an der die Richtigkeit aller alternativen modernen Methoden gemessen wird. Erst wenn man durch direkten oder indirekten Vergleich mit dieser Absolutmethode von der Genauigkeit eines Verfahrens überzeugt ist, wird man dieses im Routinebetrieb einsetzen.

Bei den Titrationen liegt das Problem in der sicheren Erkennung des Äquivalenzpunktes. Die vorangegangenen Kapitel waren den klassischen Möglichkeiten der Indikation gewidmet. Zugleich mit dem Erreichen des Äquivalenzpunktes soll sich in der zu titrierenden Lösung die Farbe – seltener der Grad der Trübung – in charakteristischer Weise ändern. Wenn die Maßlösung nicht selbst aufgrund intensiver Eigenfarbe den Endpunkt der Titration anzeigt, wie es bei der Permanganometrie oder auch bei der Iodometrie (hier jedoch erst in Gegenwart einer Stärkelösung) der Fall ist, musste zuvor ein Farbindikator zugesetzt werden. Den Farbwechsel bewirkt dann ein chemischer Vorgang. Trotz der Einfachheit und der bequemen Anwendbarkeit der chemisch indizierten Titrationsverfahren existiert ein großer Bedarf an anders gearteten Indikationsmöglichkeiten. Das hat verschiedene Gründe, von denen die wichtigsten hier genannt seien:

- Je nachdem, welche chemische Reaktion der Titration zugrunde liegt, müssen von einem Farbindikator einige nicht immer leicht realisierbare Bedingungen erfüllt werden. Soweit das möglich ist, bedeutet das aber auch, dass in einem analytischen Labor eine entsprechend breite Palette an unterschiedlichsten Indikatoren verfügbar sein muss, wenn man jederzeit in der Lage sein will, viele Arten von Titrationsverfahren auszuführen.
- Ein Farbindikator wird von der Maßlösung stets mittitriert. Das Ergebnis kann demnach nur richtig sein, wenn die benötigte Menge des Indikators im Verhältnis zu der Menge der zu bestimmenden Substanz vernachlässigbar gering ist. Sobald aber insgesamt nur sehr kleine Mengen bestimmt werden sollen (z. B. in der Spurenanalyse), reicht die mit Indikatoren erzielbare Genauigkeit meist nicht mehr aus.
- Analysenproben, die von sich aus farbig oder auch nur trübe sind, lassen sich nicht mit Farbindikatorzusatz titrieren.
- Der Zeitpunkt, zu dem sich bei einer Titration der Farbwechsel vollzogen hat, wird vom Auge des Analytikers festgestellt, wobei es durchaus möglich ist,

https://doi.org/10.1515/9783110710816-004

dass hierbei individuelle Fehler ins Spiel kommen. Bei der Entwicklung neuer Titrationsverfahren mit Farbindikatoren muss deshalb stets geprüft werden, ob solche Unzulänglichkeiten bei der Beobachtung das Analysenergebnis nur vernachlässigbar gering beeinflussen (z. B. Forderung eines möglichst steilen Verlaufs der Titrationskurve im Bereich des Äquivalenzpunktes).

Wer den Ablauf chemischer Reaktionen an ihren Farbänderungen beurteilt, der beobachtet, allgemeiner ausgedrückt, bereits physikalische Eigenschaften der Materie. Sie exakt zu messen, ist dann oft nur noch ein kleiner Schritt. Dazu ist zunächst die Frage zu stellen, wie sich bei einer chemischen Reaktion bestimmte physikalische Eigenschaften charakteristisch ändern und wieweit diese Änderungen von der Masse der umgesetzten Reaktionspartner abhängen. Dann erst kann man ein geeignetes Messverfahren entwickeln. Im folgenden Teil sollen einige physikalisch indizierte Methoden besprochen werden, so weit sie einfach genug sind, um im Routinebetrieb eines analytischen Laboratoriums eingesetzt werden zu können.

Kommen wir noch einmal auf die Eigenschaft vieler Substanzen zurück, farbig zu sein: Während das Auge eine rasch vollzogene Farbänderung einigermaßen sicher zu erkennen vermag, gelingt es ihm weit weniger gut, die allmählich sich ändernde Farbstärke quantitativ zu beurteilen. Benutzt man stattdessen ein Photometer, dann lässt sich der Zusammenhang zwischen der Absorption monochromatischen Lichtes und dem Gehalt eines gelösten Stoffes exakt erfassen, sodass eine Titration in diesem Fall **photometrisch** indizierbar wird (vgl. Kap. 4.2). Ein solches Verfahren bietet neben dem Vorteil, vom Auge des Beobachters unabhängig zu sein, vor allem die Möglichkeit, wesentlich geringere Stoffmengen quantitativ bestimmen zu können.

An den chemischen Reaktionen, die den bisher besprochenen Titrationsverfahren jeweils zugrunde liegen, sind stets Ionen beteiligt. Da bekanntlich die in der Lösung vorhandenen Ionen den elektrischen Strom leiten, liegt der Gedanke nahe, die elektrische Leitfähigkeit in Abhängigkeit vom Verlauf der Titration zu messen. Das Ergebnis sind die **Leitfähigkeitstitrationen** oder **konduktometrischen Titrationen**. Da zur Messung der Leitfähigkeit in der Lösung Elektroden vorhanden sein müssen, würde bei einem Stromfluss an diesen Elektroden eine Elektrolyse stattfinden. Um diese Störung zu verhindern, muss man eine Wechselspannung anlegen, wodurch die Ionen dann nur noch zu Schwingungen im Takt der Spannungsfrequenz angeregt werden, ohne dass es an den Elektrodenoberflächen zu ihrer Entladung kommt. Man kann sich leicht vorstellen, dass schwere Ionenspezies infolge ihrer größeren Trägheit so schnellen Spannungsschwankungen nur unvollständig folgen können, ja dass man durch Erhöhung der Frequenz ihren Beitrag zur Leitfähigkeit schließlich ganz unterdrücken kann. Die Anwendung solcher Techniken nennt man **Hochfrequenztitrationen**.

Ionen können aber auch zwischen der Lösung und einer festen Phase ausgetauscht werden. Bei diesem Vorgang tritt zwischen der Festkörperoberfläche und der Lösung ein Phasengrenzpotential auf. Falls die feste Phase eine Metallelektrode ist und der Austauschvorgang mit einem Oxidations- oder Reduktionsprozess verbunden ist, kann dieses Potential durch die Nernst'sche Gleichung beschrieben werden, vorausgesetzt, das Austauschgleichgewicht ist eingestellt. Die Messung solcher Potentialänderungen im Verlauf einer Titration ist die Grundlage der **Potentiometrie.** Wünschenswert ist es, über sehr viele Elektrodentypen zu verfügen, an denen jeweils nur bestimmte Ionenspezies ein Potential aufbauen. Im Falle der Metallelektroden ist man natürlich durch die Spannungsreihe der Elemente eingeschränkt, und das Potential ist jeweils von der am leichtesten oxidierbaren bzw. reduzierbaren Ionensorte bestimmt. Erst mit der Anwendung von Ionenaustauschern mit spezifischen Austauscheigenschaften als Elektrodenmaterial hat man gelernt, wie diese Beschränkungen zu überwinden sind. Diese **ionenselektiv** arbeitenden Elektroden erlauben die potentiometrische Indikation nahezu aller Elemente.

Während bei der Potentiometrie die Gleichgewichtseinstellung in der Umgebung der Elektrode Voraussetzung ist, kann unter bestimmten Umständen auch die bewusste Störung dieses Zustandes durch Anlegen einer konstanten Spannung oder durch Aufrechterhalten eines konstanten Stromflusses Vorteile für ein Titrationsverfahren bringen (**Voltametrie, Amperometrie, Dead-stop-Verfahren**).

Eine weitere Möglichkeit, den Stoffumsatz an Elektroden quantitativ zu bestimmen, gewinnt man bei der Anwendung der Faraday'schen Gesetze. Man kann das für eine Titration benötigte Reagens in der Probelösung durch einen Elektrodenprozess erzeugen und die bis zum Äquivalenzpunkt erforderliche Strommenge bestimmen, die zur Reagenserzeugung verbraucht worden ist. Man muss sich aber im Klaren darüber sein, dass diese **coulometrischen Titrationen** die übliche Volumenmessung mit der Bürette einschließlich des Einstellens der Maßlösung ersetzen, während das Indikationsproblem jeweils noch zusätzlich gelöst werden muss. Selbstverständlich lassen sich noch viele andere von der Masse eines Stoffes abhängige physikalische Eigenschaften und deren Messung mit Vorteil zur Indikation von Titrationsverfahren einsetzen. (Weitere Informationen: [141, 142, 143, 144]).

Ein weiteres instrumentelles Indikationsverfahren für Titrationen ist die **Thermometrie.** Die Theorie der thermometrischen Indikation ist schon seit 1913 bekannt, der Begriff tauchte erstmals 1922 auf. Allerdings waren zum damaligen Zeitpunkt kleinere Temperaturänderungen nur schwer und mit großem apparativem Aufwand registrierbar.

In der Thermometrie nutzt man die bei einer Reaktion frei werdende (seltener verbrauchte) Reaktionswärme für die Indikation. Somit ist das Verfahren grundsätzlich für alle Titrationsarten einsetzbar, da jede Reaktion mit einer Enthalpie-Änderung (ΔH) einhergeht.

In der Praxis lassen sich zumindest zahlreiche Titrationen thermometrisch indizieren, allein bei zu geringer Wärmetönung versagt die Methode. Dies kann teilweise noch durch die Kopplung mit einer anderen exothermen Reaktion ausgeglichen werden.

Zahlreiche Reaktionen wie z. B. Neutralisationen verlaufen exotherm. Bis zum Äquivalenzpunkt steigt die Temperatur bei exothermen Reaktionen an, danach bleibt sie konstant bzw. fällt leicht ab durch die Verdünnung der Analyse.

Ist die freiwerdende Reaktionswärme zu gering, kann teilweise durch Kopplung mit einer zweiten Reaktion die Indikation erleichtert werden. So kann bei Titration mit Natronlauge teilweise die Hydrolyse von Paraformaldehyd genutzt werden.

Bei jeder thermometrisch indizierten Reaktion ist starkes Rühren erforderlich, um eine gleichmäßige Temperaturverteilung in der Analyse zu erzielen.

Für die thermometrische Titration benötigt man sehr empfindliche Temperatursensoren, sogenannte Thermistoren (temperaturempfindliche Widerstände). Ein entsprechender Titrator ist z. B. von der Firma Metrohm Titrotherm erhältlich.

Anwendungen der thermometrischen Titration:
- Neutralisation,
- Fällungstitrationen,
- Redoxtitrationen,
- Komplexometrie.

4.2 Photometrische Titrationen

Photometrische Titrationen können im Prinzip dann durchgeführt werden, wenn die zu bestimmende Substanz bzw. die Maßlösung farbig ist oder wenn der Umschlag eines Farbindikators auf diese Weise besser zu erkennen ist. Bei allen denjenigen Titrationen, bei denen der zu ermittelnde Gehalt im Halbmikrobereich liegt, reicht das menschliche Auge jedoch fast immer aus, um den Farbwechsel und damit den Äquivalenzpunkt mit der genügenden Schärfe festzustellen. Es müssen also schon besondere Umstände dafür sprechen, trotzdem ein instrumentelles Verfahren zur Messung der Farbänderung einzusetzen. Aber denken wir zum Beispiel an komplexometrische Titrationen bei sehr geringen Metallgehalten in der zu bestimmenden Lösung. Man wird eine verdünntere EDTA-Lösung verwenden, um ein hinreichend genau abmessbares Volumen an benötigter Maßlösung zu erhalten, dann aber doch enttäuscht sein, weil der Farbumschlag des Indikators als schleppend empfunden wird und der Äquivalenzpunkt deswegen nur entsprechend unscharf festgestellt wird. Photometrische Titrationen werden dann sinnvoll sein, wenn die zu bestimmenden Stoffmengen im Mikrobereich liegen, wenn die Farbänderungen nur schwach sind oder in einem Spektralbereich liegen, der vom menschlichen Auge nicht wahrgenommen wird (UV, nahes IR), wenn in der Lösung

Färbungen anderer Herkunft stören, oder wenn der Titrationsvorgang automatisiert werden soll (Weiterführende Literatur: [145]).

4.2.1 Theoretische Grundlagen

Die Wechselwirkung zwischen elektromagnetischer Strahlung und der Materie besteht in einer Anregung der die Atomkerne umgebenden Elektronen. Je nach der Energie der verwendeten Strahlung können dabei die kernnahen Elektronen aus dem Atomverband vollständig herausgeschossen werden (Röntgenstrahlen) oder aber die Elektronen der Valenzschale durch Übergänge auf höhere Niveaus angeregt werden (UV/ VIS-Bereich). Bei diesen Vorgängen wird entsprechend der dazu benötigten Energie Strahlung absorbiert. In diesem Zusammenhang bezieht sich die Photometrie ausschließlich auf Wechselwirkungen zwischen den Valenzelektronen und Licht im sichtbaren und ultravioletten Bereich. Während hierbei Atome extrem scharfe Absorptionslinien besitzen, vermögen Moleküle das Licht in einem mehr oder weniger breiten Bereich zu absorbieren. Ursache dafür ist die Fähigkeit von Molekülen, noch energieärmere IR-Strahlung zur Anregung von Molekülschwingungen und Rotationsbewegungen absorbieren zu können. Durch Kopplung dieser Absorptionslinien mit denen des Valenzelektronenspektrums kommt es zu den genannten Verbreiterungen der Absorptionslinien zu Banden.

Will man eine Substanz durch ihre Fähigkeit, Licht zu absorbieren, quantitativ bestimmen, benötigt man monochromatisches Licht. Dabei muss der Spektralbereich des eingestrahlten Lichtes stets schmaler sein als die in Frage kommende Absorptionsbande, denn wäre es anders, würde ein Teil des eingestrahlten Lichtes ja nicht absorbiert werden können, aber trotzdem die zur Messung verwendete Photozelle zur Abgabe eines Signals anregen. Aus dem bisher Gesagten dürfte deutlich geworden sein, wie schwer diese Anforderungen an die Monochromasie des verwendeten Lichtes bei Absorptionsmessungen an Atomen zu erfüllen sind (Atomabsorptionsspektrometrie, AAS). Doch bedarf es bei entsprechenden Messungen an Molekülen (Photometrie) meist nur eines relativ geringen apparativen Aufwandes, das heißt, die erforderlichen Geräte müssen nur über einen einfachen Monochromator verfügen, ja es genügen preiswerte Interferenzfilter oder gar gewöhnliche Farbfilter, um einen ausreichend schmalen Bereich aus dem Spektrum einer Glühfadenlampe auszublenden.

Eine für unsere Zwecke in Frage kommende Messeinrichtung ist schematisch in Abb. 4.1 dargestellt. Das Licht einer Wolframlampe wird gebündelt und parallel durch ein Interferenzfilter geleitet. Der Lichtstrom kann durch einen in seiner Breite verstellbaren Spalt geregelt werden. Dann wird eine Küvette, in der sich die zu bestimmende Substanz in gelöster Form befindet, durchstrahlt und der noch verbliebene Lichtstrom mithilfe einer Photozelle gemessen. Da wir die Absicht haben, photometrische Titrationen auszuführen, ist es sinnvoll, wenn im Strahlen-

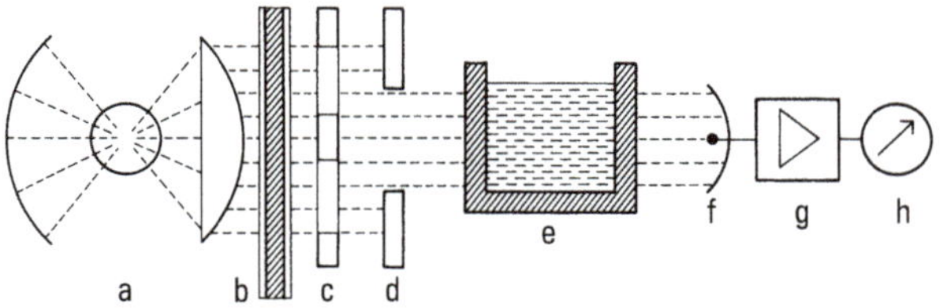

Abb. 4.1: Aufbau eines einfachen Photometers (a Lichtquelle, b Monochromator, c Flügelrad, d Spalt, e Küvette, f Photozelle, g Verstärker, h Anzeige).

gang des Lichtes ein Flügelrad (Lochblende) rotiert. Durch dieses wird das Licht nämlich in kurze Impulse zerhackt, sodass der jeweilige Lichtstrom nach Verstärkung mit einem Wechselstromverstärker angezeigt werden kann. Dieser Kunstgriff bewirkt, dass kein aus dem Labor stammendes Licht die Messung stört. Ein solcher unerwünschter Lichteinfall ist während der Durchführung einer Titration nämlich kaum zu vermeiden; da aber dieses Licht ungepulst ist, wird es vom Wechselstromverstärker nicht verstärkt. Die Grundlage der Messungen ist das bekannte Lambert-Beer'sche Gesetz:

$$E = \lg \frac{\Phi_0}{\Phi} = \varepsilon \cdot c \cdot d\,.$$

wobei E die Extinktion, Φ_0 und Φ den Lichtstrom vor und nach Durchgang durch eine Lösung mit der Schichtdicke d, ε den molaren dekadischen Extinktionskoeffizient und c die Konzentration der absorbierenden Substanz bedeuten. Zu Beginn einer Titration wird am Monochromator der Wellenlängenbereich eingestellt (bzw. ein entsprechendes Interferenzfilter in den Strahlengang gebracht), der von der zu untersuchenden Substanz absorbiert wird. Das Licht, das durch die zunächst nur mit Lösemittel gefüllte Küvette hindurch auf die Fotozelle fällt, soll das Anzeigegerät zu vollem Ausschlag bringen (d. h. Transmissionsgrad = 100 % bzw. Extinktion = 0), andernfalls ist die Spaltbreite entsprechend zu verändern (Festlegung von Φ_0). Die Schichtdicke der Küvette ist so zu wählen, dass unter den gegebenen Umständen die farbige Substanz während der Titration Extinktionen hervorruft, die etwa zwischen 0,1 und 1,1 liegen. Die Maßlösung wird am besten in vorher festgelegten Volumenschritten von jeweils 10 bis 20 µl aus einer Mikroliterspritze hinzugefügt. Da die Küvetten aus einem mechanischen Beanspruchungen gegenüber nicht sehr widerstandsfähigen optischen Glas gefertigt sind, wird nach jeder Reagenszugabe mit einem Plastikstäbchen vorsichtig (!) umgerührt. Wenn sich der jeweilige Extinktionswert eingestellt hat, wird dieser abgelesen und notiert. Zur grafischen Auswertung des Titrationsergebnisses trägt man schließlich die Extinktion gegen das jeweils zugegebene Volumen an Maßlösung auf.

Zur Durchführung photometrischer Titrationen bedarf es keiner Eichung mit Lösungen bekannter Konzentration, auch ist die ständige und sorgfältige Kontrolle der Marken 100 % und 0 % Transmissionsgrad überflüssig. Die oben beschriebene Festlegung von Φ_0 auf 100 % Durchlässigkeit dient ausschließlich der sinnvollen Ausnutzung des vollen Messbereichs des Anzeigegerätes. Wenn jedoch zur direkten Ermittlung von Konzentrationen photometrische Messungen anhand von Kalibrierkurven auszuwerten sind, müssen die erwähnten Kontrollen laufend und gewissenhaft ausgeführt werden.

4.2.2 Praktische Anwendungen

Bestimmung von Calcium

Am Beispiel der komplexometrischen Calcium-Bestimmung mit photometrischer Indikation wollen wir uns mit der üblichen Verfahrensweise vertraut machen. 5 ml einer wässrigen Lösung, die etwa 0,02 bis 0,10 mg Calcium enthalten soll, sind mit einer EDTA-Lösung, 0,01 mol/l zu titrieren, das heißt, die Maßlösung ist der Probelösung in Volumenschritten von jeweils 10 µl mit einer Mikroliterspritze hinzuzufügen. Als Indikator eignet sich Calconcarbonsäure (vgl. S. 255), das am Äquivalenzpunkt von Weinrot (Calcium-Komplex) nach Blau (freier Indikator) umschlägt. Der Indikator wird im Allgemeinen mit NaCl im Verhältnis 1 : 100 verrieben. Da bei den geringen hier zu bestimmenden Calcium-Mengen die Gefahr besteht, zu viel Indikator zu verwenden, sollte man vielleicht gleich besser mit einer Kochsalzverreibung 1 : 150 arbeiten. Von dieser durch sorgfältiges Verreiben im Mörser hergestellten Mischung gibt man der Probelösung eine sehr kleine Spatelspitze hinzu. Da der Calcium-EDTA-Komplex relativ weniger stabil ist, muss die zu titrierende Lösung mit Natronlauge, 2 mol/l, auf den pH-Wert 13 gebracht werden. Als nächstes ist die Entscheidung zu treffen, ob während der Titration der Calcium-Indikator-Komplex bzw. seine Zerstörung kurz vor dem Äquivalenzpunkt beobachtet werden soll oder besser das Auftreten des freien Indikators nach dem Äquivalenzpunkt. Um die richtige Wahl treffen zu können, ist es notwendig, die Absorptionsspektren beider Verbindungen zu kennen, denn es kommt ja darauf an, den Monochromator so einzustellen, dass nur eine der beiden farbigen Verbindungen Licht zu absorbieren vermag. Ein Blick auf die Abb. 4.2 und 4.3 zeigt deutlich, dass im Bereich der maximalen Absorption des Calcium-Indikatorkomplexes (560 nm) auch der freie Indikator bereits recht stark absorbiert. Man könnte also höchstens das kleinere Absorptionsmaximum benutzen und den Monochromator auf 460 nm einstellen. Am günstigsten aber dürfte es sein, in einem Spektralbereich um 640 nm die Bildung des freien Indikators am Äquivalenzpunkt der Titration mit EDTA-Lösung zu verfolgen.

Wählt man diesen zuletzt genannten Spektralbereich um 640 nm, stellt sich der Ablauf der Titration wie folgt dar: Die 5 ml der Calcium enthaltenden Lösung (pH = 13) befinden sich in einer Küvette der Schichtdicke $d = 2$ cm und werden nach der Zugabe der Calconcarbonsäure wie beschrieben mit EDTA titriert. Dabei

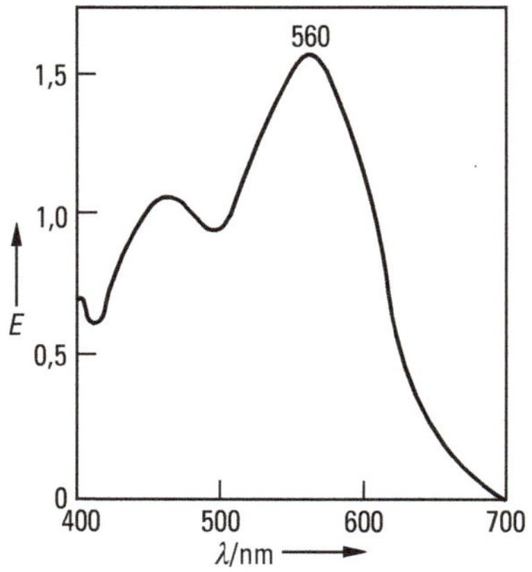

Abb. 4.2: Spektrum des Calcium-Calconcarbonsäure-Komplexes (*E* Extinktion, λ Wellenlänge).

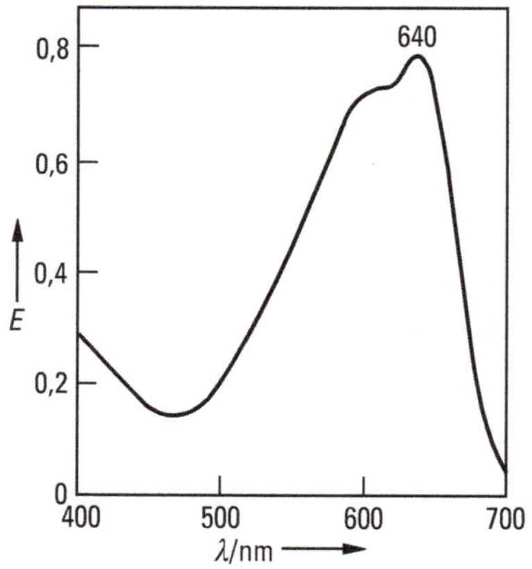

Abb. 4.3: Spektrum des freien Indikators Calconcarbonsäure.

bildet das zunächst im Überschuss vorhandene Calcium den EDTA-Komplex, die gemessene Extinktion bleibt auf einem niedrigen Wert relativ konstant, solange in der Lösung kein freier Indikator vorhanden ist. Dieser aber wird kurz vor dem Äquivalenzpunkt bei weiteren EDTA-Zugaben aus seinem weniger stabilen Calcium-Komplex verdrängt, und die Extinktion steigt entsprechend stark an. Sobald der Äquivalenzpunkt erreicht ist, hat die Extinktion ihren maximalen Wert erreicht, weil in diesem Stadium der Titration der Calcium-Indikator-Komplex gerade vollständig zerstört wurde und somit keine weiteren Mengen des hier absorbierenden freien Indikators mehr entstehen können. Abb. 4.4 zeigt den Verlauf der Extinktion in Abhängigkeit vom Volumen der zugesetzten EDTA-Lösung.

Die Bestimmungsgrenze der photometrisch indizierten Calcium-Titration ist ausreichend niedrig, um den **Calcium-Gehalt in natürlichem Serum** zu bestim-

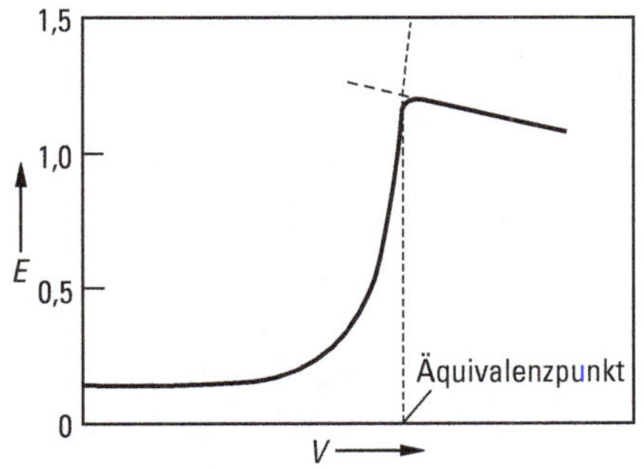

Abb. 4.4: Photometrische Titration von Calcium mit EDTA-Lösung bei 640 nm mit Calconcarbonsäure als Indikator (*E* Extinktion, *V* zugesetztes Volumen an EDTA-Lösung).

men. Dazu wird das durch Zentrifugation abgetrennte Serum im Verhältnis 1 : 10 mit Natriumchloridlösung der Konzentration 0,15 mol/l (so genannte physiologische Kochsalzlösung) verdünnt. Mit Natronlauge bringt man 5 ml dieser Lösung auf den pH-Wert 13 und titriert, wie oben beschrieben, mit EDTA und Calconcarbonsäure als Indikator.

Als Mikrobestimmung können viele Metalle ähnlich komplexometrisch bei gleichzeitiger photometrischer Indikation titriert werden. Die Verfahrensweise hätte sich sinngemäß an der soeben beschriebenen Calcium-Bestimmung zu orientieren.

Neben den Titrationen unter Verwendung eines geeigneten Indikators kennt man weiterhin die so genannten selbstindizierenden Verfahren. Hierbei handelt es sich um die Messung der Lichtabsorption von farbigen Substanzen, die entweder von vornherein in der Maß- oder Probelösung enthalten sind oder bei der Titration entstehen (vgl. die Titrationen mit Kaliumpermanganat). Die Titrationskurven verlaufen meist geradlinig, das heißt, die Extinktion nimmt bis zum Äquivalenzpunkt zu oder ab und bleibt danach konstant, oder aber sie liegt bis zum Äquivalenzpunkt nahe bei Null und steigt dann geradlinig an.

4.3 Konduktometrische Titrationen

Bei der **Leitfähigkeitstitration** oder **Konduktometrie** beobachtet man die Änderung der Leitfähigkeit einer Lösung, die durch portionsweise zugesetzte Maßlösung hervorgerufen wird. Die Werte der Leitfähigkeit κ – oder Proportionale davon – werden in Abhängigkeit von dem jeweils hinzugesetzten Volumen V der Maßlösung in einem Koordinatensystem dargestellt. Hierbei resultieren Kurvenzüge, wie sie durch Abb. 4.5 schematisch wiedergegeben sind. Die Projektion z. B. des Schnittpunktes B der Reaktionsgeraden AB mit der Geraden des Reagensüberschusses BC auf die Volumenachse zeigt den Reagensverbrauch bis zum Äquivalenzpunkt an.

Zu beachten ist dabei, dass sich die Leitfähigkeit additiv aus den Einzelleitfähigkeiten aller in der Lösung vorhandenen Ionen zusammensetzt, gleichgültig, ob diese an der Reaktion beteiligt sind oder nicht. Wenn an der Reaktion schwache Elektrolyte beteiligt sind, deren Dissoziation in Ionen sich immer wieder veränderten Gleichgewichtsbedingungen (Massenwirkungsgesetz) anpasst, ergibt sich eine mehr oder weniger gekrümmte Reaktionskurve A′B (als Beispiel sei die Titration von Monochloressigsäure mit Natronlauge angeführt). Günstige Bedingungen für die Konduktometrie sind also dann vorhanden, wenn die Titrationsreaktion zwischen starken Elektrolyten abläuft und zugleich möglichst wenig Ionen vorhanden sind, die an der Reaktion nicht teilnehmen. Bei zu großem Fremdelektrolytgehalt sind die Leitfähigkeitsänderungen während der Titration oft so gering im Verhältnis zur Gesamtleitfähigkeit, dass das Erkennen des Endpunktes der Reaktion schwierig wird (Weiterführende Literatur: [146]).

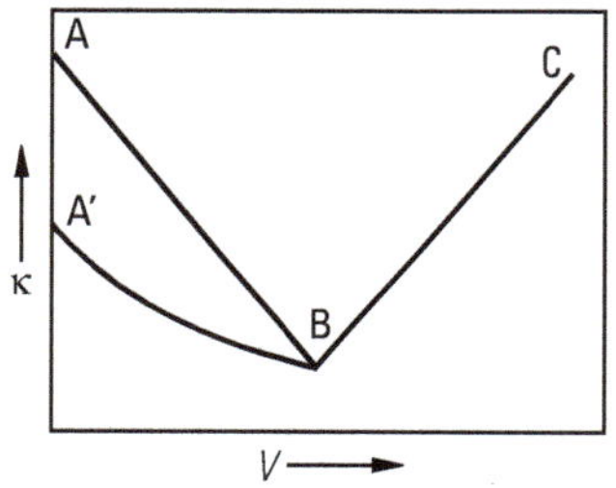

Abb. 4.5: Titrationskurve bei konduktometrischer Titration (κ Leitfähigkeit, V zugesetztes Volumen an Maßlösung).

4.3.1 Theoretische Grundlagen

Die Leitfähigkeitstitration benutzt die Eigenschaft wässriger Elektrolytlösungen, den elektrischen Strom zu leiten. Diese Leitfähigkeit beruht auf der elektrolytischen Dissoziation der gelösten Säuren, Basen und Salze, also darauf, dass diese Stoffe in wässriger Lösung in elektrisch geladene Teilchen, die Ionen, zerfallen sind. Im elektrischen Feld wandern die Ionen (die Anionen zur positiv geladenen **Anode**, die Kationen zur negativ geladenen **Kathode**) und transportieren pro Mol Äquivalentteilchen stets die gleiche Elektrizitätsmenge, nämlich 96 494 Coulomb, zu den Elektroden (Faraday'sches Gesetz). Die Leitfähigkeit einer verdünnten Elektrolytlösung ist abhängig von

- der Anzahl der Elektrizitätsträger (Ionen) in der Lösung, d. h. von deren Konzentration,
- von der Anzahl der Elementarladungen, die jedes Ion transportiert,
- von der **Wanderungsgeschwindigkeit** oder **Beweglichkeit** der Ionen in dem betreffenden Lösemittel,

- von der Polarität des Lösemittels (je polarer das Lösemittel ist, desto besser ist der Elektrolyt darin dissoziiert),
- und von der Temperatur (pro Grad Temperaturerhöhung nimmt die Leitfähigkeit um etwa 2,5 % zu).

Unter der Ionenbeweglichkeit u, gemessen in $cm^2 \cdot s^{-1} \cdot V^{-1}$, versteht man diejenige Geschwindigkeit, mit der sich Ionen im elektrischen Feld (gemessen in $V \cdot cm^{-1}$) in Richtung der Kraftlinien bewegen. Somit hängt diese Beweglichkeit von der Natur der Ionen, der Größe ihrer Solvathüllen, der Viskosität des Lösemittels und von der angelegten Feldstärke ab. In einem elektrischen Feld darf man die Bewegung jeder Ionensorte als unabhängig von den jeweils anderen noch in der Lösung vorhandenen betrachten. Jede transportiert einen bestimmten Anteil der Elektrizitätsmenge, und die Summe aller Anteile bestimmt die insgesamt gemessene **Leitfähigkeit.** Diese früher auch spezifische Leitfähigkeit eines Elektrolyten genannte Größe κ setzt sich aus den entsprechenden Ionenanteilen gemäß

$$\kappa = \text{const.} \cdot \sum u_i \cdot z_i \cdot c_i$$

additiv zusammen (u_i = Beweglichkeit, z_i = Ladung und c_i = Konzentration der Ionensorte i). Die SI-Einheit der elektrischen Leitfähigkeit ist Siemens/Meter (S/m). Ein Siemens (S) ist definiert als $1/\Omega$, wobei Ω (Ohm) die Einheit des elektrischen Widerstandes ist. Die Leitfähigkeit eines vollständig dissoziierten Elektrolyten ist, da ja die Wertigkeit und in verdünnt wässriger Lösung auch die Beweglichkeit seiner Ionen die gleichen bleiben, eine lineare Funktion seiner Konzentration bei konstanter Temperatur.

Jeder Bestimmung der elektrischen Leitfähigkeit liegt eine Widerstandsmessung zugrunde. Der **Leitwert** G und der Widerstand R sind durch die Bestimmungsgleichung

$$G \cdot R = 1$$

miteinander verknüpft. Der Widerstand ist der Länge des Leiters l direkt, seinem Querschnitt q umgekehrt proportional:

$$R = \rho \cdot \frac{l}{q}$$

Für den Proportionalitätsfaktor ρ, auch spezifischer Widerstand genannt, gilt entsprechend die Beziehung

$$\rho \cdot \kappa = 1,$$

sodass sich die gesuchte Leitfähigkeit als

$$\kappa = \frac{1}{R} \cdot \frac{l}{q}$$

ergibt. Wenn zur Widerstandsmessung zwischen den in eine Elektrolytlösung eintauchenden Elektroden ein Gleichstrom fließt, kommt es an diesen Elektroden zu einer Elektrolyse, und der Beitrag des allein interessierenden ohmschen Widerstandes zum insgesamt auftretenden Widerstand wird so klein, dass seine Messung unmöglich wird. Es ist darum notwendig, zur Bestimmung der spezifischen Leitfähigkeit die Widerstandsmessung mit Wechselstrom durchzuführen.

Für die Konduktometrie ist der Begriff der **Äquivalentleitfähigkeit** Λ von besonderer Bedeutung. Diese ergibt sich aus der Formel

$$\Lambda = \frac{1000 \cdot \kappa}{c},$$

wobei c die zugehörende Stoffmengenkonzentration von Äquivalenten in mol/l bedeutet. Λ wird meist in der Einheit $S \cdot cm^2 \cdot mol^{-1}$ angegeben. Während die spezifische Leitfähigkeit mit abnehmender Konzentration sich Null nähert, strebt die Äquivalentleitfähigkeit gegen einen Grenzwert Λ_0, der sich additiv aus den Ionenäquivalentleitfähigkeiten (diese sind den Ionenbeweglichkeiten proportional) des Anions (l_A) und des Kations (l_K) zusammensetzt: $\Lambda_0 = l_A + l_K$. Auf einem Wege, der hier nicht besprochen werden kann, hat man die Äquivalentleitfähigkeiten der einzelnen Ionen miteinander verglichen und die in Tab. 4.1 zusammengestellten Werte gefunden, die für 25 °C gelten.

Wie ändert sich nun die Leitfähigkeit im Verlauf einer Titration? Als Beispiel möge die Reaktion von Salzsäure mit Kalilauge dienen, die als Ionengleichung folgendermaßen zu formulieren ist:

$$H^+ + Cl^- + K^+ + OH^- \longrightarrow K^+ + Cl^- + H_2O\,.$$

Die Hydroxidionen der Lauge treten mit den Wasserstoffionen der titrierten Säure zu praktisch undissoziiertem Wasser zusammen, während die Kaliumionen mehr und mehr an die Stelle der Wasserstoffionen treten. Am Äquivalenzpunkt sind alle in der vorgelegten Lösung ursprünglich vorhandenen Wasserstoffionen durch Kaliumionen ersetzt worden. Da nun, wie Tab. 4.1 entnommen werden kann, die Kaliumionen eine wesentlich geringere Äquivalentleitfähigkeit (entsprechend einer geringeren Beweglichkeit) besitzen als die Wasserstoffionen, muss die Gesamtleitfähigkeit der titrierten Lösungen proportional dem Fortschritt der Neutralisation mehr und mehr abnehmen. Setzt man über den Äquivalenzpunkt hinaus Lauge hinzu, so findet natürlich keine weitere Verminderung, sondern vielmehr wieder ein Anwachsen der Leitfähigkeit statt, denn zu der am Äquivalenzpunkt nur durch das vorhandene Kaliumchlorid bedingten Leitfähigkeit treten additiv die Einzelleit-

Tab. 4.1: Ionenäquivalentleitfähigkeiten l in Wasser bei 25 °C.

Kation	l_K in $\frac{S\,cm^2}{mol}$	Kation	l_K in $\frac{S\,cm^2}{mol}$	Anion	l_A in $\frac{S\,cm^2}{mol}$	Anion	l_A in $\frac{S\,cm^2}{mol}$
H^+	349,6	½ Be^{2+}	45	OH^-	197	ClO_4^-	67
Li^+	38,7	½ Mg^{2+}	58	F^-	55	IO_4^-	55,6
Na^+	50,1	½ Ca^{2+}	59	Cl^-	76,4	MnO_4^-	61
K^+	73,5	½ Sr^{2+}	60	Br^-	78	$(HCOO)^-$	56
Rb^+	77	½ Ba^{2+}	63,2	I^-	77,1	$(CH_3COO)^-$	41,4
Cs^+	77,7	½ Zn^{2+}	54	CN^-	82	½ SO_4^{2-}	79
NH_4^+	74	½ Cd^{2+}	54	CNS^-	66	½ CrO_4^{2-}	83
Ag^+	62,2	½ Pb^{2+}	65	ClO_3^-	65,3	½ CO_3^{2-}	74
Tl^+	74	½ Mn^{2+}	50	BrO_3^-	56,0	½ $(C_2O_4)^{2-}$	63
		½ Cu^{2+}	55,5	IO_3^-	41,6	½ $(C_4H_4O_6)^{2-}$	55
		½ Ni^{2+}	49	NO_3^-	71,1	⅓ PO_4^{3-}	69

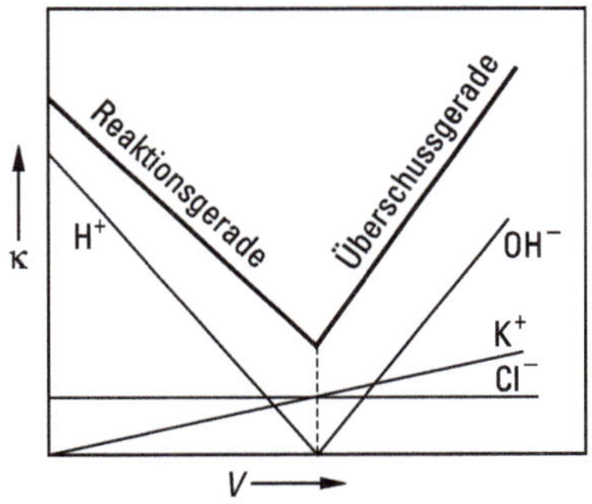

Abb. 4.6: Konduktometrische Titration einer starken Säure mit Kalilauge (κ Leitfähigkeit, V zugesetztes Volumen an Natronlauge).

fähigkeiten der überschüssig hinzugesetzten Kalium- und Hydroxidionen. Wie Abb. 4.6 erkennen lässt, ergibt sich aus den Einzelleitfähigkeiten der an der Reaktion beteiligten Ionen additiv die Gesamtleiltfähigkeit für jeden Zeitpunkt der Titration.

Die Titrationskurven verlaufen geradlinig, solange die vorhandenen Ionenarten im Einzelnen entweder gar nicht oder quantitativ reagieren. Ein großer Vorteil der Konduktometrie ist, wie hieraus hervorgeht, die Tatsache, dass man bei einer Titration den Äquivalenzpunkt selbst gar nicht zu fassen braucht, sondern ihn durch zeichnerische Extrapolation findet. Der jeweilige Kurvencharakter eines Titrationsdiagrammes ist allgemein dadurch gekennzeichnet, dass anstelle der verschwindenden Ionenart der vorgelegten Probelösung eine neue aus der Reagenslösung tritt – mit größerer oder kleinerer Leitfähigkeit. Im ersten Fall erhält man einen Anstieg, im letzteren einen Abfall der Gesamtleitfähigkeit bis zum Äquivalenzpunkt. Nach Überschreiten des Äquivalenzpunktes wird natürlich, wenn keine weiteren Reaktionen folgen, immer eine Leitfähigkeitszunahme beobachtet.

Trotz der Temperaturabhängigkeit der Leitfähigkeit ist nur in Ausnahmefällen die Verwendung eines Thermostaten notwendig, weil die meisten Titrationen in wenigen Minuten beendet sind.

4.3.2 Die Titriervorrichtung

Um eine konduktometrische Bestimmung durchführen zu können, bedarf es geeigneter Leitfähigkeitsmessgefäße, die zur Aufnahme der Probelösung dienen. Es sind für gewöhnlich Glasgefäße mit platinierten Platinelektroden. Beispiele für handelsübliche Geräte findet man in Abb. 4.7 dargestellt. Man kann sich für eine mit Elektroden bestückte Tauchmesszelle entscheiden, die einfach in das mit der Probelösung gefüllte Becherglas getaucht wird, oder man verwendet ein klassisches Titrationsgefäß mit fest installierten Elektroden. Im Allgemeinen ist Vorsorge für eine geeignete Rührmöglichkeit getroffen. Die Maßlösung wird mit den üblichen Büretten bzw. Kolbenbüretten hinzugefügt.

Die Größe und der Abstand der Elektroden des Leitfähigkeitsmessgefäßes richtet sich nach dem Widerstand, der bei der zu titrierenden Flüssigkeit zu erwarten

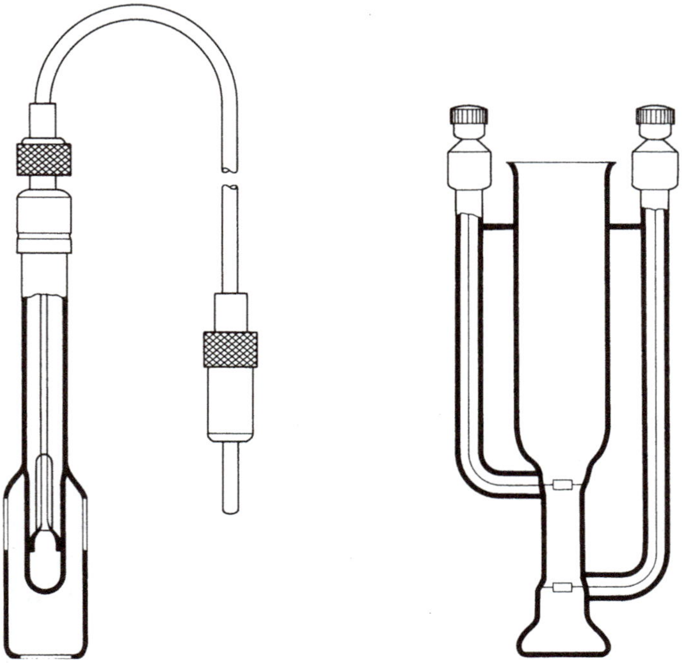

Abb. 4.7: Tauchmesszelle und Leitfähigkeitsmessgefäß.

ist. Die Elektroden sollen umso größer und ihr Abstand umso kleiner sein, je schlechter die Lösung leitet. Es muss darauf geachtet werden, dass der Gefäßwiderstand gut messbar bleibt, d. h. dass er nicht unter 30 und nicht über einigen tausend Ohm liegt. Das Platinieren der Elektroden bezweckt eine außerordentliche Vergrößerung ihrer Oberfläche. Dadurch wird einer Polarisation der Elektroden, die die Leitfähigkeitsmessung stören würde, wirksam entgegengetreten (vgl. S. 331).

Zur Platinierung wird das sorgfältig gesäuberte Gefäß mit einer Lösung von 3 g $H_2[PtCl_6]$ und 25 mg Bleiacetat in 100 ml deionisiertem Wasser gefüllt. Die beiden Elektroden werden leitend verbunden, und möglichst genau in die Mitte des sie trennenden Zwischenraums wird eine Platinhilfselektrode eingeführt. An diese als Anode und an die miteinander verbundenen Gefäßelektroden als Kathode wird eine Spannung von 4 V gelegt, worauf die Lösung mit einer Stromdichte von höchstens 30 mA · cm^{-2} Elektrodenfläche (einseitig gemessen) etwa 10 Minuten lang elektrolysiert wird. Dann wird die Platinierungslösung entfernt, das Gefäß mit verdünnter Schwefelsäure gefüllt und durch nochmaliges kurzes Elektrolysieren der noch an den Elektroden anhaftende Rest von $H_2[PtCl_6]$ entfernt. Zum Schluss wird das Leitfähigkeitsmessgefäß mit deionisiertem Wasser gründlich gereinigt. Leitfähigkeitsmessgefäße sollen niemals trocken stehen bleiben, sondern um die Wirksamkeit der Platinierung zu erhalten, bei Nichtgebrauch stets mit deionisiertem Wasser gefüllt sein!

Jedes Leitfähigkeitsmessgefäß hat eine vom Abstand und vom Querschnitt seiner Elektroden sowie von seiner Füllhöhe und von anderen Umständen abhängige Widerstandskapazität Z. Es ist

$$\kappa = \frac{1}{R} \cdot \frac{l}{q} ,$$

oder, da l/q hier nicht messbar ist:

$$\kappa = \frac{1}{R} \cdot Z \qquad \text{oder} \qquad Z = \kappa \cdot R .$$

Z ist der Widerstand, den ein Leitfähigkeitsmessgefäß haben würde, wenn es mit einer Flüssigkeit der Leitfähigkeit 1 gefüllt wäre. Mit geeigneten Kalibrierlösungen bekannter Leitfähigkeit (z. B. KCl-Lösung, 1 mol/l: $\kappa_{25} = 0{,}11173$ S · cm^{-1}) lässt sich die Widerstandskapazität ermitteln. Die Größe Z wird als Zellkonstante bezeichnet; Hersteller von Leitfähigkeitsmesszellen geben sie stets an. Je nach Konzentration der zu titrierenden Lösung ist das Leitfähigkeitsmessgerät so zu wählen, dass seine Zellkonstante einen Wert besitzt, der eine Widerstandsmessung in einer für die jeweilige Messeinrichtung günstigen Größenordnung zulässt.

Um die Zellkonstante der Leitfähigkeitsmessgefäße nicht während einer Titration zu verändern, dürfen einmal die Elektroden nicht zu dicht unterhalb der Flüssigkeitsoberfläche angebracht sein, andererseits ist das Volumen der zuzusetzenden Maßlösung gering zu halten; zu 50 ml Lösung sollten insgesamt höchstens 5 ml einer entsprechend konzentrierten Reagenslösung hinzugegeben werden. Man bedient sich dabei vorteilhaft kleinerer Büretten, die in 0,01 ml unterteilt sind, sodass die Ablesegenauigkeit die gleiche bleibt wie bei den gewöhnlichen Titrationen mit den in 0,1 ml unterteilten Büretten von 50 ml Fassungsvermögen.

4.3.3 Leitfähigkeitsmessung

Brückenschaltung nach Wheatstone. Wie bereits erwähnt, sind Leitfähigkeitsbestimmungen gleichbedeutend mit Widerstandsmessungen. Wer den Anspruch auf äußerste Präzision und vor allem Absolutgenauigkeit der Widerstandsmessung erhebt, bedient sich auch heute noch der Wheatstone'schen Brückenschaltung. Am einfachsten arbeitet man nach der Nullpunktmethode. Die Schaltskizze zeigt Abb. 4.8.

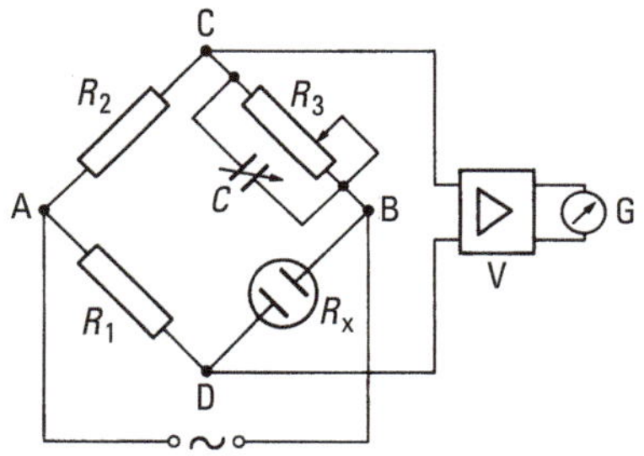

Abb. 4.8: Wheatstone'sche Brückenschaltung zur Messung der Leitfähigkeit (R Widerstände, C Kondensator, V Verstärker, G Galvanometer).

Die Spannung U einer Wechselstromquelle liegt an den Punkten A und B der Messbrücke. Diese besteht aus den vier Widerständen R_x, R_1, R_2 und R_3, wobei R_x der zu messende Widerstand des Leitfähigkeitsmessgefäßes und R_3 ein regelbarer Widerstand ist. Der Stromkreis verzweigt sich bei A und B in die beiden Teilstromwege ACB und ADB, das heißt, die gesamte anliegende Wechselspannung fällt sowohl an den Widerständen R_2 und R_3 als auch an R_1 und R_x vollständig ab. Falls R_3 so abgestimmt worden ist, dass die Punkte C und D auf gleichem Potential (keine Spannungsdifferenz) liegen, gilt entsprechend den Kirchhoff'schen Gesetzen (vgl. Lehrbücher der Physik) die Beziehung

$$\frac{R_x}{R_3} = \frac{R_1}{R_2}, \qquad \text{woraus} \qquad R_x = \frac{R_3 \cdot R_1}{R_2} \qquad \text{folgt.}$$

Zwischen C und D wird die Spannung nach Verstärkung durch den Wechselstromverstärker V an dem Galvanometer G gemessen. Wenn R_3 richtig eingestellt wurde, darf bei G **keine** Spannung angezeigt werden (Nullindikation). Dann lässt sich nach Ablesen von R_3 der Zellwiderstand R_x nach obiger Gleichung berechnen.

Wenn sehr hohe Genauigkeitsansprüche gestellt sind, vor allem aber wenn wegen geringer Leitfähigkeit der Elektrolytlösung sich die Elektroden des Leitähigkeitsmessgefäßes sehr nahe gegenüber stehen, muss berücksichtigt werden, dass infolge der Verwendung von Wechselstrom an der Leitfähigkeitsmesszelle ein so genannter kapazitiver Widerstand auftritt. Dieser lässt sich durch einen parallel zu R_3 geschalteten, regelbaren Kondensator C kompensieren. Man hat dementsprechend R_3 und C so einzuregeln, dass G keine Spannung anzeigt. Diese ungleich aufwändigere Verfahrensweise lässt sich jedoch wesentlich vereinfachen durch Verwendung eines Oszilloskops anstelle des Galvanometers G. Um eine durch Elektrolyse bedingte Polarisation zu vermeiden, soll an den gut platinierten Elektroden (vgl. S. 281) der Leitfähigkeitsmesszelle eine Wechselspannung mit einer Frequenz zwischen 50 Hz (konzentrierte Lösungen) und etwa 1000 Hz (verdünnte Lösungen) anliegen. An Stelle der aufwändigen Spannungsmesseinrichtung mit Verstärker und Galvanometer hat man früher zwischen C und D auch einen Kopfhörer (Telefonmethode) angeschlossen und musste dann auf das Tonminimum einstellen. Allerdings war das Arbeiten mit einer derartigen akustischen Indikation auf die Dauer recht anstrengend.

Zur exakten Bestimmung der Leitfähigkeit einer Elektrolytlösung muss man sich der oben beschriebenen Methode der Widerstandsmessung mit der Wheatstone'schen Brücke bedienen. Zunächst ist dazu die Zellkonstante Z (vgl. S. 281) des Messgefäßes mit einer Elektrolytlösung bekannter Leitfähigkeit zu bestimmen (Eichung). Die dann selbstverständlich mit Kompensation der Zellkapazität ausgeführten Messungen sind sehr genau, aber wegen der diskontinuierlichen Arbeitsweise auch recht langwierig. Da es bei der konduktometrischen Titration jedoch nur auf relative Messwerte ankommt, bedient man sich heute gern eines Verfahrens mit direkter Anzeige.

Direktanzeigende Verfahren. Bei direktanzeigenden Routineverfahren lässt man die Wechselspannung U über den Zellwiderstand R_x und einen Arbeitswiderstand R abfallen. Wie in Abb. 4.9 schematisch dargestellt ist, steuert die an R abfallende Spannung einen Verstärker mit hochohmigem Eingang (die Spannung wird gemessen, ohne dass Strom fließt) und regelt dadurch die Stromstärke I eines mit konstanter Gleichspannung betriebenen sekundären Kreises. Somit ändert sich mit dem Widerstand R_x der Zelle die Stromstärke I entsprechend (Spannung/Strom-Wandlung). Die mehr oder weniger aufwändig konstruierten Geräte erlauben die Anpassung an unterschiedliche Leitfähigkeiten in der Messzelle bei optimaler Ausnutzung der Skala des Strommessgerätes. Das dort gemessene Signal ist der Leitfähigkeit in der Zelle proportional und kann zur Aufzeichnung der Titrationskurven direkt übernommen werden. Es gibt im Handel Gerätekonstruktionen, die eine Kalibrierung und damit auch die Absolutmessung der Leitfähigkeit zulassen (z. B. Konduktometer der Fa. Metrohm).

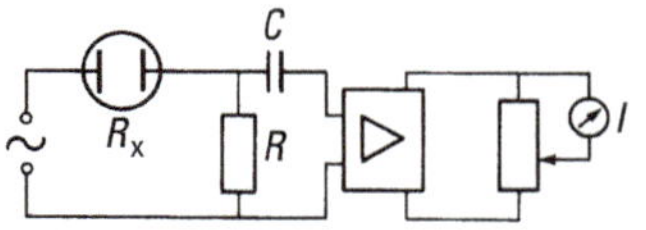

Abb. 4.9: Prinzipschaltung eines Konduktometers (R Widerstände, C Kondensator, I Amperemeter).

Der Vorteil der beschriebenen Messanordnung liegt also darin, dass während einer Titration nach jedem Zusatz an Maßlösung und nach seiner Vermischung mit der zu titrierenden Lösung (Rühren) nicht erst eine Messbrücke abgeglichen werden muss, sondern die Leitfähigkeit bzw. ein Proportionales davon sofort abgelesen wird. Die Güte der Messung hängt davon ab, wie linear der Verstärker im jeweils benötigten Messbereich arbeitet.

4.3.4 Praktische Anwendungen

Säure-Base-Titrationen

Die Titration starker Säuren mit starken Basen ist bereits auf S. 239 behandelt worden und wird durch Abb. 4.6 grafisch dargestellt. Starke Säuren und starke Basen lassen sich auch bis zu sehr großen Verdünnungen herunter exakt konduktometrisch bestimmen. Allerdings muss man dann CO_2-freie Laugen und zum Verdünnen CO_2-freies Wasser verwenden.

Bei der grafischen Darstellung der Neutralisation von Lösungen schwacher Säuren – Blausäure (Hydrogencyanid), Borsäure, Essigsäure usw. – mit einer starken Base, z. B. Natronlauge, 1 mol/l, erhält man einen Kurvenverlauf, wie er schematisch durch Kurve 1 der Abb. 4.10 wiedergegeben ist. Anfänglich hat die Lösung wegen der nur geringen Dissoziation der schwachen (Essig)-Säure eine verhältnismäßig kleine Leitfähigkeit, die infolge einer weiteren Verminderung der H^+-Ionenkonzentration durch die Bildung von wenig dissoziiertem Wasser zu Anfang der Titration noch abnimmt, denn anstelle der H^+-Ionen treten Na^+-Ionen, die eine viel geringere Äquivalentleitfähigkeit (vgl. S. 279, Tab. 4.1) haben als die H^+-Ionen, und zugleich drängt das entstehende Natriumacetat die Dissoziation der Essigsäure zurück. Erst im Laufe der Titration bildet sich allmählich so viel stark dissoziiertes Natriumacetat, dass die nunmehr durch Na^+- und Acetat-Ionen bedingte Leitfähigkeit ansteigen kann (AB). Nach dem Überschreiten des Äquivalenzpunktes steigt die Leitfähigkeit stärker an (BC), weil die gut leitenden Hydroxidionen der Base nicht weiter verbraucht werden. Die Reaktionsgerade und die Gerade des Laugenüberschusses schneiden sich unter einem stumpfen Winkel. Dieser fällt um so stumpfer aus, je schwächer die zu titrierende Säure ist. In der Nähe des Äquivalenzpunktes ist ein gekrümmtes Übergangsstück vorhanden, das seinen Grund in der Protolyse des jeweils gebildeten Salzes hat. Ganz analog liegen die Verhältnisse bei der Neutralisation schwacher Basen – z. B. Ammoniak – durch eine starke Säure, z. B. Salzsäure, 1 mol/l.

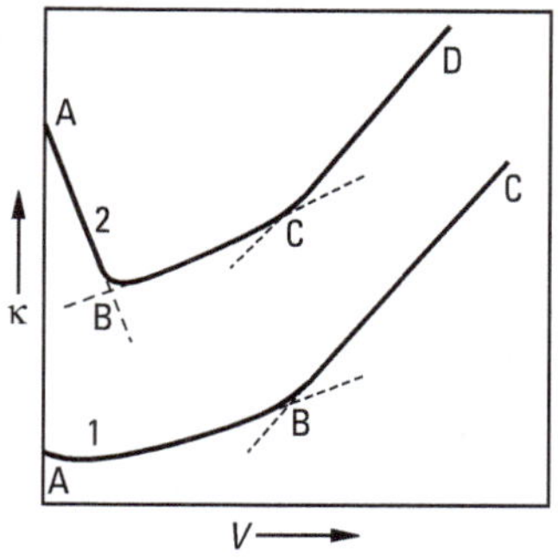

Abb. 4.10: Konduktometrische Titration von Essigsäure (1) und Salzsäure + Essigsäure (2) mit Natronlauge (κ Leitfähigkeit, V zugesetztes Volumen an Natronlauge).

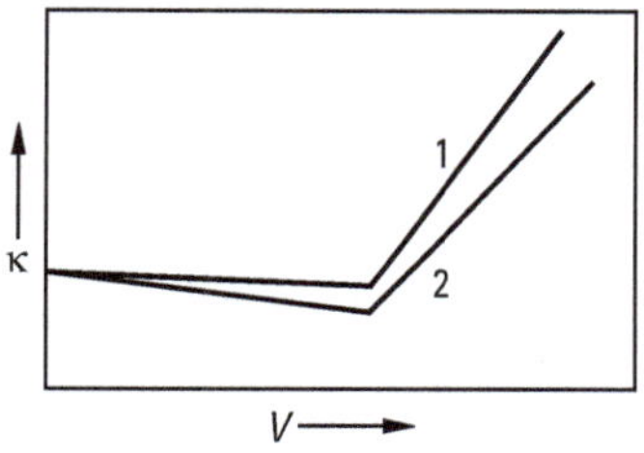

Abb. 4.11: Konduktometrische Titration von Ammoniumchloridlösung mit Kalilauge (1) bzw. Natronlauge (2) (κ Leitfähigkeit, V zugesetztes Volumen der Lauge).

Die Kurvenform, welche man bei der Neutralisation mittelstarker Säuren oder Basen mit starken Basen oder Säuren erhält, liegt zwischen den beiden bisher besprochenen extremen Typen, abhängig jeweils von den Dissoziations- und Konzentrationsverhältnissen in der vorgelegten Lösung. Wenn im Verlauf der Titration einer mittelstarken Säure oder Base der Pufferbereich durchlaufen wird, resultiert im Allgemeinen eine stark gekrümmte Kurve, sodass die exakte Festlegung des Äquivalenzpunktes große Schwierigkeiten bereitet. In diesen Fällen sollte man ein abgemessenes Volumen der stark dissoziierten Maßlösung vorlegen und diese mit der zu bestimmenden mittelstarken Säure oder Base titrieren, weil so der große Überschuss des bei der Neutralisation entstandenen Salzes die Dissoziation der Säure bzw. Base nach dem Äquivalenzpunkt so weit zurückdrängen kann, dass meistens ein gerader Verlauf der Titrationskurve erreicht wird. Die Festlegung des Äquivalenzpunktes wird so zumindestens wesentlich erleichtert.

In einer Lösung, die eine starke und eine schwache Säure (z. B. Salzsäure und Essigsäure) oder eine starke und eine schwache Base nebeneinander enthält, kann man beide Bestandteile in einem einzigen Titrationsgang quantitativ bestimmen. Man erhält dann Kurvenformen von der Art der Kurve 2 in Abb. 4.10. AB zeigt die Leitfähigkeitsabnahme der Lösung an, die durch die Neutralisation der starken Säure bedingt ist, BC die Leitfähigkeitszunahme, die durch die nun folgende Neutralisation der schwachen Säure hervorgerufen wird, CD die stärkere Leitfähigkeitszunahme durch den Basenüberschuss. Die Projektionen der Punkte B und C auf die Abszisse geben das Volumen der Natronlauge für die Neutralisation der starken bzw. der gesamten, starken und schwachen, Säure an. Dieses Verfahren ist dann richtig, wenn sich die Dissoziationskonstanten der beiden Säuren genügend stark voneinander unterscheiden. Andernfalls können die gekrümmten Übergangsbereiche so groß werden, dass die lineare Extrapolation der Schnittpunkte fehlerhafte Ergebnisse liefert.

Verdrängungsvorgänge. In den Lösungen von Salzen schwacher Basen mit starken Säuren (z. B. Ammoniumchlorid) lässt sich konduktometrisch die gebundene Base durch **Verdrängungstitration** mit starken Laugen bestimmen, in Lösungen von Salzen schwacher Säuren mit starken Basen (z. B. Natriumacetat, Kaliumcyanid usw.) die gebundene schwache Säure durch Verdrängungstitration mit starker Säure. Voraussetzung dafür ist, dass die Dissoziationskonstanten der schwachen Basen oder Säuren, deren Salzlösungen titriert werden sollen, sich genügend von denen der starken Basen oder starken Säuren, mit denen titriert wird, unterscheiden.

Die Kurvenform richtet sich bei der Verdrängungstitration von Salzen schwacher Basen nach dem Verhältnis der Äquivalentleitfähigkeiten der Kationen, bei der Verdrängungstitration von Salzen schwacher Säuren nach dem Verhältnis der Äquivalentleitfähigkeiten der Anionen. Kurve 1 der Abb. 4.11 gibt die Titration einer Ammoniumchloridlösung mit Kalilauge, Kurve 2 mit Natronlauge wieder:

$$1.\quad NH_4^+ + Cl^- + K^+ + OH^- \longrightarrow NH_3\uparrow + H_2O + K^+ + Cl^-,$$
$$2.\quad NH_4^+ + Cl^- + Na^+ + OH^- \longrightarrow NH_3\uparrow + H_2O + Na^+ + Cl^-.$$

Im zweiten Fall tritt an die Stelle des besser leitenden Ammoniumions das schlechter leitende Natriumion, im ersten Fall das etwa gleich gut leitende Kaliumion (vgl. Tab. 4.1). Man kann also durch Wahl einer geeigneten Reagenslösung die Kurvenform beeinflussen und so einen für die Festlegung des Äquivalenzpunktes möglichst geeigneten Schnittwinkel erzielen.

In diesem Zusammenhang sei noch einmal darauf hingewiesen, dass man auch bei der konduktometrischen Neutralisationsanalyse mit möglichst CO_2-freien Laugen ($Ba(OH)_2$, NaOH) und Reagenslösungen arbeiten sollte; anderenfalls können nicht unerhebliche Fehler entstehen. Titriert man eine vorgelegte, carbonathaltige Lauge mit einer starken Säure, so werden zunächst ihre Hydroxidionen neutralisiert, daran schließt sich die Überführung des Carbonats in das Hydrogencarbonat an und zuletzt wird Kohlenstoffdioxid freigesetzt, „verdrängt“:

$$NaOH + HCl \longrightarrow NaCl + H_2O$$
$$Na_2CO_3 + HCl \longrightarrow NaHCO_3 + NaCl$$
$$NaHCO_3 + HCl \longrightarrow H_2O + CO_2\uparrow + NaCl.$$

Diese Vorgänge können – bei der Festlegung des Äquivalenzpunktes einfach durch geradliniges Verlängern des ersten größeren Stückes der Reaktionsgeraden und der Geraden des Säureüberschusses bis zum Schnittpunkt – bei einem größeren Carbonatgehalt zu groben Fehlern Anlass geben. Ähnlich liegen die Verhältnisse im Falle der Neutralisation vorgelegter Säure mit carbonathaltiger Lauge.

Fällungstitrationen

Besonders wichtig ist die konduktometrische Fällungsanalyse, weil es zahlreiche analytisch verwertbare Fällungsreaktionen gibt, für deren Endpunktserkennung ein geeigneter Indikator fehlt. Ihre Prinzipien seien am Beispiel der Fällung der Bromidionen einer vorgelegten verdünnten Natriumbromidlösung durch die Silberionen einer relativ konzentrierten Silberacetat-Maßlösung erläutert:

$$Na^+ + Br^- + Ag^+ + CH_3COO^- \longrightarrow AgBr\downarrow + Na^+ + CH_3COO^-.$$

Das entstehende Silberbromid ist sehr schwer löslich und liefert deshalb keinen Beitrag zur Leitfähigkeit der Lösung. Die Konzentration der Natriumionen bleibt während der Titration praktisch konstant, während die besser leitenden Bromidionen durch die schlechter leitenden Acetationen ersetzt werden. Die Leitfähigkeit nimmt also bis zum Ende der Fällungsreaktion ab. Dann steigt sie durch den Überschuss der Reagenslösung an. Für die Genauigkeit der konduktometrischen Fällungsanalyse ist eine möglichst geringe Löslichkeit des gefällten Niederschlags von Bedeutung. Je geringer nämlich die Löslichkeit ist, umso mehr verschwindet das gebogene Übergangsstück des Kurvenzuges am Äquivalenzpunkt.

Ferner ist die Beschaffenheit des jeweiligen Niederschlags zu beachten. Er sollte definiert zusammengesetzt sein, geringes Adsorptionsvermögen besitzen und an keinen nachträglichen Reaktionen beteiligt sein. Der Fällungsvorgang selbst sollte schnell und quantitativ ablaufen.

Leitfähigkeitstitrationen bei erhöhten Temperaturen

Häufig beobachtet man beim Titrieren, dass die Leitfähigkeit nach jedem Reagenszusatz erst allmählich einen konstanten Wert erreicht. Das kann z. B. der Fall sein, wenn sich die Ausfällung des Niederschlags langsam vollzieht. Derartige Vorgänge laufen aber bei erhöhten Temperaturen im Allgemeinen wesentlich schneller ab. Somit kann es von Vorteil sein, konduktometrische Titrationen bei höheren, aber gleich bleibenden Temperaturen durchzuführen. In solchen Fällen verwendet man doppelwandige Leitfähigkeitsmessgefäße, die den Anschluss an den Umlauf eines Flüssigkeits-Thermostaten erlauben. Die Zugabe der benötigten Maßlösung sollte mit einer Kolbenbürette erfolgen, wobei die zu einer Kapillare verjüngte Spitze der Bürette in die zu titrierende Lösung in der Leitfähigkeitsmesszelle eintaucht. Kolbenbüretten sind gegenüber Druckschwankungen, die sich wegen der erhöhten Temperatur im Titrationsgefäß ergeben können, unempfindlich.

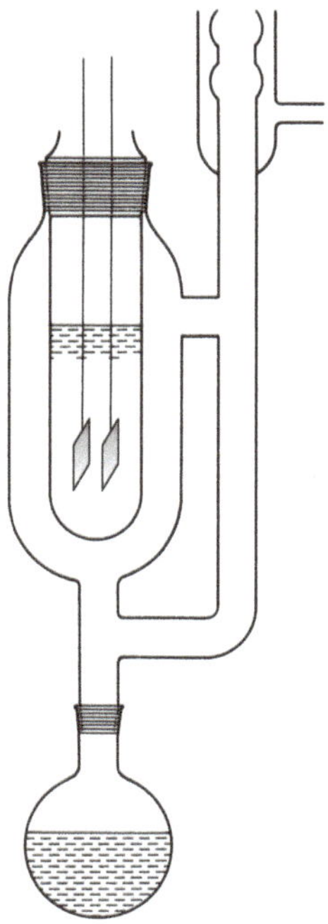

Abb. 4.12: Leitfähigkeitstitration im Dampfstrom einer siedenden Flüssigkeit.

Falls kein Thermostat zur Verfügung steht, kann man eine Apparatur verwenden, bei der das Titrationsgefäß im Dampfstrom einer konstant siedenden Flüssigkeit (Alkohol, Wasser) hängt (siehe Abb. 4.12). Auf diese Weise lässt sich z. B. das sonst schwer titrierbare Sulfation mit Bariumacetat maßanalytisch bestimmen. Die Konstanz der Leitfähigkeit ist in der Nähe von 100 °C bei jedem Reagenszusatz nach längstens einer Minute erreicht. Die ganze Bestimmung dauert nicht viel länger als 10 Minuten. Voraussetzung ist, dass die zu titrierende Sulfatlösung, z. B. Ammoniumsulfatlösung, neutral reagiert. Nach dieser Methode lässt sich auch der Sulfatgehalt von Trinkwasser bestimmen.

Die benötigte Schliffapparatur ist in Abb. 4.12 dargestellt. Im Kolben siedet eine geeignete Flüssigkeit, deren Dampf die eigentliche Leitfähigkeitsmesszelle umstreicht und dann in einem Rückflusskühler wieder kondensiert wird. Die Flüssigkeit gelangt auf einem Nebenweg wieder in den erhitzten Kolben und kann erneut verdampft werden. Das in den Dampfstrom gehängte Leitfähigkeitsmessgefäß besitzt in der Nähe seines oberen Randes einen Außenschliff, damit der Dampfraum sicher abgeschlossen bleibt und hier kein Dampf austreten kann. Von oben werden in das Titrationsgefäß die Spitze der Kolbenbürette, die beiden Elektroden sowie der durch einen Motor betriebene Rührer eingeführt. Wenn man nach Beendigung einer Titration den Dampfstrom nicht unterbrechen will, um das Leitfähigkeitsmessgefäß zu entfernen, sollte man die austitrierte Lösung, ohne die Apparatur zu öffnen, von oben her absaugen, dann mehrere Male spülen und schließlich eine neue Probelösung einfüllen.

4.3.5 Hochfrequenztitration

Im Gegensatz zur Leitfähigkeitstitration, bei der die Änderung des Widerstandes mit in die Probelösung eintauchenden Elektroden gemessen wird, arbeitet die Hochfrequenztitration mit Elektroden, die außen am Messgefäß angebracht sind. Diese Anordnung hat den großen Vorteil, dass eine Veränderung der Elektroden durch chemische Umsetzungen und Adsorption ausgeschlossen ist. Selbstverständlich können die Elektroden auch nicht polarisiert werden. Ein Nachteil der Methode ist der wesentlich größere messtechnische Aufwand.

Für Gleichstrom ist die verwendete Messzelle absolut undurchlässig, denn die zwischen den Elektroden und der Lösung vorhandene Glaswand besitzt einen sehr hohen ohmschen Widerstand. Gegenüber einem hochfrequenten Wechselstrom verhält sich das System jedoch wie ein Kondensator, dessen Kapazität von der Zusammensetzung der Probelösung abhängt, mit der das Gefäß gefüllt ist. Da sich während der Titration die Zusammensetzung der eingefüllten Lösung ändert, kann man die dadurch bedingte Änderung des Wechselstromwiderstandes verfolgen.

Eine prinzipielle Messanordnung besteht darin, dass man in einen Wechselstromkreis einen Kondensator, eine Induktionsspule und einen ohmschen Widerstand entsprechend der Abb. 4.13 in Serie schaltet. Infolge der Phasenverschiebung zwischen Strom und Spannung resultieren an der Spule wie am Kondensator so genannte **Blindwiderstände**, deren Größe von der Wechselstromfrequenz und von den Kenngrößen der Spule bzw. des Kondensators abhängen. Für jeden derartigen Schwingkreis gibt es eine bestimmte Frequenz, bei der die Blindwiderstände von Spule und Kondensator sich gegenseitig kompensieren, sodass wegen des allein wirksam bleibenden ohmschen Widerstandes im Schwingungskreis die Stromstärke einen maximalen Wert erreicht (**Resonanzfall**). Je mehr aber der Schwingkreis z. B. durch Verändern der Kapazität des Kondensators gegenüber der Resonanzbedingung verstimmt wird, umso mehr wird die Stromstärke gegenüber ihrem Maximalwert abnehmen. Wenn man anstelle des Kondensators die oben beschriebene Messzelle in den Wechselstromkreis schaltet, wird die bei der Titration hervorgerufene Änderung der Lösungszusammensetzung ihre Kapazität beeinflussen. Als Messgröße käme die im Schwingungskreis fließende Stromstärke in Frage, aber auch z. B. der auf den ohmschen Widerstand R entfallende Spannungsabfall. Diese Spannungsdifferenz lässt sich elektronisch verstärken, und man gelangt zu einem Signal, das im Resonanzfall seinen höchsten Wert annimmt. Insgesamt sind jedenfalls verschiedene Varianten zur Messung gebräuchlich, deren Ziel es aber immer ist, den Wechselstromwiderstand bzw. seinen Kehrwert, den Wechselstromleitwert der Titrationszelle, zu ermitteln. Wegen des Elektrolyten im Innern der Zelle lässt sich der Wechselstromleitwert aus der schon erwähnten Blindkomponente und einem ohmschen Anteil zusammensetzen, der durch das Leitvermögen der Lösung bedingt ist. Dieser auch **Wirkkomponente** genannte Anteil ändert sich während der Titration in charakteristischer Weise. Dazu muss man sich klar machen, dass

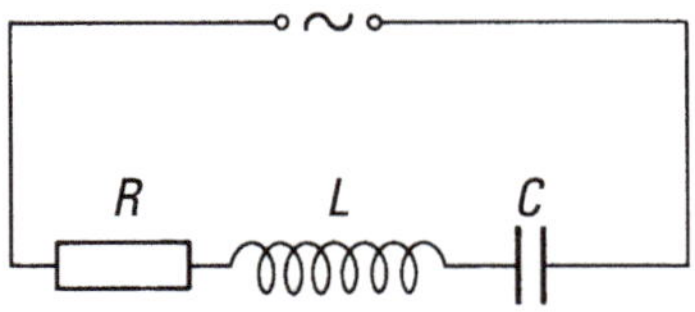

Abb. 4.13: Wechselstromkreis mit *(R)* ohmschem, *(L)* induktivem und *(C)* kapazitivem Widerstand.

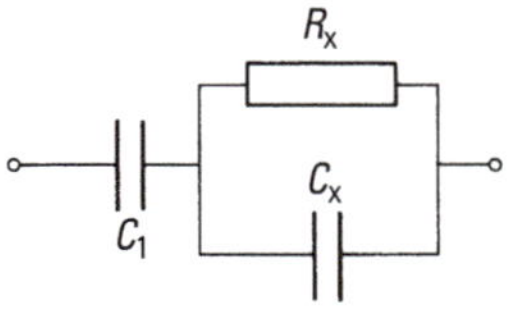

Abb. 4.14: Ersatzschaltbild einer Kapazitätsmesszelle (*R* ohmscher, *C* kapazitiver Widerstand).

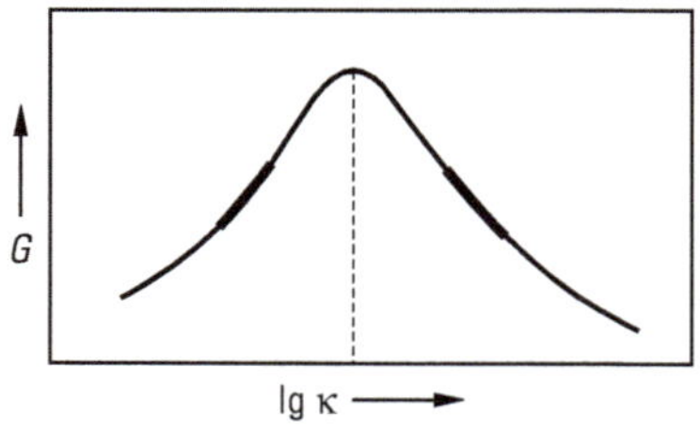

Abb. 4.15: HF-Kennkurve des Wirkkomponentenverfahrens (*G* Wirkkomponente des Wechselstromleitwerts, *κ* Leitfähigkeit).

die Messzelle dann natürlich nicht allein als ein Kondensator C aufgefasst werden kann, wie es die Abb. 4.13 zunächst zeigt, sondern eher durch das Ersatzschaltbild der Abb. 4.14 beschrieben wird. Darin bedeutet C_1 den durch die Glaswandungen als Dielektrikum bedingten Kapazitätsanteil, während die Elektrolytlösung sowohl als kapazitiver (C_x) wie auch als ohmscher Widerstand (R_x) wirkt, die man sich als parallel geschaltet vorstellen muss. Wenn man den Wechselstromleitwert der Messzelle bestimmt und ihn in Abhängigkeit vom Logarithmus der spezifischen Leitfähigkeit der in die Zelle gefüllten Elektrolytlösung aufträgt, erhält man eine glockenförmige Kurve, die man auch als die **HF-Kennkurve** bezeichnet (Abb. 4.15). Dazu muss die Frequenz der Erregerspannung so gewählt sein, dass der Leitwert der Wirkkomponente R_x groß ist gegenüber dem Blindleitwert C_x, sodass die gemessene Änderung des Wechselstromleitwertes praktisch durch die Änderung der ohmschen Leitfähigkeit bedingt ist (**Wirkkomponentenverfahren**). Der Abb. 4.15 kann man entnehmen, dass man nur im Bereich der Wendepunkte (dick gezeichnet) messen sollte, weil dann die Titrationskurven den gewohnten konduktometrischen Kurvenzügen entsprechen. Je mehr man sich von diesen Zonen entfernt, umso mehr geht der lineare Zusammenhang zwischen Wechselstromleitwert und Konzentration der zu bestimmenden Ionen verloren, und man erhält mehr oder weniger stark gekrümmte Kurven.

Der Vollständigkeit halber sei erwähnt, dass es auch möglich ist, durch die Wahl veränderter Messparameter die Blindkomponente C_x in Abhängigkeit vom Gang der Titration zu erfassen, was unter bestimmten Bedingungen ebenfalls eine

Indikation des Äquivalenzpunktes erlaubt. An Stelle der Kapazitätsmesszellen sind auch Induktivitätsmesszellen im Gebrauch. Bei diesen wird die Induktivität einer Spule durch eine in ihrem Innern angeordnete Elektrolytlösung beeinflusst.

Hochfrequenztitrationen werden immer dann angewendet, wenn die Zusammensetzung einer Elektrolytlösung die Widerstandsmessung zwischen eintauchenden Elektroden stört. Ein weiteres wichtiges Anwendungsgebiet sind Titrationen in nichtwässrigen Lösemitteln (Weiterführende Literatur: [147]).

4.4 Potentiometrische Titrationen

Bei potentiometrischen Titrationen misst man die Potentialänderungen, die im Laufe einer Titration an einer in die betreffende Lösung tauchenden Indikatorelektrode auftreten. Diese Elektrode sollte nur auf diejenigen Ionen ansprechen, um deren quantitative Bestimmung es bei der Titration gerade geht, oder aber nur das Redoxpotential messen können (inerte Elektrode). So kann man z. B. eine Chloridlösung mit einer Maßlösung von $AgNO_3$ titrieren und den Äquivalenzpunkt dadurch ermitteln, dass man in Anhängigkeit vom Reagenszusatz das Potential der Ag^+-Ionen gegenüber einem eintauchenden Silberblech als Elektrode misst und grafisch darstellt. Der Äquivalenzpunkt ergibt sich als die Projektion des Wendepunktes der gemessenen Kurve auf die Abszisse (Volumen der zugesetzten Maßlösung). Abb. 4.16 zeigt den genannten Sachverhalt.

Es ist nicht möglich, das Potential einer einzelnen Elektrode direkt zu messen, vielmehr gelingt es nur, die Potentialdifferenz zwischen zwei Elektroden zu bestimmen, die sich in einem geschlossenen Stromkreis befinden müssen. Es versteht sich von selbst, dass dann die zweite Elektrode von dem Titrationsvorgang nicht beeinflusst werden darf, denn sonst käme es zur Überlagerung mehrerer Einflussgrößen, und die erhaltene Kurve wäre schwer oder gar nicht zu interpretieren.

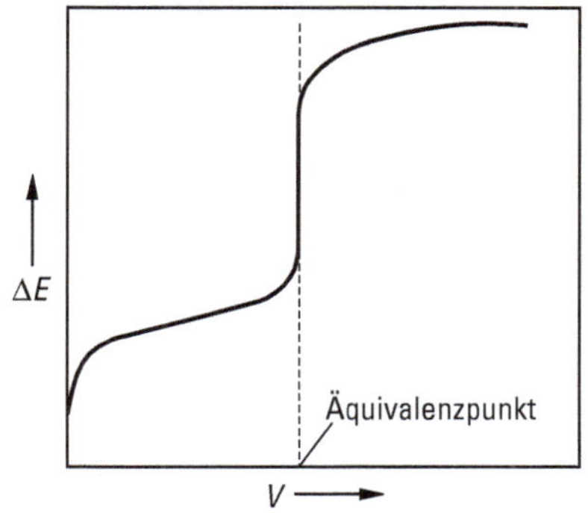

Abb. 4.16: Potentiometrische Titrationskurve (ΔE elektromotorische Kraft der Messkette, V zugesetztes Volumen an Maßlösung).

Auch die Messung der Potentialdifferenz selbst kann nicht einfach mit einem beliebigen Voltmeter ausgeführt werden, denn zur Anzeige der Spannung benötigt das Messinstrument Energie, die aus dem chemischen Umsatz von Substanz an den Elektroden stammen müsste. Das aber beeinflusst die Titration. Es ist also zu überlegen, wie eine derartige Messung durchgeführt werden muss, ohne dass dem chemischen System Energie entzogen wird. Hierzu ist eine Reihe von Fragen theoretisch zu durchdenken.

4.4.1 Theoretische Grundlagen

Zunächst müssen wir uns mit Oxidations- und Reduktionsreaktionen befassen. Wenn man in einem Becherglas eine Fe(II)-Salzlösung mit $Ce(SO_4)_2$ zusammenbringt, werden die Fe^{2+}-Ionen durch Ce^{4+} zu Fe^{3+} oxidiert, während Ce^{4+} gleichzeitig zu Ce^{3+} reduziert wird. Wir beschreiben die Reaktion durch die Gleichung:

$$Ce^{4+} + Fe^{2+} \rightleftharpoons Ce^{3+} + Fe^{3+}.$$

Dabei wird Energie freigesetzt, die Reaktionslösung erwärmt sich. Es stellt sich ein Gleichgewichtszustand ein, dessen Lage wir durch das Massenwirkungsgesetz beschreiben können:

$$\frac{c_0(Ce^{3+}) \cdot c_0(Fe^{3+})}{c_0(Ce^{4+}) \cdot c_0(Fe^{2+})} = K.$$

Die Ionenkonzentrationen[1] werden hier ausnahmsweise mit dem Index 0 versehen, um deutlich zu machen, dass die Reaktion ihren Gleichgewichtszustand erreicht hat. Die freigesetzte Energie lässt sich zu einem Teil auch in anderer Form als Wärme gewinnen. Den maximal möglichen Anteil bezeichnet man als die Freie Enthalpie G (2. Hauptsatz der Thermodynamik).

Es ist üblich, jeder an der Reaktion beteiligten Spezies den auf sie entfallenden Teilbetrag zuzuordnen. Der Gesamtumsatz ergibt sich zu ΔG, indem man die Energiebeträge der Endprodukte von denen der Ausgangssubstanzen abzieht. Hat das System aber bereits seinen Gleichgewichtszustand erreicht, kann freiwillig keine weitere Energie abgegeben werden, und als Gleichgewichtsbedingung ergibt sich dann

$$\Delta G = 0.$$

1 Das Massenwirkungsgesetz gilt streng genommen für die Aktivitäten (s. S. 83 ff.), nur bei verdünnten Lösungen darf man Aktivität und Konzentration gleichsetzen.

Abhängig von den frei wählbaren Ausgangskonzentrationen c wird im Verlauf einer Reaktion bis zum Gleichgewichtszustand insgesamt die freie Enthalpie ΔG abgegeben (ΔG ist negativ, denn in der Chemie wird eine vom System abgegebene Energie mit einem negativen Vorzeichen versehen). In einer galvanischen Zelle lässt sich dieser Energieanteil in Form von elektrischer Arbeit (E_{El}) gewinnen:

$$-\Delta G = E_{El} .$$

Elektrische Arbeit ist definiert als das Produkt aus Strommenge und Spannungsdifferenz. Bei einer Redoxreaktion wird zwischen den Partnern die Strommenge $z \cdot F$ ausgetauscht (z = Zahl der entsprechend der Reaktionsgleichung ausgetauschten Elektronen; F(96 494 A · s) = Strommenge von einem Mol ausgetauschten Elektronen, Faraday-Konstante). Die zwischen zwei Elektroden gemessene Spannungsdifferenz sei ΔE (Volt). Somit ergibt sich

$$-\Delta G = z \cdot F \cdot \Delta E .$$

Diese Spannungsdifferenz ΔE bezeichnet man in der Elektrochemie als Potentialdifferenz.

Wer aus der oben behandelten Redoxreaktion elektrische Energie gewinnen will, darf die Reaktionspartner nun nicht in einem Becherglas miteinander reagieren lassen. Vielmehr muss dafür gesorgt werden, dass der Elektronenaustausch an Elektroden stattfindet. Dazu aber müssen die Ce-Spezies und ebenso die Fe-Spezies räumlich voneinander getrennt werden. Praktisch sieht das so aus, dass in einem Glas sich Fe^{2+}- und Fe^{3+}-Ionen, in einem anderen aber Ce^{3+}- und Ce^{4+}-Ionen gelöst befinden. Beide Lösungen müssen ionisch leitend, zum Beispiel mit einer Salzbrücke, verbunden sein. An Elektroden, die man in die beiden Gläser eintaucht, kann sich dann der Elektronenaustausch vollziehen, an der einen die Oxidation $Fe^{2+} \longrightarrow Fe^{3+} + e^-$, an der anderen die Reduktion $Ce^{4+} + e^- \longrightarrow Ce^{3+}$. Die Reaktion insgesamt kann aber nur dann ablaufen, wenn man die beiden Elektroden leitend miteinander verbindet und so dem System elektrische Energie entzieht. Was wir soeben konstruiert haben, ist ein **galvanisches Element**, wie es, natürlich in abgewandelter Form, zur Lieferung elektrischer Energie verwendet werden könnte. Durch die Umsetzung chemischer Substanzen an den Elektroden treten zwangsläufig Polarisationseffekte auf (s. S. 331), sodass die effektive Spannung kleiner ist als die oben begründete maximal mögliche. Typisch für den **galvanischen** Fall ist somit die Bedingung

$$\Delta G + z \cdot F \cdot \Delta E < 0 .$$

Will man den freiwillig abgelaufenen Reaktionsvorgang wieder rückgängig machen, muss man an die Elektroden eine Gegenspannung anlegen, die wegen der Verluste im System größer sein wird als die der Gleichgewichtsbedingung, also

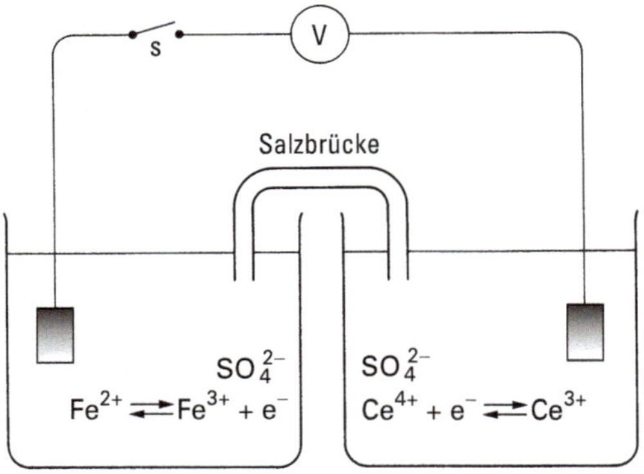

Abb. 4.17: Beispiel einer galvanischen bzw. elektrolytischen Zelle (*V* Voltmeter).

$$\Delta G + z \cdot F \cdot \Delta E > 0$$

bei **elektrolytischem** Betrieb. Der Aufbau einer galvanischen bzw. auch elektrolytischen Zelle ist schematisch in Abb. 4.17 dargestellt.

Zwischen den beiden geschilderten Anwendungsformen liegt das **elektrochemische Gleichgewicht** mit $\Delta G + z \cdot F \cdot \Delta E = 0$. Nur in diesem Fall sind die Bedingungen definiert und die Größen berechenbar bzw. zu messen. Wenn der Zelle aber weder Energie entzogen noch zugeführt werden darf, heißt das, es darf bei einer Potentialmessung kein Strom fließen ($I = 0$). Da dieses Potential aber aus den in den jeweiligen Lösungen vorgegebenen Konzentrationen der an der Reaktion beteiligten Spezies und deren Konzentrationen im Gleichgewichtszustand theoretisch zu berechnen ist, wird man umgekehrt mithilfe exakter Potentialmessungen Auskunft über die aktuellen Konzentrationsverhältnisse erhalten. Zu diesem Zweck müssen wir für jede Spezies zunächst getrennt die Energiedifferenzen zwischen dem jeweils mit der Konzentration c vorgegebenen aktuellen Zustand und dem des chemischen Gleichgewichts mit der Konzentration c_0 berechnen. Das aber ist die reversible Arbeit A, die bei der Veränderung der Konzentration von c nach c_0 aufgewendet wird:

$$A = RT \cdot \ln \frac{c}{c_0} \; .$$

Nach dem Prinzip, dass die bei der Reaktion insgesamt umgesetzte Freie Enthalpie gleich der Summe der Anteile der Produkte (ΣA_p) abzüglich der Summe der Anteile der Ausgangsstoffe (ΣA_a) ist, ergibt sich

$$\Delta G = RT \cdot \ln \frac{c\,(Ce^{3+})}{c_0\,(Ce^{3+})} + RT \cdot \ln \frac{c\,(Fe^{3+})}{c_0\,(Fe^{3+})} - RT \cdot \ln \frac{c\,(Ce^{4+})}{c_0\,(Ce^{4+})} - RT \cdot \ln \frac{c\,(Fe^{2+})}{c_0\,(Fe^{2+})} \; .$$

Dieser Ausdruck wird so umgeformt, dass alle Gleichgewichtskonzentrationen c_0 sowie alle vorgegebenen Konzentrationen c in jeweils einem Term zusammengefasst sind:

$$\Delta G = -RT \cdot \ln \frac{c_0(Ce^{3+}) \cdot c_0(Fe^{3+})}{c_0(Ce^{4+}) \cdot c_0(Fe^{2+})} + RT \cdot \ln \frac{c(Ce^{3+}) \cdot c(Fe^{3+})}{c(Ce^{4+}) \cdot c(Fe^{2+})} .$$

Da

$$\frac{c_0(Ce^{3+}) \cdot c_0(Fe^{3+})}{c_0(Ce^{4+}) \cdot c_0(Fe^{2+})} = K \text{ (Massenwirkungsgesetz)} ,$$

erhält man

$$\Delta G = -RT \cdot \ln K + RT \cdot \ln \frac{c(Ce^{3+}) \cdot c(Fe^{3+})}{c(Ce^{4+}) \cdot c(Fe^{2+})} .$$

Daraus folgt mit $\Delta G = -zF\Delta E$

$$\Delta E = \frac{RT}{zF} \cdot \ln K - \frac{RT}{zF} \cdot \ln \frac{c(Ce^{3+}) \cdot c(Fe^{3+})}{c(Ce^{4+}) \cdot c(Fe^{2+})} .$$

Wenn man für den konstanten Term $\frac{RT}{zF} \cdot \ln K = \Delta E°$ (Standard-Redoxpotential) setzt, erhält man die Nernst'sche Gleichung:

$$\Delta E = \Delta E° - \frac{RT}{zF} \cdot \ln \frac{c(Ce^{3+}) \cdot c(Fe^{3+})}{c(Ce^{4+}) \cdot c(Fe^{2+})} .$$

Man erkennt, dass in dem Fall, wenn die vorgegebenen Konzentrationen mit den Gleichgewichtskonzentrationen identisch sind, die galvanische Zelle keine Potentialdifferenz mehr aufweist. Da Oxidations- und Reduktionsschritt jeweils voneinander getrennt in eigenen Reaktionsräumen ablaufen, zerlegt man die Nernst'sche Gleichung entsprechend:

$$\Delta E = E_{Ce} - E_{Fe}$$

$$\text{mit } E_{Ce} = E^{\circ}_{Ce} + \frac{RT}{zF} \cdot \ln \frac{c(Ce^{4+})}{c(Ce^{3+})} \quad \text{bzw.} \quad E_{Fe} = E^{\circ}_{Fe} + \frac{RT}{zF} \cdot \ln \frac{c(Fe^{3+})}{c(Fe^{2+})} .$$

In dieser Form geschrieben, muss darauf geachtet werden, dass in dem konzentrationsabhängigen Term die oxidierte Stufe immer im Zähler, die reduzierte im Nenner steht:

$$E = E^\circ + \frac{RT}{zF} \cdot \ln \frac{c(\mathrm{Ox})}{c(\mathrm{Red})} \,.$$

Die so genannten **Standardpotentiale** E° sind durch sich selbst nicht definiert. Vielmehr muss man für irgendeine Reaktion – und man hat sich da auf die Oxidation von Wasserstoff: $H_2 \rightleftharpoons 2\,H^+ + 2\,e^-$ geeinigt – das zugeordnete E° festlegen ($E^\circ_H = 0$). Dann ergibt sich für alle anderen Standardpotentiale eine relative Skala (**Spannungsreihe**).

Kommen wir nun zu unserem eigentlichen Problem zurück, eine Fe^{2+}-Lösung mit Ce^{4+}-Maßlösung zu titrieren und den Fortgang der Titration potentiometrisch zu verfolgen. Das Vorangehende hat gezeigt, wie das Potential einer Pt-Elektrode von dem Konzentrationsverhältnis $c(\mathrm{Ox})/c(\mathrm{Red})$ der Redoxpartner in der Lösung abhängt. Da die Potentiometrie ein Indikationsverfahren sein soll, darf bei der Potentialmessung prinzipiell kein Strom fließen ($I = 0$), denn sonst käme es an den Elektroden zu einem Stoffumsatz. Die in das Titriergefäß eintauchende Pt-Elektrode dient zur Messung des Konzentrationsverhältnisses von jeweils nur einem Redoxpaar. Titriert man mit der Ce^{4+}-Maßlösung, ist vor dem Äquivalenzpunkt das Paar Fe^{3+}/Fe^{2+} (Ce^{4+} wird quantitativ reduziert) für die Potentialeinstellung maßgebend, nach dem Äquivalenzpunkt jedoch das Paar Ce^{4+}/Ce^{3+} (Fe^{2+} ist nun vollständig verbraucht). Die Gleichgewichtseinstellung zwischen den Reaktionspartnern erfolgt nach jedem Zusatz von Maßlösung unmessbar schnell. Natürlich kann man Potentialdifferenzen nur zwischen zwei Elektroden messen. Es ist jedoch sinnvoll, als zweite Halbzelle ein Elektrodensystem zu verwenden, bei dem das Potential konstant bleibt, insgesamt also keine weitere Variable berücksichtigt werden muss. Ein Elektrodensystem mit solchen Eigenschaften bezeichnet man als Bezugselektrode (vgl. S. 309). Trägt man die zwischen beiden Elektroden gemessene Potentialdifferenz gegen das Volumen der Ce^{4+}-Maßlösung auf, erhält man die Titrationskurve (Abb. 4.18). Man kann zeigen,[2] dass bei 50 % des bis zum Äquivalenzpunkt benötigten Reagenszusatzes das Standardpotential E°_{Fe} und beim doppelten Zusatz das Standardpotential E°_{Ce} erreicht wird. Der Wendepunkt (Äquivalenzpunkt) liegt beim arithmetischen Mittel $(E^\circ_{Fe} + E^\circ_{Ce})/2$. Im Äquivalenzpunkt ist die Steigung der Titrationskurve am größten. Der Potentialsprung ist nicht von der Konzentration der zu titrierenden Lösung abhängig. Somit sind Titrationen in niedrigen Konzen-

2 Kurvenverlauf vor dem Äquivalenzpunkt:

$$E = E^\circ_{Fe} + \frac{RT}{F} \ln \frac{\tau}{1-\tau} \qquad (\tau < 1).$$

Kurvenverlauf nach dem Äquivalenzpunkt:

$$E = E^\circ_{Ce} + \frac{RT}{F} \ln (\tau - 1) \qquad (\tau > 1).$$

τ = Titrationsgrad, $\tau = 1 \mathrel{\hat{=}}$ Äquivalenzpunkt bzw. 100 % Oxidation.

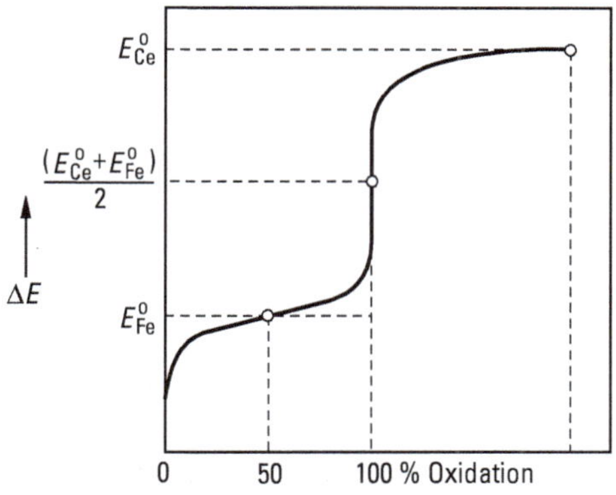

Abb. 4.18: Titration von Fe(II)-Ionen mit Cer(IV)-Sulfatlösung bei potentiometrischer Indikation (ΔE EMK der Messkette, E^o Standardpotential).

trationsbereichen ohne Einbuße an Genauigkeit möglich. Es sei darauf hingewiesen, dass sich dieser Sachverhalt ausschließlich für Redoxtitrationen ergibt, nicht aber bei Neutralisations-, Fällungs- oder Komplexbildungsanalysen.

Die potentiometrische Indikation von Redoxtitrationen erfolgt stets mit Edelmetallelektroden (Pt, Pd, Au). Da diese an der potentialbestimmenden Reaktion nicht direkt beteiligt sind, also selbst keine stofflichen Veränderungen erfahren, spricht man von **inerten Elektroden**.

4.4.2 Indikatorelektroden

Metallelektroden

Zur Bestimmung des Konzentrationsverhältnisses reversibler Redoxpaare haben wir bereits die Edelmetallelektrode kennengelernt. Aber auch Gleichgewichtsreaktionen zwischen Metallen und ihren in der Lösung befindlichen Ionen führen zu einer Aufladung der Oberfläche einer entsprechenden Metallelektrode. Das sich dabei einstellende Potential kann somit zur Messung der betreffenden Ionenkonzentration dienen. Beispiele hierfür sind:

$$Ag \rightleftharpoons Ag^+ + e^- \qquad E^o_{Ag} = 0{,}80\,V$$
$$2\,Hg \rightleftharpoons Hg_2^{2} + 2\,e^- \qquad E^o_{Hg} = 0{,}79\,V$$
$$Cu \rightleftharpoons Cu^{2+} + 2\,e^- \qquad E^o_{Cu} = 0{,}34\,V$$
$$Bi + H_2O \rightleftharpoons BiO^+ + 2\,H^+ + 3\,e^- \qquad E^o_{Bi} = 0{,}23\,V$$

In allen diesen Fällen handelt es sich um heterogene Reaktionen im Sinne der Gleichgewichtslehre. Da nach den Regeln der Thermodynamik die an der Reaktion beteiligten festen Phasen bei der Aufstellung des Massenwirkungsgesetzes nicht zu berücksichtigen sind, führt die Anwendung der Nernst'schen Gleichung zu einer für die potentiometrische Titration besonders günstigen Form

$$E = E^{\circ}_{Me} + \frac{RT}{zF} \cdot \ln c(Me^{z+}) .$$

Das Potential der zugehörigen Metallelektrode hängt allein von der Konzentration seiner Ionen in der Lösung ab. Mit der **Silberelektrode** lassen sich somit vorzüglich argentometrische Titrationen von Halogenidionen potentiometrisch indizieren.

Bei der **Bismutelektrode** muss wegen der Protolyse der Bi^{3+}-Ionen unter Bildung von Bismutoxidkationen (BiO^+) bei der Aufstellung der Nernst'schen Gleichung die H^+-Konzentration der Lösung berücksichtigt werden:

$$E = E^{\circ}_{Bi} + \frac{RT}{3F} \cdot \ln c(BiO^+) \cdot c^2(H^+) .$$

Eine störungsfreie potentiometrische Indikation setzt in diesem Fall voraus, dass die H^+-Konzentration der Lösung während der Titration gleich bleibt.

Ein Nachteil dieser Elektroden aber ist offensichtlich: Die Spannungsreihe der Elemente verbietet es, dass irgendwelche Metallionen bestimmt werden können, wenn gleichzeitig Ionen eines edleren Metalls in der zu titrierenden Lösung vorhanden sind. Sollten, wie z. B. im Fall von Cu^{2+} und BiO^+, die Standardpotentiale dicht beieinander liegen, bestimmen beide Ionensorten das Potential der Elektrode. Solche Mischpotentiale lassen sich im Prinzip zwar berechnen, doch verbietet ihr Auftreten die störungsfreie potentiometrische Indikation einer Ionenspezies. Man kann sich dann nur dadurch helfen, dass man einen der Bestandteile mit einem geeigneten Komplexliganden vollständig maskiert. Das aber setzt voraus, dass ein sehr stabiler und gleichzeitig sich spezifisch bildender Komplex überhaupt existiert. In unserem Fall bewirkt eine Zugabe von Kaliumcyanid, dass die Cu^{2+}-Ionen zu Cu^+ reduziert werden und dieses mit dem CN^- einen stabilen Komplex bildet:

$$Cu^{2+} + 5\,CN^- \rightleftharpoons [Cu(CN)_4]^{3-} + \frac{1}{2}(CN)_2 .$$

In der so vorbereiteten Lösung kann Bismut titriert werden.

Weniger edle Metalle kommen nur in Ausnahmefällen als Elektrodenmaterial zur Bestimmung ihrer Ionen in Betracht. Das ist ganz wesentlich dadurch bedingt, dass H^+-Ionen zuvor reduziert werden, also edler als diese Metallionen sind. Andererseits kann die Reaktion

$$H_2 \rightleftharpoons 2\,H^+ + 2\,e^-$$

an einer Pt-Elektrode potentialbestimmend sein. Das eröffnet im Prinzip die Möglichkeit einer Wasserstoff- oder pH-Elektrode. Um Polarisationseffekte zu vermeiden, sollte diese Elektrode zur Vergrößerung ihrer Oberfläche platiniert sein (vgl. S. 281). Sie muss von H_2-Gas umspült werden. Ihr Potential ist bestimmt durch die Gleichung

$$E = E^\circ_\mathrm{H} + \frac{RT}{2F} \cdot \ln \frac{c^2(\mathrm{H}^+)}{p(\mathrm{H}_2)}\,,$$

wobei $p(H_2)$ den auf den Standarddruck $p° = 1{,}013$ bar bezogenen Druck bedeutet, den der die Platinelektrode umspülende Wasserstoff besitzt. Im Allgemeinen wird er 1,013 bar (1 atm) betragen, in der Gleichung also als eins zu setzen sein. Das Standardpotential E°_H ist zu

$$E^\circ_\mathrm{H} = 0\,\mathrm{V}$$

international festgelegt worden. Damit ist, wie oben bereits erwähnt, die Spannungsreihe definiert. Das Standardpotential kann dadurch verifiziert werden, dass man eine Säure der Aktivität $a(H^+) = 1$ mol/l vorlegt und die Pt-Elektrode mit Wasserstoffgas von 1,013 bar Druck umspült. Da der logarithmische Term in diesem Fall Null wird, kann die gegenüber irgendeiner anderen Elektrode gemessene Spannung zur Bestimmung desjenigen Standardpotentials herangezogen werden, das für die Reaktion gilt, die an der betreffenden Elektrode potentialbestimmend ist. Damit ist diese Standardwasserstoffelektrode eine wichtige Referenzelektrode. Zur pH-Messung bzw. zur Verfolgung potentiometrisch durchgeführter Neutralisationsanalysen hat sie heute aber keine Bedeutung mehr, denn ihre Anwendung ist umständlich und wegen einer Vielzahl von möglichen Nebenreaktionen nicht störungsfrei.

Die Abb. 4.19 zeigt eine übliche Form der Wasserstoffelektrode. Der durch das seitlich angesetzte Rohr zugeleitete Wasserstoff tritt aus einer unter der Elektrode endenden Kapillare aus. Er muss zuvor sorgfältig gereinigt werden und auch von den letzten Sauerstoffspuren befreit sein. Das geschieht durch Waschen mit Silbernitrat-, alkalischer Permanganat- und alkalischer Pyrogallollösung sowie durch Überleiten über Platinasbest, der sich in einem auf schwache Rotglut erhitzten Quarzrohr befindet.

Das Titriergefäß muss nach außen hin verschlossen sein. Der Gasaustritt erfolgt über ein Ventil. Wenn der Wasserstoffgasdruck 1,013 bar (1 atm) beträgt, vereinfacht sich die oben angegebene Potentialgleichung zu

$$E = 0 + \frac{RT}{F} \cdot 2{,}303 \cdot \lg c(\mathrm{H}^+)\,,$$

wobei gleichzeitig der natürliche durch den dekadischen Logarithmus ersetzt wurde (Umrechnungsfaktor: 2,303). Für 25 °C ($T = 298$ K) errechnet sich der vor dem

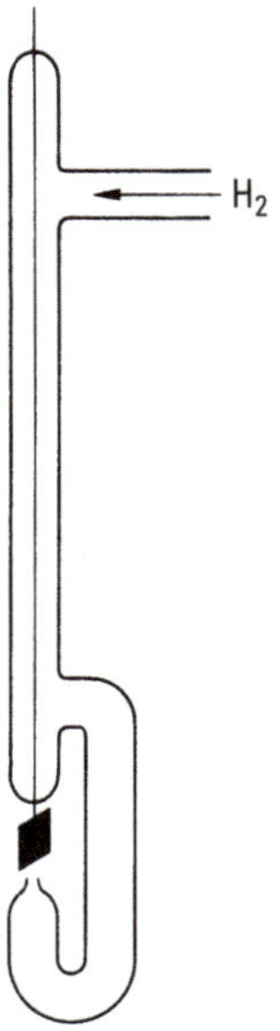

Abb. 4.19: Wasserstoffelektrode.

Logarithmus stehende Wert zu 0,059 V (V = Volt), und mit der Bestimmungsgleichung pH = –lg $c(H^+)$ erhält man schließlich

$$E = -0{,}059\ \text{V} \cdot \text{pH}\,.$$

Was den Einsatz der besprochenen Metallelektroden in der analytischen Praxis betrifft, so ist die wichtige Forderung nach Spezifität nur in Ausnahmefällen erfüllt. Abgesehen von den Einschränkungen, die sich aus der Stellung der betreffenden Ionenspezies in der Spannungsreihe herleiten, sind es vor allem reversible Redoxpaare, deren Anwesenheit in der Titrationslösung die gerade gewünschte Potentialeinstellung verhindern. Auch die Adsorption oberflächenaktiver Substanzen auf der Metalloberfläche ruft unliebsame Störungen hervor.

Sehr bewährt haben sich Metallelektroden aber bei der Herstellung von Bezugselektroden mit konstantem Potential. Hier ist der potentialbestimmenden Reaktion an der Metalloberfläche die Einstellung eines weiteren chemischen Gleichgewichtes nachgelagert (**Elektroden zweiter Art**). Wir werden über diese Art von Elektroden noch ausführlich zu sprechen haben (vgl. S. 309).

Ionenselektive Elektroden (ISE)

Die das Potential verursachende Aufladung der Metallelektroden können wir als den Übergang von an der Oberfläche sitzenden Metallspezies in den Ionenzustand verstehen. Dabei treten die entstandenen Ionen in die angrenzende flüssige Phase über und lassen ihre Elektronen in der Metalloberfläche zurück. Ebenso sollte eine derartige Potentialeinstellung erfolgen, wenn ein fester Ionenaustauscher einen Teil der in der Nähe seiner Oberfläche gebundenen Ionen mit der angrenzenden Lösung austauscht. Die erwünschte Spezifität hängt davon ab, wie spezifisch der Austauscher nur eine Ionenspezies aufnehmen kann. Die von der organischen Chemie her bekannten makromolekularen Ionenaustauscher mit Quellbarkeit in der sie umgebenden Lösung sind für unseren Zweck allerdings nicht geeignet, denn die Hohlräume sind vergleichsweise groß und die Ionen, die im Innern die Ladungen des Makromoleküls kompensieren, nehmen ihre Hydrathüllen mit. Das aber führt zu keiner ausreichenden Spezifität gegenüber einer bestimmten Ionensorte. Die Eignung eines solchen Ionenaustauschers zum Elektrodenmaterial setzt elektrische Leitfähigkeit voraus, die aber nur aus der Beweglichkeit der in seinem Innern gebundenen Ionen resultieren kann. Aus dem Bereich der anorganischen Chemie sind dagegen Festkörper mit Ionenleitähigkeit für ganz bestimmte Ionenspezies bekannt. Diese können definierte Kristalle sein, in denen das sie aufbauende Anion oder Kation beweglich ist, aber auch Silicate mit Raumnetzstruktur, in deren Gitter infolge von regelmäßigen Einlagerungen von anderswertigen Elementen (z. B. Al, B) Ladungen hervorgerufen werden. Der Nachteil dieser Verbindungen ist ihr außerordentlich hoher ohmscher Widerstand und damit entsprechende Probleme bei der angestrebten Potentialmessung. Die einzige Möglichkeit, diese Schwierigkeiten so klein wie möglich zu halten, liegt in der Anwendung sehr dünner Membranen aus den genannten Materialien, was aber wieder Anforderungen an deren mechanische Stabilität stellt.

Ein Modell für die Entstehung eines Phasengrenzpotentials zeigt Abb. 4.20. Ionen, die den Austauscher verlassen und in die gelöste Phase übergehen, hinterlassen nicht kompensierte Ladungen in der festen Matrix. Da sich diese Ladungen überwiegend in der Nähe der Oberfläche befinden, werden Ionen aus der umgebenden Lösung angezogen, wobei aber nur bestimmte Spezies wieder aufgenommen werden können. Dabei entsteht ein von der Konzentration dieser Ionensorte in der umgebenden Lösung abhängiges Phasengrenzpotential

$$E = \alpha_0 + \frac{RT}{zF} \cdot \ln c\,.$$

Formal entspricht diese Funktion der Nernst'schen Gleichung, doch hat die Konstante α_0 eine völlig andere Bedeutung als das Standardpotential E°. Ideal wäre es jetzt, wenn man zum Beispiel einen Metallstift vollständig mit dem benötigten Austauschermaterial umhüllen könnte und man zugleich noch erreichte, dass zwischen Metall und Ionenaustauscher eine elektrisch leitende Kopplung erzielt wird. Dies gelingt mit einem Silberdraht, den man mit einer kristallinen Silbersulfidschicht umgibt. Die S^{2-}-Ionen sind in diesem Kristall dicht gepackt, und die Ag^+-Ionen sind klein genug, um in den Hohlräumen des S^{2-}-Gitters beweglich zu

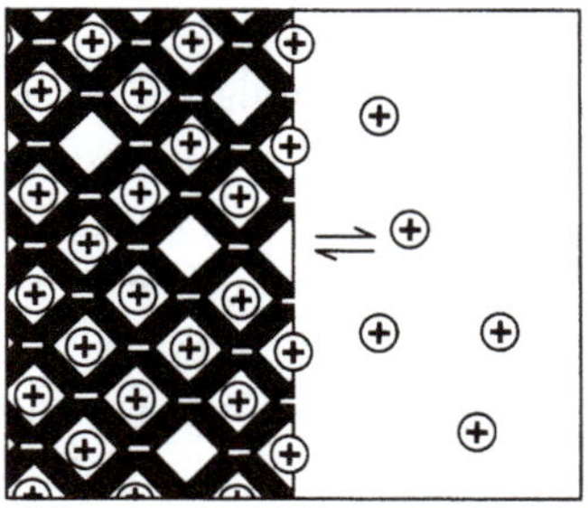

Abb. 4.20: Phasengrenzpotential eines Ionenaustauschers.

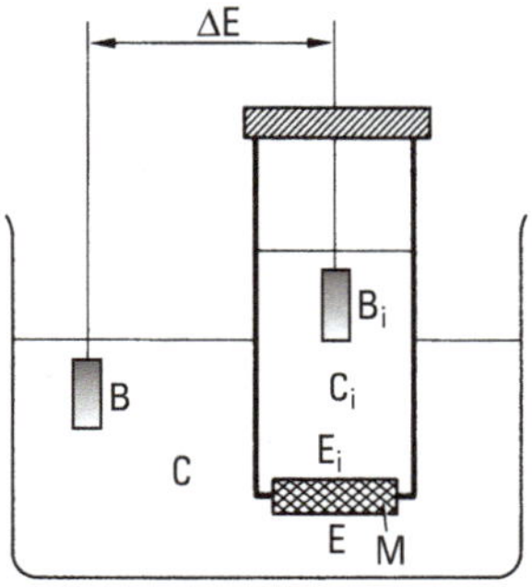

Abb. 4.21: Aufbau einer ionenselektiven Membranelektrode (Bedeutung der Symbole siehe Text).

sein. Andere Kationenspezies kann das austauschende Material nicht aufnehmen, sodass eine sehr hohe Spezifität für Ag^+-Ionen resultiert. Gegenüber einem einfachen Silberblech hat diese Elektrode den Vorteil, in Bezug auf reversible Redoxpaare nicht als inerte Elektrode wirksam zu sein. Es sei auch schon erwähnt, dass die Ag_2S-Elektrode im Prinzip auch auf S^{2-}-Ionen anspricht, da sich in der Probelösung das Löslichkeitsprodukt des Ag_2S einstellt und die dadurch bedingte Ag^+-Gleichgewichtskonzentration gemessen werden kann. Die Resultate, die man derzeit mit solchen einfachen Elektroden erzielt, sind, von Ausnahmen abgesehen, leider nicht sehr überzeugend. Wer heute von ionenselektiven Elektroden spricht, versteht darunter im Allgemeinen Membranelektroden, deren Aufbau in Abb. 4.21 dargestellt ist. Eine Membran (M) trennt zwei Lösungen unterschiedlicher Konzentration an ausgetauschter Ionenspezies. Die eine Konzentration (c_i) ist bekannt, die andere (c) wird gemessen. In jede der beiden Lösungen taucht eine Bezugselektrode (B) ein, deren Potentiale sich aber gegenseitig kompensieren, sofern sie beide gleich aufgebaut sind. Die gemessene Potentialdifferenz ΔE entspricht dann genau der Differenz der beiden Phasengrenzpotentiale E_i und E:

$$\Delta E = E - E_i = \alpha_0 + \frac{RT}{zF} \cdot \ln c - \alpha_0 - \frac{RT}{zF} \cdot \ln c_i .$$

Üblicherweise ist, wie Abb. 4.21 zeigt, die bekannte Lösung c_i zusammen mit der Bezugselektrode B_i in den nach außen abgeschlossenen Elektrodenkörper integriert. Da diese Bezugslösung ihre Konzentration c_i für alle Messungen beibehält, ist demnach der konzentrationsabhängige Term des Potentials der inneren Phasengrenze mit

$$\Phi_i = -\frac{RT}{zF} \cdot \ln c_i$$

konstant, sodass die Messanordnung der einfachen Beziehung

$$\Delta E = \Phi_i + \frac{RT}{zF} \cdot \ln c$$

genügt. Stellen wir nun die Frage nach den Materialien, aus denen die austauschenden Membranen gefertigt werden. Zum einen sind es anorganische Einkristalle mit spezifischer Ionenleitfähigkeit und entsprechenden Austauscheigenschaften, zum andern die später behandelten Glasmembranen (s. S. 305 ff.). Auf die Behandlung der neuerdings immer gebräuchlicher werdenden Flüssig-Membranelektroden, bei denen eine mit flüssigem Ionenaustauscher getränkte Filterscheibe die Rolle der austauschenden Membran übernimmt, müssen wir im Rahmen dieser Schrift jedoch verzichten.

Ein reines Fluorid-Ionen leitendes System ist der LaF_3-Kristall, den man zur Erhöhung der ohmschen Leitfähigkeit noch mit einem zweiwertigen Kation wie Eu^{2+} dotieren kann. Zur Herstellung einer Elektrode benötigt man eine aus einem Einkristall passend herausgeschnittene Membran. Der Messbereich der LaF_3-Elektrode ist nach unten hin begrenzt durch die Löslichkeit des Membranmaterials LaF_3 in der Probelösung. Das bedeutet praktisch, dass F^--Konzentrationen bis hinab zu 10^{-7} mol/l vermessen werden können. Darunter würde der ermittelte Fluoridgehalt zum großen Teil aus der Elektrode stammen. Man sollte zur Schonung der Elektrode die Messlösungen deshalb zuvor mit LaF_3 sättigen. Wegen der Einstellung des Löslichkeitsproduktes von LaF_3 in der Probelösung kann man im Prinzip auch La^{3+}-Ionen messen, man bedenke aber, dass die Gleichgewichtslage durch alle diejenigen Kationen gestört wird, die ebenfalls mit F^- schwer lösliche Fluoride bilden. Andererseits ist die LaF_3-Elektrode geeignet, wenn z. B. Al^{3+}- oder Fe^{3+}-Lösungen mit einer NaF-Maßlösung titriert werden sollen, da die Bildung der Komplexe $[FeF_6]^{3-}$ bzw. $[AlF_6]^{3-}$ potentiometrisch gut indizierbare Äquivalenzpunkte bedingt.

Das zweite, vielfach verwendete Material zur Herstellung kristalliner Membranen ist das Silbersulfid. Es kommt dem Elektrodenhersteller dabei der günstige

Umstand zugute, dass keine Einkristalle gezüchtet werden müssen, vielmehr genügt es, die Membran aus polykristallinem Ag_2S zu pressen. Eine nach dem Modell der Abb. 4.21 hergestellte Ag_2S-Elektrode ist spezifisch für Ag^+ und wegen der Beteiligung dieser Ag^+-Ionen am Lösegleichgewicht des Membranmaterials auch gegenüber S^{2-}-Ionen empfindlich.

Das Besondere an diesen Ag_2S-Presslingen ist die Möglichkeit des Dotierens mit weiteren geeigneten Substanzen, die einerseits zwar genügend schwer löslich, aber immer noch löslicher als die Wirtssubstanz sein müssen, die zum anderen aber aus Ionen aufgebaut sein müssen, die das Lösegleichgewicht des Ag_2S in definierter Weise beeinflussen. Zunächst sind in diesem Zusammenhang die Silberhalogenide AgCl, AgBr bzw. AgI zu nennen, deren Löslichkeitsprodukte in der Probelösung jeweils eine Ag^+-Konzentration festlegen, die in ihrer Größe von der gerade vorgegebenen Konzentration des jeweiligen Gegenions (Cl^-, Br^- bzw. I^-) abhängt. Damit sind Cl^--, Br^-- bzw. I^--empfindliche Elektroden herstellbar, doch muss bedacht werden, dass die Elektrodenfunktion gegenüber den Halogenidionen nicht störungsfrei ist, sofern die relevanten Lösungsgleichgewichte von anderer Seite beeinflusst werden.

Gehen wir noch einen Schritt weiter und überlegen, wie sich Metallsulfide als Zusätze in der Ag_2S-Matrix verhalten. Nach Einstellung der Lösegleichgewichte wird das eingelagerte Metallsulfid über seine korrespondierende S^{2-}-Konzentration die Lage des Löslichkeitsproduktes von Ag_2S bestimmen, und die von der Elektrode gemessene Ag^+-Konzentration wird darum ein Maß für den Gehalt der betreffenden Metallionen sein:

$$c^2(\mathrm{Ag}^+) \cdot c(\mathrm{S}^{2-}) = K_1\,,$$
$$c(\mathrm{Me}^{2+}) \cdot c(\mathrm{S}^{2-}) = K_2\,.$$

Da $c(S^{2-})$ für beide Gleichgewichte gleich groß ist, erhält man durch Division beider Gleichungen

$$\frac{c^2(\mathrm{Ag}^+)}{c\,(\mathrm{Me}^{2+})} = \frac{K_1}{K_2}$$

bzw.

$$c(\mathrm{Ag}^+) = \sqrt{\frac{K_1}{K_2} \cdot c\,(\mathrm{Me}^{2+})}\,,$$

d. h., die gemessene Potentialdifferenz einer Ag_2S-Elektrode mit in der Membran eingelagertem MeS wird statt von der Ag^+-Konzentration

$$\Delta E = \Phi_\mathrm{i} + \frac{RT}{F} \cdot \ln c(\mathrm{Ag}^+)$$

entsprechend der abgeleiteten Beziehung von der Me^{2+}-Konzentration abhängig sein:

$$\Delta E = \Phi_i + \frac{RT}{F} \cdot \ln \sqrt{\frac{K_1}{K_2} \cdot c(Me^{2+})}$$

bzw.

$$\Delta E = \Phi_i + \frac{RT}{2F} \cdot \ln \frac{K_1}{K_2} + \frac{RT}{2F} \cdot \ln c(Me^{2+})\,.$$

Da die beiden ersten Terme Konstanten sind, ist aus der Ag^+-Elektrode praktisch eine Me^{2+}-empfindliche Elektrode entstanden. Allerdings darf man in die Ag_2S-Matrix nur solche Metallsulfide einlagern, deren Löslichkeiten größer als die des Silbersulfids sind, die aber schwer genug löslich sind, um eine Auswaschung aus dem Membranmaterial weitgehend zu verhindern. Auf die Silbersulfidmatrix selbst kann man deshalb nicht verzichten, weil kein weiteres schwer lösliches Metallsulfid existiert, das als Membranmaterial über eine hinreichend große Ionenleitfähigkeit verfügt.

In der Praxis haben sich drei Metallsulfide, nämlich CuS, CdS und PbS, als geeignete Zusätze zu Ag_2S-Membranen erwiesen. Nach dem bisher Gesagten bedeutet das eine Potentialabhängigkeit der betreffenden Elektroden von der jeweiligen Konzentration an Cu^{2+}, Cd^{2+} bzw. Pb^{2+}-Ionen. Bei der Messung kommt es jedoch auch hier zu Störungen, wenn die Einstellung der relevanten Löslichkeitsprodukte in der Probelösung von dritter Seite beeinflusst wird. Das gilt bereits für den pH-Wert, bei dem die Messung ausgeführt wird. Zur alkalischen Seite hin kommt es nämlich zur Bildung der entsprechenden Metallhydroxide, in mehr saurem Medium dagegen reagieren die H^+- mit dem S^{2-}- zu HS^--Ionen. Am Beispiel einer Pb-Elektrode wird in Abb. 4.22 gezeigt, in welchen Bereichen für verschiedene Pb^{2+}-Konzentrationen eine vom pH-Wert unabhängige Potentialeinstellung erfolgt. Ganz generell muss man vor der Anwendung irgendeiner Kristall-Membran-Elektrode stets überlegen, ob in der Probelösung Substanzen vorkommen, die einen Einfluss auf die Einstellung der Lösegleichgewichte ausüben.

Die am längsten bekannte ionenselektive Elektrode ist die für pH-Messungen verwendete **Glaselektrode**. Sie hat alle anderen, früher für die H^+-Bestimmung angewendeten Elektroden, wie die Chinhydron-Elektrode oder die Antimonoxid-Elektrode, verdrängt. Hier ist die ionenaustauschende Membran aus einem Spezialglas gefertigt, das aus Gründen der mechanischen Stabilität nicht als planparalleles Plättchen belassen, sondern zur Kugel aufgeblasen wird. Ein solches Glas besitzt die ungefähre Zusammensetzung 72 % SiO_2, 22 % Na_2O und 6 % CaO, was durch Zusammenschmelzen entsprechender Mengen an SiO_2, Na_2CO_3 und $CaCO_3$ herstellbar ist. Charakteristisch für dieses Glas ist ein dreidimensional aufgebautes

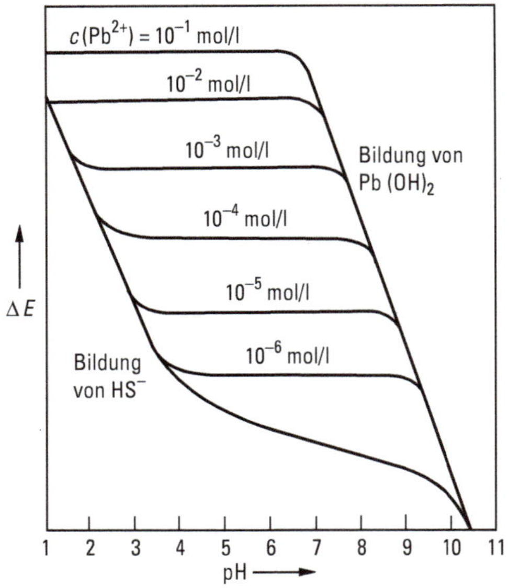

Abb. 4.22: Arbeitsbereich einer Pb-Elektrode (ΔE Elektrodenpotential).

Silicatgerüst mit endständigen ≡Si-$\overline{\text{O}}$|⁻-Gruppen. Die negative Ladung ist an jeweils einen Sauerstoff fixiert und besitzt eine entsprechend hohe anionische Ladungsdichte. Bringt man eine derartige Membran in eine wässrige Lösung, so zeigt sich, dass H^+-Ionen eine extrem höhere Affinität zur ≡Si-$\overline{\text{O}}$|⁻-Gruppe besitzen als Na^+-Ionen. Die äußere Glasschicht quillt auf und tauscht dabei ihre Na^+-Ionen praktisch vollständig gegen H^+-Ionen aus. Die Wasserstoffionen können aber über die äußere Gelschicht nicht weiter in das Innere der Membran vordringen, denn im ungequollenen Glas sind H^+-Ionen absolut unbeweglich, was durch Diffusionsversuche mit dem radioaktiven Wasserstoffisotop Tritium nachgewiesen werden konnte. Man muss sich also vorstellen, dass aus dem Na-Silicatglas zwar Na^+-Ionen in die Gelschicht einwandern, aber die am Gerüst zurückbleibende negative Ladung nicht durch H^+-Ionen kompensiert wird, was ein so genanntes **Diffusionspotential** zur Folge hat. Das bedeutet, dass in der gequollenen Schicht unmittelbar vor der Phasengrenze zum unveränderten Teil des Glases zunächst ein positiver, unmittelbar dahinter aber ein negativer Potentialwall entsteht, was schließlich jeden weiteren Ionenaustausch über diese Grenze verhindert. Dieses Diffusionspotential ist im Übrigen auch dafür verantwortlich, dass ein Na-Silicatglas über eine äußere Quellschicht hinaus nicht protolysieren kann.

Eine nach dem Schema der Abb. 4.23 aufgebaute Glaselektrode trennt einen Innenpuffer des pH-Wertes 7 gegen eine äußere Lösung anderen pH-Wertes ab. Da das innere Phasengrenzpotential E_i konstant ist, wird die Elektrodenfunktion allein durch das pH-abhängige Potential E bestimmt. Im Innern der Glaselektrode befindet sich außerdem eine geeignete Bezugselektrode. Die H^+-Spezifität der Glaselek-

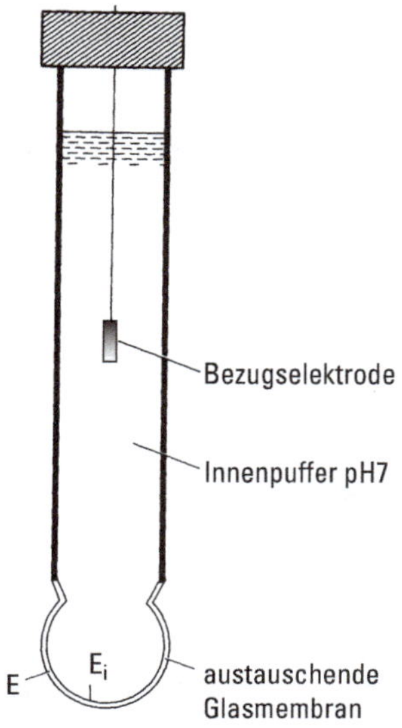

Abb. 4.23: Glaselektrode für die pH-Messung (*E* pH-abhängiges Potential, E_i inneres Phasengrenzpotential).

trode ist außerordentlich groß. Erst wenn in der Probelösung Alkalimetallionen hinsichtlich ihrer Konzentration die H^+-Ionen um den Faktor 10^{12}–10^{13} übertreffen, nimmt die Quellschicht merklich Alkalimetallionen auf, und das Phasengrenzpotential wird allmählich durch ihre Konzentration bestimmt. Das sind die bei Glaselektroden beobachteten Alkalifehler, die sich aber erst oberhalb pH = 12 bemerkbar machen. Darunter arbeitet die Elektrode weitgehend störungsfrei und vor allem gut reproduzierbar. Wichtig ist, dass H^+-selektive Glaselektroden vor ihrer Inbetriebnahme längere Zeit in einer verdünnten NaCl- oder KCl-Lösung quellen konnten. Nach dem Gebrauch müssen sie ebenfalls in einer derartigen Lösung aufbewahrt werden.

In neuerer Zeit hat man gelernt, auch Membranen aus solchen Gläsern herzustellen, die selektiv Alkali- oder auch Calcium-Ionen mit der Lösung austauschen. Das wird dadurch erreicht, dass man im Silicatgerüst endständige $\equiv$Si-$\overline{\underline{O}}|^-$-Gruppen vermeidet und stattdessen die negative Ladung auf die vier, ein Heteroatom wie Bor oder Aluminium umgebenden Sauerstoffatome verteilt. Ein derartiges Heteroatom mit der maximalen Oxidationszahl III kann nur dann in das Silicatgerüst eingebaut werden, wenn es formal ein weiteres Elektron aufnimmt. Seine Ladung aber verteilt sich auf die vier benachbarten Sauerstoffatome. Die hier im Vergleich zur H^+-Elektrode sehr viel niedrigere anionische Ladungsdichte bewirkt eine hohe Affinität für Alkalimetallionen. Um Gläser herzustellen, die in der Lage sind, zweiwertige Kationen mit der Lösung auszutauschen, benötigt man im Silicatgerüst anstelle des Siliciums hin und wieder ein Atom mit der Koordinationszahl 6

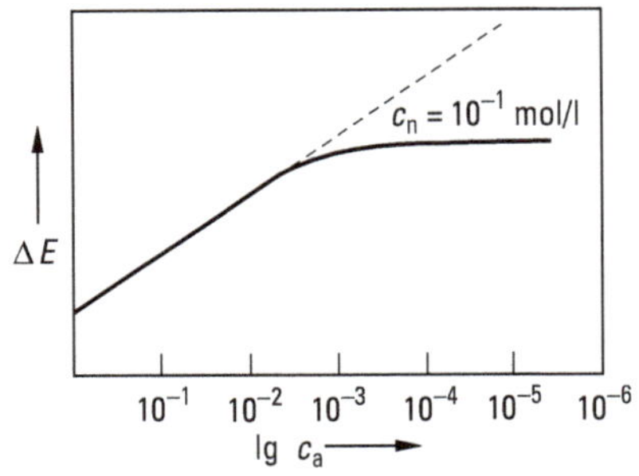

Abb. 4.24: Störung der Potentialeinstellung durch Fremdionen (c_a Konzentration der zu bestimmenden Alkali-Ionen, c_n Konzentration der störenden Ionen).

und der Oxidationszahl IV. Es ergibt sich um dieses Atom jeweils eine Struktur mit angenähert oktaedrisch angeordneten Sauerstoffatomen, auf die sich zwei negative Elementarladungen verteilen. Nach diesem Prinzip lässt sich eine Ca-selektive Glaselektrode herstellen, wenn man als Heteroatom Zirconium wählt und der Glasschmelze außerdem eine entsprechende Menge an $CaCO_3$ zusetzt, damit nach dem Erkalten dem Ca^{2+}-Ion angepasste Hohlräume im Glas entstehen, in denen sich dieses auch optimal bewegen kann.

Aus den wie beschrieben zusammengesetzten Gläsern konstruiert man Glaselektroden nach dem Bauprinzip der Abb. 4.23, nur dass im Innern eine Salzlösung mit jeweils dem Kation eingefüllt ist, für das die Elektrode selektiv ist. Obwohl beim Erschmelzen der Gläser auf eine dem auszutauschenden Ion angepasste Ladungsverteilung im Silicatgerüst hingewirkt wird und obwohl sich nach dem Erkalten optimale Hohlräume für die Aufnahme und Beweglichkeit gerade dieses Ions ergeben, erreicht die Selektivität der jeweiligen Elektrode dennoch nicht den Grad, den wir bei der pH-Elektrode kennengelernt haben. Aber immerhin erzielt man Selektivitäten, die es erlauben, in Lösungen, die an mehreren Alkalimetallionen etwa gleich konzentriert sind, nur eine Sorte davon durch Potentialmessung zu erfassen. Sollte allerdings die störende Ionensorte ungefähr hundertmal konzentrierter als die zu bestimmende sein, wird in der Regel ein Phasengrenzpotential resultieren, das in seiner Größe von den Konzentrationen beider Ionenspezies bestimmt wird. In diesem Bereich kann man zur Interpolation der Ergebnisse die von Nikolsky vorgeschlagene Gleichung.

$$E = \Phi_i + 2{,}303\,\frac{RT}{F}\cdot \lg(c_a + S \cdot c_n)$$

anwenden, in der c_a die Konzentration der Ionensorte a bedeutet, für die die Elektrode selektiv ist, und S die Selektivität gegenüber den störenden Ionen, deren Konzentration c_n betragen soll. Setzt man für $S = 10^{-2}$, wie es für Alkalielektroden realistisch ist, erhält man eine der Abb. 4.24 entsprechende Darstellung. Die Konzentration des störenden Ions ist mit $c_n = 0{,}1$ mol/l willkürlich vorgegeben. Sobald die Kurve nicht mehr linear verläuft, ist die Anwendung der Nikolsky-Gleichung hilfreich, links davor arbeitet die Elektrode ohne Störung, denn die Konzentration c_a ist sehr viel größer als das Produkt $S \cdot c_n$ aus dem Selektivitätskoeffizienten und der Konzentration des störenden Ions. Wird aber die Konzentration c_a sehr klein, ist das Phasengrenzpotential schließlich nur noch von der „Störkomponente" in der Lösung abhängig. Es muss angemerkt werden, dass die Gleichung von Nikolsky den Potentialverlauf jedoch nur begrenzt richtig wiedergibt, denn sie vernachlässigt die Existenz eines Diffusionspotentials im Innern der Glasmembran. Diese Ungenauigkeit beseitigt eine Gleichung von Eisenman [148], deren Anwendung aber erheblich komplizierter ist (Näheres bei Cammann [149]).

In neuerer Zeit werden Membranen aus porösen hydrophoben Festkörpern hergestellt, die mit einem „flüssigen Ionenaustauscher" getränkt sind. Man versteht darunter einen Anionen- oder Kationen-Austauscher, der nur in einem mit Wasser nicht mischbaren (organischen) Lösemittel löslich ist. Eine mit solcher Lösung getränkte Membran kann zwei wässrige Phasen voneinander trennen, ohne dass Wasser die Poren des hydrophoben Materials durchdringt. Ionenaustauscher lassen sich alternativ auch in Polyvinylchlorid immobilisieren, und man erhält gut zu verarbeitende zähe Membranen. Damit erweitern sich die Möglichkeiten, ionenselektive Elektroden für die verschiedensten Bedürfnisse herzustellen.

4.4.3 Bezugselektroden

Schon mehrere Male haben wir auf die Notwendigkeit hingewiesen, die Potentiale der Indikatorelektroden gegen eine Bezugselektrode mit konstantem Potential zu messen. Es ist auch schon gesagt worden, dass es sich bei diesen Elektroden ausschließlich um Metallelektroden handelt. Gegenüber dem, was wir bereits kennengelernt haben, besteht der Unterschied jedoch darin, dass die Metallionen-Konzentration über das Löslichkeitsprodukt eines schwer löslichen Salzes, das als Bodenkörper mit der Lösung im Gleichgewicht steht, festgelegt ist. Da der eigentlichen Elektrodenfunktion ein chemisches Gleichgewicht nachgelagert ist, spricht man hier auch von **Elektroden zweiter Art**.

Ein sehr häufig benutztes Exemplar, das man sich in einfacher Weise im Labor auch selbst herstellen kann, ist die **Kalomelelektrode**. Man mischt dazu in einem Porzellanmörser Quecksilber und Hg_2Cl_2 zusammen, bis ein homogen erscheinender Brei entstanden ist. Diesen benutzt man als Bodenkörper in einer gesättigten KCl-Lösung, wobei gegenüber der Elektrolytlösung isoliert noch ein Stromzufluss zum Hg/Hg_2Cl_2-Gemisch geschaffen werden muss. Die durch die KCl-Lösung vorgegebene Cl^--Konzentration erlaubt das Auflösen von so viel Hg_2Cl_2, bis das Löslichkeitsprodukt

$$c(Hg_2^{2+}) \cdot c^2(Cl^-) = K_L$$

eingestellt ist. Die korrespondierende Hg_2^{2+}-Konzentration bestimmt aber das Potential der Quecksilberelektrode:

$$E = E^{\circ} + \frac{RT}{2F} \cdot \ln c(Hg_2^{2+})\,.$$

Man ersetze $c(Hg_2^{2+})$ durch das Löslichkeitsprodukt:

$$E = E^{\circ} + \frac{RT}{2F} \cdot \ln \frac{K}{c^2(Cl^-)}$$

bzw.

$$E = E^{\circ} + \frac{RT}{2F} \cdot \ln K - \frac{RT}{F} \cdot \ln c(Cl^-)\,,$$

und mit

$$E' = E^{\circ} + \frac{RT}{2F} \cdot \ln K$$

$$E = E' - \frac{RT}{F} \cdot \ln c(Cl^-)\,.$$

Die Cl^--Konzentration ist in einer gesättigten KCl-Lösung festgelegt. Bei einer Temperatur von 25 °C ergibt sich ein konstantes Potential von 0,246 V (gegenüber der Standardwasserstoffelektrode). Falls man anstelle der gesättigten KCl-Lösung eine solche mit $c = 1{,}0$ mol/l wählt, beträgt das Potential 0,2801 V bei 25 °C (Zimmertemperatur). Immer, wenn sich infolge eines Stromdurchganges durch die Elektrode die Hg_2^{2+}-Konzentration verändert, fällt entsprechend viel Hg_2Cl_2 aus oder löst sich auf, bis der ursprüngliche Zustand wieder erreicht ist. Als ionisch leitende Verbindung zur Titrationslösung benutzt man einen mit Elektrolyt gefüllten Stromschlüssel oder ein Diaphragma. Abb. 4.25 zeigt den modernen Aufbau einer Kalomelelektrode. Sie taucht mit ihrem am unteren Ende angeschmolzenen Diaphragma in die zu titrierende Lösung ein. Über eine Einfüllöffnung kann verbrauchte KCl-Lösung nach Bedarf ergänzt werden. Dabei ist darauf zu achten, dass der Flüssigkeitsspiegel in der Bezugselektrode immer höher liegt als in der Titrationslösung, weil nur so deren Eindringen über das Diaphragma in die Kalomelelektrode vermieden werden kann. Wenn umgekehrt etwas von der KCl-Lösung infolge des Überdruckes in die zu titrierende Lösung fließt, wird zugleich das am Diaphragma auftretende Diffusionspotential weitgehend unterdrückt. Natürlich darf KCl die gerade durchzuführende Titration nicht stören. In einem solchen Fall muss eine Bezugselektrode mit einem anderem Elektrolyten verwendet werden. Die Kalomelelektro-

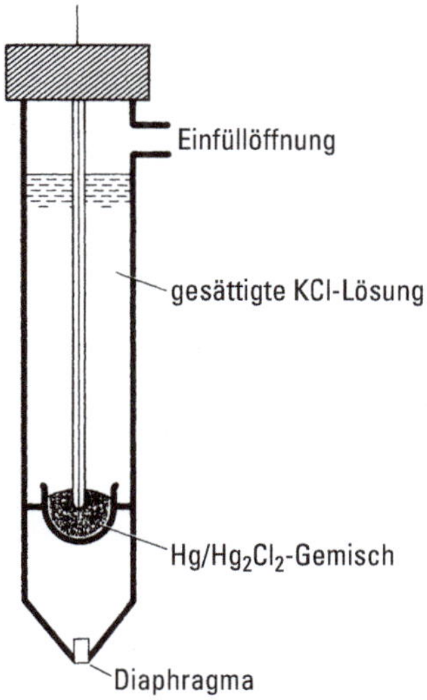

Abb. 4.25: Kalomelelektrode.

de arbeitet bei höheren Temperaturen nicht mehr zuverlässig. Das liegt an der Disproportionierung des Hg(I) in Hg(II) und Hg.

Für die meisten elektrochemischen Messungen bevorzugt man heute die sehr zuverlässige **Ag/AgCl-Elektrode (Silberchlorid-Elektrode)** mit festem AgCl als Bodenkörper. Wer auf gute Messergebnisse bei höheren Temperaturen Wert legt, sollte zur **Thalamid-Elektrode** greifen. Sie besteht aus Thalliumamalgam als Elektrodenmaterial und TlCl-Bodenkörper in einer KCl-Lösung der Konzentration 3 mol/l. Falls eine Titration durch Cl-Ionen gestört wird, kann man ersatzweise mit einer **Quecksilbersulfat-Elektrode** arbeiten, die ebenfalls ein konstantes Potential besitzt.

4.4.4 Messketten

Bei potentiometrischen Titrationen wird die Potentialdifferenz zwischen der auf die charakteristischen Konzentrationsänderungen ansprechenden Indikatorelektrode und einer Bezugselektrode gemessen. Wir müssen uns jetzt noch überlegen, wie zwischen den Elektrolytlösungen im Titrationsgefäß und in der Bezugselektrode eine ionisch leitende Verbindung herzustellen ist. Hierfür gibt es im Prinzip zwei Möglichkeiten, nämlich die Anwendung eines Diaphragmas oder die eines mit Elektrolyt gefüllten Stromschlüssels. Welche davon man auch gewählt haben mag, den zur Messung fertigen Versuchsaufbau nennt man Messkette.

Die in Abb. 4.26 dargestellte Titrationseinrichtung verwendet einen Stromschlüssel. Es soll eine Silbernitratlösung mit einer NaCl-Maßlösung titriert werden. Als Mess- oder Indikatorelektrode kann ein einfaches Silberblech dienen. Wenn man als Bezugselektrode eine Kalomel- oder auch Ag/AgCl-Elektrode wählt, tritt

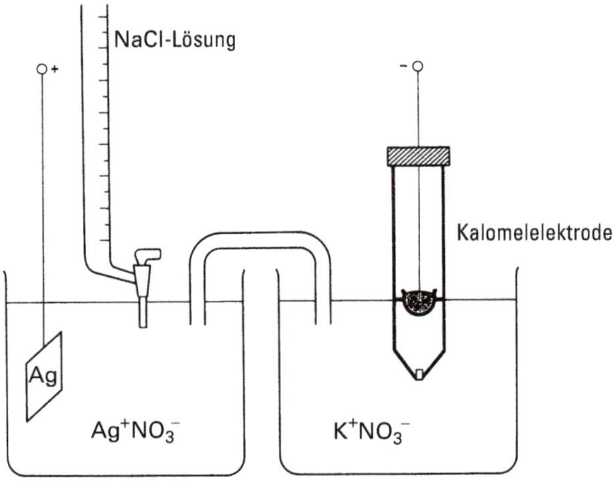

Abb. 4.26: Messkette mit Stromschlüssel.

das Problem auf, dass durch das Diaphragma hindurch Cl^--Ionen in die Probelösung fließen. Aus diesem Grunde taucht man die Bezugselektrode in ein zum Beispiel mit KNO_3-Lösung gefülltes Becherglas und verbindet diesen Elektrolyten mit dem Titrationsgefäß durch einen ebenfalls mit KNO_3-Lösung gefüllten Stromschlüssel. Im einfachsten Fall ist dieser ein U-Rohr, das neben der Elektrolytlösung noch Agar-Gel enthält, was ein Auslaufen verhindert. Der Zwischenelektrolyt KNO_3 stört die Titration der Silberionen mit NaCl nicht. Falls der Stromschlüssel mit einem Elektrolyten gefüllt ist, dessen Anion und Kation beide etwa gleich große Beweglichkeiten besitzen, tritt kein Diffusionspotential auf. Dieser Umstand besitzt aber nur untergeordnete Bedeutung, solange man eine Titration potentiometrisch indizieren will.

Die bequemste Möglichkeit, zwei Elektrolytlösungen ionisch leitend miteinander zu verbinden, ist die Verwendung eines Diaphragmas. Ein solches kann aus Ton mit geeigneter Porengröße bestehen, aber auch aus einem Asbestfaden oder vielen gegeneinander verdrillten dünnen Platindrähten, die, in Glas eingeschmolzen, einen Austausch kleiner Elektrolytmengen zwischen zwei Lösungen zulassen. Wir haben dies bereits bei der Kalomelelektrode (vgl. Abb. 4.25) kennengelernt, die man ja, sofern die darin enthaltene KCl-Lösung nicht gerade stört, direkt in das Titrationsgefäß eintauchen lässt. Es muss aber auch gesagt werden, dass Diaphragmen die Hauptfehlerquelle bei Potentialmessungen mit hohem Genauigkeitsanspruch darstellen. Wenn nämlich unterschiedlich zusammengesetzte Elektrolytlösungen über ein Diaphragma Verbindung miteinander bekommen, wandern ihre Ionen im Potentialgefälle entsprechend ihren Beweglichkeiten. Im Diaphragma führen aber unterschiedliche Beweglichkeiten der am Leitungsprozess beteiligten Ionenspezies zum Aufbau eines Diffusionspotentials, das bei der Messung der Po-

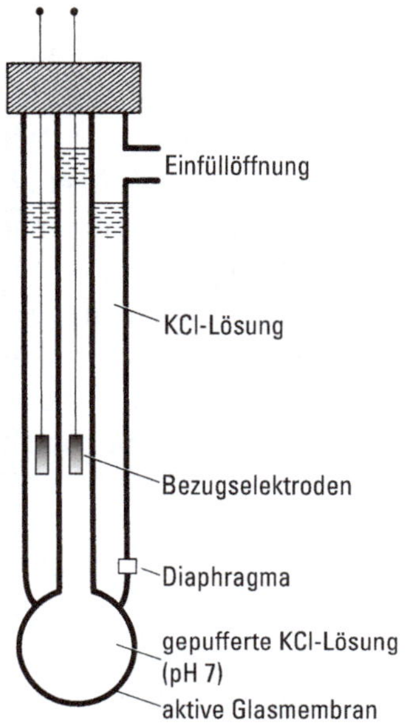

Abb. 4.27: Einstabmesskette zur pH-Messung.

tentialdifferenz zweier Elektroden als additives Glied miterfasst wird. Solange dieses im Diaphragma auftretende Potential während einer Messreihe unverändert bleibt, lässt es sich auch berücksichtigen. Aber bei einer Neutralisationsanalyse werden zum Beispiel sehr bewegliche H^+- oder OH^--Ionen neutralisiert, und entsprechend nimmt dann das Diffusionspotential stark unterschiedliche Werte an. Wer eine potentiometrisch indizierte Titration durchführt, dem kommt es aber weniger auf die Absolutwerte des Potentials an, sondern hauptsächlich auf den Kurvenverlauf, da lediglich der Wendepunkt richtig festzulegen ist. Wir dürfen also in diesem Fall die Änderungen des miterfassten Diffusionspotentials im Diaphragma außer Acht lassen, sollten aber trotzdem dafür sorgen, dass der Flüssigkeitsspiegel in der Bezugselektrode höher liegt als im Titrationsgefäß. Um Diffusionspotentiale praktisch ganz zu unterdrücken, erhöht man in der Bezugselektrode durch Verlängerung der Flüssigkeitssäule den hydrostatischen Druck so sehr, dass ein zwar kleiner, aber ständiger Elektrolytfluss aus dem Reservoir der Elektrode durch das Diaphragma in die zu untersuchende Lösung stattfindet. Das wird aber nur dann notwendig sein, wenn direkt mit einer ionenselektiven Elektrode Ionenkonzentrationen bestimmt werden sollen.

Die Abb. 4.27 zeigt eine so genannte **Einstabmesskette** zur pH-Messung in wässrigen Lösungen. Das Besondere an diesem Aufbau ist die Vereinigung von Indikatorelektrode und Bezugselektrode zu einem einzigen Elektrodenkörper. Die eigentliche Glaselektrode mit ihrem Innenpuffer und der inneren Bezugselektrode ist im Bereich des oberhalb der austauschenden Kugelmembran angeschmolzenen

Schaftes von einem weiteren Glasmantel umgeben, der Platz für die Aufnahme der zweiten Bezugselektrode bietet. Ihre Elektrolytfüllung steht mit der zu untersuchenden Lösung über ein seitlich angebrachtes Diaphragma in ionisch leitender Verbindung. Über die oben seitlich angebrachte Einfüllöffnung kann nach Bedarf Elektrolytlösung für die Bezugselektrode ergänzt werden. Auch Einstabmessketten zur pH-Bestimmung müssen vor der ersten Anwendung genügend lange in einer KCl-Lösung gestanden haben, damit die Glasmembran durch den Quellvorgang für den H^+-Ionenaustausch aktiviert ist. Bei einer Messung ist darauf zu achten, dass nicht nur die aktive Glaskugel in die Lösung eintaucht, sondern auch das Diaphragma. Für viele Arten von ionenselektiven Elektroden sind heute Einstabmessketten im Handel, was der Einfachheit der beabsichtigten Messungen sehr zugute kommt.

4.4.5 Stromlose Potentialmessung

Die Abhängigkeit der Elektrodenpotentiale von der Konzentration der ausgetauschten Ionen in der Lösung wird nur dann von den schon besprochenen Gleichungen von Nernst und Nikolsky richtig wiedergegeben, wenn an den Elektroden kein Stoffumsatz stattfindet. Das aber ist in der Praxis nur so zu realisieren, dass der Messkette auch während einer Potentialmessung keine Energie entnommen wird. Jedes direkt zwischen die Elektroden geschaltete Spannungsmessgerät aber würde zur Messung Energie verbrauchen, und es käme zu einem, wenn auch geringen Stromfluss.

Bei der Messung der Potentialdifferenz zwischen zwei Metallelektroden (z. B. ein Pt-Blech gegen eine Bezugselektrode bei Redoxtitrationen), gelingt es mit einem einfachen Aufbau, die Bedingung der Stromlosigkeit zu erfüllen. Mithilfe eines Spannungsteilers erzeugt man aus der von einer Batterie abgegebenen konstanten Spannung eine entsprechend geringere Spannung, die mit der zu messenden Potentialdifferenz genau übereinstimmt. Um das zu erreichen, legt man diese Spannung an die Elektroden der Messkette und regelt den Widerstand so lange, bis beide Spannungen entgegengesetzt gleich sind. Ein im Stromkreis vorhandenes empfindliches Strommessgerät zeigt dann Stromlosigkeit an. Diese **Kompensationsmethode** stammt von Poggendorf und wird in der Literatur auch meist unter diesem Namen behandelt. Abb. 4.28 zeigt das Schaltbild. Die Stellung des Schiebewiderstandes ist der abgegebenen Spannung proportional. Um aber jeder Stellung des Schiebewiderstandes eine Spannung in mV zuordnen zu können, muss man zuvor mit einem Normalelement (das ist eine galvanische Zelle mit bekanntem Potential, z. B. das Weston-Element) kalibrieren, indem man anstelle der Messkette dieses Normalelement abgleicht. Leider lässt sich diese Kompensationsmethode nicht anwenden, wenn die Messkette als Indikatorelektrode eine Glaselektrode enthält. Das liegt an dem extrem hohen Widerstand, den eine Glasmembran besitzt,

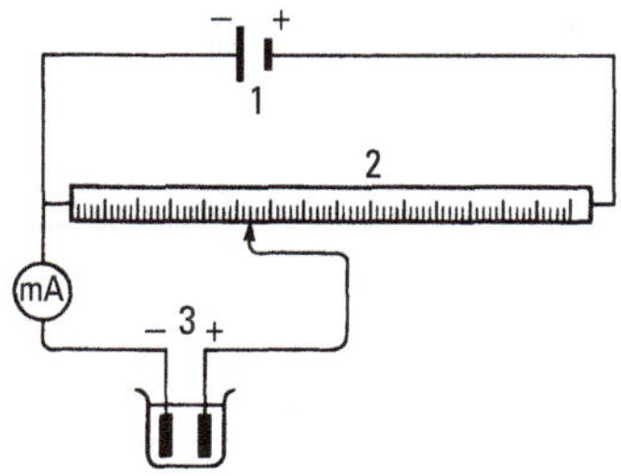

Abb. 4.28: Poggendorf'sche Kompensationsmethode zur Potentialmessung; (1) Gleichspannungsquelle, (2) Schiebewiderstand (in mV kalibriert), (3) Messzelle.

er liegt in der Größenordnung von 10^{10} Ω. Unter diesen Umständen würde nämlich erstens der Schiebewiderstand die Messkette praktisch kurzschließen, was sie aus dem Gleichgewichtszustand kommen ließe, und zweitens wäre die Messung so kleiner Ströme mit einem gewöhnlichen Strommessgerät unmöglich, sodass mit dem Spannungsteiler auch nicht abzugleichen wäre.

Ohne messtechnische Probleme diskutieren zu wollen, sei nur so viel gesagt, dass hier ein **elektronischer Messverstärker** benötigt wird, dessen Eingangswiderstand mindestens um den Faktor 1000 höher liegen muss als der Widerstand der Glaselektrode, wenn das Messsignal mit einem Fehler von höchstens 0,1 % aufgenommen und nach seiner Verstärkung richtig angezeigt werden soll. Von gleicher Güte muss auch die Isolation des abgeschirmten Kabels sein, mit dem das Signal dem Messverstärker zugeführt wird, wenn man vermeiden will, dass es schon hier zu Signalverfälschungen kommt. Die im Handel erhältlichen Messgeräte, meist pH- oder auch Ionen-Meter genannt, erlauben die nahezu stromlose Potentialmessung bei einem Eingangswiderstand von ca. 10^{13} Ω mit einer Genauigkeit von bis zu ±0,2 mV (Präzisionsgeräte). Das aber bedeutet, dass bei einem analog anzeigenden Gerät der verfügbar gehaltene Messbereich noch einmal in zehn aneinander anschließende Teilbereiche unterteilt sein muss, was eine präzise und zeitkonstante Kompensation der einzelnen Spannungsstufen voraussetzt. Für potentiometrisch indizierte Titrationen benötigt man keine derartigen Präzisionsgeräte, es darf als ausreichend angesehen werden, wenn sie eine Potentialmessung mit einer Genauigkeit von ±2 mV zulassen.

Um mit diesen Geräten insbesondere an Messketten, die ionenselektive Elektroden enthalten, nicht nur relativ richtige Messungen ausführen zu können, müssen sie eine Kalibrierung zulassen. Für pH-Messungen hat man z. B. zwei Pufferlösungen mit genau bekannten, aber genügend weit auseinander liegenden pH-Werten zu vermessen, um nach den Angaben des Geräteherstellers damit die Anzeige des pH-Meters in Übereinstimmung zu bringen. Viele Geräte besitzen zudem einen Eingang für einen Temperaturfühler. Wenn man diesen in die Messlösung eintauchen lässt, übernimmt das Gerät die Korrektur von Temperaturschwankungen. Falls vom

Gerät her eine solche Möglichkeit nicht existiert, sollte man die Temperatur im Messgefäß durch einen Thermostaten konstant halten.

Wer ein Ionenmeter mit einer Messgenauigkeit von ±0,2 mV zur direkten Konzentrationsbestimmung benutzt, sollte bedenken, dass Diffusionspotentiale am Diaphragma der Bezugselektrode die Größe von mehr als 1 mV erreichen können. Sie sind demnach in jedem Fall zu unterdrücken. Bei derartig präzisen Messungen muss man dann auch statt mit Konzentrationen mit Aktivitäten rechnen.

Um die Wirkungsweise der verschiedenen Farbindikatoren bei der Äquivalenzpunktermittlung klassischer Titrationsverfahren und die Qualität der dabei gemachten Aussagen richtig einschätzen zu können, hatten wir für die verschiedenen Arten der Maßanalyse den Verlauf der zugehörigen Titrationskurven besprochen. Grundsätzlich erhält man sie durch logarithmische Auftragung der Konzentration derjenigen Ionensorte, die infolge einer chemischen Reaktion bei der Titration entsteht oder verbraucht wird. Da das Potential einer Indikatorelektrode, wie wir gesehen haben, ebenfalls vom Logarithmus dieser Konzentration abhängt, ist die potentiometrische Titration ein Verfahren zur Registrierung dieser Titrationskurven. Bei 25 °C lautet die Bestimmungsfunktion

$$\Delta E = \Phi_\mathrm{i} + \frac{0{,}059\,\mathrm{V}}{z} \cdot \lg c\,.$$

Wir wollen in diesem Zusammenhang noch einmal auf die Kalibrierung eines pH-Meters zurückkommen: Mit der ersten Pufferlösung bringen wir den bekannten pH-Wert durch Regeln einer Gegenspannung mit der entsprechenden Anzeige des Gerätes in Übereinstimmung. Um das Gleiche auch mit der zweiten Pufferlösung vornehmen zu können, muss die Steilheit des elektronischen Verstärkers so lange verändert werden, bis Übereinstimmung auch für den zweiten pH-Wert erreicht ist. Am Gerät kann nun die eingestellte Steilheit abgelesen werden. Sie sollte bei Messung eines einwertigen Ions ($z = 1$) und bei 25 °C natürlich den Wert 0,059 V besitzen. Die Praxis hat gezeigt, dass die Güte der Annäherung an diese theoretische Steilheit ein Kriterium für die richtige Funktion einer ionenselektiven Elektrode darstellt. Sollte ein kleinerer Wert gefunden werden, ist die Funktionsfähigkeit der Elektrode zumindest reduziert. Sie ist dann zunächst auf Sauberkeit (das gilt auch für die Bezugselektrode im Diaphragmenbereich) zu prüfen und notfalls zu reaktivieren, was bei einer Glaselektrode zum Beispiel darin bestehen kann, dass man sie kurzzeitig (!!) mit Flusssäure anätzt. Danach muss sie zum Quellen wieder längere Zeit in einer Elektrolytlösung stehen. Wenn die Steilheit der Elektrodenfunktion auch dann nicht dem theoretischen Wert nahe kommt, muss die Elektrode durch eine neue ersetzt werden.

Während es alle pH- bzw. Ionenmeter dem Analytiker auferlegen, die Titration manuell durchzuführen und jeweils die zugehörigen Messwerte abzulesen, um damit eine grafische Darstellung der Titrationskurve vorzunehmen, gibt es auch so genannte **Potentiographen**, die automatisch die benötigten Titrationskurven registrieren können. Sie entsprechen in ihrem Aufbau den bisher beschriebenen Geräten, besitzen aber zusätzlich noch eine Schreibvorrichtung (Kompensationsschreiber) und eine Motorbürette (vgl. Kap. 5). Um eine richtige Zuordnung von Messwert und Reagenszugabe zu gewährleisten, muss eine präzise arbeitende mechanische oder besser sogar elektronische Kopplung von Papiervorschub und Kolbenstellung der Motorbürette existieren. Mit einer derartigen Einrichtung kann man dann auch im Bereich des Äquivalenzpunktes langsamer titrieren und vor allem von Messung zu Messung einem vorgegebenen und dann automatisch reproduzierten Zeitplan folgen. Zur Erleichterung der Kurvenauswertung kann die Messkurve auch differenziert werden; man hat anstelle des Wendepunktes dann das Maximum eines Peaks zu ermitteln. Die Reproduzierbarkeit der durchgeführten Titrationen kann mit diesen Geräten wesentlich gesteigert werden, was besonders dem Routinebetrieb zugute kommt.

Die moderne Elektronik erlaubt heute die Konstruktion spielkartengroßer, batteriegetriebener Potentiometer, die nach vorheriger Einstellung des am Äquivalenzpunkt erwarteten Potentialwertes den Titrationsgrad bis zum Erreichen des Endpunktes digital anzeigen. Damit lassen sich die Vorteile der potentiometrischen Indikation nutzen, was zu sehr genauen Titrationsergebnissen führt.

4.4.6 Praktische Anwendungen

Im Folgenden soll anhand einiger Beispiele gezeigt werden, wie vielseitig sich potentiometrische Titrationen zur Indizierung von Fällungs-, Komplexbildungs- und Neutralisationsreaktionen sowie Oxidations- und Reduktionsvorgängen verwenden lassen. Als Vorzüge der Potentiometrie sind vor allem zu nennen:

- Die Möglichkeit, mehrere Stoffe im Verlauf einer einzigen Titration zu bestimmen (Simultanbestimmungen).
- Die Möglichkeit, die Menge eines Stoffes in Gegenwart von solchen Begleitstoffen zu ermitteln, die bei der Durchführung der Analyse nach anderen Methoden stören würden (Selektivbestimmungen). Hier ist auch die Möglichkeit der Titration trüber oder stark gefärbter Lösungen zu erwähnen.
- Die Möglichkeit einer sehr wesentlichen Erweiterung der maßanalytischen Methoden dadurch, dass jetzt auch Maßlösungen verwendet werden können, für die kein brauchbarer Indikator bekannt ist.
- Die Möglichkeit, Mikrobestimmungen auszuführen, da die Genauigkeit vieler potentiometrischer Titrationen diejenige der entsprechenden klassischen Methoden übertrifft.

Fällungs- und Komplexbildungstitrationen

Bestimmung von Halogeniden und von Silber. Die argentometrische Bestimmung von Halogeniden wird in schwach schwefelsaurer Lösung durchgeführt. Als Indikatorelektrode dient ein Silberblech, als Bezugselektrode eine Quecksilbersulfat-Elektrode, die beide in das Titrationsgefäß eintauchen. Es ist wichtig, nicht zu schnell zu titrieren und besonders in der Nähe des Äquivalenzpunktes die etwas zögernde Potentialeinstellung abzuwarten. Das gilt vor allem für die Bromid- und Iodidbestimmung, weniger für die des Chlorids. Der potentialbestimmende Vorgang ist:

$$Ag^+ + Hal^- \rightleftharpoons AgHal\,.$$

Die beobachteten Potentialsprünge hängen daher von den Löslichkeitsprodukten der Silberhalogenide ab: K_L (AgI) = 10^{-16}, K_L (AgBr) = 10^{-12} und K_L (AgCl) = 10^{-10}, nehmen also in ihrer Größe in der genannten Reihenfolge ab. So lassen sich Iodid- und Bromidlösungen bis herab zu Konzentrationen von 10^{-5} mol/l, Chloridlösungen jedoch nur bis zu Konzentrationen von 10^{-3} mol/l bestimmen.

Die gleichen Reaktionen sind natürlich auch zur Bestimmung von Silberionen verwendbar. Liegt die Ag^+-Konzentration in der zu titrierenden Lösung oberhalb von $c(Ag^+) = 10^{-3}$ mol/l, wird als Maßlösung eine Chloridlösung verwendet, die den Vorteil einer rascheren Potentialeinstellung bietet. Verdünntere Silberlösungen werden mit Bromidlösungen titriert, weil diese eine Bestimmung bis herab zu Konzentrationen von $c(Ag^+) = 10^{-5}$ mol/l mit ausreichender Genauigkeit erlauben.

Bestimmung von Halogeniden nebeneinander. Sie soll an einem konkreten Beispiel besprochen werden: 100 ml einer Lösung, deren Iodid- und Chloridkonzentration jeweils 0,01 mol/l beträgt, sollen mit einer Silbernitratlösung der Konzentration $c(Ag^+) = 1$ mol/l titriert werden. Wie ändert sich die Ag^+-Konzentration im Verlauf der Titration? Zu Beginn beträgt die Konzentration wegen des Löslichkeitproduktes von AgI 10^{-14} mol/l, am Äquivalenzpunkt 10^{-8} mol/l und nach dem Zusatz eines weiteren ml der $AgNO_3$-Lösung läge sie bei 10^{-2} mol/l, falls das Chlorid nicht zugegen wäre (Kurve 1 der Abb. 4.29). Da dieses aber eine Konzentration von 0,01 mol/l hat, beginnt bei einer Ag^+-Konzentration von 10^{-8} mol/l die Ausfällung von AgCl (vgl. das Löslichkeitsprodukt von AgCl). Solange diese anhält, steigt die Ag^+-Konzentration nur geringfügig an, bis der Äquivalenzpunkt der Chloridbestimmung bei einer Ag^+-Konzentration von 10^{-5} mol/l (Wendepunkt der Kurve 2 in Abb. 4.29) erreicht wird. Die gemessene Kurve weist also zwei charakteristische Konzentrationssprünge auf, deren erster das Ende der Silberiodidfällung anzeigt, während der zweite nach Ausfällung der Chloridionen beobachtet wird. Der eigentliche Wendepunkt der Iodidfällung wird aber genau genommen gar nicht mehr erreicht, weil die Kurve wegen der beginnenden AgCl-Fällung schon vorher leicht abknickt. Der tatsächlich etwas vorher ermittelte Wendepunkt liegt nur dann noch an der richtigen Stelle, wenn die Kurve im Äquivalenzbereich sehr steil verläuft. Dazu aber müssen die Werte der Löslichkeitsprodukte klein sein und sich gleichzeitig genügend voneinander unterscheiden.

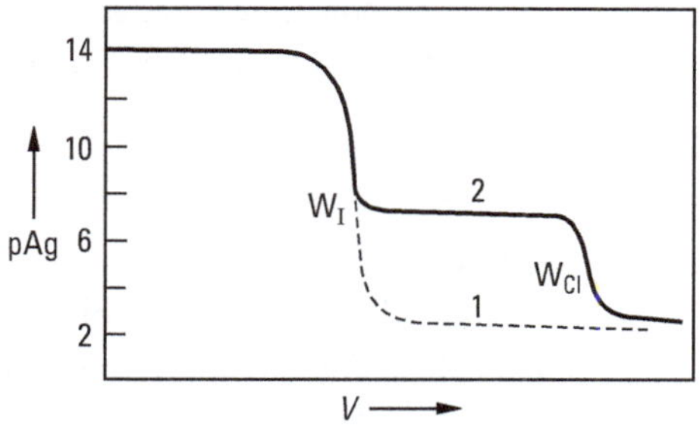

Abb. 4.29: Gemeinsame Titration von Chlorid und Iodid mit $AgNO_3$-Lösung ($pAg = -\lg c(Ag^+)$, *V* zugesetztes Volumen an $AgNO_3$-Lösung).

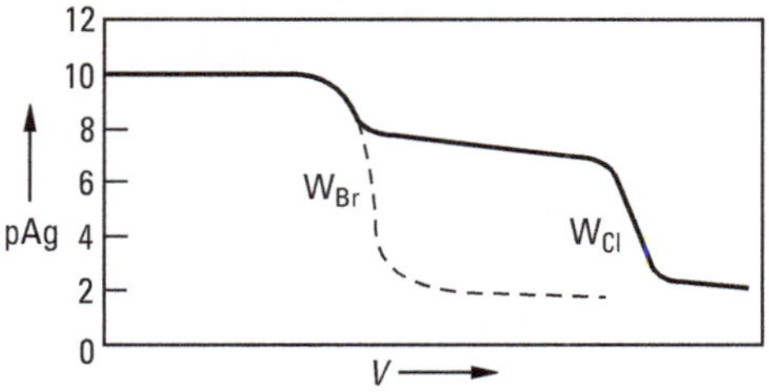

Abb. 4.30: Gemeinsame Titration von Chlorid und Bromid mit $AgNO_3$-Lösung ($pAg = -\lg c(Ag^+)$, *V* zugesetztes Volumen an $AgNO_3$-Lösung).

Es ist vergleichsweise schwieriger, zwei durch das gleiche Reagens ausfällbare Ionen in einer Titration zu bestimmen, wenn die Löslichkeitsunterschiede der ausfallenden Niederschläge gering sind. Abb. 4.30 lässt das deutlich erkennen. Hier ist der theoretische Verlauf der Änderung der Silberionenkonzentration einer mit der gleichen Silbernitratlösung titrierten Lösung von Chlorid- und Bromidionen dargestellt, deren Konzentration jeweils 0,01 mol/l beträgt. Die Beendigung der Bromidfällung wird nur durch einen geringen und unscharfen Konzentrations- bzw. Potentialsprung wiedergegeben, während der zweite Wendepunkt, der der Summe beider fällbaren Ionen entspricht, gut zu ermitteln ist. Tatsächlich ergibt sich bei der Bestimmung noch ein weiteres Problem: AgBr und AgCl bilden nämlich, wenn auch nur in einem engen Existenzbereich, miteinander Mischkristalle, was den ersten Äquivalenzpunkt um gut 2 % zu weit nach rechts verschiebt. In einem solchen Fall ist die Titrationskurve nach dem Gran-Verfahren (vgl. S. 327 f.) auszuwerten.

Bestimmung von Zink. Die Bestimmung von Zink als Kaliumzinkhexacyanoferrat(II) kann potentiometrisch indiziert werden, wenn die Maßlösung neben dem zur Fällung benötigten $K_4[Fe(CN)_6]$ zusätzlich noch geringe Mengen an $K_3[Fe(CN)_6]$ enthält. An einer Platinelektrode ist der Vorgang:

$$[Fe(CN)_6]^{4-} \rightleftharpoons [Fe(CN)_6]^{3-} + e^-$$

potentialbestimmend. Das Konzentrationsverhältnis der beiden Ionen ändert sich während der Titration, weil $[Fe(CN)_6]^{4-}$ zur Fällung des Zn^{2+} nach der Gleichung:

$$3\,Zn^{2+} + 2\,K^+ + 2\,[Fe(CN)_6]^{4-} \rightleftharpoons K_2Zn_3\,[Fe(CN)_6]_2\downarrow$$

verbraucht wird. Als Bezugselektrode verwendet man eine Silberchlorid-Elektrode.

Man arbeitet, am besten unter Zusatz von Kaliumsulfat, in ganz schwach salzsaurer Lösung bei einer Temperatur von 60 bis 70 °C. Als Maßlösung dient eine $K_4[Fe(CN)_6]$-Lösung der Konzentration 0,1 mol/l, die außerdem noch 1 g/l $K_3[Fe(CN)_6]$ enthält. Natrium-, Magnesium-, Calcium- und Aluminiumsalze stören die Titration, wenn sie in größerer Menge zugegen sind. Eisen(III)-Ionen, die ebenfalls stören, lassen sich durch Zusatz von Ammoniumfluorid und wenig Säure infolge Bildung komplexer $[FeF_6]^{3-}$-Ionen binden und dadurch unschädlich machen. Sehr wichtig ist es, während der ganzen Titration kräftig zu rühren, damit der zunächst ausfallende $Zn_2[Fe(CN)_6]$-Niederschlag sich quantitativ in $K_2Zn_3[Fe(CN)_6]$ umwandeln kann. Die Methode ist auch zur Bestimmung der $[Fe(CN)_6]^{4-}$-Ionen verwendbar.

Bestimmung von Fluorid. Sie wird in fast neutraler Lösung am besten mit einer fluoridselektiven LaF_3-Elektrode durch Titration mit einer $La(NO_3)_3$-Maßlösung durchgeführt. Dabei werden die Fluoridionen entsprechend der Gleichung

$$3\,F^- + La^{3+} \rightleftharpoons LaF_3\downarrow$$

ausgefällt, und das durch die Fluoridionen hervorgerufene Phasengrenzpotential wird in Abhängigkeit vom $La(NO_3)_3$-Zusatz gemessen.

Eine Lösung, die zwischen 1 mg und 50 mg Fluoridionen enthalten sollte, wird nach Zusatz von 10 ml Acetatpuffer pH 6 mit einer Lanthannitrat-Lösung der Konzentration $c(1/3\,La^{3+}) = 0{,}1$ mol/l langsam titriert (1 ml dieser Maßlösung entspricht 1,90 mg F^-). Der Acetatpuffer pH 6 enthält ca. 85 g CH_3COONa in einem Liter Wasser gelöst, dem anschließend so viel Eisessig hinzugefügt wurde, bis der pH-Wert von genau 6 erreicht war. Eine Maßlösung der Konzentration $c(1/3\,La^{3+}) = 0{,}1$ mol/l stellt man durch Lösen von 14,44 g $La(NO_3)_3 \cdot 6\,H_2O$ in einem Liter deionisierten Wasser her. Die Titerstellung erfolgt durch potentiometrische Titration einer NaF-Lösung, die man sich durch Auflösen einer abgewogenen Menge von festem NaF (zur Analyse, besser suprapur) hergestellt hat.

Metallionenselektive Elektroden lassen sich zur potentiometrischen Indikation komplexometrischer Titrationen mit EDTA verwenden.

Säure-Base-Titrationen

Mithilfe der pH-Glaselektrode lassen sich alle Bestimmungen von Säuren und Basen bequem potentiometrisch indizieren. Ihre Durchführung entspricht dem, was zu den Säure-Base-Titrationen unter Verwendung von Farbindikatoren bereits gesagt wurde. Die Vorteile der Potentiometrie kommen aber erst dann richtig zum Tragen, wenn die zu bestimmenden Mengen sehr klein oder die Lösungen farbig sind. Solange ein Neutralisationsvorgang in der Titrationskurve überhaupt einen Wendepunkt hervorruft, lässt sich durch Potentialmessungen auch der Äquivalenzpunkt ermitteln. Man ist demnach nicht wie bei der Verwendung von Farbindikatoren darauf angewiesen, dass die Kurve am Äquivalenzpunkt so steil verläuft, dass der Umschlagsbereich des Farbindikators nur einen vernachlässigbar kleinen Volumenfehler bedingt. Die Steilheit der Titrationskurve hängt bekanntlich von der Konzentration und der Stärke (Dissoziationskonstante) der vorgelegten Säure oder Base ab. Mischungen starker bis mittelstarker Säuren bzw. Basen liefern nur einen Potentialsprung, dessen Lage von der gesamten H^+- bzw. OH^--Konzentration abhängt. Dagegen können schwache Säuren bzw. Basen simultan bestimmt werden, falls sich ihre Dissoziationskonstanten genügend stark voneinander unterscheiden. Jedoch darf die Dissoziationskonstante niemals den Wert 10^{-9} unterschreiten, weil sonst die Dissoziation des Wassers so viel H^+- bzw. OH^--Ionen liefert, dass in der Titrationskurve der Potentialsprung unterdrückt wird. Sofern die Glaselektrode zuvor kalibriert wurde, kann man den Titrationskurven den p*K*-Wert ($pK = -\lg K$) der gerade titrierten Säure bzw. Base entnehmen, indem man den pH- bzw. pOH-Wert genau bei $\tau = 0{,}5$ feststellt. Es gilt hier die einfache Beziehung $pH = pK$, die sich aus dem Massenwirkungsgesetz leicht herleiten lässt.

Für Laboratorien, die im Routinebetrieb Säure- oder Basenbestimmungen durchzuführen haben, wird die potentiometrische Titration insofern unersetzlich sein, als sich diese im Gegensatz zu Titrationen unter Verwendung von Farbindikatoren leicht automatisieren lässt. Da die zweite Ableitung der Potentialkurve einen Äquivalenzpunkt als Nullstelle anzeigt, kann die Titration im Augenblick des Erreichens dieser Nullstelle automatisch beendet und der zugehörige Verbrauch an ein Datenerfassungsgerät übermittelt werden.

Phosphorsäurebestimmung in Coca-Cola (angelehnt an [149a]):

Arbeitsvorschrift: ca. 200 ml Coca-Cola werden zunächst in einen 300 ml Erlenmeyerkolben überführt und etwa 10 Minuten erhitzt. 40,00 ml der abgekühlten Coca-Cola-Probelösung werden in einem 100-ml-Becher vorgelegt und unter ständigem Rühren mit NaOH-Maßlösung (c = 0,1 mol/l) bis Einstellung von einem konstanten pH-Wert (ca. 10,5) titriert.

In der Nähe des Äquivalenzpunktes (steiler Anstieg des pH-Wertes) sollte vor dem Ablesen einige Sekunden gewartet werden, da der pH-Wert hier meist sehr langsam ansteigt.

Oxidations- und Reduktionstitrationen

Simultanbestimmung von Eisen und Mangan mit Permanganat. Bei dieser Bestimmung muss Eisen als Eisen(II), Mangan als Mangan(II) vorliegen. Die Titration der

Eisen(II)-Ionen in schwefelsaurer Lösung ergibt einen starken Potentialsprung nach Beendigung der Reaktion

$$MnO_4^- + 5\,Fe^{2+} + 8\,H^+ \longrightarrow Mn^{2+} + 5\,Fe^{3+} + 4\,H_2O\,.$$

Enthält die Lösung gleichzeitig einen Überschuss von Kaliumfluorid, so schließt sich dieser Reaktion eine zweite an, die in der Oxidation der während des ersten Vorganges entstandenen Mangan(II)-Ionen zu Mangan(III)-Ionen besteht (die F^--Ionen komplexieren das entstehende Mn^{3+}):

$$MnO_4^- + 4\,Mn^{2+} + 8\,H^+ \longrightarrow 5\,Mn^{3+} + 4\,H_2O\,.$$

In der Potentialkurve erscheint also ein zweiter Sprung, wenn ein um ein Viertel größeres Volumen der Permanganatlösung hinzugegeben wurde, als zur Erreichung des ersten Sprunges erforderlich war. Bezeichnet man das zur Oxidation der Eisen(II)-Ionen notwendige Volumen der Permanganatlösung mit a und das bis zum zweiten Sprung erforderliche mit b, so ist $b = (a + a/4)$, wenn die zu titrierende Lösung nur Eisen(II)-Ionen enthält. Sind aber von vornherein schon Mangan(II)-Ionen vorhanden, so ist das bis zum zweiten Sprung erforderliche Volumen der Permanganatlösung b größer als $(a + a/4)$, und das zur Titration der ursprünglich vorhandenen Mangan(II)-Ionen verbrauchte Volumen der Permanganatlösung beträgt $x = b - (a + a/4)$ bzw. $x = b - 5/4 \cdot a$.

Für die praktische Durchführung der Bestimmung ist zu beachten, dass einerseits eine fluoridhaltige Eisen(II)-Salzlösung luftempfindlich ist und dass andererseits eine saure Fluoridlösung die Verwendung eines Titrationsgefäßes aus Glas ausschließt. Als Titriergefäß eignet sich eine Platinschale oder ein Gefäß aus PTFE, in dem sich die zunächst fluoridfreie, schwefelsaure Lösung (5 ml konz. H_2SO_4 pro 100 ml) befindet; Indikatorelektrode ist ein Platinblech. Zunächst wird bei Zimmertemperatur titriert. Sobald der erste Äquivalenzpunkt erreicht ist, werden 7 g Kaliumfluorid pro 100 ml Lösung hinzugegeben. Dann wird die Lösung bei 80 °C bis zum zweiten, der Mangan(II)-Konzentration entsprechenden Äquivalenzpunkt weiter titriert.

Bestimmung von Zinn und Antimon mit Dichromat. Zinn(II) bzw. Antimonat(III) lassen sich durch Kaliumdichromat in stark salzsaurer Lösung zu Zinn(IV) bzw. Antimonat(V) oxidieren:

$$Cr_2O_7^{2-} + 14\,H^+ + 3\,Sn^{2+} \longrightarrow 2\,Cr^{3+} + 3\,Sn^{4+} + 7\,H_2O$$
$$Cr_2O_7^{2-} + 8\,H^+ + 3\,SbO_2^- + 5\,H_2O \longrightarrow 2\,Cr^{3+} + 3\,[Sb(OH)_6]^-\,.$$

Die Erkennung des Endpunktes erfolgt potentiometrisch mithilfe einer Platinelektrode. Die Titration muss in Lösungen mit $c(HCl) \approx 2$ mol/l erfolgen. Der Potentialsprung ist beim Zinn etwa zehnmal so groß wie beim Antimon.

Selektivbestimmung von Antimon neben Zinn: Befinden sich Sn(II)- und Sb(III)-Ionen gemeinsam in der Lösung, so ergibt die potentiometrische Titration nur einen, der Summe beider Bestandteile entsprechenden Potentialsprung. Setzt man jedoch einer zweiten Probe der Lösung einen Überschuss von Quecksilber(II)-Ionen hinzu, so wird das Zinn(II) oxidiert ($2\,Hg^{2+} + Sn^{2+} \rightarrow Hg_2^{2+} + Sn^{4+}$), während Antimon(III) nicht reagiert. Bei der potentiometrischen Titration wird jetzt ein Potentialsprung erhalten, der nur der Menge des Antimons entspricht. Das schwer lösliche Quecksilber(I)-chlorid wird durch die Dichromatlösung nicht oxidiert.

Bestimmung von Vanadium mit Cer(IV) Cer(IV)-sulfat ist ein starkes, dem Kaliumpermanganat oft vorzuziehendes Oxidationsmittel. Die Reaktion erfolgt stets nach der Gleichung: $Ce^{4+} + e^- \rightleftharpoons Ce^{3+}$. Cer(IV)-sulfatlösungen sind lange Zeit hindurch titerbeständig und weder licht- noch temperaturempfindlich. Man kann mit ihnen im Gegensatz zu Permanganatlösungen auch in stark salzsaurer Lösung titrieren. Sie sind daher maßanalytisch vielseitig verwendbar. Die Anzeige des Äquivalenzpunktes ist bei Titrationen mit Cer(IV)-sulfatlösung nicht nur potentiometrisch möglich, sie kann auch durch geeignete Redoxindikatoren erfolgen (vgl. S. 195 f.).

Herstellung der Cer(IV)-sulfatlösung: Die Herstellung der Lösung ist auf S. 195 f. beschrieben. Die Titerstellung erfolgt bei 70 °C potentiometrisch mit einer abgewogenen Menge an Natriumoxalat, das man in 10 ml konz. Salzsäure löst und auf 100 ml verdünnt. (Die Reaktion verläuft in Gegenwart von HCl schneller als in schwefelsaurer Lösung.)

Bestimmung von Vanadium: Sie erfolgt nach der Gleichung

$$Ce^{4+} + VO^{2+} + H_2O \rightarrow Ce^{3+} + VO_2^+ + 2\,H^+$$

in heißer, stark mineralsaurer Lösung. Sollte Vanadium mit der Oxidationszahl V vorliegen, muss es zuvor in saurer Lösung mit SO_2-Gas reduziert werden. Danach ist überschüssiges Schwefeldioxid durch längeres Durchleiten von CO_2 in einer geschlossenen Apparatur vollständig zu vertreiben.

Gemeinsame Bestimmung von Vanadium und Eisen: Man titriert die saure, Vanadyl(IV)- und Eisen(II)-Ionen enthaltende Lösung zunächst in der Kälte bis zum ersten Potentialsprung, der dem Gehalt an Eisen entspricht, erwärmt die Lösung auf 50 °C bis 60 °C und titriert weiter bis zum zweiten, den Vanadiumgehalt anzeigenden Wendepunkt. Diese Methode dient zur Analyse vanadiumhaltiger Stahlsorten.

Bestimmung von Kupfer und Eisen mit Chrom(II): Das Standardpotential des Redoxsystems $Cr^{3+} + e^- \rightleftharpoons Cr^{2+}$ beträgt −0,408 V. Daher wirken wässrige Chrom(II)-Salzlösungen stark reduzierend. Sie übertreffen darin das gleichfalls bei potentiometrischen Titrationen verwendete Titan(III)-chlorid. Beide Reduktionsmittel dienen zur schnellen und genauen Analyse verschiedener binärer und ternärer Legierungen.

Herstellung der Chrom(II)-sulfatlösung: Reinstes Kaliumdichromat wird mit konzentrierter Salzsäure bis zum Aufhören der Chlorentwicklung gekocht (Vorsicht!). Die Lösung wird abgekühlt und in einem Kolben mit aufgesetztem Bunsenventil einige Stunden mit reinstem Zink reduziert.

Wenn die Lösung rein blau gefärbt ist, wird sie durch ein mit Glaswollefilter versehenes Heberrohr mit Wasserstoffgas in überschüssige, zuvor ausgekochte Natriumacetatlösung gedrückt. Hier fällt schwer lösliches Chrom(II)-acetat aus, das in einer Wasserstoffatmosphäre etwa zehnmal durch Dekantieren mit ausgekochtem Wasser bis zum Verschwinden der Chloridreaktion gewaschen und dann in ausgekochter, verdünnter Schwefelsäure gelöst wird. Diese Lösung wird, nachdem man sie hat absitzen lassen, ebenfalls unter Wasserstoffgas in die Vorratsflasche abgehebert und mit ausgekochtem Wasser verdünnt.

Chrom(II)-Salzlösungen sind, ebenso wie Titan(III)-Chloridlösungen, äußerst luftempfindlich. Man muss sie daher sorgfältig vor Luft geschützt aufheben und verwenden. Dazu eignet sich eine automatische Bürette, die in Abb. 4.31 dargestellt ist. Die Maßlösung befindet sich unter Wasserstoffgas in der Vorratsflasche c, auf die eine Bürette a aufgesetzt ist. Um diese zu füllen, schließt man die Hähne f und b und öffnet den Hahn e. Die Maßlösung steigt dann durch Ansaugen bei e und durch den Druck des bei h über eine Waschflasche angeschlossenen Kipp'schen Wasserstoffentwicklers durch das Rohr g in die Bürette. Ist die Bürette gefüllt, so wird e geschlossen und f geöffnet. Ein besonderer Vorteil dieser Anordnung ist der Umstand, dass die Lösung bei ihrem Eintritt in die Bürette nicht mit gefetteten Hähnen in Berührung kommt. Das Bunsenventil d hat den Zweck, beim Ansaugen das Eindringen von Luft zu verhindern.

Für die Titration mit Chrom(II)-sulfatlösung kann auch eine Reduktorbürette mit amalgamiertem Zink als Reduktionsmittel verwendet werden. Als Maßlösung dient $KCr(SO_4)_2$ in Salz- oder Schwefelsäure ($c(H^+) = 0{,}1$ mol/l) gelöst [154].

Die Einstellung der Chrom(II)-sulfatlösung erfolgt am besten durch potentiometrische Titration einer Kupfer(II)-sulfatlösung bekannten Gehaltes.

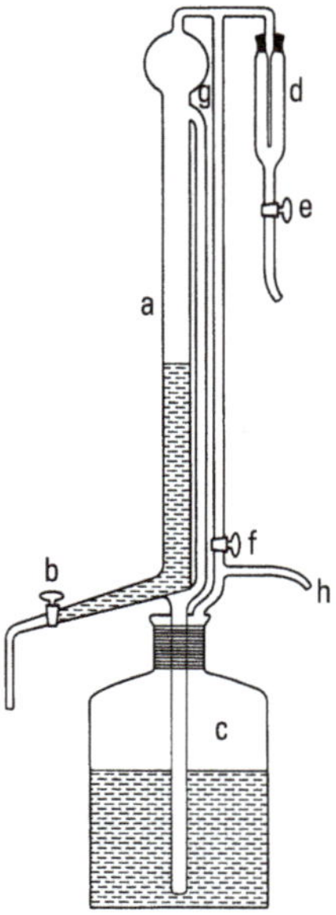

Abb. 4.31: Automatische Bürette für die Titration mit luftempfindlichen Maßlösungen (Erklärung der Buchstaben im Text).

Bestimmung von Kupfer: Die Titration erfolgt bei 80 °C in chloridfreier, schwefelsaurer Lösung. Selbstverständlich muss unter Luftabschluss titriert werden. In einem verschlossenen Titrationsgefäß wird die Probelösung sorgfältig mit sauerstofffreiem Stickstoff gespült, um den gelösten Sauerstoff weitgehend zu vertreiben. Reste davon werden durch Zugabe von 1 ml der Chrom(II)-sulfatlösung reduziert. Eine Reduktion von Kupfer(II)-Ionen wird durch Zusatz eines stärkeren Oxidationsmittels, z. B. einiger ml Kaliumbromatlösung, wieder rückgängig gemacht. Nun erst beginnt die eigentliche Titration mit der Chrom(II)-sulfatlösung: Ein erster Potentialsprung zeigt die völlige Reduktion des zugesetzten Oxidationsmittels (hier Kaliumbromat) an, ein Zweiter die vollendete Reduktion der Kupfer(II)-Ionen zu metallischem Kupfer:

$$2\,Cr^{2+} + Cu^{2+} \longrightarrow 2\,Cr^{3+} + Cu\ .$$

Ein der Kupfer(I)-Stufe entsprechender Potentialsprung tritt in schwefelsaurer Lösung nur andeutungsweise auf, da die primär entstehenden Kupfer(I)-Ionen nach der Gleichung

$$2\,Cu^{+} \rightleftharpoons Cu + Cu^{2+}$$

zu metallischem Kupfer und Kupfer(II)-Ionen disproportionieren. In Gegenwart von Chloridionen werden dagegen die Kupfer(II)-Ionen nur bis zur Kupfer(I)-Stufe reduziert. Daher stört Salzsäure bei der Titration der Kupfer(II)-Ionen mit Chrom(II)-sulfatlösung. Salpetersäure darf wegen ihrer oxidierenden Eigenschaften ebenfalls nicht zugegen sein. Aus dem zwischen dem ersten und zweiten Potentialsprung verbrauchten Volumen der Chrom(II)-sulfatlösung kann man den Gehalt der untersuchten Lösung an Kupfer(II)-Ionen berechnen.

Simultanbestimmung von Kupfer und Eisen: Die Eisen(III)- und Kupfer(II)-Ionen enthaltende schwefelsaure Lösung wird bei 80 °C vorreduziert und nach Zusatz von wenig Kaliumbromatlösung mit Chrom(II)-sulfatlösung titriert. Es treten drei Potentialsprünge auf, von denen der erste die Reduktion des Bromatüberschusses, der zweite die Reduktion von Fe^{3+} ($Fe^{3+} + e^{-} \longrightarrow Fe^{2+}$) und der dritte die Reduktion von Cu^{2+} ($Cu^{2+} + 2\,e^{-} \longrightarrow Cu$) anzeigt. Etwa vorhandenes Arsen wird durch das Bromat zu Arsensäure oxidiert, jedoch verhindert Antimon, falls mehr als 10 mg/l zugegen sind, den dritten Potentialsprung. Die angegebene Methode erlaubt die Eisenbestimmung noch in Gegenwart der zweitausendfachen Kupfermenge!

Soll ein Kupferkies untersucht werden, so wird er zunächst mit siedender konzentrierter Schwefelsäure unter Zusatz von Kaliumperoxodisulfat aufgeschlossen.

4.4.7 Auswertung

Normalerweise wird die Reagenslösung der zu titrierenden Lösung in kleinen, genau gemessenen Anteilen zugesetzt und jedes Mal der Ausschlag des Galvanometers (bzw. die Brückenabschnitte bei der Kompensationsmethode) abgelesen und notiert. Dabei ist zu berücksichtigen, dass die Einstellung der Gleichgewichtspotentiale bei manchen Reaktionen eine gewisse Zeit erfordert. Es ist zweckmäßig, in der Nähe des Äquivalenzpunktes die Reagenslösung in kleineren, jedoch stets gleich großen Volumenschritten zuzufügen, um den Endpunkt möglichst genau ermitteln zu können. Die Potentialwerte trägt man in Abhängigkeit von dem jeweils zugesetzten Volumen der Maßlösung in ein Koordinatensystem ein. Es ist dann die Aufgabe, den im Bereich des Potentialsprunges gelegenen Wendepunkt der Titra-

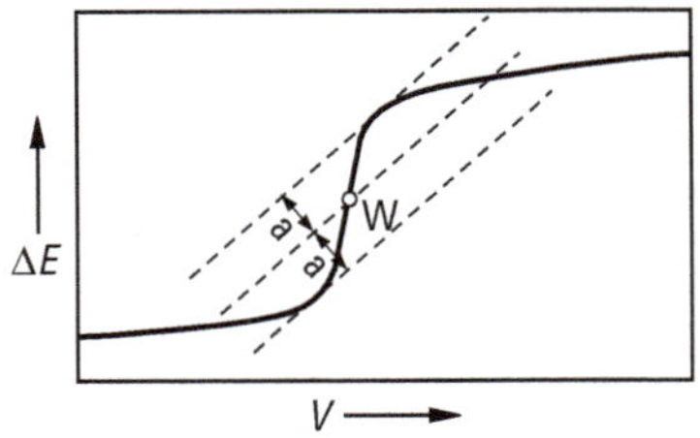

Abb. 4.32: Tangentenmethode zum Auffinden des Wendepunktes W
(ΔE EMK der Messkette, V zugesetztes Volumen an Maßlösung, a Abstand).

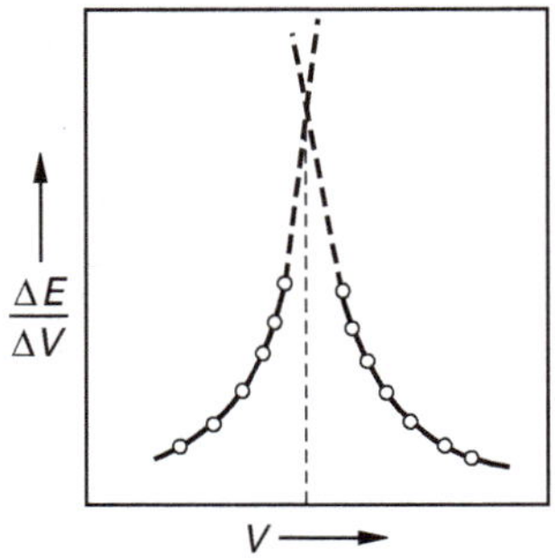

Abb. 4.33: Auftragung des Differenzenquotienten $\Delta E/\Delta V$ zum Auffinden des Äquivalenzpunktes
(ΔE EMK der Messkette, V zugesetztes Volumen an Maßlösung).

tionskurve zu ermitteln. Seine Projektion auf die Abszisse entspricht dem Verbrauch an Maßlösung bis zum Äquivalenzpunkt.

Ein einfaches geometrisches Verfahren zum Auffinden des Wendepunkts einer Titrationskurve ist die **Tangentenmethode**. Dazu zeichnet man entsprechend der Abb. 4.32 zwei zueinander parallele Tangenten so an die Kurve, dass ihre Berührungspunkte den Äquivalenzpunkt einschließen. Der Schnittpunkt der Mittelparallelen mit der Titrationskurve ist dann der Wendepunkt W. Das Ergebnis ist immer dann richtig, wenn die Titrationskurve symmetrisch verläuft.

Wenn man über viele Messpunkte im Bereich des Äquivalenzpunktes verfügt, kann es von Vorteil sein, die pro Volumenportion der zugesetzten Maßlösung beobachteten Potentialdifferenzen $\Delta E/\Delta V$ gegen das insgesamt zugesetzte Volumen der Maßlösung aufzutragen (s. Abb. 4.33). Die einzelnen Punkte werden miteinander verbunden und die beiden Verbindungslinien auf beiden Seiten des Äquivalenzpunktes extrapoliert. Die Projektion ihres Schnittpunktes auf die Volumenachse zeigt den Titrationsendpunkt an. Der Differenzenquotient erreicht seinen größten Wert, wenn die ursprüngliche Titrationskurve die größte Steigung besitzt.

Je kleiner der Volumenschritt zwischen zwei Potentialmessungen wird, umso mehr nähert sich die dann erhaltene Darstellung der ersten Ableitung der Titrationskurve an. Mit modernen Potentiographen kann eine derartige Differenziation auf elektronischem Wege durchgeführt werden.

Trotz des relativ hohen Rechenaufwandes ist die Linearisierung von Titrationskurven nach Gran ein sehr nützliches Verfahren (**Gran-Verfahren**, Gran-Plot [155]). Man geht dazu von der Potentialgleichung

$$\Delta E = \Phi_\mathrm{i} + \frac{s}{z} \cdot \lg c \qquad \left(\text{mit } s = \frac{RT \cdot 2{,}303}{F}\right)$$

aus und formt sie zu

$$\frac{z \cdot \Delta E}{s} = \frac{z \cdot \Phi_\mathrm{i}}{s} + \lg c$$

um. Damit bildet man die Potenzen

$$10^{z \cdot \Delta E/s} = 10^{(z \cdot \Phi_\mathrm{i}/s + \lg c)}$$

auf der Basis 10 und wendet die Regeln des Rechnens mit Potenzen an:

$$10^{z \cdot \Delta E/s} = 10^{z \cdot \Phi_\mathrm{i}/s} \cdot 10^{\lg c}$$

bzw.

$$10^{z \cdot \Delta E/s} = m \cdot c\,.$$

wenn man für den konstanten Wert $10^{z \cdot \Phi_\mathrm{i}/s} = m$ setzt. Trägt man nun die aus den gemessenen Potentialwerten errechnete Variable $10^{z \cdot \Delta E/s}$ gegen die Konzentration c auf, so wird eine Gerade mit der Steigung m erhalten, die durch den Ursprung des Koordinatensystems verläuft.

Unsere Aufgabe soll es sein, potentiometrisch erhaltene Titrationskurven sinnvoll auszuwerten. Dabei ist zu bedenken, dass die Konzentration des zu bestimmenden Ions proportional mit der Zugabe der Maßlösung im Titrationsgefäß vermindert wird, was natürlich eine quantitativ ablaufende Reaktion voraussetzt. Somit muss die Variable $10^{z \cdot \Delta E/s}$, gegen das Volumen der zugesetzten Maßlösung aufgetragen, ebenfalls eine Gerade ergeben, die jedoch entsprechend der Abnahme negative Steigung besitzt und die Abszisse am Äquivalenzpunkt schneidet. Das gleiche gilt für die im Überschuss zugesetzte Maßlösung. Ihre Konzentration nimmt im Titrationsgefäß nach Erreichen des Äquivalenzpunktes ständig zu, und nach dem Gran-Verfahren muss, am Äquivalenzpunkt beginnend, eine ansteigende Gerade erhalten werden. Ein wichtiges Kriterium der Richtigkeit stellt dabei der gemeinsame Schnittpunkt beider Geraden mit der Abszisse dar (siehe Abb. 4.34).

Bevor wir zur praktischen Durchführung der Auswertung nach Gran kommen, ist es notwendig, sich einige Gedanken über die dem Verfahren zugrunde liegende

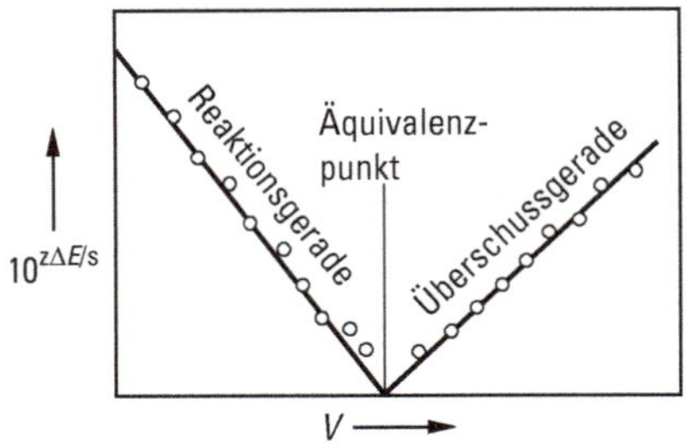

Abb. 4.34: Darstellung einer Titrationskurve nach dem Gran-Verfahren (z Äquivalentzahl, ΔE EMK der Messkette, $s = 2{,}303\ RT/F$, V zugesetztes Volumen an Maßlösung).

Funktion zu machen. Formal ist die Exponentialfunktion zu der des Logarithmierens invers, und man findet zum Beispiel im angelsächsischen Sprachraum meist die äquivalente Schreibweise 10^x = antilg x. Dieser Umstand hat zur Folge, dass sich in unserer oben durchgeführten Rechnung für $10^{\lg c}$ die Identität $10^{\lg c} = c$ ergibt, weil die beiden durchzuführenden Operationen zueinander invers sind.

Am einfachsten ist es jetzt zu überlegen, wie sich Fehler bei der Berechnung der Variablen $10^{z \cdot \Delta E/s}$ auf die Richtigkeit des Verfahrens auswirken. Sollte der Quotient $z \cdot \Delta E/s$ mit einem proportionalen Fehler f behaftet sein, sodass tatsächlich $10^{f \cdot z\Delta E/s}$ berechnet wird, würde sich nach den Regeln der Potenzrechnung $(10^{z \cdot \Delta E/s})^f$ ergeben. Da nur $10^{z \cdot \Delta E/s}$ der Konzentration c proportional ist, wird seine Potenz mit dem Exponenten f statt der erwarteten Geraden umso eher erkennbar eine gekrümmte Kurve ergeben, je mehr sich f von eins unterscheidet. Mit anderen Worten, zur Berechnung der Gran-Variablen muss das Verhältnis $\Delta E/s$ weitgehend fehlerfrei sein, denn z berücksichtigt nur die Ladung des potentialbestimmenden Ions und ist damit eine ganze natürliche Zahl. Zwar lässt sich der so genannte Nernst-Faktor s für die jeweils herrschende Temperatur berechnen (z. B. ist für 25 °C $s = 0{,}059$ V), doch muss dieser zur Anwendung des Gran-Verfahrens experimentell an einer Verdünnungsreihe bestimmt werden, was zugleich ein mögliches Fehlverhalten der Indikatorelektrode korrigiert.

Es kann aber auch der Quotient $z \cdot \Delta E/s$ jeweils um ein additives Glied fehlerhaft sein. Verfolgt man diesen Einfluss, so lässt sich leicht zeigen, dass dann nur die Steigung m der Ausgleichsgeraden eine andere wird, ohne dass die Lage ihres Schnittpunktes mit der Abszisse davon berührt wird. Bei der Anwendung des Gran-Verfahrens wird von dieser Eigenschaft Gebrauch gemacht.

Die potentiometrische Titration wird in der üblichen Weise durchgeführt, nachdem zuvor der für die verwendete Indikatorelektrode relevante Nernst-Faktor s durch Kalibrierung bestimmt wurde. Aus den bei der Titration erhaltenen Messdaten stellt man zunächst eine Reihe von Werten zusammen, die mit Fortschreiten der Titration zum Äquivalenzpunkt hin in ihrer absoluten Größe abnehmen. Dabei kommt es nur darauf an, dass die nach jeder Zugabe an Maßlösung gemessenen

Potentialdifferenzen mit denen der ursprünglichen Messreihe genau übereinstimmen. Für den Bereich nach dem Äquivalenzpunkt benötigt man eine gleichartige Reihe von Werten, die jetzt jedoch nach dem Prinzip erstellt wird, dass bei genauer Berücksichtigung der gemessenen Potentialdifferenzen ihre absoluten Beträge mit der Zugabe von weiterer Maßlösung wieder zunehmen. Sollte bei den Berechnungen dieser Datenreihen zu allen ursprünglichen Messwerten jeweils ein fester Betrag addiert oder subtrahiert werden, so wird das Ergebnis dadurch nicht beeinflusst. Ebenso bleibt das ursprüngliche Vorzeichen der Messwerte unberücksichtigt. Als nächstes berechnet man die Gran-Variablen und trägt die Ergebnisse gegen das zugesetzte Volumen an Maßlösung auf, wie es in Abb. 4.34 gezeigt ist. Es spielt im Übrigen auch keine Rolle, wenn zur Darstellung der Überschuss-Geraden ein anderer Maßstab für die Ordinate gewählt wird.

Wenn allerdings im Laufe einer Titration das ursprüngliche Titrationsvolumen V_0 durch die Zugabe der Maßlösung in nennenswertem Maße vergrößert wird, müssen die nach dem Gran-Verfahren aufzutragenden Werte noch korrigiert werden. Gegebenenfalls ist dann wie folgt zu verfahren: In der zu titrierenden Lösung ist die jeweils vorhandene Stoffmenge n unabhängig von der Verdünnung. Somit berechnet sich ihre Konzentration entsprechend der gerade vorliegenden Verdünnung nach

$$n = c_0 \cdot V_0 = c \cdot (V_0 + V_t)$$

zu

$$c_0 = c \cdot \frac{V_0 + V_t}{V_0},$$

wenn c die reale, c_0 die theoretische Konzentration bedeuten, und V_t das zum jeweiligen Zeitpunkt gerade zugefügte Volumen der Maßlösung angibt. Entsprechend

$$\frac{V_0 + V_t}{V_0} \cdot 10^{z \cdot \Delta E/s} = \frac{V_0 + V_t}{V_0} \cdot m \cdot c = m \cdot c_0$$

sind zuvor alle Gran-Variablen mit dem für sie gültigen Faktor $(V_0 + V_t)/V_0$ zu multiplizieren, ehe die grafische Darstellung vorgenommen wird.

Wem all diese Rechnungen zu umständlich sind, der kann im Fachhandel spezielles **Gran-Plot-Papier** erwerben und darin seine Messdaten direkt eintragen. Da andererseits aber in den Laboratorien zunehmend programmierbare Rechner oder Labor-Computer zur Verfügung stehen, kann man sich leicht Programme erstellen, die auf der Grundlage der angegebenen mathematischen Zusammenhänge die Potential-Meßwerte sehr schnell und auf die Dauer auch kostengünstiger in die für das Gran-Verfahren benötigten Wertepaare umsetzen.

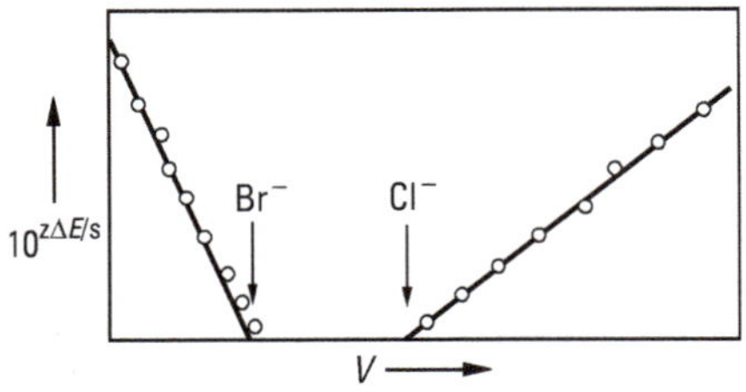

Abb. 4.35: Titration von Bromid neben Chlorid mit $AgNO_3$-Lösung; Auswertung nach Gran (z Äquivalentzahl, ΔE EMK der Messkette, $s = 2{,}203\ RT/F$, V zugesetztes Volumen an Maßlösung).

Das Gran-Verfahren zur Auswertung potentiometrisch erhaltenen Titrationskurven wäre sicher zu aufwändig, würden sich nicht auch besondere Vorteile ergeben. Dies soll an zwei Beispielen kurz erläutert werden: Die simultane Bestimmung von Bromid und Chlorid durch Titration mit Silbernitrat-Lösung liefert zwei Potentialsprünge, von denen der erste dem Bromid-, der zweite dem Chlorid-Gehalt entspricht. Die Gran-Darstellung der Titrationskurve zeigt Abb. 4.35. Nun war bereits gesagt worden (vgl. S. 318 f.), dass der erste Äquivalenzpunkt bei Anwendung der Wendepunktmethode zu spät gefunden wird, da unter den dort gegebenen Bedingungen die Mischkristallbildung zwischen AgBr und AgCl eine Rolle spielt. Die Ausgleichsgerade nach Gran orientiert sich aber überwiegend an Daten, die für den Anfang der Titration gelten, also wenn noch keine Mischkristallbildung zu beobachten ist. (Man kann die Messpunkte in Äquivalenzpunkt-Nähe weniger berücksichtigen.) Das Ergebnis ist genauer als das nach der Wendepunktmethode ermittelte.

Oft geschieht es auch, dass man in einer Titrationskurve einen Wendepunkt beobachtet, man aber nach Anwendung des Gran-Verfahrens feststellen muss, dass die Schnittpunkte der beiden Ausgleichsgeraden nicht wie erwartet zusammenfallen, sondern einen kleinen Zwischenraum übrig lassen. Falls die Messpunkte sonst gut durch die jeweiligen Geraden ausgeglichen werden, ist ein solcher Befund ein Hinweis, dass neben der zu bestimmenden Substanz noch geringe Mengen einer zweiten vorhanden sind, die mit der Maßlösung reagiert. Man wird das zum Anlass nehmen, systematisch nach der Verunreinigung zu suchen.

Es sei in diesem Zusammenhang angemerkt, dass der unbestrittene Wert des Gran-Verfahrens erst bei der Auswertung direkter Ionenmessungen mit einer ionensensitiven Elektrode im Spurenbereich deutlich wird, wenn es durch mehrfache Addition von Standardlösungen gilt, Matrixeffekte der zu untersuchenden Lösung zu berücksichtigen (Standard-Additions-Verfahren).

Natürlich macht die Möglichkeit, mit ionenselektiven Elektroden direkt Ionenkonzentrationen sogar im Spurenbereich bestimmen zu können, den eigentlichen Wert dieser Elektroden aus. Solche ionenselektiven Elektroden (ISEs) kommen ständig in neuen Varianten und Spezifikationen auf den Markt, man bedenke aber, dass ein solcher Einsatz nur im Routinebetrieb ökonomisch vertretbar ist, denn es muss hier stets ein aufwändiges und zeitraubendes Kalibrierverfahren vorausgehen. Dabei sind zunächst die Messgeräte richtig anzupassen, dann aber vor allem die Einflüsse der jeweiligen Matrix (Matrixeffekte) zu untersuchen, wenn man am Ende ein richtiges Ergebnis erhalten möchte. Es liegt jedoch auf der Hand, dass es von Vorteil ist, wenn nach solchen aufwändigen Vorbereitungen Serienanalysen automatisiert und mit schnellem Probendurchsatz durchgeführt werden können. Diesen Bedürfnissen angepasst, wird von den Geräteherstellern auch das entsprechende elektronisch-technische Equipment angeboten, mit dem auf der Grundlage eines **Gran-plots** direkt am Bildschirm zum Beispiel die benötigten Analysenfunktionen ermittelt werden. Die Erfahrung zeigt, dass der jeweilige Operateur trotz aller Automation und Raffinesse der benutzten Geräte ausreichende Kenntnisse über die Funktionsweise der ISEs und die Grenzen ihrer Anwendbarkeit besitzen muss.

All diesen Aufwand erspart man sich, wenn man die ionenselektiven Elektroden nur zur Endpunktbestimmung von Titrationen einsetzt, denn hier ist, wie üblich, der Verbrauch an korrekt eingestellter Maßlösung der für die Berechnung des Analysenergebnisses benötigte Messwert. Nur lässt sich so eben keine Spurenanalytik durchführen, da die eigentliche Leistungsfähigkeit der ISE's nicht optimal ausgeschöpft wird.

4.5 Titrationen mit polarisierten Elektroden

4.5.1 Polarisation von Elektroden

Konduktometrie und Potentiometrie sind als Indikationsverfahren nur anwendbar, wenn eine Polarisation der Elektroden in der Lösung vermieden wird. Dagegen arbeiten die **Polarisationstitrationsverfahren** bewusst mit polarisierten Elektroden. Sie nutzen für die Indikation des Titrationsendpunktes die sprunghafte Änderung aus, die Spannung oder Strom durch Polarisation oder Depolarisation der Elektroden am Äquivalenzpunkt erfahren.

Damit das Potential einer Metallelektrode durch die Nernst'sche Gleichung beschrieben werden kann, muss für das jeweilige Messverfahren die Bedingung der Stromlosigkeit erfüllt sein. Wenn über eine Elektrode aber Strom fließt, kommt es zu Abweichungen, für die man den Begriff **Polarisation** gewählt hat. Dementsprechend bezeichnet man die Differenz zwischen der Nernst-Spannung (Ruhespannung) und der unter Belastung gemessenen Spannung als **Polarisationsspannung**.

Die Polarisation hat ihre Ursache in vielerlei Hemmungen, die im Falle des Stromflusses zwischen Elektrode und Lösung sowie innerhalb der Lösung auftreten. Hier spielen Transportprobleme eine ganz wesentliche Rolle. Im elektrischen

Feld kommt es zur Wanderung von Ionen, und ihre unterschiedlichen Beweglichkeiten rufen innerhalb der Lösung Spannungs- und Konzentrationsunterschiede hervor. Wenn auch diese Effekte noch durch Rühren zu beseitigen sind, so verbleiben doch an den Oberflächen der Elektroden Flüssigkeitsschichten (Grenzschichten), auf die man durch Rühren keinen Einfluss nehmen kann. Aber auch durch diese Schichten müssen die Ionen hindurchwandern, unter Umständen an chemischen Reaktionen teilnehmen, sie müssen ihre Ladung austauschen, um schließlich in das Kristallgitter des Elektrodenmaterials eingebaut zu werden. Solche Vorgänge benötigen Zeit und können dem Zwang des äußeren Stromflusses nur mehr oder weniger gut folgen. Das System kommt aus dem Zustand des Gleichgewichts, man spricht auch von irreversiblen Vorgängen, wenn mehr als nur Konzentrationseffekte auftreten.

Es ist einzusehen, dass eine Elektrode besonders dann leicht polarisiert wird, wenn ihre Oberfläche sehr klein ist. Ihre Polarisierung kann unter bestimmten Bedingungen so groß werden, dass trotz anliegender Spannung ein Stromfluss vollständig blockiert wird. Die Indikation mit solchen Elektroden beruht zum Beispiel darauf, dass am Äquivalenzpunkt einer Titration Ionen auftreten, die eine bestehende Polarisation beträchtlich vermindern oder gar aufheben (**Depolarisatoren**). Man erkennt das Auftreten derartiger Ionen daran, dass wieder Strom fließen kann.

Auch polarisierbare Elektroden können natürlich nur gegenüber einer zweiten Elektrode betrieben werden. In den meisten Fällen legt man jedoch Wert darauf, im jeweiligen Messkreis nur eine solche polarisierbare Elektrode zu haben. Ihre Gegenelektrode wird dann eine unpolarisierbare Elektrode sein. Darunter versteht man eine Elektrode, an der die elektrochemischen Vorgänge ungehemmt ablaufen können. Beides, die vollständige Polarisierbarkeit wie die Unpolarisierbarkeit einer Elektrode, sind Idealvorstellungen, denen man sich bestenfalls nähern kann. Gegenüber einer Metallelektrode mit sehr kleiner Oberfläche verhält sich eine Elektrode zweiter Art, wie wir sie bereits in der Kalomel- oder Ag/AgCl-Elektrode kennengelernt haben, vielfach als unpolarisierbar. Erst wenn die Strombelastung größer wird, ist es zweckmäßig, als Gegenelektrode ein Metallblech mit genügend großer Oberfläche zu verwenden. Dann wird das Potential der polarisierbaren Elektrode gegenüber einer Bezugselektrode (dritte Elektrode) mithilfe einer Kompensationsschaltung stromlos gemessen. Die Gegenelektrode übernimmt den Stromaustausch mit der Lösung.

In selteneren Fällen werden bei Titrationen auch zwei polarisierbare Elektroden verwendet (**biamperometrische-** oder **Dead-stop-Titrationen**).

Am Beispiel der Reduktion von Fe^{3+}- zu Fe^{2+}-Ionen wollen wir uns die Wirkungsweise einer als Kathode geschalteten polarisierbaren Elektrode, eines Platindrahtes, klar machen. Die Fe^{3+}-Ionen diffundieren durch die Grenzschicht vor der Elektrode und werden dort reduziert, sofern eine dafür ausreichende Spannung U anliegt. Das Ergebnis ist ein messbarer Strom I. Steigert man die Spannung, so nimmt der Strom so lange zu, bis alle Fe^{3+}-Ionen, die durch Diffusion an die Ober-

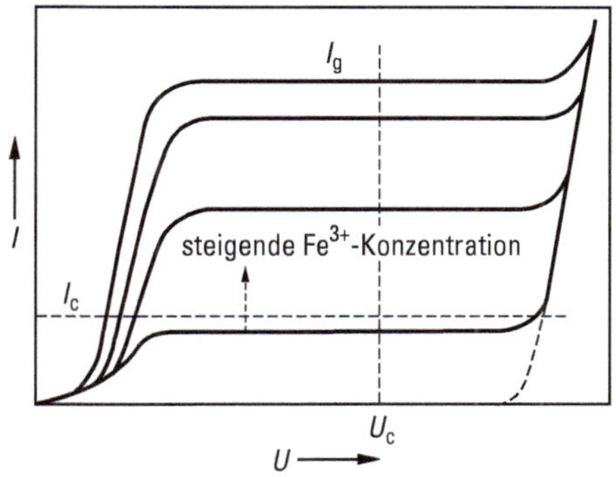

Abb. 4.36: Strom-Spannung-Kurven für unterschiedliche Fe(III)-Konzentrationen bei Titration in Gegenwart einer polarisierten Elektrode (I Stromstärke, I_g Grenzstromstärke, I_c bei voltametrischen Titrationen vorgegebene konstante Stromstärke, U Spannung, U_c bei amperometrischen Titrationen vorgegebene konstante Spannung).

fläche gelangen, sofort reduziert werden. Man hat einen auch bei weiteren Spannungssteigerungen nicht mehr zu überschreitenden Grenzstrom I_g erreicht, dessen Größe jedoch von der Konzentration der Fe^{3+}-Ionen in der Lösung abhängt. Denn würde man dort die Fe^{3+}-Konzentration erhöhen, könnten mehr Ionen durch die Grenzschicht diffundieren, der Grenzstrom würde entsprechend höher ausfallen. Das Auftreten eines Grenzstromes ist also dadurch bedingt, dass wegen der langsam ablaufenden Diffusion, einer Hemmung also, weniger Ionen an die Oberfläche gelangen, als dort umgeladen werden können. Die Reduktion $Fe^{3-} \rightarrow Fe^{2+} + e^-$ stellt trotzdem ein übersichtliches System dar, denn unter den gegebenen Bedingungen treten keine weiteren Hemmnisse auf, die Polarisationseffekte bewirken würden. Für jeweils verschiedene Fe^{3+}-Konzentrationen ermittelte Strom-Spannungs-Kurven sind in Abb. 4.36 dargestellt. Man erkennt auch, dass die Stromstärke erst bei sehr hohen Spannungen weiter ansteigt, dann nämlich, wenn Letztere hoch genug ist, um andere in der Lösung befindliche Ionen, zum Beispiel Wasserstoffionen, zu reduzieren.

4.5.2 Voltametrische Titrationen

Die vorstehenden Überlegungen wollen wir weiterführen, um herauszufinden, wie sich Fe^{3+}-Ionen bei der voltametrisch indizierten Titration verhalten werden. Was an Geräten dazu benötigt wird, zeigt schematisch die Abb. 4.37. Eine elektronisch stabilisierte Spannungsquelle liefert je nach Bedarf Gleichströme mit Spannungen zwischen 10 und 100 Volt. In den Stromkreis einschaltbare Widerstände mit Werten zwischen 10 und 100 MΩ, die den Widerstand der Meßzelle erheblich übertreffen, gestatten es, konstante Ströme im Bereich zwischen 0,1 und 20 µA aufrecht zu er-

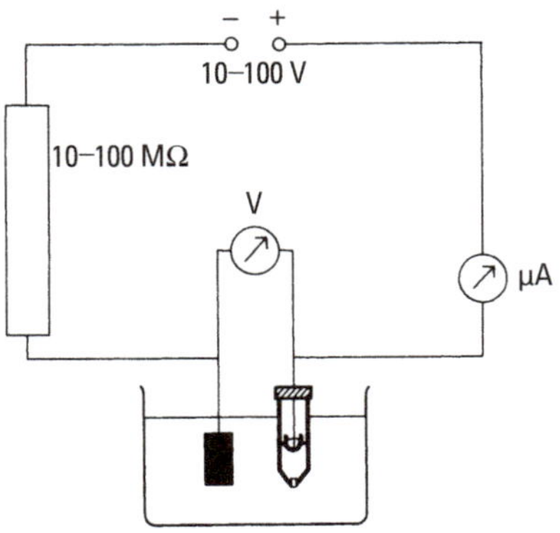

Abb. 4.37: Messanordnung bei voltametrischer Indikation.

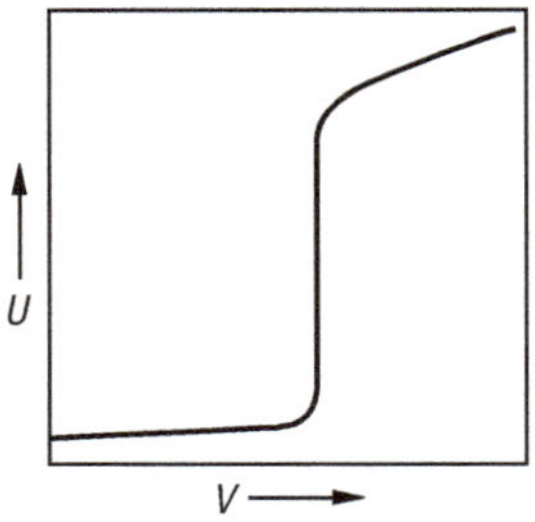

Abb. 4.38: Voltametrische Indikation einer Fe(III)-Bestimmung mit EDTA-Lösung (*U* Spannung, *V* zugesetztes Volumen an EDTA-Lösung).

halten. Die sich zwischen den Elektroden einstellende Spannung wird an einem Spannungsmessgerät abgelesen. Als Gegenelektrode könnte eine Kalomelelektrode dienen, deren aktive Oberfläche groß genug ist, um den vorgegebenen Stromfluss vertragen zu können.

Mit dieser Messeinrichtung geben wir eine konstanten Stromstärke I_c vor und titrieren in der Messzelle mit EDTA-Maßlösung eine Lösung von Fe^{3+}-Ionen, der man zur Unterdrückung von Wanderungseffekten innerhalb der Lösung noch etwas NaCl beigegeben hat. Am besten lassen sich die Vorgänge anhand der Abb. 4.36 verdeutlichen: Zu Beginn der Titration bedingt der vorgegebene Strom I_c wegen der noch hohen Fe^{3+}-Konzentration eine niedrige Polarisationsspannung U. In dem Maße, wie bei der Titration die Fe^{3+}-Konzentration vermindert wird, steigt U allmählich etwas an, bis zum Schluss die Fe^{3+}-Konzentration so niedrig geworden ist, dass der durch sie bedingte Grenzstrom kleiner als I_c ist. Die Spannung U steigt hier sprunghaft an, und der Stromfluss wird zunehmend mehr durch die Reduktion von H^+-Ionen bedingt. Der beobachtete Potentialsprung zeigt aber keineswegs den Äquivalenzpunkt an. Er erfolgt vielmehr dann, wenn der Grenzstrom der Fe^{3+}-Reduktion den willkürlich vorgegebenen Wert I_c erreicht hat. Man hat also I_c so zu wählen, dass die am Potentialsprung in der Lösung vorhandene Fe^{3+}-Konzentration gegenüber der zu Anfang vorhandenen vernachlässigbar klein geworden ist, nur dann darf man den Äquivalenzpunkt als erreicht betrachten. Diese Unsicherheiten schränken die Anwendung voltametrisch indizierter Titrationen natürlich stark ein, obwohl der Potentialsprung wesentlich schärfer ist als bei einer potentiometrischen Indikation. Es können jedoch mit diesem Verfahren Ionen, deren Oxidation oder Reduktion irreversibel verläuft, einer elektrometrischen Indikation zugänglich gemacht werden. Wollte man in einem solchen Fall potentiometrisch arbeiten, müssten wegen der sich langsam einstellenden Gleichgewichte sehr lange Messzeiten vorgesehen werden. Die Abb. 4.38 zeigt den voltametrisch indizierten Ablauf der Titration von Fe^{3+}-Ionen mit EDTA-Maßlösung. Falls I_c hinreichend klein gewählt wurde, fällt der Potentialsprung praktisch mit dem Äquivalenzpunkt zusammen. Grundsätzlich lassen sich voltametrische Verfahren zur Indikation von Komplexbildungs- und Redoxanalysen, aber auch in der Argentometrie bis hinunter zu niedrigen Konzentrationen einsetzen.

4.5.3 Amperometrische Titrationen

Mit einer der nebenstehenden Schaltskizze (Abb. 4.39) entsprechenden Messanordnung lassen sich amperometrische Titrationen durchführen. Mit einem Spannungsteiler wird hier eine konstante Spannung U_c an die beiden Elektroden gelegt und der resultierende Strom I mit einem Mikroamperemeter gemessen Wenn U_c im Grenzstrombereich einer oxidierbaren oder reduzierbaren Ionenspezies liegt, wird eine ihrer Konzentration proportionale Stromstärke erhalten. Je nachdem, ob das von der polarisierbaren Elektrode erfasste Ion während der Titration verbraucht wird oder erst nach dem Äquivalenzpunkt in die Lösung gelangt, entsprechen die dabei erhaltenen Titrationskurven in ihrer Form denen der linken oder der rechten Kurve in der Abb. 4.40. Als polarisierbare Kathode ist für amperometrische Titrationen eine **Quecksilber-Tropfelektrode** beliebt. Wegen der hohen Überspannung

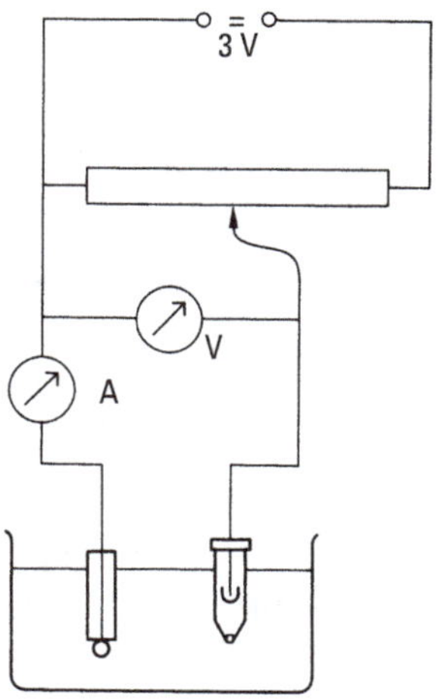

Abb. 4.39: Messanordnung bei amperometrischer Titration.

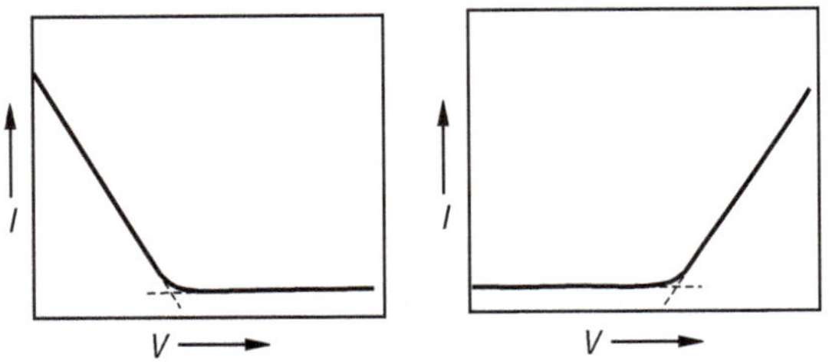

Abb. 4.40: Titrationskurven bei amperometrischer Indikation (*I* Stromstärke, *V* zugesetztes Volumen an Maßlösung).

von Wasserstoff ist Quecksilber ein Elektrodenmaterial, das zur Reduktion vieler Metallionen geeignet ist, die unedler als Wasserstoffionen sind. Bis hinunter in Konzentrationsbereiche von 10^{-5} mol/l lassen sich die meisten Titrationen auch amperometrisch indizieren. Das ist der Grund, weshalb diese, auch **Grenzstrom-Titrationen** genannten Verfahren, wesentlich häufiger angewendet werden als die zuvor besprochenen voltametrischen. Selbst kinetische Vorgänge mit zeitlich sich ändernden Konzentrationen bestimmter Ionenspezies lassen sich an der Quecksilber-Tropfelektrode durch fortwährende Messung des Grenzstromes erfassen. Man muss dann nur das gemessene Stromsignal verstärken und mit einem *I*, *t*-Kompensationsschreiber automatisch registrieren.

4.5.4 Biamperometrische oder Dead-stop-Titrationen

Die amperometrische Titration mit **zwei** polarisierbaren Elektroden, auch **Dead-stop-Methode** genannt, verdient wegen der Schärfe der angezeigten Äquivalenzpunkte und wegen ihres sehr geringen apparativen Aufwandes ein besonderes Interesse. Die zur Messung benötigte Apparatur entspricht in ihrem Aufbau der Abb. 4.39, nur dass jetzt zwei polarisierbare Elektroden in die Lösung eintauchen, meist sind dies zwei Platindrähte. Als Spannung wählt man Werte zwischen 10 und höchstens 100 mV, sodass die beiden Elektroden wegen des Aufbaus einer als Kondensator wirkenden Grenzschicht so lange jeden Stromfluss vollständig blockieren, wie keine reversiblen Redoxpaare in der Lösung anwesend sind. Titriert man zum Beispiel eine Fe^{2+}-Lösung mit einem Oxidationsmittel wie $K_2Cr_2O_7$, so enthält die Probelösung bis zum Äquivalenzpunkt sowohl Fe^{2+}- als auch Fe^{3+}-Ionen, die zusammen ein reversibles Redoxpaar darstellen. Dementsprechend beobachtet man am Mikroamperemeter einen Stromfluss. In dem Augenblick aber, in dem alle Fe^{2+}-Ionen verbraucht sind (Äquivalenzpunkt), ist kein reversibles Redoxpaar mehr zugegen – das Dichromat wird nämlich irreversibel reduziert – und der Strom fällt praktisch auf den Wert Null ab (Nullpunkt, Deadstop).

Ebenso verhält es sich bei der Titration einer Iodlösung mit Natriumthiosulfat:

$$2\,S_2O_3^{2-} + I_2 \longrightarrow S_2O_6^{2-} + 2\,I^- .$$

Solange noch Iod in der Lösung vorhanden ist, kann sich an den Elektroden das reversible Gleichgewicht

$$I_2 + 2\,e^- \rightleftharpoons 2\,I^-$$

einstellen. An der Kathode verläuft dieser Vorgang von links nach rechts, während umgekehrt an der Anode I_2 gebildet wird. An den im Mikroampere-Bereich liegenden Stromstärken erkennt man, dass der Stoffumsatz an den beiden Platindrähten praktisch vernachlässigbar gering ist. Ist alles Iod verbraucht, dann tritt die irreversible Reaktion

$$2\,S_2O_3^{2-} \longrightarrow S_4O_6^{2-} + 2\,e^-$$

an die Stelle des reversiblen I_2/I^--Redoxpaares, und wegen der sofort einsetzenden Polarisation wird der Stromfluss unterbrochen (Dead-stop). Die gemessene Titrationskurve entspricht ebenso wie im Falle der Fe^{2+}-Oxidation mit Kaliumdichromat dem Typ 1 in Abb. 4.41. Wenn man im umgekehrten Fall eine Chromatlösung vorlegt und diese mit einer Fe^{2+}-Ionen enthaltenden Maßlösung titriert, bleiben die beiden Platinelektroden bis zum Äquivalenzpunkt im polarisierten Zustand. Erst dann, wenn das reversible Fe^{2+}/Fe^{3+}-Redoxpaar auftritt, werden die Elektroden depolarisiert, und Strom fließt entsprechend dem Kurventyp 2. Als dritte Möglichkeit kommt nun noch der Ersatz eines reversiblen Redoxpaares durch ein anderes in Betracht: die Titrationskurve entspräche dann dem Typ 3 der Abb. 4.41. Ein Beispiel dafür ist die Titration von Fe^{2+}- mit Ce^{4+}-Ionen. Neben den bisher genannten Paaren sind Br_2/Br^-, Ti^{4+}/Ti^{3+} und VO_2^+/VO^{2+} weitere reversible Redoxpaare, die auf polarisierte Platindrähte depolarisierend wirken und somit eine Indikation nach dem Dead-stop-Verfahren ermöglichen.

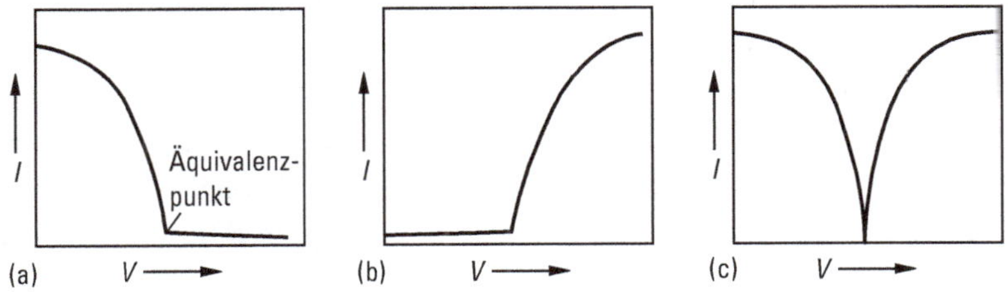

Abb. 4.41: Titrationskurven mit Indikation nach dem Dead-stop-Verfahren (*I* Stromstärke, *V* zugesetztes Volumen an Maßlösung); Polarisation der Elektroden erfolgt (a) ab dem Äquivalenzpunkt, (b) bis zum Äquivalenzpunkt, (c) nur am Äquivalenzpunkt.

Wasserbestimmung nach Karl Fischer

Als wichtiges Routineverfahren zur Bestimmung von Wasser in organischen Lösemitteln hat sich das Karl-Fischer-Verfahren[3] allgemein durchgesetzt. Das Besondere an diesem Verfahren ist, dass die verwendete Maßlösung Oxidationsmittel (I_2) und Reduktionsmittel (SO_2) gemeinsam enthält. Aber erst in Gegenwart von Wasser können beide miteinander reagieren. Hierfür wird manchmal folgende Gleichung formuliert:

$$2\,H_2O + SO_2 + I_2 \rightleftharpoons H_2SO_4 + 2\,HI$$

(Bunsen-Reaktion). Über die Abweichungen wird unten berichtet.

Wenn alles Wasser verbraucht ist, tritt I_2 erstmalig neben I^- auf, und der Äquivalenzpunkt kann aufgrund der Anwesenheit eines reversiblen Redoxpaares nach der Dead-stop-Methode indiziert werden. (Bei Titrationen im organischen Medium kann das nach Überschreiten des Äquivalenzpunktes überschüssige I_2 nicht, wie in der Iodometrie sonst üblich, an der Blaufärbung des Stärkekomplexes erkannt werden.) Zur einfachen Durchführung von Wasserbestimmungen bieten viele namhafte Gerätehersteller mehr oder weniger automatisierte Apparaturen an, die alle dieses iodometrische Verfahren anwenden.

Das für die Titrationen verwendete Karl-Fischer-Reagens ist eine Lösung von elementarem Iod und Schwefeldioxid in einem Gemisch aus Pyridin und Methanol. Ohne seine oxidierende Wirkung zu verlieren, löst sich das Iod in Methanol, während vor allem das Pyridin, aber auch das Methanol die Ausgangs- und die Endprodukte zu binden vermögen. Die Gegenwart von Pyridin hat eine stabilisierende Wirkung auf die Haltbarkeit der Karl-Fischer-Lösung. Selbstverständlich unter absolutem Feuchtigkeitsausschluss wird dann das Wasser enthaltende organische Lösemittel in einem abgeschlossenen Gefäß titriert. Wenn die beiden Platinelektroden nach Erreichen des Äquivalenzpunktes zunehmend depolarisiert werden, beginnt die Stromstärke anzusteigen.

In der Praxis zeigt es sich jedoch, dass bei der Reduktion eines I_2-Moleküls nicht zwei Moleküle Wasser verbraucht werden, wie es die oben angegebene Reaktionsgleichung erwarten lässt, sondern dass unter optimalen Bedingungen nur ein Verhältnis $I_2/H_2O = 1:1$ gefunden wird. Hierbei spielt das Methanol-Pyridin-Verhältnis eine Rolle und, wie man später beim Ersatz des Pyridins durch andere Basen entdeckte, der in der Reaktionslösung erreichte pH-Wert. Ausgangspunkt war die Erkenntnis, dass Methanol wegen seiner Wasserähnlichkeit mit diesem in einem gewissen Umfang zu konkurrieren vermag. Das erklärt auch, warum der Titer einer Karl-Fischer-Lösung ständig abnimmt, wenn man alle beteiligten Komponenten in

---

3 Karl Albert Otto Franz Fischer (* 24. März 1901 in Pasing/München; † 16. April 1958) deutscher Chemiker, Verfahren 1935 veröffentlicht.

einer Vorratslösung zusammen aufbewahrt. Johansson [156] schlug deshalb vor, zwei Lösungen zu verwenden, nämlich eine Lösung von Iod in Methanol und eine zweite von SO_2 in einem Pyridin-Methanol-Gemisch. Auf diese Weise kann man sich durch Mischen beider Lösungen vor der Titration ein jeweils frisches Reaktionsgemisch herstellen.

Die neuesten Untersuchungen und Erkenntnisse über den Ablauf der Karl-Fischer-Reaktion fasst Scholz [150] mit folgenden Gleichungen zusammen:

$$\text{(1)}\quad ROH + SO_2 + R'N \rightarrow [R'NH]SO_3R\,,$$

$$\text{(2)}\quad H_2O + I_2 + [R'NH]SO_3R + 2\,R'N \rightarrow [R'NH]SO_4R + 2\,[R'NH]I.$$

Hierbei bedeutet ROH einen „reaktiven" Alkohol und R'N eine „geeignete" Base. Den Gleichungen lässt sich entnehmen, dass die sauren Komponenten umso besser gebunden werden, je höher der pH-Wert der Lösung bzw. je basischer das verwendete R'N reagiert. In der Praxis arbeitet man am besten bei pH-Werten zwischen 5 und 7, da die Reaktion in diesem Bereich sowohl stöchiometrisch als auch mit konstanter Reaktionsgeschwindigkeit abläuft.

Von den zahlreichen Versuchen, die klassischen Lösemittel Methanol und Pyridin durch andere zu ersetzen, seien hier nur zwei hervorgehoben. Im Jahre 1955 schlugen Jungnickel und Peters [157] vor, anstelle von Methanol in manchen Fällen besser 2-Methoxy-Ethanol zu verwenden, und Scholz [158a] verwies auf die Vorteile des stärker basischen Imidazols gegenüber dem sonst üblichen Pyridin. Das gemeinsame Ziel derartiger Bemühungen ist vor allem eine verbesserte Titerbeständigkeit, aber auch eine größere Schnelligkeit und damit bessere Genauigkeit des Titrationsverfahrens selbst. Wer die Vielseitigkeit der Anwendungsmöglichkeiten der Karl-Fischer-Titration optimal ausschöpfen muss, sollte sich an Hand der Monografien von Scholz [150] und P. Bruttel et al. [150a] informieren.

Mit seinen fertig eingestellten Lösungen passt sich der Handel dem jeweiligen Kenntnisstand an. Dabei wird die Aufteilung der erforderlichen Komponenten auf zwei Lösungen, die vor der Titration zu mischen sind, bevorzugt.

Arbeitsvorschrift:

1. Bereitung der Lösungen

Auch bei der Verwendung von reinen Substanzen ist deren Trocknung erforderlich, alle Operationen müssen unter Ausschluss von Feuchtigkeit geschehen.

Vorbereitung der Chemikalien

Pyridin wird durch Destillation mit Benzol entwässert. Das ternäre Gemisch Wasser-Benzol-Pyridin destilliert bei 67 °C über. Nach dem Abtreiben des überschüssigen Benzols (Kp. 80,1 °C) geht Pyridin bei 115,5 °C über. Der Wassergehalt beträgt dann noch etwa 0,05 bis 0,08 %.

Methanol wird mit Magnesiumpulver am Rückflusskühler gekocht (5 g/l Mg) bis der Wassergehalt unter 0,05 % gesunken ist, und dann destilliert (Kp. 64,6 °C).

2-Methoxyethanol wird durch einfaches Destillieren getrocknet (Kp. 124,3 °C). Das gesamte Wasser ist in den ersten 5 % des Vorlaufs enthalten.

Dioxan wird durch Destillation über Natrium entwässert (Kp. 101,5 °C).

Iod wird unter Ausschluss von Feuchtigkeit zweimal in einer geschlossenen Schliffapparatur sublimiert.

Schwefeldioxid wird einer Druckgasflasche entnommen und über ein mit P_4O_{10} gefülltes Trockenrohr unter Feuchtigkeitsausschluss in eisgekühltes, trockenes Pyridin bis zur Sättigung (1 mol SO_2/mol Pyridin) eingeleitet.

Karl-Fischer-Lösung (KF-Lösung)
Zur Herstellung einer Vorratslösung werden nach Mitchell und Smith [151] 762 g Iod in 2,4 l Pyridin gelöst. Nach dem Auflösen (Iod ist in kaltem Pyridin relativ schwer löslich!) werden 6 l Methanol zugegeben. Von dieser unbegrenzt haltbaren Lösung werden zum Gebrauch 4 l unter Eiskühlung und Umschwenken in einer Bürettenvorratsflasche allmählich mit 192 g flüssigem Schwefeldioxid (Kältemischung: Methanol-Trockeneis (festes Kohlenstoffdioxid) vermischt. Nach einigen Tagen ist die Lösung gebrauchsfertig. Theoretisch entspricht 1 ml Lösung 6 mg Wasser, praktisch – aus den bereits angeführten Gründen – jedoch nur 3,5 bis 5 mg Wasser.

Für kleinere Mengen werden nach Eberius [152] und Kowalski 530 g Methanol, 265 g Pyridin und 100 ml einer SO_2-Lösung in Pyridin in einer Vorratsflasche miteinander vermischt. Sollte die Lösung noch zu viel Wasser enthalten, versetzt man sie tropfenweise mit Brom, bis eine schwache Braunfärbung bestehen bleibt (Rühren!). Unter Kühlung und Feuchtigkeitsausschluss werden nun 45 ml flüssiges Schwefeldioxid langsam zugegeben. In der noch warmen Lösung werden 84 g Iod gelöst.

Lösung nach A. Johansson (AJ-Lösung)
Lösung A wird durch Lösen von 100 g Schwefeldioxid in einer Mischung aus 500 ml wasserfreiem Methanol und 500 ml wasserfreiem Pyridin hergestellt.

Lösung B besteht aus einer Lösung von 30 g Iod in einem Liter wasserfreiem Methanol. 1 ml der Lösung entspricht 2 mg Wasser.

Lösung nach Peters und Jungnickel
Man löst 133 g Iod in 425 ml Pyridin. Dann werden 425 ml 2-Methoxy-Ethanol und schließlich 70 ml flüssiges Schwefeldioxid zugegeben. Die Lösung ist nach 8 Stunden gebrauchsfertig und über längere Zeit beständig. 1 ml der Lösung entspricht etwa 6 mg Wasser.

Lösung nach Scholz
In wasserfreiem Methanol werden zuerst 136 g Imidazol ($C_3N_2H_4$) und dann 45 ml flüssiges Schwefeldioxid gelöst. Mit weiterem Methanol bringt man das Volumen auf 1 Liter (Solvent).

Titriert wird mit einer Lösung von Iod in wasserfreiem Methanol.

2. Wasserbestimmung
Zur Durchführung der Titrationen benötigt man ein mit einem Deckel fest verschließbares Gefäß. In dem Oberteil sind mehrere mit Schliff versehene Öffnungen vorhanden, die eine gasdichte Zuführung von Bürettenspitze, Elektroden und Trockenrohr erlauben. Von unten her ist eine magnetische Rührvorrichtung vorzusehen. Die Titrationslösungen werden mit einer Kolbenbürette dosiert, wobei das Vorratsgefäß gegen das Eindringen von Feuchtigkeit mit einem Trockenaufsatz zu schützen ist. Zwei mit einer Schliffhalterung versehene Platindrähte (polarisierbare Elektroden) werden von oben her in das Titrationsgefäß eingesteckt. Bei einer Spannung von 15–20 mV wird sodann titriert, bis das Mikroamperemeter ein Ansteigen des Stromes anzeigt (reversibles Redoxpaar). Am besten verfährt man dabei so, dass man zunächst wasserfreies Lösemittel (Methanol oder Dioxan) so lange mit Karl-Fischer-Lösung titriert, bis der Strom um einen zwar geringen, aber bei allen folgenden Titrationen eingehaltenen Betrag angestiegen ist (dabei werden auch Feuchtigkeitsspuren beseitigt). Dann wird die auf Wasser zu untersuchende Sub-

stanz zugesetzt, und man titriert erneut bis zur gewählten Strommarke. Wenn das Zweikomponenten-Verfahren angewendet werden soll, legt man die die Base enthaltende Lösung in der nachher benötigten Menge vor und titriert mit der Iodlösung. Alsdann wird die zu untersuchende Substanz zugesetzt und wiederum mit Iodlösung titriert, wobei darauf zu achten ist, dass die in der Lösung vorhandene Base (Pyridin oder Imidazol) die theoretisch benötigte Menge um mindestens 50 % übertrifft. Zum Beispiel benötigt man in der Vorlage zur Bestimmung von 70–80 mg Wasser jeweils 10 ml der von Scholz angegebenen Solvent-Mischung. Während der Durchführung der Titrationen wird stets ausreichend gerührt (Magnetrührer).

Die **Titerstellung** der Karl-Fischer-Reagentien wird an einer Standard-Methanollösung, die eine definierte Menge an Wasser enthält, durchgeführt. Unter Berücksichtigung entsprechender Vorsichtsmaßnahmen kann dem wasserfreien Methanol eine abgewogene Portion Wasser zugesetzt werden. Eine weitere Möglichkeit besteht darin, lagerungsbeständige Salze mit definiertem Kristallwassergehalt abzuwägen und in Methanol oder Dioxan zu lösen. Geeignete Verbindungen sind Oxalsäure (2 H_2O), Natriumtartrat (2 H_2O), Citronensäure (1 H_2O) und andere.

Die Wasserbestimmung nach Karl Fischer besitzt ein weites Anwendungsfeld. Viele organische Lösemittel können direkt titriert werden, andere Substanzen müssen zuvor in geeigneten wasserfreien Lösemitteln gelöst werden. Zu nennen sind in diesem Zusammenhang viele anorganische Salze mit Kristallwassergehalt, aber auch Fette, Öle, Lebensmittel usw. Gestört wird die Bestimmung durch einfache oder halogenierte Kohlenwasserstoffe, Aldehyde, Ketone und Mercaptane.

Bestimmung primärer aromatischer Amine

Primäre aromatische Amine (Aniline) können durch Titration mit Natriumnitrit-Maßlösung in saurer Lösung gut bestimmt werden (Nitritometrie). Das dabei gebildete Diazonium-Ion ist unter den Titrationsbedingungen hinreichend stabil. Zur Indikation können Redoxindikatoren wie Ferrocyphen oder Metanilgelb verwendet werden. Meist wird die elektrochemische Indikation mittels Dead-stop-Titration (Biamperometrie) verwendet. Die Depolarisation der Doppelplatinelektrode erfolgt hierbei nach Überschreiten des Äquivalenzpunktes durch den Überschuss Natriumnitrit, das als Redoxamphoter sowohl an der Anode oxidiert als auch an der Kathode reduziert wird. Zur Stabilisierung des intermediär entstehenden Nitrosylkations wird Bromid zugesetzt, zur Stabilisierung des Diazonium-Ions wird häufig eine Eiskühlung empfohlen.

Das Verfahren findet sich in vielen Arzneibüchern z. B. Bestimmung von Sulfonamid-Antibiotika oder Lokalanästhetika wie Procain oder Benzocain. Auch Carbonsäurehydrazide (USP: Bestimmung von Isoniazid) lassen sich mit Natriumnitrit bestimmen und auch einige sekundäre aromatische Amine (z. B. Tetracain), bei denen stabile Nitrosamine gebildet werden.

$$NaNO_2 + 2\,H^+ \longrightarrow NO^+ + Na^+ + H_2O$$

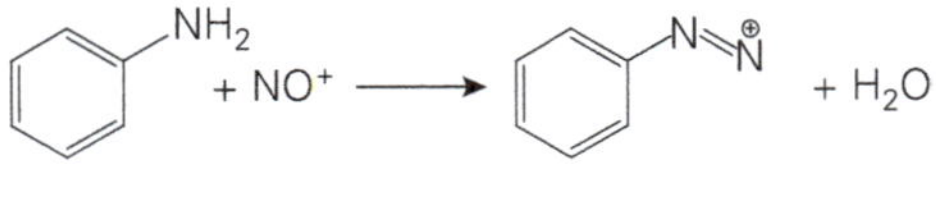

Bestimmung von Procain nach Ph. Eur.

Arbeitsvorschrift: 0,400 g Procainhydrochlorid werden in 50 ml verdünnter Salzsäure gelöst. Nach Zusatz von 3 g Kaliumbromid wird die Lösung in einer Eis-Wasser-Mischung gekühlt und langsam unter andauerndem Rühren mit Natriumnitrit-Lösung, 0,1 mol/l, titriert. Die Indikation erfolgt mittels Biamperometrie [8a].

1 ml Natriumnitrit-Lösung, c = 0,1 mol/l, entspricht 27,28 mg $C_{13}H_{21}ClN_2O_2$.

4.6 Coulometrische Titrationen

Hatten wir bei allen Verfahren, die wir bisher kennengelernt haben, zunächst eine geeignete Maßlösung herstellen und ihren Titer bestimmen müssen, ehe wir mit der eigentlichen Titration beginnen konnten, so begegnet uns mit der coulometrischen Titration eine Methode, das Reagens direkt in der zu untersuchenden Lösung durch einen elektrolytischen Prozess zu erzeugen. Die Messgröße ist die an den Elektroden mit der Lösung ausgetauschte Elektrizitätsmenge Q, aus der wir nach den Faraday'schen Gesetzen die Stoffmenge des erzeugten Reagens berechnen können. Die sich insgesamt ergebenden Möglichkeiten erstrecken sich auf alle Bereiche der Maßanalyse, wobei die erzielten Genauigkeiten bis hinunter in den Spurenbereich 1 % nicht überschreiten. Unabhängig von dieser Art der Reagenserzeugung ist die Endpunktermittlung; man bedient sich hier aller jeweils geeigneten Indikationsmethoden, bevorzugt allerdings die elektrometrischen wegen des ohnehin schon relativ hohen apparativen Aufwands (weiterführende Literatur: [153]).

4.6.1 Theoretische Grundlagen

Nach den Faraday'schen Gesetzen ergibt sich das elektrische Äquivalent von einem Mol ausgetauschter Elektronen zu F = 96 493 Coulomb pro Mol; diese Größe ist die bereits bekannte Faraday-Konstante. Wenn eine Substanz mit der molaren Masse M an einer Elektrode z Elektronen austauscht und dafür die Elektrizitätsmenge Q benötigt, ergibt sich die umgesetzte Stoffmenge n zu

$$n = \frac{Q}{z \cdot F} .$$

Da die Stoffmenge $n = \frac{m}{M}$ ist (m = Masse der Substanz), erhält man

$$\frac{m}{M} = n = \frac{Q}{z \cdot F} \qquad \text{bzw.} \qquad m = \frac{M \cdot Q}{z \cdot F} ,$$

sodass man aus der gemessenen Elektrizitätsmenge Q die Masse m der zu bestimmenden Substanz berechnen kann. Voraussetzung für die Richtigkeit ist eine Stromausbeute von 100 %, das heißt, nur die interessierende Substanz darf Elektronen aufnehmen oder abgeben, bzw. anders ausgedrückt, Nebenreaktionen infolge der Umsetzung anderer Spezies müssen ausgeschlossen sein.

Nun weiß man von der Elektrolyse her, dass ein ausreichender Stoffumsatz innerhalb einer vernünftigen Zeit nur dadurch erreicht wird, dass man eine Spannung anlegt, deren Größe die nach Nernst berechnete Gleichgewichtsspannung übersteigt. Solange bei fließendem Strom die Elektroden polarisiert werden, findet an ihnen auch in der Regel nur der gewünschte Stoffumsatz statt, das heißt, die anliegende **Überspannung** dient ausschließlich der Überwindung von Polarisierungseffekten. Spätestens gegen Ende der Elektrolyse wird die Konzentration der umzusetzenden Substanz so klein, dass die Stromstärke abfällt und damit auch die Polarisierung der Elektroden abnimmt. Dann aber reicht die anliegende Spannung zur Umsetzung schwerer oxidierbarer bzw. reduzierbarer Spezies aus, eine Nebenreaktion findet statt. Daher begrenzt man bei einer Elektrolyse die Spannung so weit, dass die Nebenreaktion höchstens in der Zersetzung des Lösemittels zu gasförmigen Produkten (z. B. Wasser zu H_2 bzw. O_2) besteht. Das aber stört die elektrolytische Abscheidung zum Beispiel eines Metalles nicht, denn es wird die Massenzunahme der Elektrode bestimmt und nicht die Elektrizitätsmenge.

Bei der coulometrischen Analyse besteht das beschriebene Problem ebenso, wenn die anliegende Spannung größer ist als nach den Gleichgewichtsbedingungen für die Umsetzung der gewünschten Substanz gerade erforderlich. Als Nebenreaktion sollte aber jetzt ein Vorgang ablaufen, der ein Produkt liefert, das seinerseits in der Lage ist, mit der zu bestimmenden Substanz in gleicher Weise zu reagieren, wie es direkt mit ihr an der Elektrode auch geschähe. Zum Beispiel könnte man Arsenit an einer Anode zu Arsenat oxidieren:

$$AsO_3^{3-} + H_2O \rightleftharpoons AsO_4^{3-} + 2\,H^+ + 2\,e^- .$$

Diese Reaktion verläuft aber nicht reversibel, sodass die Elektrode schnell polarisiert würde, und der Umsatz bald ganz zum Erliegen käme. Ließe man dieselbe Reaktion aber in einer Lösung ablaufen, die eine hohe Konzentration an zusätzlichem NaBr besitzt, würde bei entsprechend größerer Spannung aus Bromid anodisch Brom gebildet werden:

$$2\,Br^- \rightleftharpoons Br_2 + 2\,e^- ,$$

das seinerseits das Arsenit zu Arsenat oxidieren würde:

$$AsO_3^{3-} + H_2O - Br_2 \rightleftharpoons AsO_4^{3-} + 2\,H^+ + 2\,Br^- ,$$

wobei das anodisch erzeugte Br_2 quantitativ zu dem Ausgangsstoff Br^- zurückgebildet würde. Bei der Bilanzierung der umgesetzten Strommenge spielt es aber im

Prinzip keine Rolle, ob das Arsenit direkt an der Elektrode oxidiert wurde oder ob es einen Umweg über das Brom gegeben hat. Es muss nur sicher sein, dass an der Anode durch Nebenreaktionen weder gasförmige noch sonstige Produkte erzeugt werden, die Arsenit nicht oxidieren. Da Br^-/Br_2 aber ein reversibles Redoxpaar ist, treten keine Polarisierungen an der Anode auf; eine noch größere Spannung erfordernde Reaktion, wie die Oxidation des Wassers zu Sauerstoff, kann demnach nicht erfolgen. Damit haben wir bereits das Prinzip der coulometrischen Titration an einem Beispiel kennengelernt.

Da unter den gegebenen Bedingungen ein im Überschuss vorhandener und gleichzeitig reversibel oxidierbarer Elektrolyt – wie im obigen Fall das Natriumbromid – weitere Nebenreaktionen an der Anode nicht zulässt, kann man eine sehr einfache Methode zur Bestimmung der umgesetzten Elektrizitätsmenge Q anwenden. Da entsprechend ihrer Definition $Q = I \cdot t$ (t = Zeit; $1\,C = 1\,A \cdot s$) ist, benötigt man ein Gerät, das eine elektronisch stabilisierte und damit konstante Stromstärke I abgibt. Hat man bis zum Erreichen des Äquivalenzpunktes t Sekunden benötigt, kann man mit der Kenntnis von I die Elektrizitätsmenge Q und damit wieder die Masse des umgesetzten Stoffes berechnen. Die coulometrische Titration läuft also auf eine Zeitmessung hinaus. Es ist nicht erforderlich zu wissen, wie ein solches konstanten Strom abgebendes Gerät im Einzelnen funktioniert, wichtig ist nur, dass man sich klar macht, wie es auf das chemische System einwirkt. Es gibt eine Spannung vor und prüft, ob I mit dem eingestellten Wert übereinstimmt. Ist das nicht der Fall, wird die Spannung so lange verändert, bis I seinen Sollwert erreicht hat. Falls bei einer elektrolytischen Reaktion infolge einer Konzentrationsabnahme der Widerstand steigt, wird das Gerät dem Ohm'schen Gesetz entsprechend so lange die Spannung erhöhen, bis I den vorgegebenen Wert wieder erreicht hat. Wenn nicht, wie in dem oben diskutierten Fall, ein reversibel oxidierbarer Elektrolyt (NaBr) den Widerstand der Lösung insgesamt niedrig und auch konstant hält, kommt es dabei zu unliebsamen Nebenreaktionen. Damit dürfte deutlich geworden sein, innerhalb welcher Grenzen die coulometrische Titration bei konstantem Strom eingesetzt werden kann.

Bisher haben wir immer nur die Elektrode betrachtet, an der die gerade interessierende Reaktion abläuft. Wie bei allen elektrochemischen Verfahren bedarf es auch hier natürlich einer zweiten Elektrode, und es ist klar, dass an dieser eine gleiche Elektrizitätsmenge ausgetauscht wird, und dass entsprechend eine elektrochemische Reaktion abläuft. Sofern die Reaktionsprodukte die eigentliche Titration nicht stören, entstehen keine Probleme. Wenn das aber nicht mehr der Fall ist, muss der Elektrolytraum der Gegenelektrode von der Probelösung durch ein Diaphragma abgegrenzt werden. Ein solches Diaphragma muss aber genügend groß sein, damit sein Widerstand in dem Stromkreis hinreichend klein bleibt. Es muss jedoch gesagt sein, dass angesichts der Größe der durch die Lösung transportierten Elektrizitätsmenge ein solches Diaphragma nicht immer unproblematisch ist, sodass man versuchen wird, nach Möglichkeit seine Anwendung zu vermeiden.

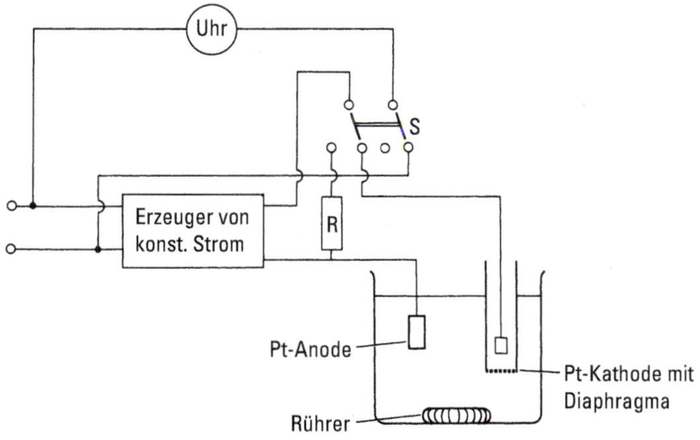

Abb. 4.42: Prinzip der coulometrischen Titrationen bei konstanter Stromstärke (S Schalter, R Widerstand).

In der bei unserer Arsenbestimmung verwendeten Elektrolytlösung wird an der Kathode aus den H^+-Ionen des Wassers elementarer Wasserstoff erzeugt. In statu nascendi ist dieser in der Lage, Arsenat wieder zu reduzieren, falls er in die zu titrierende Lösung gelangt. Aus diesem Grund ist der Kathodenraum abzugrenzen. Da die die Kathode umgebende Lösung schnell gesättigt ist, entweicht der Wasserstoff, und es bedarf keiner aufwändigen Vorsorge. Statt eines Diaphragmas reicht als Abgrenzung des Kathodenraums zumindest bei geringen Mengen an zu bestimmendem Arsenit bereits ein in die Lösung tauchendes Reagensglas, das an seinem unteren Ende ein kleines Loch besitzt.

Eine Apparatur zur Durchführung coulometrischer Titrationen besteht demnach aus zwei Generatorelektroden, von denen die eine zur elektrochemischen Erzeugung des Reagens dient, einem Gerät, das konstanten Strom abgibt, und einer Uhr, die automatisch die Titrationszeit bestimmt (s. Abb. 4.42). Wenn man den Schalter S betätigt, wird den beiden Generatorelektroden Strom zugeführt und gleichzeitig die elektrische Uhr gestartet. Ist die Titration beendet, was durch ein geeignetes Indikatorsystem angezeigt wird, hält die Uhr im Augenblick der erneuten Betätigung des Schalters wieder an, und der Strom fließt statt durch das Titrationsgefäß über einen Widerstand R zurück zum Gerät.

4.6.2 Praktische Anwendungen

Bestimmung von Arsen mit Dead-stop-Indikation

Die elektrochemischen Grundlagen des Verfahrens sind bereits oben eingehend besprochen worden. Zur Ermittlung des Endpunktes eignet sich hier besonders ein Dead-stop-System (vgl. S. 336 f.). Da das an der Anode des Generators erzeugte

Brom so lange verbraucht wird, wie die Lösung noch nicht oxidierte Arsen(III)-Spezies enthält, bleiben die beiden zur Indikation eintauchenden Platindrähte polarisiert. Der Äquivalenzpunkt der Titration ist durch das Auftreten des reversiblen Br^-/Br_2-Redoxpaares gekennzeichnet, das eine Depolarisation der Indikatorelektroden bewirkt und einen Stromfluss über diese Elektroden zulässt.

Das Titrationsgefäß (Abb. 4.42) wird mit 30 ml einer Lösung gefüllt, die man sich aus 20,6 g NaBr und 5,5 ml konzentrierter Schwefelsäure durch Auffüllen mit Wasser auf 1 l bereitet hat. An die Platindrähte (Indikator-System) legt man eine Spannung von 50 mV an und elektrolysiert zur Entfernung eventuell vorhandener oxidierbarer Substanzen so lange, bis die Indikatorstromstärke anzusteigen beginnt. Hat diese einen gewählten Wert, z. B. 2 μA erreicht, bricht man die Elektrolyse ab. Nun gibt man die zu untersuchende Lösung, die etwa 15 bis 30 mg As(III) enthalten sollte, in das Titrationsgefäß. Die Indikatorstromstärke sinkt dabei auf Null ab. Alsdann elektrolysiert man bei einer konstanten Stromstärke von 10 mA (Generator), bis die Indikatorstromstärke wieder die gewählte Marke (2 μA) erreicht hat. Aus der gemessenen Zeit und der eingestellten Generatorstromstärke berechnet man den Arsengehalt der Probe. Die im Titrationsgefäß vorhandene NaBr-Lösung kann noch zu drei weiteren Arsenbestimmungen verwendet werden, ehe sie durch eine frische zu ersetzen ist.

Bestimmung von Thiosulfat

Analog dem vorstehenden Verfahren werden 30 ml KI-Lösung (0,5 mol/l) in das Titrationsgefäß gegeben und 3–5 Tropfen verdünnte H_2SO_4-Lösung hinzugefügt (Vorsicht: bei zu hoher Säurekonzentration könnte das Thiosulfat zersetzt werden).

Nach Zugabe der Analysenlösung wird bei einer Generatorstromstärke von 10 mA I_2 elektrolytisch erzeugt. Dieses oxidiert das vorhandene Thiosulfat zu Tetrathionat:

$$2\,S_2O_3^{2-} + I_2 \longrightarrow S_4O_6^{2-} + 2\,I^- .$$

Das Ende der Titration wird am Ansteigen der Indikatorstromstärke erkannt (Dead-stop-System), sobald I_2 nicht mehr durch Reduktion verbraucht wird. Aus der gemessenen Zeit und der eingestellten Generatorstromstärke berechnet man den Thiosulfatgehalt der Probe.

Alkalimetrische Titrationen

Bei der Bestimmung von Säuren verwendet man als Grundelektrolyt eine Natriumchlorid-Lösung der Konzentration 1 mol/l. An der Platinkathode des Generators entstehen OH^--Ionen entsprechend der Gleichung

$$2\,e^- + 2\,H_2O \longrightarrow H_2 + 2\,OH^-.$$

Als Anode in einer Halogenidionen enthaltenden Lösung darf auf keinen Fall ein Platinblech verwendet werden, da dieses oxidiert wird (Cl_2-Entwicklung). Es hat sich stattdessen ein Silberblech bewährt, weil die bei der Oxidation gebildeten Ag^+-Ionen durch Chlorid sofort als AgCl ausgefällt werden. Bei dieser Versuchsanordnung ist es nicht notwendig, Anoden- und Kathodenraum voneinander durch ein Diaphragma zu trennen. Dagegen erfordert die Verwendung eines Grundelektrolyten wie Na_2SO_4 eine sehr sorgfältige Trennung der Elektrodenräume, da in diesem Fall an der Anode Sauerstoff und H^+-Ionen gebildet werden. Der Äquivalenzpunkt kann entweder mit einem Farbindikator visuell oder mit einer Glaselektrode potentiometrisch bestimmt werden.

Komplexometrische Titrationen

Als Grundelektrolyt eignet sich eine Lösung von Hg-EDTA (0,02 mol/l) und NH_4NO_3 (0,05 mol/l). An einer Kathode aus metallischem Quecksilber wird das im Komplex gebundene Quecksilber elektrolytisch abgeschieden, wodurch eine entsprechende Menge an EDTA freigesetzt wird und somit für die Titrationen zur Verfügung steht. Unedlere Metalle wie Magnesium und Calcium können auf diese Weise bestimmt werden.

Argentometrische Titrationen

Hier geht es um eine Fällungstitration von Halogeniden durch coulometrisch erzeugte Silberionen. Das spielt eine wichtige Rolle bei der summarischen Bestimmung von halogenorganischen Verbindungen in Wasser, und man gewinnt damit einen aussagekräftigen Summenparameter, der neben anderen als Stoffkenngröße bei der Qualitätskontrolle von Wässern und Abwässern in der Umweltanalytik in Gebrauch ist. Die in Frage kommenden halogenorganischen Verbindungen lassen sich durch Ausblasen aus einer erwärmten Probe, durch Extraktion oder durch Adsorption aus der wässrigen Phase entfernen. Diese drei Fraktionen werden jeweils voneinander getrennt im Sauerstoffstrom bei ca. 950 °C in einem Verbrennungsofen aufgeschlossen, wobei gasförmige Halogenwasserstoffe (HX) entstehen, die wiederum in einer wässrigen Phase absorbiert werden. Nach Überführen in eine geschlossene Titrationszelle fällt man die Halogenide mit coulometrisch erzeugtem Ag^+ als Silbersalze aus. Wie man sieht, werden so drei spezifische Stoffkenngrößen ermittelt: **POX** (purgeable), **EOX** (extractable) und **AOX** (adsorbable) jeweils als organisch gebundenen Halogengehalt. Da die Substanzklasse aus toxikologischer Sicht bedenklich ist, existieren zur Ermittlung derartiger Summenparameter einschlägige DIN-Vorschriften.

Ebenfalls nach DIN werden die Halogenwasserstoffe in einem essigsauren Elektrolyten absorbiert, da in diesem Medium die auszufällenden Silbersalze schwerer löslich sind als in Wasser. Als Messzelle benutzt man einen Aufbau, wie er in Abb. 4.42 schematisch dargestellt ist. Anstelle der Pt-Anode ist natürlich eine solche aus Silber zu verwenden, da an dieser ja die zur Titration benötigten Ag^+-Ionen generiert werden. Die Ermittlung des Endpunktes erfolgt am besten potentiometrisch an einer Silberelektrode (Kap. 4.4.6). Man bedenke, dass als Referenzelektrode z.B. eine Mercurosulfat-Elektrode zu verwenden ist, weil die Analysenprobe nicht durch Chlorid-Spuren kontaminiert werden darf, die aus dem Diaphragma einer Referenzelektrode ausfließen könnten. Da sich die zur Berechnung des Halogenidgehaltes benötigte Elektrizitätsmenge Q als das Produkt aus den beiden sehr genau messbaren Größen Stromstärke (i) und Zeit (t) ergibt, ist das hier beschriebene Verfahren sehr empfindlich, und es bedarf vor allem keiner zusätzlichen Titerstellung, denn die Coulometrie ist eine Absolutmethode. Das Ergebnis wird stets für $X = Cl$ angegeben. Sollte zwischen Cl, Br und I differenziert werden müssen, sind zur Detektion ionenchromatische Verfahren anzuwenden. Die tolerierbaren Grenzwerte der Halogenkomponenten werden durch das Abwasser-Abgaben-Gesetz (AbwAG) geregelt. Um einen hohen Probendurchsatz zu erzielen, stehen spezielle und mit den DIN-Vorschriften kompatible Automaten zur Verfügung. Bei der Probenvorbereitung lassen sich Verfahren der Fließ-Injektions-Analyse (FIA: Kap. 4.7) sinnvoll einsetzen.

Redoxtitrationen

Sehr viele Redoxtitrationen können mit coulometrischer Reagenserzeugung durchgeführt werden. Das gilt insbesondere für redox-empfindliche Reagentien wie beispielsweise Ti(III)-Ionen, weil auf diese Weise die regelmäßige Überprüfung des Titers überflüssig wird. Immer wenn an einer Reaktion reversible Redoxpaare beteiligt sind, bietet sich das Dead-stop-Verfahren zur Indikation des Äquivalenzpunktes an. Auch in organischen Lösemitteln wird neuerdings nach dieser Methode mit großem Erfolg gearbeitet.

Coulometrische Wasserbestimmung nach Karl Fischer

Das zur Titration benötigte Iod wird coulometrisch an der Anode erzeugt. Die zu seiner Erzeugung benötigte Elektrizitätsmenge ist direkt proportional der in situ gebildeten Iodmenge. Bei einer Stromstärke von 100 mA werden in 10 s genau 1,315 mg Iod generiert, solange in der Titrationszelle störende Nebenreaktionen vermieden werden können, die Stromausbeute und Stöchiometrie der Karl-Fischer-Reaktion beeinflussen. Ein Molekül gebildetes I_2 verbraucht dann genau ein Molekül H_2O. In die Titrationszelle wird eine Lösung eingefüllt, die aus wasserfreiem Methanol, Schwefeldioxid, einer organischen Base, meistens Imidazol, und Iodid besteht. Die größte Kontaminationsgefahr besteht in einer Wasseraufnahme aus der Feuchtigkeit der Luft. Deshalb muss die Titrationszelle absolut luftdicht sein, alle Auslässe sind also sorgfältig mit Trockenröhren zu schützen. Die Methode ist sehr viel empfindlicher als die volumetrische Wasser-Bestimmung, sie eignet sich daher insbesondere zur Bestimmung kleiner Wassermengen, die in einem Bereich von 10 µg bis höchstens 100 mg liegen sollten (Ph. Eur.: Mikrobestimmung von Wasser). Da die Coulometrie eine Absolutmethode ist, bedarf es keiner Titerstellungen, allein die genaue Zeitmessung bei einer genau bekannten Elektrolysestromstärke ist ausreichend für die Richtigkeit der Analysenergebnisse. K. Schöffski [158h] gibt an, dass weltweit und pro Tag mehr als eine halbe Million Karl-Fischer-Titrationen ausgeführt werden. Der Anwendungsbereich erstreckt sich von petrochemischen Produkten über Pharmazeutika bis hin zu Erzeugnissen der Lebensmittelindustrie, der Wassergehalt von Rohöl ist ökonomisch ebenso relevant wie der von Gummibärchen in der Qualitätssicherung von Lebensmitteln.

Die Titrationszelle entspricht wiederum dem in Abb. 4.42 dargestellten Modell. An der Pt-Anode wird das benötigte I_2 erzeugt, während an der Kathode gasförmiger Wasserstoff gebildet wird. Solange in der zu titrierenden Lösung keine weiteren Substanzen enthalten sind, die unter den gegebenen Bedingungen kathodisch reduziert werden können, kann auf ein Diaphragma verzichtet werden. Trotzdem sollte die Kathode durch ein Glasröhrchen von der übrigen Lösung abgetrennt bleiben, um das H_2 ungehindert entweichen zu lassen. Das Diaphragma wird jedoch immer dann benötigt, sobald in der Lösung andere reduzierbare Stoffe vorhanden sind. In einem solchen Fall muss der Kathodenraum mit einem geeigneten Katholyten gefüllt sein. Es ist darauf zu achten, dass seine Füllhöhe mit der in der Zelle übereinstimmt, um wechselseitige Kontaminationen zu vermeiden. Katholyten enthalten meist Alkylendiamine, zyklische oder aromatische Amine, sie werden als fertige Lösungen im Handel angeboten.

Die Indikation der Endpunktes erfolgt am besten nach der Dead-stop Methode. Dazu wird, wie oben beschrieben, in die Titrationslösung eine weitere Elektrode eingetaucht, die zwei Platinspitzen besitzt, zwischen denen eine konstante Spannung von 10 bis 30 mV anliegt. Unter diesen Bedingungen kann ein Strom erst dann fließen, wenn ein reversibles Redoxpaar in die Lösung gelangt also im gegebenen Fall, wenn nach dem Überschreiten des Äquivalenzpunktes das nicht mehr verbrauchte I_2 mit dem I^- ein solches reversibles Redoxpaar (Kap. 4.5.4) bildet und die Polarisation der Elektroden aufhebt. Die zu messenden Stromstärken liegen im µA-Bereich und bewirken deshalb keinen weiteren Stoffumsatz. Sinngemäß folgt man der Arbeitsvorschrift für die Wasserbestimmung (S. 338 ff.). Der Arbeitsbereich für Wasserbestimmungen liegt wie gesagt im Bereich zwischen 10 µg und 100 mg H_2O pro Analysenprobe.

Zur Durchführung coulometrischer Titrationen wird man sich in der Regel kommerzieller Geräte bedienen, deren praktische Benutzung ausführlich in den jeweiligen Bedienungsanleitungen der verschiedenen Hersteller beschrieben ist. Um sich ein Bild von den vielseitigen Anwendungsmöglichkeiten der Karl-Fischer Methode zu machen, sei zum Beispiel die Lektüre einer Monographie der Firma Metrohm [150a] empfohlen. Hier findet man auch detaillierte Angaben, wie Störungen zu umgehen sind, die bei bestimmten Substanzklassen auftreten, wenn man ihre Wassergehalte bestimmen will. Für Untersuchungen von pharmazeutischen Produkten gibt es verbindliche Vorschriften, die man zusammengefasst im Europäischen Arzneibuch (Ph. Eur. 10.0, **European Pharmacopoeia**) [8a] auffinden kann. Man bedenke, dass stets ein beträchtlicher Aufwand getrieben werden muss, um Luftfeuchtigkeit aus dem Labor von den Analyseproben fernzuhalten.

Der in modernen Untersuchungslaboratorien erforderliche hohe Probendurchsatz hat zur Herstellung von Analyseautomaten mit integrierter Datenverarbeitung geführt. Solche Geräte bieten die Möglichkeit sich den Anforderungen der Analyse optimal anzupassen. Zum Beispiel sei erwähnt, dass die anodische I_2-Erzeugung mit gepulsten Stromstärken realisiert wird. Das bedeutet, dass das Produkt aus Stromstärke und Pulslänge mit einem „Tropfen“ einer eingestellten I_2-Lösung zu vergleichen ist. Man kann so in der Nähe des Äquivalenzpunktes langsamer titrieren, wie es in verschiedenen Arbeitsvorschriften empfohlen wird.

5 Instrumentelle Maßanalyse

5.1 Apparative Entwicklung

Der Entwicklungsweg der Maßanalyse verlief von der visuellen Ermittlung des Titrationsendpunktes mithilfe von Farbindikatoren über die Verwendung physikalischer Indikationsmethoden mit zunächst schrittweiser Aufnahme, dann fortlaufender Aufzeichnung der Messwerte zu elektronisch gesteuerten Titriergeräten. Die Zielrichtung war dabei durch das Streben nach höherer Präzision, größerer Zuverlässigkeit, erweiterter Anwendungsbreite und weitgehender Automatisierbarkeit gekennzeichnet.

Dieser Weg führte zunächst über Vorrichtungen, die an herkömmlichen Büretten angebracht werden konnten und durch die die manuelle Betätigung des Bürettenhahnes entfiel. Sie sind als Titrierhilfen aufzufassen. Zwei Beispiele mögen zur Erläuterung dienen. Bei dem **Tri-Stop-Gerät** (Gebrüder Klees, Düsseldorf) wurde der Bürettenauslauf durch einen Siliconschlauch mit einem Magnetventil verbunden, das mit unterschiedlich fein ausgezogenen Glasspitzen zur Erzeugung verschiedener Tropfengrößen versehen werden konnte. Das Magnetventil wurde von einem über drei Tasten gesteuerten Regler betätigt. Niederdrücken der einen Taste startete die Titration. Mit einer zweiten Taste wurde von kontinuierlichem Zufluss der Maßlösung auf tropfenweise Zugabe umgeschaltet, deren Geschwindigkeit mit einem Drehknopf stufenlos reguliert werden konnte. Betätigen der dritten Taste stoppte die Titration. Eine andere Möglichkeit bot der Einsatz eines Universalreglers in Verbindung mit einem Zeigergerät. Dazu war neben einem Magnetventil zur Regulierung der Zugabe der Maßlösung ein Steuergerät mit einem Transistor-Photoverstärker und einer aufklebbaren Mikrophotoschranke erforderlich. Letztere wurde auf die Glasscheibe der Instrumentenskala (z. B. eines Millivoltmeters) an einer vorgewählten Stelle befestigt. Wenn der Zeiger des Messgerätes unter der Schranke hindurchlief, wurde das Magnetventil geschaltet (Universalregler **autotit**, Gebrüder Klees, Düsseldorf).

Ermöglicht wurde jedoch die eingangs skizzierte Entwicklung zu den weitgehend automatisierten Titratoren erst durch die Einführung der Kolbenbürette in Kombination mit verbesserten Sensoren zur Indikation des Endpunktes und den Einsatz elektronischer Bauelemente zur Steuerung und Auswertung. Die nach dem Verdrängungsprinzip arbeitende Kolbenbürette gestattet – wie auf S. 35 ausgeführt wurde – wegen der höheren Auflösung eine präzisere und wegen der Ausschaltung des Nachlauf- und des Parallaxenfehlers eine weniger durch systematische Abweichungen verfälschte Volumenmessung als die herkömmliche Auslaufbürette. Nach Ausstattung der zunächst für den Handbetrieb vorgesehenen Kolbenbürette mit Motorantrieb, digitaler Volumenanzeige und steuerbarer Ventilumschaltung zum Füllen und Dosieren entstand eine präzise Dosiervorrichtung für den Einsatz in

https://doi.org/10.1515/9783110710816-005

modernen automatisierten Titriersystemen (z. B. Mettler Toledo, Greifensee, Schweiz; Metrohm, Herisau, Schweiz; Dr. Bruno Lange Radiometer Analytik, Düsseldorf; Schott-Glass, Mainz). Der zum ausgestoßenen Volumen proportionale Kolbenweg lässt sich durch induktive Impulserzeugung oder durch Schrittmotorantrieb in elektrische Signale umsetzen [159]. Für Flexibilität sorgt das Angebot von Wechseleinheiten mit verschiedenen Zylindergrößen (Volumen: 1, 5, 10, 20 oder 50 ml), die sich leicht austauschen lassen. So kann ein schneller Wechsel der Maßlösung oder des Zylindervolumens bei Verwendung nur einer Antriebs- und Anzeigeeinheit vorgenommen werden. Die Anschlüsse der Wechselaufsätze passen auf handelsübliche Flaschen aus Glas oder Kunststoff mit gebrauchsfertigen Reagenslösungen.

Als erste Titratoren erschienen Geräte auf dem Markt, mit denen potentiometrisch indizierte Titrationen aufgezeichnet werden konnten (**Potentiographen**). Die Titrationskurven mussten zunächst manuell ausgewertet werden. Der zweite Schritt bestand in der Entwicklung von Halbautomaten, mit denen man auf einen vorgewählten Endpunkt titrieren konnte. Später folgte dann die digitale potentiometrische Titration mit gekoppeltem Rechnersystem.

In diesem Zusammenhang sei erwähnt, dass der Begriff **automatische bzw. automatisierte Titration** im Laufe der Entwicklung eine grundlegende Änderung erfahren hat. So nannte man anfangs einen Potentiographen mit Endabschaltung schon einen automatischen Titrator [160, 161], während später unter einem Analysenautomaten ein Gerätesystem verstanden wurde, in dem wenigstens der Probentransport und die Dosierung von Reagentien und Maßlösungen selbsttätig ausgeführt werden [144]. Dabei kann der Grad der Automatisierung unterschiedlich weit entwickelt sein. Bei Halbautomaten laufen bestimmte Schritte des Analysenvorganges selbsttätig ab, andere müssen manuell vorgenommen werden, beispielsweise die Vorgabe der Proben und die Auswertung. Bei Vollautomaten dagegen entfällt jeder manuelle Eingriff. Mit ihrer Hilfe lassen sich Proben direkt und automatisch diskontinuierlich oder kontinuierlich entnehmen und analysieren (**Online-Arbeitsweise**). Die erforderliche optimale apparative Anpassung an das analytische Problem bedingt einen hohen Aufwand und eine geringe Flexibilität. Geräte dieser Art finden sich zur Überwachung und Steuerung von Prozessen oder Betriebsströmen (**Prozesstitratoren**). Sie sind häufig Bestandteil eines geschlossenen Regelkreises. Mit mehr oder weniger vollständig automatisierten Titratoren werden diskontinuierlich und manuell genommene Proben im Labor analysiert (**Offline-Arbeitsweise**). Sie besitzen eine Vielzahl von Anwendungsmöglichkeiten und lassen sich in Verbindung mit Probenwechslern auch für Serienanalysen einsetzen. Die Probenwechsler arbeiten nach dem Förderband- oder Karusselprinzip und dienen zur Heranführung der in Transportbehältern befindlichen Proben auf mechanischem Wege. Die Probenbehälter werden durch ein Steuersystem nacheinander abgerufen und dem Titrierstand, der Rührer, Elektroden, ein Spülsystem und Vorrichtungen zur Dosierung der Maßlösung sowie ggf. von Hilfslösungen enthält, zugeführt. Weitere Stationen für Maßnahmen zur Probenvorbereitung lassen sich vorschalten. Die Titration erfolgt dabei in dem Transportbehälter, die Abmessung der Probe muss vor Beginn des automatisierten Titrationsablaufs vorgenommen werden. Bei anderen Ausführungsformen wird aus dem Transportbehälter ein definiertes Volumen der Probe entnommen und in ein stationäres Titriergefäß gegeben, das die genannten Vorrichtungen enthält. Das Titriergefäß wird nach jeder Titration automatisch entleert und gespült. Ist der Titrator mit einem entsprechenden Rechnersystem gekoppelt, lässt sich durch Verwendung von Probenwechslern ein – bis auf die Probenahme – automatisierter Betriebsablauf erreichen. Mit elektronischen Digitalwaagen kann auch die Probeneinwaage in das gesamte System einbezogen werden.

Es erscheint zweckmäßig, eine Einteilung der Titrationsgeräte nach der Art der Volumendosierung vorzunehmen. Die Zugabe der Maßlösung kann in kontinuierlicher oder in diskontinuierlicher Weise erfolgen. Im letztgenannten Fall geschieht das portionsweise in Form von Volumenschritten oder Volumeninkrementen. Sowohl bei der stetigen als auch bei der inkrementellen Arbeitsweise lässt sich die Geschwindigkeit der Dosierung steuern und dem Verlauf der Titrationskurve anpassen. Eine weitere Unterteilungsmöglichkeit ergibt sich daraus, dass man die Volumenschritte bei der diskontinuierlichen Zugabe der Maßlösung zum einen gleich groß wählen kann (**monotone Titration**), zum anderen variabel gestaltet. Man wird sinnvollerweise anfangs größere Volumenschritte wählen und sie später verkleinern. Dabei kann die Steuerung der Größe der Inkremente über einen Signalvergleich mit einem vorgewählten Signalwert für den Titrationsendpunkt vorgenommen werden oder aber über die Steilheit der Titrationskurve erfolgen (**dynamische Titration**). In Abb. 5.1 sind die Möglichkeiten in Form einer Übersicht zusammengestellt (nach [193]).

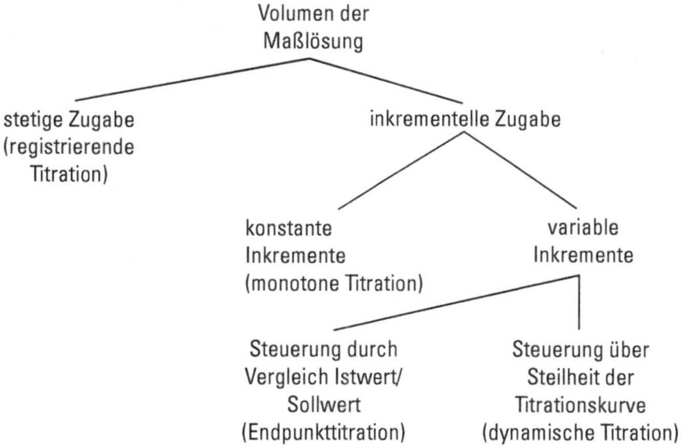

Abb. 5.1: Systematische Gliederung der Ausführungsformen instrumentell gesteuerter Titrationen.

5.2 Registrierende Titratoren

Die Aufzeichnung der Titrationskurve mit einem analog arbeitendem Gerät (z. B. Potentiograph) wird dadurch erreicht, dass die kontinuierliche Zuführung der Maßlösung aus einer motorgetriebenen Kolbenbürette synchron mit dem Papiervorschub des Schreibers erfolgt, mit dem die analogen Messsignale in Abhängigkeit vom Reagensvolumen registriert werden. Die Auswertung kann manuell nach einem grafischen Verfahren, z. B. dem auf S. 325 ff. beschriebenen Tangentenverfahren, dem Kreisverfahren nach Tubbs [162] oder dem Schnittpunktverfahren nach Ebel [163] vorgenommen werden. Eine Übersicht über die grafische Auswertung analog registrierter Titrationskurven findet man in [141, 144] und ausführlich in [164]. Dort und in [165] wird auch auf die Problematik der Nichtübereinstimmung von Äquivalenz- und Wendepunkt, insbesonders bei asymmetrischen Titrationskurven, und die daraus resultierenden Abweichungen eingegangen.

Seit Mitte der sechziger Jahre sind die registrierenden Titratoren so ausgerüstet, dass sich die Zugabe der Maßlösung an die Änderung der Potentialdifferenz der Messkette ΔE automatisch anpassen lässt. Die Zugabegeschwindigkeit wird in Abhängigkeit von der Kurvensteilheit gesteuert. Am Anfang der Titration, wenn sich das Messsignal nur wenig ändert, erfolgt die Dosierung mit einer höheren Geschwindigkeit als im Bereich des Signalanstiegs, bei Annäherung an den Äquivalenzpunkt wird sie stark verringert. Auf diese Weise lässt sich eine Verzerrung des Kurvenzuges im Anstiegsbereich vermeiden und das Risiko des Übertitrierens gering halten. Außerdem kann dadurch ein Zeitgewinn bei der Durchführung der Titration erzielt werden.

Etwa zur gleichen Zeit erhielten die Geräte außerdem eine Differenziereinheit, wodurch die Aufzeichnung der 1. Ableitung der Titrationskurve ermöglicht wurde. Bei den älteren Geräten wurde die Ableitung des Messsignals ΔE nach der Zeit als $\mathrm{d}\Delta E/\mathrm{d}t = \mathrm{f}(V)$ vorgenommen. Das hatte zur Folge, dass bei Verringerung der Titrationsgeschwindigkeit auch die Signalhöhe abnahm. Dieser Nachteil konnte mit fortschreitender Geräteentwicklung überwunden werden. Seit der Einführung elektronisch gesteuerter Digitalbüretten können Potentiographen gebaut werden, bei denen die Differenzierung des Messsignals nach dem Volumen der zugesetzten Maßlösung erfolgt. Wird nun im Anstiegsbereich die Titrationsgeschwindigkeit stark herabgesetzt, so zeigt sich in den Kurvenbildern eine hohe Trennschärfe. Der Vorteil dieser Darstellung offenbart sich bei schwierigen Titrationsproblemen, wenn z. B. ein Gemisch aus ähnlichen Komponenten simultan titriert werden soll (Abb. 5.2) oder wenn die Simultanbestimmung von Komponenten, die in stark unterschiedlichen Konzentrationen vorliegen, erfolgen soll (Abb. 5.3). In solchen Fällen ist die Auswertung manchmal nur über die differenzierte Titrationskurve möglich.

Die grafische Auswertung der differenzierten Titrationskurven bereitet weniger Schwierigkeiten, da die Ablesung des Volumens der verbrauchten Maßlösung an

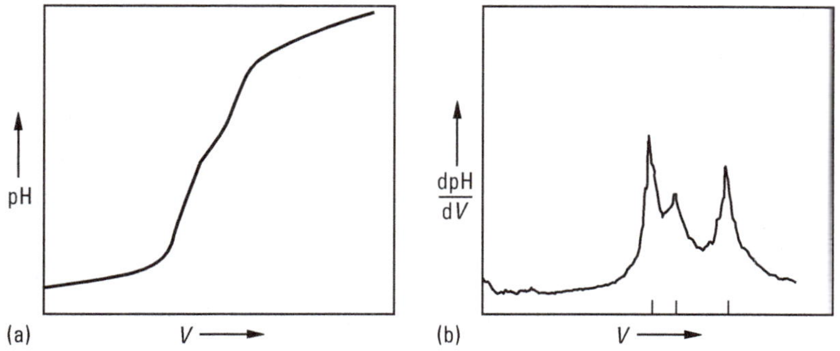

Abb. 5.2: Titrationskurven einer alkalimetrischen Simultanbestimmung, HCl, 0,01 mol/l, Essigsäure, 0,033 mol/l und 4-Nitrophenol, 0,017 mol/l mit NaOH, 0,1 mol/l; Potentiograph Metrohm E536, kombinierte Glaselektrode; (a) normale, (b) differenzierte Titrationskurve (nach [166]).

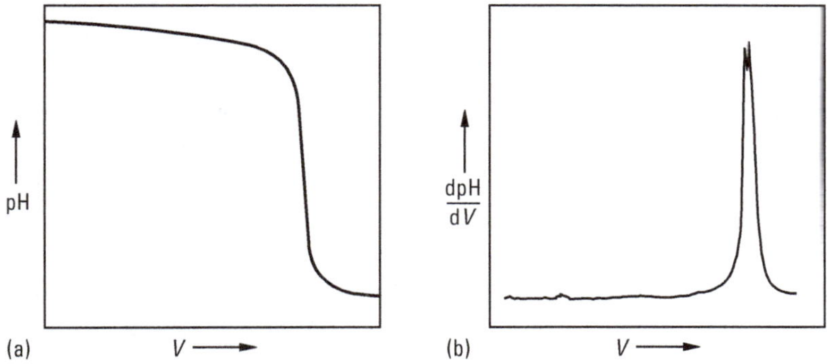

Abb. 5.3: Titrationskurven einer carbonathaltigen Natronlauge, 0,1 mol/l, mit HCl, 0,1 mol/l; Potentiograph Metrohm E536, kombinierte Glaselektrode; (a) normale, (b) differenzierte Titrationskurve. Beide Kurven mit Anpassung der Dosiergeschwindigkeit an die Potentialdifferenz (nach [166]).

der Spitze erfolgen kann und nicht erst der Wendepunkt ermittelt werden muss. Potentiographen können aber auch mit einem Interface (Analog-Digital-Wandler) ausgerüstet werden, das eine Online-Auswertung von normalen und abgeleiteten Titrationskurven durch Rechner ermöglicht [193].

Durch Kombination mit entsprechenden Peripheriegeräten lässt sich die Titration mit einem registrierenden Titrator nicht nur auf potentiometrischem Wege mit Glas- und Metallelektroden sowie mit ionensensitiven Elektroden indizieren, sondern kann auch unter Anwendung von konduktometrischer, amperometrischer, voltametrischer und photometrischer Indikation vorgenommen werden. Der weitere Ausbau z. B. mit einem Probenwechsler ist möglich. Digital arbeitende Geräte werden im Kapitel 5.4 behandelt.

5.3 Endpunkttitratoren

Bei der Endpunkttitration wird eine bestimmte Potentialdifferenz der Messkette ΔE als Potentialwert des Endpunktes vorgegeben. Dieser Wert wird als Sollwert bezeichnet; er muss vor der Titration ermittelt werden und hinreichend reproduzierbar sein. Während der Titration vergleicht das Gerät den tatsächlichen Potentialwert der Probelösung (Istwert) nach jedem Volumenschritt mit dem vorgewählten Sollwert und gibt je nach Größe der Abweichung einen mehr oder weniger großen Dosierimpuls an den Motor der Bürette, der den Kolben vorantreibt. Wird der Sollwert erreicht, schaltet das Gerät die Ansteuerung der Bürette nach einer konstanten oder variabel wählbaren Verzögerungszeit ab und beendet damit die Titration. Das Volumen der verbrauchten Maßlösung wird von der Dosiervorrichtung angezeigt und kann bei Anschluss eines Druckers auch ausgedruckt werden. Die Titrationskurve wird im Allgemeinen nicht aufgezeichnet.

Der Titrator arbeitet nach dem Prinzip eines Reglers, er dosiert die Maßlösung diskontinuierlich in variablen Volumenschritten. Eine Rückmeldung des jeweils zugesetzten Volumens von der Dosiervorrichtung an den Titrator – wie bei den registrierenden Geräten – ist nicht erforderlich.

Da der Sollwert bekannt ist, muss nicht über den gesamten Potentialbereich langsam titriert werden, sodass kurze Titrationszeiten erreicht werden können. Das ist besonders dann erwünscht, wenn große Probeserien unter Einsatz von Probenwechslern analysiert werden sollen. Mit der Verringerung der Titrationszeit wächst jedoch die Gefahr des Übertitrierens, besonders bei sehr steilen Titrationskurven. Es ist daher angebracht, mit einer doppelten Regeldynamik zu arbeiten und nicht nur die Größe der Volumenschritte, sondern auch die Titriergeschwindigkeit dem Verlauf der Titrationskurve anzupassen. Das kann geschehen, indem die Differenz zwischen Ist- und Sollwert zur Steuerung der Impulsdauer und auch der Impulsfrequenz für die Motorbürette oder indem die analoggebildete 1. Ableitung der Titrationskurve zu ihrer Steuerung benutzt wird. Weitere Einflussgrößen, die zu Abweichungen bei Endpunkttitrationen führen können, werden in [164, 166] behandelt. Wendet man bei der Endpunkttitration die so genannte kontinuierliche Titriermittelzugabe an, wird die Maßlösung so lange mit hoher Geschwindigkeit zugegeben, bis ein definiertes Kontrollband des Potentials erreicht ist. Von diesem Zeitpunkt an werden die Volumeninkremente automatisch ständig vom Gerät so reduziert, dass der Endpunkt der Titration möglichst schnell erreicht, aber nicht überschritten wird. Die Titratoren arbeiten nach dem Regelalgorithmus der Fuzzy Logic (DL 5x-Titratoren, Mettler Toledo). Das Kontrollband und das kleinste Inkrement müssen vorgegeben werden.

Kommerziell existieren für die Endpunkttitration Kompaktgeräte, bei denen Mess- und Steuerteil in einem Gerät untergebracht sind, für die Bearbeitung von Serien ähnlicher Proben in der Routineanalytik sowie Baukastensysteme, die aus Millivoltmeter, Impulsregler, Dosiervorrichtung und Drucker sowie ggf. Schreiber und Rechner zusammengestellt werden können. Damit kann eine Anpassung an unterschiedliche Aufgabenstellungen im Labor vorgenommen werden. Verwendet man Millivoltmeter mit eingebauter Polarisationsstromquelle, so lässt sich ein Gerät zur Karl-Fischer-Titration (vgl. S. 338 ff.) aufbauen. Doch werden für diese Zielsetzung besondere Einzweckgeräte angeboten.

5.4 Digitale Titriersysteme

Bei den Digitaltitratoren werden die Messdaten (dosiertes Volumen der Maßlösung und zugehöriger Signalwert) in einer Datenfolge als exakte Zahlenwerte in Ziffernform erfasst und ausgedruckt. Die Auswertung muss auf rechnerischem Wege erfolgen. Sie kann mit einem programmierbaren Taschenrechner vorgenommen werden, doch wird man bei automatisierten Titrationssystemen einen Tischrechner im Online-Betrieb einsetzen.

Die wichtigsten Bauelemente sind die schrittmotorgetriebene Kolbenbürette zur exakten Dosierung der Volumeninkremente sowie die Steuereinheit zur Überwachung des Systems und zur Steuerung des Zeitpunktes der Messwertübernahme. Letztere ist erforderlich, da sich ein konstantes Messsignal erst mit einer gewissen Zeitverzögerung einstellt. Die Ursachen dafür sind in der für die vollständige Durchmischung erforderlichen Zeit, in der Kinetik der zugrunde liegenden Titrationsreaktion (besonders bei Fällungen und nicht reversiblen Redoxreaktionen) und in der endlichen Ansprechgeschwindigkeit der Indikatorelektrode zu sehen.

Das erste digitale Titrationsgerät war 1968 kommerziell verfügbar (**Titroprint**, Metrohm, Herisau). Ihm liegt folgende Arbeitsweise zugrunde: Zu Beginn der Titration wird ein vorwählbares Volumen der Maßlösung in einem schnellen Dosierschritt kontinuierlich zugegeben und dann – nach Umschalten auf schrittweise Zugabe – bei gleich bleibender, wählbarer Inkrementgröße (0,1 bis 0,4 ml) der interessierende Bereich um den Äquivalenzpunkt durchlaufen. Auf jede Zugabe folgt eine einstellbare, dem Titrationsproblem angepasste konstante Wartezeit (0 bis 300 s), danach werden die Messdaten übernommen und ausgedruckt (**zeitkontrollierte Messwertübernahme**). Nach Zugabe eines wählbaren Stoppvolumens wird die Titration beendet.

Nach dem gleichen Prinzip einer monotonen Titration, jedoch mit anderer Messwertübernahme arbeitet der Gleichgewichtstitrator (modulares System DK/DV, Mettler Toledo, Greifensee). Nach jeder Volumenzugabe wartet das Gerät so lange, bis die Potentialänderung der Elektrode einen vorwählbaren kleinen Schwellenwert in mV/min unterschritten hat und übernimmt dann den Messwert (**driftkontrollierte oder gleichgewichtskontrollierte Messwertübernahme**).

Die Art der Messwertübernahme ist bei den zur Zeit marktüblichen Titrationssystemen für jede Titrationsmethode vorzugeben. Dadurch weiß das Gerät, wann das Potential gemessen und das nächste Volumeninkrement dosiert werden muss.

Wählt man Zeitintervalle als Messart, wartet das Gerät eine vorgegebene Zeit, bevor es das nächste Inkrement zugibt. Diese Messart wird bei instabilen Verhältnissen (nichtwässrige Titrationen) angewendet. Bei der gleichgewichtskontrollierten Messwertübernahme wird der Messwert nach jeder Inkrementzugabe erst dann übernommen, wenn das Messsignal stabil geworden ist, d. h., wenn sich das Potential innerhalb einer festgelegten Zeit Δt nicht mehr als um einen vorgegebenen Betrag ΔE ändert. Falls kein Gleichgewicht erreicht wird, ist eine maximale Wartezeit vorzugeben. Die zusätzliche Vorgabe einer minimalen Wartezeit verhindert die zu schnelle Zugabe weiterer Maßlösung. Die gleichgewichtskontrollierte Messwertübernahme hat sich als die überlegenere Messart erwiesen.

Für die rechnerische Auswertung digitaler Titrationen sind zahlreiche Verfahren beschrieben worden. Zusammenstellungen findet man in [141, 144, 164, 166]. Durch die Entwicklung von Probenwechslern, die mit Digitaltitratoren gekoppelt werden können, entstanden Anfang der 70er-Jahre weitgehend automatisierte Analysengeräte.

Der Einsatz von Mikroprozessoren hat es ermöglicht, die Volumendosierung der Maßlösung rechnergesteuert vorzunehmen. Damit konnte das bisher angewendete Prinzip der monotonen (inkrementellen) Titration mit der Zugabe in gleich bleibenden Volumenschritten weiterentwickelt werden zu einem Titrationsprinzip, das mit variablen Volumeninkrementen arbeitet. Diese als dynamische Titration [193] bezeichnete Vorgehensweise erstrebt, das Volumen so zu dosieren, dass konstante Potentialschritte bei potentiometrischer Indizierung der Titration erreicht werden. Dazu muss die Größe des jeweils nächsten Volumenschrittes aufgrund der Steilheit der Titrationskurve errechnet werden, was die Speicherung des Verlaufs der Kurve voraussetzt. Abb. 5.4 macht den Unterschied zwischen beiden Titrationsarten deutlich [193]. Die Kurven sind in dem Bild so dargestellt, wie sie der Schreiber aufzeichnet: Die Ordinate (Richtung des Papiervorschubs) ist die Volumenachse, die Messwerte sind auf der Abszisse aufgetragen.

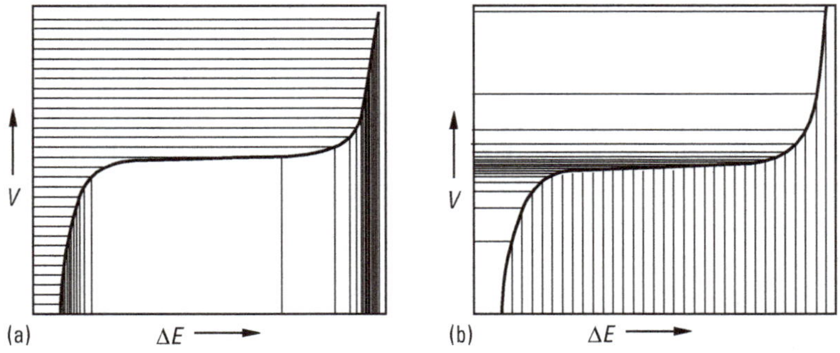

Abb. 5.4: Potentiometrisch indizierte Titrationskurven, (a) monotone Titration mit konstanten Volumenschritten, (b) dynamische Titration mit konstanten Potentialschritten (idealisierte Darstellung).

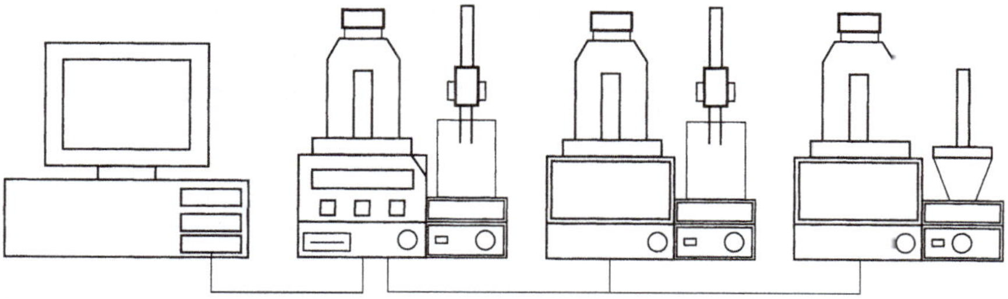

Abb. 5.5: Computergesteuertes Titriersystem mit 3 Arbeitsplätzen. (a) Rechner. (b) Bestimmung freier Fettsäuren, Reagens NaOH-Lösung. (c) Bestimmung des KOH-Gehaltes, Reagens HCl-Lösung. (d) Wasserbestimmung nach Karl Fischer, KF-Reagens.

Bei der monotonen Titration tritt eine Häufung der Messwerte im Anfangs- und im Endbereich der Titration auf. Im Äquivalenzbereich, der für die Auswertung der Kurve von Bedeutung ist, liegen dagegen nur wenige Messwerte vor. Passt man jedoch die Messwertaufnahme durch rechnergesteuerte Veränderung der Volumenschritte der Potentialänderung an, so stehen für die Auswertung wesentlich mehr Messwerte zur Verfügung.

Die traditionelle Vorgehensweise mit inkrementeller Zugabe der Maßlösung wird bei Titrationen angewendet, deren Titrationskurven steile Sprünge aufweisen oder bei denen das Messsignal nicht ganz stabil ist. Typische Anwendungsgebiete sind Redox- und komplexometrische Titrationen sowie bestimmte Säure-Base-Titrationen in nichtwässrigen Lösemitteln.

Seit ab Mitte der 80er-Jahre Titrationssysteme mit dynamischer Titriermittelzugabe zur Verfügung stehen (1985 DL Kompakttitrator, Mettler Toledo), hat sich diese Arbeitsweise verstärkt durchgesetzt. Um das Analysengerät daran zu hindern, zu große Inkremente zu dosieren, wird das maximale Volumeninkrement begrenzt. Um unnötig lange Titrationszeiten zu vermeiden, wird das minimale Volumeninkrement ebenfalls begrenzt. Die Potentialdifferenz, die das Titrationssystem nach jeder Inkrementzugabe erreichen soll, wird als Sollwert festgelegt. Durch diese Maßnahmen werden schnelle und genaue Titrationsergebnisse in den meisten Fällen erzielt.

Ein Beispiel für ein computergesteuertes Mehrplatz-Titriersystem zum simultanen Arbeiten ist in Abb. 5.5 dargestellt.

Die Einführung elektronischer Halbleiterbausteine auf der Integrationsstufe der Mikroprozessoren in die instrumentelle Analytik eröffnete auch für die Titrierautomaten neue Möglichkeiten. Beispielhaft seien genannt: Übernahme der Koordination von Einzelschritten in Form einer Sequenzsteuerung, Überwachung des Titrationsablaufs durch Kontrollfunktionen, Auswertung der Daten über Rechenoperationen, Arbeiten mit vorgegebenen Programmsystemen [194, 195]. Von verschiedenen Herstellern wurden leistungsfähige Titrierautomaten entwickelt und inzwischen über mehrere Gerätegenerationen verbessert. Dabei konnten der Automatisierungsgrad erweitert, die Zuverlässigkeit erhöht, der Bedienungskomfort optimiert und mit fortgeschrittener Software methodische Neuerungen erreicht werden.

6 Überblick über die Geschichte der Maßanalyse

Die Anfänge der Titrimetrie lassen sich bis in die Mitte des 18. Jahrhunderts zurückverfolgen. Sie reichen bis in das Zeitalter, in dem man begann, den quantitativen Verhältnissen bei chemischen Reaktionen in steigendem Maße Aufmerksamkeit zu schenken. Das war die Epoche, die sich an den Zeitabschnitt einer mehr qualitativen Betrachtungsweise chemischer Vorgänge anschloss, wie sie bei den Anhängern der Phlogistonlehre (etwa 1700 bis 1780) vorherrschte, und deren Beginn durch den Namen **Antoine Laurent Lavoisier** (1743–1794) gekennzeichnet ist. Die Entdeckung des Prinzips von der Erhaltung der Materie, die Dalton'sche Atomhypothese und die Auffindung der stöchiometrischen Gesetzmäßigkeiten bahnten neue Wege für die quantitative analytische Chemie. Allerdings hat man auch lange vorher bereits quantitative Analysen vorgenommen; es sei nur auf die bis weit in die vorchristliche Zeitrechnung zurückreichende Kupellation, die Metall- und Erzprüfung auf trockenem Wege, sowie an die Untersuchungen im 17. Jahrhundert zur quantitativen Bestimmung auf nassem Wege hingewiesen [167].

Die Maßanalyse entwickelte sich in enger Verknüpfung mit der Industrialisierung der chemischen Produktion, die besonders von der aufstrebenden Textilindustrie beeinflusst war (Bleich- und Färbemittel). Man benötigte schnelle und zuverlässige Verfahren zur Qualitätsbeurteilung von Schwefelsäure, Soda, Hypochlorit und Chlorkalk. In dieser Notwendigkeit ist die eigentliche Ursache für die Erfindung der Titrimetrie zu sehen [167]. Zunächst führte man noch keine absoluten Bestimmungen aus; man begnügte sich mit dem Ergebnis, ob eine Substanz gut sei oder nicht. Sie war als gut zu beurteilen, wenn eine abgewogene Portion des zu untersuchenden Stoffes bei Zusatz einer Lösung bekannten Gehaltes, die eine sichtbare Reaktion auslöst, bis zur Beendigung dieser Reaktion ein bestimmtes, empirisch festgelegtes Volumen der Lösung verbrauchte. Später erfolgte dann die Bewertung durch Berechnung. Die ersten Praktiker, die solche Verfahren erarbeiteten, sind nicht bekannt.

Das erste belegbare Titrierverfahren mit analytischer Zielsetzung dürfte wohl die Bestimmung der Säure im Essig sein [168], das **Claude Joseph Geoffroy** (1683–1752) in einer 1729 der Französischen Akademie der Wissenschaften vorgelegten Schrift beschrieb: „... entnahm ich jeder Sorte 2 Drachmen, wog sie genau ab und versetzte sie in abgerundeten Kolben in kleinen Portionen mit feingepulverter und getrockneter Pottasche, bis das Gären aufhörte. Nun wurde die Säure des Essigs verbraucht und die Flüssigkeit salzig. Daraus, wie viel Pottasche zum Verschlucken der Säure nötig war, erkenne ich den Stärkegrad des Essigs". Seine „Maßlösung" war feste Pottasche, der Indikator die Gasentwicklung. 1747 untersuchte **Louis Guillaume Le Monnier** (1717–1799) den Carbonatgehalt von Mineralwässern, indem er die Proben eindampfte, einen bestimmten Teil des Rückstandes tropfenweise mit Schwefelsäure versetzte und die Anzahl der Tropfen bis zur Beendigung des

https://doi.org/10.1515/9783110710816-006

Aufbrausens zählte. Erstmals einen Farbindikator benutzte **Gabriel François Venel** (1723–1775) im Jahre 1750, indem er bei einer Mineralwasseranalyse die Rotfärbung von Veilchenextrakt beim Zusatz von Schwefelsäure beobachtete. Er folgerte aus seinen Versuchen, dass das Mineralwasser kein Alkali enthalte und die Säure nur zum Rotfärben des Indikators verbraucht werde, weil er mit Schneewasser zu dem gleichen Ergebnis gelangte. 1756 wendete zum ersten Male **Francis Home** (1720–1813) in Edinburgh die Volumenmessung bei der Untersuchung von Pottasche an, als er Salpetersäure teelöffelweise der abgewogenen Probe zusetzte und das Aufschäumen beobachtete. In seinem Buch „Experiments of Bleaching" aus dem Jahre 1756 ist auch die erste Fällungstitration beschrieben: Home ermittelte die Härte des Wassers durch wiederholte Zugabe einiger Tropfen von Alkalimetallcarbonat in weichem Wasser zu der aus hartem Wasser bestehenden Probe, wobei jedes Mal das Absetzen der auftretenden milchigen Trübung abgewartet wurde und das Ausbleiben der Trübung das Ende der Titration anzeigte. 1767 bestimmte **William Lewis** in England als erster absolute Gehalte von Pottasche, indem er die Ergebnisse für Handelsprodukte mit denen für reines Kaliumcarbonat verglich. Er benutzte als Maßlösung Salzsäure, deren Verbrauch er durch Wägung bestimmte, und zur Indikation Löschpapier, das mit Lackmuslösung getränkt war. **Vittorio Amadeo Gioanetti** (1729–1815) beschrieb 1779 eine Wasseranalyse, bei der nach dem Eindampfen das Carbonat im Rückstand mit Essigsäure ermittelt wurde, die er vorher gegen Soda eingestellt hatte. Für seine Salpeterfabrik in Dijon entwickelte 1782 **Louis Bernard Guyton de Morveau** (1737–1816) ein titrimetrisches Verfahren zur Bestimmung der Salzsäure und Salpetersäure in der Mutterlauge. Sie wurde mit Alkalimetallcarbonatlösung versetzt, bis mit Curcuma und mit Fernambuktinktur getränkte Papierstreifen ihre Farbe änderten; der Verbrauch wurde durch Wägung ermittelt. In einer zweiten Probe bestimmte Guyton de Morveau die Salzsäure allein durch Fällungstitration mit Bleinitratlösung. Aus der Differenz beider Wägetitrationen berechnete er den Salpetersäuregehalt. In einer weiteren Arbeit über die volumetrische Bestimmung von Kohlenstoffdioxid in Wasser durch Zusatz von Kalkwasser bis zum Verschwinden der anfangs auftretenden Trübung findet sich die erste Erwähnung der Urform einer Bürette, von Guyton de Morveau als „gaso-mètre" bezeichnet, ein zylindrisches, mit Papier beklebtes Glasrohr, auf das eine Einteilung gezeichnet war. **Richard Kirwan** (1735–1812) benutzte 1784 in England erstmals eine Maßlösung von Kaliumhexacyanoferrat(II) zur Bestimmung von Eisen. Der finnische Chemiker **Johan Gadolin** (1760–1852), der das Element Yttrium entdeckt hat, entwickelte unabhängig von Kirwan 1788 ein ähnliches Verfahren. Die erste Redoxtitration führte **François Antoine Henri Descroizilles** (1751–1825) aus, indem er die relative Stärke chlorhaltiger Bleichlösungen für die Textilindustrie durch portionsweise Zugabe von schwefelsaurer Indigolösung bekannten Gehaltes aus einer Pipette ermittelte, bis die Blaufärbung nicht mehr verschwand. Die Anwendung des Verfahrens breitete sich sehr schnell aus. Seit 1789 wurde es von verschiedenen Autoren beschrieben, bevor Descroizilles es selbst

1795 publizierte. In seinem Aufsatz ist auch eine Beschreibung der ersten Titriergeräte enthalten, einer Bürette – von Descroizilles „Berthollimètre" genannt, ein einfacher Messzylinder – und zweier Pipetten, die er zur Chlorbestimmung verwendete. **George Fordyce** (1736–1802) in London gebrauchte als erster 1792 für die Titration von Säuren Maßlösungen der Alkalimetallhydroxide statt der Carbonate; als Indikator diente ihm Veilchenextrakt. **Joseph Black** (1728–1799) stellte erstmals die störende Wirkung des gelösten Kohlenstoffdioxids bei der Alkaligehaltsbestimmung von Wasser durch Titration mit Schwefelsäure fest und beobachtete den Verbrauch des Indikators Lackmus an Maßlösung (Indikatorfehler); er führte auch die erste Rücktitration aus (1803). Bis zum Beginn des 19. Jahrhunderts wurden die maßanalytischen Bestimmungen fast ausschließlich in Form von Wägetitrationen vorgenommen. Die verbrauchte Maßlösung über das Volumen zu ermitteln, fand erst Verbreitung, nachdem Descroizilles 1806 in einer Arbeit sein „Alkalimeter" vorgestellt hatte, das zur Beurteilung von Pottasche durch Titration mit Schwefelsäure diente. Das Alkalimeter, ein graduiertes Glasrohr, das durch Ausgießen entleert wurde, stellt ebenfalls eine Urform der Bürette dar. 1809 beschrieb Descroizilles erstmals einen Messkolben.

Von **Charles Bartholdi** (gest. 1849) in Colmar stammen weitere Beiträge zur Fällungstitration: 1792 veröffentlichte er ein Verfahren zur Bestimmung des Sulfatgehaltes von Krappextrakt mit Kalklösung, 1798 berichtete er über die Titration von Sulfat mit Bariumacetatlösung und von Chlorid mit Silbernitratlösung jeweils bis zum Ausbleiben der Niederschlagsbildung bei der Wasseranalyse nach Auflösen des Abdampfrückstandes. Hierbei wird erstmals eine argentometrische Titration benutzt.

Aber erst **Joseph Louis Gay-Lussac** (1778–1850), dessen Name durch die Entdeckung der Gesetze über den Temperatureinfluss auf Gasvolumina und über die Volumenverhältnisse von Gasen bei chemischen Reaktionen bekannt ist, baute die vorhandenen praktischen Ansätze maßanalytischer Verfahren zu einer brauchbaren wissenschaftlichen Methode systematisch aus und schuf neue titrimetrische Verfahren, um die langwierigen gravimetrischen Bestimmungen zu vermeiden und Zeit beim analytischen Arbeiten zu sparen. Er wird daher oft als eigentlicher Begründer der Maßanalyse angesehen. 1824 veröffentlichte er eine Arbeit über die Chlorkalkbestimmung von Descroizilles mit Indigolösung, deren Konzentration er mit einer durch Einleiten von 1 Liter Chlor in Kalkmilch bereiteten Lösung einstellte; das Chlor wurde durch eine berechnete Portion Mangandioxid aus Salzsäure freigesetzt. Die zur Titration benutzten Geräte und ihre Handhabung werden genau beschrieben. Dabei tauchen erstmalig die Namen Pipette (petite mesure) und Bürette (burette) auf. In seiner Arbeit „Essai des potasses du commerce", die 1828 erschien, beschäftigt er sich mit der Acidimetrie und Alkalimetrie und benutzte das Wort „titre" sowohl im Sinne einer Gehalts- und damit Gütebezeichnung für das untersuchte Produkt Pottasche (titre ponderal) – wie es auch **Claude Louis Berthollet** (1748–1822) bereits in einem Buch 1804 gebrauchte – als auch in der Bedeutung des Verbrauchs einer Lösung bestimmter Konzentration zur Gehaltsermittlung (titre alcalimetrique). Es hat dann um die Mitte des 19. Jahrhunderts den Bestimmungsverfahren, die auf der Messung der verbrauchten Reagenslösung beruhten, den Namen titrimetrische Verfahren gegeben. Seine Schwefelsäure-Maßlösung stellte Gay-Lussac durch Verdünnen von konzentrierter Schwefelsäure so ein, dass 50 ml davon gerade die Lösung einer eingewogenen Probe reiner Pottasche neutralisierten; als Indikator verwendete er Lackmustinktur. Legte er nun dieselbe Einwaage bei einem Handelsprodukt zugrunde, konnte er bei der Ablesung der verbrauchten Maßlösung an seiner 50 ml fassenden Bürette sofort den Massenanteil an Pottasche in Prozent angeben. 1832 arbeitete Gay-Lussac seine berühmt gewordene Fällungstitration zur Silberbestimmung mit Natriumchloridlösung aus. Von der Publikation besorgte Liebig ein Jahr später eine deutsche Übersetzung [99]. Das Verfahren setzte Gay-Lussac an die Stelle der Jahrhunderte alten Kupellationsmethode, nach der bis dahin die quantitative Untersuchung der Münzmetalle auf ihren Silbergehalt auf trockenem Wege erfolgt war. Die Kochsalz-Maßlösungen wurden so angesetzt, dass 100 g bzw. 100 ml gerade 1 g Silber anzeigten. Die Pipetten füllte Gay-Lussac niemals durch Ansaugen mit dem Mund, sondern konstruierte dafür eine komplizierte Füllvorrichtung. 1835 führte Gay-Lussac die arsenige Säure als Maßlösung für die Titration des Hypochlorits ein. Den Endpunkt erkannte er an der Entfärbung von Indigolösung, von der er nur wenige Tropfen zusetzte. Er benutzte so den Farbstoff erstmals als Redoxindikator, nicht aber wie Descroizilles als Reagenslösung. Auch Kaliumhexacyanoferrat(II) und Quecksilber(I)-nitrat-Maßlösungen wurden von ihm zur Titration des Hypochlorits eingesetzt.

Trotz der sorgfältig ausgearbeiteten und wissenschaftlich fundierten Titrationsverfahren Gay-Lussacs, die gute Ergebnisse lieferten, dauerte es noch ein weiteres Vierteljahrhundert, bis die Maßanalyse allgemeine Anerkennung fand und eine der Gravimetrie gleichrangige Stellung in der quantitativen Analyse einnehmen konnte. Der Verallgemeinerung der Titrimetrie stand die Verwendung der empirischen Maßlösungen entgegen, deren Konzentrationen von praktischen Gesichtspunkten bestimmt und nicht chemisch begründet waren; auch erforderte jedes Verfahren andere Messgeräte. In den folgenden beiden Jahrzehnten wurden zahlreiche neue maßanalytische Verfahren gefunden, die sich allerdings nur zum Teil in der Praxis durchsetzten. Im Folgenden seien nur die wichtigsten Entdeckungen genannt.

Zeitlich parallel entstanden die Iodometrie und die Permanganometrie. **Alphonse Du Pasquier** (1793–1848) verwendete 1840 erstmals eine alkoholische Iodmaßlösung zur Titration von Hydrogensulfid mit Stärke als Indikator. 1843 folgten die Bestimmungen von schwefliger Säure und Thiosulfat durch **Mathurin Joseph Fordos** (1816–1878) und **Amadée Gélis** (1815–1882) und 1845 die von Eisen durch **Adolphe Duflos** (1802–1889), der das bei der Umsetzung von Eisen(III) mit Kaliumiodid ausgefallene Iod mit Zinn(II)-chloridlösung titrierte, die er auf Äquivalentbasis angesetzt hatte. 1846 bestimmte **François Gaultier de Claubry** (1792–1878) Zinn iodometrisch. **Robert Wilhelm Bunsen** (1811–1899) verallgemeinerte 1853 die Methode, indem er zahlreiche oxidierende Substanzen mit Salzsäure reduzierte, das entstehende Chlor in Kaliumiodidlösung einleitete und das ausgeschiedene Iod mit schwefliger Säure als Maßlösung titrierte.

Frédéric Margueritte führte 1846 die Kaliumpermanganat-Maßlösung (Chamäleonlösung) zur Bestimmung von Eisen ein und begründete damit die Permanganometrie. **Antoine Brutus Bussy** (1794–1883) verwendete sie 1847 zur Titration von arseniger Säure, **Théophile Jules Pelouze** (1807–1864) im gleichen Jahr zur Bestimmung von Nitrat durch Rücktitration von Eisen(II). In gleicher Weise benutzte sie 1849 **Karl-Heinrich Schwarz** (1823–1890) zur Bestimmung von Chromat. **Hempel** titrierte 1853 erstmals Oxalsäure permanganometrisch.

In diese Zeit fällt auch die Entwicklung anderer maßanalytischer Verfahren: So verwendete **Berthet** 1846 eine Kaliumiodatlösung zur Titration von Iodid. Im gleichen Jahr veröffentlichte **Étienne Ossian Henry** (1798–1873) eine Arbeit, in der er über die fällungstitrimetrische Kaliumbestimmung mit Natriumperchloratlösung in Alkohol berichtete und eine neuartige Bürette beschrieb, ein Glasrohr mit einem Hahn aus Kupfer am unteren Ende, die sich aber gegen das „Gießglas" von Gay-Lussac nicht durchsetzte. 1847 publizierten **Thomas Clark** (1801–1867) die Bestimmung der Wasserhärte mit einer Seifenmaßlösung und **Eugène Melchior Péligot** (1811–1890) die Bestimmung des Ammoniaks nach Absorption in Säurelösung und Rücktitration der Säure mit Calciumhydroxidlösung. **Frederick Penny** (1816–1869) und **Jacob Schabus** (1825–1867) benutzten erstmals 1850 bzw. 1851 eine Kaliumdichromatlösung zur Titration von Eisen, wobei der Endpunkt durch Tüpfeln mit Kaliumhexacyanoferrat(II) ermittelt wurde. Die älteste Komplexbildungstitration geht auf **Justus von Liebig** (1803–1873) zurück, der 1851 alkalische Cyanidlösung mit Silbernitratlösung titrierte, bis sich der entstehende Niederschlag beim Schütteln nicht mehr auflöste [100]. Auf der Bildung von wenig dissoziiertem Quecksilber(II)-chlorid beruht die von Liebig 1853 angegebene Chloridbestimmung mit einer Maßlösung von Quecksilber(II)-nitrat, bei der er Harnstoff zusetzte und durch die auftretende Opaleszenz den Endpunkt indizierte.

Obwohl zahlreiche Veröffentlichungen über titrimetrische Verfahren für die wichtigsten Teilgebiete der Maßanalyse (Oxidations- und Reduktionstitrationen, Neutralisations- und Fällungstitrationen) um die Mitte des 19. Jahrhunderts vorlagen, fand die Methode ihre eigentliche Ausbreitung erst nach dem Erscheinen der ersten zusammenfassenden Bücher über die Titrimetrie. 1850 erschien von Schwarz die **Praktische Anleitung zu Maaßanalysen (Titrir-Methode)** (2. Auflage 1853), in der das Wort „Maßanalyse" zum ersten Mal verwendet wurde und in der neben den empirischen Lösungen auch solche auf Äquivalentbasis genannt und von Schwarz als „rationelle Lösungen" bezeichnet wurden. Schwarz ersetzte auch in seinem Buch bei der Iodtitration die von Bunsen angegebene Maßlösung der schwefligen Säure, die instabil und schwierig herzustellen war, durch Natriumthiosulfatlösung. 1855 kam das von **Friedrich Mohr** (1806–1879) verfasste **Lehrbuch der chemisch-analytischen Titrirmethode** [102] heraus, das viele Auflagen erlebte (die letzte 1914, bearbeitet von **Alexander Classen**). Mohr stellte in seinem zweibändigen Werk die bis dahin bekannten Verfahren, die er zum großen Teil aufgrund eigener Versuche verbessert hatte, systematisch zusammen und fügte ihnen viele neue hinzu. Er lehnte die zu der Zeit noch allgemein gebräuchlichen Maßlösungen willkürlichen Gehalts ab und setzte sich nachdrücklich für die Verwendung der heute üblichen ein, die „das kleine Atomgewicht[1] in Grammen ausgedrückt oder ein Zehntelatom wirksamer Substanz" im Liter enthielten [102], Lösungen, die später als Normallösungen bezeichnet wurden. Mohr trug damit wesentlich zur Vereinfachung und Übersichtlichkeit der Maßanalyse bei. Die Idee zu diesen Lösungen stammt wahrscheinlich aus England, denn das dort benutzte Maßsystem ließ nicht die Möglichkeit zu, aus der Einwaage und dem Volumen der verbrauchten Maßlösung direkt oder durch Multiplikation mit einer Potenz von 10 den Massenanteil der gesuchten Substanz in Prozent anzugeben [167]. Mohr teilte ohne nähere Angaben mit, dass schon vor ihm ein Mann namens **Griffin** solche Lösungen benutzt hätte. Der Gedanke findet sich bisher erstmals nachweisbar 1844 bei **Andrew Ure** (1778–1857); die Verwendung dieser Lösungen wurde aber erst nach dem Erscheinen von Mohrs Buch allgemein üblich [167]. Sein klassisches Werk, das er ständig erweiterte und umarbeitete, ist das Vorbild für viele später erschienene Lehrbücher der Maßanalyse geworden. Mohr war ein sehr kritischer und streitbarer Mann, reich an Wissen und Ideen. Mit seinem Namen ist noch heute eine Reihe von Begriffen verbunden: Das Mohr'sche Salz, die Chloridbestimmung nach Mohr, die Mohr'sche Quetschhahnbürette, die Mohr'sche Waage. Der Korkbohrer und die graduierte Pipette sind seine Erfindungen, den später nach Liebig benannten Kühler hat er verbessert. 1837 hat er bereits – wohl ohne volle Erkenntnis der Bedeutung – über das Prinzip von der Erhaltung der Energie geschrieben, das dann 1842 von **Robert Julius Mayer** (1814–1878) formuliert wurde.

Im Laufe der nächsten Jahrzehnte wurde das Gebiet der Maßanalyse von vielen Forschern weiter bearbeitet, wobei die bekannten Verfahren verbessert und noch zahlreiche wertvolle Neuerungen gefunden wurden. Auf Einzelheiten der Entwicklung muss hier verzichtet werden; erwähnt seien nur noch einige Beispiele: 1858/59 beschrieb **L. Péan de Saint Gilles** (1832–1863) die permanganometrische Titration von Iodid, Nitrit und organischen Verbindungen. **Friedrich Christian Kessler** (1824–1896) fand 1863, dass die in schwefelsaurer Lösung störungsfrei verlaufende Titration von Eisen(II) mit Permanganat in salzsaurer Lösung nur in Gegenwart von Mangan(II)-Salzen richtige Ergebnisse liefert. Kessler hatte 1855 bereits vorgeschlagen, für die Eisen(II)-Bestimmung mit Dichromat zur Reduktion von Eisen(III) Zinn(II)-chlorid statt Zink zu verwenden und den Zinn(II)-Überschuss mit Quecksilber(II)-chlorid zu entfernen, was aber in Vergessenheit geriet. 1881 beobachtete **Julius Clemens Zimmermann** wieder den Einfluss von Mangan(II) und 1889 gab

1 Das ist das spätere Äquivalentgewicht, heute die molare Masse bezogen auf Äquivalente.

C. Reinhardt durch Kombination mit Kesslers Vorschlägen dem Verfahren die endgültige Form. Die Reduktion des Eisens nahm 1889 **Harry Clair Jones** (1856–1916) an einer Zinkstaubsäule vor, **P. W. Shimer** verbesserte 1899 den Reduktor durch Amalgamierung. Die heute nach Volhard-Wolff benannte Titration von Mangan(II) in heißer Lösung mit Permanganat gab 1862 **A. Guyard** erstmals an. 1879 erkannte **Jacob Volhard** (1834–1910), dass zweiwertige Metallionen zugegen sein müssen, und **N. Wolff** fand 1884 schließlich, dass richtige Ergebnisse erst bei Zusatz einer Zinkoxid-Aufschlämmung zu erzielen sind. Volhard erweiterte auch den Bereich der titrimetrischen Fällungsanalysen in den siebziger Jahren des 19. Jahrhunderts durch Einführung der Kaliumthiocyanat-Maßlösung und des Ammoniumeisen(III)-sulfats als Indikator für die Chlorid- und Silberbestimmung sowie für die Titration von Quecksilber. **Lajos Winkler** (1863–1939) bestimmte 1888 den in Wasser gelösten Sauerstoff über die Oxidation von Mangan(II) in alkalischer Lösung durch iodometrische Titration. **R. T. Thomson** fand 1893, dass man Borsäure in Gegenwart von Glycerin als schwache Säure titrieren kann. Bereits 1861 benutzte **Th. Lange** erstmals eine Cer(IV)-sulfat-Maßlösung zur Eisen(II)-Bestimmung, die sich trotz ihrer Vorteile gegenüber der Kaliumpermanganatlösung noch nicht durchsetzen konnte, da geeignete Redoxindikatoren fehlten, ein Mangel, der auch auf den anderen Gebieten der Maßanalyse ihrer Weiterentwicklung hindernd entgegenstand.

Lange Zeit hatte man als Indikatoren lediglich Extrakte von Pflanzenfarbstoffen zur Verfügung (ausführliche Darstellung in [167]). Gegen Ende des 19. Jahrhunderts kamen die ersten synthetischen Farbstoffe auf, die sich als Säure-Base-Indikatoren eigneten: 1877 Phenolphthalein durch **E. Luck**, 1878 Tropäolin 00 durch **M. Müller** und Methylorange durch **Georg Lunge** empfohlen. Die Palette dieser Indikatoren erweiterte sich in den folgenden Jahren, 1893 nennt **H. Tromssdorff** in seinem Buch über chemisch-technische Untersuchungsmethoden bereits 14 synthetische Säure-Base-Indikatoren. Sie waren den natürlichen Farbstoffen überlegen, weil ihr Farbumschlag schärfer erkennbar war und weil sich unterscheiden ließ, ob er im sauren oder basischen Bereich erfolgte. 1908 kam Methylrot durch **E. Rupp** und **R. Loose** hinzu, 1915 führten **William Mansfield Clark** und **Herbert August Lubs** die Sulfophthaleine ein, die wegen ihrer vielfältigen Farbumschläge große Bedeutung für Säure-Base-Titrationen erlangten.

Die erste Theorie über den Farbumschlag stellte 1894 **Wilhelm Ostwald** (1853–1932) auf [169]. Danach sind Indikatoren schwache Säuren oder Basen, die als undissoziierte Verbindungen eine andere Farbe aufweisen als ihre Ionen. Die Anwendung des Massenwirkungsgesetzes auf das Dissoziationsgleichgewicht (Protolysegleichgewicht) ließ eine einfache mathematische Behandlung des Indikatorumschlages zu. Dass dieser für die einzelnen Indikatoren bei verschiedenen pH-Werten erfolgt, konnte mit den unterschiedlichen Größenwerten der Säure- bzw. Basekonstanten der Indikatoren begründet werden. Gegen die Erklärung des Farbumschlags allein aus dem Dissoziationsvorgang wurden jedoch bald verschiedene Einwände erhoben. So geht z. B. der Umschlag bei verschiedenen Indikatoren für eine Ionenreaktion zu langsam vor sich. Außerdem entsprach die Theorie von Ostwald nicht der Erfahrungstatsache, dass konstitutiv unveränderliche anorganische und organische Säuren, Basen und Salze im dissoziierten und im undissoziierten Zustand dieselbe Farbe aufweisen. In der Folgezeit wurde daher die Ionentheorie erweitert und vertieft. 1906/1908 lieferte **Arthur Rudolf Hantzsch** (1857–1935) eine wesentliche Ergänzung, die sich auf der 1876 von **Otto Nikolaus Witt** (1853–1915) eingeführten Chromophortheorie, dem ersten Versuch, einen Zusammenhang zwischen chemischer Konstitution und Farbe aufzufinden, gründete [170]. Hantzsch erklärte den Farbwechsel der Indikatoren mit einer Strukturänderung des Indikatormoleküls (Pseudosäure oder -base) beim Übergang in eine zur Dissoziation befähigte ionogene Form (Aci- bzw. Basoform), wobei sich ein chinoider Ring ausbildet. Die chinoide Gruppierung war schon 1882 von **H. E. Armstrong** als wichtiger Chromophor erkannt worden. Die Grundvorstellung von Ostwald, dass die Indikatoren als schwache Säuren oder Basen aufzufassen sind, wurde beibehalten, die Ursache des Farbwechsels jedoch in einer Konstitutionsänderung des Indikatormoleküls gesehen, die der Dissoziation parallel läuft. Da die intramolekulare Umlagerung der Pseudoform in die ionogene Form als Molekülreaktion langsam erfolgen kann, fand die Beobachtung, dass manche Indikatorumschläge Zeitreaktionen sind, eine Erklärung. In den folgenden Jahrzehnten lieferten zahlreiche Forscher Beiträge zur Weiterentwicklung der chemischen Farbtheorie, sodass an dem enggefassten Chromophorbegriff nicht mehr festgehalten werden konnte. Die Fortschritte in den Erkenntnissen über die chemische Bindung, über den Mesomeriebegriff und über die Anregbarkeit der π-Elektronen in Doppelbindungen bei der Lichtabsorption führten zu neuen Anschauungen, deren theoretische Begründung mithilfe der Quantentheorie und der Wellenmechanik gegeben wird (vgl. S. 104 f.).

Etwa vier Jahrzehnte nach Einführung der synthetischen Säure-Base-Indikatoren wurde 1915 der erste brauchbare Redoxindikator, das Diphenylamin, durch **Josef Knop** gefunden und zur dichromatometrischen Eisenbestimmung sowie 1923/1924 auch zu anderen Redoxtitrationen benutzt. Zwar hatte – wie berichtet – bereits 1835 Gay-Lussac Hypochlorit mit arseniger Säure titriert und den Endpunkt an der Entfärbung von Indigo erkannt, doch fehlte dem Verfahren die erforderliche Präzision; Indigo ist kein reversibler Indikator. Da keine besseren Indikatoren zur Verfügung standen, begnügte man sich in der Folgezeit mit der Endpunkterkennung durch Tüpfeln. So benutzten zur Hypochloritbestimmung mit Eisen(II)-sulfatlösung 1840 zuerst **Walter Crum** (1796–1867) Kaliumhexacyanoferrat(III) und mit arseniger Säure 1852 **Penot** Iod-Stärke-Lösung als Tüpfelindikatoren. Versuche zur Einführung anderer Substanzen als Redoxindikatoren blieben in den folgenden Jahrzehnten erfolglos. Nach dem Diphenylamin haben Knop und **O. Kubelková-Knopová** 1929 und später (vgl. auch S. 194 f.) sowie andere Forscher zahlreiche weitere Redoxindikatoren vorgeschlagen. Der Name Redoxindikator stammt von **Leonor Michaelis** (1875–1940), der auch die erste Monografie über Redoxtitrationen schrieb [171]. Fluoresein war bereits 1876 von **F. Krüger** als Fluoreszenzindikator für Säure-Base-Titrationen vorgeschlagen worden. Diese Art von Indikatoren kam aber erst in Gebrauch, nachdem 1910 **H. Lehmann** die Betrachtung im UV-Licht empfohlen hatte. Fluorescein war auch die erste Substanz, die **Kasimir Fajans** und **Odd Hassel** 1923 als Adsorptionsindikator zur argentometrischen Chloridbestimmung einführten (vgl. S. 159 f.).

Von den zahlreichen Arbeiten, die in der ersten Hälfte des 20. Jahrhunderts auf dem Gebiet der Maßanalyse publiziert wurden und ihre Entwicklung vorantrieben, seien wegen ihrer besonderen Bedeutung nur noch zwei erwähnt: Das iodometrische Verfahren zur Wasserbestimmung, das 1935 **Karl Fischer** vorschlug [172], und die Einführung der Aminopolycarbonsäuren für Komplexbildungstitrationen durch **Gerold Schwarzenbach** seit 1945 [128] (vgl. S. 240 ff.).

Der Ausbau der physikalischen Chemie und ihrer Untersuchungsmethoden hat einen erheblichen Einfluss auf die Maßanalyse genommen, indem vor allem elektrische Verfahren zur Indikation des Titrationsendpunktes herangezogen wurden. So nahm die Potentiometrie ihren Ausgang von Arbeiten, die um die Wende zum 20. Jahrhundert geleistet worden waren. **Robert Behrend** (1856–1926) führte 1893 die erste potentiometrische Titration durch und nahm Titrationskurven bei der Ausfällung von Quecksilber(I)- und Silberhalogeniden auf [173]. **Wilhelm Böttger** (1871–1949) beschrieb 1897 erstmals die potentiometrische Titration von Säuren und Basen unter Verwendung einer Wasserstoffelektrode [174] und 1900 benutzte **F. Crotogino** eine Platinelektrode zur potentiometrischen Indizierung einer Redoxtitration bei der Oxidation von Halogenidionen mit Permanganat [175]. **Paul Dutoit** (1873–1944) schlug zusammen mit **G. Weisse** 1911 die Anwendung einer polarisierten Platinelektrode vor. Nach dem ersten Weltkrieg ging die Entwicklung der potentiometrischen Titration geradezu stürmisch voran. Viele namhafte Chemiker beschäftigten sich mit ihrem Ausbau und gaben zahlreiche Neuerungen an. 1909 wurde z. B. von **Fritz Haber** (1868–1934) und **Zygmunt Klemensiewicz** (1886–1963) die Glaselektrode als Indikatorelektrode eingeführt [176]. Die erste Monografie über potentiometrische Titrationen wurde 1923 von **Erich Müller** (1870–1948) verfasst [177], der sich um die Erarbeitung der Grundlagen und die Weiterentwicklung der elektrometrischen Verfahren sehr bemühte und ihre vielseitigen Anwendungsmöglichkeiten überzeugend nachwies.

Die Konduktometrie geht auf Arbeiten von **Friedrich Kohlrausch** (1840–1910) und zahlreichen anderen Forschern zurück. Zur maßanalytischen Bestimmung wurde die Methode zuerst 1903 von **Friedrich Wilhelm Küster** (1861–1917) und **M. Grüters** [178] sowie 1905–1909 von **A. Thiel** und 1910 von **P. Dutoit** benutzt. In der analytischen Praxis fand die Leitfähigkeitstitration anfangs wenig Beachtung, weil die Messmethodik zu unbequem und unempfindlich war. Erst mit fortschreitender Verbesserung der Messtechnik setzte sich die konduktometrische Maßanalyse durch und entwickelte sich zu einer Methode, die mit gutem Erfolg für analytische Problemlösungen eingesetzt werden kann. Die erste Monografie verfasste **Isaac Mauritz Kolthoff** [179]. Die Entwicklung wurde maßgeblich durch Arbeiten von **Gerhart Jander** (1892–1961) [180], **H. T. S. Britton** [173] und **G. Jones** gefördert. Die Benutzung hochfrequenter Wechselströme bei der Messung der Leitfähigkeitsänderung während einer Titration wird erstmals Mitte der 40er-Jahre von **G. G. Blake** [182], **F. W. Jensen** und **A. L. Parrack** [183] sowie **J. Foreman** und **D. J. Crips** [184] beschrieben. Die Hochfrequenztitration wurde in Deutschland besonders durch Arbeiten von **Kurt Cruse** gefördert [147].

Die Voltametrie, die Messung der Potentialdifferenz zwischen zwei mithilfe eines Fremdstromes polarisierten Metallelektroden, als maßanalytisches Indikationsverfahren geht auf Untersuchungen von **H. H. Willard** und **F. Fenwick** aus dem Jahre 1922 zurück, die mit zwei Platinelektroden arbeiteten, von denen eine polarisiert wurde [185]. Die Messungen des polarographischen Diffusionsgrenzstromes im Verlaufe einer Titration, die Amperometrie, wurde 1927 erstmals von **Jaroslav Heyrovsky** empfohlen [186]. Diese Indikationsmethode wurde später von **Vladimir Majer**, der sie Polarometrie nannte, näher untersucht [187]. Älter als diese Arbeitsweise mit einer polarisierten Elektrode ist die Verwendung von zwei Elektroden, die durch eine von außen angelegte Potentialdifferenz polarisiert werden. Bereits 1897 beschrieb **E. Salomon** diese Technik bei der Titration von Chlorid mit Silbernitrat [188]. 1905 benutzten **Walter Nernst** (1864–1941) und **E. S. Merriam** zwei polarisierte Wasserstoffelektroden zur Indikation von Säure-Base-Titrationen [189]. Dann geriet die Methode in Vergessenheit. Sie wurde erst 1926 von **C. W. Foulk** und **A. T. Bawden** wieder entdeckt, die sie bei der Titration von Iod mit Thiosulfat einsetzten. Wegen des plötzlichen Abfalls der Stromstärke am Äquivalenzpunkt gaben die Autoren ihr den Namen Dead-stop-Titration [190]. Eine Verbreitung fand die Arbeitsweise aber erst zwei Jahrzehnte später mit der Indikation der Wasserbestimmung durch Karl-Fischer-Titration, zu der sie erstmals 1943 von **G. Wernimont** und **F. J. Hopkinson** eingesetzt wurde [191]. Als weitere methodische Fortschritte sind die Titrationen in nichtwässrigen Systemen [192] und die Phasentitrationen sowie Titrationen mit photochemisch erzeugten Reagentien zu nennen. Zweiphasentitrationen (Verteilungs-, extraktive Titrationen) dienen z. B. zur Bestimmung kationischer Detergentien sowie von Aminen und quartären Ammoniumverbindungen in der pharmazeutischen Analytik.

Während der ganzen Zeit der methodischen Entwicklung blieben im wesentlichen die zur Maßanalyse benutzten Gerätschaften die gleichen. 1936 schlug **Schellbach** zur besseren Ablesbarkeit von Büretten den nach ihm benannten Streifen vor. Große Fortschritte nahm die Entwicklung jedoch, nachdem 1955 die von **K. Schlotterbeck** und **J. Städtler** konstruierte Kolbenbürette auf den Markt kam. Es folgten die motorbetriebene Kolbenbürette und 1958 der Potentiograph mit registrierendem automatischen Titrator sowie der Endpunkttitrator. Der Einsatz inzwischen verbesserter Indikatorelektroden für die elektrometrische Endpunktbestimmung in Kombination mit einer hoch entwickelten Elektronik führte in den 60er-Jahren zur instrumentellen Maßanalyse unter Verwendung mikroprozessorgesteuerter Titratoren [192].

In industriellen Routinelaboratorien dient die Maßanalyse heute vielfach zur Qualitätskontrolle anorganischer und organischer Stoffe. Es sind in den zurückliegenden Jahren immer mehr Anwendungsgebiete der Maßanalyse in der organischen, biochemischen und pharmazeutischen Analytik erschlossen worden. Auch in der Mikroanalytik haben die Fortschritte in der Automatisierung und der Messtechnik zur verstärkten Anwendung geführt. Die Schwerpunkte bei der praktischen Anwendung maßanalytischer Verfahren liegen heute in der physikalisch-chemischen Indikation und in der Automatisierung. An der großen Anzahl der in Referateorganen (Chemical Abstracts, Analytical Abstracts) indexierten Arbeiten ist die Bedeutung der Maßanalyse für die heutige Zeit sichtbar [16].

7 Ausgewählte didaktische Ansätze

Sage es mir, und ich werde es vergessen. Zeige es mir, und ich werde es vielleicht behalten. Lass es mich tun, und ich werde es können. (Konfuzius, * 551 v. Chr., † 479 v. Chr., chinesischer Philosoph)

Die Durchführung chemischer Analysen im Labor ist ein wesentlicher Baustein einer naturwissenschaftlichen Ausbildung. Zu Anfang erlernen die Teilnehmer die Handhabung der Materialien und Geräte sowie die Durchführung und die Auswertung der Experimente nach einer gegebenen Versuchsanleitung. Bei ausreichender Expertise können die Teilnehmer mit problemorientierten Aufgaben konfrontiert werden, die ihnen sowohl das Verstehen und das Vertiefen der zuvor gelernten Theorie als auch die Vermittlung neuer Erkenntnisse nahelegen.

Im Folgenden sind einige Vorschläge für methodisch-didaktische Anwendungen der Lehrbuchinhalte in praktischen Lehrveranstaltungen aufgeführt.

A. Wahl und Verwendung von Messgeräten bei der Herstellung von Lösungen

Didaktisches Ziel: Erlernen der korrekten Wahl der Messgeräte sowie der fachgerechten Verwendung derselben bei der Herstellung von Lösungen

Aufgabenstellung: Beschreiben Sie die Herstellung der untenstehenden Lösungen! Geben Sie an, welche Glasgeräte Sie hierfür verwenden werden und warum!

Es sollen folgende Lösungen zubereitet werden:

a) ein Liter einer 0,1 mol/l EDTA-Maßlösung aus EDTA-Dinatriumsalz (vgl. Kap. 3.4.4),
b) 100 ml einer 0,01 mol/l EDTA-Maßlösung aus einer 0,1 mol/l EDTA-Maßlösung,

   Bestimmen Sie die erweiterte Messunsicherheit (P = 95 %) der hergestellten EDTA-Lösung, wenn die eingesetzten Messgeräte der Genauigkeitsklasse A bzw. der Genauigkeitsklasse B angehören. Ist die Unsicherheit der 0,1 mol/l EDTA-Lösung unbekannt, nehmen Sie an, dass deren relativer Wert 0,05 % beträgt. Vergleichen Sie die Ergebnisse und diskutieren Sie diese!
c) 100 ml einer ca. 2 mol/l Schwefelsäure-Lösung aus ca. 96 Gew.-% (~18 mol/l) Schwefelsäure-Lösung.

B. Einfluss einiger Störeffekte bei Titrationen

a) Störung einer permanangometrischen Titration durch Chlorid-Ionen bzw.
b) Einfluss des Kohlenstoffdioxids auf eine potentiometrische Säure-Base-Titration von Phosphorsäure

Didaktisches Ziel: Erkennen der Störungen einer Bestimmungsmethode und Minimierung dieser Störungen

https://doi.org/10.1515/9783110710816-007

Aufgabenstellung:

a) Stellen Sie eine 0,25 mol/l Eisen(II)-sulfat-Lösung her. Bereiten Sie anschließend Erlenmeyerkolben mit den folgenden Lösungen vor:
   i) 10,0 ml der hergestellten Eisen(II)-sulfat-Lösung, 10 ml einer 1 : 4 verdünnten Schwefelsäure (~4,5mol/l), auf ca. 200 ml mit demineralisiertem Wasser auffüllen;
   ii) 10,0 ml der hergestellten Eisen(II)-sulfat-Lösung, 20 ml einer 0,1 molaren Salzsäure, 10 ml einer 1 : 4 verdünnten Schwefelsäure (~4,5mol/l), auf ca. 200 ml mit demineralisiertem Wasser auffüllen;
   iii) 20 ml einer 0,1 molaren Salzsäure, 10 ml einer 1 : 4 verdünnten Schwefelsäure (~4,5mol/l), auf ca. 200 ml mit demineralisiertem Wasser auffüllen;
   iv) 10,0 ml der hergestellten Eisen(II)-sulfat-Lösung, 20 ml einer 0,1 molaren Salzsäure, 10 ml der Reinhardt-Zimmermann-Lösung, auf ca. 200 ml mit demineralisierten Wasser auffüllen.

   Der Inhalt des Erlenmeyerkolbens wird auf etwa 80 °C erwärmt und mit einer $KMnO_4$-Lösung, $c(\frac{1}{5}\ KMnO_4)$ = 0,1 mol/l bis zu einer schwachen Rosafärbung titriert (vgl. Kap. 3.3.2).

Diskutieren Sie anhand der Ergebnisse den Einfluss der Chloridionen auf die permanganometrische Titration!

b) Führen Sie die Titration von Phosphorsäure (vgl. Kap. 4.4.6) mit einer erhitzten und mit einer nicht erhitzten Coca-Cola-Probelösung durch. Vergleichen Sie die Ergebnisse der beiden Titrationen und diskutieren Sie diese!

C. Einfluss des pH-Wertes auf eine komplexometrische Bestimmung

Didaktisches Ziel: Findung optimaler Bedingungen einer Bestimmungsmethode

Aufgabenstellung: Je 20,0 ml einer 0,01 mol/l Magnesiumchloridlösung sollen in vier Erlenmeyerkolben jeweils auf ca. 100 ml mit demineralisiertem Wasser verdünnt und dann auf die folgenden pH-Werte gebracht werden:
i) pH ≈ 2,5 ii) pH ≈ 7 iii) pH ≈ 10 und iv) pH ≈ 14

Geben Sie in den jeweiligen Erlenmeyerkolben einen für diesen pH-Wert geeigneten Indikator und titrieren Sie die Lösungen mit einer 0,01 mol/l EDTA-Lösung bis zum entsprechenden Farbumschlag. Vergleichen und diskutieren Sie Ihre Ergebnisse!

D. Bestimmung eines Analyten anhand von zwei unabhängigen Titrationsmethoden

Didaktisches Ziel: Erlernen des korrekten Einsatzes der Messmethoden sowie kritische Beurteilung der Messergebnisse

Aufgabenstellung: Stellen Sie eine Eisen(III)-haltige Lösung mit $c(Fe^{3+})$ = 0,1 mol/l her. Untersuchen Sie diese Lösung anhand von zwei unabhängigen Methoden – beispielsweise permanganometrisch (nach Reduktion zu Fe^{2+}) und komplexometrisch! Legen Sie für die jeweilige Titration 20,0 ml der hergestellten Eisen(III)-Lösung vor und titrieren Sie diese entsprechend (vgl. Kap. 3.3.2 bzw. 3.4.4)!

Führen Sie die jeweiligen Bestimmungen mindestens dreimal durch! Berechnen Sie die entsprechenden Unsicherheiten! Diskutieren Sie beim Vergleich der Ergebnisse die Vorteile und Nachteile der Methoden!

E. Methodenanwendung auf eine Realprobe

Didaktisches Ziel: Ausarbeitung einer quantitativen Analyse von Realproben, basierend auf den vorgegebenen Messmethoden, sowie kritische Beurteilung des Ergebnisses

Aufgabenstellung: Eine magnesium- oder calciumhaltige Brausetablette mit einem bekannten Gehalt (Packungsangabe) soll in Lösung gebracht werden und z. B. komplexometrisch titriert werden (vgl. Kap. 3.4.4).

Berechnen Sie hierfür zunächst die Masse der Brausetablette, die in die Lösung gebracht werden soll, um eine Bestimmung ohne weitere Verdünnungs- bzw. Anreicherungsschritte zu ermöglichen. Dabei sollen folgende Faktoren berücksichtigt werden:
- Konzentration der Maßlösung
- zur Verfügung stehende Geräte
- erforderliche Menge der Probelösung für eine statistisch ausreichende Anzahl an Titrationen
- Löslichkeit der Brausetablette (üblicherweise bis etwa 4 g in 1 Liter Wasser mit ca. 25 ml 69 Gew.-% HNO_3).

Vergleichen Sie Ihre Messwerte mit der Packungsangabe und diskutieren Sie diese!

Anmerkung: Eine solche Aufgabe ist sehr komplex und erfordert je nach Kenntnissen der Teilnehmer eine entsprechende Begleitung.

Anhang

Gehaltsangaben für gebräuchliche Laborlösungen.

Lösung	Konzentration *c* in mol/l	Massenanteil *w* in %	Dichte *ρ* in g/ml
rauch. Salzsäure	12	37	1,19
konz. Salzsäure	10,2	32	1,16
konz. Salzsäure	7,7	25	1,12
verd. Salzsäure	2	7	1,033
rauch. Salpetersäure	24	100	1,51
konz. Salpetersäure	14,4	65	1,40
verd. Salpetersäure	2	12	1,065
konz. Schwefelsäure	18	96	1,84
verd. Schwefelsäure	1	9,3	1,061
konz. Perchlorsäure	11,6	70	1,67
verd. Perchlorsäure	2	18	1,114
Eisessig	17,6	100	1,057
verd. Essigsäure	2	12	1,015
konz. Flusssäure	22	40	1,126
verd. Flusssäure	2	4	1,012
konz. Phosphorsäure	14,8	85	1,71
verd. Phorsphorsäure	1	9,3	1,050
konz. Natronlauge	14,3	40	1,43
verd. Natronlauge	2	7,4	1,081
konz. Ammoniak	16,5	32	0,88
konz. Ammoniak	13,4	25	0,91
verd. Ammoniak	2	3,5	0,983
Natriumcarbonat	1	9,7	1,099
Wasserstoffperoxid (Perhydrol)	9,8	30	1,112
Wasserstoffperoxid (Perhydrol)	1	3	1,010

https://doi.org/10.1515/9783110710816-008

Chemische Elemente

In der Tabelle ist neben der Protonenzahl Z (Ordnungszahl, Kernladungszahl) für jedes Element die relative Atommasse A_r aufgeführt. Die Zahlenwerte entsprechen den Angaben der Internationalen Union für Reine und Angewandte Chemie (IUPAC) nach dem Stand von 2005 [196]. Die relative Atommasse eines Elementes ist auf 1/12 der Atommasse des Kohlenstoffnuklids ^{12}C bezogen; der Begriff wird bei Nuklidmischungen (Mischelementen) auf die natürliche Isotopenzusammensetzung angewendet. Als Verhältnis zweier Größen gleicher Art hat die relative Atommasse die Dimension 1. Die Zahlenwerte von A_r sind identisch mit den Zahlenwerten für die Atommassen gemessen in der atomaren Masseneinheit u, dem 12ten Teil der Masse eines Atoms des Nuklids ^{12}C ($1\ u = (1{,}6605402 \pm 0{,}0000010) \cdot 10^{-27}$ kg) [197] und gleich dem Zahlenwert der molaren Masse M in g/mol.

Von den mit einem Stern (*) gekennzeichneten Elementen existieren keine stabilen Nuklide.

Name	**Symbol**	**Protonenzahl**	**relative Atommasse A_r**
Actinium*	Ac	89	
Aluminium	Al	13	26,9815386 ± 8
Americium*	Am	95	
Antimon	Sb	51	121,760 ± 1$^{g)}$
Argon	Ar	18	39,948 ± 1$^{g, r)}$
Arsen	As	33	74,92160 ± 2
Astat*	At	85	
Barium	Ba	56	137,327 ± 7
Berkelium*	Bk	97	
Beryllium	Be	4	9,012182 ± 3
Bismut	Bi	83	208,98040 ± 1
Blei	Pb	82	207,2 ± 1$^{g, r)}$
Bor	B	5	10,811 ± 7$^{m, r, g)}$
Bohrium*	Bh	107	
Brom	Br	35	79,904 ± 1
Cadmium	Cd	48	112,411 ± 8$^{g)}$
Caesium	Cs	55	132,9054519 ± 2
Calcium	Ca	20	40,078 ± 4$^{g)}$
Californium*	Cf	98	
Cer	Ce	58	140,116 ± 1$^{g)}$
Chlor	Cl	17	35,453 ± 2$^{g, m, r)}$
Chrom	Cr	24	51,9961 ± 6
Cobalt	Co	27	58,933195 ± 5
Curium*	Cm	96	
Darmstadtium*	Ds	110	
Dubnium*	Db	105	
Dysprosium	Dy	66	162,500 ± 1$^{g)}$
Einsteinium*	Es	99	
Eisen	Fe	26	55,845 ± 2

(Fortsetzung)

Name	Symbol	Protonenzahl	relative Atommasse A_r
Erbium	Er	68	167,259 ± 3[g)]
Europium	Eu	63	151,964 ± 1[g)]
Fermium*	Fm	100	
Fluor	F	9	18,9984032 ± 5
Francium*	Fr	87	
Gadolinium	Gd	64	157,25 ± 3[g)]
Gallium	Ga	31	69,723 ± 1
Germanium	Ge	32	72,64 ± 1
Gold	Au	79	196,966569 ± 4
Hafnium	Hf	72	178,49 ± 2
Hassium*	Hs	108	
Helium	He	2	4,002602 ± 2[g, r)]
Holmium	Ho	67	164,93032 ± 2
Indium	In	49	114,818 ± 3
Iod	I	53	126,90447 ± 3
Iridium	Ir	77	192,217 ± 3
Kalium	K	19	39,0983 ± 1
Kohlenstoff	C	6	12,0107 ± 8[g, r)]
Krypton	Kr	36	83,798 ± 2[g, m)]
Kupfer	Cu	29	63,546 ± 3[r)]
Lanthan	La	57	138,9047 ± 7[g)]
Lawrencium*	Lr	103	
Lithium	Li	3	6,941 ± 2[g, m, r)]
Lutetium	Lu	71	174,967 ± 1[g)]
Magnesium	Mg	12	24,3050 ± 6
Mangan	Mn	25	54,938045 ± 5
Meitnerium*	Mt	109	
Mendelevium*	Md	101	
Molybdän	Mo	42	95,94 ± 1[g)]
Natrium	Na	11	22,98976928 ± 2
Neodym	Nd	60	144,242 ± 3[g)]
Neon	Ne	10	20,1797 ± 6[g, m)]
Neptunium*	Np	93	
Nickel	Ni	28	58,6934 ± 2
Niob	Nb	41	92,90638 ± 2
Nobelium*	No	102	
Osmium	Os	76	190,23 ± 3[g)]
Palladium	Pd	46	106,42 ± 1[g)]
Phosphor	P	15	30,973762 ± 2
Platin	Pt	78	195,084 ± 9
Plutonium*	Pu	94	
Polonium*	Po	84	
Praseodym	Pr	59	140,90765 ± 2
Promethium	Pm	61	
Protactinium*	Pa	91	231,03588 ± 2[Z)]
Quecksilber	Hg	80	200,59 ± 3
Radium*	Ra	88	
Radonas*	Rn	86	

(Fortsetzung)

Name	Symbol	Protonenzahl	relative Atommasse A_r
Rhenium	Re	75	186,207 ± 1
Rhodium	Rh	45	102,90550 ± 2
Roentgenium*	Rg	111	
Rubidium	Rb	37	85,4678 ± 3[g)]
Ruthenium	Ru	44	101,07 ± 2[g)]
Rutherfordium*	Rf	104	
Samarium	Sm	62	150,36 ± 3[g)]
Sauerstoff	O	8	15,9994 ± 3[g, r)]
Scandium	Sc	21	44,955912 ± 6
Seaborgium*	Sg	106	
Schwefel	S	16	32,065 ± 5[g, r)]
Selen	Se	34	78,96 ± 3[r)]
Silber	Ag	47	107,8682 ± 2[g)]
Silicium	Si	14	28,0855 ± 3[r)]
Stickstoff	N	7	14,0067 ± 2[g, r)]
Strontium	Sr	38	87,62 ± 1[g, r)]
Tantal	Ta	73	180,9488 ± 2
Technetium*	Tc	43	
Tellur	Te	52	127,60 ± 3[g)]
Terbium	Tb	65	158,92535 ± 2
Thallium	Tl	81	204,3833 ± 2
Thorium*	Th	90	232,03806 ± 2[g, Z)]
Thulium	Tm	69	168,93421 ± 2
Titan	Ti	22	47,867 ± 1
Uran*	U	92	238,02891 ± 1[g, m, Z)]
Vanadium	V	23	50,9415 ± 1
Wasserstoff	H	1	1,00794 ± 7[g, m, r)]
Wolfram	W	74	183,84 ± 1
Xenon	Xe	54	131,293 ± 6[g, m)]
Ytterbium	Yb	70	173,04 ± 3[g)]
Yttrium	Y	39	88,90585 ± 2
Zink	Zn	30	65,409 ± 4
Zinn	Sn	50	118,710 ± 7[g)]
Zirconium	Zr	40	91,224 ± 2[g)]

g Geologisch außergewöhnliche Proben sind bekannt, in denen das Element eine Isotopen-Zusammensetzung außerhalb der Grenzen für normales Material hat. Der Unterschied der Atommasse des Elements in solchen Proben und dem in der Tabelle gegebenen kann die angegebene Unsicherheit beträchtlich überschreiten.

m Modifizierte (veränderte) Isotopen-Zusammensetzungen können in käuflich erwerblichem Material gefunden werden, weil es einer nicht genannten oder nicht bekannten Isotopentrennung unterworfen wurde.

r Schwankungen der Isotopen-Zusammensetzung in normalem irdischen Material verhindern genauere Werte als die angegebenen. Die Tabellenwerte sollen für alle normalen Materialien anwendbar sein.

Z Elemente ohne stabile Nuklide. Langlebige Nuklide dieser Elemente kommen jedoch in charakteristischer Zusammensetzung vor, daher kann durchaus eine relative Atommasse angegeben werden.

Literaturverzeichnis

Die Zusammenstellung enthält Lehrbücher, Monografien und Originalarbeiten ohne Anspruch auf Vollständigkeit. Die Werke allgemeinen Charakters sind, nach Sachgebieten geordnet, den Zitaten vorangestellt, auf die in den einzelnen Kapiteln und Abschnitten verwiesen wird. Dort findet man unter jeder Überschrift Hinweise auf die Werke im allgemeinen Literaturteil, die zur weiteren Information von Bedeutung sind.

Allgemeine Literatur

Analytische Chemie

Handbücher, Tabellen- und Nachschlagewerke

[1] Fresenius, W., Jander, G. (Hrsg.), Handbuch der Analytischen Chemie, Springer-Verlag, Berlin/Heidelberg/New York ab 1940

[2] Meyers, R. A. (Hrsg.), Encyclopedia of Analytical Chemistry, Wiley, London/New York 2011

[3] Günzler, H., Williams, A. (Hrsg.), Handbook of Analytical Techniques, Wiley-VCH, Weinheim 2001

[4] D'Ans, J., Lax, E., Taschenbuch für Chemiker und Physiker, Springer-Verlag, Berlin/Heidelberg/New York
Bd. 1: Physikalisch-chemische Daten, Lechner, M. D. (Hrsg.), 4. Aufl. 1992
Bd. 3: Elemente, anorganische Verbindungen und Materialien, Minerale, Blachnik, R. (Hrsg.), 4. neubearb. u. rev. Aufl. 2012

[5] Küster, F. W., Thiel, A., Rechentafeln für die Chemische Analytik, 107. Aufl., bearb. von Ruland, A., Ruland, U., Verlag Walter de Gruyter, Berlin/New York 2011

[5a] Rauscher, K., Voigt, J., Wilke, I., Chemische Tabellen und Rechentafeln für die analytische Praxis, 11. korr. Aufl., weitergeführt von Friebe, R., Verlag Harri Deutsch, Thun/Frankfurt am Main 2000

[6] Haynes, W. M. (Hrsg.), CRC Handbook of Chemistry and Physics, 96. Aufl., CRC Press, Boca Raton, FL 2015

[7] DIN Deutsches Institut für Normung e. V. (Hrsg.), DIN-Taschenbuch 22, Einheiten und Begriffe für physikalische Größen, 9. Aufl., Beuth Verlag, Berlin April 2009

[8] Liebscher, W., Fluck, E., Die systematische Nomenklatur der anorganischen Chemie, Springer-Verlag, Berlin/Heidelberg/New York 1999
Liebscher, W./GDCh (Hrsg.), Nomenklatur der Anorganischen Chemie, Wiley-VCH, Weinheim 2009
IUPAC/Homann, K.-H. (Hrsg.), Größen, Einheiten und Symbole der Physikalischen Chemie, Wiley-VCH, Weinheim 1996

[8a] Pharmacopoeia Europaea, (Europäisches Arzneibuch) 10.0–10.1, Grundwerk 2020 inkl. 1. Nachtrag, Deutscher Apotheker Verlag, Stuttgart 2020

[8b] Hagers Handbuch der pharmazeutischen Praxis, Springer Verlag, Berlin 1998

[8c] Bracher, F., Heisig, P., Langguth, P., Mutschler, E., Schirmeister, T., Scriba, G. K. E., Stahl-Biskup, E., Troschütz, R., Arzneibuch-Kommentar, Wissenschaftliche Erläuterungen zum Arzneibuch, 1. Aufl. inkl. 66. Akt. lfg. 2020, Wissenschaftliche Verlagsgesellschaft, Stuttgart

[8d] Roth, H. J., Blaschke, G., Pharmazeutische Analytik, 2. Auflage, Thieme Verlag, Stuttgart 1981

[8e] Surmann, P., Quantitative Analyse von Arzneistoffen und Arzneizubereitungen, Wissenschaftliche Verlagsgesellschaft, Stuttgart 1987

https://doi.org/10.1515/9783110710816-009

[8f] Böhme, H., Hartke, K., Deutsches Arzneibuch. 7. Ausgabe 1968. Kommentar, Wissenschaftliche Verlagsgesellschaft Stuttgart; Govi-Verlag Frankfurt, 1973

[8g] Kaiser, H., Pharmazeutisches Taschenbuch, Wissenschaftliche Verlagsgesellschaft, Stuttgart 1968

Theoretisch orientierte Werke

[9] Seel, F., Grundlagen der analytischen Chemie, 7. Aufl., Verlag Chemie, Weinheim 1979

[10] Fluck, E., Becke-Goehring, M., Einführung in die Theorie der quantitativen Analyse, 7. Aufl., Steinkopff Verlag, Darmstadt 2013

[11] Kunze, U. R., Schwedt, G., Grundlagen der qualitativen und quantitativen Analyse, 6. aktualisierte u. ergänzte Aufl., Wiley-VCH, Weinheim 2009

[12] Latscha, H. P., Klein, H. A., Linti, G., Analytische Chemie (Chemie-Basiswissen III), 4. vollst. überarb. Aufl., Springer Verlag, Berlin/Heidelberg/New York 2004

[13] Danzer, K., Than, E., Molch, D., Analytik. Systematischer Überblick, 2. Aufl., Wissenschaftliche Verlagsgesellschaft, Stuttgart 1998

[14] Doerffel, K., Geyer, R., Müller, H. (Hrsg.), Analytikum, 9. überarb. Aufl., Wiley-VCH, Weinheim 1994

[15] Kolditz, L. (Hrsg.), Anorganikum, Teil 2, 13. neubearb. Aufl., Wiley-VCH, Weinheim 1993

[16] Schwedt, G., Analytische Chemie. Grundlagen, Methoden und Praxis, 2. vollst. überarb. u. erw. Aufl., Wiley-VCH, Weinheim 2008

[17] Skoog, D. A., Fundamentals of Analytical Chemistry, 9. Aufl., Thompson Learning, London 2013

[18] Harris, D. C., Quantitative Chemical Analysis, 9. ed., W. H. Freeman, New York 2015; Harris, D. C., Lehrbuch der Quantitativen Analyse, dt. Übersetzung der 8. Aufl., Springer Verlag, Berlin/Heidelberg/New York 2014

[19] Fritz, J. S., Schenk, G. H., Lüderwald, I., Gros, L., Quantitative Analytische Chemie. Grundlagen, Methoden, Experimente, Vieweg & Sohn, Braunschweig/Wiesbaden 1989

[20] Otto, M., Analytische Chemie, 4. überarb. u. erg. Aufl., Wiley-VCH, Weinheim 2011

[21] Kellner, R., Mermet, J.-M., Otto, M. Valcârcel, M., Widmer, H. M. (Hrsg.), Analytical Chemistry, 2. Aufl., Wiley-VCH, Weinheim 2004

[22] Skoog, D. A., Leary, J. J., Instrumentelle Analytik. Grundlagen, Geräte, Anwendungen, Springer Verlag, Berlin/Heidelberg/New York 1996

[23a] Cammann, K. (Hrsg.), Instrumentelle Analytische Chemie. Verfahren, Anwendungen, Qualitätssicherung, Spektrum Akademischer Verlag, Heidelberg/Berlin 2000

[23b] Gernand, W., Sommer, M.-J., Steckenreuter, K., Wieland, G. (Hrsg.), The ABC of Titration, Merck KGaA, Darmstadt

Praktisch orientierte Werke

[24] Jander, G., Blasius, E., Anorganische Chemie I – Einführung & Qualitative Analyse, 19. Aufl., völlig neu bearb. von Schweda, E., Hirzel Verlag, Stuttgart 2022

[24a] Jander, G., Blasius, E., Anorganische Chemie II – Quantitative Analyse & Präparate, 18. Aufl., völlig neu bearb. von Schweda, E., Hirzel Verlag, Stuttgart 2022

[24b] Jander, G., Blasius, E., Einführung in das anorganisch-chemische Praktikum (einschließlich der quantitativen Analyse), 13. Aufl., neubearb. von Strähle, J., Schweda, E., Hirzel Verlag, Stuttgart 1990

[24c] Metrohm Application Bulletin Nr. 233/4e: Waschmittel

[25] Müller, G.-O., Lehr- und Übungsbuch der anorganisch-analytischen Chemie, Bd. 3, Quantitativ-anorganisches Praktikum, 7. völlig überarb. Aufl., Verlag Harri Deutsch, Thun/ Frankfurt am Main 1992

[26] Lux, H., Fichtner, W., Praktikum der quantitativen anorganischen Analyse, 9. neubearb. Aufl., Springer Verlag, Berlin/Heidelberg/New York 1992

[27] Jander, G. (Hrsg.), Neuere maßanalytische Methoden, 4. Aufl. (Die chemische Analyse, 33. Bd.), Ferdinand Enke Verlag, Stuttgart 1956

[28] Poethke, W., Kupferschmid, W., Praktikum der Maßanalyse, 3. überarb. Aufl., Verlag Harri Deutsch, Thun und Frankfurt am Main 1987

[29] Gübitz, T., Haubold, G., Stoll, C., Analytisches Praktikum: Quantitative Analyse, 2. Aufl., Wiley-VCH, Weinheim 1993

[30] Mendham, J., Denney, R. C., Barnes, J. D., Thomas, M. J. K. (Hrsg.), Vogel's Textbook of Quantitative Inorganic Analysis (including Elementary Instrumental Analysis), 6. Aufl., Pearson Education, 2009

[30a] Martens-Menzel, R., Physikalische Chemie in der Analytik, 2. Aufl. Vieweg+Teubner, Wiesbaden 2011

Anorganische Chemie

[31] Blaschette, A., Allgemeine Chemie, Bd. 1: Atome, Moleküle, Kristalle, 2. Aufl. 1993; Bd. 2: Chemische Reaktionen, 3. Aufl. 1993, Aula-Verlag, Wiesbaden

[32] Christen, H. R., Meyer, G., Grundlagen der allgemeinen und anorganischen Chemie, Moritz Diesterweg/Otto Salle Verlag, Frankfurt am Main und Verlag Sauerländer, Aarau 1997

[33a] Latscha, H. P., Klein, H. A., Anorganische Chemie (Chemie-Basiswissen I), 10. Aufl., Springer Verlag, Berlin/Heidelberg/New York 2011

[33b] Binnewies, M., Jäckel, M., Willner, H., Rayner-Canham, G., Allgemeine und Anorganische Chemie, 3. Aufl., Spektrum Akademischer Verlag, Heidelberg/Berlin 2016

[34] Riedel, E., Janiak, C., Anorganische Chemie, 9. Aufl., Walter de Gruyter, Berlin/New York 2015

[35] Holleman, A. F., Wiberg, E., Wiberg, N., Lehrbuch der Anorganischen Chemie, 103. Umgearb. u. verb. Aufl., Walter de Gruyter, Berlin/New York, 2016

Physikalische Chemie

[36] Atkins, P. W., de Paula, J., Physikalische Chemie, 5. Aufl., Wiley-VCH, Weinheim 2013

[37] Czeslik, C., Seemann, H., Winter, R., Basiswissen Physikalische Chemie, 4. Aufl., Vieweg+Teubner, Wiesbaden 2010

[38] Wedler, G., Lehrbuch der Physikalischen Chemie, 6. vollst. überarb. Aufl., Wiley-VCH, Weinheim 2012

[39] Hamann, C.H., Vielstich, W., Elektrochemie, 5. Aufl., Wiley-VCH, Weinheim 2005

Textbezogene Literatur

1 Einführung und Grundbegriffe

[3, 9, 13, 14, 16, 18, 23b, 24, 30]

2 Praktische Grundlagen der Maßanalyse

[40] Bureau International des Poids et Mesures, Le Système International d'Unités (SI), 6. Aufl. 1991
Taylor, B. N., Guide for the Use of the International System of Units (SI), National Institute of Standards and Technology (NIST), Gaithersburg 1995

Physikalisch-Technische Bundesanstalt (Hrsg.), Die SI-Basiseinheiten. Definition, Entwicklung, Realisierung, Braunschweig/Berlin 1997
Physikalisch-Technische Bundesanstalt (Hrsg.), Leitfaden für den Gebrauch des Internationalen Einheitensystems, Braunschweig/Berlin 1998
[41] Gesetz über Einheiten im Messwesen vom 22. 2. 1985, Bundesgesetzblatt 1985, Teil I, S. 408
Ausführungsverordnung zum Gesetz über Einheiten im Messwesen vom 13. 12. 1985
Änderungsverordnung vom 22. 3. 1991
Sacklowski, A., Einheitenlexikon: Entstehung, Anwendung, Erläuterung von Gesetz und Normen, neubearb. von Drath, P., DIN Deutsches Institut für Normung (Hrsg.), Beuth-Verlag, Berlin/Köln 1986
[42] DIN 1301-1, Einheiten – Einheitennamen, Einheitenzeichen, Oktober 2010
DIN 1301-2, Einheiten – Allgemein angewendete Teile und Vielfache, Februar 1978
[43] Haeder, W., Gärtner, E., Die gesetzlichen Einheiten in der Technik, 5. Aufl., Beuth-Verlag, Berlin/Köln 1980
Bender, D., Pippig, E., Einheiten, Maßsysteme, SI, 5. Aufl., Akademie Verlag, Berlin 1986
[44] Springer, G. (Hrsg.), Größen, Formelzeichen, Einheiten in Naturwissenschaften und Technik, Verlag Europa-Lehrmittel, Nourney, Vollmer GmbH & Co., Haan-Gruiten 1991
Fischer, R., Vogelsang, K., Größen und Einheiten in Physik und Technik, 6. Völlig überarb. u. erw. Aufl., Verlag Technik GmbH, Berlin/München 1993
[45] Aylward, G. H., Findlay, T. J. V., Datensammlung Chemie in SI-Einheiten, 3. erw. u. neubearb. Aufl., Wiley-VCH, Weinheim 1999

2.1 Geräte zur Volumenmessung

[17, 18, 19, 29, 30]
[46] Scholze, H., Glas – Natur, Struktur und Eigenschaften, 3. Aufl., Springer Verlag, Berlin/Heidelberg/New York 1988
DIN ISO 3585 Borosilicatglas 3.3 – Eigenschaften, Oktober 1999; identisch mit ISO 3585, Juli 1998
[47] DIN 12600 Volumenmessgeräte für Laboratoriumszwecke – Konformitätsprüfung und Konformitätsbescheinigung, April 1990
[48] DIN EN ISO 1042 Laborgeräte aus Glas – Messkolben, August 1999
[49] DIN 12242-1, Laborgeräte aus Glas – Kegelschliffe für austauschbare Verbindungen, Maße, Toleranzen, Juli 1980
[50] DIN 12252 Laborgeräte aus Glas – Stopfen mit Kegelschliff, April 1979
[51] DIN EN ISO 4788 Laborgeräte aus Glas – Messzylinder und Mischzylinder, August 2005
[52] DIN EN ISO 384 Laborgeräte aus Glas oder Kunststoff – Grundlagen für Gestaltung und Bau von Volumenmessgeräten (ISO 384:2015), Mai 2016
[53] DIN 12681 Laborgeräte aus Kunststoff – Messzylinder mit Skale, März 1998
[54] DIN EN ISO 648 Laborgeräte aus Glas – Vollpipetten, Januar 2009
[55] Kühne, W. H., Überlegungen zur Volumenmessung (1970), Informationen zur Volumenmessung (2006), Schriften der Firma Brand GmbH, Wertheim
[56] DIN EN ISO 835 Laborgeräte aus Glas – Messpipetten, Juli 2007
[57] DIN 12621 Laborgeräte aus Glas – Farbige Kennzeichen von Pipetten, Anordnung Maße, Kennfarben, Juli 1971
[58] Deutsche Gesetzliche Unfallversicherung, Fachausschuss Chemie, Sicheres Arbeiten in Laboratorien – Grundlagen und Handlungshilfen, DGUV Information 213-850, bisher BGI/GUV – I-850-0, Stand 10/2011, Auflage 2, Nachdruck mit redaktionellen Änderungen 03/2015, Jedermann-Verlag Heidelberg

[59] Schirm, P., Jahns, A., Dosiersysteme im Labor – Technologie und Anwendung, 3. vollst. überarb. und erweit. Aufl., von Ewald, K., Verlag moderne Industrie, Landsberg, 2005
[60] DIN EN ISO 8655 Volumenmessgeräte mit Hubkolben
Teil 1: Begriffe, allgemeine Anforderungen und Gebrauchsempfehlungen (ISO 8655-1:2002), Berichtigung 1:2009-07; Teil 2: Kolbenhubpipetten (ISO 8655-2:2002), Berichtigung 1:2009-07; Teil 3: Kolbenbüretten (ISO 8655-3:2002), Berichtigung 1:2009-07; Teil 4: Dilutoren (ISO 8655-4:2002), Berichtigung 1:2009-07; Teil 5: Dispenser (ISO 8655-5:2002), Berichtigung 1:2009-07; Teil 6: Gravimetrische Prüfverfahren (ISO 8655-6:2002), Berichtigung 1:2009-07; Teil 7: Nicht-gravimetrische Prüfverfahren (ISO 8655-7:2005), Berichtigung 1:2009-07
[61] DIN EN ISO 385 Laborgeräte aus Glas – Büretten, Juli 2005
[62a] Friedman, H. B., LaMer, V. K., Ind. Engng. Chem., Anal. Ed. *2*, 54 (1930)
[62b] Hahn, F. L., Z. Anal. Chem. *167*, 104 (1959)
Rice, T. D., Anal. Chim. Acta *97*, 213 (1976)
[62c] Szebelledy, L., Clauder, O., Z Anal. Chem. *105*, 24 (1936)
[62d] Rellstab, W., GIT Fachz. Lab. *13*, 1053 (1969)
[62e] Kratochvil, B., Maitra, C., Internat. Lab. *4*, 24 (1983)
[62f] Saur, D., Spahn, E., GIT Fachz. Lab. *38*, *934* (1994)
Spahn, E., Saur, D., CLB-Chem. in Lab. u. Biotech. *47*, 6 (1996)
Spahn, E., Galvanotechnik *88*, Heft 3 (1997)
[63] Kromidas, S. (Hrsg.), Qualität im analytischen Labor, Verlag Chemie, Weinheim 1995
Kromidas, S. (Hrsg.), Handbuch Validierung in der Analytik, Wiley-VCH, Weinheim 2011
Kromidas, S., Validierung in der Analytik, Wiley-VCH, Weinheim 2011
[64] DIN EN ISO 4787, Laborgeräte aus Glas – Volumenmessgeräte – Prüfverfahren und Anwendung (ISO 4787: 2010, korrigierte Fassung 2010-06-15), Mai 2011
[65] Doerffel, K., Statistik in der analytischen Chemie, 5. erw. u. überarb. Aufl., Wiley-VCH, Weinheim 1990
Gottwald, W., Statistik für Anwender, Wiley-VCH, Weinheim 2000

2.2 Lösungen für die Maßanalyse

[17, 19, 24, 25, 29, 30]
[66] Seel, F., Valenztheoretische Begriffe, Angew. Chem. *66*, 581 (1954)
[67] DIN 32625, Größen und Einheiten in der Chemie – Stoffmenge und davon abgeleitete Größen, Begriffe und Definitionen, Dezember 1989, zurückgezogen 2004
[68] DIN 32629 Stoffportion – Begriff, Kennzeichnung, November 1988, zurückgezogen 2004
[69] Weninger, J., Stoffportion, Stoffmenge und Teilchenmenge, Diesterweg Salle, Frankfurt am Main/Berlin/München 1970
[70] Cordes, J. F., Größen- und Einheitensysteme; SI-Einheiten, in: Bock, R., Fresenius, W., Günzler, H., Huber, W., Tölg, G. (Hrsg.), Analytiker-Taschenbuch, Bd. 2, Springer-Verlag, Berlin/Heidelberg/New York 1981
[70a] Physikalisch-Technische Bundesanstalt, 2019, Web-Link: https://www.ptb.de/cms/forschung-entwicklung/forschung-zum-neuen-si/countdown-zum-neuen-si.html
[71] DIN 1310 Zusammensetzung von Mischphasen (Gasgemische, Lösungen, Mischkristalle) – Begriffe, Formelzeichen, Februar 1984
[72] Kullbach, W., Mengenberechnungen in der Chemie, Verlag Chemie, Weinheim 1980
[73] Brinkmann, H., Rechnen mit Größen in der Chemie, Verlag Moritz Diesterweg/Otto Salle Verlag, Frankfurt am Main und Verlag Sauerländer, Aarau 1980

2.3 Angabe des Analysenergebnisses

[73a] Brinkmann, B., Internationales Wörterbuch der Metrologie. Grundlegende und allgemeine Begriffe und zugeordnete Benennungen (VIM) – Deutsch-englische Fassung ISO/IEC-Leitfaden 99:2007, Beuth Verlag GmbH, 2012

[73b] JCGM 104:2009 Auswertung von Messdaten – Eine Einführung zum „Leitfaden zur Angabe der Unsicherheit beim Messen" und zu den dazugehörigen Dokumenten, Deutsche Ausgabe 2011-03-30

[73c] Krystek, M., Berechnung der Messunsicherheit, 3. Aufl., Beuth Verlag GmbH, 2020

[73d] Ellison, S. L. R., Williams, A. (eds.), Eurachem/CITAC Guide CG4: Eurachem/CITAC, Quantifying uncertainty in analytical measurement, 3. Edition., Eurachem, 2012

[73e] DIN ISO 5725-1 Genauigkeit (Richtigkeit und Präzision) von Messverfahren und Messergebnissen; Teil 1: Allgemeine Grundlagen und Begriffe, November 1997

[73f] ISO 16269-4 Statistische Auswertung von Daten – Teil 4: Entdeckung und Behandlung von Ausreißern, Oktober 2010

[73g] Grubbs, F. E., Beck, G.: Technometrics, 14, 847 (1972)

[73h] DIN 1333 Zahlenangaben, Februar 1992

3 Maßanalysen mit chemischer Endpunktbestimmung

3.1 Säure-Base-Titrationen

[8a–12, 15, 17–19, 24–26, 28–30]

[74] Bliefert, C., pH-Wert-Berechnungen, Verlag Chemie, Weinheim 1978

[75] Kielland, J., J. Amer. chem. Soc. *59*, 1675 (1937)

[76] Sörensen, S. P. L., Biochem. Z. *21*, 131 (1909)

[77] Firma Merck, Puffersubstanzen, Pufferlösungen, Puffer-Titrisole, Darmstadt

[78] DIN 19260, pH-Messung – Allgemeine Begriffe, Oktober 2012

[79] DIN 19266, pH-Messung – Referenzpufferlösungen zur Kalibrierung von pH-Messeinrichtungen, Mai 2015

[80] Stegemann, K., Kienbaum, F., Verwendung von Farb- und Fluoreszenzindikatoren bei der Acidi- und Alkalimetrie (Titrationsfehler), in: [27]

[81] Rast, K., Indikatoren und Reagenspapiere, in: Methoden der organischen Chemie, (Houben-Weyl), Müller, E. (Hrsg.), 4. Aufl., Bd. III/2, Georg Thieme Verlag, Stuttgart 1962

[82] Bishop, E. (Ed.), Indicators, Pergamon Press, Oxford/New York 1972

[83] Schmidt, V., Mayer, W. D., Indikatoren und ihre Eigenschaften, in: Bock, R., Fresenius, W., Günzler, H., Huber, W., Tölg, G., (Hrsg.), Analytiker-Taschenbuch, Bd. 2 (1981) und Bd. 3 (1983), Springer-Verlag, Berlin/Heidelberg/New York

[84] Firma Riedel-de Haën, Indikatoren, Indikator- und Reagenzpapiere, Seelze/Hannover

[85] Demuth, R., Kober, F., Grundlagen der Spektroskopie, Verlag Moritz Diesterweg/Otto Salle Verlag, Frankfurt am Main/Berlin/München und Verlag Sauerländer, Aarau/Frankfurt am Main/Salzburg 1977

[86] Hesse, M., Meier, H., Zeeh, B., Spektroskopische Methoden in der organischen Chemie, 6. Aufl., Georg Thieme Verlag, Stuttgart/New York 2002

[87] Williams, D. H., Fleming, I., Strukturaufklärung in der organischen Chemie. Eine Einführung in die spektroskopischen Methoden, 6. Aufl., übers. u. bearb. von Zeller, K. P., Wiley-VCH, Weinheim 1991

[88] Staab, H. A., Einführung in die thoretische organische Chemie, 3. Nachdruck der 4. Aufl., Verlag Chemie, Weinheim 1975
[89] Kolthoff, I. M., Die Maßanalyse, 2. Aufl., Bd. I (1930), Bd. II (1931), Springer-Verlag, Berlin
[90] Kolthoff, I. M., Säure-Base-Indikatoren, Springer-Verlag, Berlin 1932
[91] Sörensen, S. P. L., Andersen, A. C., Z. Anal. Chem. *44*, 156 (1905)
[92] Incze, G., Z. Anal. Chem. *56*, 177 (1917)
[93] Küster, F. W., Z. anorg. allg. Chem. *13*, 134 (1897)
[94] Sörensen, S. P. L., Biochem. Z. *21*, 186 (1909)
[95] Winkler, Cl., Praktische Übungen in der Maßanalyse, 5. Aufl., bearb. von Brunck, O., Verlag Felix, Leipzig 1920
[96] Kjeldahl, J., Z. Anal. Chem. *22*, 366 (1883)
[96a] Görlitzer, K., Pharmazie in unserer Zeit, *1976 /5*, 145 (1976)
[97] Schäfer, H., Sieverts, A., Z. Anal. Chem. *121*, 170 (1941)
[98] Blasius, E., Die Verwendung von Ionenaustauschern in der Maßanalyse, in: [27]
[98a] Eger, K., Troschütz, R., Roth, H. J., Arzneistoffanalytik, 4. Auflage, Wissenschaftliche Verlagsgesellschaft, Stuttgart 1999

3.2 Fällungstitrationen

[8a–12, 15, 17–19, 24–26, 28–30]
[99] Gay-Lussac, J. L., Vollständiger Unterricht über das Verfahren Silber auf nassem Wege zu probieren, Friedrich Vieweg, Braunschweig 1833
[100] Liebig, J., Ann. Chem. Pharm. *77*, 102 (1851)
[101] Volhard, J., J. prakt. Chem. *117*, 217 (1874)
[102] Mohr, F., Lehrbuch der chemisch-analytischen Titrirmethode, Friedrich Vieweg und Sohn, Braunschweig 1855
[103] Fajans, K., Hassel, O., Z. Elektrochem. angew. phys. Chem. *29*, 495 (1923) Fajans, K., Wolff, H., Z. anorg. allg. Chem. *137*, 221 (1924)
[104] Fajans, K., Adsorptionsindikatoren für Fällungstitrationen, in: [27]
[105] Caldwell, J. R., Moyer, H. V., Ind. Eng. Chem., Anal. Edit. *7*, 38 (1935)
[106] Alary, J., Bourbon, P., Escrient, C., Vandaele, J., Fresenius, Z. Anal. Chem. *322*, 777 (1985)

3.3 Oxidations- und Reduktionstitrationen

[9–12, 15, 17–19, 24–26, 28–30]
[107] Pauling, L., Die Natur der chemischen Bindung, 2. Nachdruck der 3. Aufl. 1968, Verlag Chemie, Weinheim 1976
[108] Jones, C., Chem. News *60*, 163 (1889)
[109] Stegemann, K., Metalle als Reduktionsmittel (Metallreduktoren), in: [27]
[110] Zimmermann, Cl., Ber. dt. chem. Ges. *14*, 779 (1881)
[111] Laitinen, H. A., Chemical Analysis, McGraw-Hill, New York 1960
[112] Kolthoff, I. M., Stenger, V. A., Volumetric Analysis, Bd. 1, 2. Nachdruck der 2. Aufl. (1947), Bd. 2, 2. Aufl. (1947), Bd. 3, 2. Aufl. (1957), Interscience Publishers, New York
[113] Reinhardt, C., Chemiker-Ztg. *1889*, 323
[113a] Handbuch für das Eisenhüttenlaboratorium (Band 2), VDEh, Düsseldorf 1966
[113b] DIN EN ISO 8467 Wasserbeschaffenheit – Bestimmung des Permanganat-Index, Mai 1995
[114] Furman, N. H., Cer(IV)-Lösungen als maßanalytische Oxidationsmittel, in: [27]
[115] Brennecke, E., Oxidations-Reduktions-Indikatoren, neubearb. von Blasius, E., in: [27]
[116] Blasius, E., Wittwer, G., in: [115]
[117] Cramer, F., Einschlussverbindungen, Springer-Verlag, Berlin/Göttingen/Heidelberg 1954

[118] Saenger, W., Naturwissenschaften *71*, 31 (1984)
[118a] Stevens, J. W., Ind. Eng. Chem. Anal. Ed. *10*, *5*, 269 (1938)
[118b] Silva, C. R., Simoni, J. A., Collins, C. H., Volpe, P. L. O., J. Chem. Educ. *76*, *10*, 1421 (1999)
[118c] Suntornsuk, L., Gritsanapun, W., Nilkamhank, S. und Paochom, A., J. Pharm. Biomed. Anal. 28, 5, 849–855 (2002)
[119] de Haën, E., Ann. Chem. Pharm. *91*, 237 (1854)
[120] Bruhns, G., Chemiker-Ztg. *42*, 301 (1918)
[121] Bastius, H., Fresenius Z. Anal. Chem. *250*, 169 (1970)
[121a] Hütter, L. A., Wasser und Wasseruntersuchung, Salle+Sauerländer, Frankfurt/M. 1994
[121b] DIN 38 408-*G21* (Gasförmige Bestandteile, Sauerstoff)
[121c] Procter Smith, H., Chem. News *90*, 237 (1904)
[121d] Mukerjee, B. C., Analyst *52*, 689 (1927)
[121e] Stamm, H., Angew. Chem. *47*, 791 (1934)
[121f] Stamm, H., Angew. Chem. *48*, 150 (1935)
[121g] Stamm, H., Die Reduktion von Permanganat zu Manganat als Grundlage eines maßanalytischen Verfahrens, in: [27]
[122] Stegemann, K., Stegemann, E., Iodatometrie, Periodatometrie, Bromatometrie und Bromometrie. Einsatz für iodometrische Verfahren unter besonderer Berücksichtigung von Chloramin (Natriumsalz des p-Toluolsulfonchloramids), in: [27]
[123] Berka, A., Vulterin, J., Zýka, J., Maßanalytische Oxidations- und Reduktionsmethoden, Akademische Verlagsgesellschaft Geest und Portig, Leipzig 1964
[124] Stamm, H., Die Reduktion von Permanganat zu Manganat als Grundlage eines maßanalytischen Verfahrens, in: [27]
[125] Jerschkewitz, H. G., Rienäcker, G., Titrationen mit Chrom(II)- und Titan(III)-Salzlösungen, in: [27]

3.4 Komplexbildungstitrationen

[9–12, 15, 17–19, 20, 24–26, 30]
[126] Fick, R., Ulrich, H., I. G. Farbenindustrie AG, D. R. P. 638071 vom 9. 11. 1936
[127] Ender, W., Fette u. Seifen *45*, 144 (1938)
[128] Schwarzenbach, G., Schweiz. Chemiker-Ztg. Techn.-Ind. *28*, 181, 377 (1945)
[129] Schwarzenbach, G., Helv. chim. Acta *29*, 1338 (1946)
[130] Schwarzenbach, G., Flaschka, H., Die komplexometrische Titration, 5. Aufl., Ferdinand Enke Verlag, Stuttgart 1965
[131] Schwarzenbach, G., Schneider, W., Komplexometrische Titrationsmethoden, in: [27]
[132] Biedermann, W., Schwarzenbach, G., Chimia *2*, 1 (1948)
[133] Schwarzenbach, G., Biedermann, W., Helv. chim. Acta *31*, 678 (1948)
[134] Körbl, J., Přibil, R., Emr, A., Collection Czech. Chem. Commun. *22*, 961 (1957)
[135] Přibil, R., Komplexometrie, Bd. I–IV, übers. von Emr, A., VEB Deutscher Verlag für Grundstoffindustrie, Leipzig 1962–1966
[136] Kober, F., Grundlagen der Komplexchemie, Verlag Moritz Diesterweg/Otto Salle Verlag, Frankfurt am Main/Berlin/München und Verlag Sauerländer, Aarau/Frankfurt am Main/Salzburg 1979
[137] Umland, F., Janssen, A., Thierig, D., Wünsch, G., Theorie und Praktische Anwendung von Komplexbildern, Akademische Verlagsgesellschaft, Frankfurt am Main 1971
[138] Flaschka, H., Püschel, R., Z. Anal. Chem. *143*, 330 (1954)
[139] Firma E. Merck, Komplexometrische Bestimmungsmethoden mit Titriplex, Darmstadt
[140] Firma Riedel-de Haën, Idranal-Reagentien für die Komplexometrie, Seelze/Hannover
[140a] Pearson, R. G., J. Am. Chem. Soc. *85*, 3533 (1963)

4 Maßanalysen mit physikalischer Endpunktbestimmung

[2, 10–12, 14–21, 30, 39]

[141] Kraft, G., Fischer, J., Indikation von Titrationen, Walter de Gruyter, Berlin/New York 1972

[142] Kraft, G., Elektrochemische Analyseverfahren, in: Kienitz, H., Bock, R., Fresenius, W., Huber, W., Tölg, G. (Hrsg.), Analytiker-Taschenbuch Bd. 1, Springer-Verlag, Berlin/Heidelberg/New York 1980

[143] Schumacher, E., Umland, F., Neue Titrationen mit elektrochemischer Enpunktsanzeige, in: Bock, R., Fresenius, W., Günzler, H., Huber, W., Tölg, G. (Hrsg.), Analytiker-Taschenbuch Bd. 2, Springer-Verlag, Berlin/Heidelberg/New York 1981

[144] Oehme, F., Richter, W., Instrumentelle Titrationstechnik, Dr. Alfred Hüthig Verlag, Heidelberg 1983

[145] Kortüm, G., Kolorimetrie, Photometrie und Spektrometrie, 4. Aufl., Springer-Verlag, Berlin 1962

[146] Abrahamczik, E., Potentiometrische und konduktometrische Titrationen, in: Methoden der organischen Chemie, (Houben-Weyl), Müller, E. (Hrsg.), 4. Aufl., Bd. III/2, Georg Thieme Verlag, Stuttgart 1962

[147] Cruse, K., Huber, R., Hochfrequenztitration, Verlag Chemie, Weinheim 1957

[148] Eisenman, G., in: Advances in Analytical Chemistry and Instrumentation *4* 215 (1965)

[149] Cammann, K., Galster, H., Das Arbeiten mit ionenselektiven Elektroden, 3. Aufl., Springer-Verlag, Berlin/Heidelberg/New York 1996

[149a] Murphy, J. J. Chem. Educ. *60*, *5*, 420 (1983)

[150] Scholz, E., Karl-Fischer-Titration, Methoden zur Wasserbestimmung, Springer-Verlag, Berlin/Heidelberg/New York 1984

[150a] Bruttel, P. und Schlink, R., Wasserbestimmung durch Karl-Fischer-Titration, Metrohm Monographie 2003

[151] Mitchell jr., J., Smith, D. M., Aquametry, Part III (The Karl Fischer Reagent), 2. Aufl., John Wiley & Sons, New York 1980

[152] Eberius, E., Wasserbestimmungen mit Karl-Fischer-Lösung, Verlag Chemie, Weinheim 1958

[153] Abresch, K., Claasen, I., Die coulometrische Analyse, Verlag Chemie, Weinheim 1961

[154] Karsten, P., Kies, H. J., Bergshoeff, G., Chem. Weekblad *48*, 734 (1952)

[155] Gran, G., Analyst *77*, 661 (1952)

[156] Johansson, A., Svensk Papperstidn, *50*, Nr. 11 B, 124 (1947)

[157] Jungnickel, J. L., Peters, E. D., Anal. Chem. *27*, 450 (1955)

[158a] Scholz, E., Fresenius Z. Anal. Chem. *312*, 462 (1982)

[158h] Schöffski, K., Die Wasserbestimmung mit Karl-Fischer-Titration, Chemie in unserer Zeit *34*(3), 170 (2000)

5 Instrumentelle Maßanalyse

[159] Oehme, F., Fresenius Z. Anal. Chem. *222*, 244 (1966)

[160] Philips, J. P., Automatic Titrators, Academic Press, London 1954

[161] Squirrel, D. C. M., Automatic Methods in Volumetric Analysis, Hilger Watts, London 1964

[162] Tubbs, C. F., Anal. Chem. *26*, 1670 (1954)

[163] Ebel, S., Fresenius Z. Anal. Chem. *245*, 108 (1969)

[164] Ebel, S., Parzefall, W., Experimentelle Einführung in die Potentiometrie, Verlag Chemie, Weinheim 1975

[165] Hahn, F. L., pH und potentiometrische Titrierungen, Akademische Verlagsgesellschaft, Frankfurt am Main, 1964

[166] Ebel, S., Seuring, A., Angew. Chem. *89*, 129 (1977)

6 Überblick über die Geschichte der Maßanalyse

[167] Szabadváry, F., Geschichte der analytischen Chemie, Friedr. Vieweg und Sohn, Braunschweig 1966
Szabadváry, F., Robinson, A., The History of Analytical Chemistry in: Wilson + Wilsons Comprehensive Analytical Chemistry, Vol. X, Elsevier Scientific Publishing Comp., Amsterdam/Oxford/New York 1980

[168] Rancke-Madsen, E., Development of Titrimetrie Analysis till 1806, Copenhagen 1958

[169] Ostwald, W., Die wissenschaftlichen Grundlagen der analytischen Chemie, Verlag Wilhelm Engelmann, Leipzig 1894

[170] Hantzsch, A. R., Ber. dt. chem. Ges. *39*, 1084, (1906), *40*, 3071 (1907), *41*, 1187 (1908)

[171] Michaelis, L., Oxidations- und Reduktionspotentiale, Springer-Verlag, Berlin 1926 (2. Aufl. 1933)

[172] Fischer, K., Angew. Chem. *48*, 394 (1935)

[173] Behrend, R., Z. Physik. Chem. *11*, 466 (1893)

[174] Böttger, W., Z. Physik. Chem. *24*, 253 (1897)

[175] Crotogino, F., Z. anorg. Chem. *24*, 225 (1900)

[176] Haber, F., Klemensiewicz, Z., Z. Physik. Chem. *67*, 385 (1909)

[177] Müller, E., Die elektrometrische (potentiometrische) Maßanalyse, 7. Aufl., Verlag Theodor Steinkopff, Dresden/Leipzig 1944

[178] Küster, F. W., Grüters, M., Z. anorg. Chem. *35*, 454 (1903)

[179] Kolthoff, I. M., Konduktometrische Titrationen, Verlag Theodor Steinkopff, Dresden/Leipzig 1923

[180] Jander, G., Manegold, E., Z. anorg. Chem. *134*, 283 (1924)
Jander, G., Pfundt, O., Z. anorg. Chem. *153*, 219 (1926)
Jander, G., Pfundt, O., Die konduktometrische Maßanalyse u. a. Anwendungen der Leitfähigkeitsmessungen auf chemischem Gebiet unter besonderer Berücksichtigung der visuellen Methode, Ferdinand Enke Berlag, Stuttgart 1945
Jander, G., Pfundt, O., Die Leitfähigkeitstitration, in: Böttger, W. (Hrsg.), Physikalische Methoden der analytischen Chemie, Teil 2, 2. Aufl., Akademische Verlagsgesellschaft, Leipzig 1949

[181] Britton, H. T. S., Conductometric Analysis, Chapman & Hall, London 1934

[182] Blake, G. G., J. Sci. Instrum. *22*, 174 (1945)

[183] Jensen, F. W., Parrack, A. L., Ind. Eng. Chem., Anal. Ed. *18*, 595 (1946)

[184] Foreman, J., Crips, D. J., Trans. Faraday Soc. *42*, A, 186 (1946)

[185] Willard, H. H., Fenwick, F., J. Amer. chem. Soc. *44*, 2504, 2516 (1922)

[186] Heyrovsky, J., Bull. Soc. chim. Françe *41*, 1224 (1927)

[187] Majer, V., Z. Elektrochem. angew. phys. Chem. *42*, 120, 123 (1936)

[188] Salomon, E., Z. Phys. Chem. *24*, 55 (1897)

[189] Nernst, W., Merriam, E. S., Z. phys. Chem. *53*, 235 (1905)

[190] Foulk, C. W., Bawden, A. T., J. Amer. chem. Soc. *48*, 2045 (1926)

[191] Wernimont, G., Hopkinson, F. J., Ind. Eng. Chem. Anal. Ed. *15*, 272 (1943)

[192] Huber, W., Titration in nichtwässrigen Lösemitteln, Akademische Verlagsgesellschaft, Frankfurt am Main 1964
Gyenes, I., Titrationen in nichtwässrigen Medien, Ferdinand Enke Verlag, Stuttgart 1970
Fritz, J. S., Acid-Base Titrations in Nonaqueous Solvents, Allyn and Bacon, Boston 1973
Safarik, L., Stransky, Z., Titrimetric Analysis in Organic Solvents, in: Comprehensive Analytical Chemistry, Vol. XXII, Elsevier, Amsterdam 1986

[193] Geil, J. V., Reger, H., Richter, W., Schäfer, J., Laborpraxis *5*, 1032 (1981), *6*, 24 (1982)

[194] Efferenn, K., Reger, H., Schäfer, J., Laborpraxis *23*, Nr. 12, 24 (1999)
[195] Dettenrieder, A., Reger, H., Schiefke, GIT Fachz. Lab. *44*, 906 (2000)

Anhang

[5, 7, 8]
[196] International Union of Pure and Applied Chemistry, Inorganic Chemistry Division, Atomic weights of the elements 2005, Pure Appl. Chem. *78*, 2051 (2006)
[197] Codata Bulletin Nr. 63, November 1986, Codata Secretariat, Paris

Namensregister

https://doi.org/10.1515/9783110710816-010

Sachregister

https://doi.org/10.1515/9783110710816-011